“东大伦理”系列 ·《伦理研究》

江苏省道德发展高端智库　江苏省公民道德与社会风尚协同创新中心　东南大学道德发展研究院

The Study of Ethics

伦理研究【第五辑】

(生命伦理学卷 · 上)

主　　编：樊　浩　孙慕义

执行主编：谈际尊

东南大学出版社
SOUTHEAST UNIVERSITY PRESS
· 南京 ·

图书在版编目(CIP)数据

伦理研究.第五辑,生命伦理学卷/ 樊浩,孙慕义主编.
—南京:东南大学出版社, 2020.6
ISBN 978-7-5641-9275-4

Ⅰ.①伦… Ⅱ.①樊…②孙… Ⅲ.①生命伦理学—文集 Ⅳ.①B82-53

中国版本图书馆 CIP 数据核字(2020)第 242739 号

伦理研究.第五辑(生命伦理学卷·上)
Lunli Yanjiu Di-wu Ji (Shengming Lunlixuejuan · Shang)

主　　编	樊　浩　孙慕义
出版发行	东南大学出版社
社　　址	南京市四牌楼 2 号　　**邮编**　210096
出 版 人	江建中
网　　址	http://www.seupress.com
电子邮箱	press@seupress.com
经　　销	全国各地新华书店
印　　刷	江苏凤凰数码印务有限公司
开　　本	700mm×1000mm　1/16
印　　张	39
字　　数	780 千
版　　次	2020 年 6 月第 1 版
印　　次	2020 年 6 月第 1 次印刷
书　　号	ISBN 978-7-5641-9275-4
定　　价	160.00 元(上下册)

本社图书若有印装质量问题,请直接与营销部联系。电话:025-83791830

编辑委员会

总　　序

东南大学的伦理学科起步于20世纪80年代前期，由著名哲学家、伦理学家萧焜焘教授、王育殊教授创立，90年代初开始组建一支由青年博士构成的年轻的学科梯队，至90年代中期，这个团队基本实现了博士化。在学界前辈和各界朋友的关爱与支持下，东南大学的伦理学科得到了较大的发展。自20世纪末以来，我本人和我们团队的同仁一直在思考和探索一个问题：我们这个团队应当和可能为中国伦理学事业的发展作出怎样的贡献？换言之，东南大学的伦理学科应当形成和建立什么样的特色？我们很明白，没有特色的学术，其贡献总是有限的。2005年，我们的伦理学科被批准为"985工程"国家哲学社会科学创新基地，这个历史性的跃进推动了我们对这个问题的思考。经过认真讨论并向学界前辈和同仁求教，我们将自己的学科特色和学术贡献点定位于三个方面：道德哲学；科技伦理；重大应用。

以道德哲学为第一建设方向的定位基于这样的认识：伦理学在一级学科上属于哲学，其研究及其成果必须具有充分的哲学基础和足够的哲学含量；当今中国伦理学和道德哲学的诸多理论和现实课题必须在道德哲学的层面探讨和解决。道德哲学研究立志并致力于道德哲学的一些重大乃至尖端性的理论课题的探讨。在这个被称为"后哲学"的时代，伦理学研究中这种对哲学的执著、眷念和回归，着实是一种"明知不可为而为之"之举，但我们坚信，它是我们这个时代稀缺的学术资源和学术努力。科技伦理的定位是依据我们这个团队的历史传统、东南大学的学科生态，以及对伦理道德发展的新前沿而作出的判断和谋划。东南大学最早的研究生培养方向就是"科学伦理学"，当年我本人就在这个方向下学习和研究；而东南大学以科学技术为主体、文管艺医综合发展的学科生态，也使我们这些90年代初成长起来的"新生代"再次认识到，选择科技伦理为学科生长点是明智之举。如果说道德哲学与科技伦理的定位与我们的学科传统有关，那么，重大应用的定位就是基于对伦理学的现实本性以及为中国伦理道德建设作出贡献的愿望和抱负而作出的选择。定位"重大应用"而不是一般的"应用伦理学"，昭明我们在这方面有所为也有所不为，只是试图在伦理学应用的某些重大方面和重大领域进行我们的努力。

基于以上定位，在"985工程"建设中，我们决定进行系列研究并在长期积累的基础上严肃而审慎地推出以"东大伦理"为标识的学术成果。"东大伦理"取名于两种考虑：这些系列成果的作者主要是东南大学伦理学团队的成员，有的系列也包括东南大学培养的伦理学博士生的优秀博士论文；更深刻的原因是，我们希望并努力使这些成果具有某种特色，以为中国伦理学事业的发展作出自己的贡献。“东大伦理”由五个系列构成：道德哲学研究系列；科技伦理研究系列；重大应用研究系列；与以上三个结构相关的译著系列；还有以丛刊形式出现并在20世纪90年代已经创刊的《伦理研究》专辑系列，该丛刊同样围绕三大定位组稿和出版。

“道德哲学研究系列”的基本结构是“两史一论”。即道德哲学基本理论；中国道德哲学；西方道德哲学。道德哲学理论的研究基础，不仅在概念上将“伦理”与“道德”相区分，而且在一定意义将伦理学、道德哲学、道德形而上学相区分。这些区分某种意义上回归到德国古典哲学的传统，但它更深刻地与中国道德哲学传统相契合。在这个被宣布“哲学终结”的时代，深入而细致、精致而宏大的哲学研究反倒是必须而稀缺的，虽然那个“致广大、尽精微、综罗百代”的“朱熹气象”在中国几乎已经一去不返，但这并不代表我们今天的学术已经不再需要深刻、精致和宏大气魄。中国道德哲学史、西方道德哲学史研究的理念基础，是将道德哲学史当作“哲学的历史”，而不只是道德哲学“原始的历史”“反省的历史”，它致力于探索和发现中西方道德哲学传统中那些具有“永远的现实性”精神内涵，并在哲学的层面进行中西方道德传统的对话与互释。专门史与通史，将是道德哲学史研究的两个基本维度，马克思主义的历史辩证法是其灵魂与方法。

“科技伦理研究系列”的学术风格与“道德哲学研究系列”相接并一致，它同样包括两个研究结构。第一个研究结构是科技道德哲学研究，它不是一般的科技伦理学，而是从哲学的层面、用哲学的方法进行科技伦理的理论建构和学术研究，故名之“科技道德哲学”而不是“科技伦理学”；第二个研究结构是当代科技前沿的伦理问题研究，如基因伦理研究、网络伦理研究、生命伦理研究等等。第一个结构的学术任务是理论建构，第二个结构的学术任务是问题探讨，由此形成理论研究与现实研究之间的互补与互动。

“重大应用研究系列”以目前我作为首席专家的国家哲学社会科学重大招标课题和江苏省哲学社会科学重大委托课题为起步，以调查研究和对策研究为重点。目前我们正组织四个方面的大调查，即当今中国社会的伦理关系大调查；道德生活大调查；伦理—道德素质大调查；伦理—道德发展状况及其趋向大调查。我们的目标和任务是努力了解和把握当今中国伦理道德的真实状况，在此基础上进行理论推进和理论创新，为中国伦理道德建设提出具有战略意义和创新意义的对策思路。这就是我们对“重大应用”的诠释和理解，今后我们将沿着这个方向走下去，并贡献出团队和个人的研究成果。

“译著系列”、《伦理研究》丛刊，将围绕以上三个结构展开。我们试图进行的努力是：这两个系列将以学术交流，包括团队成员对国外著名大学、著名学术机构、著名学者的访问，以及高层次的国际国内学术会议为基础，以“我们正在做的事情”为主题和主线，由此凝聚自己的资源和努力。

马克思曾经说过，历史只能提出自己能够完成的任务，因为任务的提出已经表明完成任务的条件已经具备或正在具备。也许，我们提出的是一个自己难以完成或不能完成的任务，因为我们完成任务的条件尤其是我本人和我们这支团队的学术资质方面的条件还远没有具备。我们试图通过漫漫兮求索乃至几代人的努力，建立起以道德哲学、科技伦理、重大应用为三元色的“东大伦理”的学术标识。这个计划所展示的，与其说是某些学术成果，不如说是我们这个团队的成员为中国伦理学事业贡献自己努力的抱负和愿望。我们无法预测结果，因为哲人罗素早就告诫，没有发生的事情是无法预料的，我们甚至没有足够的信心展望未来，我们唯一可以昭告和承诺的是：

我们正在努力！

我们将永远努力！

樊　浩

谨识于东南大学“舌在谷”

2007 年 2 月 11 日

编者引言

最辉煌的成功,往往源自无数的挫折与失败;最强大的轰鸣,往往最初仅仅发出微小的声音。我们的事业不过是源于一个羸弱的身影,但如今,它变得尊贵起来,并如同巨人一样,给予我们生命和人类的生活,带来希望和喜讯以及变革的力量。

先知以利亚应该是一位值得尊敬的神,我们很多人,都不曾知道他逃避以色列王后耶洗别迫害所受的遭遇。有记录,在何烈山山洞中耶和华让他出来站在山上,此时

> 在他面前有烈风大作,崩山碎石,耶和华却不在风中;风后地震,耶和华却不在其中;地震后有火,耶和华却不在火中;火后有微小的声音。①

我们每天其实都有良心的呼唤,但是,那是最微小的声音,所以我们经常听不见,因此,我们无法思索和反省,我们只是活着,"满眼流光随日度……不觉芳洲暮"②。我们必须学会倾听最微小的声音,也许,那是最后的真理,那也许就是生命终极的依靠。

这个微小的声音,就是那个弱小的幽灵,它悠缓而低沉,只是在飘浮和燃点着。

我们亲历它开始强大,它化成无数更小的幽灵,由其中一个最小的幽灵化作又一个最强大的幽灵;幽灵依然在散落尘埃,尘埃还在积淀,当尘埃中仅存留的精魂成为一个思想的胚胎,那么,只要有足够的营养或文明培基的爱,新生的幽灵将战胜一切旧有的,借黎明的光照和精神的差遣,诞生并发育,如果在暗夜,它将照亮万物。

我们人的生命之前与之初,即由于这种幽灵的存在而存在,它潜藏着人的性与人的意识的可能,它指向未来的元素、分子、颗粒或碎片、段落,最后归为一种具有整体特征的结构。

生命从根本上是一组符号,作为语词它拥有了内部结构以及系统整体行为的

---

① 旧约·列王纪上:第19章:12-13.

② 朱彝尊.茶烟阁体物集下:蝶恋花·春暮.

对立、冲突与统一。不知道用什么其他的语词来替代,“生命”或我们面前这个学科,之所以被我们说成幽灵,是因为凝视后,却无法再提出正义以外的、任何其他的意义、思想与声音,那个“能指”的音位只有一个,作为生命的概念和价值的“所指”一直被变化着——不是本身的改变,或者本身在改变——;那个 life 和 bioethics 只是一个声音,只是唯一的声音。庄子曰:

冬夏青青,受命于天……幸能正生,以正众生。

生出于青,青出于蓝。蓝色是古代近东最名贵的颜色,因为它象征蓝天与大海,那是永恒的生命的颜色。世上最宝贵的是生命。科学哲学家波普尔在古稀之年谈到生命的可贵时,曾讲过一个浅显而又令人信服的道理,他说:

如果我们在宇宙中随便选择一个地点,那么——根据我们目前尚存疑点的宇宙论来计算——在这个地点发现生命的概率将为零或近于零。所以生命至少有一种稀有之物的价值,生命是宝贵的。我们都容易忘记这一点,把生命看得太一文不值了。①

世上最可怕的事情莫过于对生命的糟蹋,而工业社会和随之而来的信息社会,在对我们星球的自然生态彻底解构的过程中,正在步入最可怕的自我迷失,人的生命——不仅是个体生命,而且是整个人类的生命——正面临生命史上前所未有的挑战。全球性的生态污染,不时袭来的流行性传染病,足以将地球毁灭百十次的核武器,此起彼伏夺走无数生命的恐怖袭击,且不说基因工程、数字技术对生命延续造成的潜在威胁了,——难怪政治学家伯林(Isaiah Berlin)在评价 20 世纪的历史时要说:“从对人类的野蛮摧毁的观点看,20 世纪毫无理由地成为人类曾经经历过的最糟糕的世纪。”②而更可怕的是这种“对人类的野蛮摧毁”,在 21 世纪仍然在继续。这就是生命伦理学“遭遇”的后现代。[见孙慕义著《后现代生命伦理学》(上)序言,中国社会科学出版社,2015 年版]

生命伦理学是对生命的意义和价值的追问,这种价值和意义的载体是人。纵观历史上所有对人的生命价值的探索,可以发现一个共同的理路:人的生命与所有其他存在物最根本的区别在于,人是自我设计、自我规定、自我完善的创造者,而人之所以能够如此,是因为他能够设定并遵守道德准则,这是人特有的功能。亚里士多德已经认识到这一本质,他说:“如果我们能够发现人的‘功能’(εργονορ),我们就能够准确地测定幸福之所在。”人的生命的目的是寻求幸福,而为此就要发现人独

---

① Karl Popper. How I See Philosophy//C J Bontempo, S J Odell. The Owl of Minerva. New York: McGraw-Hill Book Company, 1975: 55.

② 彼得·沃森.20 世纪思想史(上).朱进东,等译.上海:上海译文出版社,2008:1.

有的“功能”，这种功能是什么呢？亚里士多德告诉我们，人“具有分享道德价值的能力”，这是人独一无二的功能。柏拉图在《普罗泰戈拉篇》中有一个发人深省的寓言：当诸神创造出各种动物之后，便派普罗米修斯和厄庇墨透斯（亦译成爱比米修斯）从性能宝库中选取适当的性能，分配给各种动物。道德是人的生命最根本的规定，是人的基本功能，也是人性的类本性。历史上，这样的看法是具有普适性的文化共识。康德认为，人的生命有三种固有的素质：技术素质、实用素质、道德素质；而其中最根本的是道德素质，因为人“表现为一个从恶不断地进步到善，在阻力之下奋力向上的理性生物的类”。中国先秦思想家荀子也说：“义则不可须臾舍也：为之，人也；舍之，禽兽也。”（《荀子·劝学》）

今天，生命伦理学已经无需羞羞答答地面对后现代生活，因为它本身就是后现代的宠儿；它成为人学的核心基础，它帮助我们行动，同时破解生命的奥秘，它是一切人文学科，特别是道德哲学以及身体文化的理论中轴，它是实践哲学最先锋的实践者和优秀范例与榜样；它包容了和淹没了很多新兴学科的活点，它在哲学伦理学和生命科学的共同支撑下，完成了从弱小分支学科伸延或延异为大同学科的过程。它实现了“一种只有在被思考之后才能存在的行为”①。

生命伦理学正在行动着。

“时而我思，时而我在”，这一哲学化的意识状态和思维状态结合在一起，成为生命伦理学的一种思想形态，尽管我们的生活方式依然是孤独的，但这种我们自愿选择的孤独有利于发展哲学的高贵品质的条件，并成为哲学的一种终极归宿的选择，不管你是否认肯与接受，你必然要受制于对于人的生命存在（生存）和活力（生殖）的思考。因为，哲学也是为人的。我们依旧看到和听惯了对于柏拉图讲述的“色雷斯农村姑娘看到泰勒斯仰头观察天体运动不慎掉到井里”②时所爆发出的笑声。而我们今天依然会遭到这样的嘲笑，所有的普通公民并非理解我们的研究与他们如何“活着”之间的关联，我们的表象的无能使我们常常显得格外愚钝，但康德为我们做出了榜样，他的思辨和思维能力如同“朱诺所崇敬的特瑞阿斯的能力”，“尽管他是盲人”，他却能够给我们一切克服困难的勇气与智慧。

康德在回答什么是启蒙运动时指出：

> 不成熟状态就是不经别人的引导，就对运用自己的理智无能为力。当其原因不在于缺乏理智，而在于不经别人的引导就缺乏勇气与决心去加以运用时，那么这种不成熟状态就是自己加之于自己的了。Sapere aude！要有勇气运用你自己的理智！

---

① 汉娜·阿伦特.精神生活·思维.姜志辉，译.南京：江苏教育出版社，2006：85.

② 同①89.

我们今天汉语文化圈的生命伦理学依然需要这种勇气与决心，没有自己的语符身份和知识系统，生命伦理学就没有“生命”，我们已经不再被学界所把玩和鉴赏，而作为一种严肃和庄重的文化和思想沉积的载体堂皇地迈入前台。当然，“任何一个个人要从几乎成为自己天性的那种不成熟状态之中奋斗出来，都是很艰难的”。我们必须依然在这种艰难的意念中获取一种成熟的知性。摆脱非汉语语式的历史符形，从混乱胶着的符义的尴尬处境中解放出来，兴发一场推罗蓝式的获得生命伦理学的“是”和生命的“真理世界”的学科建设运动。

安静的学术品行与风格，是善和沉思的形，真理并不需要过分张扬，它是历史的必然“到场”和一定“到时”。

用最浅近的思维足以表明，我们总是以经验的世界，来扩延我们的生命伦理现实，每一天以同样的语言试图解释、评价和裁决对错或责任，我们即使了解周围生命世界的需要和伦理纠纷，也不知晓我们真正裁决的凭据是什么或这个凭据的凭据是什么。我们以我们自身的“内在的”与“主观的”经验和感悟，去框定“外在的”“客观的”现象与事件，尽管我们依托于冠冕堂皇的形式和组织制度，也只是对真理的猜测；我们始终带着内心生活的体验以及对习承传统的敬畏，或者对印象中知识的理解，推断出一系列究问历史的方法、研讨问题的语境、回应行动选择的判断以及所谓我们长期奉行的伦理原则——甚至我们认为这些是天经地义、不证自明的。其实，我们必须明确，任何人类知识都会包含谬误，——这是因为某些知觉是虚假的，且还可能产生臆想的、没有客观依据的概念组合，——所以我们总是面临持续不断的、永无止境的任务——摈弃错误的表象和判断，而代之以我们可以认定是对实在的正确了解的另一些表象和判断。

今天，我们承继“2007年南京生命伦理学与首届老龄伦理和老龄科学会议”的精神，时隔十年之余，再一次集合国内外有志于该领域的学者，特别是这一历史断代具备中西方生命伦理知识文化准备的青年一代；让我们再凝神、回思这门引人入胜的学科，再一次感动和影响社会与人。并且在此，追及老一代汉语伦理学界的先驱学者，当初他们对于生命伦理学充满了期待，对我们做了历史的托付，他们身先垂范了这段骄人的历史。此刻，为进一步推动生命伦理学事业，使生命伦理学真正成为道德哲学界关注的焦点，东南大学生命伦理学研究工作继续以学科建设与理论深层探究为己任并已形成特色；除南京“2015年国际生命伦理学论坛暨中国第二届老年生命伦理与科学会议”的大会文萃外，吾等亦将后续的两次高端会议即2018年8月北京第24届世界哲学大会“生物伦理”分会议的交流文章以及2018年10月由东南大学生命伦理学研究中心主办的“中美生命伦理学高峰论坛”的相关作品一并作为本卷的《补遗》部分汇集出版；此前出版的《伦理研究：生命伦理学卷2007—2008》，已经形成较大的学术影响力，受到各方的赞誉和激赏。本卷编者希望于此刊出的一批高水平生命伦理文章，能够继续鼓动生命的伦理学与生命哲学研究之运势，对有教于并关注此道的读者，确可开卷有益。

鉴如是，借此出版之际，感谢提供给我们优秀文章的诸位作者。

在兹，让我们共同复温《周易》之训：

> 夫"大人"者，与天地合其德，与日月合其明，与四时合其序，与鬼神合其吉凶，先天而天弗违，后天而奉天时。天且弗违，而况于人乎？况于鬼神乎？
>
> （《周易·周易上经·乾》，中华书局，2011 年版第 24 页）

孙慕义

识于东南大学丁家桥 2019 年 3 月

目录

生命伦理学前沿理论

生命伦理的道德哲学反思

构建生命伦理学的"中国理论"

技术发展与生命伦理

生命伦理与老龄文明研究

生命伦理学前沿理论

死亡与人的痛苦

——一卷伦理神学的叙事

祁斯特拉姆·恩格尔哈特

Department of Philosophy, Rice University, USA

痛苦不仅是人类生命有限性、人类的终极遭遇,在更大意义上,是与罪及其恶果的遭遇。因为卫生保健实际上是一座演艺人类残疾、痛苦和死亡戏剧的剧场,所以它不仅引出有关疾病医治、痛苦缓解以及延迟或控制死亡等问题,同时投射了生命、痛苦和死亡的终极意义。这一切,比卫生保健本身还令人困扰的所谓意义问题无处不在。医院本身就是疾病、残疾和死亡挥斥其影响的舞台。在此,常常会有毁灭性的悲剧上演,也几乎天天有无辜的人们在遭受痛苦的折磨与煎熬;他们在忍受残疾、痛楚和夭折的同时,也在寻求人的生命为什么有限的缘由和提出质问:如果存在真实的、终极的意义,为什么痛苦还允许存在?痛苦已然进入了我们内心深处,它将我们从我们自身的傲慢中,从我们对自身有限性的否认中以及从我们对死亡的无视中催醒。痛苦预示着死亡,它告诫我们:我们是如此有限,并且都将永远离去,并且让我们必须面对存在的不确定性:世界万物、太阳系、银河系也终将化为虚无。就永远的永远而言,一切特定的事物都将泯灭,那么,还有什么能够最后幸存?

痛苦将我们引至以个人为中心的形而上学疑问:为什么痛苦会与我相伴?我的痛苦是否有某种意义?人的生命、我们的努力,甚至宇宙本身是否有超乎人类自身所能赋予的意义之外的某种终极意义?为什么会有痛苦、疾病、残疾以至于死亡?我们所遭遇的痛苦和死亡本身是否又有超乎我们栖居的、这个转瞬即逝的世界中短促生命的意义?并且,如果有意义,那么这种意义能否救赎人的痛苦和毁损这些滔天罪恶?人死后是否还有生命?面对痛苦,这些童真的、普遍"为什么"的疑问逐渐复归到成人的思考。而充满痛苦的生命的有限性又引发出有关无限意义的可能性、上帝的存在以及终极救赎之爱(final redeeming love)等问题。关于实存的、永恒意义问题的肯定式答案与理由,如果是充分整全的,它一定是有说服力的。同时,一种能救赎人的痛苦和死亡的那种意义也必然不会转瞬即逝,而一种并不圆满、十分有限的答案,必将再次激发对这种真实而又持久意义的追求。这个答案也许并不会镂刻宇宙有限性的印记,它也不可能仅仅是一个原则,一部法律,或者什么持久性的孤立现象。为使其答案令人折服,就必须用个人化语式告知我们,并要因人而异。那种非个我化现实或者所谓意义,总比自觉的即至少将自己看作这个世界的漂浮物的我们来说,更加淡漠。而对自觉存在的我们来说,一种解释我们痛苦的精准的答案,也必须是鲜活的、觉悟的,并具有永恒的意义,这种意义能够告知自觉的痛者(self-conscious sufferers)一种更伟大的,而不是渺小的、固定的、现实的实在。为我们的痛苦找到深刻的、持久的目的,为我们的生活找到内在本真、稳定的意义,因此,我们必须认识到人内在于无限的、个我的、恒定的、先验的意义之中的境况。而其他任何事物,都无法与人可能的希望所带来的完整意义相比拟。

在缺乏特别的条件下,一个人怎样去寻求如此恒久的意义?一个人能否成功地实现这样一个对深刻、痛苦叙事的形而上学诉求?一个人又怎么去理解,尤其是对伊曼纽尔·康德(1724—1804)的关于这些问题的思想,以及关于理性超越现实世界能力的怀疑论?康德通过提醒我们无序的理性应该被限制在经验层面,如此来设定我们生命的、痛苦的以及死亡的终极意义的时代问题的范畴。在这样的境况下,寻求深刻的意义并非正当。在康德看来,按此路径去寻求意义不可能实现真正的超越。对他而言,这些问题需要强调的是,具备可能经验的条件、道德的特性以及实践理性情境。在这一点上,它们不再是关于超越现实的问题,而是被局限在其内在本质的界域之中。除非具备超越条件突破我们自身局限,否则我们将绝望地被有限性和内在性所困扰。在世俗语境下,关于终极意义的深刻问题是无法回答的,它们只是神话的资源。并且,在世俗语境下,世界的意义也是一个人通过内在本质的界域方能够得以发现的。并不存在深刻的演绎脚本或寰宇之间关于救赎的叙事。世俗生命伦理学在其本性上,早已规避了超越内在性的所有意义,它无法达到超越有限界域更深层的意义。[1]

即使构筑我们所谓文化的科学,并不能给出终极的意义,但医学却能显示给我们,疼痛是可以控制的,痛苦是可以避免的,甚至死亡也能被推延。而医学的失败,也正在于这些承诺并不能终极地、完满地兑现。痛苦最终无法避免,死亡的悲剧时日终究要来临。正是在这些控制和进步的前提下,这些失败激发我们在面对痛苦、残疾和死亡时,对于意义的苦苦寻求。这一诱惑产生后,如果无法找到意义的所在,至少可以用自己的双手去遮蔽我们的痛苦,然后至少确保,我们自身曾经选择过那个意义。尽管大自然不可避免地安排我们死亡,但一个人却能够选择临终的时间和场景。假定宇宙是漫无目的的,并且人类被无法避免的痛苦和死亡所左右,一个人仍然可以意识到来自于自我抉择的那种意义。当代在自由世界主义的精神指导下,对于安乐死的支持与塞涅卡(Seneca,公元前4年—公元65年)的异教世界的斯多葛主义(Stoicism)是一致的,这一斯多葛主义体现在他关于自杀的书信中,他认为:自我残杀的死亡甚至能够让高贵沦为被谴责的犯罪。但他又指出:"一个伟大的人不仅能够掌控自己的死亡，还能够设计自己的死亡。”[2]塞涅卡这种直接结束一个人的生命是适当的观点，与正在流行的自由世界主义的精神相类似。比如，他坚信：“生活不是善，却可以很好地生活着，因此，聪明的人，应尽其应当地生活，而不是尽其所能……他将总是按照质量而不是数量去思考生命。”[3]在决定接受医生协助自杀或者安乐死的方式上，塞涅卡论证到，当“一种死亡方式包含痛苦而另一种方式是简单并且容易时，为何不选择更简单的方式呢？……当我能够规避痛苦并且能够摆脱痛苦时……是否我还必须要忍受疾病的剧痛呢”[4]？塞涅卡的死亡观提供了一幅古代异教世界自主和自治的场景。为了不遭受尼禄可能的酷刑，他和他的妻子一起自杀了。“就这样他们以相同的方式用匕首划开了他们手臂上的动脉……即使到了最后一刻，他的雄辩口才依然毫不逊色；他召集了他的部下并口授他们之前掩藏而没有表达的很多话语，这些话语与意见在提供给所有读者出版的作品集中，可以查阅。”[5]同样，安乐死的宗旨应该与自主和通过自决结束生命的意义寻求联在一起。[6]在面对痛苦和耻辱时采取的医生协助自杀和自愿主动安乐死，体现了自我决定与控制权利，不管在理论上它有多么苍白无力。其实，它有利于作为自我标尺的个人尊严精神的提升，而这恰恰处于自由世界主义的普世精神的根基之上。[7]

按自由世界主义的精神，实施医生协助自杀和安乐死似乎再合理不过了。[8]有谁不想医生协助自杀能够切实可行，可以想象，至少在某种特定的情况之下？毕竟，虽然注定产生的痛苦通常可以避免，但也总是会有某种例外。对于这些例外来说，医生协助自杀和自愿主动安乐死难道不重要吗？即使有些疼痛可以通过医学手段控制，但是仍有很多痛苦无法摆脱。从因多发性硬化症和肌萎缩侧索硬化所引发的身体控制的丧失，到由于阿尔茨海默病引发的精神功能的恶化，许多经验的疾病的特征不仅仅在于无法忍受的痛楚，还在于无法接受的耻辱和自我控制力的丧失。对于身体和精神进行性恶化的盲目干预，将剥夺病人在生命最后按个人意愿行事的权利。为什么大自然允许剥夺人最后确立自主生命权、有尊严的死亡权，以及不增加他人负担的表述的机会？为什么一个人不能自由地按照自己的方式死去，而非任由自然力量的摆布？如果理性、自由、尊严和自主，是好的生活的特征，它们是否应该也能是好的死亡的特征？这些道德关切与一些诸如“究竟是谁的生命？”“谁有权支配他人？”“我的死亡是我自己的事情！”等流行语汇何其相似。

这些问题又是政治的和道德的。它们介入立法议程，这就预示着文化的框架将有巨大的改变。由于美国最高法院在 1997 年认为，在重要的法律史上，禁止医生协助自杀和自愿主动安乐死，可以至少追溯到公元 673 年的英格兰，所以美国最高法院并不承认医生协助自杀和自愿主动安乐死的宪法权利，至少在目前的案例中是这样。[9]在过渡期间，任何关于医生协助自杀和自愿主动安乐死的法律权利都必须经过立法程序,但在美国,这种立法程序已经开始迈出步伐。[10]英美法系在医生协助自杀的长期而成熟的处罚规定,形成引人注目的、合法性的文化与道德上的对立,这种对立是一种对构成传统英美法系的宗教信条的背离。然而,从所有的我们已经考虑到的原因来看,一个世俗社会,不可能避免迈出这样一步,去背离自己的宗教传统并遵从一种关于痛苦、临终和死亡的新道德。但荷兰王国却阐明,接受医生协助自杀和安乐死,因为这能够充分发展并符合自由世界主义的普世精神。[11]

如果我们重视(1)自主以及(2)赞成彼此尊重,那么我们必须超越仅仅是宽容地作出决定,支持医生协助自杀和安乐死。我们必须赞同这些做法,至少是在原则上。宽容只为实现一种平静的生活,尽管有些事的做法不合时宜。宽容并不要求赞同或者不许无理的谴责,而仅仅要求结束压制行为的暴力。宽容是符合公众判断的,“你有自由选择医生协助自杀行为,尽管它是错误的”。像这些宽容理念实际上采取了出自于政治性的宗教宽容的现代形式,尽管那些宗教宽容在一些特定的社会中的推行是虚假的。宽容在其原初意义上要求容忍那些被误导之人的错误观点的存在。相反,“接受”则要求放弃错误的判断:“你有权选择医生协助自杀行为;对于许多人来说,这是一个适当的选择,但对于我而言,并不是一个正当的选择。”在这种情况下,将那些涉及医生协助自杀和自愿主动安乐死的人定性为自我谋杀者或谋杀凶手,就变成道义上的攻忤、僵化和政治性错误,如果个人的自由和人的尊严对于世俗道德而言是至关重要的,那么可以得出的结论是:对于世俗医疗保健和教育机构而言,支持接受包括医生协助自杀和安乐死在内的个人的、私下的死亡决定是适当的。如果社会尊重个人选择和自主决定的生活方式,推定它应该尊重个人选择和自我决定死亡。[12]在一个自由的实行自治的普世文化中,个人如果无法掌控生命和死亡,将被认定为是人格贬低、异化和人的尊严丧失。

赞赏自主化自由世界主义的普世精神,从以往的专制中获得解放,同时,自我实现的理想,具有超越普遍世俗道德规范的特点,而最后能为道德异乡人辩护。它含有一种企盼颠覆特定固有的基督教传统的精神,也孕育了更宽容地接受自杀与安乐死的观念与方式。这种新的世俗普世文化,必然要求宗教调整它原有的规约与主张。按照这一文化精神,宗教应当帮助照护者和家庭成员,如何去接受病人的自主选择,采取与实施医生协助自杀和自愿主动安乐死。那些一贯语称爱他们邻人的基督徒们,也应该按照自由世界主义的普世化观念,支持他们的邻人选择能体现其生命价值、自由和尊严的死亡方式。事实上,源于高科技社会的死亡特点赋予死亡是否可以自由选择的难题。所以,我们今天应该承认,一门符合自由世界主义普世精神的当代道德神学,能够对医生协助自杀和自愿主动安乐死的行为,从尊严与爱的义务方面予以辩护。对符合自主决定精神的医生,协助自杀和自愿主动安乐死所作出的肯定性的道德重估，就应该成为人们的正当选择，不仅对当代世俗社会如此，而且对后传统基督教来说，亦属应然。[13]

美国基督教长老会提供了一个后传统基督教的态度转变的绝好范例，这种转变表现在，对于堕胎、医生协助自杀和安乐死不再表示明确谴责的态度。在对安乐死和医生协助自杀法律判定的案卷中，基督教长老会（美国）再次印证了一位牧师的观点，这位牧师不同意谴责，而是支持对自杀这一结束生命的方式作出肯定性评估。他借以论证的案例包括一位自杀的妇女[14]，另外还有一个可能有自杀意愿的妇女，她意图放弃所有治疗以便尽快结束生命，尽管如果治疗还可能存活 15 年到 20 年。[15]“然而，难道我们不应该同情那个戴安娜（Diane）或者那个伊丽莎白（Elizabeth）吗，这显然不是谴责，而是承认一种不同凡响的勇气和真诚？”[16]基督教长老会本身在 1981 年也正式表决和通过了如下意见：

> “主动安乐死”很难得到道德辩护。然而，在一些极端特殊情境下，我们可能必须面临一些在责任上存在根本冲突的难题。其中，在有关胎儿的问题中，像“主动安乐死”这样的案例和堕胎之间就存在相似性。两种情形都伴同质疑结束生命的偏见，因为切勿伤害和防止伤害的冲突涉及的是同一个个体。但正是在这种情形下的模棱两可的窘境，促使我们去重申那些曾经十分谨慎并经过协商作出的决定。[17]

在上述意见中，我们可以看到一种明显的转向，即转向对那些为了摆脱疼痛和痛苦而直接结束生命的决定的肯定。[18]

内在意义背景下的痛苦具有转为直观和有形的可能。不管痛苦在表面上看起来毫无意义，除非我们自己决定放弃，我们就都能去追求这个世界上的快乐、美好和享受。我们何尝不希望，直到生命的最后一刻，那些感官的、美妙的、理智的快乐再一并消失。当然，我们也会努力去圆满结束这种追求世界和肉身满足的先验愿望。加缪（1913—1960）在其《阿尔及尔的夏天》（*Summer in Algiers*）中，就描绘了这样的一条径路，表明通过身体的美能够消除对来世的幻想，并且“也不需要有虚构的神去勾画希望和救赎的图景”。加缪希望为内在的自我找到一个可以依赖的家园。“在天空和面向天空的脸庞之间，高悬着的不是神话、文学、伦理或者宗教，而是石头、肉身、星斗，以及那些用手可以触摸到的真实。”[19]尽管一开始肉身是舒适并且感到满足的，但它终将衰败，肉身会朽坏，会变得羸弱多病，会衰老败落，并最终死亡。我们不可避免地会面对痛苦、临终和死亡。问题旋即返回：这所有的一切是否存在一种恒久、终极的意义？亦然，内在的、自然的，那位上帝的法，我们永远无法超越。

基督教所揭示的痛苦的深层意义是个我的，且与自由世界主义的普世精神从根本上来说,存在冲突。这种个我化特点所说的是心灵与圣言,“就是你们的头发,也都被数过了。所以不要惧怕……”(《马太福音》10：30)。对于大多人来说,这种意义也是令人不安的,因为它实际上打破了内在性的界限。如果真理是个人的,那真理将缺乏(或更确切地说,是超出),按照世俗理性的非个人逻辑所寻求的一致普遍性,真理将不再是一个原则、一个公理,或者是一种终极的理性基础,而是一种鲜活的自由理念:“我就是我。”[20]在这种特殊性下,传统基督教对先验意义的解释就与普通愿望背道而驰。基督教对生命、痛苦和死亡的深度解释就是一个涉及特殊的人和在他们之间一种超越关系,而不是个人与上帝之间关系的特殊故事。基督教对于痛苦的解释也就是一个关于许多个我化叙事;痛苦是与罪恶和救赎的故事联系在一起的,这个故事不仅涉及人,还涉及天使、魔鬼和上帝,并且在上帝那里,自由选择是至关重要的,宇宙秩序也在其伟力之中。[21]对传统基督教而言,疾病、痛苦与死亡被认为是一种罪恶、宽恕与救赎的宇宙论叙事。

我们在最后的章节,核心的关注点就集中到伊甸乐园中的人:即亚当和夏娃身上。《创世记》的解释揭示了自由的力量和罪恶的毁灭。乐园一旦失去,其原有的根基就因为亚当而被诅咒(《创世记》4：11.原文中为“4：17”,有误——译者注)。人类必须在选择变得险恶、充满荆棘和蒺藜的天地之间辛苦劳作。欲回答为什么存在痛苦的问题,必须从这一宇宙论叙事中寻找。是人类的任性使得亚当和夏娃被逐出美好乐园,并把他们投掷到痛苦的世界历史之中,即使这种痛苦的历史倾向,无尽地伤害那些无辜之人。为了夏娃,亚当本应祈望将所有的创造回报上帝,然后,就此一切都和上帝联在一起。但恰恰相反,亚当和夏娃却联合狂傲的撒旦,与上帝狡黠傲慢地分离,由此将所有的人都桎梏在他们罪恶的后果之中,这后果则包括痛苦和死亡。就像新神学家圣西蒙(Saint Symeon, 949－1022)所总结的那样:“第一个被创造的亚当,只是因傲慢而不是因其他罪恶失去了神圣的衣袍,从而堕落成凡人,作为亚当后代的所有人,也从其作为孕体和出生开始就沾染了祖传的罪。以这种方式出生的人即使没有过犯任何罪恶,也通过他的祖先的遗传,已经变得有罪。”[22]我们生来就充满罪恶的倾向,“因为人从小时心里怀着恶念”(《创世记》8：21)。痛苦是人类的过错,包括所有带有罪恶的人。

亚当的罪并不是作为一种可遗传的罪而被传承的,倒不如说是一种为整个宇宙所定义的灾难。亚当的罪的后果触及我们所有的人。“这就如罪是从一人入了世界,死又是从罪来的;于是死就临到众人,因为众人都犯了罪。”(《罗马书》5：12)作为人类的领袖,亚当承担了所有因他的罪所产生的后果,这一点没有人比得上。就像一位有罪的父亲,感染了一种疾病并遗传给他的子女,而他的子女并没有继承他的罪,所有人都继承了亚当之罪的后果,尽管并不属于他的罪。然而,我们的生活也被那种罪扭曲了。亚当和夏娃让有罪的倾向、痛苦和死亡侵蚀了我们的本性,然后，我们每个人都因为自己主动的傲慢和叛逆所增加的后果，而进一步强化了这一问题。我们一个又一个被卷入我们自己所有的罪孽之中。它们成为我们这个世界的特征。[23]

由此产生的痛苦不仅仅是一种惩罚。它可以是我们从我们自己傲慢的行为、我们自己的罪中所接受的那种惩罚性医药(chastising medicine)。当我们体验到我们的罪作用到我们自己和他人，尤其是无辜的旁观者身上的时候，那些后果就能带给我们某种感觉，并且帮助我们消除傲慢。痛苦可以提供一种征服傲慢、控制情绪、请求宽恕，并期待超越内在性的机会。痛苦还能帮助我们转向上帝。但是痛苦本身通常也可能被规避。由于这个原因，就如同圣约翰·克里索斯托姆(St. John Chrysostom)的礼拜仪式所祈祷的那样，教会祈盼“能结束我们痛苦生活的基督教，它没有痛苦、没有责备，并且能够安宁”。此外，如果痛苦不能被摆脱，我们就必须谦逊地面对它以便能拥有“在基督作出令人恐惧的审判之前一个很好的拯救机会”[24]。的确，从灵性的角度看，疼痛和痛苦提供了一条从傲慢转向谦卑的路。就像“一位老修士所说，‘对我们而言，生病是一种神圣的探视。疾病是来自上帝最好的礼物。人唯一能给上帝的就是疼痛’”[25]。又正如圣保罗所教导的，“就是在患难中，也是欢欢喜喜的。因为知道患难生忍耐；忍耐生老练；老练生盼望；盼望不至于羞耻，因为所赐给我们的圣灵将神的爱浇灌在我们心里”。(《罗马书》5: 3-5)通过谦卑地接受我们无法避免的痛苦，以及为无辜者的痛苦遭遇而悲伤，尽管所有这些在某种程度上都归咎于罪，我们可以给予我们的忏悔以内容，可以放弃傲慢，并可以清除我们心灵中控制我们的欲望。也就是说，我们可以重新疏运我们的能量。如果我们能够谦卑、耐心地承受作为罪的后果的痛苦，就能够平抑我们的欲望和懊悔。尽管耐心地承受我们的痛苦并不能弥补由于犯罪而造成的世俗性惩罚的法律责任。[26]然而，它却可以帮助我们学会谦卑和治疗原罪带来的后果。因此，痛苦的作用应该理解为治疗意义上的，而不是法律意义上的。

我们所犯罪的后果在第二个夏娃和亚当的个人的故事中得以消解。其焦点再次集中在自由选择和谦卑之上。第二个夏娃是一个十几岁的少女，也是像其他人一样在她的谦卑和自愿的服从上帝之中得救，她创造了第二个亚当诞生的可能。就像旧金山的圣约翰(St. John of San Francisco, 1896—1966)所提示我们的：“尽管玛利亚是一件被拣选的圣器，但她仍然生性是一个女人，她与其他人并没有一点不同。”[27]与第一个夏娃不同，作为上帝之母的玛利亚也具有我们被玷污的本性、犯罪的倾向，以及背叛上帝的癖性。她也像我们一样，需要我们的和她的救世主来修正。[28]尽管她和我们一样脆弱并且也沾染了罪，但她并没有屈从于傲慢[29]，虽然她只是一位16岁的花季少女，但她自由地选择去完成上帝的意愿。由于她抵制住了诱惑和背叛，生下了第二个亚当——唯一一个没有罪的人，她的自由选择使我们与撒旦和死亡这个终极的罪的后果决裂。问题的关键就在于,要认识到自由选择的真实的宇宙力量。就像圣巴西拉的圣礼(the Liturgy of St. Basil)所宣称的:“他从死亡中救赎自己,我们正是被死亡控制并在罪恶之中被奴役。他通过十字架委身入地狱,不惜牺牲自己来承担一切,但他从死亡的疼痛中得以解放,并在死后第三天复活,他通过死后复活为所有的肉身创造了一种救赎的方式,因为人类的领袖不应该被玷污。”[30]基督也进行了自由的选择,从而脱离了与撒旦、罪恶和死亡的联系,所以,我们才能通过他的受难和复活来超越我们的痛苦和死亡。作为第二个亚当的基督通过第二个夏娃的屈从,已经让我们拯救了我们的本性,并使我们能够脱离撒旦并与上帝结合。

虽然痛苦仍然存在,但其意义却发生改变。即使看似毫无意义的死亡也被置于救赎的故事之中。例如,耶稣的诞生,作为解除人的罪恶和痛苦的人,他拯救了那些无辜者的无限痛苦。圣·马太记录了希律王在伯利恒意在杀死还是个孩童的基督的针对无辜者的杀戮(《马太福音》2:16-18)。圣·马太着重描绘了这些无辜孩童父母的痛苦,引用先知耶利米的话来说,“在拉玛听见号啕痛哭的声音,是拉结哭她儿女,不肯受安慰,因为他们都不在了”。(《耶利米书》38[31]:15)南迦南西哈的圣·尼古拉(St. Nicholas of Zica,1880—1956)也描述了这种暴行:“(希律王的)士兵用剑砍下了一些孩子的头颅,把其他孩子扔在石头上,再把一些孩子踩踏在他们的脚下,还有一些孩子被他们用手扔进水里淹死。”[31]如此的痛苦,尤其是这些孩子的痛苦曾经是如何被整个制造出来的,或者父母的失去是如何被补偿的?圣·马太(St. Matthew)并没有提及以下《耶利米书》中的文字,尽管这都是熟知圣经的人都能看得见的:“耶和华如此说,你禁止声音不要哀哭,禁止眼目不要流泪,因你所作之工必有赏赐……”(《耶利米书》38[31]:16)。这些孩子的痛苦的意义和救赎,就在于以色列的神(the God of Israel),在于上帝的弥赛亚耶稣(His Messiah Jesus),以及归于能体悟到圣日的神圣教会(12 月 29 日)。这些将要死去的孩子由于耶稣受难而得救。他们的痛苦和死亡通过耶稣的痛苦、死亡和复活而改变。但现在所有无辜的孩子的死,都能通过洗礼而被救赎。[32]

堕落的拯救与后果,超越死亡和痛苦的胜利之源泉,都将在救赎的历史之中获得。每年的复活节,圣约翰·克里索斯托姆(St. John Chrysostom)都会在其布道中宣布救赎的胜利,以及痛苦、死亡和复活的最新愿景。

> 他死亡了也就消灭了死亡!他堕入地狱,成为地狱的俘虏!当他的肉身被吞噬,他憎恨地狱!以赛亚也一起来呼喊,“当地狱在底层与你遭遇,地狱将被你憎恨。”地狱被憎恨,是因为它将被毁灭!地狱被憎恨,是因为它将被嘲讽!地狱被憎恨,是因为它被清除!地狱被憎恨,是因为它被掠夺!地狱被憎恨,是因为它被锁链捆缚!

> 地狱让人的肉身与上帝直面相遇！它还让大地与天堂相遇！它能看到没有被看到之时就已消失的事物！“哦！死亡，你的刺痛在哪里？哦！地狱，你的胜利在何方？”基督复活了，并且你被打翻在地！基督复活了，并且魔鬼也被打倒！基督复活了，天使将永享快乐！基督复活了，生命将当行其道！基督复活了，没有人将再在坟墓中死去！对于基督而言，生命从死亡中复生，已经作为曾经沉睡的他们的最初成果。这是他的荣耀，并且将一直会拥有这份荣耀。阿门。[33]

十字架的意义因能够将人引向复活的胜利而更新。这句“上帝啊，我的上帝，保佑我；为什么背弃我？”（《诗篇》21：1，希腊70子译本）验证了十字架上基督的祈祷，从第一行起就贯通了全篇，宣咏“当我哀求他，他便应允我”（《诗篇》21：24，希腊70译本），并以他向那些将要生于圣洁之水与圣灵的人所揭示的启示结尾。“主所行的事，必传与后代，他们必来把的公义将传给将要生的民，言明这事是他所行的。”（《诗篇》21：31，希腊70子译本）[34]

注释：

[1] 伊曼纽尔·康德在他著名的三大批判书中，最后提出了上帝存在和永生的问题：“我理性的、具有判断力的和实践的所有兴趣，都系于以下这三个问题：1.我能知道什么？ 2.我应该做什么？ 3.我能希望什么？”伊曼纽尔·康德.纯粹理性批判[M].诺曼·坎普·史密斯，译.纽约：圣马丁出版社，1964：635.在康德看来，最后一个问题并没有一个真正合理的形而上学答案。他也没有实现真正的超越。康德只允许实践的体验，“类如”上帝和永生的知识。从而，超越就成为一个可以指导我们行动和道德生活的意义的一个意愿。这一意义对于道德行为和知识结构来说是完整的。见《实践理性批判》(*Critique of Practical Reason*)中“纯粹实践理性的辩证法”，和《纯粹理性批判》(*Critique of Pure Reason*)中“先验辩证法的附录”。他所发现的意义并没有超越我们有限的研究范畴。当本章涉及关于生命、痛苦和死亡的深刻意义时，就涉及关于永生和上帝问题，以及康德曾重新命名的内在与本体之间的形而上学关系。

[2] 塞涅卡.塞涅卡的斯多葛哲学[M].摩西·哈达什，译.纽约：诺顿出版社，1958：207.第70篇.

[3] 同[2]202.

[4] 同[2]204-205.

[5] 摩西·哈达.塔西陀全集[M].纽约：兰登书屋，1942：391-392.

[6] 关于自主控制(self-control)和安乐死之间历史和文化关系的探索,见:厄泽克尔·伊曼纽尔.安乐死:历史、道德与经验的观点[J].内科学档案,1994(154).

[7] 关于传统医学职业(希波克拉底)道德所要达到的一个目的的分析,医生协助自杀与这一目的是相符的,见:理查德·莫迈尔.医生协助自杀是否破坏了医学的完整?[J].医学与哲学,1995(20):13-24.

[8] 罗纳德·德沃金.生命的主权:关于堕胎、安乐死与自由的争论[M].纽约:克诺夫诺普夫书局,1993.

[9] 因见善助死诉华盛顿案(Compassion in Dying v. Washington), 79 F. 3d 790(美国第九巡回法院,1996 年),名义修正案(rev'd sub nom)。华盛顿诉克鲁克斯伯格案(Washington v. Glucksberg), 117 S. 康涅狄格州,2258(1997 年);奎尔诉法考案(Quill v. Vacco), 80 F. 3d 716(美国第二巡回法院,1996 年),rev'd, 117 S. 康涅狄格州,2293(1997 年)。

[10] 直到 1972 年,得克萨斯州共和政体与得克萨斯州在自杀问题上,都保持既不禁止自杀、自杀欲望,也不禁止协助及教唆他人自杀,这在英美法律史上也是绝无仅有的。见:H T 恩格尔哈特 Jr,米歇尔·马洛伊.自杀和协助自杀:一种法律制裁的批判[J].西南法律评论,1982(36):1003-1037.得克萨斯的历史表明,对得克萨斯人而言要成为虔诚的基督徒是何等困难,并且也表明为什么得克萨斯没有出现知名的基督教圣徒。关于对得克萨斯人意识形态(Texian weltanschauung)文化根源的研究,可以参见得克萨斯皈依之前(pre-conversion)的文章:得克萨斯:圣训、道德与神话[J].得克萨斯美国研究学会杂志,1990(21):33-49.至于提到上帝的恩典,目前在得克萨斯,已经以东正教修道院的建立为标志,得到了特别的确认。或许有一天,得克萨斯也将拥有她自己的圣布巴(Saint Bubba),敬虔愚信于基督。通过尊严死亡法案,使医生协助自杀合法化,俄勒冈州的公民投票,在重新制定医生协助自杀的州立法律上迈出了第一步。见:俄勒冈州尊严死亡法案,或州立法修正案 13 款(1996 年),停止执行案(implementation stayed);李诉俄勒冈案(Lee v. Oregon), 891 号增刊 1439(1995 年 2 月令 D. Or. 1995),修正案 107 F. 3d 1382(控诉法庭第九案,CA9 1997),复议动议驳回(cert. denied sub nom);李诉哈尔克莱罗德案(Lee v. Harcleroad),118 S.康涅狄格州 328(1997 年).

[11] 关于荷兰安乐死的评论,见:凡·德尔·马斯,凡·德尔登,皮金博尔格.安乐死与其他关于生命终结的医学决定[M].阿姆斯特丹:爱思维尔,1992;凡·德尔·马斯,凡·德尔·沃,哈维卡特.关于荷兰安乐死、医生协助自杀

与其他终结生命的医学实践，1990—1995[J].新英格兰医学杂志，1996(335)：1699-1711.

西尔维娅法(Sylvia Law)引起了关于医生无需声明阻止病人堕胎的世俗道德义务的争论。这些争论足够广泛地涉及医生协助自杀和安乐死等问题。见：西尔维娅 A 法.再勿沉默：医生让病人堕胎的法律和道德义务[J].纽约大学法律与社会变化评论，1994—1995(21)：315-321.

[12] 我们可以设想，存在着为富人寻求一种奢侈的死亡方式的市场商机，即由医生协助自杀和安乐死服务："死亡俱乐部(Club Dead)：按照你曾生活过的奢华方式告别生命"！"最后的离别：体验你一直想要的死亡！有尊严、愉快地，并富有个性地离开！"或者"实行死亡：为了那些一直没有自主的人"！

[13] 有可能这位牧师所说的正是著名的蒂莫西·奎尔(Timothy E. Quill)案例，见：死亡与尊严——一个自主选择的案例[J].新英格兰医学杂志，1991(324)：691-694.

[14] 很可能，这位牧师所提及的是伊丽莎白·鲍弗雅(Elizabeth Bouvia)的案例。虽然目前尚不清楚，但可预想，鲍弗雅可能不仅希望放弃治疗，因为在道义上承受的压力，也就是因为治疗，分散了她的精力，而且她早已经衍生直接死亡的意愿。参阅《鲍弗雅诉河滨总医院案》(*Bouvia v. Riverside General Hospital*)，第 159780 号(加州高等法院法庭，1983 年 12 月 16 日)。处理这个案件的上诉法院认明自杀的意图不是放弃治疗的障碍。作为法院三个法官之一的康普顿(Justice Compton)认为，从她的医生那里寻求帮助应属于鲍弗雅权利之内，她理应希望能更快、更小痛苦地死去。在这些少数观点看来，康普顿解释了最低限度的自杀与协助自杀的权利。见："鲍弗雅诉加利福尼亚高等法院法庭"(*Bouvia v. Super. Ct. of Cal*)，见康提(L. A. County)：编号 C583828，(加州高等法院法庭，1986 年 4 月 16 日).

[15] 尤金妮·白(Eugene C. Bay)："基督信仰和安乐死"，载：基督信仰和生活中心，公理部委司委员会，美国基督教长老会.在生与死中，我们属于上帝[M].路易斯维尔，肯塔基州：长老会服务部，1995：35.

[16] 第 121 次美国基督教长老会大会，主题为"人类生命的本质与价值"见：[16]41.

[17] 这一有关主动结束生命选择的西方基督教神学观念的重要转变，被汉斯·昆(Hans Kung)很敏锐地进行了论述：

> 因此，作为一名基督徒和神学家，在长时间"利益的考量"之后，我现在颇受鼓舞地按照神学和基督教的方式，为一种中间道路公开讨论哪个是负责任的：即在缺乏责任的反宗教自由主义(anti-religious

libertinism)(“自愿死亡的无限权利”)和在缺乏同情心的反动的原教旨主义(reactionary rigorism)(“甚至无法容忍也要在顺从上帝中承受,因为这也是上帝赐予的”)两者之间。我之所以这样做,是因为作为一位基督徒和神学家,我确信,赋予男人和女人自由,并对他们生命负责的至善上帝,也会留给临终者一种责任,这种责任使他们可以对其死亡方式和时间作出负责的决定。这种责任,是一种既不是国家也不是教会,既不是神学家也不是医生所能剥夺的责任。这一自主决定也不应视为一种傲慢地冒犯上帝的行为。

汉斯·昆,瓦尔特·金斯.有尊严地死亡[M].约翰·鲍登,译.纽约:连续出版公司谱,1995:38.

[18] 阿尔伯特·加缪.西西弗斯的神话及其他论文[M].贾斯汀·奥布莱恩,译.纽约:克诺夫道布尔迪出版集团,1961:151.

[19] 美国犹太出版协会提供了以下翻译,即上帝回答摩西关于他名字问题的答案:“Ehyeh-Asher-Ehyeh”(我就是我——译者注),就像“我是我是的那个”(“I am that I am”),“我是自有永有的”(“I am Who I am”),以及“我将是我将是的”(“I will be What I will be”)(《出埃及记》4:14)。见:律法书:摩西五经[M].费城:美国犹太出版协会,1962:102.

[20] 译者注:按英文圣经(钦定版)并参阅中文广学会与中国基督教两会新版《圣经》(和合本)“I am Who I am”应译为“我是自有永有的”,与“我就是我”在汉语词义上有一定差异。此经文应为《出埃及记》3:14;原文后注有误。

[21] 东正教神学认为,堕落并没有剥夺人的自由。除了思想晦暗以至失去与上帝的交流,堕落也使我们堕入激情和不道德倾向。要想重新建立与上帝的交流,只能通过忏悔、净化激越的心灵,以及被上帝的恩典照亮,以便让我们能通过与上帝的合一而醒悟。有关痛苦的意义的知识,并不是为成功完成理性主义的反省。通过从激越中净化我们的心灵,也只有通过上帝的恩典,去领会包括痛苦在内的事物的意义,如此就能获得救赎。例如,参阅:赫若狄奥·弗拉乔.东正教的心理治疗[M].埃瑟尔·威廉姆斯,译.利瓦迪亚,希腊:圣母诞生修院出版社,1994;赫若狄奥·弗拉乔.东正教精神[M].埃菲·马弗洛米凯里,译.利瓦迪亚,希腊:圣母诞生修院出版社,1994.

[22] 圣西蒙.第一个被造的人[M].塞拉芬·罗斯,译.普拉提纳,加利福尼亚:阿拉斯加兄弟会圣赫尔曼出版社,1994:70.

[23] 亚当的罪的后果表明,人类追求自由是强烈的,并潜藏着巨大的破坏性。在罪恶中,人的自由将我们与撒旦、与世界君王联系起来(《约翰福音》12:31,14:30,16:11)。《罗马书5:12》中此段翻译见:约翰·迈恩铎尔夫.拜占庭

神学[M].纽约：福特汉姆大学出版社，1979：144.

[24] “圣礼仪式”，载：神圣服务[M].纽约：安塔基亚出版社，1989：281.

[25] 爱奥尼邱思.圣山神职习语[M].玛丽亚·梅森，谢奥多拉，译.考伐利亚(Kouphalia)：圣格利高利·帕拉马斯修院，1997：430.

[26] 关于拉丁派教义中的炼狱(purgatory)，试图强加给痛苦主体体以一种似乎现实的意义：免除因罪而受到现世惩罚。这一教义认为，即使在对于罪的忏悔、悔改、赦免和宽恕之后，这些悔过的罪人，仍然要感恩于惩罚。由此，痛苦被赋予一种新的意义：出于公正的考虑，应该允许人们规避以后重复炼狱的痛苦。至少在没有深陷其中时，痛苦能够免除现世的惩罚，否则就依然需要在炼狱之中去重复体验。就如同罗马教会宣判的特兰托公会议(Council of Trent)法规30规定：“如果谁认为，在接受赦免罪过的恩典之后，重复犯罪可以赦免，并且对于每一个悔改的罪人永罚的负担可以减轻，以至于直到在地狱之门在打开之前，再没有现世惩罚的负担，再无需在这个世界上或者在炼狱中被赦免，那么，就让他被诅咒。”见：特兰托公会议的法规与法令[M].罗克福德，伊利诺伊州：谭书，1978：46.

[27] 早期的教会所教导的是，既不需要那种现世的惩罚，也不存在炼狱问题。当时有一种关于从我们原罪的后果中拯救自己，然后真正的悔罪，并对这一重要性的明确观念。应该并且有这样一种认知，即谦卑地承受痛苦有助于我们的悔罪。无论何时我们真正的悔罪并被宽恕，我们就真正被宽恕了。死后并没有惩罚，只留存上帝的爱，那种惩罚只是因为不断地背叛上帝才经历火一样的炼狱。因为作为人类，我们与上帝在本性上是同一的，在最后的审判乃至在死亡之前，依靠活着时悔罪的特征，就能够有助于我们转向上帝。对于这些观点，以弗所的圣马克(St. Mark of Ephesus，1392—1444)是给予最好评论的三人之一，他写道：“一个事实是，那些有信仰的人毫无疑问会因神圣仪式、祈祷和对他们的施舍而受助，并且这一风俗已经从古代就被顽强地延续下来，对此，有许多人的证言和各导师言论，包括拉丁派的和希腊派，而且在不同时代和地域，以口头和文字的都有。但是精神能够被传承是因为具有确定的炼狱的痛苦和现世遭遇，它们拥有这样一种(炼狱的，a purgatorial)力量，并且有一种能帮助我们的特性，这一特性我们在圣经或者祷文中无法找到，在死亡的赞美诗或者教父的作品中也无法找到。但是我们已经承认，即使精神被打入地狱，也已经终结了长久的痛苦折磨，不管是在具体事实和经验方面，或是在如此令人绝望的希冀之中，精神都能帮助我们，给我们一种真实的尽可能帮助，尽管这不能完全让我们脱离痛苦，或者为末日审判以好的希望，如此这样完整的意义之上。”第一个训诫，“关于

炼狱的拉丁派的反驳意见”，见：谢拉菲姆·罗斯.死后的灵魂[M].普拉提纳，加利福尼亚：阿拉斯加兄弟会圣赫尔曼出版集团，1980：199.

这种差异从某种程度上可以概括为，在西方基督教和东方正教之间，在作为第一位罪的理解上的律法意义与作为第二位治疗意义之间道德取向的根本差异。

[28] 圣约翰·马克西姆维奇.东正教对圣母玛利亚的崇拜[M].普拉提纳，加利福尼亚：阿拉斯加兄弟会圣赫尔曼出版集团，1994：54.

[29] 圣约翰·克里索斯托姆(St. John Chrysostom)把基督对圣母暂时断弃的意图(《马太福音》12：48-50)理解为是一种灵性的修正。她对于自己将要完成的事充满了太多的虚荣；因为她想向人们炫耀她拥有超越她儿子的权力和权威，试图脱离圣子独自进行的伟大工作；这根源于她不合时宜的奢望……(因此)当修正她的缺点……基督既医治这种虚荣的疾病，又将应有的荣誉归还给他的母亲，即使她的要求是不合时宜的。圣约翰·克里索斯托姆(St. John Chrysostom)：《宣道44：马太福音12.46-49》，载《尼西亚雨后尼西亚教父系列I》(NPNF1)，第10卷，第279-280页。保加利亚圣提奥腓拉(Blessed Theophylact of Bulgaria，1050-1108)断言，耶稣的行为并没有“冒犯他的母亲，而是纠正她那种虚荣的和庶民思想”。

提奥腓拉.圣提奥腓拉对马太福音书的解释[M].House Springs，密苏里州：克里索斯托姆出版社，1993：109.

[30] 旧金山的圣约翰[马克西莫维奇，Maximovitch]认为，承继了亚当和夏娃原罪的所有后果的玛利亚，尽其全力服从上帝的旨意。她的荣耀由此变得更为显赫。“没有智慧或语言来表达她的伟大，尽管她来自于罪孽深重的人类，但她变得‘比智天使(Cherubim)更值得尊重，并且相比天使撒拉弗(Seraphim)也更加荣耀’。”见：圣约翰·马克西莫维奇.东正教对圣母玛利亚的崇拜[M].普拉提纳，加利福尼亚：阿拉斯加兄弟会圣赫尔曼出版集团，1994：68.

[31] 伊莎贝尔·哈普古德.圣礼仪式[M]//东仪天主教教会服务手册.恩格尔伍德，新泽西：安提阿主教区，1996：103.

[32] 圣尼古拉·威利姆洛维奇.奥赫利德序言：圣徒生活：4卷[M].玛利亚嬷嬷，译.伯明翰：拉扎里卡出版社，1986：384.

[33] 东正教并未普遍关心那些没经洗礼而死去的儿童的情况。然而，在瓦斯里迪斯(Vassiliadis)对死亡的研究中，他引用了圣约翰·克里索斯托姆(St. John Chrysostom)的话：“一只没有加盖洗礼印章的‘羊’，会变成撒旦这匹恶狼的美餐。”PG 61，786。见：尼古拉奥斯·瓦西里迪斯.死亡的之谜[M].

雅典，希腊：基督救主东正教神学家兄弟会，1993：322.
[34] 圣约翰·克里索斯托姆(St. John Chrysostom)："复活节宣道"，载《圣事服务》(The Liturgikon)(纽约：安塔基亚出版社，1989 年版)，第 392 页。

（本文由孙慕义 许启彬译，孙慕义 马晶校）

生命伦理学中的"殊案决疑":不充分,但并非无用

(摘要)

汤姆·汤姆林森

Michigan State University

Some prominent American bioethicists have advocated "casuistry", and the analogical reasoning it employs, as a remedy for the problems that trouble principle-based approaches to moral reasoning in bioethics. In this talk I will first clarify what "casuistry" is, and describe and critically evaluate the reasons that have been offered in its favor. Using several examples, I will illustrate key weaknesses in casuistry's ability to clearly justify a course of action in an ethically complex situation. Although by itself casuistry is not an adequate alternative to the use of principles, I will conclude that analogies are still a useful tool for uncovering ethical complexity.

不少声名显赫的美国生命伦理学家都支持"殊案决疑",并且支持其所使用的类比推理,认为这能作为生命伦理中道德推理之原则进路所产生问题的补救办法。在我的讲演中,我将首先阐明什么是"殊案决疑",我将描述与批判性地评价在支持这一观点时所能提供的理由。借助于几个案例,我将阐释在一个伦理性的复杂情境当中"殊案决疑"在清晰地澄清一个行为过程时所遭遇的致命弱点。尽管"殊案决疑"就其本身而言并不是一个替代原则使用的充分的方案,但我认为其类比在揭示伦理复杂性时仍将是非常有用的工具。

(尹洁译)

伦理,如何关注生命?

樊 浩

东南大学人文学院

摘 要 “生命伦理”如何才不是伪命题?必须完成一个基础性的哲学论证:生命,如何与伦理同在?或者,伦理,如何关切生命?生命伦理的要义,是生命在伦理实体、伦理制度、伦理力量和伦理规律中安“生”立“命”。如果将生命当作生老病死的现象和进程,那么“生”之“理”,“伦”之“命”,便是生命与伦理同在的两大结构。“生”之“理”是“生”与“活”的伦理重奏,包括“生”(诞生)与“病”(治疗)两个环节,是生命出场和在场的伦理律,基因、堕胎、疾病、医患关系等是其问题谱系;“伦”之“命”的是“死”与“亡”的伦理商谈,包括“老”与“死”两个进程,是生命退场与永恒的伦理律,孝道、自杀、安乐死、葬礼等是其问题谱系。生命是生理与伦理的同一,生命伦理生理律与伦理律的统一,生命的伦理律归根到底是精神律。生命伦理的真谛是“以伦理看待生命”,主题是“学会伦理地思考”。由此,生命伦理才成为人的世界的生生不息之理。本文以“生—命”为经,“伦—理”为纬,提出关于生命伦理的一个基本问题,一个问题谱系,一个体系框架,一个哲学理念。

关键词 生命;伦理;“生”之“理”;“伦”之“命”;伦理地思考

一、“生命伦理”,如何才是真命题?

生命伦理学诞生半个世纪,一个追问指向这一学科:繁荣与荣光之际,我们是否忽略了一个必须完成的基本哲学问题:生命,与伦理是否关联?如何关联?

显然,如果不能完成这一哲学课题,“生命伦理学”便可能遭遇概念上的根本颠覆,“生命伦理”就是一个伪命题。

于是,必须进行关于生命与伦理关系的哲学诠释:生命,到底如何与伦理“在一起”?

确切地说:伦理,到底如何关切生命?

宇宙万物,没有比生命更充满魅惑和挑战。生命是生灵在场的时空逶迤,更是“人”这一独特宇宙现象的剧场演绎,于是“人”将生命对象化,严峻而不懈地反思;

生命短促有限，最残酷莫过于人是所有生灵中唯一意识到自己必定死亡的动物，只能向死而生，大巧若拙地放逐生命的进程；人之生是一次偶然甚至荒诞的事件，却基因性地复制留待人们永远抗争的不平等的大千世界，人之死是必然归宿，最后一息才让所有生命复归终极平等。也许，人类的最大痛苦和最大智慧，是对生的偶然与死的必然的自觉自知，于是，才有“生”与“命”的纠结，“病”与“康”的抗争，“死”与“亡”的事实与意义的二元分殊，诞生对生命永续的期待，对无限与永恒的渴望。雅思贝斯早就发现，在人类的童年即轴心时代，环绕不同文明轴心旋转的诸多相互陌生的民族，如希腊、中国、印度，产生了一个共同的信念或意识形态，相信人类可以在精神上将自己提升到与宇宙同一的高度，进而与世界共永恒。从此，生命便成为生理延展与意义追求一体的文化存在，生命不再是尘埃般与浩瀚宇宙对峙的唯一，也不再孤冷，不再恐惧，因为指向无限与永恒的意义关切成为生命的守望者和守护神。意义，成为“生”的确证和“命”的归宿。“有的人活着，他已经死了；有的人死了，他还活着。”臧克家的名言其实只是“人”之“生”与“死”的诗意演绎。

“轴心觉悟”之后，文化虽风情万种，生命的守护神却永远只是两位：宗教与伦理。在西方，生命与上帝同在；在中国，生命与伦理同在。沧海桑田，物转星移，飘逝的是“生”，历史全景中主宰的是“命”。伦理与宗教，分别成为中西方人不息生命的两个永远的文化伴侣，大千世界，中西文明，共有的是“生”，一切的生动都来自作为“生”之文化伴侣的伦理与宗教的万种风情。文化人类学智慧而宽容地将轴心时代以来的世界文明诠释为宗教型文化与伦理型文化。不幸的是，携带“轴心思维”基因的世人习惯于夸大二者之间的殊异，多有“因其大者而大之”的好奇与诧疑，少有“因其小者而小之”的气势与胸怀，于是，宗教与伦理之于生命的意义，犹如一对失散的双胞胎，因成长中沐浴的不同风霜而相互陌生，甚至相互挤兑。其实，溯源追踪，无论宗教还是伦理，天职都只是一个，就是守望和守护生命，诚如丹尼尔·贝尔所说，“文化本身是为人类生命过程提供解释系统，帮助他们对付生存困境的一种努力。”[①]“生”是人的终极追求，“死”是人的终极归宿，宗教与伦理是“命”的最高智慧，作为生命的守望者与守护神，它们不只是终极守护，而且是终生守护，即对生命从诞生到死亡，从偶然到永恒的永远守护，因而是生命的终身伴侣。这种守望和守护，对具有异域风情的宗教型文化来说，也许容易演绎和理解，但对入世即在现世中将生命引向无限与永恒的中国伦理型文化来说，乃是一个有待追问和有待自觉的问题。

对伦理型的中国文化来说，生命与伦理的哲学关系的澄明，具有特殊的意义：如果不能完成这样的辩证，中国的生命伦理学永远像恩格尔哈特所指出的那样，是

① 丹尼尔·贝尔.资本主义文化矛盾[M].赵一凡，等译.北京：三联书店，1992：24.

从西方“进口”的，而不是本土的和“中国的”。在中西方，生命都是世界的主体，不同的是，在中国，伦理是文化的核心，不仅在传统上而且在现代，中国文化都是一种伦理型文化，“生命”与“伦理”在文化上一体相通，合而为一。“生命伦理”的真义，无疑不只是对待生命的伦理态度或生命的伦理立法，而是生命的伦理形态，是生命的伦理规律、伦理真理、伦理天理。中国文化中的生命，与英语世界的 life、live 等具有不同哲学意义。life, live 的要义是生活，即“生”而“活”；而在“生命”的话语重心，相当程度上不在世俗性的“生”，而在超越性的“命”。“命”不仅是相对于“生”的世俗存在的越超性，更是“生”的最后决定性和“生”的目的性。“命”的意味在 life, live 中并不直接内在，而是融摄和呈现于与生命终极相关的宗教的文化构造之中。“命”是伦理型中国文化的特殊理念，何谓“命”？“命”常与作为本体性存在的另一个超越性概念一体——“天”，所谓“天命”。“莫之为而为者，天也，莫之致而至者，命也。”[①]孟子以伦理话语的句式告诉世界。“生命”之中，内在两个构造，“生”是存在，“命”是意义，“生命”是存在与意义、世俗与超越的同一。同样，“伦理”之中，也存在两个构造，“伦”是实体，是存在，“理”是“伦”的真理与天理。“生命”之中，内在“生”与“命”的张力；“伦理”之中，内在“伦”与“理”的辩证。“伦”，既是“生”的实体，也是“命”的显现，“生命伦理”，就是生命的伦理真理、伦理天理或伦理天命，因而既是生命的伦理存在形态，也是生命的伦理关切。然而，生命既是空间上的呈现，即现实的生活，“生”并且“活”着，“生”统摄“活”，“活”确证“生”；更是时间上的延展，延绵为俗语所说的“生老病死”的过程。生命，既是一种现象，是“人”所“现”的“象”，又是一个进程，即“人”的“出场-在场-退场”的生理和文化进程。在生命进程的意义上，“生命伦理”是人“出场-在场-退场”的伦理。在伦理型的文化，甚至在任何文化中，“伦”的实体都是人及其生命最重要和最基本的“场”，人总是在“伦”中“安生”并且“立命”。由于“理”是“伦”的真理、天理与规律，“生命伦理”相当意义上是人“明伦-安伦-归伦”之“理”。因此，“生命伦理”既是时间意义上“生命全程”的伦理，也是空间意义上“生命全息”的伦理。“生命伦理”，必须是对人的“出场-在场-退场”的全程生命和生老病死的全部生活具有解释力和呈现力的伦理，是生命的伦理精神的现象学。“生命伦理”不是问题的碎片，也不是基于各种道德哲学传统的伦理私见的汇集，只有在全程生命和全部生活中考察和把握生命与伦理的关系，才能建构起真正的“生命伦理学”。

要之，“生命伦理”不是“生命”与“伦理”的嫁接，它内蕴一个哲学认知和文化信念：生命是生理与伦理的二重存在，伦理是生命的意义构造与文化形态，人只有在伦理中，才能安“生”，才能立“命”。在这个意义上，生命伦理学的基本哲学任务是：

---

① 《孟子·万章上》

面对生命,如何学会伦理地思考。因“命”而“生”,由“伦”而“理”,一言蔽之,“生”之“理”,“伦”之“命”,这就是“生命”的“伦理”关切的真谛与真理。

二、“生命伦理”,还是“生命道德”?

“生命伦理”首先遭遇一个语义哲学问题:“生命”的谓语为何是“伦理”而不是“道德”? 或者说,“生命”的文化密码与文化期待为何是“伦理”而不是“道德”?

问题的真实性不证自明。在英语世界,“生命伦理”有专用术语“Bioethics”;在汉语世界,从一开始就是“生命伦理”而非“生命道德”。这一现象也许可以这样辩护:在现代话语中,伦理与道德已无区分,“生命伦理”只是一种话语习惯或约定俗成。然而,另一个事实质疑这一辩护:在任何严谨的关于生命伦理的学术讨论中,伦理与道德几乎总是同时在场,并且具有显然不同的指谓,人们总是揭示生命伦理所遭遇的许多道德问题,无论在专业性学术讨论还是日常话语中,“生命道德”的话语都十分难见。由此可以假定,“生命伦理”作为某种具有世界性的话语表达,表征和传递着一种社会的潜意识,或文化直觉与集体知识:生命的价值关切,是伦理,至少首先是伦理。虽然康德以来的西方理性主义传统粗糙而粗暴地以道德取代伦理,虽然这种学术流感在全球化飓风的裹挟下已经在伦理故乡的中国传染,使中国道德哲学不再有足够的耐心甚至丧失往昔那种对伦理与道德进行审慎区分的学术上“尽精微”的功力,但“生命伦理”的话语还是以直觉和潜意识的方式不经意间在伦理与道德之间做出了文化选择。这种表达不是话语偏好,而是传递了某种最为深层的文化信息。于是,“生命伦理”逻辑地必须完成的学术辩证是:伦理与道德,在关于生命的价值关切中,到底具有何种不同的意义?

“生命伦理”的哲学精髓是什么? 顾名思义,生命伦理是关于生命的“伦”真理与“伦”天理。这一诠释关涉伦理与道德的哲学区分。虽然中西方道德哲学传统存在深刻殊异,但关于伦理与道德的概念在哲学层面却基本相通。伦理与道德之间,“伦”是实体,“道”是本体;“理”是天理,“德”是主体。“生命伦理”的深刻意蕴和最大秘密在“伦”。“伦”是什么? “伦”是人的共体、家园和本质。在抽象意义上,它是人的公共本质;在现实性上,它是人所赖以生存的共同体。作为人的类生命和人的个体生命的第一个意识形态的古神话与童话都已经表明,人的存在的“无知之幕”或本真样态是实体或“在一起”,个体生命在母体中孕育和分娩的诞生史也不断提醒和强化这种意识,实体是生命的本质和家园。于是,实体或“在一起”便成为“伦”的第一哲学真义。但是,人类生活的现实是“分”,无论人的类生命还是个体生命,在诞生的那一刹那,就开始了“分”或“别”的进程。亚当和夏娃在伊甸园中偷吃智慧果之所以是“原罪”,就是因为极具哲学表达力的“智慧果”的第一次启蒙导致伊甸园完美实体的“别”——不仅是亚当与夏娃之间的“性别”,更是上帝与自己的创造物之间的“别”，从此，人类走上通过“伦”的拯救重回伊甸园的文化长征。个体生命同样如此，“青梅竹马，两小无猜”所有的美好，就在于在自我意识中还没有个体最自然也是最重要的“别”即“性别”。人与自己实体的“别”，性之“别”，导致了生活世界中诸多伦理关系的“别”，所以，“伦”的第二要义是“分”或“别”，这是人类所处于其中的伦理世界的真实或现实。但是，“别”只是“伦”的教化或异化，“伦”的真谛与真理，是由“别”走向“不别”，于是，伦理世界的家园，无论在出世的宗教型文化还是在入世的伦理型文化中，都只是一个出发点：“爱”！因为，正如黑格尔所说，“爱”的本质就是不独立、不孤立，其文化功能和文化魅力就是由“别”复归于“在一起”。于是，“爱”便成为最基本也是最高的“伦”之“理”。由此，“伦”的第三个本性，便是由“别”向实体，或由“分”向“不分”的复归，以孔子为代表的中国文化将这种境界称之为“大同”，即透过“别”的中介而重新“在一起”。以上三方面，构成“伦”及其“理”的基本内涵，它们的辩证运动，构成人类和个体的精神史。“伦理”之“理”，归根到底是“伦”之“理”，是在相互分别的世界中“在一起”，简言之，使“我”成为“我们”的智慧。

于是，在伦理中，便存在黑格尔所说的两个最基本要素，即伦理制度和伦理力量。前者即伦理秩序，其要义是孔子所说的“正名”；后者是形成伦理的实体性力量，或伦理必然性，其要义是孔子所说的“和”。“代替抽象的善的那客观伦理，通过作为无限形式的主观性而成为具体的实体。具体的实体因而在自己内部设定了差别，从而这些差别都是自由的观念规定的，并且由于这些差别，伦理就有了固定的内容。……这些差别就是自在自为地存在的规章制度。”但是，伦理的本性不是由伦理制度所规定的差别，而是这些差别所形成的“体系”，这个有差别的体系是伦理性东西的合理性，它是伦理必然性的圆圈，即伦理力量。“这个必然性的圆圈的各个环节，就是调整个人生活的那些伦理力量。”①这个有差别的“体系”，被孔子表述为“君君臣臣，父父子子”；这种伦理必然性和伦理力量，被孔子表述为“和”；而对伦理制度的尊奉与坚守，被孔子表述为“正名”。中西方道德哲学的差异，在相当程度上是话语方式的差异，在哲学智慧的深处总是异曲同工。“伦”的本性是实体，“理”的天性是经过个体与实体分离的异化之后，透过向“伦”的复归而重新“在一起”，回到“伦”的家园。“在一起”的回到家园的全部魅力和全部动力，在于“我们”原本在一起那种不证自明和不可反思的原初状态和价值信念，因而伦理之理，就是个体性的“人”与实体性的“伦”的关系之理，是“人伦”之理。不同的是，在宗教性文化中，人作为实体性存在的价值的根源是上帝造人的“创世纪”；在入世的伦理型文化中，是现世生命诞生的那种慎终追远的自然情感。二者都是神圣性，前者是宗教的神

① 黑格尔.法哲学原理[M].范扬，张企泰，译.北京：商务印书馆，1996：164-165.

圣性,后者是基于家族血缘的自然的或世俗的神圣性;前者是信仰,后者是信念。不过,共同共通的是,中西方道德哲学都认为,存在两种基本的“伦”或“伦”之“理”,中国道德哲学表达为“天伦”与“人伦”,西方道德哲学表达为“神的规律”与“人的规律”;前者是家庭即自然生命的共同体,后者是社会或即社会生命的共同体,家庭、社会、国家,是三种基本的伦理性实体。同样共同共通的是,中西方道德哲学都在天伦与人伦之上预设或悬置了一个作为最后根源的超越性的“伦”,在西方是上帝,在中国是所谓的“天”。正如一位哲学家所揭示的,中国文化中的“天”,实际上是没有人格化的上帝,重大区别在于,“天”在中国文化中只是一种悬置,“天道远,人道迩”。伦理即天理。伦理与生命的哲学同一性表明,“生命伦理”既是生命的“伦”天理,也是生命的“伦”真理。

对于生命,伦理与道德究竟具有何种不同的文化意义?在哲学意义上,道德只有在伦理中才有现实性。伦理是“伦”之“理”,是人从实体中走出,通过生活世界最后回归于“伦”的家园的文化历程;道德是“道”之“德”,是在伦理的具体历史情境中获得“道”的智慧,成为“德”的主体性存在的文化历程。伦理与道德深切相关甚至深度交集,但却有不同的意义和功能,二者关系的要义,是“理”向“道”的转化。“伦”是存在,“理”是天理,也是对“伦”的良知,而“理”向“道”的转化,是由存在向智慧,由认知形态的“伦”向冲动形态的“伦”的转化,或由知向行的转化。人的存在的真谛是实体,“伦”的实体状态即“道”的原初状态,“大道废,有仁义,智慧出,有大伪”。① 老子提出但没有回答的问题是:为什么“大道废”,就有了“仁义”?或者说,为什么“大道废”了之后,就有了“仁义”的诉求和智慧,二者之间到底存在何种因果关联和历史必然性?在中国文化中,仁义是道德的代名词,至少是道德的核心。“大道废,有仁义”隐涵一种历史悖论与哲学判断:仁义既是大道的异化,也是对大道的修复,因而仁义的道德包含着回归大道的某种终极性的意义功能。于是,就必须从对仁义的道德哲学解读中寻找答案。从先秦到宋明,仁义具有两个相反相成的文化功能,“仁以合同,义以别异。”“仁”的功能在“合同”,所谓“仁者爱人”,“仁者无不爱也”,通过不孤立、不独立的“爱”回到“合同”的实体状态;“义”是别异,其要义是在现实的也是以差别为原则的伦理制度中安伦尽分,做伦理分位所规定的事,克尽伦理本务,从而形成“惟齐非齐”的“和”的伦理必然性和伦理力量。于是,仁义不仅联结着原初的实体世界和异化了的差别性的生活世界,更重要的是回到“伦”的家园的创造性的道德力量。所以,道德逻辑历史地期待伦理的前提,道德是客观伦理的主体性呈现方式。“伦理性的东西,如果在本性所规定的个人性格中得到反

---

① 《老子·十八章》

映，那便是德。""德毋宁应该说是一种伦理上的造诣。"①

由以上关于伦理与道德的哲学辩证，可以引出两个假设或结论：其一，中西方生命伦理具有相通性，因而可以在哲学层面深度对话；其二，据此可以在理论上诠释甚至超越现代生命伦理学的某些前沿性的难题。

"生命伦理"是中西方道德哲学的共同话语，但却有不同的问题域。共同话语体现生命的智慧真谛，不同问题域体现道德哲学的不同传统。美国生命伦理学家恩格尔哈特在《生命伦理学基础》中提出了一个问题：一种"能够超越由不同的传统、意识形态、俗世的理解和宗教所形成的具体道德形态来得到辩护"的"一般的俗世的生命伦理学"是否可能?② 他发现一个严峻的事实："当代的生命伦理学问题是建立在道德观破碎的背景上产生，这种破碎紧密联系着一系列的信仰丧失和伦理的、本体论的信念改变。"③于是，提出两种生命伦理学："朋友之间及异乡人之间的道德和生命伦理学"，亦即是现代西方道德哲学中广泛讨论的道德本乡人和异乡人的问题。④ 不得不说，恩格尔哈特敏锐而深刻地发现了问题，他的《生命伦理学基础》所讨论的问题远远超出生命伦理学本身，已经是一部道德哲学著作。然而，也不能不承认，恩格尔哈特所提出的问题，是一个典型的西方道德哲学问题，至少是西方道德哲学传统所遭遇的问题，并不是一个中国道德哲学问题，虽然它可能在现实中成为或演变为中国道德问题。因为，西方道德哲学的传统，是将伦理与道德相分离，离开伦理的前提和具体的伦理情境，试图寻找普遍有效的道德准则，即恩格尔哈特所说的"一般俗世的生命伦理学"。西方道德哲学经亚里士多德开辟的古希腊的"伦理"传统，在古罗马断裂性地型变为"道德"，到德国古典哲学，这一历史轨迹同源分流为康德与黑格尔两大谱系，前者是寻找道德的"绝对命令"道德哲学谱系，后者是融伦理与道德于一体的精神哲学谱系。前者是"飞翔的鸽子"，不仅追逐并且只是"实践理性"，而且务求"纯粹"；后者是"黄昏起飞的猫头鹰"，即背负着伦理经验的道德。遗憾的是，现代西方道德哲学选择了康德而故意冷落黑格尔，于是，陷入伦理认同与道德自由之间不可调和的矛盾，演绎至今，形成处于如美国哲学家黑尔所说的那种在伦理与道德之摇摆的"临界状态"。恩格尔哈特的问题及其纠结就是这一道德哲学传统的折射。然而，中国道德哲学传统从一开始就是伦理与道德共生，不仅老子的《道德经》与孔子的《论语》共生，而且主流的道德哲学体系从一开始就以孔子的"克己复礼为仁"为范型，"礼"的伦理是"仁"的道德的现实内容和价值目标，开辟并形成伦理与道德一体、伦理优先的道德哲学传统。在这种传

① 黑格尔.法哲学原理[M].范扬，张企泰，译.北京：商务印书馆，1996：168，170.

② 恩格尔哈特.生命伦理学基础[M].范瑞平，译.北京：北京大学出版社，2006：25.

③ 同①19.

④ 同①77.

统中，道德异乡人与道德本乡人或同乡人其实是一个伪命题，因为任何道德都只能在具体甚至共同的伦理具体性中才有现实内容和合理性。诚然，现代中国社会由于文化开放和价值多元，伦理存在和伦理实体也出现多元化走向，事实上也存在道德的同乡人和异乡人问题，但是，至少在伦理道德一体、伦理优先的道德哲学传统中，道德的同乡人和异乡人问题在理论上不是或不成为一真问题，或者说，如果依循和坚守这一传统，它就不是一个真问题。因而，在中国道德哲学传统中或中国道德体系中，生命伦理学不存在“恩格尔哈特烦恼”，至少在理论上不存在或没有这么强烈，西方生命伦理学的诸多难题，在中西道德哲学传统的互镜互释中有望得到诠释和解决，而对中国生命伦理学而言，必须直面的是一些具体的“中国问题”。

三、“生”之“理”:“生”与“活”的伦理重奏

“生”以什么确证自己？“活”！“生命”的在场方式是:“生”，并且“活”着。

“生命伦理”是“生”之“理”，或“生生”之“理”！

生命伦理首先是“生”之“理”，即生命进程中人的诞生与存续之理。用世俗话语表述，是人的“生”与“活”之“理”;用哲学话语表述，是人的生命的出场与在场之理。“生之理”是何种“理”？显然不是至少不只是生理之“理”，在现实形态上应当甚至必须是伦理之“理”，简言之，“生之理”即“伦之理”。“生”与“活”、生理之“理”与伦理之“理”的二重奏，才使生命伦理的“生之理”成为人及其生命的生生不息之理，即“生生之理”。

如果将生命当作“生”与“命”的二元构造，将生命分解为“生—老—病—死”的现象学进程，那么，“生”(狭义)与“病”是“生”的结构，“老”与“死”是“命”的结构。在生命现象和生命进程中，“生”有两种含义和两种词性，作为非连续动词的“生”即诞生，是生命的出场或出世;作为连续动词的“生”即所谓“活”，所谓“生活”或“生存”，是生命的在场或在世;“生”与“活”、出场与在场，构成广义的“生”。正因为如此，“生活”成为“生命”的自在自为形态，包含“生”与“活”两个结构或过程，其基本语词意义是“生”并且“活”着。在生命现象与生命伦理中，“生”展现为人的诞生、健康、疾病和治疗的诸环节及其进程，它几乎是人的俗世生活即“在世”的全过程。“生之理”即“伦之理”，因为，一方面，生命诞生和持存于现实的伦理实体和伦理关系中，伦理或伦之理是“生”及其进程的最重要的文化支持;另一方面，在生命的现实形态即“生活”之中，不仅存在“生”与“活”的进程，而且内在“生”与“活”的紧张，“生”一定“活”，而“活”却不一定“生”，否则就不会有“活着却死了，死了却活着”的那种生命悖论，伦之理，是“生”的意义结构。可解释的是事实，不可解释的是生活，问题在于，无论是对生活还是对广义的生命来说，不可解释而又必须解释，这便是生命伦理的大智慧，也是人文科学的价值真理所在。

“生”起始于“诞生”。生命自“诞生”便开始了生理与伦理的二重奏，确切地说，是以生理为台词，伦理为旋律的二重奏，深藏并演绎着伦理的音符和密码。在现代文明背景下，诞生作为生命序曲的第一个难题便是基因伦理。迄今为止的人类社会的全部基础，都建立在生命诞生的不可选择、不可控制的基础上。虽然人类在从初年开始就开始了人种“优生”的设计，古神话中所谓英雄配美人，以及日后形成的中西方传统，其实根本上都是人类的优生谋划，对现代中国仍有重要影响的“郎才女貌”实际上是“英雄美人”优生谋划的文化版或文明版。其实，这种基于自然条件的优生选择是人类从动物进化中携带的基因，鹿王和大猩猩在动物世界中的残酷决斗，相当程度上是物种再生产中优生的自然选择的蒙昧版。自第一把石斧创造以来，文明史相当程度上是人类选择能力不断扩张的历史，现代高技术使人类选择能力达到空前甚至狂妄的程度，基因技术尤其是克隆技术将人类文明和人类的选择能力推到底线。基因技术对人类文明的最大挑战，在于存在一种前所未有却可能根本改变人类前途的文明风险，它使人种的再生产由自然的“诞生”成为工业化的“制造”，从而在根本颠覆人种再生产的形态的同时，根本颠覆人类文明的形态。一旦克隆成为人种再生产的主流形态，那么迄今为止的一切人类文明将成为史前文明，包括今天“在场”的所有地球人都将成为“原始人”。基因治疗与器官移植同样如此，因为它们达到一定程度，量变引起质变，将消解人的自然实体性，虽然生物学意义上的“人”依然存在，但已经不是自然意义上的“这个人”，而是“人”的零部件的杂交组装，就像流水线上的机器组装一样。所以，高技术对生命伦理的第一个也是最大的挑战，是基因技术对人的“诞生”形态的颠覆，它根本改变人“类”的伦理，从“自然的伦理”蜕变为“不自然的伦理”。① 基因技术对世俗生命伦理的最大挑战，在于根本改变甚至颠覆世俗伦理关系的“起跑线”或自然基础。因为迄今为止人类社会及其组织的基本原理和文化是：人的诞生或出世的第一个伦理实体即家庭背景是不可以选择的，由此，人所赖以生存的第一个自然环境也是不可选择的，于是产生具有准宗教意义的所谓“缘”即“血缘”和“地缘”的观念。在这个意义上，人睁开眼睛后所看到并遭遇的第一个伦理事实是不平等，不仅家庭出生和地域状况因为诸多“差别”而不平等，而且最自然的还有“性别”的不平等。也许，生命的所有魅力都源于这种原初状态或无知之幕的不平等或不可选择性，正因为如此，人类才以生命的根源动力发展了诉求和追求平等的选择与奋斗能力。自历史开启以来，生命及其以此为基础的人类文明，都建立在这种自然史的基础上，“诞生”的生命伦理意义，在于生命出场的自然伦理实体的不可选择性。

① 关于基因技术的伦理挑战，参考：樊浩.基因技术的道德哲学革命[J].中国社会科学，2006(1)；樊浩.自然的伦理与不自然的道德哲学[J].学术月刊，2007(3).

自生命诞生逻辑引出的便是生命的诞生权利问题。在生命伦理学研究和中西方传统中产生广泛分歧的堕胎问题聚讼的哲学焦点,其实是伦理与道德两大哲学传统及其文化立场的分殊。恩格尔哈特认为,俗世道德看不到堕胎的不道德性,“这在很大程度上是由于人类生物学生命的开端并不是作为道德主体的人的生命的开端所造成的”。但另一方面,他又认为,“人所生产的精子、卵、胚胎和胎儿,仅次于自己的身体,用俗世的道德语言来说,完全是自己的。它们是一个人自己的身体的延伸和果实。它们服从于人自己的处置,直到它们作为有意识的实体而自己掌握了自己、直到在其同体中给予它们一个特殊的地位、直到一人把对它们的权利转让给了另一个人,或直到它们成为人”①。不难发现,恩格尔哈特的上述论述的立场是矛盾的,前者是基于胎儿生命的道德立场,后者是基于胎儿与母体关系的伦理立场。显然,堕胎的权利的论争根本上不在于胎儿是否是生命,而是对待这个可能的生命的伦理与道德的两种不同态度。基于伦理的态度,胎儿是父母身体的实体性延伸和果实,因而父母对它有意志自由;基于道德的立场,胎儿是可能的生命,因而堕胎是不道德的。但最后的事实正如恩格尔哈特所说的那样,胎儿作为私有财产的地位和国家的有限权威,使得限制堕胎的强制行为在一般世俗道德中成为不适当的,而胎儿作为私有财产的道德合法性相当程度上来源于它们与父母的伦理一体性与伦理实体性。在这个意义上,堕胎根本上是一个伦理问题,而不是道德问题。

自诞生之后,生命便是一个从成长到终结的自然进程,健康是生命自然进程的常态,疾病则是生命进程中的脱轨、失序和加速,最严重的后果是导致自然进程的中断,所谓“寿”与“夭”,即生命的自然进程与非自然进程。恩格尔哈特提出了“作为人的病人”的概念,它所隐含的命题是:“病人”不是至少不仅仅是与“健康人”相对应的概念,应当在与“人”的伦理实体的关系上考察关于“病人”或“疾病”的生命伦理。在伦理的意义上,“病人”是从“人”的伦理实体中离析出来的一个子集,内在三种伦理关系:“病人”在“人”的伦理实体中的权利;“人”的伦理实体对待“病人”的态度;治疗过程中的伦理关系尤其是医患关系。病人作为“人”的伦理共同体的成员,享有治疗的权利或福利,家庭之所以具有治疗和关怀病人的自然义务,不仅出于爱或血缘亲情,也是这个自然的伦理实体所规定的义务,到目前为止,这个义务几乎是所有文化背景下人们的自然良知或共同良知。作为这种义务的延伸,“病人”享有对社会与国家的治疗福利的权利,这种权利不仅在他们为社会做出贡献即推进社会福利的积累之后,而且即便对还没有能力或没有机会为“人”的共同体做出贡献之前,如婴儿与儿童应享受的医疗福利,移民的医疗福利等。“病人”在“人”

① 恩格尔哈特.生命伦理学基础[M].范瑞平,译 北京:北京大学出版社,2006:253,255.

的实体中的医疗福利是人的最基本的伦理安全，也是人的实体的伦理关怀的最突出的体现。在这里，无论公共医疗政策还是社会风尚，在背后起决定作用的是“人”对“病人”的伦理态度，是社会的伦理自觉的程度。总之，生命进程中的疾病与健康，是一个具有很强伦理意蕴的道德哲学概念，关于疾病与健康的理念，期待一次深刻的伦理觉悟，伦理觉悟的核心是：不只是在医学意义上将“病人”与“健康人”相对应，而应当在生命伦理，在道德哲学意义上将“病人”与“人”相对应，在“人”的伦理实体意义上确立对于“病人”的伦理理念和伦理态度，这是“生之理”作为“伦之理”的根本。

医患关系同样如此。长期以来，医患关系成为中国社会最严峻也是最深刻的社会问题之一，根据我们持续近十年的社会大调查的信息，在当今中国社会，医生已经成为继政府官员、演艺界、企业家与商人之后第四大在伦理道德上最不被信任的群体，而医生不被信任，在社会后果上可能比任何一个社会群体不被信任要严重得多，因为它预示着人的自然生命处于可能的危机之中。医患关系的危机，本质上是一场伦理危机，是伦理认同、伦理觉悟和伦理关系的危机。生命进程中，医生往往充当或被期待充当“病人”和“健康人”之间的“上帝之手”，然而，在市场化和祛魅了的缺乏伦理追求的职业认同下，医生往往只拥有充当“上帝之手”的威势或特权，却没有上帝所要求的那种情怀和精神，甚至根本上不具备这样的技术能力和伦理抱负。治疗中的诸多生命伦理问题，如医生的语言形态即医学语言与伦理语言、知情同意、病人权利等，大多发生在技术和知识的层面，其实更深刻的问题是医务人员的伦理认同与伦理理念。正如恩格尔哈特所说，对医务人员来说，病人是“一个异乡土地上的异乡人”，但是，恩格尔哈特仅仅在知识与技术层面理解“异乡人”，其实，病人在治疗的特殊境遇中还是一个伦理上的异乡人，他们已经从“健康人”的实体中被离析出来，成为一个伦理上的异乡人，不得不适应一些新的外在的伦理关系模式和伦理期待，在正在加入的医患关系这个社会群体中，他们可能没有任何成员地位，只能把自己的健康、财富甚至生命托付给医生。医生不仅成为病人眼中的上帝，也常常以上帝自居，不幸的是，却少有上帝的品质。现代医患关系的生命伦理症结在于：医生成为也把自己当作“病人—健康人—人”之外的特殊存在，进行去伦理化的自我身份认同，即市场化的职业认同。其实，正如西方生命伦理学家所发现的那样，医生与病人的关系应当是朋友，而不是异乡人。根据我们的调查，在现代中国社会，朋友关系传统上依然是包括家庭血缘关系在内的五种最重要的伦理关系之一，[①]因而同样需要一种伦理上的觉悟和伦理上的建构。我们不能期望医患关系成为朋友关系就能解决一切问题，但这种职业关系向伦理关系转换与提升，无

① 参见：樊浩，等. 中国伦理道德报告[M]. 北京：中国社会科学出版社，2012.

疑对化解日趋紧张的医患关系具有重要意义。

要之,生命之理即“生”之“理”,“生之理”是伦理之理或“伦之理”,而不只是生理之理,也不只是医疗技术之理或职业之理。“生”的生命伦理的建构,期待一种将生命回归伦理和伦理实体的彻底的伦理精神,这种彻底的伦理精神,本质上是一种彻底的人文精神,由此,“生”之“理”才能成为“人”的“生生之理”即生生不息之理。

四、“伦”之“命”:“死”与“亡”的伦理商谈

“生”为何与“命”联姻?

原因很直白,生命的最大奥秘是:“生”,并且由“命”!

“生命”之“命”是何种“命”?

“伦”之“命”!

“生”与“死”,是生命的在场与退场的两个过程,宗教与伦理对待这两个截然不同的生命过程的共同智慧,是将它们当作生命存在的两种状态,即此岸和彼岸;并且,无论宗教型文化还是伦理型文化,都倾向于认为,“生”与“死”的背后内在一个最后的决定性或必然性,这就是“命”,所谓“死生由命”,也许,这就是“生”—“命”相连所生成的“生命”理念的哲学奥秘所在。“生命”之中,“生”是世俗结构,“命”是超越结构;“生”是偶然性,“命”是必然性。“生”—“命”合一的哲学大智慧,赋予人之“生”以终极目的性,也赋予人之“活”以终极的合理性,使宗教的因果报应与伦理的善恶报应,总而言之使所谓德福一致具有逻辑与历史的现实性,这是从古神话到作为人文精神最高智慧形态的宗教与伦理的共同智慧密码。在“生”与“命”的二元构造中,“生”也许具有一定的可解释性或可解读性,“命”却是所有宇宙现象中最“不可道”“不可言”而人类又总是不懈地追求对它的“道”与“言”,所谓“莫之致而至者,命也”。也许正因为如此,生命才具有无穷的魅惑,“由命”“立命”“正命”才成为人“生”的态度、境界和追求,因为它使人的生命成为存在与价值,或生理与伦理统一的区别于其他任何动物的文化存在。不可解释又必须解释,这才是“生命伦理学”的最大哲学诱惑。

“生命”从根本上说是一个反义词,因为“生”是一个向“死”而“生”的自然进程,也许,如果没有“死”即“生”的终结,人类永远也不会思考“生”的问题,也不会诞生“生命”的理念,正因为如此,人生观的问题发生及其真谛是“人死观”——因为死是人的必然归宿,所以才必须严肃而执着地探寻生的真谛。“生命”既是“生”之“命”,更是“死”之“命”,只是“生之命”是世俗的,展现为多样性,而“死之命”是必然的,人人平等。因为“死之命”是必然,不可逃脱,于是,人类将智慧投向一种生命超越性的在场方式,诞生与“死”相对的另一个理念:“亡”。“死”与“亡”都表征生命的退场,但“死”是肉体生命的退场,“亡”是精神生命或所谓灵魂的退场,于是便存在一

种可能：肉体退场，灵魂在场。不同的是，在宗教型文化中是在另一个时空即所谓“天国”在场；在伦理型文化中只是转换了在场的形态，由物理时空的在场，转换为精神时空中的在场。无论如何，只是改变了“活”的方式：前者“永远活在天国”，后者“永远活在人们心中”，宗教与伦理，只是出世与入世的区别。作为“死亡”的书面表述的所谓“逝世”，只是表明人与现世生命链环的一次告别，或与“在世”的一次告别，转而以另一种生命形态在场或“活”着，告别现世，报到来世。至此，“生”之“命”便表现为“死”与“亡”的商谈，“死而不亡者寿”，老子揭示的这个真理，意味着人不仅可以永恒，而且真正的永恒不是“不死”，而是“不亡”，即“死”后如何不从世界中彻底地退场。但是，正如“生”之“理”是“伦”之“理”一样，“死”之“理”也是“伦”之“理”。“生”之“命”、“死”之“命”，归根到底都是“伦”之“命”，是由“伦”即“伦”的实体所决定的“命”，因而必须也只能从与“伦”的关系中理解和诠释“死”与“亡”的商谈，对伦理型的中国文化来说，尤其如此。

“自杀”是现代中西方生命伦理学聚讼焦点之一，其实，关于自杀的论争，本质上是一个伦理纠结。在一般意义上，自杀意味着生命自然进程的自我终结，因而关涉主体对于生命的权利问题，于是，不同文化和不同时代便表现出巨大差异，然而在学术经典中却存在基本的共识，这就是在与“伦”的关系中讨论。关于自杀的经典论述最容易引起误读的是黑格尔。在《法哲学原理》中，他曾在同一个论域下三次讨论自杀问题，但结论却非常不同甚至截然相反。在导论中，他明确指出：“意志这个要素所含有的是：我能摆脱一切东西，放弃一切目的，从一切东西中抽象出来。唯有人才能抛弃一切，甚至包括他的生命在内，因为人能自杀。”①从意志及其自由的意义上考察自杀问题，这是他立论的形而上学基础。在他看来，法的基地是精神，精神的出发点是意志，意志的本性是自由，自由与意志的关系，就像物体与重量的关系一样。于是便有所谓“意志的理想主义”，即人能摆脱与放弃一切东西，包括自己的生命。然而绝对的意志自由只是抽象，在现实意义上，生命的自主权必须服从于伦理，由伦理主导。于是，在“抽象法”的“所有权”部分的开始和最后，他提出两个相反的立论。前半部分认为：“只有在我愿意要的时候，我才具有这四肢和生命，动物不能使自己成为残废，也不能自杀，只有人才能这样做。”②这是意志的理想主义。然而在最后一节，他的立论却是：“不言而喻，单个的人是次要的，他必须献身于伦理整体。所以当国家要求献出生命的时候，他就得献出生命。但是人是否可以自杀呢？人们最初可能把自杀看做一种勇敢行为，但这只是裁缝师和侍女的卑贱勇气。其次它又可能被看做一种不幸，因为由于心碎意灰，遂致自寻短见。

① 黑格尔.法哲学原理[M].范扬，张企泰，译.北京：商务印书馆，1996：15.

② 同①56.

但是主要问题在于,我是否有自杀的权利。答案将是:我作为这一个人不是我生命的主人……所以人不具有这种权利。"①"我是生命的主人,拥有自杀权——我不是生命的主人,没有自杀权",如何看待这个关于自杀的"黑格尔悖论"? 关键在于,其一,这些相互矛盾的立论应了关于黑格尔理论的解读方法的一句名言:对黑格尔的理论,要么全部接受,要么一个都不接受。他在关于意志自由的辩证运动中讨论自杀问题,在抽象意义上,人有自杀的自由;在具体意义上,人没有自杀的自由,因为人是具体的伦理存在。其二,重要的,必须在伦理实体而不是抽象主体的意义上讨论人的自杀权利问题。在伦理的意义上,他的最后结论是:"所以一般说来,我没有任何权利可以放弃生命,享有这种权利的只有伦理的理念,因为这种理念自在地吞没这个直接的单一人格,而且是对人格的现实权力。"②所以,自杀归根到底是"裁缝师和侍女的卑贱勇气",是一种彻底的生命懦弱和伦理逃逸。因为人必须也只能献身于"伦理整体",只有伦理整体才有使人放弃生命的权利,如为国家民族献身等。如果黑格尔的论述还不够直白或"本土",那么,两千多年孔子的教诲已经简洁地道出这个天理。孔子的名言是:"身体发肤,受之父母,不敢毁伤,孝之始也。"③为何"身体发肤","不敢毁伤"? 因为"受之父母"! 自己的生命不仅来自父母,是父母生命的一部分,而且承载着使父母生命永恒的文化使命,在这个意义上,自毁即是毁父母,自伤即是伤父母,对待自己生命的态度,根本上不是权利问题,而是伦理问题,是伦理良知和对待伦理实体的态度问题。因此,关于自杀问题的追究,关键在于"学会伦理地思考"。

如果说自杀是个体对伦理实体的生命意志,那么安乐死便更多涉及伦理实体对待个体的生命意志,它是生命伦理学聚讼的另一个焦点,争论的核心是关于安乐死的合法性问题,合法性的核心问题是:安乐,到底是生命主体的"安乐",还是"生者"的安乐? 安乐死的权利,到底是生命主体的权利,还是"生者"的权利? 归根到底,还是个体与实体或主体与实体的关系问题。如果安乐死是生命主体的选择,那便与上文所讨论的自杀问题相交切,是一种"安乐自杀",关涉主体的伦理合法性;如果安乐死是"生者"的选择,便关涉伦理实体对待生命主体的态度问题。无论如何,纠结点都是伦理。安乐死的最大风险是伦理风险,无论自主还是他人实施的安乐死,它都可能使人们放弃生命的伦理责任,尤其他人实施的安乐死,潜在的风险是由主体的"生命伦理",蜕变的"生者的伦理",即在生命进程中处于强势地位的群体放弃对个体的伦理关切和伦理责任,生命伦理学中关于濒危病人医治的家庭能

---

① 黑格尔.法哲学原理[M].范扬,张企泰,译.北京:商务印书馆,1996:79.

② 同①

③ 《孝经·开宗名义》

力和社会代价的争论,已经潜在这个风险,它很可能使个体与社会责任的逃避获得一种伦理合法性甚至伦理上的自我安慰与社会辩护。西方生命伦理将安乐死的最后决定权交给个体,已经发现一些出乎意料的选择,它启示人们,在"生命"与"安乐"的选择之间,对待生命至少需要足够的"美丽的优柔"。一般情况下,在现代生命伦理学意义上,安乐死的决定者往往有两大权利主体:生命主体或者家庭成员。家庭成员为何具有实施安乐死的权利?归根到底,只是因为他们与生命主体是一个自然的伦理实体。无论如何,伦理,还是伦理,才是最后决定性的因素。生命之"命",归根到底是"伦"之"命"。

与死亡密切相关的另一问题是葬礼。在出世的宗教型文化中,葬礼是现世与来世漫漫人生征途上的华丽驿站;在入世的伦理型文化中,葬礼是"送君千里,终有一别"的关塞长亭。各种葬礼,虽千万风情,然而主题却永远只是一个:如何"死"而不"亡"。仔细考察便发现,葬礼的语言,是伦理语言。宗教葬礼上牧师对死者的祈祷,既是向上帝的推荐信,也是生命在世的鉴定书;中国葬礼上的哭泣诉说,既是依依惜别的陈情表,也是以悲痛和泪珠打造的功德林和死者"永远活在我们心中"的宣言书。"死"之悲痛和"亡"之忧患,构成葬礼的二重奏,将人生推向伦理的巅峰。黑格尔曾经说过,"存在者的运动本身也在伦理的范围之内,并且以此伦理共体为目的;死亡是个体的完成,是个体作为个体所能为共体(或社会)进行的最高劳动"。家庭的使命,是使死亡成为一个伦理事件,它"把亲属嫁给永不消逝的基本的或天然的个体性,安排到大地的怀抱;家庭就是这样使死了的亲属成为一个共体的一名成员"。[①] 家庭的重要功能,不仅作为自然的伦理实体给予正在消逝的生命以临终关怀,而且使已经消逝了的生命回到家庭自然伦理实体的怀抱,慎终追远,使之成为家庭共体的永恒生命链环中的一个伦理性环节。

如果说"死"是生命的终结,那么"老"便是终结的前奏。在生老病死的生命进程中,生与病是自然进程,老与死则是自然进程的失序与中断。"老"是生命的伦理谢幕的起始,本质上是一个伦理性的进程,因而对待老人的态度,对待"老"的态度,最能考量社会的伦理精神和人生的境界。所谓"五十而知天命","知"何种"天命"?在自然生命的意义上,就是知"老之将至"。"老"作一个生命伦理现象,核心是所谓"孝"的德行。因为"孝"包含了对生命真谛的禅悟,对生命的伦理态度和伦理追求。在中文中,"孝"在造字上即是"子"背负"老"的会意,而所谓"教"或教化、教育的本意,就是"教子行孝",可见"孝"在文明和文化体系中的特殊地位。在生命伦理中,必须完成关于"孝"的两个伦理上的澄明或觉悟:到底为什么要"孝"?"孝"的终极意义是什么?两大问题,都围绕一个主题词展开:伦理。为什么要"孝"?"孝"本质

① 黑格尔.精神现象学:下卷[M].贺麟,王玖兴,译:北京:商务印书馆,1996:10,12.

上是对待生命的一种伦理态度和伦理体验。黑格尔曾说,在家庭中,父母与子女之间爱的情感具有迥然不同的性质。父母对子女的爱是慈爱,子女对父母的爱是孝敬。慈爱是这样一种情感,父母意识到“他们是以他物(子女)为其现实,眼见着他物成为自为存在而不到他们(父母)这里来;他物反而永远成了一种异己的现实,一种独自的现实”。子女是父母的作品,是婚姻之中两种人格的共同人格即所谓“爱情的结晶”,所以,父母对子女的爱本质上是对自己,即自己的作品和婚姻共同人格的爱,因而具有某种本能性质,正是在这个意义上,恩格斯才说,爱自己的子女是老母鸡都会的事。然而,子女对父母的孝敬则是一种教化和文化觉悟。“但子女对父母的孝敬,则出于相反的情感:他们看到他们自己是在一个他物(父母)的消逝中成长起来,并且他们之所以能达到自为存在和他们自己的自我意识,完全是由于他们与根源(父母)分离,而根源经此分离就趋于枯萎。”①“孝”基于这样一种生命体认:父母是子女的生命根源,子女是在父母生命的枯萎之中成长起来的。孔子关于“孝”的“返本回报”的诠释,道出了“孝”的生命伦理真谛。因此,“孝”本质上是一种伦理觉悟和伦理上的教养,“孝”的全部根据在于生命伦理。关于“孝”的另一个生命伦理难题是:为何“不孝有三,无后为大”?到底是孟子迂腐,还是现代人缺乏必要的伦理洞察力。“无后为大”指向的是“死而不亡”的生命永恒。如何“死而不亡”?入世的中国文化有所谓“三不朽说”,然而三不朽中,立德、立言都是精英的专利,芸芸众生如何不朽?能否不朽?这个问题不解决,入世的文化终将难以自立。于是,伦理型的中国文化给予每个中国人以不朽的能力和机会。对普通大众来说,只要“有后”即有儿子,血脉相传,香火相续,便可不朽,因为在生生不息的自然生命之流中,每一个生命都将永存。相反,如果“无后”,生命的自然之流中断,那便既“死”且“亡”了,所以“无后为大”,因为“无后”便彻底中断了不朽的希望,因而是最大的不孝。至于“无后”为何是无儿子,那纯属父系文明遗产的偏见。由此,“孝”便从道德问题转换为伦理问题,毋宁说它从开始或者从根源上就是一个伦理问题。

要之,死与老的生命节律,自杀、安乐死、葬礼、养老送终等生命难题,本质上是一个伦理问题。“生”之“命”,就是“伦”之“命”,是伦理之“命”。

五、“精神律”:以伦理看待生命

生老病死的生命现象和生命过程展现生命的伦理本色。关于“生”与“命”的伦理解读,演绎生命伦理学的方法论理念:以伦理看待生命;也提供生命伦理学的哲学前提:学会伦理地思考。唯有如此,“生命伦理”才是真问题,“生命伦理学”才有可能。

“以伦理看待生命”,可能使中国的生命伦理学免于一种风险:不是西方“进口”

① 黑格尔.精神现象学:下卷[M].贺麟,王玖兴,译.北京:商务印书馆,1996:14.

的,而是中国“本土”的,是基于中国现实的伦理情境、以中国特殊的伦理传统理解和建构生命的伦理学。由于中国文化是一种伦理型文化,在狭义上,“以伦理看待生命”或“学会伦理地思考”,与中国文化的直接切合,这个意义上生命伦理学最应当也最有条件是“中国的”。不过,对于生命的伦理解读和伦理演绎更内在甚至追求另一种可能:生命伦理学既不是中国的,也不是西方的,而是世界的,因为,“以伦理看待生命”“学会伦理地思考”,为生命伦理学提供了一种具有形而上学意义的理念和方法,将生命伦理学提升到哲学或者说广义的道德哲学的层面,之所以说是广义的道德哲学,是因为这种道德哲学的核心概念是“伦理”而不是“道德”。“以伦理看待生命”,无论西方宗教型文化背景下的生命伦理,还是中国伦理型文化背景下的生命伦理,都具有一种共同形态:“精神”形态。

在伦理的意义上,“精神”的对应面是“理性”,在关于伦理的观念方面,根据黑格尔理论,“精神”与“理性”的根本区分,是“从实体出发”与“集合并列”的对立。无论宗教还是伦理,本质上都是实体取向,区别在于,宗教是彼岸的终极实体或最高存在,伦理是“伦”的此岸的实体,共通在于,它们都必须也只有通过精神才能达到。正如黑格尔所说,伦理是一种本性上普遍的东西,普遍物有多种存在形态,也可以通过多种形态建构,如制度安排、利益博弈等,只有通过精神达到的“单一物与普遍物的统一”才是伦理。精神与伦理实为一体之两面,所谓“伦理精神”。在这个意义上,“以伦理看待生命”即“精神地看待生命”,“学会伦理地思考”即“学会精神地思考”,其哲学内核一言概之,“从实体出发”。因此黑格尔才说,“从实体出发”才是伦理,也才“有精神”。

“生之理”,“伦之命”已经显示,人的生命遵循两个基本规律,即自然律与伦理律,用西方哲学的话语表述,自然律是“神的规律”,伦理律是“人的规律”,它们彰显的是两种不同的实体性伦理关系,前者是“天伦”,后者是“人伦”。自然律与伦理律,归根到底是精神律,精神出于自然而超越自然,达到“单一物与普遍物的统一”。生命伦理的规律,根本上是精神规律,准确地说是伦理精神规律。或许,哲学演绎过于抽象,但是,“伦理地思考”的“精神律”可以破解生命现象和生命伦理中的诸多难题。

出世的宗教文化与入世的伦理文化,都遭遇一个关于人的诞生的共同难题:人为何以一声啼哭向世界报到?迄今为止的文化想象展现的多样性是:悲观主义者认为人生是苦,所以哭;乐观主义者认为乐极生悲,所以依然是哭。来到世界,人人都曾哭,但人人都无法解释甚至没有记忆。其实,生命诞生的自然史已经解开这个密码。为何只有母亲的怀抱可以平息生命的啼哭?原来,十月怀胎,一朝分娩,生命的诞生无论对母体还是婴儿,都是实体的一次浪漫而痛苦的分离,这种分离既是“生”,也是“命”,于是,迎接这个世界的只能是啼哭。回到母亲怀抱的生命本质,是回到实体。婴儿通过十个月漫长生命长成的嗅觉本能辨识母体,通过母乳建立与母体之间的自然生命关联。于是,生命之爱,便由以“怀胎”为呈现方式的前诞生的生理史,走向以“怀抱”为表达方式的诞生初期的心理史,生命进一步成长,便发展成以“关怀”“关心”的伦理史或伦理教化与伦理成长史。无论如何,“爱”的本质不独立,是“在一起”“怀胎—怀抱—关怀”,就是生命诞生和成长的生理史、心理史和伦理史的精神运动,三个历史的发展轨迹,是人出于自然而超越自然的精神史。可解释的是自然,不可解释的是生命,神秘的生命现象,只有在精神准确地说伦理精神的解读下才能现出它的本真。

日常生命中一些司空见惯但未能把握真谛的生命伦理现象同样如此,最典型的案例是关于残疾人与流行病人的生命伦理。一般情况下,人们似乎对残疾人不乏同情心,在此基础上社会也都建立某些残疾人政策。同情心的本质是“同情感”,即对残疾人作为“人”的实体的子集的那种共同共通的情感,即建立与“残疾人”在“人”终极性上“同体”的直觉基础上的那种“同体大悲”情感。但无论这种情感,还是建立在这种情感基础上的公共医疗政策都是脆弱的,因为,相对于“人”而言,“病人”总是弱势群体,残疾人更是如此,因而需要一种把“病人”还原到“人”的共同体或人的实体中的彻底的伦理精神。对待残疾人,尤其是对待那些先天残疾的人来说,作为“人”的实体应有的伦理觉悟是:无论概率多大,“人”或个体的“诞生”都内在成为残疾人的风险与可能,残疾人与其说是“人”中的失能者,所谓 disable,不如说他们承担了其他每个正常人全部的风险,因此,社会对待他们的伦理态度,不应当止于“同情”,而应当“感恩”。可以想见,基于“同情”与基于“感恩”所体现的伦理态度以及在此基础上建立的公共医疗政策,将有多么巨大而深刻的差异。对待流行病人的态度同样如此。流行病是一种与人类共存的历史现象,全球化将流行病的传播提高到空前的速度与广度,因而任何一个负责任的理智的国家与社会对此都采取果决措施,表现出最大的治疗力度。但是,对流行病的控制与对待流行病人的态度是两个完全不同的问题域。可以发现,到目前为止,无论国家还是社会大众,对流行病的控制与治疗,相当程度上是基于“恐惧”,即对疾病甚至死亡“流行”的恐惧,个体的自觉也是基于“流行”就在身边的那种“人人自危”的切身体验,而对流行病人,则缺少必要的伦理体验与伦理关切,社会所给予的一切,仅限于治疗,远没有提升到伦理的程度。其实,即便在医学知识的层面,流行病毒往往随着流行的扩展而不断变异与衰退,所以,流行病人不仅是可恶病毒的不幸感染者,也是伦理共同体中“人”的挡箭牌和殉难者,社会应当对他们表现出必要的伦理关切和伦理敬意。脱离人的实体性,关于生命现象的任何理解,都将没有伦理,也没有精神。

生命的真理是伦理,伦理的本性是精神。生命伦理,本质上是一种伦理精神;生命伦理律,根本上是伦理精神律。“以伦理看待生命”“学会伦理地思考”,生命才有伦理,也才有精神。生命伦理学,就是关于生命的伦理精神体系。

健康医学:深层人文关怀时代的到来*

赵美娟

中国人民解放军总医院医学院

摘 要 为迎接我国医药卫生体制机制改革的战略转变,充分认识健康医学的内涵性质意义,以及现实医药卫生体系运行与全民健康需求之间存在的不适应,转变观念,增进共识,从有机系统的生命高度,重塑以人为本的医学的健康观、服务观、知识观,满足全民健康需求,切实发挥好研究型医院的历史性担当与使命。

关键词 健康医学;生命观;健康观;服务观

健康,说到底,是一种境界,一种生命境界。它表现为一种认识视角、一种态度、一种方式、一种修养和一种审美追求。生命健康,一旦成为社会和医学的主题,标志着一个深层人文关怀时代的到来。这是文明演进所向,人性所向,生命所向。健康医学,表达的正是这种对生命的终极人文关怀意义。

随着2015年10月党的十八届五中全会首次提出“推进健康中国建设”的新目标、新任务,“健康中国”上升为国家战略。把“健康”与中国的发展目标结合在一起,“全民健康”与“全面小康”,以及“科技创新驱动”“全面健身计划(2016—2020)”等,“健康”已成政府和民间的热词,产生了“共鸣”,尤其对“医改”进一步深化具有价值观层面的“文化引领”作用。换句话说,医改从解决呼声高的“看病难、看病贵”,转向“预防为主,全民健康”促进的“健康医学”诉求!通过“分级诊疗”由“看病”重点转向“健康”重点,强调基层医疗服务体系架构建设在整体医疗系统中的关键性作用。政府这一事关促进全民健康的战略转变,赋予了医学健康观以全新理念,并将对未来的医学服务观、医学知识观产生连带观念改变。也可以说,这一改变是基于广泛社会心理认同和系统“医学生命观”基础上的、面向人类健康尊严永恒主题的、对医学本质与特点的再度深刻反省与回归。

本文就“健康意识”和“健康目标”的诉求凸显对当下医学在观念上面临的机遇与挑战试析拙见,以供参考。

* 基金项目:全军军事科研“十二五”计划2013年度课题(13QJ003-037)。

一、重塑医学"健康观"与"健康意识"

健康观是建立在人类对自身生命现象认识基础上的对群体健康状况所持的一种基本尺度的认定。而医学的功能与价值,便是依据各个历史时期医学的手段维护人类健康,满足人的健康需求。不同的健康观,对应着不同的生命观。早在1948年世界卫生组织成立《宪章》时指出:"健康是一种身体上、精神上和社会生活上一种圆满适宜的状态,而不仅是没有疾病和不虚弱。"可见,健康的界定(标准)建立在对人的生命整体维度的认识上。如何认识和解读生命,决定着如何认识和把握健康。我们要拥有健康,就不能不去认识和思考生命现象,以及思考我们个人为了健康应该注意什么,应该怎样生活;医学应该思考提供什么,应该如何协助维护健康。由于人兼具社会性和个体性的原因,"健康"在属性上,也兼具社会群体性和个体差异性。二者中如果缺少其中任何一方的"努力",比如,个体对自身健康缺乏长期的关注和措施维护,过早生病,威胁到了健康甚至生命。因此,重塑医学健康观适应健康医学需要与重塑和普及"健康意识",是一个问题的两个方面。

1. 全民健康目标是一次健康思想革命

伴随全民日益增长的健康需求,围绕"健康"、为了"健康",政府意在"三医联动"等社会协同推进下,搭建制度机制保障的全系统架构,将这一世界性的"医改"难题,在经历十几年的艰苦摸索之后,终于迈出了观念上、制度上的历史性的一大步。可以说,这一全民健康目标,几近一次健康思想革命,需要在社会共识基础上,重建中国全新的健康信念和健康文化。

应该说,这样的健康目标是振奋人心的,具有广泛的社会心理认同。可以预见,伴随"分级诊疗"普及,医疗重心"下沉",健康需求"前移",医院层级之间,不仅将面临各自功能定位与相互衔接的制度机制技术等问题,相应地面临诸如医学后备人才培养方式和内容结构、社会保障制度机制配套完善、医药体系制度配套改革、政府监管和必要投入、医院评价考核制度配套改革等系统联动等问题。诸多挑战都将集中到上述观念转变和重塑!

2. 健康人人有责是"健康意识"觉醒与普及的标志

如何从整体性、系统性、综合性上认识与维护自身的健康,诸如:如何生活方式,如何修养身心,如何面对挫折,如何预防保健,防微杜渐,直至大病绝症,等等,都体现在"健康人人有责"和"健康医学"之中。健康于个体而言,不只是患病治病和花钱多少的问题,而重在树立一种严肃的"健康意识",在社会(医学)与个人之间,回归健康的过程性关注与管理。

说到底,健康观具有哲学认识论与方法论意义上的文化力量,无论从生命系统角度看,还是从社会发展角度看,都是在文化的层面倡导健康和追求健康。借用美国社会学家、政治家,曾任美国驻印度大使、美国驻联合国大使丹尼尔·帕特里克·莫伊尼汉(Daniel Patrick Pat Moynihan, 1927.3.16—2003.3.26)的一句名言:"保守地说,真理的中心在于,对一个社会的成功起决定作用的是文化,而不是政治。开明地说,真理的中心在于,政治可以改变文化,使文化免于沉沦。"[1]

综上所述,具有文化导向的"健康意识"的凸显,标志着社会的成熟与觉醒!"健康医学"的凸显,标志着深层人文关怀时代的到来!今日,无论社会与医学,还是医学与社会,"健康"以全新的立意重回社会视野成为时代的主题,而作为其"有机整体系统"的组成环节(或说是重要环节)的医院,尤其是研究型医院,在这一历史转向中,势必面临着更多的担当和使命,特别是,持续关注与思考生命奥秘研究进展,推进健康医学发展。

二、重塑医学生命观与生命意识

1. 医学生命观

所谓医学生命观,是医学对人的生命现象所持的一种基本观点和态度,诸如:生命是什么?健康的标准是什么?疾病是什么?以及判定某种疾病的依据是什么?说到底,是医学依循生命规律认识基础上的实施健康维护的系统观点。生命观,即人类基于一定视角方法对生命现象等的一定揭示或解释,回答"生命是什么"的基本观点。医学对生命规律认识达到的认识程度,相应地,影响着医学关于"健康维护"的理念和实践,直接影响着医学对健康的认识与维护方式。因此,医学生命观与医学健康观是相互牵制的。

强调医学生命观和医学健康观深层关系的意义在于,避免像英国近代生物学家、教育学家赫胥黎说过的一句话:"医学进步到不再有健康人了。"[2]即医学在有效维护健康与防止"生命医学化"之间,保持应有的理性和清醒。所谓"生命医学化",即一个国际著名的智库,"由 15 位哲学家、医生和科学家组成的英国菲尔德生物伦理委员会,认为,我们的生命被医学化已成为一种超级趋势"。这个智库预言:"其中一个问题在于诊断行为被扩张的这个趋势,换句话说,疾病已被扩大定义,愈来愈多个体陷入诊断大纲。"[2]可见,人们既需要医学又担心医学干预的过犹不及问题,由来已久,如何让健康维持在生命过程的动态平衡中,便成为医学难度与价值所在。

2. 生命意识

所谓生命意识,一方面,生命意识是一种充分认识生命规律基础上的,用生命系统复杂性的认识论与方法论,从系统整体全局的视角看待和把握事物过程中的性质与本质的观念理念和方式方法。具有整体的、系统的、联系的、开放的、动态的、过程的等特点,其对立的是:孤立的、静止的、局部的僵化意识(非生命的)。

人类沿着生物遗传和文化遗传两条途径,尤其在当代生命科学和文化人类学中对人的生命现象等已得到较为切实的解答。其中,生物学的、物理学的、信息技术的、数学的、哲学的等,都给出了不同角度的试图破译生命奥秘“奇迹”的揭示解释。例如:在精通统计力学的物理学家眼里,生命就是奇迹。为什么种子可以开花结果,土地可以生出森林!为什么在封闭系统的条件下,雪会可以融化成水,但水绝不会自发地变回雪?1944年,物理学家埃尔温·薛定谔(Erwin Schrödinger,1887—1961)在他的著作《生命是什么?》(What is Life?)中解释了这个问题:生命体与封闭气体的不同之处在于,前者是一个开放系统,生命体自身与环境间存在着能量的转化——能量耗散。同时,这个过程是不可逆的,在显微镜下看,原子是有序而不可逆的。[3]

美国数字文化的《连线》杂志的创办人凯文·凯利(Kevin Kelly)在其著作《失控》中指出:“科学家得出一个惊人的结论:无论生命的定义是什么,其本质都不在于DNA、机体组织或肉体这样的物质,而在于看不见的能量分配和物质形式中包含的信息……生命是一种连接成网的东西……生命是复数形式(直到变成复数以后——复制繁殖着自己——生命才成其为生命。”[4]。凯利还指出:“生命对我们保有一个大秘密,这秘密就是,生命一旦出世,它就是不朽的。……生命远比非生命复杂。……全世界所有的疾病和事故,每天二十四小时、每星期七天,永不止歇地向人类机体进攻,平均要用621 960小时才能杀死一个人类个体。即以70年全天候的攻击来突破人类生命的防线——不计现代医学的干扰(现代医学既可加速也可延缓生命的死亡,视你所持观点而定)这种生命的顽强坚持直接源于人体的复杂性。”[4]

微生物学家克莱尔·福尔索姆则认为:“生命,‘首先’是一种生态属性,而且是稍纵即逝的个体属性。”

约翰·冯·诺依曼用数学术语思考生命,他说:“生命有机体……从任何合理的概率论或热力学理论来看,都属于高度不可能……‘但是’倘若因由任何一次概率论无从解释的意外,竟然真的产生了一个生命,那么,就会出现许多生命有机体。”[4]

20世纪法国生命哲学家、诺贝尔奖获得者亨利·柏格森(Henri Bergson,1859—1941年)认为:“生命是不断地实现着内在冲动的泉流,它遭遇物质阻扰而形成植物、动物、人类。其基本论点是:生命之流就是实在,精神是生命之流向上的冲力,而物质是生命之流向下的沉降和凝固。”[5]

中国道家对生命问题的揭示于《道德经》中可谓精辟:“道生一,一生二,二生三,三生万物。万物负阴而抱阳,冲气以为和。”[6]寥寥几个字,把生命系统的从无到有、从有到变、从变到多,直至自然宇宙太极的生命融合的生命哲学表达出来。

简要回顾我们看到,从不同学科视角下“破译”生命,被“翻译”出多么生动的

“表述语言”帮助人们理解。

另一方面,生命意识也是全局意识、整体意识、系统复杂意识、有机过程意识和综合意识。医学中的生命与健康问题,融合了科学的、技术的、工程的、哲学的、人文的思想知识和方法。医学中学科交叉的广度与深度,再没有其他学科如医学这样复杂。生命的境界,是融合天地人整体生命系统的宇宙境界。从这个角度可以看出要求医学用整体系统的、开放的、过程的、有机的认识论和方法论去看待和掌控医学中人之健康与疾病、“扬弃”单纯的生物医学模式的缘由。只有基于对生命健康的更深入认识,才会得出“医学面临思路转向”。意味着:医学生命这一特殊“实体”,就是永恒的变化和变化中的永恒过程,生命有机体不同于非生命的物质固体,重在“有机”地结合。“有机”是从 organic 而来,对应的是无机 inorganic。“有机”指的是“有生命”的,如有机化学是生命的化学。有机地结合,实际是化合融合,是生命自组织生成新的东西出来。比如植物经过嫁接,会慢慢长成新的变种。而摆两堆沙子在大石头上,等一辈子还是不会生成新东西。这是植物的、动物的、人的生命,有别于非生命体的本质所在。

用“生命意识”看待躯体,那种“整体等于组成部分相加之和”(只有量变没有质变)的机械还原论显然不适用,应该让位于“1+1>2”的系统复杂性理论,即有机生成论。而且,由于生命对象的复杂性和过程动态性,任何一种方法都有其适应证和局限,解决临床问题需要对症选择方法,取舍斟酌成为必需。对此,生命哲学家柏格森指出:“机械论的观点只能解释钟表之类的机械,不能解释生命的有机体。它不能解释如何从无生命的东西中产生有生命的东西,不能解释生命的进化和创造。这种观点是由以牛顿力学为范式的近代物理学和天文学的发展特点所决定的。而现在,由于生物学等生命科学的发展,随着人们对生物进化和心理意识的研究的深入,这种观点的缺陷就充分暴露出来了。”[7]

生命的“有机”性,对重新认识临床上所采用的很多思路和方法具有借鉴启发价值。比如,基因编辑技术,在人为修改之后,难道不会在生命系统引起人尚不知的连锁变化吗?可能的问题在于,柏格森从进化角度分析到“如果把物种的变化仅仅看作遗传基因的重新组合排列的话,那么依然谈不上进化,因为物种变化的一切可能性本已包含在原先已有的遗传基因中,这如同扭转魔方,有种种变形,但不能说有进化。柏格森主张,为说明生物本身的进化,必须承认生物进化的内因,而这内因就是‘生命的原始冲动(original impetus)’:就是一种使生命得以发展的内在冲动,其形式越来越复杂,其最终目标越来越高。”[7]诸如此类的问题,值得人们反思:当人类忙着解决问题时,是否对解决问题的方法本身进行斟酌反思,如果方法本身存在疑问呢?任何一种方法是否存在适用的边界?除了诸如几何学与逻辑学等概念分析和逻辑推导,还有别的方法适用于对生命本体的认识方法吗?

总之,重塑"医学生命观"和"生命意识"对重新审视生物医学模式的意义在于:从全局看局部和从局部看局部,是不一样的。生物医学模式在近一百年里取得较大进展以来,特别是一些高新诊疗技术手段的出现,如超声技术、CT技术、核磁共振技术、核技术等,为早发现、早治疗提供了技术保证,大大提升了医学对人的生命健康维护的能力与质量。但是,随着"疾病谱"和"死亡谱"的变化,如何有效应对"慢病"、癌症、怪病等现代医学面临的健康威胁挑战,已经成为医学面临的巨大难题。换句话说,在以慢性病和癌症等新的疾病谱和死亡普面前,人类要重回健康,就需要建立在全新"医学生命观"和"医学健康观"前提下的大医学。

1996年,WHO在《迎接21世纪的挑战》报告中指出:"21世纪的医学,不应该以疾病为主要的研究方向,应当以人类健康为现代医学的主要研究方向。21世纪的医学发展取向将是:1.从生物医学上升为人类医学;2.从疾病医学上升为健康医学;3.从对抗医学上升为生态医学;4.从群体医学,上升为个体医学。"可见,由于人类面临共同的健康威胁,基于共同"问题"给出的"破解"之见——现代医学面临思路转向,即:从疾病医学转向健康医学,从对抗医学转向生态医学,从群体医学转向个体医学。这些"转向"背后依据的正是对威胁人类健康问题的诊断,以及应对之所需的重塑"医学生命观"要义。

由此可见,如何使诊断疾病与治疗等医疗服务更具个性化?包括临床已习惯了的做法是否有效?对慢性病等各种疑难病症如何认识和有效干预?如何及时更新医疗界普遍遵循的各种专科临床规范和指南?如何不断提升大众的健康意识和健康常识使其正确对待医学的价值与局限?如何深化临床科研等交叉学科之间的合作,寻求临床科研公司"一体化"创新协作之路?如何改革医学人才教育教学结构和内容,以适应人才规格和质量朝着"品质"的方向发展?诸如这些问题,都既是研究型医院理论与实践面临的课题,也是研究型医院发展的动力方向,引领社会和行业为大众健康提供针对性的有效的诊疗,从"疾病"医学向"质量"医学转向。

三、重塑医学服务观和服务意识

医学作为人类认识自身生命与健康的过程性探索性的理论与实践体系,极具地域文化性、过程性的知识特点,诸如:中医、西医、藏医、蒙医、印度传统医学、古埃及医学等,都有悠久的历史和特点,对生命有机体的解释各有一套。今天看来,更多的体现了人类探索自身生命奥秘的文化成果,在各自的地域文化圈里,演变成了文化基因融进了人们的生活方式中,成为生命寄托。医学的这一文化性、过程性特点只有放眼于各民族历史长河中才会看得更清楚,印象更深刻。

据报道,人类两千多年发现的真理性认识已有1 500多个被今天的理论发现确定为谬误。同样,今天的真理性认识中也会有些被未来确定为谬误的。医学中药物、技术等有太多曾经认为正确的做法被否定。笔者以为,从地域文化性和过程性的知识视角看待眼下的医学,不仅有助于使我们更具医学生命观和医学文化观,而且有助于我们从这两个"观"的视角理解思考医学服务观的时代内涵。

1. 医学服务观

医学服务观作为一种医学文化精神和价值观,以及应持的态度和立场,主要体现在:理论上,面对临床中大量的疑难问题和未知,大量的诊断技术选择和习惯做法,大量的循证医学根据和规范标准,大量的患者诉求和医患沟通等,即:医学服务必须的服务决策与实施的问题,表现为,源于临床为了患者的服务价值取向和制度导向,诸如:对医学科学技术的必要怀疑精神、为患者健康与生命质量的负责精神、兼顾患者近期远期健康评估的审慎与决策过程。特别是,针对医院临床研究与基础研究、临床应用与应用研究、转化医学,如何在制度取向、人才梯队、科研方向、科研方式、科研评价、经费支持、知识产权等主要环节采取措施,结合区域需要与学科优势,进行针对性中长期发展定位,集中整合学科各种资源优势,使好钢用在刀刃上。可见,"医学服务观"概念,就成为特别要厘清的前提内容,彰显医学对生命未知与健康问题的求索精神与态度,兑现"敬畏生命"的崇高人文境界与寓意。

现实中,面对临床中的上述问题,首先是关注制度安排对行为选择的导向性。制度土壤是否有利于提升临床服务质量与效率?是否有利于助推开展临床问题的基础性与应用性研究?是否有利于为患者提供个性化的、适宜的、有效的过程服务?这里的"服务"强调源于患者又为了患者的一系列观念、态度与思维方式、服务模式等体现医院服务特色与实力优势的理论与实践,具有文化意义的形而上"道"的层面与形而下"器"的双重建设。特别是,在制度环境与个人修养的双向影响中,制度是否利于良性循环。需要强调:责任伦理的保证靠制度,质量效率的保证靠责任。因为,责任与制度只有处于"正相关",即奖惩评价制度是否合情合理,这个链条的文化含量才得以体现。在一个"负相关"的制度欠合理的环境中,很难存在真正的责任伦理,因为,"负负为正",个体的基本利益诉求决定了"适应选择"常常以牺牲责任伦理为代价。一般来说没有不好的人,只有不好的制度。当这类现象在现实中出现,如果看不到问题的症结,而去针对个体行为进行制裁,将于事无补,还会陷入更加恶性的循环。

文化的力量通过制度安排的导向性,对现实秩序具有的双面性,值得我们很好地重视与把握。

2. 服务意识

严格地说,服务意识重在价值观,有什么样的价值观,就有什么样的制度文化安排,以及技术操作等行为。价值观是文化的核心体现,所以,服务意识本质上是一种文化意识。鉴于医学健康服务具有的社会综合性要素系统的特殊性事实,使医学服务在价值观层面,更具社会公平性和资源成本效率性兼顾的性质特点。

医学服务基于兼具对生命健康永恒的科学探索与终极人文关怀。首先,服务意识应体现在人生命全过程性:将人的生命健康纳入动态的全程临床视野给予认识和有效干预,不断矫正认识上的偏颇与做法,使服务精神最终在临床上在医务人员的思维方式与职业素养上得到体现。比如,对癫痫病的认识与诊断标准,既往当患者出现两次发作间隔大于24小时的自发性癫痫发作后,即可被诊断为癫痫。近日,国际抗癫痫联盟(ILAE)对该定义进行了重新修订,将不满足上述诊断条件的,符合下列情况之一者即可被诊断为癫痫:(1)至少出现两次发作间隔大于24小时的自发性(或反射性)癫痫发作;(2)一次自发性(或反射性)癫痫发作,以及在随后10年内出现的两次自发性的癫痫发作后还可能发生进一步的癫痫发作(即与一般复发风险类似,至少存在60%的风险);(3)诊断为癫痫综合征。该论文2014年4月14日在线发表于《癫痫》(Epilepsia)杂志。类似情况不断证明,医学对很多疾病的认识,诸如成因、治疗方案等仍处于摸索阶段,那么,不当诊治、过度治疗、姑息治疗等现象也就在所难免,包括因此导致的“医源性”“药源性”等伤害。

其次,服务意识应体现在自我超越:医学服务在人性层面体现的是人类拥有的善意和潜能。好的医学服务,在境界上是创造价值,而不是“给你什么具体的东西”,是“激励你去实现你想得到的”,唤起人的生命活力!生物医学模式作为一种服务模式,在历史上很好地辉煌地治愈了传染病、寄生虫病等疾病。但是,随着以肿瘤、心脑血管疾病为主要威胁健康生命的“慢病”时代的到来,生物医学模式的很多“习惯动作”明显不再奏效,在很多如癌症、高血压等病因尚不清楚的前提下,只能长期用药又不能停药,以及难免的不当治疗和手术药物等的毒副作用,很多“药源性”和“医源性”疾病更使不幸雪上加霜,同时,很多昂贵与痛苦的治疗代价换不来明显的生存数量与生存质量的改善,诸如此类现象,需要医学反思怎么办,医学今后的道路怎么走。

将医学的重心(功能)放在更高的生命层次上,即以“患者至上”的“服务”理念真正兑现“敬畏、尊重、关爱”的“生命观”上来,从人的生物性、社会性,以及人与自然、人与社会、人与人、人自身的“整体生命”的高度,谨慎使用医学的一切手段,警惕人性在医学中的傲慢与偏见。“无知者无畏,有知者敬畏。”“服务意识”作为一种认识维护生命健康与疾病的理念,在当前生物医学模式困境下,基于重塑生命观,逆转医学手段与医学目的的错位,可谓柳暗花明,从理念到实践全方位拓展对健康与疾病的理解与干预向着更个性化、更有效的“情理并重”的服务与质量转向。这便是一种服务的自我超越。

国际著名的管理学大师彼得·德鲁克认为,“不能放弃昨天,是许多企业走向没落的原因”,此话对思考重塑医学服务观和服务意识,具有警示意味。毫无疑问,人们的健康需求决定医学未来方向，医学服务的境界与文化，将是未来医学发展的价值生长点，更是研究型医院如何蜕变超越自我的机遇与挑战。理由是，“研究型医院”的“研究”强调的核心不是“要不要研究”或者“怎么研究”的问题，而应首先是一种基于敬畏和尊重生命的卓越的职业“精神”与“态度”。而且，这种职业精神与态度，不仅是个人的，也是集体性的；不仅是修养境界层面的，也是制度安排层面的。这一点，应是研究型医院在精神品质层面独具特色所在，也是国内外研究型医院的现实追求。

在“健康中国”的国家战略下，我国医疗卫生行业在医院发展战略和医学模式上的转型，意味着在步入 21 世纪的现代医学时代，医院发展动力和医院发展方向的相应变革，特别是，这一概念传递给人的思想是对“以人为本”的“生命观”的更庄严承诺和捍卫。

四、结语

讨论“健康医学”哲学思想，乃是通过“健康观”“生命观”“服务观”分析“情与理”的基本共识。值得强调的是，在中国，“情”与“理”具有并列的文化价值，这源于中国上古祖先就有的悠久的生命观：天地孕育万物。地球的植物、动物和人类一样，都会受昼夜、四季、年月变化的影响。岁月在树木体内刻下年轮，同样在人体内留下痕迹。西方近代才发现生物钟，而我国二千五百年前的《黄帝内经》里就已经详细地描述了人体生理、病理的昼夜节律、七日节律、四季节律、年节律、六十年节律、三百六十年节律。可见，身心之间的互相牵制被先人提炼到文化的高度，使“情理”并重、“形神”兼具扩展成独特的文化价值。这一点，对医学领悟“健康”具有启发意义。

与此同时，共识是要经过交流、认识与体验的反复过程，人的认识不会一步到位，需要全社会的觉醒。现实中的发展问题，实乃文化问题。“文化”在世界范围内，成为各个领域集中关注的主题。这一现象说明，文化已经成为独立和说明性的“变量”，即它可以促进进步，有时也会阻碍进步。我们讨论医学文化，是为了抛砖引玉，不断靠近真理。“健康医学”，意味着现代医学、医院发展的战略思路的转向。这是医学发展至今，面临“疾病谱”与“死亡谱”的转变出现的健康与疾病的新问题而做出的明智选择。

参考文献

[1] [美]塞缪尔・亨廷顿，劳伦斯・哈里森.文化的重要作用——价值观如何影响人类进步[M].程克雄，译.北京：新华出版社，2013:8.

[2] 杜治政.医学在走向何处[M].南京:江苏科学技术出版社,2012:83-84.
[3] [奥]埃尔温·薛定谔.生命是什么[M].罗来欧,罗辽复,译.长沙:湖南科学技术出版社,2015:67.
[4] [美]凯文·凯利.失控[M].陈新武,等译.北京:新星出版社,2010:152-154.
[5] 张庆熊.时间、生命与直觉——论柏格森哲学的问题意识和"新"路向[J].云南大学学报(社会科学版) 2015,25(2): 4.
[6] [魏]王弼,注.楼宇烈,校释.老子道德经注[M].北京:中华书局,2013:120.
[7] 柏格森.创造进化论[M].肖聿,译.北京:华夏出版社,1999:12.

女性主义神经伦理学的兴起

——从大脑性别差异研究谈起

肖　巍

清华大学哲学学院

摘　要　在当代神经科学领域，有一个课题一直备受关注，就是关于大脑性别差异的研究。21世纪以来的十余年里，这一研究已经在悄然中催生出女性主义生命伦理学发展的一个新趋向——女性主义神经伦理学，它是一种以女性主义视角研究和解释神经科学发展所带来的一系列社会、伦理和法律问题的生命伦理学理论。关于大脑性别差异的研究是女性主义神经伦理学当前所关注的重要问题，一些学者试图以女性主义视角分析和解释当代神经科学对于大脑性别差异研究的各种新发现。

关键词　女性主义；神经伦理；大脑性别差异

在当代神经科学领域，有一个课题一直备受关注，就是关于大脑性别差异的研究。研究者从不同角度强调大脑的性别差异，例如能力类型、大脑结构和大脑容量的差异等等。然而，由于社会和政治原因，以及女性主义运动的影响，人们在解释这些差异时颇为谨慎，虽然不断问世的相关研究成果尚未引起一门新兴的生命伦理学分支——神经伦理学（Neuroethics）的热情关注，却在悄然中催生出女性主义生命伦理学发展的一个新趋向——"女性主义神经伦理学"（Feminist Neuroethics）。本文试图对这一尚处在襁褓中的趋向进行描述，以便我们能够一道观察其如何从当代神经生物学、神经伦理学与女性主义的结合中为如今的性别研究带来新的曙光、问题和启示。

一、对大脑"性别差异"的研究

长期以来，西方哲学一直认为人是理性的动物，理性是人类有别于其他动物的本质属性，而大脑无疑是体现人类理性、意识、潜意识、道德、宗教与艺术等精神创造物的生物载体，人类的所有行为也都是这些精神创造物的行为。这样一来，主要以研究大脑为己任的神经科学似乎可以解释人类的所有行为——理性、创造性、艺术创作和欣赏能力、敬畏和超越能力,以及人类建构的各种知识体系和概念,其中无疑也包括性别与社会性别概念。

不仅如此,神经科学家也一直颇为自信地相信神经科学关乎人类生活的所有方面,德国医学哲学家延斯·克劳森(Jens Clausen)等人在《神经生物伦理学手册》中强调:“无论是直接还是间接,神经科学都关乎我们生活中的所有方面,人们也都在期待着它会带来更大的影响。精神疾病是非常普遍的现象,占到12%或者更高的比率。由于人口的老龄化,老年痴呆症也迅速发展,在80岁以上的人口中有高于30%的人会患上这种疾病。这些是大脑和精神方面的问题,因此神经科学似乎最有希望理解和减少这种疾病的发生率,甚至有可能治愈它。”而且,近些年来美国和欧盟分别启动了两个神经科学研究项目——“欧洲人脑研究计划”和“美国大脑活动基因图谱”(BAM),它们都旨在探讨大脑如何工作的知识,试图理解大脑和精神疾病的病因,并找到相应的治疗方法。欧洲人脑研究计划强调,神经科学的最终目的是用计算机模拟人脑(computationally simulating the brain),而美国的相关研究则试图探讨大脑活动的知识,阐释单个神经元与全脑功能的规模。

随着神经科学对于大脑研究的深入,人们也开始关注到大脑的“性别差异”问题。20世纪末期,加拿大西安大略大学学者狄立波·朱尼亚(Direeb Junyra)便提出男女大脑在能力类型上存在着差异的观点,认为男性在空间处理上要胜过女性。同样,在数学推导测试和领航工作中,男性也要优于女性。而在感知相似物的能力测试中,女性则比男性速度更快。此外,女性还更具有语言天赋,在算术计算和回忆路途标志方面胜过男性。同时,在做一些细致的手工活方面,女性也比男性更快。尽管朱尼亚没有得出男女智商水平不同的结论,但还是相信在解决智力问题时,男女存在着方式上的差异。

还有一些研究者更为关注从大脑组织结构方面研究性别差异,根据女性主义学者朱迪思·洛伯(Judith Lorber)的考察,这类的研究大体上始于20世纪60年代末期和70年代,而这刚好是西方社会性别革命蓬勃发展的时代,社会性别概念已经改变人们对于性别的传统认知。到了20世纪80年代,研究者开始宣称女性性别测量标准的变化,强调被视为男性的特征如今也适合于女性。但是,他们对这种变化并未给予过多的评论,似乎也理所当然地认为雄性和雌性激素,即所谓的“性别荷尔蒙”对于男女性别塑造具有决定性的影响。“大脑组织结构研究的核心观点是:无论染色体的性别如何,胎儿期的荷尔蒙环境导致男性或者女性生殖器的发育,以及男性或者女性的爱欲取向、认知和兴趣。”2006年,女精神病学家卢安·布里曾丹的《女性大脑》一书在美国问世。她试图总结关于大脑组织结构“性别差异”研究的成果,并得出男女的一些思考和行为差异缘于他们大脑结构不同的结论,强调女性大脑如同“高速路”,男性大脑却似“乡间路”。无论男孩还是成年男性，都不如女孩和成年女性“能说会道”。女性平均每天要说2万个单词，比男性多出1.3万个，而且女性说话语速也比男性快。大脑组织结构的差异也使女性更为健谈，而这种差异从胎儿发育时期便开始了。但男性在其他方面，例如在性意识方面却比女性更为强烈，因为男性大脑中的相关控制区域要比女性大一倍。

近十年以来，神经科学不断宣布的关于大脑性别差异研究的新发现，促使女性主义学者认真地思考大脑的性别差异问题。2014年，有文献报道说：英国剑桥大学的研究人员经过20多年的神经科学研究发现，男女的大脑的确存在差异，这主要体现在大脑的结构和容量方面。研究人员在《神经科学和生物行为评论》杂志上发表了一项研究成果，宣称他们查阅了从1990年至2013年发表的126篇论文，对大量脑成像图片进行对比研究，得出人类大脑容量与结构方面存在性别差异的结论：男性的大脑容量总体上要比女性大8%到13%。平均来说，男性在多项容量指标方面比女性拥有更高的绝对值，而且大脑结构的性别差异主要表现在几个特定的区域，其中包括大脑的边缘系统和语言系统。此外，两性大脑边缘系统的结构差异也与精神疾病相关，这可以解释不同性别之间在自闭症、精神分裂症和抑郁症方面的差异。同时，研究人员也注意到，尽管这些差异可能由于某些环境或者社会因素的影响，但生理学影响是不容忽视的。

这些对大脑性别差异的研究结论引发许多伦理学争论，也导致女性主义神经伦理学的问世。

二、神经伦理学与女性主义神经伦理学

神经伦理学是伴随神经生物科学发展诞生于21世纪初期的一门生命伦理学新学科，“神经伦理学是对于神经科学及其解释，以及相关的精神科学（包括许多形式的心理学、精神病学、人工智能等）所进行的系统的和告知性反思，目的在于理解它对于人类自我理解力的含义、风险和应用的前景。”“神经伦理学关系到在实验室、临床以及公共领域里与神经科学相关的伦理、法律和社会问题。”

根据神经伦理学的先驱者阿迪娜·罗斯基思（Adina Roskies）的看法，神经伦理学应当有两个分支：神经科学的伦理学（the ethics of neuroscience）和伦理学的神经科学（the neuroscience of ethics）。前者关乎神经科学实践中的伦理问题，例如招募受试者、神经外科行为、在学术期刊和大众传媒领域如何报道神经科学发现等伦理问题，同时也包括在应用神经科学技术过程中所遇到的伦理问题；而后者则试图利用神经科学来理解伦理学，例如解释道德推理的途径，理解其他古老的哲学问题——知识的本质、自我控制的方式，以及自由意志和大脑/精神作用的途径和方式，等等。罗斯基思相信神经科学有助于我们理解道德本身，包括理性遵循的原则，情感和非情感过程对于道德思考的贡献，甚至能解释我们的道德思考为什么会

出错,以及错误的程度如何等问题。女性主义学者杰西卡·米勒(Jessica P. Miller)则认为,神经伦理学的三个主要研究领域是:神经科学对于传统哲学关于伦理行为者的理解提出挑战,神经科学伦理学研究与实践,在神经科学研究成果应用中所遇到的更为广泛的社会问题。近些年来,神经伦理学在国际生命伦理学领域得到迅猛的发展,成立了专业学会,例如"神经伦理学学会"(the Neuroethics Society),并建立起研究中心,例如"宾夕法尼亚大学神经科学与社会研究中心"以及"牛津维尔库姆神经伦理学中心",还出版了专业期刊,例如《神经伦理学》和《美国生命伦理学杂志——神经科学》等。

然而,在一些女性主义生命伦理学家如美国代顿大学的佩吉·德桑特尔斯(Peggy DesAutels)等人看来,尽管神经科学的新发现导致神经伦理学的问世,但令人遗憾的是,在这一领域里却很少有人关注神经科学对于大脑性别差异的研究,或者把社会性别作为一个重要的分析范畴。2002 年,由致力于促进大脑研究的美国"达纳基金会"(The Dana Foundation)出版的《神经伦理学:绘制领地的地图》,以及 2006 年朱迪·艾利斯(Judy Illes)出版的《神经生物学,对于理论、实践和政策问题的界说》两本著作都对神经伦理学作出了贡献,但却没有探讨神经科学关于"性别差异"的发现对于社会和神经伦理学的意义问题。而德桑特尔斯则强调,人们必须追问这些新发现对于神经伦理学和道德心理学意味着什么,它们所包含的伦理和政治意义是什么,以及对于女性可能预见的利益或伤害是什么。可以说,正是这样一些追问才直接促进女性主义神经伦理学的诞生。

伴随着许多神经科学家在大脑解剖学、化学、功能学,以及诸如情感、记忆和学习等认知领域的研究进程,以及他们对于性别差异的记录,女性主义思维逐渐步入神经伦理学领域,而最先关注的问题是关于大脑"性别差异"的发现及其解释,因为这一问题对于社会生活、人类性别关系塑造、性别身份等政治伦理问题具有深远的影响。众所周知,从 20 世纪 70 年代起,女性主义学者便把"性别"和"社会性别"区分开来,并把后者作为女性主义理论的基石。因而,倘若这些大脑"性别差异"的新发现是无可辩驳的客观事实,女性主义学术的理论基石便会面临着挑战,所以女性主义学者必须通过建立自己的神经伦理学来探讨这些新发现,应对这些挑战。简言之,女性主义神经伦理学是以女性主义视角来研究和解释神经科学发展所带来的一系列社会、伦理和法律问题的一种生命伦理学理论。罗斯基思所提出的神经伦理学的两个分支同样也适于女性主义神经伦理学。这表明,女性主义神经伦理学一方面要以女性主义视角解释神经科学实践中的伦理问题,另一方面也需要探讨伦理学的神经科学,包括以女性主义视角,基于神经科学的新发现解释人们的道德认知、道德选择和评价等道德活动和伦理选择。

女性主义神经伦理学的问世是新近发生的事情。2008 年,《美国生命伦理学杂志》发表一篇文章《女性的神经伦理学？为什么神经伦理学关乎性别》，这篇文章的编辑朱迪·艾利斯发表编者按，主要解释女性神经伦理学，或许也是女性主义神经伦理学的起源。2007 年 10 月，美国生命伦理学与人文学会神经伦理学联合会(ASBH，The Neuroethics Affinity Groups of the American Society for Bioethics and Humanities)举行第三次会议，总结神经伦理学领域的进步，分析它将对未来产生的重要影响。会议事先要求一些相关领域的学者提供一些新问题和新观念。三位年轻学者——斯坦福大学生命"医学伦理学中心"的莫莉·C.查尔芬(Molly C. Chalfin)和艾米丽·R.墨菲(Emily R.Murphy)，以及斯坦福大学法学院"法律与生命科学中心"的卡崔娜·A.卡尔卡兹(Katrina A. Karkazis)提出神经伦理学的一个新方向——性别差异的神经科学，其后在《美国生命伦理学杂志》上发表这组文章，艾利斯把它们比喻为如同"魔术师舞弄燃烧着的火把般地"开启了神经伦理学的新方向。尽管目前尚未见到有国外学者把这组文章明确地视为女性主义神经伦理学问世的标志，但从其把"性别"和"女性主义"思维引入到神经伦理学的事实来看，我们可以视它为女性主义神经伦理学诞生的一个重要的标志。

三、问题与争论

女性主义神经伦理学关注的重要问题是大脑"性别差异"的神经科学发现及其解释，并试图从不同角度针对已有的相关发现提出问题和作出新的解释。

首先，有女性主义学者认为，关于大脑性别差异研究的一些发现是不能令人信服的，例如德桑特尔斯针对布里曾丹的《女性大脑》一书提出批评，认为它正如一些评论家所指出的那样"具有千疮百孔的科学错误，正在误导对于大脑发展过程、神经内分泌系统，以及性别差异性质过程"的解释，而且"令人失望地没有满足最基本的科学准确性和平衡标准"。她也看到，许多神经科学家关于人类大脑的发现主要基于功能性磁共振成像(fMRI)技术，这是一种新兴的神经影像学方式，其原理是利用磁振造影来测量神经元活动所引发的血液动力的改变。但却有神经科学家对这种仅仅基于 fMRI 平均值数据作出关于人类大脑认知的结论的做法提出质疑。而且新的数据分析技术也不断刷新人类对这些数据的认识，例如哈佛大学关于新数据分析方法的研究就没有显示出大脑情感中心与判断中心相互联系的因果机制。此外，研究者在解释 fMRI 数据时，也很难把自然与养育区分开来，难以说明女性的脑线如何不同于男性，这些脑线的差异究竟源于自然还是养育，以及如果存在这些差异，它们对于男女的认知方式和潜能意味着什么等问题。

其次，一些女性主义学者也指出，大脑"性别差异"的发现实际上已经包含"性别本质论"的前提预设。洛伯认为，这种女性性别的测量是不准确的，因为这些大脑组织结构的研究都是基于性别的刻板印象，以及荷尔蒙的"性别对抗"模式设计的，这不仅使其研究概念无法立足,也摧毁了大脑组织和性别研究现有的证据网络。“迄今为止,大脑组织研究者所设计的研究一直假设标准的性别是异性恋,同性的欲望和行为被定义为是不正常的,进而推衍出非典型胎儿期大脑组织的证据。他们也假定性别取向是稳定的,一成不变的,因而这种对于胎儿期因果关系的探讨是似是而非的。”斯坦福大学的年轻学者也指出,神经伦理学对于性别差异的关注十分重要,因为它涉及对“人的本质”和“性别平等”问题的认识。神经科学关于男女行为和认知差异的解释关系到人的本质,以及性别本质的预设,所以,我们必须要追问一系列问题:如何在拥有性别歧视历史的敏感社会中传播这些信息?这些工作对于理解男女性别构成意味着什么?如何把这些研究用于医疗、教育和法律领域?同样,德桑特尔斯也批评说,任何强调以“本质论”方式主张男女大脑具有固定不变的生物学差异的观点都需要应对来自科学和女性主义的挑战,男女两性都拥有人类的大脑,都是被镶嵌到特有社会结构中的生物,都是以习得的行为方式学会如何组织和形成大脑的。

再次,一些女性主义学者也为解释大脑“性别差异”研究发现提供了新的路径。2011 年,洛伯在评论科迪莉亚·法因(Cordelia Fine)所著的《性别的幻觉——我们的精神、社会和神经性别歧视如何制造了差异》和丽贝卡·M.乔丹–扬(Rebecca M. Jordan-Young)的《大脑风暴:性别差异科学中的缺陷》时强调,女性主义把性别和社会性别区分开来之后,人们普遍接受男女两性的生物学和生理学区别是基因和荷尔蒙的结果,而其他区分是社会和文化所致的看法。然而,正如性别与社会性别是相互联系、相互影响的那样,洛伯也指出身体、大脑和生活体验、社会环境,骨密度与经期都是互相影响的。如果神经科学家的相关研究一味地追求对于“性别差异”作出生物学解释,而不关心性别与社会性别、历史和文化变量之间的互动和影响的话,便不可能得出令人信服的结论。法因和乔丹–扬的两本著作也都持有同样的看法,都反对神经科学的这种主张——男女思维和行为不同是由于他们大脑组织结构的不同,以及荷尔蒙对胎儿大脑发展的影响。事实上,法因等人所批评的主张最初是通过把对动物大脑的研究结论推及到人类产生的。1967 年,研究者把在 1959 年通过动物研究提出的大脑组织理论应用到人类,并在 60 年代写入教科书,成为人们普遍接受的解释男女行为的模式。然而,自 20 世纪后半叶以来,这种胎儿荷尔蒙影响性别差异的观点一直备受争议,引发许多女性数学和科学能力问题的争论。在《大脑风暴》中,乔丹–扬把对同性恋的解释作为关于男女性别起源争论的核心,她分析了 300 项从 1967 年到 2008 年发表的相关研究,走访了 21 名从事大脑组织结构研究的神经科学家,得出的结论是:越深入大脑组织结构研究,就越发现它的不合理,“我最初集中关注方法问题,但逐渐地意识到,这些研究证据显然不能支持它的理论”。她认为,仅仅凭借对胎儿荷尔蒙影响的解释不能得出男女大脑组织结构决定其性别差异的结论。而另一些学者,例如德国精神病学家海诺·M.达尔伯格(Heino-Meyer-Dahlberg)则丰富了乔丹-扬的这一结论,强调荷尔蒙和性别指派与养育对于性别身份的形成都具有重要的影响。

最后,针对一些神经科学家对于大脑"性别差异"发现的解释,女性主义学者也发出警惕"神经性别歧视论"的呼声,强调那种相信孩子出生时便已配备性别差异硬件的研究不仅在研究方法论上是错误的,结果也是否定性的,缺少社会文化的变量,因而具有主张和增加男女性别不平等的风险。

综上所述,女性主义神经伦理学在解释大脑"性别差异"研究发现时颇为谨慎和冷静,不仅对这些结论、证据和研究方法提出质疑,也把对于性别与社会性别关系的思考置于对这些发现的解释中,强调人的大脑组织本身也是社会和历史的产物,而如今的神经科学研究在前提的预设、证据的提供,以及结果的解释方面都不可避免地受到社会文化价值观、性别刻板印象以及性别本质论的影响。因而,在传播和解释这些相关发现时,不仅要有尊重科学成果的态度,同时也要警惕性别歧视以"神经科学"的新面目出现,避免"神经性别歧视论"。

四、简要结论

至此,可以得出三点简要结论:

其一,神经科学关乎我们生活中的所有方面,它推动了人类社会对于思维器官——大脑的研究,并以对脑科学、认知科学的新发展造福于人类。同时,神经科学也有利于对于精神疾病的认知和防治,为促进社会的精神健康作出了贡献。这一学科也通过科学手段重新诠释自古希腊时代起便一直争论的一些重要的哲学和伦理学范畴,例如精神、理性、意识、情感、自我、道德、自由意志和身心关系等等,这不仅促进了当代哲学和伦理学的新发展,也为应用伦理学的新学科——生命伦理学、神经伦理学,以及女性主义神经伦理学的发展奠定了基础。可以肯定的是,神经科学所开放的无限研究空间和前景将会为人类社会带来一个迄今为止我们所无法描述的新未来。

其二,作为神经科学和伦理学交叉的一门新学科,神经伦理学也拥有巨大的潜能和研究空间,它不仅可以重新诠释疾病与健康、精神疾病与精神障碍、身体与大脑、意识与行为、自我与人格、自由意志与道德责任、善与恶等重要的医学、哲学和伦理学关系范畴,也可以以脑科学为基础建立生命哲学和生命伦理学的新领域。然而,由于它是一门新兴的交叉学科,神经伦理学的内涵、学科性质、研究方法以及学科边界都尚处于模糊阶段和争论之中。在国际生命伦理学领域,神经伦理学的研究环境和氛围也正处在迅速地形成和发展之中,它对于神经科学发现的解释和应用也备受瞩目和争议。同时,在与神经科学的交叉发展中,神经伦理学提出的质疑和问题也在不断地引发这两个学科之间的内部冲突,例如神经科学的一些"生物决定论"

和"性别本质论"的发现和解释受到神经伦理学的批评等等。然而,这一矛盾也构成这两个学科并肩交叉发展的内在动力,没有矛盾,也就失去了各自的学科生长点和生命力。

其三,作为神经伦理学的新分支,女性主义神经伦理学已经问世并呈现出蓬勃发展的态势,这一女性主义生命伦理学发展的新趋向尚如晨曦中的朝阳,所关注的重点颇为现实和直接,例如对于神经科学家关于大脑性别差异发现的追问,对于这些发现的解释,以及它们对于社会生活、人际关系、性别关系影响的伦理分析。然而,神经伦理学发展中存在的各种问题,例如学科内涵、研究方法、学科的边界等问题也是女性主义神经伦理学在发展中需要解决的问题,但无论怎样,它在神经伦理学中引入的性别分析视角和女性主义批判思维都为神经科学、神经伦理学朝着有利于人类社会和谐、社会公正与性别公正方向的发展提供新的途径和契机。

神经伦理学和女性主义神经伦理学所提出的问题已经并将继续拓展和丰富神经科学的思维空间。在一些学者看来,神经科学的研究对象是人的大脑,而神经伦理学的研究对象也是作为控制人的自我意识、人格与行为重要器官的大脑。然而,神经伦理学,尤其是女性主义神经伦理学已经打破这种狭隘的学科认知,把神经科学与人类社会、历史和文化紧密结合起来,强调人的大脑也是社会、历史和文化的产物,大脑的构成与后天的生长环境相关,而且这一研究思路也不断地得到科学新发现的证实。例如美国《自然神经科学》杂志新近发表了一项研究结果:对 1000 多名年龄在 3—20 岁之间的人们脑部扫描显示,他们的大脑区域受到父母教育程度和家庭经济状况的影响。在大脑的重要区域,父母受过大学教育的孩子要大于其他孩子。在考察对于语言和执行能力有重要影响的大脑区域时,研究者发现,来自富裕家庭孩子的这一区域的面积更大,智力测试成绩也更优秀。洛杉矶儿童医院的研究员对此解释说,"我们的数据显示,更富裕家庭能获得更多的资源,这可能导致儿童脑部结构的不同",因为"富裕家庭的孩子获得更好的照顾、更多的刺激脑部发育的物质,以及更多在外学习的机会",这些都可能是导致儿童脑部差异的原因。这一研究结果似乎也在证实本文讨论的女性主义神经伦理学家的相关看法——即便男女的大脑结构如同神经科学家所言是有性别差异的,这些差异也受到后天社会生活的影响,这些影响与社会地位、经济条件、家庭背景以及教育等因素密切相关,如果与性别差异联系起来,那就是许多国家的传统文化更乐于把教育资源投放在男孩身上,而在各方面轻视对于女孩的投入,导致男女在教育、就业、参与社会生活,甚至智力方面的后天差异。而女性主义运动、女性主义神经伦理学的目标是利用神经科学研究成果追求性别平等和社会公正,消除或缩小来自由于性别歧视所导致的资源分配、教育、健康等方面的性别差异。

最后,我们还有必要提及女性主义神经伦理学研究的方法论问题,目前关于大脑的"性别差异"研究尚无法得出确定的科学真理,因为这些研究成果总是引来各方的怀疑和争论。因而迄今为止,无论是女性主义关于"性别"与"社会性别"的区分,还是神经生物学关于大脑"性别差异"研究的新发现都无法最终给出一个把人类的男女生物本性和社会本质截然分开的有力解释,因为人类一出生便具有了社会性。除了男女两性的生物学差异之外,一旦进入到认知和道德判断等精神层面,便再也摆脱不掉社会和文化因素的影响。然而,这并不意味着神经生物学对于性别差异的研究,以及神经科学家、哲学家与女性主义学者各执一词的争论没有意义,或许正如神经科学家所言,这些研究对于促进两性的精神健康和预防精神疾病具有积极的意义。或许对于神经科学家、神经伦理学家,以及女性主义神经伦理学家来说至关重要的一点是:应以一种超越本质论和二元论的思维方式来对待大脑性别差异研究的种种新发现,其道理十分简单,人的自然本性和社会本性、性别与社会性别始终是联系在一起的,从这个意义上说,不仅是人的精神世界,人们通常认为是物质性的人的大脑和身体也都是历史、社会和文化的产物。

生命伦理学中的“反理论”方法论形态

——兼论“殊案决疑”之对与错

尹　洁

复旦大学哲学学院

摘　要　越来越多的学者认为生命伦理学更应该被看做是实践伦理学而非应用伦理学,这在某种程度上否认了以一种演绎的模式将抽象理论或原则带入具体的生命伦理学问题的方法论。作为替代原则主义以及高级理论之演绎性应用的另外一种方案,殊案决疑得以突出个案特征与实践情境,因此在某种程度上展现了其在解决实际问题上立竿见影的效果。然而,这并不意味着它完全否定了理论的解释力甚至实践意义,毋宁说,它在某种程度上激励了原则主义作为理论和方法自身的反思、修正与发展;这缘于道德直观与道德反思总是在辩证地互相调节和修正,而理论存在的意义即在于此。

关键词　生命伦理学;方法论;反理论;殊案决疑;原则主义

生命伦理学作为一门在20世纪随着生命科技发展起来的新兴交叉型学科,究竟是否具有其成熟的方法论?这一点不仅仅关系到在一种纯学术意义上生命伦理学存在的价值,更关系到生命伦理学是否具有在实践中的解释力和解决具体问题的能力。作为一门有具体应用领域的伦理学分支,生命伦理学领域的学者已然致力于创造出像原则主义这般具有理论简洁性和解释力的理论形态,也有坚守传统理论的学者仍致力于在经典道德哲学理论和现实具体问题之间达到一个有效的平衡。但不可否认的是,所谓个别物(particulars)与普遍物(universals)之区分的哲学魔咒依然使得理论与实践的距离在某种程度上显得不可逾越,由此而生的反对意见即所谓反理论形态的方法论成了一种不可忽视的声音。在这一点上,中国生命伦理学的问题域也呈现出类似的发展动向。[1]本文正是要在对于理论形态与反

[基金项目]本文系江苏省“2011”基地“公民道德与社会风尚协同创新”;国家社科重大招标项目“生命伦理的道德形态学研究”(13 & ZD066);江苏省社科基金项目“现代医疗技术中的伦理难题及其应对研究”(12ZXB008)成果之一。

理论形态之博弈的描述和分析中，展现出生命伦理学方法论形态尤其是作为反理论形态之代表——"殊案决疑"的概貌，并揭示每一种努力的意义与价值所在。

一、生命伦理学方法及其主流理论形态

任何一个专业领域的进步，大致依赖于三个基础的夯实，它们分别是：问题、方法和理论。遗憾的是，这三个领域的发展通常并不是同时的。一般而言，问题总是先于其他二者的出现，而对于问题域的定界总是伴随着尝试性的理论的提出和逐步完善。与此同时，方法则更多地具有各学科领域之间的普适性，或者说，至少具有类型上的相似性。而理论则具有更为颇为尴尬的地位，它总想要在保持自身系统性的同时又能具有某种可接受程度的解释力。

当代生命伦理之形态学描述，需要一个特别针对方法论的研究作为在先的基础。这一点对于生命伦理学领域或主题而言尤为重要。生命伦理学最早被作为"应用伦理学"(Applied Ethics)的分支，但这一看法后来被学界摒弃，学者们纷纷转而认为将生命伦理学归属于实践伦理学更为合适，这是因为所谓"应用"一词总有将某种或某些理论或原则代入的含义，而事实上并非所有生命伦理学问题的处理和解决都得套用将抽象理论或原则做某种演绎型应用的路子[2]15-16。意见认为即便生命伦理学被当作一种实践伦理学(Practical Ethics)，其与理论的距离相较其他实践伦理学的分支领域而言更为遥远[3]。从广泛的伦理学尤其是结合了实践伦理学观点的讨论来看，将伦理学理论或道德哲学理论直接运用在实际的伦理学案例当中，并不见得是一种明智的做法。例如，个别主义者(Particularist①)就认为伦理学理论要么是自身不可能的，要么就是当运用于实际个案时毫无价值[4]。更有甚者直接抛弃伦理学理论，索性倡导"常识性道德与实际的社会实践、积极的法律以及机构才应该构成实践伦理学和社会评判的基础"[5]。

当代生命伦理学研究者不得不直面类似于这样的挑战与质疑。问题的关键也许不在于如何在理论与反理论(Anti-Theory)的进路之间选择，而在于如何能够在对于理论形态的梳理当中澄清生命伦理学问题的复杂性，并提示出与之相应的各方法的优缺点及其分歧所在。看似缠绕纠结的问题、理论和方法，需要研究者在运用分析性的眼光去剖析的基础上，再以全局性的视野整合出更为有效的实际对策。有效的实际对策应当是检验实践伦理学理论与方法是否合理的标准，尽管哲学家们在这一点上常莫衷一是。

但究竟什么是伦理学方法，我们又当如何评价伦理学方法？在讨论究竟殊案决疑是否能够作为生命伦理学的合理方法之前，我们需要澄清对于"方法"本身的

① 相对于持有原则主义(principlism)的人而言。

界定。西季威克定义的"伦理学方法"可能是西方伦理学文献中具有里程碑意义的事件。在他看来,所谓伦理学方法是一种"我们用来决定什么是个别的人'应该'做的事情的一种理性程序——或者说用来决定什么是'对'的事情,或者说,是用来决定人们努力试图通过其自愿行为所要实现东西的一种理性程序"[6]。黑尔(R. Hare)[7]18-36分析了广义和狭义的检视伦理学方法的进路,后者类似于通常意义上的元伦理学,负责检视道德推理的逻辑;而前者则更接近我们谈论的"规范伦理学",即以义务论、功利主义以及德性伦理学为代表的各理论派别。

然而,上述几种西方道德哲学中主流的高级理论(High Theories),在生命伦理学研究中时常处于一种尴尬的境地。所谓高级理论,阿拉斯(J. Arras)主要指的是康德的道德义务论原则、后果论的功利主义原则、基于权利考量的伦理学理论和基于自然法传统的伦理学理论。这些理论面临尴尬境地首要是因为在纯粹的哲学理论论争当中,哲学家对于拥护何种理论本身就意见不一,更别提在每个理论派别内部还有那么多的分型了①。更为重要的,限制高级理论应用的原因是:生命伦理学独有的实践性质;生命伦理学家不能只停留于论证何种高级理论最有逻辑一贯性或者解释力,关键是,理论在生命伦理实践中必须是有用的②。再者,很多高级理论尤其是政治哲学理论本身的"理想性"(Ideality)限制了其应用于生命伦理实践,阿拉斯写道:"……那些试图在当下将正义作为一种实践方法或手段来推进的人们,会立刻发现一些最为知名的正义理论都无法适用于这样一个目的。这是因为这些正义理论的作者甚至有意识地将其理论作为'理想型理论'来推进。"[3]当然政治哲学家通常会以该理想理论只不过是距离当下现实比较远或者说终有一天现实可与理论相符合这样的理由来辩护,但不可否认的是,对于一个理想型政治理论的理解无法给我们提供实质意义上的指导。举例来说,在生命伦理领域,医疗正义的框架始终难以确立。哈佛大学医疗正义研究专家丹尼尔斯(N. Daniels)最早认为[8],在罗尔斯的正义论框架指导下,我们有希望构建出一个在正义原则指导下和以理性化程序为主导的社会实践政策体系,但在2007年出版的《正义的医疗:公平地满足健康需要》[9]第四章中,他明确表示自己意识到一个政治哲学的正义理论框架很可能不足以产生具体实际的政策指引,除去哲学思辨之外,来自政治学③的慎思与推理是不可或缺的。

进一步来看,高级理论在生命伦理中的尴尬境地并不见得意味着理论的彻底失败。英语世界近几十年的生命伦理学研究仍被另一理论形态——"原则主义"

① 比方说,在功利主义内部就有 rule-utilitarianism(规则功利主义)和 act-utilitarianism(行为功利主义)的分歧。

② 对这一点很多专注于理论论证的哲学家并不在意,但医学伦理学家或者生命伦理学家不能不重视。

③ 我们今天更多地称之为"政治科学"(political science),就像"教育学"被置换为"教育科学"一样。

(Principlism)所支配。原则主义的分型亦颇为多样，按照学术进路分型有义务论的原则主义与功利主义的原则主义等；按照原则具体条目的多寡来分，早期辛格(P. Singer[10])与恩格尔哈特(H. Engelhardt[11])的原则主义又与当今英美生命伦理学界常谈论的"四原则说"(一种多元的原则主义即 Pluralistic Principlism)又有着相当大的差异。国内学者最为熟悉的"四原则说"(Four Principles)来自于英美生命伦理学研究重镇肯尼迪伦理学研究中心(Kenney Institute of Ethics, Georgetown University)的两位原则主义主力人物比彻姆(T. Beauchamp)和邱卓思(J. Childress)①。原则主义的核心主张是，生命伦理学的道德判断本身需要诉诸一些基本的道德原则或规则，由此一些更为具体的道德结论可从中推演出来。需注意的是，原则主义并不严格要求所有的道德判断必须被还原为一般性的道德指导原则，但最起码，当有关何种合宜行为在应当被实施的意见上有冲突或疑问时，必须要常常诉诸于以原则为导向的道德推理。但原则主义的主要反对者如克劳泽与格尔特(K. D. Clouser and B. Gert)[12]认为比彻姆与邱卓思的"四原则"说并未提供任何有关多元原则排序的清晰程序，在道德实践中显得非常模糊，至多不过发挥了类似于分类标签的作用，并无任何的实际指导作用。然而，原则主义并不试图以一种简单的演绎方式将原则直接带入个案并幼稚地认为这样就获得了具体的行动指南。原则主义的主张涉及更为细节化的、更为实际的，涉及道德推理程序的考虑。汤姆林森(T. Tomlinson)[13]51-83将比彻姆和邱卓思的多元原则主义总结为包含"权衡"(balancing)、"个别化"(specification)和"反思平衡"(reflective equilibrium)三个阶段。"权衡"决定彼此冲突的不同原则各自应当具有怎样的比重和力度，"个别化"是将原则细化成规则从而使得其更为适用于具体个案的方式，它决定了抽象原则的意义和使用范围，而前两步的完成仍无法给出哪个原则更为重要的结论。在此情况下，罗尔斯式的"反思平衡"成为拯救和完善多元原则主义的关键，而这使得从原则主义到殊案决疑的转变和过渡成为可能。

二、"反理论"方法论形态："殊案决疑"之对与错

那么我们首先来看一下究竟什么是当今生命伦理学界探讨的、以个案为主导的"殊案决疑"。强森(A. Jonsen)和图尔敏(S. Toulmin)给出的"殊案决疑"的定义是："一种对于道德问题的诠释法，此种方法使用基于范例和类比的推理程序，从而

① 当然也有像威奇(R. Veatch)这样既持有原则主义立场又在具体的原则划分上与比彻姆(T. Beauchamp)和邱卓思(J. Childress)的生命伦理学家，该说法源自威奇本人的谈话(肯尼迪伦理学研究中心第四十届国际生命伦理学研讨会上的小组第四组发言)。对 Veatch 的原则条目细节有兴趣的读者可参看 Veatch R. The Basics of Bioethics[M]. 3th ed. New Jersey: Pearson Education, Inc., 2012. 时间有限制的读者可直接参看封二和封三的总结性图表。

得以形成一种有关个别道德义务存在和紧张度的专家意见,这种意见通常以一种规则或准则的形式出现,这些规则或准则并不是普遍化的,也不是不可变通的,因为它们仅仅在与一些典型的行动者与行动环境相关联时才持有某种程度上的确定性。"[14]

殊案决疑可最早追溯到西塞罗(Cicero)时期,尽管在发展史上看来,它的倡导者总是在自然法(Natural Law)传统中进行对话和释义,但作为一种实践推理,它在事实上并不依赖于任何道德理论。这一点在理解殊案决疑的时候尤为重要,因为尽管在上述引用的那段定义当中提及殊案决疑本身时讲到所必需的规则或准则,但这不等于说殊案决疑也同样是在道德推理中使用道德理论。汤姆林森在反驳殊案决疑的方法论时也首先对其到底是什么做了澄清,他说道:"殊案决疑不能用来指那些将范例型个案(Paradigm Cases)作为精炼道德原则或者道德理论的测试场的做法。范例型个案的使用可以是殊案决疑的一个特征,但单凭这个不能将其与其他的伦理推理进路区分开来。"[13]86

在某种意义上,"殊案决疑"更接近亚里士多德的"实践智慧"(phronesis)[15]。实践推理之于理论推理的区别在于,后者往往自信于推理过程而对推论的结果不甚确定,前者则恰恰相反,即在作为最终结果的判断上相当自信,而却在推理的过程或程序上持模棱两可的态度[14]25。由此,殊案决疑的倡导者们得出结论,这便是基于个案的实践推理优于原则主义的明证。需要注意的是,当今政治哲学中的热门概念之一——罗尔斯的"反思平衡"(Reflective Equilibrium)[16]在某种意义上也是一种实践智慧,它要求一个道德判断者能够在较为宽泛、抽象的道德原则或价值与更为特殊化、个体化的道德直觉之间达至平衡。这样的道德判断主体需要拥有广阔的视野,在处理冲突和争论时能够采取合理的进路,充分了解这个世界和繁复的人类事务,能够意识到自身的偏倚(bias),并且能够欣赏他人的不同价值和兴趣所在(J. Rawls)[17]。

伦理学理论中的道德特殊主义(Moral Particularism)是生命伦理学之重要方法之一"殊案决疑"(casuistry①)的理论来源。道德特殊主义认为并不存在可被辩护的道德原则,并且认为所谓道德思想并不是将道德原则应用到具体个案上去,道德上完美的人也不是那些所谓将原则运用得好的人[18]。殊案决疑或决疑术的倡导者强森(A. Jonsen)和图尔敏(S. Toulmin)有一个关于殊案决疑的三部曲式的描述和界定。在他们看来,决疑术使用程序的第一步便是一种类似"形态学"

① 从词源上来看,casus 在拉丁文中是"个案"之意,一般指法律对于特殊个别案件的处理。casuistry 的另一个常见译法是"判例法",但我认为这个译法会比较容易混同法律术语,因此在本文中笔者采用比较通行的港台译法,即"殊案决疑"。注意本文引用的所有英文文献对应中文文字部分翻译都由笔者个人做出,后文不再一一说明。

(Morphology)的描述,即尽量描绘出一个个案的所有细节,尤其需要描绘出与各环节相适应的准则。在一个个别的生命伦理学案件中,所谓"形态学"的描述类似于给出框架型结构的形式特征,这些形式特征本身是不怎么变动的。第二步则是给出所谓的"分类"(Taxonomy),这基于在完成第一步之后所能获得的有关个案的描述,尤其是那些适用于个案的相应的准则(Maxim)①的描述;这将有助于将当前处于疑问当中的个案划分到某个特定的范畴里去。分类的结果是能够梳理出在每一类当中作为对与错之范本的案例②。在这样的情况下,强森和图尔敏认为,我们就具有了能够做出"类比判断"(Analogical Judgment)的基础,类比判断不同于演绎判断,因为它不要求从某个确定无疑的起点命题或观点出发进行演绎式的推理。道德判断主体在此做出的整体性判断(Holistic Judgment)要求一种对于所谓"动力学"(Kinetics)元素的了解;按照强森和图尔敏的定义,所谓"动力学"是道德判断主体转移其道德运动(moral movement③)到其他个案上去的方式。

以一个具体的个案为例。强森和图尔敏最常用的案例是"黛比个案"(Debbie's Case),该个案取材于发表于《美国医学协会期刊》[19]一个匿名作者所写的名为《都结束了,黛比》的短篇小说。小说描绘了一个妇产科医生半夜被叫至一个20岁就罹患卵巢癌的病人的病床前所做的事情。黛比已经多日无法进食与睡眠,处于持续的呕吐、疼痛和缺氧状态。她唯一对住院医师所说的话便是:让我们了结这桩事吧。于是住院医师开了20毫克的吗啡并执行注射,告诉病人说这将帮助其更好地入睡,心里期望的是该剂量的吗啡能够抑制黛比的呼吸系统从而让她快速死去[13]99。

按照强森和图尔敏的三部曲定义法,第一步是给出情境的描述,即给出适用于该个案的各个准则(Maxim),这是所谓的形态学(Morphology)描述,因此可能适用黛比个案的准则有这样一些:①杀人是错误的;②医生有义务减轻病患疼痛;③在治疗过程中,医生应当尊重病患的自主权,尽管这有可能带来死亡的后果。接下来便是将个案置于特定的分类当中,并找出相应的范例型个案(Paradigm Case)以便知晓在该种类型的道德案件中哪些行为是对的,哪些是错的。强森将黛比个案置于"杀人案件"的类型当中,但他对于为何单单挑选这一个类型作出的解释又似乎差强人意。他写道:"另外一个替代方案是将其归于'医生有关怀病患的义务',但这样做很明显是有循环论证的嫌疑的。"[15]

---

① 注意这里的"准则"通常以复数的形式出现,即总归是有一系列准则适用于一个个案,而非某个单个的准则。

② 熟悉英美判例法系统的读者很可能觉得此处很熟悉。

③ 所谓"道德运动"的字面含义有些令人费解,但按照上下文的语境来看,强森和图尔敏试图表达的应该是一种将道德抽象原则转化为具体的道德准则的思维运动。

此处让人费解的是,为何这个所谓的替代方案——即将黛比个案置于“医生有关怀病患义务”这一类型当中去——有循环论证(或者更精确些,论证前提中就暗含结果)的逻辑错误嫌疑,而强森原来做的分类——将个案划分到“杀人案件”类型——就没有这种逻辑错误呢?汤姆林森的反对意见是,难道我们不正是要讨论究竟在我们做道德判断时,这些中的哪一个准则需要被置于高于另外一个准则的地位之上吗?因此所谓基于类比的范例型个案好像并不能发挥什么作用,除非我们能找到一个精确的所谓范例型个案与当前这个处于我们疑问当中的个案正好是完全类似的,否则我们就还是要考虑当前这个个案的所有环境性因素(circumstances),并且据此而不是什么类比来解决问题。

可见强森和图尔敏所界定的殊案决疑在很大程度上由于其类比的推理思维方式而依赖于所谓“范例型个案”(Paradigm Cases)的解释力。在持有较为严苛的演绎推理逻辑的人看来,此种依赖于类比的推理模式要么在逻辑意义上是不够精确的,要么就是在实际效用上无法产生多少有用的结论。我们在这里不考虑前一种反对意见,因为这是基本逻辑立场的不同;本文仅考虑,殊案决疑是否能够如它所声称的那样作为一种替代原则主义的方案而运用在生命伦理实践中。

汤姆林森给出的意见整体而言是否定的。他认为殊案决疑并非原则主义的完美替代品,其根本原因在于,它似乎并不具有其二位倡导者①所极力推崇的强有力的特征。强森和图尔敏认为殊案决疑之所以具有解释力,是因为它在实践推理的模式上与医疗诊断的逻辑极为相似。但事实上,这一点倒不是显而易见的,且按照汤姆林森的理解,这一介于生命伦理的实践推理与医疗诊断的逻辑之间的类比也并不见得合理,因为其所谓共享的“模式识别”(Pattern Recognition)并不能给我们指出究竟是哪一种共同的“模式”使得我们在二者之间做的类比得以正当化,因此强森和图尔敏坚持的此种类比很可能是无本之木,甚至在哲学逻辑上犯了循环论证(Begging the Question②)的错误。

汤姆林森还看到,强森版本的殊案决疑其另一核心问题在于一种所谓“未经批判的传统性”(Uncritical Conventionality)[13]102,即理所当然认为所谓适用于具体个案情境的所有范式性要素都已然在社会中作为固定的传统而形成。但社会传统究竟本身是如何形成的,是先有道德判断才有社会传统,还是反过来?这一点在原则主义的领军人物邱卓思[2]30那里也有类似的意见,他认为强森和图尔敏在声称道德判断个别化特殊化具有首要性时,他们并无站得住脚的根据,因为我们那些个别化特殊化的道德判断仍是在大范围的、传统性的道德慎思与对话中形成,而传统则

① 即强森(A. Jonsen)和图尔敏(S. Toulmin)。

② 笔者认为也可直接按照其原意译为“论证前提中已然预设结果的逻辑错误”。

既集成了个别化的判断与范例型个案，也吸收了普适性的原则，这两大类中的任何一个都是不可缺失的。汤姆林森举例说，比方在思考主动安乐死(Voluntary Euthanasia)问题时，我们应当考虑的核心问题实际上是，究竟患者同意这一点是否能够使得安乐死成为不杀人准则适用的例外。换句话说，如果我们在这件事上诉诸于所谓社会传统下形成的范式性思维，那么我们似乎无法回答以上这个问题，因为社会传统根本无法告诉我们是患者同意更重要还是不杀人更重要。在这件事上社会传统如果声称自己有任何明确答案的话，那么它只能犯下 Begging the Question(在论证前提中已然预设结论)的逻辑错误。更为麻烦的是，殊案决疑作为一种道德推理方式不能够很好地识别主动安乐死个案中的历史性因素或者偶然性因素，这是因为不杀人准则与自主同意原则并非在所有的文化、宗教语境中都适用，比方说在基督教世界中只有上帝才有权决定一个人的生命是否应该结束以及何时结束，个人的自主自愿与生命权是无关的。在这一点上，殊案决疑作为一种方法并不比原则主义更有优势。

而当汤姆林森在此说殊案决疑在很多地方并未优于原则主义的时候，他的观点与邱卓思再度呼应。在邱卓思看来，殊案决疑方法拥护者的核心论点在于认为道德判断的本质是特殊的、个别的[2]30；也就是说，道德判断本应以个别化的方式做出，而不该呈现为将抽象原则应用于具体个案的形式。但这样说却是错误地或者至少偏颇地理解了原则主义。关于原则如何与个案将关联，理查德森(H. Richardson)曾定义出三种主要的模型：①应用，即将原则直接以演绎的方法应用于个案，这是最常见的也是一般读者对于所谓原则主义的理解；②平衡，即依赖于判断者直观的权衡；③个别化，也就是通过所谓裁剪规则以适应个案的方式达到应用原则的目的[2]30。可见并非所有原则主义的应用都采取演绎的方式进行，因此倘若殊案决疑的拥护者反对原则主义的理由是原则主义死板地遵循演绎逻辑或套用数个原则，那么他们的批评的确是偏颇了。更为关键的是，殊案决疑本身也常常援引原则来完成其推理，正如强森和图尔敏曾写道的："好的殊案决疑是将原则详加分辨地运用于个案，而不是草草了事地将原则带入所有不加区分的个案中去。"[14]16

在邱卓思[2]31看来，当殊案决疑方法的拥护者宣称道德判断的本质应当是特殊的、个别的时，这一说法很难诠释；如果说，这一说法意在表明，个别的、特殊化的道德判断在逻辑上或者在一种规范性的意义上优先于原则，那么来自殊案决疑支持者的论断是站不住脚的，这是因为我们最好把个别判断与原则之间的关系看做是辩证的而非一先一后的，当有任何的冲突出现时，我们需要做的不是舍此取彼，而是要么调整原则，要么调整个别判断。在整体上而言我们需要实践的是一种罗尔斯意义上的"反思平衡"；换个角度说，在当代认识论者看来，我们该当采取的不是一种基础主义(Foundationalism),而是融贯论(Coherentism)的策略让冲突的各信念彼此相容。基础主义的策略会使得我们倾向于寻求一个稳固牢靠的出发点从而其他信念都可以从中衍生出来,但邱卓思认为,这不是生命伦理中的实践判断该当采取的方法。

由此看来,我们也许可以把邱卓思当作是一个温和的原则主义者,因为他并非全力排除殊案决疑作为生命伦理实践慎思的方法。只不过,他认为殊案决疑并非如它的支持者所声称的那样能够完全排除可普遍化、一般化的成分或要素,而这些成分或要素对于实际情形中我们形成的最终道德判断来说是必需的。邱卓思[2]31认为,我们在形成任何一个个别判断时,都或多或少地同时形成了某些更为一般性、普遍性的东西,而这些所谓一般性的要素既是原则主义者口中的"原则",也是殊案决疑支持者口中的"范例型个案"①。可见邱卓思并不是在向殊案决疑的方法论让步,他采取的策略是去论证所有殊案决疑支持者所认为自身独有的解释力在某种程度上实则都可以被"还原"为源于原则主义的解释②。也就是说,邱卓思认为,无论在何种程度上原则主义的方法与理论正在逐步向"个案"过渡或靠近,说到底原则主义才是生命伦理实践推理的根本(fundamental)方法。

三、结语:理论作为方法论之一种必要形态

正如邱卓思在其《生命伦理学中的方法》一文中提到的:一种纯学术性质的对于生命伦理学的探究,并不是真正在"做生命伦理学"。这意味着我们有可能有必要调整生命伦理学的研究格局,这一调整需要我们将生命伦理学的实践维度放在第一位,亦即在权衡何种方法适用于生命伦理学研究时,将实践维度的重要性和意义作为首要衡量标准。因此作为一种突出个案特征与实践情境的方法,殊案决疑有其实际的、在解决问题上立竿见影的效果,但这并不意味着它可以将原则主义从生命伦理中清扫出去。毋宁说,在殊案决疑试图扫除原则主义时,它极有可能连自己也一起清除了,这是因为在我们所形成的任何道德判断,无论模糊或清晰,无论适用范围是在特殊境况下还是一般情境中,总有着可一般化、可普遍化的倾向,而这种普遍化倾向在笔者看来,才是原则主义最为核心的主张③。

而正如读者从本文的引介与论述中可以看到的,当今生命伦理的多种互竞方法实则具有一定的"家族相似性",笔者认为此种相似性来源于我们在诉诸道德直

---

① 有兴趣的读者可参看邱卓思在其论文中为说明这一点所举的关于 Tuskegee Syphilis 的例子。参见 Childress J. Methods in Bioethics[M]//B Steinbock. The Oxford Handbook of Bioethics. New York: Oxford University Press, 2007:32.

② 当然这个措辞并不是邱卓思本人使用的。

③ 笔者认为这仍然来自于比彻姆和邱卓思追求可普遍化存在的哲学旨趣。

观和推理时的高度相似与相通，而种种纷争，既源于学术旨趣的不同，也源于在某种程度上不同进路对自身道德推理模式的反思所遵循的理路之差异。当殊案决疑方法作为一种生命伦理中的反理论形态出现时，我认为它并未有力地否定理论的解释力甚至实践意义，毋宁说，它在某种程度上激励了原则主义作为理论和方法自身的反思、修正与发展。这缘于道德直观与道德反思总是在辩证地互相调节和修正，而理论存在的意义即在于此。

参考文献

[1] 田海平.中国生命伦理学的"问题域"还原[J].道德与文明，2013(1).

[2] Childress J. Methods in Bioethics [M]//B Steinbock. The Oxford Handbook of Bioethics. New York: Oxford University Press, 2007.

[3] Arras J. Theory and Bioethics [DB/OL]. Stanford University: The Metaphysics Research Lab, Center for the Study of Language and Information (CSLI), Stanford University, 2013[2015-1-23]. http://plato.stanford.edu/archives/sum2013/entries/theory-bioethics/.

[4] Dancy J. Ethics without Principles [M]. Oxford: Oxford University Press, 2006.

[5] Fullinwider R K. Against Theory, or: Applied Philosophy — A Cautionary Tale[J]. Metaphilosophy, 1989, 20(3-4):222-234.

[6] Sidgwick H. The Methods of Ethics[M]. London: Macmillan, 1962.

[7] Hare R. The Methods of Bioethics: Some Defective Proposals[M]//L W Sumner, J Boyle (eds.).Philosophical Perspectives on Bioethics. Toronto: University of Toronto Press, 1996.

[8] Daniels N. Justice and Justification: Reflective Equilibrium in Theory and Practice[M]. New York: Cambridge University Press, 1996.

[9] Daniels, N. Just Health: Meeting Health Needs Fairly[M]. New York: Cambridge University Press, 2007.

[10] Singer P. Practical Ethics[M]. 2th ed. London: Cambridge University Press, 1993.

[11] Engelhardt H T. The Foundations of Bioethics[M]. 2th ed. New York: Oxford University Press, 1996.

[12] Clouser K D, B Gert. A Critique of Principlism[J]. Journal of Medicine and Philosophy, 1990(15):219-236.

[13] Tomlinson T. Methods in Medical Ethics: Critical Perspectives[M]. New York: Oxford University Press, 2012.

[14] Jonsen A, S Toulmin. The Abuse of Casuistry: A History of Moral Reasoning [M]. Berkeley: University of California Press, 1988.

[15] Jonsen A. Casuistry in Clinical Ethics [J]. Theoretical Medicine, 1991 (12):295-307.

[16] Rawls J. A Theory of Justice[M]. Cambridge, Massachusetts: Belknap Press, 2005.

[17] Rawls J. Outline of a Decision Procedure for Ethics [J]. Philosophical Review, 1951(60): 177-197.

[18] Dancy J. Moral Particularism [DB/OL]. The Stanford Encyclopedia of Philosophy (Fall 2013 Edition), Edward N. Zalta (ed.). 2013[2015-1-23]. http://plato. stanford. edu/archives/fall2013/entries/moral-particularism/.

[19] Anonymous. It's Over, Debbie. [J]. Journal of the American Medical Association, 1988, 259(2):272.

自然、生命与"伦理境域"的创生和异化

程国斌

东南大学人文学院

摘　要　"人的世界"是人类自我创造的生命活动的整体伦理境域,只有投身其中并认识到自己的境域化生存与自我创造的潜能,方有可能"去"规定、理解和占有自己的道德生命本质。但随着现代性生产实践活动的异化,传统的伦理境域已经失落,现代性道德变成了用"哲学理想"来规定和设计人类生命运动的理性僭越和桎梏。这就要求人类凭借自身所固有的自由创造本质,重建一个让道德可以贴近于我们的伦理境域,让道德生命从中不断绽放出来。

关键词　生命;自创生;伦理境域;异化

一、人的自然生命和"人的世界"

作为一种自然存在物,人的生命形态首先体现为物质生产和消费活动的新陈代谢过程。人通过劳动将自己与劳动对象(自然物)结合起来,使自然物转化为人的生命本身①。这种活动是为了维持生命自然形态的存在,与动物的活动并没有本质的区别,所以也可以称之为动物化劳动(Animal Laborans)。② 动物化劳动有两个内在价值界限:第一,是劳动与消费的共时性,即劳动产品必须要被生命运动消耗掉才能成为人的生命自身,在这种活动中没有生产出能够脱离人的自然生命节律而具有独立持存价值的产品。第二,是个体生命的死亡,死亡使维生的劳动及其产品本身——自然生命体在最后失去一切意义。叔本华曾经这样说道,"死亡的恐惧实际上超然独立于一切认识之上……死亡是威胁人类的最大灾祸,我们最大的恐惧来自对死亡忧虑"③。那些藐视死亡的豪言壮语,如

---

① 马克思,恩格斯,《马克思主义文艺理论研究》编辑部. 马克思恩格斯论人性和人道主义[M].北京:光明日报出版社,1982:77.

② 汉娜·阿伦特.人的条件[M].竺乾威,等译.上海:上海人民出版社,1999:81, 116-117;亚里士多德.政治学[M].颜一,秦典华,译.北京:中国人民大学出版社,2005:70-72.

③ 叔本华.作为意志和表象的世界[M].石冲白,译.北京:商务印书馆,1982:443.

果不是依托于某种永世轮回或者最终复活的信仰,就是依托于生命社会文化形态与自然历史形态的拆分,在立德、立功、立言的成就中获得永垂不朽的安慰。但死亡张开其绝对的黑幕,吝于给这些豪言壮语任何回应,哲学家对永恒之物的赞颂在他面前也变得苍白,反而只有地上造物的残垣断壁在萧索之中渐渐鲜明起来。

在实存的世界中,人类对抗个体自然生命之死亡的努力,是制作出某些超越自然生命节律的可以持存的东西。这些"产品"之所以能够对抗死亡的恐惧,是因为它们虽然不是永恒的,但却具有可以超越个体生命历程的"不死性"和必须要被解释的紧迫性。——如果没有这种必须要被解释的紧迫性,我所创造出来的东西即使一直保存下来却不会被他人所注意,也就不会引起他人对我的存在的怀想;一个伟大的艺术作品会持续不断地引起人们解释的欲望,并由此引发对他本人的怀想,而一个蹩脚的作品却很快就被别人所遗忘,或者作为一个可被消费的物资而消融在维生的活动中。人因为创制了这种价值而超越自己的死亡,在自然生命形体消亡之后还能持续地被纪念和牵挂。这些产品构成了"人的世界"的现实部分,创造这个世界的活动因而具有了与动物性活动完全不同的特征——一栋建筑固然主要在为人提供了栖身之所的意义上而具有价值,但是建筑所提供的却绝不仅仅用于维持生命的消费活动,否则神庙与兽穴并无本质区别;古希腊的市政广场、神庙和体育场等公共建筑,它们不仅仅在当时为城邦公民的公共生活提供了一个场所,在千年之后也以其残躯向后来者诉说希腊的故事。神庙、市政大厅、市政广场、公共剧场、竞技场等公共建筑的建设,既是城邦公共生活兴起的后果,也是为了提供场所以保证城邦公共生活能够展开。

亚里士多德认为,世俗的生活是仅为了声望而被追求的,工匠的生活是为了稳定安宁和养家糊口而被追求的,事务的或商人的生活关心市场和店铺的买卖,这些都是为了追求生活以外其他值得追求的东西,因而是受到强制的,在其中没有选择的机会。① 而享乐、政治以及沉思的生活都是因为其自身而被追求的,一切人在其中都可以有所选择。但这三者之中还有层次上的差异,享乐的生活追求的是肉体的快乐,亚氏干脆称之为是一种"动物性的生活",它虽然摆脱了外在的强制,但却又屈从于低级灵魂的欲望。只有在政治生活中,一个人才可以真正实现"自由的选择"。个人只有在城邦中才能够实现自己的幸福和善,城邦的善是更高尚[高贵]、更神圣的善,是个人德性活动的目的所在。所以,在《尼各马可伦理学》第一卷第二章,亚里士多德视政治学为实践之学的最高学科。Malcolm Schofeld

① 亚里士多德.亚里士多德选集,伦理学卷·优台谟伦理学[M].苗力田,译.北京:中国人民大学出版社,1992:363/1215a 35.

非常明确地表示，对亚里士多德来说，政治与伦理实为一个领域，只不过这一真相常常被忽视了。①

但我们不得不揭露一个阴暗的事实：在古希腊恢弘壮丽的广场与神庙间逍遥漫步和激情辩论者，仅仅局限于"城邦公民"，从亚里士多德将"人"命名为"政治动物"以及他在《政治学》中将奴隶看作是"有生命的工具"来看②，真正的人仅仅指的是"城邦公民"，所谓"人"的生活就是"公民"的公共政治生活。奴隶们只是用来使公民可以从动物化劳动的重压中解放出来的"工具"，为"公民"从事"人的活动"提供条件。因此，人自己所创造的"人类世界"的存在，是其中的某些人有可能作为一个"人"而存在的必要条件，但这样一个世界却有可能构成对创造者自身的压迫，因为创造的目的是为了将生命从自然中提升出来，而这一目标必然会对理性存在物的身体性存在造成压迫，即理性对欲望的压迫。古希腊人通过将人群划分为公民（真正的人）/奴隶（工具），来解决这一难题，这体现在柏拉图有关人群分类的思想中，作为精神载体的头脑（对应着社会顶层的哲学王）绝对受到吃饭穿衣这些俗务的玷污，那就必须要有腹部（欲望的载体，现实的生产者）来提供营养，由胸膛（勇气的载体，政治制度的维护者）来予以保护。这里并不是想做一个政治哲学的阐发，而是要提醒读者，在人成之为人的缘起处就存在着一种内在的张力。

二、人类活动的伦理境域

个体生命持续存在并通过使自然物转变为自己的生命，产生了主体自我所有的概念；对自然事物进行劳动并将其转变成自我生命所有的一个部分，产生了所有权的概念③。这两者的结合证成了人的主体性以及主客体关系。当个人能够通过这种活动摆脱生命自然节律的束缚，免于饥饿、寒冷和死亡的威胁，就有可能去进行一些"人"的自由创造活动。正是在这种"人"的自由创造活动中，人类的生存具有了与动物完全不同的特征，并进而形成了一个"人的世界"。"人"的自由创造活动改变了自然物的存在形态，根据自己的需要和目的为自己生产出了劳动工具和

---

① Richard Kraut. The Blackwell Guide to Aristotle's Nicomachean Ethics[M]. Blackwell Publishing ltd., 2006: 305.

② 亚里士多德.政治学[M].颜一，秦典华，译.北京：中国人民大学出版社，2005：7.

③ "但是每人对他自己的人身享有一种所有权，除他以外任何人都没有这种权利。他的身体所从事的劳动和他的双手所进行的工作，我们可以说，是正当地属于他的。所以只要他使任何东西脱离自然所提供的和那个东西所处的状态，他就已经掺进他的劳动，在这上面参加他自己所有的某些东西，因而使它成为他的财产。既然是由他来使这件东西脱离自然所安排给它的一般状态，那么在这上面就由他的劳动加上了一些东西，从而排斥了其他人的共同权利。"引文来源：洛克.政府论：下篇[M].叶企芳，等译.北京：商务印书馆，1964：19.

劳动对象。

工具和对象之所以能够作为一种“可被使用的事物”被我们所用,依赖于它们在人类活动所展开的世界中与我们照面,总是要在人的世界中才能够出现并通过境域本身获得定义。我们在使用事物之前,必须已经存在某种针对它们的需要以及允许使用它们的境域,然后它们才能够作为某种潜在的可用的东西而“随时”供我们使用:“对上手事物的可用性的信赖的真正依据,并不是由器物本身构成的,而是由作为境域的世界构成的,这个境域为事物准备好了这样一种使用方面的可靠性,使得我们能够信赖于此,能够在与事物的交道中自由的活动。”①这个境域——人类的活动及其所创造出来的世界——构成了人作为“人”来生活和工作的整体机缘,在这种需要和目的体系中,树木是建筑材料,动物是食物或者动力工具,自然界以人为中心组织起来。但任何境域在主体性的视角中总是被遮蔽的,它们总是通过在“光照”中显现的“上手事物”的方面而将自身隐藏在黑暗当中:“事物的真正自在存在对我们始终是封闭起来的,只要它们的显现是与这样一种运动相联系的。”②(回归我们的主观活动性的运动——笔者注)只有我们在使用工具的顺手状态被干扰之后,它的自在存在和作为因缘联系的境域才显现出来。工具的“缺场”使我们领会到它除了工具性以外还有一个自在存在,以及那种使它们成为可用物的因缘联系的境域。但是,这种显现毕竟是一种被动的方式,是否能够本真地“看”“世界”仍然取决于主体自身的“决断”。

奠基在主体自由原则之上的现代生活,是一个我们自行“立义”的运动过程,这里面隐含着极权主义和虚无主义的双重威胁。为了应对这些威胁,我们在对未来做出评价并以此来引导行动的时候,要基于他人可能的判断观点来调整自己的判断。例如在罗尔斯那里,政治是不同伦理共同体进入的交叠领域,在此空间(及其结构规则体系)之中伦理意见得以阐述出来,在实现社会合作的共同目标下诸主体之间不得不通过妥协获得一种可操作的“道德共识”。桑德尔指出了这一设计的困难:除非各个相异的主体都能够理解他人的观点,并且会按照他人的观点来调整自己的行为策略,否则“道德共识”是不可能建立起来的,而这就意味着一种高于现实存在的先验的主体同一性③。但是,由于没有任何主体能够超越自己的生存境遇。所以在先验的“主体自由原则”下的交互方式,并不能保证最后获得一个共识,而是有可能陷入“无休止的争论”,这种争论的特征是“其实根本没有争论发生”,每个人

① 克劳斯·黑尔德.世界现象学[M].孙周兴,编;倪梁康,等译.北京:三联书店,2003:122.

② 同①125.

③ 桑德尔的意思是说,在无知之幕下,个体的“多元性”就完全被“消解了”,佘碧平将他的话译为“在无知之幕背后没有各种不同的个人,只有一个主体”。参见:迈克尔·桑德尔.自由主义与正义的局限[M].万俊仁,等译.南京:译林出版社,2001:160;佘碧平.现代性的意义与局限[M].上海:上海三联书店,2000:198.

都急于表达自己的意见而根本没有听到其他人在说什么。[1] 为了能让我们停止这种无休止的"没有争论的争论"，实现共同生活，就必须意识到只有找到某种"理解基础"才能保证争执可以作为争执而存在——参与者想要理解、说服对方或者让步以达成某种共识。只有在这种"争执"中，我们才有可能通过对他人不同意见的反思来意识到自己的主观性，并进而意识到自己的这种主观性所产生的境域。这种扩展了的思想方式"使我们得以超越我们自己的境域的界限，并且使我们得以在自己的世界与他人的世界之间来回活动"[2]。这并不是要取消自己的境域，而恰恰需要我们首先从自己当下的个别境域出发，才能够为他人敞开自己，然后才能够通达一个政治的"空间"。

这种从自己当下的个别境域出发而获得的经验，就是"伦理境域"。这一概念不同于现代性伦理学当中的规范、制度、律令等，而是在希腊词"ἐθos"的原意"居留之所"[3]上使用的——共同体通过持续不断地在这个共同场所中生存塑造了他们的共同生活。"ἐθos"作为"居留之所"之所以构成了人类活动的伦理境域，是因为这一境域使人们能够不加反思地、自然而然地顺着自己的习惯（本性）去践行"ήθικήάρετή"。亚里士多德说，"ήθικήάρετή通过习惯而养成"[4]，"人生的某些品质，或习于向善，或惯常从恶"[5]。"ήθικήάρετή"是"习于"与"惯常"的，说明行为主体这一有关善、恶的经验是自在的和直接的，亦即人首先是不加反思地生活在原初的"善、恶"经验中。所以，海德格尔认为"ἐθos"乃是"绽出地生存者的人的原初要素"[6]。"境域"本身并不是我们的"劳动对象"，不是通过回忆、反思或者工作能够产生出来的东西[7]；它已经隐身入幽暗之中，但却又在日常生活中向我们活生生地呈现出来，我们对它的理解也必须在被照亮的公共空间和幽暗的日常伦理生活的关联性当中展开[8]。

① 麦金太尔表达了相似的观点："当代道德话语最显著的特征乃是它如此多的被用于表达分歧；而这些分歧在其中得以表达之各种争论的最显著的特征则在于其无休无止性……而且显然不可能得出任何结论。"麦金太尔.追寻美德[M].宋继杰，译.南京：译林出版社，2003：7.

② 克劳斯·黑尔德.世界现象学[M].孙周兴，编，倪梁康，等译.北京：三联书店，2003：276.

③ 海德格尔.路标[M].孙周兴，译.北京：商务印书馆，2000：417-418.

④ 亚里士多德.尼各马可伦理学[M].廖申白，译.北京：商务印书馆，2003：35.

⑤ 亚里士多德.政治学[M].吴寿彭，译.北京：商务印书馆，1965：199.

⑥ 同③420.

⑦ 在黑格尔那里，伦理作为一种实体精神是一种自在的存在，也是决定并保持人们作为其中一个成员的本质属性的那个共同的敞开之地；只有在精神自己的异化状态下，伦理才会变成教化，变成那些规范、制度、律令等被意识到的东西。

⑧ 这两种空间的对立在古希腊可以对应为城邦与家庭空间的对立。参见：克劳斯·黑尔德.世界现象学[M].孙周兴，编；倪梁康，等译.北京：三联书店，2003：281；洪涛.逻各斯与空间：古希腊政治学哲学研究[M].上海：上海人民出版社，1998：1-15.

三、技术、现代性与伦理境遇的异化

自韦伯区分了工具理性和价值理性之后，人们似乎已经习惯于将技术看作外在于道德甚至与道德相对立的活动领域。韦伯的思路是将生活世界分成价值理想和世俗活动两个相互分离的领域，世俗活动的理性并不决定价值目标，价值由某些超越性的东西来决定——例如宗教。世俗生活理性关注的是如何有效率地实现既定价值目标，其中包含两种类型：一种是“工具理性”，它只关注实现目标的效率问题；在此之上是“经济理性”，经济理性必须考虑满足效率需求与行动成本的比值，以及所需付出的成本在竞争体系中可能实现的其他价值在同一价值体系内的优先秩序；但经济理性也不是价值理性，它并不参与对特定价值目标的选择和认定，仅仅保证自己所采取的行动是在特定价值目标指导之下展开的活动，就是“依其主观意义……满足其需求”的意思①。也就是说，这种技术如果要想获得自己的价值合理性，并不能在其自身中得到证明。但在历史中生成的、被认为是不同于技术的道德，恰恰是人类活动自身创造的东西；人类的科学知识和技能是在重复的生产和消费过程中首先独立出来的价值，并且在“材料-产品/技能-目的”的指引关联中向我们显示出了“善”的存在。那为什么在现代人的眼中，技术已经变成了与道德相分离的东西呢？

对这个问题的解答必须从整个近现代科学技术和社会道德文化发展的整体关照中展开。随着近代科学技术革命和工业化运动的完成，以及资本主义生产方式的确立，古典时代与劳动者自己的个性、创造力和自由生活相融合的“技艺-制作”活动，逐渐变成了生产财富的劳动。随着私有财产成为个体自由权利的主要支柱，原来与“生产劳动”具有本质差别的“技艺-制作”中产生的“持存性价值”变成了“剩余价值”，具有创造性的“技艺”变成了“剩余劳动力”。古典世界中“劳动”与“技艺-制作”、“私人领域”与“公共空间”的清晰界限已经变得模糊，原来属于私人劳动的“家政”学变成了“经(邦)济(世)”学，“劳动”本身已经被社会化了。古希腊人在从事政治活动时需要刻意避免的“维持生命的动物化劳动”，已经被视为人类一切的普遍本质。现在，公共生活空间的功能就是去维护“个体化的”私人活动的实现，此可谓公共生活空间的私人化进程。阿伦特认为，这一变化过程始于基督教的兴起，基督教通过对个人责任的强调将政治责任变成了一种负担，传统的政治空间被“社会”所取代，而这种新的公共性是由“生活过程本身的公共组织”所组成的，在这种

① 韦伯对“经济行动”的定义是“行动者依其主观意义，将行动指向以效用形式来满足其需求”的行为。参见：马克斯·韦伯.韦伯作品集：经济行动与社会团体[M].康乐，简惠美，译.桂林：广西师范大学出版社，2004：1-9.

形式中,人们仅仅为了生活而相互依赖①。但这一进程中总是纠缠着一个与之相反的运动趋势——私人生活的公共化。古希腊"公民"身份的内涵同时也保护了"私人-家庭"事务不被公共空间所介入,这是因为"私人-家庭"和"政治-公共"活动的分异、独立和共处,是维护整个宇宙的和谐秩序的必要条件。古希腊的哲学家们虽然设想出了一种完全消灭了私人领域的公共生活方式,但在现实中也具有对必要的私人领域的尊重和对这一界分的敬畏,柏拉图也只在"理想国"中才设计出国家干预生育活动的政治制度。而现代社会生活的公共空间与古典传统中的政治空间不同,它仅仅从空间展布——即诸"个人"之间的空间关联的角度进行区分。在这种结构中,只要个人活动涉及另一个"任何人",就必须进入"公共"领域接受"公众"的制约。

这些变化是历史的进步,因为它使个人不再依赖在群体生活的差序位置,而是凭借个人的生产劳动来创造自身的价值;古典时代人类不同活动方式的价值等级,以及建立在这个基础上的神圣的社会等级秩序——"主-奴""公民-非公民"——也就被普遍的人权和民主所取代。但是,随着"劳动"与"技艺-制作"、私人领域与公共空间之间界限的消除,古典时代借以建立属于人的生活世界的超越性的"内在善"也随之消失了,生产劳动的价值就必须在其结果中获得确证。在斯密和洛克的理论中,人类创造活动的价值依赖于它所创造出来的产品转换为财富,人类的自由本质也必须通过产品的交换和消费来实现。随着现代科学技术和市场经济的迅猛发展,劳动与人的本质发生了进一步的分裂:一旦我们不能直接占有自己的劳动并在其中体验到自己的创造,而必须通过其产品的交换来确证这一劳动本身的价值,劳动就变成了异己的东西,成为我们既依赖又与之相对立的东西。

以自身为目的的动物化劳动缺乏持存性,它的价值必须要在产品被消费的过程中获得实现;而出于"技艺-制作"的生产劳动,其产品的价值在于我们能够通过它实现某种目的,并且在"目的"体系内在的等级阶梯中指引出"最高善"的存在。由于古典时代蕴含于人的制作活动中的超越性的"善-目的"的消失,手段的价值凭据就仅仅落实在它对实现特定目的合适性方面。但是,一个目的一旦实现就立即

① 汉娜·阿伦特.人的条件[M].竺乾威,等译.上海:上海人民出版社,1999:29-39.

阿伦特在评价这一变化过程时认为,现代社会中最具有"私人属性"的事情就是"肉体的痛苦"(P38-39)。但阿伦特没有注意到,在现代医学活动中,这种痛苦已经被转变成了可以度量的客观属性——临床上的"疼痛指数",医院将传统上属于个人生活领域的痛苦及其治疗活动转变为委托给某个团体的社会活动,并且还将这种私人感受转变为社会通感,将社会团体活动转变为社会公共健康政策的执行。例如在论证安乐死的合法性时,理论家们就一直试图唤起社会公众对痛苦的通感,并且将这一个体的疾病和治疗与社会公共卫生资源的分配联系在一起。

消失了,其成果立即成为了另一个目的的手段。为了避免“手段-目的”的无限循环,我们只有将“人”本身作为“最终目的”①。如果人自身就是最终的目的,那么人类本来希望通过创造性活动来实现的“具体目的”就丧失了自身的“内在善”,而变成了实现其他目的的工具。因此,作为物质基础的自然环境、作为劳动者的位格存在、人的劳动本身及其产品,还有在此过程中创造出来的“世界”本身就都被工具化了。从而,在这个劳动过程本身当中创造出来,并借由创造这个世界的过程而实现和占有的“人的本质”,就变成了一种纯粹的抽象,作为最终目的——并在逻辑上又转变为起点——超越了人自身的所有活动过程。

马克思认为这种关于人类本质的抽象已经与现实生活对立了起来,它不是在现实活动中提炼出来的理论抽象,而是在异化劳动的前提下,为了维护这一已经与人类本质相异化的世界而必须进行的逻辑悬设。他在《1844 年经济学哲学手稿》中对人类的异化处境进行了分析②:首先是人与自己的劳动产品相异化,产品成为我的异己力量。其次是劳动自身的异化,机械化大工业的发展将更多的人变成奴隶,古典时代技艺活动中所必然包含的,作为人在工作中具有的创造性及其所生产出来的人的价值消失了;创造性的劳动变成了对机械法则的遵守,劳动不再是我对事物的创造,不再是我的乐趣。再次,是人同自己的类本质的异化:人类之所以为人类,是因为他进行着物质的感性的活动——劳动实践活动;由于劳动变成了异化劳动,从事生产的人就不再能通过劳动创造自身、发展自身和肯定自身。最后,当劳动从人类生命整体的自由创造活动变成个人维持生存的手段,“类”生命整体就异化为自私自利的个人的结合体;在这种群体中,产生了人与人之间相互关系的异化,因为人同自己类本质相异化,只有通过一个人与其他人的异化关系才得到实现或表现。当个人对自身的类本质的体验异化为个体对自身普遍性的抽象和反思,类生命整体的生活就异化为个体之间互相利用和相互对抗的、分离性的空间场所。

在这种已经异化了的世界中,道德选择和伦理行动成为与生产和经济生活的相分离的特殊活动。相较于经济基础的“客观性”和“科学性”而言,伦理生活充满了“主观性”和“不确定性”,因此合乎逻辑的推论似乎是:我们应该用在生产活动中所发现的科学规则来改造自己的伦理生活。这一观点并不是由现代性所发明的,事实上它已经在柏拉图那里开始萌芽。斯东指出③,古希腊伯里克利时代人们普

① “人就是现世上创造的最终目的,因为人乃是世上唯一无二的存在着能够形成目的的概念,是能够从一大堆有目的而形成的东西中,借助于他的理性,而构成目的的一个体系”。参见:康德.判断力批判:下卷[M].韦卓民,译.北京:商务印书馆,1964:89.

② 马克思.1844 年经济学哲学手稿[M].北京:人民出版社,1985:46-60.

③ 斯东.苏格拉底的审判[M].董乐山,译.北京:三联书店,1998:53-59.

遍认为，参与公共政治生活的美德和能力是人所共有的和平均分配的，所以在伦理生活中产生的规范和结论是具有普遍性的。但是在苏格拉底和柏拉图的论述中，却都强调政治生活（希腊人的伦理生活）应该是具有知识的人才能进行的活动，这种知识并不是每个人都有可能获得的，所以应该“让那个知道的人来统治”。苏格拉底曾经讽刺说，雅典人在涉及具体技艺的活动时会请教这方面的专家，但是在更重要的领域——政治生活中却允许任何一个人发表自己的看法。相较而言，制造活动比伦理事件具有更高的稳定性和目的性：制作过程中，关于产品的模型（通式）是对最高善形式的指引关联，它先与产品本身存在，也不会在制造和工作完成以后消失；同时，它虽然内涵于所有并不完全的产品之中，但却不会受到产品本身的缺陷的影响，将会持续地保持着自身的整全性并继续指导今后的制造活动。因此，当柏拉图宣讲一个永恒的和单一的“理念世界”是现实政治生活的渊源时，他实际上是在进行一种按照“理型”“制造”生活的方法论论证。① 现代性道德哲学完全继承了这一点，认为具体“善”与伦理规范的理性知识，都是历史性的和地方性的而不具有普遍价值，其自身的合理性必须在具有客观普遍性的经济生活的基础上获得确证——前面已经说过，这种经济生产活动就是一种已经“异化”了的“制作”活动。因此，在现代道德哲学的经典设计——“正义论”——中，罗尔斯设计了“无知之幕”用以将道德文化传统的影响排除掉，让社会生活的参与者在一种纯粹的理性设计的氛围中制定生活制度；在“交往理性”的设计中，哈贝马斯也将道德传统视为“经验自我”的内在立场，在需要构建一种先验性的“交往行为范式”的时候，生成这一“经验自我”的“生活世界”必须“回避把自己呈现出来”，从而建立一种一般性的“形式语用学”逻辑。②

当伦理制度变成了理性主体的“制作产品”以后，它就脱离了自己的生成境域。“制作”活动所产生出来的伦理上的普遍性，只能是一种抽象的普遍性，才能够穿越各种不同境遇中具体的社会交往活动与行为主体的差异性。因此，道德就不能是一种在“伦常习俗”中养成的“习惯”，而只能是一种在理性反思中获得的“知识”。“正义原则”或者“交往行为范式”，都只有在丧失了与现实生活经验和历史境域的直接关联的情况下，才能够摆脱人类事务的不确定性，成为“科学”的法则。而只有人类创造性活动的“善”完全变成了维持生命本身，变成了在不同社会制约条件下的生产劳动，才能够在符合自然节律的意义上获得必要的客观性和普遍性；在这个

① 汉娜·阿伦特.人的条件[M].竺乾威，等译.上海：上海人民出版社，1999：218-220.

② 这种生活世界，“作为总体性，它使得集体和个体能够建立起自己的认同和生活历史规划，但它只有在前反思阶段才会表现出来。规则是在实践中提出来的，并沉淀在命题当中，虽然可以从参与者的视角加以重建，但不断后退的语境和始终作为背景的生活世界资源却并不包含在内。”参见：哈贝马斯.现代性的哲学话语[M].曹卫东，等译.南京：译林出版社，2004：348-350.

“客观”的基础上，一种关于人类创造性活动的“科学”才能够产生。此时，人类自我创造的活动本身就与其产品(道德知识)及其境域(伦常习俗)相分裂，人类的本质——全面的创造和占有自己的本质——就与人类自身的生活和生产实践相分裂，变成了一种超越了历史和生活实践的纯粹的抽象，变成了在按照科学方法进行的反思中才能够获得的知识，而创造出这一方法的东西——人类的创造性活动却变成了被其指导和受其约束的东西。于是，柏拉图让“哲学王”来统治的乌托邦政治哲学——其中内含着“知道”真理的高级灵魂(统治者)对身体(生产者)的专制，在现代性社会中就变成了“程序正义”在价值体系中的优先性——其中内含着关于正义的“科学知识”在政治活动中的权威性。古典时代统治者们始终需要面对的人性的不确定性和野蛮的生活习惯，在技术专家眼中，是一种需要技术手段进行调整和制约的“理性不及”的因素——恰恰因为这些因素是“理性不及”的，所以无法通过学习和教养加以改变，只有通过技术手段来进行调整和制约。而技术仅仅以这种(通过技术去创造的)可能性作为自己的规定，通过科学知识和科学的行动模式对所有存在物(包括存在者自身)进行规划和设置。技术摆置自然，设定自然，挑战自然，使事物作为“被订制的”而到场，人们往往炫目于由此所散发出来的主体性的光芒，而忘记了使这种主体性成为可能的整体“伦常”境域。技术活动中内涵的主体目的性的实现，便成为主体展现自身存在的唯一方式和一切“尺度”①。我们通过将人看作是在“订造”②中解蔽-显现其自身的持存物而遮蔽了“人”自身的主体性，同时也闭锁了技术主体解蔽自身的可能性，这是一个更加基本的生存论现实③。

结语

通过“人”的活动创造出来的伦理道德，不是“绝对命令”在历史运动中的对象化运动或“生命本能”的道德升华形态，而是人类对自我生命本质的全新自我创造。人类通过自己的行动“去”规定、立义和理解自己的生命，用自己的整个生命历程“去”创造和占有的“人”生命本质。但是，它发生在已经总体异化了的现代性生产社会中，异化形态下的自创生运动所遭遇的困境，在最根本的方面是在人类的创造

① “一味地去追逐、推动那种在订制中被解蔽的东西，并且从那里采取一切尺度”。参见：海德格尔.海德格尔选集：下册[M].孙周兴，选编.上海：上海三联书店，1996：944.

② “一切解蔽都在订造中出现，一切都呈现为持存物的无蔽状态。”参见：海德格尔.海德格尔选集：下册[M]孙周兴，选编.上海：上海三联书店，1996：952.

③ 这种观点也许可以看作是海德格尔自身的“偏好”：他偏好于讴歌传统生活方式而反对一切现代技术，希望世界能够退回到那种他认为是“自由的、劳有所得的、自我表达的”农业和小手工业生产的时代。参见：朱利安·扬.海德格尔哲学纳粹主义[M].陆丁，周濂，译.沈阳：辽宁教育出版社，2000：38-42，48-50.

性活动及其价值和由自己创造但又是自己创造活动之界限的整体伦理境域之间的关系的异化。在这个世界中，人已经与其自身的本质相异化，动物化的劳动者获得了最终的胜利，生命成为现代社会最高的"善"，现代性道德哲学已经丧失了稳定的、充满内容的意义和目的体系。我们已经把人类的"伦理生活"与"伦理学"割裂开来。"伦理学"作为那个抽象的现代人的本质的理论表达占据了道德反思的中心，伦理的"历史"因此只向两个方向展开，向前它必然证明"伦理学"的历史正确性，向后它预言着特定的未来。在这种思路之下，"理想"抹杀了现实，历史变成了逻辑。当这一在"伦理学"中"预设好了的""被强有力地证明了的"和"必然会实现"的未来呈现于人们的意识之前，目的就变成了原因，从伦理生活中生长出来的"伦理学"就变成了推动当下道德选择的决定性力量。这就要求人们恢复一种自由的"争论"，在一种关于"世界由于作为一个人类共同体联系起来的事务"的协商中，寻找一个"契机(Kairos)"①。但对"契机"的把握并不像"可以利用这种技术在未来获得某种好处"这种"切实"的把握，而是一种知道"这种可能性必然要在它的当前化过程中显现为确定性"的把握。对契机的把握奠基于伦理的切近性之上，"因为它(即"伦理"——笔者注)作为理解的基础使意见争执成为了可能，而这种意见争执能够导致对契机的把握"②。但这种理想的境界并不会自然产生，恰恰相反，人类"自然的"反应是去贯彻那种从自己的境域出发并确证自身正确性的决定，并且在没有结论的争论过程中倾向于使用暴力手段来终结这种争论本身。只要看到在现实生活中还有人罔顾道德、法律和其他公共规范而任意妄为，就会意识到一种真正的"伦理"还远未建设成功。

想要摆脱这一悖论，恢复一种自由的"争论"，争取一种合适的伦理态度，唯有依靠"人"自身在现实的伦理生活当中显现出来的、与其他所有人共通的情感、理智和意志，在一种将世界看做将人类共同创造的自己的居留之所的视野中，重新敞开自己生存的伦理境域。即使是在那种基于最坏的人性设定、霍布斯式的严酷的社会契约中，仍然相信通过共同生活中共同体验的情感、共同追求的理想和共同付出的努力，会使人类在人-我情感互通的基础上建立一种包容和互相依赖的伦理情感。所以，只要人类还承认公共生活与社会合作是必要的，和平与正义是维持社会合作的最重要价值，就终将逐渐学会适应这种新的共同生活，在"差异"和"冲突"的争论以及解决这一争论的努力过程中，给伦理一个作为居留之所而贴近于我们的机会。推动这一目标实现的最重要的力量，仍然是在"人"身上向来就具有的属于"人"的自由创造力。这种力量会推动我们寻找出路，在遭到迫害时不会屈从于命

① 克劳斯·黑尔德.世界现象学[M].孙周兴，编；倪梁康，等译.北京：三联书店，2003：129.

② 同①133，134.

运,主动反抗、创造和维护自己的自由。这种生命自身的对自由的向往、对自身本质的实现和占有,以及需求与他人共同生活的心理本性,也许已经(通过生物进化的漫长历史)写在我们身体的每一个细胞当中。这种力量是最具有创造性的,是对任何暴政的最强有力的威慑,所有的统治者与侵略者必将在这种力量面前承认自己的失败,承认人类的自由。

从世俗人文主义到"正统"神学：恩格尔哈特生命伦理学的精神实质及其思想述评

张舜清

中南财经政法大学

摘要　从"世俗生命伦理学"到"基督教生命伦理学"，恩格尔哈特的生命伦理思想一以贯之，并不曾发生所谓"转向"或"断裂"。世俗生命伦理学是恩格尔哈特针对道德多元与文化战争的现实提出的旨在维持不同道德共同体存在和可能合作的生命伦理学，它体现着恩格尔哈特深刻的谋划，恩格尔哈特实质是借助世俗生命伦理学为其提出基督教生命伦理学创造条件。对恩格尔哈特而言，真正有价值的、可为人类终极可欲的生命伦理学，只能是基于自我文化理解基础之上的生命伦理学，在恩格尔哈特眼中，也即以"正教"神学为基础的基督教生命伦理学。朝向一种基于"正教"神学的基督教生命伦理学，这就是恩格尔哈特生命伦理学的精神所在。它对中国生命伦理学具有有益启示，但我们不能高估其价值。

关键词　恩格尔哈特；生命伦理学；世俗；基督教；精神实质

恩格尔哈特(H. Tristram Engelhardt, Jr.)无疑是当代生命伦理学界最为著名的学者之一，在世界范围内都享有极高的声誉和巨大的影响力，有人甚至称他是"三十年来最可敬畏的生命伦理学家"①。在过去的几十年间，恩格尔哈特以其渊博的学识和旺盛的学术精力，在生命伦理学领域不仅取得了极为卓越的研究成果，也极大地推动了世界范围内的生命伦理学的发展。但与此同时，恩格尔哈特的思想也引发了巨大的争议。这种争议主要集中在恩格尔哈特在其两部主要的生命伦理学著作《生命伦理学基础》(The Foundations of Bioethics)和《基督教生命伦理学基础》(The Foundations of Christian Bioethics)中所表现出来的前后不一的学术

① Michael S. Merry. Libertarian Bioethics and Religion: the Case of H. Tristram Engelhardt, Jr.[J]. Bioethics, 2004, 18 (5): 387-407.

形象和具体的生命伦理主张上。众所周知,在《生命伦理学基础》[①]中,恩格尔哈特主要主张一种所谓的"世俗生命伦理学"(secular bioethics),在这种生命伦理学中,恩格尔哈特给人的印象也主要是一种世俗人文主义者的形象。但在《基督教生命伦理学基础》中,恩格尔哈特却一反这种世俗人文主义者的形象,而给人一种强烈的基督教徒形象,它的生命伦理学主张也一反其"世俗生命伦理学"的主张,而明确主张一种以"正教"神学为基础的基督教生命伦理学。恩格尔哈特这种前后看上去判若两人的思想表现,以至于有人认为恩格尔哈特的生命伦理学前后发生了重要"转向"。[②] 毋庸置疑,"世俗生命伦理学"和"基督教生命伦理学"在恩格尔哈特的思想中的确是两种性质不同的生命伦理学,那么,恩格尔哈特是如何将两种性质不同的生命伦理学统一到他的思想当中去的?他为什么要主张两种性质不同的生命伦理学?从世俗人文主义到"正教"神学,从"世俗生命伦理"到"基督教生命伦理",这种跨越是不是说恩格尔哈特的生命伦理思想真的存在着某种"断裂"抑或前后缺乏一贯性?弄清楚这些问题是重要的,因为这关系到我们对恩格尔哈特生命伦理学的整体性质和精神的把握,也关系到我们应当如何正确认识和评价恩格尔哈特的生命伦理学对中国生命伦理学的价值和启示。

一、何谓"世俗生命伦理学"?

要整体认识恩格尔哈特的生命伦理学,一个重要的进路就是我们如何理解恩格尔哈特提出的"世俗生命伦理学"。因为围绕恩格尔哈特生命伦理思想的争议和疑问,其实在很大程度上都是源于人们对恩格尔哈特的"世俗生命伦理学"的不同认识。如果说恩格尔哈特后期的生命伦理思想发生了"转向",这一"转向"也是相对于他的"世俗生命伦理学"而言的。可以说,对恩格尔哈特的"世俗生命伦理学"的理解,既是探究其整体思想的基本前提,也是我们整体认识恩格尔哈特生命伦理学的一个起点。

1. "世俗"和"世俗社会"

"世俗"和"世俗社会"是恩格尔哈特"世俗生命伦理学"的关键词汇,决定着恩格尔哈特"世俗生命伦理学"的基本意义。因此,要理解恩格尔哈特所说的"世俗生命伦理学",首先需要对"世俗"和"世俗社会"及其特征有所了解。

恩格尔哈特所说的"世俗生命伦理学"的"世俗"(secular)一词,与我们日常理解的"世俗"有所不同,因而他所说的"世俗生命伦理学"也不能顾名思义,而是有着

---

① 《生命伦理学基础》一书 1986 年由 Oxford University Press(New York)出版,1996 年由同一出版社出版第二版,如无特别说明,本文提到的《生命伦理学基础》均指第二版。

② 参见:王永忠. 论恩格尔哈特的基督教生命伦理学转向[J]. 天津社会科学,2015(4):40-43.

特殊的内涵。作为恩格尔哈特生命伦理学中的一个特定词语，"世俗"并不是与"高雅"相对而言的"俗气"或"庸俗"。在西方文化中，"世俗"的基本内涵其实与西方特定的基督教文化背景息息相关。离开基督教的语境，我们不可能真正领会恩格尔哈特所说的"世俗"及其生命伦理学的思想实质。在恩格尔哈特这里，所谓"世俗"，则完全是相对于基督教的"神圣"而言的，从静态意义上说，"这个词所指的是现世的事物，也就是非宗教的人世间的事"。① 也就是说，所谓"世俗的"，首先就是指非基督教的，"世俗社会"也主要是指与上帝所在的世界相对的现世。"世俗"和"世俗社会"也具有动态意义，从历史的角度看，它也体现着基督教的精神和教义不断与现实的政治权力、财富分配以及哲学观念如人文理性不断结合的过程。也就是说，"世俗"一词也指基督教的世俗化过程，而"世俗社会"，也意味着基督教逐渐不再神圣而日益退守为多元道德观念中一个特殊的群体的过程。概言之，所谓"世俗"和"世俗社会"，本质上就是指缺乏"上帝之眼"(God's Eye)观照下的现实世界，是对包容了基督教自身的各种思想文化传统、意识观念和价值观鱼龙混杂的这样一种实际状况的描述。因而"令人眼花缭乱的多元性"，也即价值观念的多元，便构成了世俗社会最为突出的特征。② 这一特征，在恩格尔哈特看来，也构成了当代生命伦理学产生的基本的境遇条件。

2. 什么是"世俗生命伦理学"？

依据恩格尔哈特对"世俗性"的理解，恩格尔哈特所说的"世俗生命伦理学"首先是指被"世俗性"界定的一种生命伦理学，是在"上帝之眼"的观照下的不符合上帝旨意的生命伦理学。也就是说，只要不是以基督教神学为基础的生命伦理学，都属于广义上的"世俗生命伦理学"，如儒家生命伦理学、自由主义生命伦理学、马克思主义生命伦理学等等。总之，一切不以"上帝之眼"为基础形成的看法，都是世俗的看法，一切建基于这种看法而形成的生命伦理学都可以归结为"世俗的"生命伦理学。③ 这是恩格尔哈特在广义上所说的"世俗生命伦理学"。

但是恩格尔哈特所说的"世俗生命伦理学"还有另外一种含义，也即恩格尔哈特在《生命伦理学基础》中提出并创建的一种特殊的世俗生命伦理学。这样一种特殊的世俗生命伦理学，首先是一种"世俗性"的生命伦理学，但它不同于任何一种既定的世俗社会中的生命伦理学，用恩格尔哈特的话说，是指跨越了特定宗教和思想文化传统的、具有超越性的"一般的世俗生命伦理学"。恩格尔哈特说："关于良好

① 恩格尔哈特. 生命伦理学和世俗人文主义[M]. 李学钧，喻琳，译. 西安：陕西人民出版社，1998：35.

② 同①24.

③ 事实上，在恩格尔哈特眼中，基督教分化后与人文理性日渐融合的基督教派，本质上也逐渐具备了世俗性，相对于恩格尔哈特心目中的纯洁的东正教，建立在这样的基督教教义基础上的生命伦理学，在多元并存的西方世界，事实上也构成了"世俗的生命伦理学"的一种。

生活和道德正当性的标准,存在着众多相互竞争的俗世看法。这些看法都是基于具体的传统、道德观和意识形态的理解。但也存在另一种意义上的俗世性,即跨越具体的意识形态和宗教,而且是一般的人都能理解的意义。除非专门指明,本书用'俗世的生命伦理学'表示第二种意义的生命伦理学:它能够超越由不同的传统、意识形态、俗世的理解和宗教所形成的具体道德共同体来得到辩护。为了强调这种意义的生命伦理学,我也将常用'一般的俗世的生命伦理学'这一术语。"①

在这里,恩格尔哈特所宣称的这种特殊的世俗生命伦理学,并不是给世俗社会中业已存在的诸多的具有实质内容的生命伦理学又增加了一种新的生命伦理学,正像恩格尔哈特自己所说的那样,"并没有给充满内容的俗世伦理学的已经十分拥护的场所里又增添新的一种"②。因为这种生命伦理学的首要特征是它的"一般性",也即它跨越了特定的思想文化传统,可以在任何道德共同体那里得到辩护。而之所以这种生命伦理学能够做到这一点,究其根本在于这种生命伦理学本身是没有内容的(content-less),也即它不提供任何实质的"善",也不支持任何一种业已存在的"善"。恩格尔哈特认为,拥有实质"善"也即有内容的(content-full)伦理学,必定是一种特殊的道德观念,而不会具有普遍性。他说:"唯一的正确的道德观并不存在。任何一种有内容的道德都包含着特殊的道德承诺。"③我们无法让一名马克思主义者和一名基督教徒彼此能够自愿按对方的道德观生活,或者找到一种为他们共同认可的、一如他们自己的道德观那样能够发生实际意义的"共同信仰"来指导他们的道德生活。假如真的存在这样一种伦理学,那么它一定是程序性的、没有实际内容的。所以,恩格尔哈特的"世俗生命伦理学"并不能给人们实际的道德生活提供具体的指导,它唯一的作用实际上就是为不同道德共同体的人们也即所谓"道德异乡人"(moral stranger)之间可能的合作和对话创造了某种前提条件。④ 正如恩格尔哈特所说:"一种世俗道德必须是一种对于温和的道德多样性以及基于允许的合作的方案构架,而不是一种被强制接受的所谓道义。简而言之,人们并没有分享一个公共的道德,如果真是那样的话也不过意味着只是分享对于善和权利的理解罢了。"⑤

---

① 恩格尔哈特. 生命伦理学基础[M].范瑞平,译.北京:北京大学出版社,2006:25.

② 同①6.

③ 同①3.

④ 道德异乡人之间的可能合作和对话主要是借助"允许"原则实现的,"允许"原则是恩格尔哈特在其"世俗生命伦理学"中为我们确立的唯一的行动原则,按照这一原则,针对他人实施行动时,必须要征得他人同意,不经他人同意就采取行动,是不道德的。"世俗生命伦理学"之所以有益于人们的合作与和平相处,就是因为它总是以尊重个体意愿为前提的。

⑤ 恩格尔哈特,孙慕义,等. 全球生命伦理学——共识的瓦解(上)[J]. 医学与哲学(人文社会科学版),2008(2).

总体来看，从具体的道德实践的角度看，恩格尔哈特的"世俗生命伦理学"似乎并没有什么实际意义，它的主要目的似乎只是为不同道德共同体之间可能的合作创造了某种条件。正因为如此，恩格尔哈特的这种生命伦理学主张也遭到了许多批评。如佩莱格里诺就认为恩格尔哈特提供的"世俗生命伦理学"脱离了真正的道德反思的目的，真正的道德思考是为了人们能够怎么做而提供一种具体的道德观，而不只是告诉人们一种做事的程序，因而这种生命伦理学是没有实际意义的。[①] 但问题是，如果说这种生命伦理学对于人们现实的道德生活并不会发生实际意义，恩格尔哈特为什么还要提出这样一种生命伦理学呢？这背后隐含着恩格尔哈特的什么特殊目的吗？对于这一问题的回答，有助于我们进一步认清恩格尔哈特的"世俗生命伦理学"，从而把握恩格尔哈特整体生命伦理学的精神实质。

二、恩格尔哈特为何主张一种"世俗生命伦理学"？

恩格尔哈特是一名虔诚的东正教信徒，从其信仰角度说，他信奉和宣扬一种以"正教"神学为基础的生命伦理学似乎更在情理之中。但是恩格尔哈特为何会主张一种"世俗生命伦理学"呢？表面上看，这似乎是有悖于他的信仰的一件事。但事实不然，恩格尔哈特之所以宣扬一种"世俗生命伦理学"有着他深刻的用意，也有着现实的原因。从现实根源来看，这完全是恩格尔哈特在道德多元和文化战争的严酷现实下，在旨在寻求一种充满内容的、实质的普世伦理的"现代道德工程"失败的境遇条件下，为实现所谓"和平的世俗的多元化社会"、实现不同道德共同体之间的彼此尊重和可能的合作而提出的一种生命伦理学。在这种现实原因的背后，还潜藏着恩格尔哈特更为重要的生命伦理学意图。

1. 道德多元以及文化战争

"道德多元"(Moral Plurality)和"文化战争"(the Culture Wars)是恩格尔哈特在阐释其"世俗生命伦理学"主张时频繁使用的术语，也是恩格尔哈特对当代生命伦理学所遭遇到的境遇条件的基本判断。恩格尔哈特的"世俗生命伦理学"在很大程度上即是基于他对这种特定文化现象所造成的严酷现实的考虑。

所谓"道德多元"和"文化战争"，从现象上看，就是指存在着多种多样的各自不一的文化道德价值观念，以及由这些不同的文化道德价值观念必然引发的剧烈的矛盾和冲突。恩格尔哈特认为，道德多元和文化战争是西方社会的一个基本状态，

① Pellegrino E D. Bioethics as an interdisciplinary enterprise: where does ethics fit in the mosaic of disciplines? [M]//R A Carson C R Burns. Philosophy of medicine and bioethics. Dordrecht: Kluwer Academic Publishers, 1997: 1-23.

是一种客观现实(reality)①,它的产生有着深刻的文化历史根源。它本质上是统一的基督教世界坍塌之后,基督教与世俗力量之间以及各种基督教派之间相互较量和博弈的结果,是基督教世俗化和世俗理性日益占据西方文化价值观念主流的结果。因而这种矛盾和冲突在西方社会可谓根深蒂固,根本无法避免和消除,它意味着西方社会一种严重的分裂和不同道德共同体之间一种严重的隔阂和冲突。对此,恩格尔哈特表现出深刻的忧虑。

首先,这种道德多元和文化战争不仅使西方社会处在巨大危机之中,同时也给不同道德共同体的生存造成巨大威胁,特别是给小众的、特殊道德群体的生存带来了高度风险。因为这种文化战争在西方社会并不总是表现为和平的观念上的对抗,而是常常充斥着血腥和暴力。特别是世俗政权为了确保某种自我认可的真理的权威地位,总是诉诸某种强力。恩格尔哈特说:"在我们生活的这个世纪,在俗世的正义、人的尊严、意识形态的正确、历史的进步和纯洁等观念的名义下遭到屠杀的人,比在过去的宗教战争中被杀的所有的人还要多。"②因此为了保证每个人都能有尊严地、安全地活着,恩格尔哈特认为有必要谋划一种可能的旨在寻求不同道德共同体合作的伦理学,这种伦理学可以使"人们享有可以相信任何和平的道德观的自由,没有害怕受到镇压的恐惧"③。也就是说,在道德多元和文化战争的世俗条件下,在我们无法就具体的道德问题达成根本性的一致前提下,建立一种旨在保证不同道德共同体可以开展合作和安全存在的伦理学不仅是必要的也是我们首先应当考虑的事情。恩格尔哈特的"世俗生命伦理学"在很大程度上就是基于这种考虑而提出来的。

其次,道德多元和文化战争也意味着西方社会不同的道德共同体的"各自为政""自行其是",从而使西方社会很难就具体的道德问题达成一致并解决实际问题。这种情况反映在生命伦理学领域,就是各个道德共同体在生命伦理问题上的各行其是,它们之间很难通约,从而使西方社会的生命伦理问题变得异常复杂和难解。此诚如恩格尔哈特所描述的那样:"没有共同的生命伦理学,也没有一致同意的保健法律和政策……甚至世俗的伦理学家和生命伦理学家也是分裂的。"④这种情况非常不利于现实生命问题的解决,客观上也加剧了西方社会业已存在的矛盾

① H Tristram Engelhardt Jr. Moral Pluralism, the Crisis of Secular Bioethics, and the Divisive Character of Christian Bioethics: Taking the Culture Wars Seriously [J]. Christian Bioethics, 2009, 15(3), 234-253.

② 恩格尔哈特. 生命伦理学基础[M].范瑞平,译.北京:北京大学出版社,2006:28.

③ 同②21.

④ H Tristram Engelhardt, Jr. The Culture Wars in Bioethics Revisited[J]. Christian Bioethics, 2011, 17(1): 1-8.

冲突,因而十分有必要建立一种能够使不同道德共同体合作的生命伦理学,也就是建立一种具有某种普世性的生命伦理学是必要的。但是恩格尔哈特认为这样一种生命伦理学绝不可能是有实质内容的伦理学,因为"我们无法获得一种具体的、充满内容的俗世道德或生命伦理学来作为标准的俗世的道德或生命伦理学"。[1] "发现一种唯一正确的、俗世的、标准的、充满内容的伦理学是不可能的。它还承认了一般的、标准的、充满内容的俗世的生命伦理学的不可能性。"[2]既然权威的、有内容的、可作为普遍标准的生命伦理学压根不存在,也不可能人为建立起来,那么为了实现"道德异乡人"之间可能的合作,我们只能维持一种最小的、没有内容的生命伦理学。正是考虑到这样的情况,恩格尔哈特才提出了他的所谓"弱的生命伦理学"(thin bioethics),也即他的"一般的世俗的生命伦理学"。

2. "现代道德工程"的失败

对所谓"现代道德工程"目标的失败的思考,也是促使恩格尔哈特提出其"世俗生命伦理学"的一个重要缘由。所谓"现代道德工程"是指自启蒙运动以来,相信人的内在理性的哲学家们,企图借助人的纯粹理性来发现一种充满内容的、标准的、具有普世性的伦理学的努力。这种努力从历史的根源来说,也和西方后现代社会的道德多元和文化战争的世俗条件相关。鉴于"上帝之后"西方社会文化价值观念的多元及其可能带来的严重后果,西方重视理性的哲学家们企图借助人类理性去发现或建构出一种超越了各种宗教和特定思想文化传统,同时又具有实质内容,可以规范所有人的普世性的全球伦理,从而借助这种伦理解决人类之间可能的冲突并使整个世界在一种共同的价值观的约束下和平有序的发展。但是恩格尔哈特认为这种努力必然会失败。原因在于:

首先,"现代道德工程"凭借的基础是人类理性,但恩格尔哈特认为理性根本不可能为一种普世性的而又充满内容的伦理提供证明。因为理性证明本身依靠的都是一些初始预设(如罗尔斯的"无知之幕"),而这些预设本身需要证明。[3]

其次,相对于超越性的力量,恩格尔哈特认为在道德多元的世俗条件下,世俗理性仅仅通过合理化论证也根本不可能超越和解决道德的多样性问题,相反还可能引发更为严重的后果。比如恩格尔哈特认为当代西方的文化战争在很大程度上就是由于还俗主义者(laicist)以理性为借口强推某种所谓普世伦理,企图尽力缩小人们对于性、生殖、保健等方面选择的道德意义,特别是对于死亡终极选择的道德

① 恩格尔哈特. 生命伦理学基础[M].范瑞平,译.北京:北京大学出版社,2006:29.

② 同①3.

③ 同①译者前言.

意义而造成的。[①]

正是基于这两点理由,恩格尔哈特认为:“显而易见,世俗理性无法通过圆满的理性论证超越生命伦理学多元化的道德视角,正如马克斯·霍克海默所说,‘理性已经自我了结了它在探究伦理、道德和宗教方面作为一种中介的作用’。”[②]因此,恩格尔哈特认为,企图借助理性去谋求建立一种既有实质内容又具有普世意义的伦理的“现代道德工程”注定是要失败的。既然理性在发现一种标准的、充满内容的普世伦理和解决世俗道德的多样性方面无能为力,那么,“毋庸置疑,放弃合理唯一的全球或者普世道德是正确的”。[③] 正是在这样的考虑下,恩格尔哈特才提出了他的以“允许”原则为中心的没有实际内容的“世俗生命伦理学”。“当代世俗生命伦理学,包括世俗道德,已经进入了死胡同。它没有能力发现并确认一种权威的生命伦理道德。”[④]因而,留待我们能够维护的,只能是这种弱的、程序性的生命伦理学。

由上,恩格尔哈特的“世俗生命伦理学”只是恩格尔哈特在道德多元和文化战争的世俗条件下,在“现代道德工程”失败的现实境遇下,为了实现不同道德共同体的人们可能的合作而提出的一种生命伦理学。用菲丝的话说,恩格尔哈特的世俗生命伦理学只是想在道德异乡人之间找到最小公约数,以解决道德异乡人之间的合作问题。[⑤] 它实际上是恩格尔哈特在“全球伦理:共识的坍塌”[⑥]的现实境遇下为解决现实的生命道德冲突问题而提出的一种权宜之计。因此这种生命伦理学就其本质而言不能说是一种真正有价值的、好的生命伦理学。“世俗生命伦理学”在恩格尔哈特这里其实是个否定性的概念。事实上,恩格尔哈特只是借助“世俗生命伦理学”来说明他真实的生命伦理学主张。也就是说,在“世俗生命伦理学”背后,其实隐喻着恩格尔哈特更为重要的生命伦理诉求。这种背后的诉求,才体现着恩格尔哈特真实的生命伦理意图和思想精神。

---

① 参见:H Tristram Engelhardt Jr. The Culture Wars in Bioethics Revisited[J]. Christian Bioethics, 2011,17(1):1-8.

② H Tristram Engelhardt Jr. The Foundations of Christian Bioethics[M]. Lisse [The Netherlands]: Swets & Zeitlinger Publishers, 2000: 23-24.

③ 恩格尔哈特,孙慕义,等. 全球生命伦理学——共识的瓦解(上)[J]. 医学与哲学(人文社会科学版), 2008(2).

④ H Tristram Engelhardt Jr. Moral Pluralism, the Crisis of Secular Bioethics, and the Divisive Character of Christian Bioethics: Taking the Culture Wars Seriously[J]. Christian Bioethics, 2009,15(3): 234-253.

⑤ Brendan P Minogue, Gabriel Palmer-Femandez, James E Reagan. Reading Engelhardt: Essays on the Thought of H.Tristram Engelhardt, Jr[M]. Dordrecht: Kluwer Academic Publishers, 1997: 237.

⑥ 参见:H Tristram Engelhardt Jr. Global Ethics: the Collapse of the Consensus [M]. Salem, MA: M & M Scrivener Press, 2006.

三、"世俗生命伦理学"的精神隐喻

"世俗生命伦理学"并非恩格尔哈特真正认可的生命伦理学，这背后隐藏着恩格尔哈特真实的生命伦理主张和思想意图。对恩格尔哈特来说，真正有价值的、好的生命伦理学，可以作为人类终极理想的生命伦理学，其实正是以他所信仰的东正教神学为基础的基督教生命伦理学。从"世俗生命伦理学"到"基督教生命伦理学"，这里其实体现着恩格尔哈特深刻的谋划。一方面，恩格尔哈特是通过"世俗生命伦理学"来为他坚持自我信仰、维护特定的道德共同体的存在创造条件；另一方面，则是通过剖析"世俗生命伦理学"的无能和无益，来彰显出他所认可的真正的生命伦理学的价值和意义。具体而言：

首先，恩格尔哈特之所以宣扬"世俗生命伦理学"，一个重要的考虑就是为了他能够坚守自己的信仰和维护其特殊的道德社群创造条件。不能否认，在信仰和道德观念多元竞争的时代，社会中总有借助世俗权力强力推行某种观念的企图和可能，这给其他道德共同体，特别是少数道德共同体的生存构成了巨大威胁，因而强调一种以尊重个体和允许原则为基础的生命伦理学也是为了保护少数人的信仰和生存的一种策略。只有自己的道德群体能够和平存在于这个社会中，自己的信仰和价值才有可能得到宣传和进一步扩大，才可能真正去建立自己意欲的生命伦理学。在恩格尔哈特的眼中，世俗社会及其主流文化观念对基督教充满了敌意①，因而谋求自我道德群体壮大及其生存能力，最先就应该努力消除这种敌意可能带来的后果。从这个角度说，宣扬和坚持一种强调个体自由的"世俗生命伦理学"是十分必要的。

但是这绝对不意味着强调个体自由本身是一件好事，不意味着恩格尔哈特就肯定这种价值，他其实只是借用了这些"价值"，对自由主义的宣扬既非他的本意，更不是他认同的。他说："许多人把《生命伦理学基础》看作是对个体主义和压倒性的自由权利的捍卫。事实上，无论是第一版还是第二版都既未主张个人选择具有最重要的价值，也未主张自由具有优先价值。《生命伦理学基础》承认，当人们试图解决道德争端，但不再以同样的方式倾听上帝的声音，也不能找到圆满的理性论证时，留给他们的出路乃是和平地同意如何进行合作和在何种程度上进行合作。在这种情形下，个人之所以具有优先权力乃是因为道德权威无法从一个标准的、充满内容的道德观中推导出来。既然在俗世的情形下道德权威无法从上帝也无法从理

① H Tristram Engelhardt Jr. Christian Bioethics in a Post-Christian World: Facing the Challenges[J]. Christian Bioethics, 2012,18(1): 93-114.

性那里推导出来,那么它只能来源于个人。”①不仅如此,恩格尔哈特甚至认为赞同自由选择的观点本身是一种错误,甚至是邪恶的。比如他认为人们按照自己的意愿,或者某种自己认可的道德观念自由选择一些他认可的行为——比如堕胎、安乐死——这些世俗社会允许的事情,这本身是邪恶的,这些人都将“面临着遭受地狱之火焚烧的危险”,他确信这些人会受到神的审判,唯一不确定的是用哪种方式。② 所以,恩格尔哈特在“世俗生命伦理学”中表现出来的对“自由”的某种程度的肯定,并不意味着他赞同这种价值,他之所以会利用一种自由主义的观点,完全是多元文化条件下的一种无奈的、现实的选择,是借助自由主义的价值观来为他能够宣扬自己的真实主张创造条件。因而我们不能将之归结为自由主义者。

其次,恩格尔哈特是借助剖析“世俗生命伦理学”的无能和无益,来彰显出他所认可的真正的生命伦理学的价值和意义,也即以“正教”神学为基础的基督教生命伦理学的特有价值。这正如哈弗罗斯所观察到的那样,恩格尔哈特宣称世俗生命伦理学的实际意图大概是想通过世俗社会无法解决的道德难题以及世俗社会流行的主流观念的无能来彰显出基督教的特有价值。③ “世俗生命伦理学”的无内容、程序性的本质,决定了它在解决诸如堕胎、干细胞研究、安乐死等问题上,在给一个明确的答案方面毫无能力④。它“不足以指导人的生活,也不足以为人类幸福观辩护”⑤。这种“贫瘠的和缺乏内容的”生命伦理学,虽然在一般的世俗条件下可以得到辩护,但是“在这种条件下,人们甚至不能表明它是有益的”⑥。所以它绝非是真正有价值的、好的生命伦理学。对恩格尔哈特来说,真正有价值的、对实际的道德生活有益的生命伦理学,只能是建立在自我文化理解基础之上、拥有特定道德情感的生命伦理学。而这样一种真正有价值的、有益的生命伦理学,可以作为人类终极理想的生命伦理学,在恩格尔哈特眼里,也即以“正教”神学为基础的基督教生命伦理学。因为只有正教“才把握了确定性的真理”⑦,“正教为我们提供的是一种跨越时空历经千年的理论体系……我们必须意识到我们这种神学才能真正作为基督教生命伦

---

① 恩格尔哈特. 生命伦理学基础[M].范瑞平,译.北京:北京大学出版,2006:5-6.

② 同①9.

③ Brendan P Minogue, Gabriel Palmer-Femandez, James E Reagan. Reading Engelhardt: Essays on the Thought of H.Tristram Engelhardt, Jr. [M]. Dordrecht: Kluwer Academic Publishers, 1997: 5.

④ H Tristram Engelhardt Jr. Confronting Moral Pluralism in Posttraditional Western Societies: Bioethics Critically Reassessed [J]. Journal of Medicine and Philosophy, 2011,36 (3):243-260.

⑤ 同①10.

⑥ 同①8.

⑦ H Tristram Engelhardt Jr. The Foundations of Christian Bioethics[M]. Lisse [The Netherlands]: Swets & Zeitlinger Publishers, 2000: Preface, XVI.

理学的基础,我们也必须认识到,这种教义才是独一无二的、本源的、不可改变的。"①

总之,"世俗生命伦理学"在恩格尔哈特这里只是一个反面教材,真正优良的道德生活和生命伦理学只存在其东正教的信仰当中,这实际上就是恩格尔哈特生命伦理学的精神实质。

四、结语:恩格尔哈特生命伦理学的终极走向及其启示

综上,从"世俗生命伦理学"到"基督教生命伦理学",这其实体现着恩格尔哈特完整的生命伦理思想链条,在一定意义上说,前者是实现后者的手段,而后者是前者的目的,所以我们不能说恩格尔哈特的生命伦理思想存在着"断裂"或者根本的"转向",相反,恩格尔哈特的生命伦理主张其实是一以贯之的。"世俗生命伦理学"的提出,包括在这种生命伦理学中表现出的在某种程度上对个体自由和理性的重视,对恩格尔哈特来说,其实都是"策略性"的,是为了宣扬他真实的生命伦理学主张,也即以"正教"神学为基础的基督教生命伦理学创造前提和条件。"世俗生命伦理学"是为贯彻其基督教生命伦理学的真实主张而提供的权宜之计,不代表恩格尔哈特真实的生命伦理学立场,也不代表恩格尔哈特真实的生命伦理精神,因而不能过高评价这种生命伦理学在恩格尔哈特整体生命伦理思想中的地位和价值。通过"世俗生命伦理学",恩格尔哈特真正要告诉我们的是,真正有价值的、好的生命伦理学,可以作为人类终极理想的生命伦理学,只能存在于特定的道德情感和思想文化传统之中。因此,如果人们真的想拥有一种值得过的道德生活,恩格尔哈特为我们指示了一条途径,而且他认为是唯一的途径,即人们必须成为某个特定道德共同体的一员,按这个道德共同体的具体道德生活。② 而这种道德共同体,这种特殊的道德生活,依恩格尔哈特,也就是他全身心奉献的传统"正教"。总之,"朝向一种基督教生命伦理学"③,这就是恩格尔哈特生命伦理学的终极追求,也是恩格尔哈特生命伦理学的真正精神所在。

客观地讲,虽然恩格尔哈特的生命伦理学本质上是在追求以"正教"神学为基础的生命伦理学,因而我们不能高估这种思想对于中国生命伦理学的价值和意义,毕竟它不符合中国的思想文化传统和现实国情,也不是中国人普遍认可的精神理念,相反,在评估这种思想对中国生命伦理学的价值和影响时,我们还需要审慎地对待。但是,这也不是说我们对恩格尔哈特的生命伦理思想只能采取"拒斥"的态

---

① H Tristram Engelhardt Jr. The Foundations of Christian Bioethics[M]. Lisse[The Netherlands]: Swets & Zeitlinger Publishers, 2000: Preface, XVI.

② 同①4.

③ 参见:H Tristram Engelhardt Jr. Towards a Christian Bioethics[J]. Christian Bioethics, 1995, 1 (1): 1-10.

度,事实上,恩格尔哈特认为真正有价值的、可为人类终极意欲的生命伦理学只能是基于自我文化理解的生命伦理学,这种观点及其论证方式对中国生命伦理学的建设和发展还是具有启示意义的。普世的价值,严格来讲,只能存在于抽象的精神领域,现实的人类生活只能是现实的、具体的、拥有特殊道德情感的生活。所以坚持走自己的道路,坚持自我的生活方式,正视自我的文化传统,以开放的精神坚持自我的生活特色,这是可行的,也是可以得到伦理辩护的。笔者认为,这就是恩格尔哈特的生命伦理思想给予我们的最重要的启示。

关于恩格尔哈特俗世生命伦理学思想的几个重要问题研究

郭玉宇

南京医科大学马克思主义学院

摘　要　本文主要对美国著名学者恩格尔哈特教授（H. Tristram Engelhardt, Jr.）的俗世生命伦理学思想所涉及的三个问题进行分析。恩格尔哈特的思想得益于多端的文化渊源，其中与诺斯替主义思想有着一定的关联；他深受经典自由主义包括道义论自由主义的思想的影响，但他是一位崇尚合作的自由意志主义者；他承认道德异乡人、道德多元化，却同时是自由意志世界主义者、共同体主义者与绝对主义者的矛盾结合体。

关键词　俗世生命伦理学；道德异乡人；诺斯替主义；强调合作的自由意志主义者；矛盾结合体

恩格尔哈特（H. Tristram Engelhardt, Jr.，1941—2018），莱斯大学哲学教授，《医学与哲学杂志》主编，是当代著名的医学哲学家、生命伦理学家和神学家。当代生命伦理学的研究方法呈现出多样化的特征，恩格尔哈特独树一帜，立足后现代及其道德多元化，提出旨在构建“道德异乡人”伦理生活图景的程序性的俗世生命伦理学。

恩格尔哈特的俗世生命伦理学思想得益于多端的文化渊源：发源于古希腊的西方理性文化传统、近代哲学尤其是康德、黑格尔的日耳曼理性哲学以及哈特曼价值哲学思想；古典自由主义、道义论自由主义融合而成的自由意志主义和后现代道德多元文化的思潮；基督教尤其是东正教思想、诺斯替主义，加上长期从事的医学哲学相关工作与美国卫生制度政策的研究经历，形成恩格尔哈特广博的知识面和严谨的思辨能力，也形成了他的俗世生命伦理学以理性为基础的自由合作主义风格与宗教式宽容之特征。本文着重从核心概念渊源、何种自由主义以及整体思想特质这几个方面对恩格尔哈特教授的俗世生命伦理思想进行分析，希达到以窥见豹的目的。

注：本文系教育部人文社会科学研究项目“道德异乡人”的哲学溯源及其在当下生命伦理学中的理论形态研究[14YJC720009]。

一、核心概念“道德异乡人”与诺斯替主义的渊源

道德异乡人是俗世生命伦理学的核心概念之一，恩格尔哈特也是首次将道德异乡人运用到生命伦理学领域中的学者。道德异乡人反映当下后现代道德多元化的状态，这个概念的提出与恩格尔哈特的基督教背景有着很大的关联，还与诺斯替教的神秘主义传统有着千丝万缕的联系。

西方哲学对于“诺斯替主义”及其异乡人理论的研究由来已久。

根据约纳斯(Hans Jonas)的考察：“诺斯替主义”源于希腊词 gnostikos，在希腊语中是“知识”的意思，这里的知识是指“获得救赎甚至是救赎形式本身”，这一点在当时的各种诺斯替教派中是共同的特征。① 诺斯替主义的起源是个极其复杂的问题，比较公认的说法是古希腊、巴比伦、埃及、伊朗文化与犹太教、基督教相互融合的产物。就整个西方思想史而言，城邦希腊(公元前 8 世纪—公元前 4 世纪)之后的希腊化-罗马时代(公元前 323 年—公元 476 年)是思想范式的第一个重大转型期。其中，诺斯替主义作为时代的象征之一凸显出来，同时代有斯多亚派、新柏拉图主义、早期基督教。

诺斯替，首先是一种古老的智慧，表达了古代西亚、地中海流域、两河流域古老的特殊的思维方式，古希腊也有此思维传统，对西方世界的各个时代的诸多学者都有着潜移默化的影响。到了近代，诺斯替主义的幽灵更是潜入思想领域，附身于一些形形色色的思想家，比如，卡尔·巴特、别尔嘉耶夫、布洛赫(Ernst Bloch)、黑格尔、海德格尔、荣格、马克思、马塞尔(Gabriel Marcel)、梅烈日科夫斯基、尼采、诺瓦利斯(Novalis)、施莱尔马赫、谢林、索洛维约夫、托尔斯泰等等。

在诺斯替智慧影响下形成了诺斯替教派。诺斯替教派大约形成于二三世纪，是从犹太教传统分离出来的无数个派别之一，最初是来自不同地方的人走到一起，共同找到暂时的栖居之地生活下来，在长期和平相处过程中，慢慢形成诺斯替教派。诺斯替教从起源来看，是三种世界观的离奇的综合：保留了古代的关于世界和人的思想的东方宗教信仰、强调探索关于世界的最终的完整知识的必要性的希腊哲学，以及从产生之日起就与多神教信仰对立的基督教世界观。② 长期以来，也被认为是基督教的一支异端。大约在其鼎盛期(公元二三世纪)过后，诺斯替主义退居历史舞台，但并未消亡，而是在西方世界一直潜滋暗长。对于诺斯替宗教，新教吸收得比较多，但天主教和东正教也受此影响。恩格尔哈特感受到自己的俗世伦

---

① Hansjonas.The Gnostic Religion[M]. Boston: Beacon Press, 2001:32. [转引自：方秋明.汉斯·约纳斯的诺斯替主义研究[J].社会科学家，2005(5):16.]

② 赵敦华.基督教哲学 1500 年[M].北京：人民出版社，1994:91-97.

理学思想在当下的孤独性，认为自己也是一种异端。异端仍然存在，尤其是生命伦理学的异端。在俗世世界的热情和世界主义者的渴望中，分裂的生命伦理学之宗教承诺是各异的。他们违背了时代的结晶。他们挑战共识的渴望。他们破坏道德共同体的希望。他们质疑重叠道德共识以建立共同的具有丰富内容的普遍社会关于正义的政策概念，尤其是卫生保健的可能性。①

诺斯替的进一步发展，逐渐形成一种哲学和诺斯替主义，这是诺斯替方法的一个变体。被很多哲学家吸纳到自己的学说中，如勒维纳斯（E. Levinas）、德里达（Derrida），它从而被升华为一种诺斯替精神。"诺斯替主义"对西方哲学中的存在主义以及"他者"思想有着重大的影响，而这些又共同影响着当下的生命伦理学。在"诺斯替主义"中，宇宙对于人是"他者"，而人包括宇宙中的存在物，相对于宇宙也是"他者""异乡人"。由此，以勒维纳斯等勾勒的"他者"理论、恩格尔哈特的"道德异乡人"思想都有着诺斯替的意象与象征性语言。恩格尔哈特是首位明确将"道德异乡人"概念运用到生命伦理学领域之中的生命伦理学家，并立足后现代道德多元化，提出旨在维系道德异乡人伦理关系的俗世伦理学。学者们不仅把诺斯替主义看作历史上的一场精神运动，而且进一步把它视为对人类处境的一种独特类型的回应，认为它的思想原则与精神态度普遍地存在于历史的各个阶段。古代的诺斯替宗教只不过是这种思想原则与精神态度的最典型、最集中的代表而已。②

恩格尔哈特是西方文化影响下的学者，又是一位虔诚的东正教徒，同时正视后现代多元文化，无论是从诺斯替智慧本身、宗教角度还是哲学层面都对恩格尔哈特产生了潜移默化的影响。

1. *诺斯替式的探索路径*

恩格尔哈特的俗世生命伦理学的探讨在方法上体现了诺斯替式的探索路径。获取知识的传统形式之一就是由希腊哲学确认的理性主义的、精确的知识，之二就是犹太教和早期基督教的启示知识。从人在获得相应的知识的过程中所起的作用来看，这两种知识的形式是对立的。在理性认识的行为中，人的独立自主的积极性起着决定性的作用，人本身用自己的力量获取知识。而启示知识的获得完全由上帝的意志来决定，上帝向人"启示"知识，人只是消极的接受知识。诺斯替教派的任务之一就是积极探索异于两种获取知识之传统形式的第三种类型。与前两者不同的是，诺斯替教派的知识（诺斯）具有更复杂、更具综合和辩证的性质。一方面，这种知识可以通过理性形式、借助于理性哲学范畴来表达，因此是通俗的；但另一方

① H Tristram Engelhardt Jr. The Foundations of Christian Bioethics [M]. Swets & Zeitlinger Publishers, 2000:157.

② Donovan J. Gnosticism in Modern Literature [M]. New York: Garland Publishing, 1990:1. [转引自张新樟.诺斯替主义与现代精神[J].浙江社会科学,2003(5): 119.]

面,这种知识里总是有理性无法了解的东西,如借助于神话、诗歌的形式表达出来,这种东西只有少数人可以理解。在这种情况下定义和掌握这种知识的最大限度的创作积极性是必需的,但是同时必须承认为了成功地实现诺斯替教的"认识",人应该被赋予最高的神的力量。所以诺斯替教里的知识是个人与神秘的自上往下的神的力量的综合努力的结果。①

在诺斯替主义的神话中,至高神圣者的超越性、独一性和不可知性都得到了最大限度的强调。首先,至高神圣者是超人间的,它所寓居的领域完全处于物质宇宙之外,与人类所居住的世界有着不可测度的距离;其次,至高神圣者是独一的、非宇宙的甚至反宇宙的;再次,由于其存在的超越性和他者性,由于它不能被自然揭示和显明,至高神圣者自然而然地未被认识、不可言说,超出人类的理解力从而不可认识。当然,由于启示或秘传的缘故,对至高神圣者有着许多肯定性的描述和比喻,比如,光、生命、灵、父、善等。

恩格尔哈特建构俗世生命伦理学的前提便是证明基督教权威的坍塌和西方道德工程的坍塌,而这二者也正是诺斯替教所认为的两种传统的获取知识的方式。恩格尔哈特也是在颠覆了两种传统的获得道德知识的方式之外另辟蹊径。在这里,恩格尔哈特所要探究的诺斯(神秘知识)具体表现为充满道德异乡人的俗世生命伦理学之道德基础,当然他最终并非借助神话,而是寻找到了程序性道德这个作为构建俗世生命伦理原则的基础。正如他所言,一种俗世道德必须是一种对于温和的道德多样性以及基于允许的合作的方案构架,而不是一种被强制接受的所谓道义。② 这恰恰体现了诺斯替探寻获取神秘知识的新的方法之智慧。

200年左右,拉丁教父德尔图良(Tertullian,生于150年左右,死于223年或225年)在《关于起诉所有异端的呼吁》(A Plea for the Prosecution Against the Heresies)曾将诺斯替主义描述为是一种破坏性的融合主义。恩格尔哈特"和平的俗世的多元化社会"俗世生命伦理方法恰恰体现其方法精髓。

2. 概念上的相关性

俗世生命伦理学的重要概念之一,即"道德朋友"和"道德异乡人"。恩格尔哈特将我们周围的俗世世界分成两种人,俗世社会中的我们既有"道德朋友",又有"道德异乡人"。同我们持有同一种具体的伦理学的人是我们的道德朋友,我们之间共享相同的基本道德前提。那些持有跟我们不同的道德前提的人是我们的道德

---

① 陈杨.哲学的任务:索洛维约夫与诺斯替教的神秘主义传统[J].俄罗斯文艺,2006(2):57.

② H Tristram Engelhardt Jr. 全球生命伦理学:共识的瓦解——对全球性道德的探求:生命伦理学,文化战争和道德多样性. 郭玉宇,万旭,包玉颖,等译.[C]//樊浩,成中英.伦理研究:生命伦理学卷·2007—2008.上册.南京:东南大学出版社,2009:20

异乡人。① 道德朋友分享着共同的道德前提、享有足够的共同的整全道德，因而可以通过圆满的道德论证或诉诸共同认可的道德权威(其裁制权不是由被裁判人的同意而得来的)来解决道德争端，而道德异乡人各持有不同的道德前提，不同的道德前提会导致对于一些问题有着不同的看法。“虽然道德异乡人在相遇的时候可能只在道德前提上有所不同，但价值排序在生活当中的重要性上随即就有了差异”②。所以在过什么样的道德生活问题上，道德异乡人之间容易有争议，在涉及对他人的行为上，必须通过相互同意来解决道德争端。

异乡人理论来源于犹太民族情结与希伯来文化，犹太历史上的埃及囚虏和奴役、巴比伦之囚、筑棚与漂泊的境遇以及犹太教中地球在宇宙中悬置、生命寄居于肉身的观念等构成了“道德异乡人”的内核，而诺斯替主义中主要就是围绕“异乡人”的神秘表达。“道德异乡人”在诺斯替思想中有直接的原型即“他者”“异乡人”，有着诺斯替的意象与象征性语言，闪烁着诺斯替的古老智慧。恩格尔哈特首先将他者概念运用到生命伦理学领域之中。

诺斯替的至高神圣者是独一的、非宇宙的甚至反宇宙的，对这个世界及其所有附属而言，至高神圣者在本质上是“他者”(other)和“异在者”(alien)、“异在的生命”(alien Life)、“深”或“深渊”(depth or abyss)，甚至是“非存在”(not-being)。所以，宇宙对于人是“他者”，而人包括宇宙中的存在物，相对于宇宙也是他者、异乡人。诺斯替是一种特殊的思维方法，体现古老的智慧哲学传统。恩格尔哈特正是巧妙地应用了诺斯替的智慧，由“他者”和“异在者”“异在的生命”，衍生出“道德异乡人”的概念。“道德异乡人”的存在是由来已久的客观事实，而后现代境遇下的道德多元化更增强了“道德异乡人”的深刻性。恩格尔哈特对后现代道德多元化的理解同样也打上了诺斯替主义的烙印。

3. 后现代的诺斯替影子

恩格尔哈特的立足点就是后现代，不了解后现代或者对后现代多元化视而不见是无法理解到恩格尔哈特思想的价值合理性的。而恩格尔哈特对后现代的理解，也与诺斯替有着深刻的渊源。

诺斯替的世界观是“二元论”的：宇宙有两个神，一善一恶。至高的善神造了一连串的灵体，都是神性的放射。宇宙是由恶神造的，所以物质是邪恶的。灵魂得从肉体中解脱，需通过至高神的使者(基督)。基督可能是天使，是幻影的灵体；也可能是凡人，暂时获得更高的力量。人要得救必需领受秘密仪式，才能得到更高的灵

① 恩格尔哈特.生命伦理学基础[M]. 2版. 范瑞平，译.北京：北京大学出版社，2006：8：XX.

② H Tristram Engelhardt Jr. Bioethics and the Philosophy of Medicine Reconsidered[C]//H Tristram Engelhardt, Stuart F Spicker. Philosophy and Medicine. 2002, 50: 91

知。约纳斯认为,在诺斯替主义的诸多特征之中"首先要在此加以强调的,乃是它的极端二元论的情绪,这种情绪是作为整体的诺斯替态度的根本,它把广泛不同、系统性程度不一的各种表述统一起来了"①。

诺斯替主义曾经是历史舞台上出现过的二元论的最极端的化身,诺斯替本身也为克服二元性处境作出了艰苦卓绝的努力。约纳斯认为,正是这种二元论或宇宙虚无主义使得诺斯替主义运动演化出了类似于存在主义的诸特征。诺斯替的二元论,是人与这个世界之间的疏离以及宇宙之亲切观念的丧失——简言之,是人类学的反宇宙主义。人是自然的偶然,作为宇宙的存在也是一个盲目的偶然,人的万事万物在宇宙中演绎着,但宇宙本身对人的渴望漠不关心,这构成了人在万物总和之中的极度孤独;物理的存在与精神的人之间具有不可逾越的鸿沟,物理的存在在这个世界中,而精神性的存在使他成为这个世界的外人。诺斯替的非宇宙主义认为宇宙由次神创造,对人有恶意。人在现世的存在就是遭受苦难,只有通过知识,唤醒内心沉睡的精神,在死后复归到上帝那儿,才能获得救赎。只有宇宙归于毁,全人类的所有灵魂都与上帝那神圣实体融为一体,人类才有光明的希望。这反映了诺斯替主义信奉非存在,企图通过宇宙、世界、人类的非存在而获得永恒,这种思想反映了人世虚无主义的倾向。

在海德格尔那里,明显有着虚无主义的体现。约纳斯曾给《存在与时间》列了一个范畴表,在时间系列里他吃惊地发现里面没有多少"现在"的位置,至多只有它的暂时的存在方式"瞬间";另外,海德格尔对事物的论述是,他认为事物是供人用的与"筹划"和"操心"有关,因而属于过去、将来范畴,然而它们又可以是中性的显现。显现不过是一种未毁的东西,是无遮蔽的自然,在那里,它被视为与存在处境和实际关切无关的东西,这反映了海德格尔的自然观。他认为自然是一种有缺陷的存在形式,约纳斯认为在这一点上存在主义与诺斯替主义也是相似的,还从来没有哪一派哲学像存在主义那样对自然关注得如此之少。在存在主义那里,自然是没有什么尊严的,由于现代存在主义的这种虚无主义在人与自然之间,在过去与将来之间造成了深深的鸿沟,以至于今天人的存在与他的共同体分裂成了异己的外乡人。

约纳斯在他那个年代中发现了存在主义、虚无主义与诺斯替主义的类似性与承继关系,其实这种相似性和承继关系也延续到了后现代社会,因为存在主义深刻影响着后现代社会的哲学观。后现代中人的精神处境包括反本质主义、反权威主

---

① Jonas H. 诺斯替主义,存在主义和虚无主义[J]//张新樟.诺斯替主义与现代精神.浙江社会科学,2003(5):120.

义、反形而上学、反主体性、反启蒙主义[①]等。恩格尔哈特对于后现代的理解也深深打上了诺斯替的烙印，与诺斯替主义所表达的二元性继续保持惊人的相似之处。

4. 反律法主义的延续

当下社会里，每个人既与道德朋友打交道，更要面对诸多的道德异乡人。道德异乡人因为不享有足够的共同的道德观，也往往难以对道德权威达成共识。如果忽略道德异乡人的存在，强行以反映某种具体道德内容的原则去约束所有人，是可笑的。因此恩格尔哈特极力反对在西方在生命伦理学教材中甚是流行的四大基本原则说，形成了独树一帜的反原则主义，而这一点上又可以看到诺斯替主义反律法主义的影子。

诺斯替主义的存在主义与虚无主义思想直接导致了它的反律法主义的观念。诺斯替眼中的律法主义显然是一种恶的象征。律法代表宇宙的规则，而宇宙本身就是由恶神所创造，人要达到精神的至善，必然要冲破宇宙、冲破律法。反律法主义的观点导致了伦理上的直接结果，那就是反原则。在理论层面上，诺斯替主义主张拒绝每一种客观行为准则，虽然诺斯替主义的反律法主义与当代的精致概念相比显得比较粗糙，但它想要清除古代文明一千年的道德遗产的目的是显而易见的。

恩格尔哈特反对的是有着具体内容的原则，他认为在后现代道德多元化背景下，强行所有具有不同道德前提的人去奉行固定的具有整全内容的伦理原则是不可行的，在后现代道德多元化背景下，没有道德霸权、没有道德权威。在多元化社会中，如果有原则，那也是无具体内容的程序性原则：互相同意，必须通过相互同意来解决道德争端。与道德朋友相处时遵循共同的具有整全性道德的宗教伦理学，与道德异乡人相处时遵循程序性的俗世伦理学——相互尊重，和平协商。因此，道德异乡人的客观存在使得构建俗世伦理学成为必要，也成为俗世伦理学的理论前提。

二、何种自由主义

恩格尔哈特自称是一位自由意志主义者，以此与其他自由主义尤其是现代平等自由主义区别开来。恩格尔哈特之所以推崇自由意志主义是因为其将个人权利的重要性发挥到极致。自由意志主义是对古典自由主义的复归，也是当代道义论自由主义的另外一个形态。

1. 古典自由主义

古典自由主义发源于 17 世纪和 18 世纪，因此，它通常被视为由于工业革命和随后的资本主义体制而产生的一种意识形态。言论自由、信仰自由、思想自由、自

① 季相林.追思后现代及后现代哲学[J].内蒙古民族大学学报(社会科学版)，2005(8)：73-74.

我负责和自由市场等概念最先也是由古典自由主义所提出,后来才陆续被其他政治意识形态所采纳的。古典自由主义反对当时绝大多数较早期的政治学说,例如君权神授说、世袭制度和国教制度,强调个人的自由、理性、正义和宽容。

古典自由主义,按照通常的理解,是从英国哲学家洛克开始的。洛克的自由主义的最突出的特点是,强调人们是通过缔结某种原始的契约而进入社会状态的。这种学说认为,在缔结这项契约之前的自然状态中,每个人都拥有自然权利,在受到侵犯时有执行自然法的权利;而一旦当人们通过某种最初的协议联合组成一个共同体以谋求和平安全的生活,他们就放弃其自然权利并受制于公民社会的限制。古典自由主义中有两个主要的传统,一个是从洛克开始,经休谟、卢梭到康德的契约主义传统,另一个是从边沁、密尔到西季威克的功利主义或普遍快乐主义传统。这两个传统各自都包含着某些不一致的地方。在前一个传统中,康德的自由主义学说显得很特殊。康德伦理学的主题是,人是一个有理性的选择者,可以决定选择什么作为普遍的准则,人通过选择一种普遍的行为准则的方式使自己成为理性世界的成员。①

个人主义是古典自由主义的理论前提和精神基础。自由主义思想家都是从个人出发,论述国家权力的源、性质、范围及其权利依据。无论他们在个人权利与国家权力关系上达至什么结论,其政治思维的逻辑都是一致的:个人是国家的基础,国家是个人的集合。个人既是国家的成员,又是自足圆满的整体。② 在个人与国家的关系上,自由主义的基本观念包括:

(1) 个人权利是前提,国家权力是结论;个人权利是因,国家权力是果;个人权利是原始和先在的、自然的,国家权力是后发的、派生的、约定的。

(2) 个人权利是目的,国家权力是工具,国家权力因个人权利而存在;个人权利限定了国家权力的范围,设定国家权力的界限,在个人权利的范围内,国家权力是无效的。

(3) 个人权利取最大值,国家权力取最小值,国家权力是单个人走到一起过共同的社会生活所必需的权力,是组成群体的个人的权利相互加减乘除之后的剩余权力。

2. 道义论自由主义

道义论的自由主义发轫于古典自由主义,是一种在现今道德哲学、法哲学和政治哲学中占有突出地位的自由主义,在这种自由主义中,正义、公平和个人权利的概念占有一种核心的地位,而其哲学基础在很大程度上还是得益于康德,道义论自

---

① 廖申白.《正义论》对古典自由主义的修正[J].中国社会科学,2003(5):126-127.

② 从日云.论古典自由主义的个人主义精神[J].文史哲,2002(3):56.

由主义在表达正义观上继承了康德的自由主义。

作为一种断言权利优先于善，并与功利主义概念相对立而加以典型定义的伦理，道义论的自由主义首先是一种关于正义的理论，尤其是一种关于正义在诸道德理想和政治理想中具有首要性的理论。其核心陈述如下：社会由多元个人组成，每个人都有他自己的目的、利益和善观念，当社会为那些本身不预设任何特殊善观念的原则所支配时，它就能得到最好的安排；证明这些规导性原则之正当合理性的，首先不是因为它们能使社会福利最大化，或者是能够促进善，相反，是因为它们符合权利（正当）概念，权利是一个既定的优先于和独立善的道德范畴。[①] 当代诸多学者受其影响，以此构建自己的理论王国，包括罗尔斯、德沃金、诺齐克、弗莱德等等，当然，他们在实践道义论自由主义的过程中又有着不同的倾向。自二十世纪七十年代以来，美国的一批道义论自由主义者相继表达了一种国家道德中立的观念。所谓国家道德中立，是指国家（政府）应当中立于其公民所追求的所有善生活观念，平等地宽容它们；国家的任务在于制定和维持一些规则以使它们公民能够去过他们想过的生活；政治道德应当只关心权利（正当），而让个人去决定他们自己的善。古典自由主义的国家观是“最低限度的国家”（minimal state）[②]，诺齐克不仅限于此，更是提出了“超低限度的国家”概念，就是一般意义上的“最小的国家”，这也是恩格尔哈特的理想国家形态。

3. 自由意志主义（libertarianism）

尽管有些区别，相比较于其他的自由主义，自由意志主义是对古典自由主义最大限度的复归。如果将自由主义分为两派的话，自由意志主义来源于自由主义中偏向私人权利的自由之一方。在自由主义的阵营中，从亚当·斯密（Adam Smith）、密尔（John Stuart Mill），到当代的哈耶克（Friedrich August von Hayek）、诺齐克都侧重私人权利的个人自由，而不是平等的个人自由。

亚当·斯密在《国富论》中的核心思想是，充分的经济自由是国民财富不断增长的首要条件和基石，市场是促进经济自由的最根本条件，人们出于利己心而达到利他的目的，强调“自由放任”。而国家的作用仅限于保护本国不受他国侵犯；保障社会成员的财产和人身不受他人侵犯；建设和维持一些公共工程和公共事业，主张最小国家。

功利主义代表人物密尔（J. S. Mill）则强调个人思想和创造性、经济和政治活动的自由，以便使社会的总体功利达到最大值。《论自由》中，密尔认为思想、信仰、学术和言论的自由，个人内心道德判断的自由和个性的充分发展，其本身就具有

---

① 迈克尔·桑德尔.自由主义与正义的局限[M].万俊人，等译.南京：译林出版社，2001：1.

② 罗伯特·诺齐克.无政府、国家和乌托邦[M].姚大志，译.北京：中国社会科学出版社，2008：27.

价值。

到了近代,以哈耶克为代表的新自由主义追求程序正义。他认为,一个自由社会中的国家需要在不同的善的观念之间保持中立,这包括两方面内容,即一套保障最大限度的个人自由以防止相互强制的抽象的法律,以及不受社会正义的分配原则限制的自由市场。

哈耶克是近代自由意志主义的代表人物,而诺齐克、纳尔森是当代自由意志主义的主角。诺齐克是作为对罗尔斯《正义论》的批判者而出现的,已经成为一个独立的派别。[①]

自由意志主义从某种意义上讲,是道义论的自由主义的另一种形态,它的核心观点明显是与康德式的"道义论自由主义"的要义是接近的。恩格尔哈特在自由与平等之间重点强调自由,他的自由主义源于康德但又不是完全的康德式自由主义,更准确地说是强调合作的自由意志主义。自由意志主义承继了古典自由主义大多数的思想,是古典自由主义偏激化的一种,有时人们也直接将它称之为古典自由主义。自由意志主义者通常认为"古典自由主义"和"自由意志主义"两词是可以互换的。例如美国的卡托研究所(CATO Institute)认为古典自由主义、自由主义和自由意志主义三者都是源于同一意识形态组群。卡托研究所更喜欢自称为"自由主义者",因其自认为他们才是正当的自由主义继承者。自由意志主义确实与古典自由主义有非常多相似之处,包括哲学、政治、经济方面,同样主张为了保护个人的自由,必须尽量限制政府的权力,而自由意志主义则进一步主张对政府权力更多的限制。

对古典自由主义的传承、对道义论自由主义的修正,对康德道德基础与黑格尔自由精神的选择性吸收形成了恩格尔哈特自由意志主义的特征。恩格尔哈特极力强调自由意志主义区别于现代自由主义,同时优于现代自由主义的观点,因为前者更能够保护个人的道德权利,而这一点,在恩格尔哈特看来是最重要的。现代自由主义倾向于平等的自由主义,如罗尔斯的正义论,而自由意志主义是自由主义的一种激进形式,自由选择是至高无上的,所有的冲突都可以通过市场机制来解决。在恩格尔哈特看来,罗尔斯的自由理论容易陷入"滑坡理论",即对境况不平等纠正在原则上正当,而实践上却沿着一个滑坡滑向压制性的社会干涉,根本就不能达到保护个人权利、实现正义的目的。所以,虽然罗尔斯、诺齐克,包括恩格尔哈特都同属于道义论自由主义,但是在自由与平等关系的侧重点上分道扬镳。

自由意志主义同时认为,国家和政府的干预是不必要的和无道理的,其温和的无政府形式承认政府可以适当的从事治安保卫、合同的执行及国家的防卫,但不能

① 徐梓淇.自由至上主义理论述评[J]. 理论界,2010(1):105.

超过这些。诺齐克的"最小国家"就是从自然状态出发，个人为了寻求利益最大化或损害最小化，在一定地区内形成"支配性保护社团"，它准许独立者的存在，只对其委托人具有强力独占权，即对那些购买了它的保护和强制保险的人提供保护和强制服务。①

诺齐克是自由意志主义的最忠实的宣传者。而诺齐克式的以允许原则为基础的正义观显然对恩格尔哈特的影响远远超过罗尔斯的公平正义观。诺齐克把正义的分配看作是那些在不违背财物拥有者的自由选择的情况下出现的分配。当然，恩格尔哈特也不是完全认可诺齐克的观点，恩格尔哈特认为诺齐克理论的缺陷仍然在于"这些正义观都预设了良好生活观"②，因此他的正义原则仍然不是完美的，因为具有整全道德的原则。

自由意志主义更贴近古典自由主义，而二者还是有区别的。总之，自由意志主义与经典自由主义的区别是，经典自由主义(liberalism)如亚当·史密斯、密尔等，皆由某一具体的学说出发来论证自由，例如亚当·史密斯是以神学体系来论证个人自由，密尔是从功利主义出发等。自由意志主义的代表是诺齐克，他的代表著作是《无政府、国家和乌托邦》，强调为人就有自由，任何人都不能干涉。为什么个人应该有自由呢？恩格尔哈特对此做了一种论证：因为在后现代，哲学不能证明某一种伦理学体系、生活方式是唯一正确的，因为如果想证明的话，已经从具体的前提出发，这些具体的前提别人是不同意的。所以应该自由合作。

在崇尚合作的自由意志主义思想驱动下，恩氏认为据此可以发展出三个层次的伦理学：①一般伦理学：恩氏所表述的一般伦理学是一种程序性的伦理学，没有具体的道德内容。一个成人愿意做什么就有其自由，关涉到具体道德个体的行为需要征得当事人的同意。恩格尔哈特的俗世伦理学即是属于此种伦理学。②共同体(宗教)伦理学：又叫整全伦理学，即自愿加入某一道德共同体或宗教因而承诺其相应的伦理规则，在这个基础之上建构的伦理学称之为共同体(宗教)伦理学。由于出于共同的道德前提，对什么是最正确的、最好的生活，道德共同体内部已经达成共识，所以实行这样的伦理生活并且以此评价要求他人的伦理行为，如东正教伦理学、天主教伦理学、儒家伦理学、道德伦理学等等。③文化伦理学：包含在同一地理环境下的各种宗教、共同体的伦理学，即同一文化系统之内的伦理学。尽管包含不同的宗教和共同体，但有共识，同其他文化伦理学形成对比，如东亚伦理学、北美伦理学等等。这三个层次的伦理学在多元化的社会里应该是共同存在的。

---

① 罗伯特·诺齐克.无政府、国家和乌托邦[M].姚大志，译.北京：中国社会科学出版社，2008：26.

② 恩格尔哈特.生命伦理学基础[M].2版. 范瑞平，译.北京：北京大学出版社，2006. 122.

三、自由意志世界主义者(libertarian cosmopolitanism)、共同体主义者(communitarian)与绝对主义者(absolutist)的矛盾结合体

首先,恩氏是一位自由意志主义①者。从整体上看,他的理论应当归属于康德式的道义论自由主义。"道义论自由主义"的核心陈述如下:社会由多元个人组成,每个人都有他自己的目的、利益和善观念,当社会为那些本身不预设任何特殊善观念的原则所支配时,它就能得到最好的安排;证明这些规导性原则之正当合理性的,首先不是因为它们能使社会福利最大化,或者是能够促进善,相反,是因为它们符合权利(正当)概念,权利是一个既定的优先于和独立善的道德范畴。②。恩氏将权利优先于善的理论基础巧妙地转化为允许原则优先于行善原则的逻辑关系。但恩氏的自由主义又不是完全的康德式自由主义,他在自由与平等之间重点强调自由,明显体现了自由意志主义的倾向。自由意志主义认为自由选择是至高无上的,所有冲突都可以通过市场机制解决,国家和政府对个人的行为不能干预过多。

其次,恩氏是一位世界主义者。世界主义是一种意识形态,各种不同的道德共同体在某种共享道德的基础之上从属于一个单一国家。世界主义需要一个世界政府,以包容性的道德维护国家之间和不同国家的个人之间的各种关系。恩氏认为不是所有所谓的自由主义理论都会留下这样一个空间。他曾经用了三页纸激烈批判罗尔斯,"罗尔斯充满价值的观点没有从占统治地位的文化影响的道德承诺中脱离出来"③。他认为罗尔斯的观点是现代自由主义的世界主义,他本人属于古典自由主义的世界主义。④ 恩氏更加认可后者,因为后者给基督教生命伦理留下一定的空间,让每个人在不违反和平的前提下可以自由地追求自己的信仰。恩氏的允许原则并没有与他作为一个虔诚的东正教徒的身份相冲突。只不过,他在对自己的信仰绝对坚守的同时往前多走了一步,他看到了别人的信仰。他不希望别人干预他的信仰,所以他首先要尊重别人的信仰。

再次,恩氏是共同体主义者。共同体主义与自由个人主义相对立,但是在恩氏身上却看到矛盾的融合。共同体主义坚持认为个人是被嵌于一种具体的道德、社会、历史和政治背景中,这种背景对于个人的同一性起着建构作用。⑤ 共同体主义

---

① 自治论自由主义(Libertarianism),又称古典自由主义,区别于倾向于平等的现代自由主义。libertarianism 在有的词典中翻译成自由意志论,本文翻译为自治论自由主义,参考:尼古拉斯·布宁,余纪元. 西方哲学英汉对照辞典[M].王柯平,等译.北京:人民出版社,2001:552.

② 迈克尔·桑德尔,自由主义与正义的局限[M].万俊人,等译.南京:译林出版社,2001: 1.

③ H Tristram Engelhardt Jr. The Foundations of Christian Bioethics [M]. Swets & Zeitlinger Publishers, 2000: 337.

④ Gilbert Meilaender. Bioethics in an Old Key[J]. HEC Forum, 2002; 14(4).

⑤ 尼古拉斯·布宁,余纪元,西方哲学英汉对照词典 [M].王柯平,等译.北京:人民出版社,2001: 171.

强调社会的社会性和人与社会的关系而不是个人的自由。恩氏经常提到基要主义(Fundamentalist)的概念。基要主义者是最严重的宗派主义,他们形成自己的信仰并且/或者以此作为基本的道德承诺……他们还持有根深蒂固的排斥建构共同道德的形而上学、道德和生命伦理的信念。① 恩氏本人表现出来的就是一位典型的基要主义者,是严格的共同体主义者。

原教旨主义(Fundamentalist)②神学坚守其原初的信仰运动,他们认为这些宗教内部在近代出现的自由主义神学使其信仰俗世化,偏离了其信仰的本质。原教旨主义神学一般提倡对其宗教的基本经文或文献做字面的、传统的解释,并且相信从这些阐释中获得的教义应该被运用于社会、经济和政治生活的各个方面。犹太教、基督教、伊斯兰教、印度教等宗教都存在"原教旨主义"。恩格尔哈特承认:原教旨主义是最严重的宗派主义,他们形成自己的信仰并且/或者以此作为基本的道德承诺或者经历不公开的谈判、妥协、推论或推理的宣告。他们还持有根深蒂固的排斥建构共同道德的形而上学、道德和生命伦理的信念。原教旨主义者在基本问题上使用说教的、处罚性的和分裂的语言。③

恩格尔哈特立足后现代,强调重视道德多元化,但作为一个东正教徒,他对于东正教的维护是保守的和纯粹的。每个教派都认为自己才是正统,坚守自己的教派。传统基督教视其他的教派是"偏见的和歪曲的"④,东正教不可避免地也是如此,恩格尔哈特在这一点上坚守自己的东正教立场。因为教会是统一的,其他的宗教教派一定是不符合的,除非他们恢复到东正教观点的内容,"教会曾经有两个肺,但有一个发展成了癌症"。④ 他坚决反对其他教派对东正教派信仰的干预,尤其是天主教。罗马天主教试图通过致力于理性的能力指引和改革,传统基督教应该认可我们的社会是新的异教徒,——一个传统基督教以东正教而获救的社会和东正教拯救时代。④

不但如此,他是一个严格苛刻的东正教徒,他经常提到原教旨主义者的概念,而笔者认为,他本人应该可以被称之为典型的原教旨主义者。恩格尔哈特对生命伦理学的认知是应当对生命伦理体验的表达,"总的来说,基督教神学是苦行主义的、礼拜式的、纯粹理性的、经验主义的和实用性的。我们远离自身的自满和激情,通过正确、恰当的信仰并且完全进入一种礼拜式的与上帝的关系,苦行主义便是通过这样一种方式来呈现真理。这种礼拜式的关系是正当崇拜和正当信仰的全部"。

---

① H Tristram Engelhardt Jr. The Foundations of Christian Bioethics [M]. Swets & Zeitlinger Publishers, 2000: 158.

② Fundamentalist 又被翻译成称"基要主义"。

③ 同①.

④ 同②391.

所以“没有同圣洁的生活相联系的神学或基督教生命伦理学,是反神学或反生命伦理学的。一种专门的、基于基督教生命伦理学的神学是建立在对上帝体验上的”①。恩格尔哈特自嘲原教旨主义者的生命伦理学不仅触犯宽容的精神,也反对对共识的渴望,或至少反对可支持一个共同的人类道德重叠的共识,或者至少对生命伦理学共同的理解,那么导致的结果必然避开道德的类型转向对个体的选择。其实这里的触犯宽容,是触犯了对自己的宽容,却强化了对道德异乡人的宽容,毫无偏见的对待任何一个道德共同体信仰才是他最终的目的。

对于他者而言,东正教所追求的目的和道德规约,在某种程度上说,似乎是动机不明的、令人困惑的、容易误解的、错误的,甚至是邪恶的,任何追求此目的的权力行为也似乎如此。正如有学者在赞同恩格尔哈特凸显自我权力观点时所说的那样,他以东正教为例:“作为非此宗教信仰的人们比如我而言,由于没有受到这种宗教的影响,觉得他们的道德干预是陌生的和独断的。当然,东正教的道德生活里也有些和我近似的观点,面临着共同的问题。”②

作为原教旨主义者与后现代神学有着不可避免的争议,恩格尔哈特通过俗世化的理论最终是在呼吁自由的不受任何干预的宗教信仰。正如别尔嘉耶夫对自由的理解:自由是独特的、个我化的,他认为自由是非被造的,它根源于虚无,根源于Ungrund(Ungrund:德文,深渊之意,深渊即无根基,所以自由是非造物。这与其整体神学思想有关;自由对于人来说是天赋的,是人性的一个重要内容,它是第一性的,并不为上帝所决定;太初有道,也有自由,没有自由就没有世界的道,世界则没有意义)。自由分为两种:第一种是原初的非理性的、超善恶的自由;第二种是理性的自由,善和真中的自由,这个自由既是起点与道路,又是重点与人的目的。精神的自由不仅是上帝的自由,更主要的应该是人的自由,人是上帝的形象与理念,人是非神性的,所以自由是绝对的。③

很少人将恩氏描述为共同体主义者,更多地是将他界定为自由主义者和俗世人文主义者。恩氏提出俗世伦理学的目的并不是一味地强调道德差异,而是呼吁在后现代道德多元化背景下,来自不同道德共同体的道德异乡人能够互相尊重,互相理解,反对道德强制与霸权。笔者认为,恩氏最终的目的是坚持道德共同体的生活,而不是表面上的强调道德多元化。不同的地方可能在于他对共同体的要求是

---

① H Tristram Engelhardt Jr. The Foundations of Christian Bioethics [M]. Swets & Zeitlinger Publishers, 2000: 207.

② James Lindenmann Nelson. Everything includes itself in power: Power and coherence in Engelhardt's Foundation of Bioethics [C]// Brendan P Minogue, Gabriel Palmer-Fernandez, James E Reagan.Reading Engelhardt.Kluwer Academic Publishers, 1997: 16.

③ 尼·别尔嘉耶夫.自由的哲学[M].董友,译.桂林:广西师范大学出版社,2001:160.

非常严格的。“恩氏所理解的共同体模式是严格道德共同体模式，在这个模式当中，谁属于这个共同体，谁不属于这个共同体有着严格的界定。”①道德共同体的成员必须严格遵守该道德生活。同样是维护具有实质内容的伦理学，普世伦理学寄希望于探索底线伦理原则，这种做法在恩氏看来，伦理追求如此稀薄，只有程序性的伦理学才能维护真正的道德生活。所以，恩氏在对待不同道德共同体沟通、融合的可能性上选择了消极的方式，即不寄希望于达成一致，绝对不能用自己的道德价值观去干预别人的行为，所以形成了他对道德朋友和道德异乡人的严格区分，也形成了他的俗世生命伦理学的一系列结论。

最后，恩氏是一位绝对主义者。恩氏的思想经常被批判为相对主义或虚无主义。这样的批评并非完全没有道理，因为从恩氏的论述中，有大量的篇幅是在证实道德工程的坍塌以及具有实质内容的规范伦理学的尴尬。但恩氏特别强调他只是运用了康德的方法，他是一位绝对主义者和普遍主义者。② 他采取了次级相对主义的方法。次级相对主义并不等于相对主义，相对主义是一种根本的思想理念，而次级相对主义是基于认识怀疑论基础上的；相对主义不承认任何具体内容的善，次级相对主义尊重任何一个道德共同体当中的道德前提，是在绝对主义理念支持下在操作层面上的权益之策。

恩氏将自由意志主义、世界主义、共同体主义与绝对主义集于一身。在他身上，看到了各种理论与思想的矛盾与冲突，如何融合这些矛盾，暴露出他的俗世生命伦理学理论的思想真空。也许恩氏所面临的矛盾，正是反映了人类对于人之问题的艰难思考。

如果缺少对基督化语言的体悟和缺乏对美国文化背景的深刻了解，很难理解到恩格尔哈特的生命伦理学和生命神学本是同根生长的学问，很难理解到他的俗世生命伦理学理论与诺斯替还有着内在的、隐藏的思想根源，这一切都源于他虔敬的基督教信仰。在用道德哲学和伦理神学的融合方法研究医学与生命科学问题的美国学者之中，恩格尔哈特显示出自己特有的个人魅力。生命伦理学界缺乏毫无保留、勇往直前同时不受任何外在利益和权势的威胁与诱惑的学者，没有基督教精神，这样的境界是不容易达到的。

恩氏本人充满了宗教情感，他将医学哲学、生命伦理学的理论和宗教情感融为一体。他的俗世生命伦理学尽可能中立化，但是在思想深处仍然脱离不了宗教的印记。如果不是一位忠诚的持有宗教道德内容的信仰者，不会提出“俗世伦理学”

① Kevin Wm Wildes S J. Engelhardt's Communitarian Ethics: The hidden assumptions[C]// Brendan P Minogue, Gabriel Palmer-Fernandez, James E Reagan. Reading Engelhardt. Kluwer Academic Publishers, 1997:77.

② 沈铭贤.我是一个绝对主义者和普遍主义者——恩格尔哈特谈允许原则[J].医学与哲学，2000 (1):47.

等相关概念。俗世充斥了他的思考空间,非宗教的任何问题会自然地被限定在俗世性的框架之内。和平的俗世的多元化社会是他的理想社会,因为"每个道德共同体都有自身的信仰,和平的俗世的多元化社会是包含着多种多样的道德观念,人们享有可以相信任何和平的道德观的自由,没有害怕受到镇压的恐惧"。在不违背人类大的道义和善的前提下,尊重对方的道德差异,尊重对方的精神诉求。

恩氏的俗世生命伦理学思想体系展示了哲学反思之魂对生命道德实践所具有的批判和建设作用,展示了真正的哲学探索之美;恩氏的伦理探索与自身的道德生活合二为一,将自己的道德体悟融入伦理学研究的过程之中,在理论研究中表达自己的信仰更显得研究的深刻与震撼,这也许是当下许多从事伦理学研究的学者所缺失而确实应该拥有的品质;恩氏的俗世生命伦理学的最终意义仍然是回归绝对的道德信仰,用倡导允许原则的方式要求世人尊重"道德异乡人"的道德生活,更是鼓励人们反对道德权威压制,坚守自己的道德生活,这在精神家园日渐荒芜的今天表达了一位道德守护者的渴望。

基于信息哲学的死亡标准探究

刘战雄　宋广文

南京农业大学马克思主义学院　华南理工大学思政学院

摘　要　死亡标准之争是由新技术引发的，其与人之本质紧密相关，人之本质决定着人的死亡标准。人的本质是信息人，正是文化这种信息使人区别于其他动物。大脑是人类处理信息的核心器官，因此以脑死亡作为死亡标准是合理的。而且，随着科技的发展和人类认识的深化，死亡标准也将再次随之改变。

关键词　脑死亡；死亡标准；信息人；信息哲学；生命伦理

一、引言

生命伦理中的死亡标准问题应当说是由新技术引发的。1952 年丹麦麻醉师比约·易卜生发明了呼吸机，1955 年恩斯特隆又成功研制出持续性通气的机械装置，为脊髓灰质炎并发完全性麻痹患者提供持续性机械通气服务，使得在大脑严重损伤甚至部分死亡的情况下维持病人的呼吸和心跳成为可能。后来日本电子医学博士伊藤贤治发明了脑电图机，为判断脑死亡提供了技术工具。这些医疗技术使得以脑死亡作为死亡标准逐渐由可能变为现实。1959 年法国学者莫拉雷（P. Mollaret）和古隆（M. Goulon）在第 23 届国际神经学会上首次提出“昏迷过度”（Le Coma Dépassé）的概念，同时报告了存在这种病理状态的 23 个病例，他们的研究结果表明：凡是被诊断为“昏迷过度”的患者，苏醒的可能性几乎为零。1966 年国际医学界正式提出了“脑死亡”（brain death）的概念。自此，心死亡与脑死亡究竟何为死亡标准的争论开始进入研究视野。

二、死亡标准取决于人之本质

“死生亦大矣。”死亡标准不但是重大的实践问题，也是重要的理论问题。死亡

注：本文为基金项目：江苏省普通高校研究生科研创新计划项目资助，中央高校基本科研业务费专项资金资助，编号：KYZZ_0051。

标准是什么与人是什么密切相关，当一个人失去作为“人”的特质、不再成为“人”时，即可判定其死亡，由此可见死亡标准问题与人之本质的内在关联，对人之本质的不同界定必然会导致不同的死亡标准。比如，动物主义认为我们的本质是人类，其存续在于我们是同样的动物；唯我主义认为我们的本质是具有自我意识的生物，其存续由我们的心理特征及其之间的关系决定；精神主义则认为我们的本质是精神，其存续在于我们是同样的精神。对动物人来说，作为人类的生命活动的不可恢复的停止即为死亡；作为意识人，心理特征的丧失即代表死亡；而作为精神人，精神不可逆转的消失则表征死亡。[1]

此外，死亡与生命的终结并不完全等同，不可混为一谈。就生命而言，动物、植物和微生物都有生命，而在一些理论看来，一切皆有生命。即使人的生命，也有学术生命、政治生命、道德生命、艺术生命等说法。就死亡来说，亦有生物意义上的死亡、医学意义上的死亡、法律意义上的死亡、伦理意义上的死亡、人类学意义上的死亡、宗教意义上的死亡等不同类型。我们这里所研究的只能是人类学意义上人的生命的死亡。人的生命不等于人的肉体，人类学意义上的死亡也不同于生物学意义上的死亡，但前者均以后者为基础，为依托。

死亡标准问题是定义问题、划界问题。研究人类学意义上“人”的死亡，首先必须确定人之本质，只有这样才能明晰死亡的含义，才能列出判定死亡与否的确切标准，进而对死亡与非死亡做出科学的划界。当然，这些标准在某种程度上是建构性、约定性的，也正因如此，才会有这些解释性争论。

死亡标准与人之本质都主要是一个人文性、价值性问题，而不仅仅是一个科学性、真理性问题。“从人的视域考察事物，往往可以提出如下问题，即‘它是什么?’‘它意味着什么?’它应当成为什么？‘是什么’关注的首先是事物的内在规定，‘意味着什么’追问的是事物对人之‘在’所具有的意义，‘应当成为什么’则涉及是否应该或如何实现事物对人之‘在’所具有的这种意义。”[2]就死亡标准而言，具体何为心死亡、何为脑死亡是清楚的，问题争论的焦点在于哪种死亡“意味着”、代表了真正的死亡，“应当”成为死亡的真正标准。质言之，死亡标准问题是解释学问题，争论直接起因于各方对心死亡和脑死亡所代表含义的解释差异。就人之本质而言，人的物理特性、化学特性、生物特性、生理特性等是清楚的，人的心理特性、社会特性、文化特性也并不模糊，但何者才能真正代表人之本质，则言人人殊。我们不但应该研究何为人的本质、何为死亡标准，更应该研究何者“应当”作为人的本质，“应当”成为死亡标准。因为，尽管在本体论上，“是什么”的科学性认识是第一位的，但在价值论层面，“应当成为什么”的价值性评判则具有逻辑的先导性，只有弄清楚“该不该做”之后，才能着手研究“能不能做”“如何做”的问题。但对死亡标准的价值判定也存在争论。

有学者指出，把脑死亡作为死亡标准是为了方便器官移植，声称这种功利主义态度不可取。这一观点值得商榷。如果不存在器官移植和医疗资源稀缺的问题，死亡标准的争论也就不会如此激烈，因为无论实施哪种标准，对医疗公正和社会福利都影响不大。法国的脑死亡立法就明确宣称，其法是“为治疗或科学研究之目的摘取人体器官、组织和细胞”[3]。实施脑死亡无疑会增加器官移植的成功率，尽管我们在道义上坚持人人平等的原则，但是，“在公共医疗资源的分配中如果我们要平等关心和尊重每一个人，就必须实施某种程度的‘差别原则’”[4]。而这种差别原则首先就体现在去世之人和在世之人伦理地位的差别上，像未出生的胎儿和已经死亡的人，其伦理地位与活着的人是不同的，后者在道义上处于更重要的地位，应该优先得到救治。

三、人之本质是信息人

人是一种多维存在，关于“人是什么”的争论已经存在了上千年，学界至今依然莫衷一是，“仅在西方历史出现的关于人的观念就至少有以下九类：宗教人、文化人、自然人、理性人、生物人、文明人、行为人、心理人、存在人”[5]。我们认为，人在本质上是信息人，因此，对死亡的界定也应以脑死亡为准。

1. “信息人”的内涵

“信息人”这一术语起初在图书馆学的意义上被使用，最早由美国情报学家 F. W.兰卡斯特最早提出，意指那些具有一定文化知识水平的人。1989 年，隶属于美国图书馆协会的“信息素养总统委员会”对“信息人”作了如下界定：“作为信息人，一个人必须能够认识到何时需要信息并且能够有效地查询、评价和使用所需要的信息。……信息人最终是指这样一些人：他们懂得如何学习。懂得如何学习是因为他们知道知识是如何组织的，知道如何找到信息，知道如何利用信息。”[6]大多数学者都是在这一意义上使用“信息人”概念的，如周承聪博士等学者指出：“信息人是指一切需要信息并参与信息活动的单个人或由多个人组成的社会组织，包括信息生产者、信息传递者、信息消费者和信息监管者 4 种类型。”[7]肖莉虹甚至认为：“并不是信息社会的全体公民都是信息人，只有那些具有强烈的信息意识、熟练地掌握信息技能并遵守信息伦理道德的公民才能称之为信息人。”[8]程鹏教授则认为，现代信息人应该符合“主动学习，善于交流；自我超越，健康向上；自主开放，融合共生；系统思维，切实行动；挑战极限，全面发展”的一般标准。[9]

以上所述，都是狭义的信息人，意指那些直接从事信息工作，或具有一定知识含量，或信息素养高等信息力较强的人群。广义的“信息人”则是基于信息哲学视角对人之本质的一种提炼和概括，正如张雨声教授所说，它不是一个具体概念，而是一个抽象概念；不是一个自然的、即时的概念，而是一个社会的、历史的概念；不是一个狭窄的下位概念,而是一个宽泛的上位概念。[10]广义的"信息人"是指,人是创造和使用文化信息的动物,本质上是心灵制造者、语言制造者、符号制造者、意义制造者,而非工具制造者,宗教人、文化人、理性人、文明人、行为人、心理人、存在人等都是对人的这种信息本质不同侧面的刻画与描述。

"信息人"首先是意味着,人本身就是一个信息系统。如果将人比作电脑的话,那么人的眼、耳、鼻、舌等感觉器官是信息感知、接收和识别系统,相当于键盘;神经是信息传输系统,相当于线路;大脑是信息处理和存储系统,相当于 CPU 和硬盘;脸、肢体等效应器官是信息表达系统,相当于显示器。相对于载入设备、载体和媒介等器具信息技术,这些人本身具备的"身体信息技术是更本源性的信息技术,器具信息技术无非是身体信息技术的体外延长"[11]。此外,人的任何行为过程都是在信息活动控制下进行的,甚至人类所有认识世界、改造世界的活动过程都可以从信息视角完全视其为信息过程。

其次,就身心关系而言,人类"身小心大"(孟子),固然是物质人、生理人,但更是信息人、心理人。人是生理人与心理人的统一,但主要是因其心理才成为"人"。从存在论上讲,身是心的载体,心绝对地依附于身,但就价值论层面来说,则是心高于身,人之本质只能从心理层面寻找。如果把身比作硬件,把心喻为软件,那么正如沈骊天教授所说,"载体虽然也是生命存在的必不可少的重要条件,但却不是生命本身。信息生命观好比把生物看作一盘录有歌曲的磁带,并认为生命是指'磁带'上录制的那支'生命之歌','磁带'的作用虽然也很重要,但它仅仅是'生命之歌'的载体而不是生命本身"[12]。相对于生理(硬件),心理(软件)在更高意义上代表着人的本质。人类活动的目标表面看虽然指向外界,最终却复归于人本身。就需求层次而言,除生存需求是生理需求外,其他诸如安全需求、归属需求、尊重需求和自我实现需求几乎全属心理需求(笔者注:马斯洛有时在尊重需要和自我实现需要之间加上审美和认知需要,谓之七层理论)。李德昌教授根据主导信息需求的差异,将人的信息意识分为六种,对应六维信息向量,分别是金钱意识—货币信息人、权力意识—权力信息人、情感意识—情感信息人、知识意识—知识信息人、艺术意识—艺术信息人和虚拟意识—虚拟信息人。[13]我们认为这一划分方式更符合人的本质,也更适合于崛起中的信息社会。

再者,人类的生存发展所主要依赖的并非人之肉体所具备的体力、质能力,而是人之大脑所发挥的智力、信息力。人是由信息主体、信息客体、信息规律、信息技术、信息制度、信息伦理、信息环境等构成的信息系统中唯一能动的因子,是社会信息网络中最重要的节点,人是凭借什么做到这一点的呢?智力。所谓智力、信息力,意指人类处理信息的能力和水平。它是一个由多种子信息力构成的集合,包括信息认知力、信息识别力、信息搜集力、信息存储力、信息管理力、信息开发力、信息实现力和信息创造力等，由这些信息力集合而成的人类智能，是“社会前进的根本动力”[14]。人类认识世界改造世界的所有成就，人类所生存于其中的整个人工自然，都是其信息力的物化。

需要注意的是，“信息人”中的“信息”特指人类社会中的文化信息。其实在认识论层面上，文化和信息本就是一体的。对人类而言，“信息是作为文化而存在的，信息的内容是一个时代的文化内容，信息的全部价值和意义就是形成文化”[15]。所以，这里的信息人，也可以说是文化人。

2. 人之本质为信息人的理据

陈志尚教授认为：“人性这个范畴，作为对客观实在的最复杂的物质运动系统——人的完整的、正确的反应，应该是一个系统概念，它可以包括以下三个层次：人的属性(property)、人的特性(character)和人的本质(essence)。”[16]人的属性包括人的自然属性和社会属性等所有性质，人的特性则只包括人的属性中能把人与非人尤其是人与动物区别开来的部分，人的本质是人最核心的特性。动物主义认为，“‘人的本质’就是人本来的属性，‘人性’就是区别于‘神性’的基本属性。借用莫里斯《裸猿》中的说法，‘人只不过是一种裸露无毛的猿猴而已’，人在本质上与其他动物没有两样。人活着，就应该及时行乐，满足肉体的欲望，不要顾及什么社会道德规范。这种观点在捍卫人的基本生存权益的同时，否定了‘人’有不同于、高于其他动物的特殊规定性，使‘人’不再成为‘人’，而蜕变为‘衣冠禽兽’、‘两脚动物’”[17]。这种观点以本我取代自我，以偏概全，有失偏颇。

医学伦理学则把人的本质分为两种，即生物学意义上的人(Human Beings)和人格意义上的人(Person)，第一种是生理人，第二种是心理人。正如孙慕义教授所说：“人的生命可分为生物学生命(human biological life)和人的人格生命(human personal life)。上述五个定义(引者注：生理学定义、新陈代谢定义、生物化学定义、遗传学定义和热力学定义)均为生物学生命。人的人格生命主要是指具有自我意识、自我控制和自我创造能力的个人活动的存在，也即以生物学生命为基础，具有感觉、思维、情感和意志等功能，并能自身同一的处于活动过程中的主体、自我。”[18]那些脱离人类社会的熊孩、狼孩等虽然在生物学意义和其他人一样，也属于哺乳纲、灵长目、人科、人属、人种，但很难说他们是人。“虽然他们的遗传基因结构中储有属人的因素的信息编码程序，但是，这一程序却未能得以表达。因为他们失去了表达这些信息程序的中介信息——人类社会的文化背景。”[19]所以，只有从信息视角切入，才能明确人的本质；只有从信息哲学的视角对人的本质进行考察，才能得出科学的结论。正如余潇枫、张彦两位教授所指出的：“如果说人是物质的或是能量的实体，都没有把人与外部世界区分开来，而当我们说人是信息的符号化高级处理器时，则就凸显了人之为人的根本特性。”[20]

首先,从人类的起源来看,“原始人类心理能量和性能量都十分充沛,大脑活动过度,无时无刻不在受着梦魇和内在欲望的折磨,无意识的冲动是人类进化的主要动力,而控制这些无意识冲动的种种措施便是人类的文化。自由充沛的心理能量是人类进化之源,同时也规定了人的本性:好奇心、探险的欲望、无功利的制作、游戏的心态,符号和意义的创造,是人之为人的根本特征”[21]。可见,在人类进化过程中,大脑系统的作用远大于心肺系统,就体质而言,人类远远落后于虎、狮、黑猩猩等大型动物,但人所以是“万物之灵”乃是因为可以超越它们,而智慧的大脑则是关键所在。即使对社会而言,大脑所蕴含的智能也是其发展的根本动力,其他一切动力都只不过是智力的外化和对象化。

其次,从人的生存过程看,作为“社会关系的总和”,人的生存必须依赖于实践基础上的各种社会关系,而任何一种社会关系的形成都要求人必须同时承担“信源、信道、信宿”这三种信息角色,缺失任何一种,或无法表达自身,或无法传递信息,或无法解读他人,都不可能形成相应的社会关系。即使独自生活在荒岛上的鲁滨逊,如果不能与外界进行有效的信息交流,依然无法生存。尽管人类也离不开物质和能量交换,但人之目的、意志、计划等信息交换是质能交换的前提和先导。所以,缺乏信息能力的人将一刻也不能生存,这样的人自然也很难再作为“人”而存在了。不但个体的生存要依靠信息,群体的生存亦然。龚自珍曾一针见血地指出:“欲要亡其国,必先灭其史;欲灭其族,必先灭其文化。”历史和文化是什么?就是凝聚在群体中的信息。世事变幻,白云苍狗,正所谓“事业文章随身销毁,而精神万古不灭;功名富贵逐世转移,而气节千载如斯”。只要能将其历史信息和文化信息传承下去,这个群体就不会灭亡。

再次,从人的构成来看,比尔·布莱森曾在《万物简史》中从物质视角这样描述人的形成:“你现在来到这个世界,几万亿个游离的原子不得不以某种方式聚集在一起,以复杂而又奇特的方式创造了你。这种安排非常专门,非常特别,过去从未有过,存在仅此一回。”[22]依此观点,人是物质人,我们和宇宙中的其他任何东西一样,都是由原子组成的,如果说有不同的话,就是原子的组合方式不同。根据系统论,结构决定功能,而这种“非常专门、非常特别”的原子组合结构就是一种特殊的信息编码,正是这种信息编码,才使人得以成为“万物的灵长,宇宙的精华”。

最后,从拟人现象看,所谓拟“人”,关键在拟人之“心”,而非拟人之“形”。作为人,重在其心,不在其形。心者,信息也。比如动画片、科幻片、恐怖片等影视作品,尽管其角色形象千奇百怪,但实际上改变的都只是人的生理形态,而非人的心理模式和行为模式,也正因如此,我们才能理解这些作品。但如果其角色形象都是人的形象,心理模式和行为模式却完全是非人的,那么我们就很难或者根本不可能理解其内容了。这点从整容和人格分裂或失忆的比较中也可以得到证实。整容改变的是人的生理形态，而人格分裂或失忆改变的则是人的心理形态。一个人整容了，我们对他的认同或他的自我认同并不会出现错误。但如果一个人人格分裂或失忆了，我们对他的认同或他的自我认同就会出现混乱，这也说明他之为“他”、之为“人”的关键不在其生理形态，而在其心理形态。

综上所述，人本质上是“信息人”，正如卡西尔在《人论》中所说：“对于理解人类文化生活形式的丰富性和多样性来说，理性是个很不充分的名称，所有这些文化形式都是符号的产物。因此，我们应当把人定义为符号的动物来取代把人定义为理性的动物。”[23]因此，“人的本质是活着的信息系统，人的死亡当然就是信息系统的解体”[24]，其“信息特质”的消失也就意味着人的死亡，而大脑是人体最重要的信息器官，所以，以脑死亡作为死亡标准更为合理。

四、脑死亡标准的合理性

显然，尽管宇宙万物都是由原子组成的，但只有少数的幸运儿拥有了生命，包括植物、动物、原生生物、真菌、原细菌、真细菌等。但是，人与其他生命形态是不同的，正如荀子所说，“草木有生而无知，禽兽有知而无义，人有气、有生、有知，亦且有义，故最为天下贵也”。(《荀子・王制》)所以，人的死亡也不同于其他生命的死亡。人之死亡，关键在于其所拥有的其他任何生物的死亡，哪怕是灵长类动物死亡也不具备的那些特性，这只能是脑死亡。

第一，脑死亡标准更能符合人之本质。如前所述，人的本质是信息人，大脑是人处理信息的核心器官，其他器官系统诸如心肺等呼吸系统、肠胃等消化系统、血浆体液等循环系统、骨骼肌肉等运动系统、肾脏膀胱等泌尿系统以及生殖系统和内分泌系统等，都必须在神经系统的调节、控制下才能正常地发挥其作用、实现其功能。正如维纳所说：“人是束缚在他自己的感官所能知觉的世界之中的。举凡他所收到的信息都要通过他的大脑和神经系统来进行调整，只有经过存储、校对和选择过程之后，它才进入它的效应器官，一般是它的肌肉。这些效应器双作用于外界，同时通过运动感觉器官末梢这类感受器再反作用于中枢神经系统，而运动感觉器官所收到的信息又和他过去储存过的信息结合在一起去影响未来的行动。”[25]大脑死亡后，虽然心肺系统还可独立存活一段时间，但那已经不是“人”的心肺了，没有大脑的躯体只是一个空壳，徒有其形而已。

第二，确定脑死亡标准有利于促进器官移植。道德论者反对为了进行器官移植而实行脑死亡，他们只看到道德价值而忽略了其他价值。但是，道德价值只是众多价值中的一个，道德价值之外，我们还有生命价值、社会价值、经济价值、政治价值等不同的价值类型，而且这些价值往往是融合、纠缠在一起的，很难把它们泾渭分明地截然分开，只对死亡标准进行道德评估显然是不全面的。实行脑死亡可以把有限的医疗资源用在真正需要的患者身上,有利于实现医疗公平这一重要的伦理诉求,这点对于我国这种医疗资源总量不足、分配不公的国家来说,尤其重要。如果医疗资源是无限的,任何人都可以在需要的时候得到足够的医疗资源,那么,也就不必讨论死亡标准的问题了,但这一假设显然脱离实际,不可能成真。

第三,确定脑死亡标准有利于确立人的尊严。人之区别于动物,在于信息。"只有当人类蜕变到信息人的时候,人类才真正活成了'人'。无论是物质人、生物人还是社会人,本质上没有脱离其动物性。"[26]如果不从信息的视角考察人之本质,那么,人只不过是一堆由原子组成的普通物质。即便是"社会性"也并非人类所独有,黑猩猩等高等动物群体也有很强的社会性,这点从德瓦尔的著作《黑猩猩的政治——猿类社会中的权力与性》中可见一斑。著名动物生态学家珍妮·古道尔(Jane Goodall)对黑猩猩长达三十八年的田野式研究也证明黑猩猩完全可以作为"社会动物"。所以,确立脑死亡标准,有利于确立人的主体性地位,彰显人的尊严,切实把人当作人,而不是没有文化信息的"行尸走肉",也不是只追求物质满足的"酒囊饭袋"。把人本身作为目的,不只是亲人表达感情的工具,也不只是医生表达责任的工具,亦不只是其他任何人"以己度人""以己代人"的主体性霸权的工具,而只是其自身的目的。当一个人脑死亡后,仍然对其采取医疗抢救或生命维持措施,对其而言是一种痛苦,这也是对人类生命尊严的一种亵渎。

此外,脑死标准的合理性还可在实践中找到证据,一些病人会因为电击、溺水、心肌梗塞和冠心病发作等会导致心肺系统在一段时间内停止活动,造成"假死"现象。而且,历史上因为心肺标准被判定为死亡却死而复生的案例也不在少数,实行脑死亡则可有效避免这点。

五、结语

即使确立了脑死亡的标准,当下的技术水平也还无法确定一个具体的、精准的时刻来判别生死,因此生死之间的界线并不十分清晰。一个人与其器官当然无法既生又死,这就给死亡判断的实际操作提出了挑战。不过,随着技术的进步,这一难题终会得到解决。当下的死亡标准之争是由生命技术的发展而引发的,脑死亡的具体标准也必将随着生命技术的新发展而改变。

随着会聚技术的发展,人类自身的信息化,即"人本身成了一种信息性的存在,实现所谓的去物理化,成为真正意义上的信息人,有自我意识,但无形无象。这是实质性的改变人物理性存在方式"[27],已经展现出越来越多的可能性,正由计算机等体外化数字化辅助向信息输入、芯片植入等体内数字化辅助发展,未来则必然走向记忆移植。当我们可以像操控电脑里的程序那样操控人脑中的信息、可以把"世界 2"中的信息全部无损地复制到"世界 3"上时,脑死亡的标准可能也就不再合适了。到那时也必然出会现新的死亡标准争论并确立新的死亡标准，由此也可以反证当下脑死亡标准的合理性，因为未来死亡标准之争更加印证了人的“信息人”本质。

参考文献

[1] Death. 斯坦福哲学百科[EB/OL].(2009-05-26)[2014-08-10].http://plato.stanford.edu/entries/death/.

[2] 杨国荣.道论[M].北京：北京大学出版社，2011：63.

[3] 张凝，宋青.法国关于“脑死亡”的法律规定及启示[J].环球法律评论，2008(1)：82.

[4] 陈俊.论公共医疗资源的分配正义[J].自然辩证法研究，2013，29(12)：85.

[5] 赵敦华.西方人学观念史·前言[M].北京：北京出版社，2004：3.

[6] 岳剑波.信息环境论[M].北京：书目文献出版社，1996：88.

[7] 周承聪，桂学文，武庆圆.信息人与信息生态因子的相互作用规律[J].图书情报工作，2009，53(18)：9.

[8] 肖莉虹.试论信息人及其培养[J].现代情报，2004(9)：207.

[9] 程鹏.“现代信息人”的概念、标准及其修炼[J].现代情报，2010，30(7)：3.

[10] 张雨声.论“信息人”[J].上海大学学报(社会科学版)，1998，5(4)：112.

[11] 肖峰.论身体信息技术[J].科学技术哲学研究，2013，30(1)：65.

[12] 沈骊天.生命信息与信息生命观[J].系统辩证学学报，1998，6(4)：72.

[13] 李德昌.信息人社会学[M].北京：科学出版社，2007：14.

[14] 李宗荣.理论信息学概论[M].北京：中国科学技术出版社，2010：217.

[15] 肖峰.信息、文化与文化信息主义[J].自然辩证法通讯，2010，32(2)：86.

[16] 陈志尚.人学原理[M].北京：北京出版社，2005：90.

[17] 祁志祥.人学原理[M].北京：商务印书馆，2012：10.

[18] 孙慕义.医学伦理学[M].北京：高等教育出版社，2004：113.

[19] 邬焜.信息哲学——理论、体系、方法[M].北京：商务印书馆，2005：310.

[20] 余潇枫，张彦.“信息人假说”的当代建构[J].学术月刊，2007，39(2)：18.

[21] 吴国盛.芒福德的技术哲学[J].北京大学学报(哲学社会科学版)，2007，44(6)：31.

[22] 比尔·布莱森.万物简史·引言[M].严维明，陈邕，译.南宁：接力出版社，2005：1.

[23] 卡西尔.人论[M].甘阳，译.上海：上海译文出版社，1985：34.

[24] 李宗荣,殷正坤,周建中,等.生命信息学视野中的人:兼谈死亡标准问题[J].华中科技大学学报(社会科学版),2004(3):114.
[25] N 维纳.人有人的用处:控制论和社会[M].陈步,译.北京:商务印书馆,1978:9.
[26] 李德昌.信息人社会学[M].北京:科学出版社,2007:13.
[27] 肖峰.信息主义:从社会观到世界观[M].北京:中国社会科学出版社,2010:498.

国外理论动态:反规范论新进展

王洪奇

山西医科大学人文学院

当代西方基督教伦理学对反律法主义道德理论有较为系统的研究。其中的一个代表人物是美国的道德哲学家盖斯勒,他认为,反规范论的道德理论不属于基督教伦理学范畴。泛泛而论,伦理学体系划分为两种类型:非专制论和专制论。在非专制论中又可以进一步划分为反规范论、境遇论以及普遍论。专制论又可以划分为保守专制论、冲突专制论以及等级专制论。既然基督教伦理学坚定地根植于上帝的不变的道德特征,因此前面三种伦理学一定不是基督教的观点。

反规范论(Antinomianism),更准确地说是"反对或者代替律法"论,该论点认为不存在一成不变的道德律,并认为任何事物都是相对的。

一、古代的反规范论

伦理学的反规范论有悠久的历史。古代世界曾经至少存在着三种导致反规范论出现的思想运动:过程论(processism)、享乐主义(hedonism),以及怀疑论(skepticism)过程论。古希腊哲学家赫拉克利特(Heraclitus)曾说:"没有人能够两次跳入同一条河流,由于人与河流都发生了变化。"他相信,这个世界上的任何事物都处在一种永恒的流动(flux)状态。稍后的古希腊思想家克拉底卢斯(Cratylus)将这种哲学观点向前推进了一步,他甚至认为没有人能够一次跳入同一条河流中。他辩解,无论河流或者其他任何事物都没有"同时"或者不变的本质。因此他确信,所有的事物都是流动的,他甚至不能确定他自己的存在。当论及他自己的存在状态时,他只能够简单地摆动摆动他的手指,来表示他自己就也是在一种流动之中。显然,如果将这种学说引入伦理学领域,不可能存在永恒的道德律。任何伦理价值都将随着情况的不同而变化。

享乐主义。古代哲学家伊壁鸠鲁(Epicureans)给相对主义伦理观以推动力,这种被称为享乐主义(希腊语 hèdonè,快乐)的观点将快乐(pleasure)看作是善的要素(the essence of good),将痛苦看作恶的要素(the essence of evil)。但是快乐因人、因地、因时而异。乘飞机对于一些人可能是一件快乐的事情,但是对于另外一些人则可能纯粹就是一种身心的极大痛苦。同一首乐曲有时候是一种放松和享受,但是在另外一些时候它可能变成打扰。应用于伦理学领域,这种论点声称,对于一个人的善或许对于另外一个人就是恶。

怀疑论。怀疑论的中心议题是怀疑对一切事物所作的判断。恩波瑞克(Sextus Empiricus)是古代最著名的怀疑论者,近代的代表人物则是休谟(David Hume)。怀疑论坚持认为每一个议题都有两个方面,同时,每一个问题的争论都可能形成僵持的局面。既然不能描绘出合适的和最终的结论,那么我们就必须怀疑对于所有事物所作的判断。在伦理学中这种论点意味着没有什么东西应该被看作是绝对正确或错误的。

二、中世纪的反规范论

尽管中世纪的西方世界是由基督教观点所控制的,仍然产生了几种思想观点,为反规范论的发展做出了贡献。其中最值得关注的思想观点是:意图论(intentionalism)、主观意志决定论(voluntarism)和唯名论(nominalism)。

意图论。在12世纪,阿培拉德(Peter Abelard)指出,一个行为的发生,如果是以善(好)为其意图的,则这个行为就是对的;反之,如果是以恶(坏)为其意图的,则这个行为就是错的。因此,一些看起来似乎是坏的行为其实是好的。例如,某人意外地杀死了另外一个人,这个人不会因此而受到道德的谴责。又譬如,给穷人钱财的行为如果是以错误的动机为其出发点(例如是为了让这些穷人崇拜他自己)则这样的行为也不是一个好的行为。这就是这样的一个案例,一般认为行为的对或错是与人的意图相关联的。

主观意志决定论。14世纪的思想家奥卡姆(William of Ockham)曾指出,全部道德原则都有上帝意志的踪迹。这样一来上帝就可以有区别地决定什么是对的,什么是错的。奥卡姆相信,一些事情是对的,因为上帝愿意它是对的;其他一些对的事情上帝不愿意它是对的。如果真是这样的话,那么今天看来道德上是对的行为明天就有可能不是这样了。尽管基督教的主观意志决定论者非常确信上帝不会改变他在基本的道德议题方面的意志,但是他们也不能确信那些道德就一定不会改变。主观意志论以此方式为反律法论提供帮助疏通道路。

唯名论。奥卡姆思想的另外一个方面被称为唯名论,或者被看作是否认一般性。唯名论者相信,不存在一般形式(universal forms)或者一般本质(essence),只存在特殊的事物。一般性只存在于人的精神(mind)世界,而不存在于真实的客观世界。真实的世界是一个彻底的个体的世界。例如,这个世界根本就不存在作为要素的所谓抽象的"人"(humanness)。那些个体的人(individual humans)存在于这个真实的世界,但是抽象的"人"仅仅以概念的方式存在于我们的精神世界。不难看出,如果同样的推理应用于伦理学,那么就不会存在诸如抽象的好(善,

goodness)或者正义(justice)之类的东西。存在的只是以个体形式出现的不同于其他行为的正义行为，但却不是诸如正义本身(justice itself)这样的东西。

三、现代世界的反规范论

相对主义在现代世界的增长显然由以下三个运动构成：实用主义(utilitarianism)、存在主义(existentialism)，以及进化论(evolutionism)。

实用主义。建立于古代享乐主义的基础之上，本瑟姆(Jeremy Bentham)建构了这样一个原则，一个人应当做那些产生最大的善(the great good)为绝大多数人的长远利益着想的事情。有时候称之为所谓“实用算计”(utilitarian calculus)。他解释为在数量意义上能够带来最大量的快乐以及最小量的痛苦。

密尔(John Stuart Mill)利用相同的“实用算计”，只不过他是在质的意义上去理解它。他相信一些快乐比其他一些快乐具有更高的质。他甚至走得更远，以至于他说一个不幸福的人比一头幸福的猪更好，理由是人的生命在知识和美学方面的特质在质的方面高于动物仅仅在肉体意义上的愉快。结果，不存在绝对的道德律。它完全依赖于其所能够带来的最大快乐，并且这或许还是因人而异以及因地而异的。

存在主义。克尔克库尔(Søren Kierkegaard)是现代存在主义之父。尽管他是一位基督教思想家，许多人依然认为他以其所宣称的我们的最高职责超越了道德律开启了反律法论之门。克尔克库尔坚定地相信这样的道德律，正如“你不可杀人”；然而他也相信上帝曾告诉亚伯拉罕要他去杀死他自己的儿子以撒(创 22)。他相信不存在针对此类行为的道德理性或者道德判断，但是在这种场合必须依靠“信仰的跳跃”(a leap of faith)来超越道德。

追随克尔克库尔的思想，萨特(Jean-Paul Sartre)等非基督教思想家们将存在主义向前推进了一步，使它更加靠近反律法论。萨特认为没有什么道德行为具有任何实际的意义。通过一句格言“无论是一个人独自狂饮烂醉或是当上了国家领导人都是同样的事情”，(参见：Jean-Paul Sartre. Being and Nothingness. trans. Hazel E Barnes. New York：Philosophical Library，1956：627.)萨特得出他的结论《存在与虚无》(*Being and Nothingness*)。

进化论。在达尔文之后，斯宾塞(Herbert Spencer)等人使进化论膨胀成一个适用于宇宙中万事万物的理论。其他一些人诸如 T. H.赫胥黎(T. H. Huxley)以及 J.赫胥黎(Julian Huxley)，搞出来了一个进化论伦理学(evolutionary ethic)。其核心的教条是，凡是支持进化过程(revolution process)的理论都是对的，凡是阻碍进化过程的理论都是错的。J. 赫胥黎总结出三条进化论伦理学的原则：认识到进化中存在着更新的可能性是对的；尊重人的个性并且鼓励这种个性的全面发展是对的;为进一步的社会进化而建立一种机制是对的。

希特勒(Adolf Hitler)在他的《我的奋斗》一书中杜撰了一个进化伦理学。根据达尔文的自然选择或者适者生存(最适合的人类种族群体存活)的进化论原则,希特勒总结出,既然进化已经产生了超人的(雅利安)家族,我们就必须努力去保护它。同时,他认为,那些劣等品种必须剔除掉。基于这样的思考,他屠杀了六百万犹太人和大约五百万其他非雅利安民族的人。

四、当代反律法论

当代的几场反律法论运动对于反律法道德律的发展具有重大的理论贡献,其中最主要的是以下三场运动:情感论(emotivism)、虚无论(nihilism),以及境遇论(situationism)。他们的终极形式都是反律法论的。

情感论。艾耶尔(A.J.Ayer)认为,所有的伦理陈述都是情感性质的。也就是说,它们都真实地表达了我们自己的感觉。因此,诸如"不许杀人"这样的陈述其真实意思是"我不喜欢杀人"或者"我感觉到杀人是错误的"。伦理陈述几乎都仅仅是基于我们主观感觉的正式规劝。这里不存在以祈使句的形式所规定的具有神性的那种必须做的事情。每一件事情都是相对于我们个体的感觉的。因此,不存在适合于所有的人以及任何地方的那种客观道德律。

虚无论。德国著名的无神论者尼采(Friedrich Nietzsche)曾说,"上帝死了,我们已经杀死了他"。上帝死了以后,所有的客观价值也都随着他死了。(参见:Friedrich Nietzsche. The Gay Science, in The Portable Nietzsche. trans. Walter Kaufmann. New York: Viking, 1968: 95)俄国小说家多思妥耶夫斯基(Fyodor Dostoyevsky)正确地注意到,如果上帝死了,那么所有的事情也都过去了。对于尼采来说,上帝之死不仅意味着上帝所给定的价值的死亡,而且意味着人类需要创造他们自己的价值。为达此目的,他认为,我们必须"超越善恶"。既然没有上帝来期盼(will)什么是善,那么我们必须期盼我们自己的善。并且,既然不存在永恒的价值,我们必须期盼那些永恒地反复出现的事物的相同状态。在《道德谱系》一书的最后一行,尼采指出他宁愿意期盼虚无也不愿意根本就不去期盼。这种期盼虚无就是所谓的虚无论(nothingnessism,虚无主义)。

境遇论。根据这个观点,任何事物都是相对于特定境况的,人们在其中可以发现他们自己。尽管伦理学家弗莱彻(Joseph Fletcher)声称他自己相信存在着一个绝对的道德规范(norm),但是他缺乏那种具有实质内容(with substantial content)的绝对道德原则。在这个意义上看,他的理论观点的重要贡献主要是在反律法论方面。弗莱彻说,我们应该尽量避免使用诸如"绝不"和"永远"此类的词汇。这里不存在所谓在任何时候适合于任何人的普遍的道德原则。所有的伦理抉择都是权宜之计的(expedient)并视状况和情况而定的(circumstantial)。

总之,反律法论就是没有道德律。这种观点可以从绝对的意义上去理解或者也可以从有限的反律法论意义上去理解。从绝对意义上看,尽管很少有人公开承认持有这种论点,绝对的反律法论者不承认存在有任何意义上的道德律。这种论点通常被批评为某种形式的伦理相对论(ethical relativism),人们指控他们持有这样的论点,往往是基于推论性质而不是根据他们自己的明确的公开声明。

有限的反律法论是一种更加宽泛的伦理观点。这是一种伦理相对论的形式,它否认存在有任何客观的,绝对的,或者上帝给定的律法。它不否认所有的道德律,但是它确实否认所有那些任何人试图强加于他人的道德律。

由于反律法论者不相信任何的道德原则具有神性的约束力,因此他们是理论或者实践上的无神论者。或者认为不存在上帝,或者还有,认为没有什么普遍的道德律要求我们必须遵守。

许多反律法论者并不否认个体的人可以根据某些道德标准来选择生活的方式。他们只是单纯地拒绝承认这些道德标准比个体的主观选择要多。对于选择某些道德标准作为个人的生活方式的那些个体的人而言,无论什么样子的道德律或许都存在着相对性。不存在适合于约束一切个体的人的客观道德律。

反律法论者也不承认存在有任何永恒不变的道德律,无论这些道德律是来源于某个上帝或仅仅是在那里存在着。无论何种道德律,它们的存在都只是暂时的,而非永恒的。人类的确没有任何永恒的道德律。所有的道德律仅仅是某个特定社会的习俗,这些道德律或社会习俗随时间和地点而发生变化。

绝大多数反律法论者都不是反对律法,而只是认为没有律法。他们不是必然地反对律法,而是感觉到不存在任何客观的道德律。这并不意味着他们认为不存在任何类型的律法。绝大多数反律法论者都承认家庭婚姻法以及民法存在的必要。他们意识到,如果没有某些类型的律法,那么社会将无法正常运转。但是当他们承认某些社会律法的正面作用的同时,他们又坚持认为,这些社会律法并不是基于任何神性的或自然律之上。这正是他们所认为的人类不具有的存在于民法背后的这样一种道德律,同时从这个意义上看,他们是反律法论者,或者是没有律法的。

(本文由王洪奇编译)

论高校生命伦理教育何以可能

胡　芮

河海大学马克思主义学院

摘　要　高校生命伦理教育何以可能这一论题包含高校生命伦理教育现象"存在何以可能""认识何以可能""教育何以可能"三个维度。涉及存在论、认识论以及价值论三个层面的哲学问题。其中,生命伦理教育的哲学合法性是存在论前提,道德教育与生命的辩证关系在认识论上回答了生命伦理教育是什么的问题,高校生命伦理的教育内容和方法则逻辑地揭示了本论题的价值论目的。

关键词　高校;生命伦理教育;为什么;是什么;怎么做

道德教育是高校教育中最具生命气质的实践活动。高校生命伦理教育以关爱生命为宗旨,是道德教育活动的重要组成部分。然而长期以来,教育趋于功利化,高校仅以一种传播知识或培训技能的场所出现,而忽视了教育"培养人"的重要目的。人的培养应该以人为目的,忽视道德的个人本位功能亦即道德的生命感,缺乏对大学生生命关怀,显然是缺失的高校生命伦理教育。

一、高校生命伦理教育的哲学合法性

教育作为人类的一项特殊实践活动,其指向是以人的成长和生命的塑造为价值归宿,因而是一种善。但教育是一种怎样的善,学界却尚无定论。一般认为,教育之所以是善的,就在于它所具备的两个重要品质:一是知识的传播,二是人的培养。知识的传播是人类社会存在和发展的必要条件,是人类作为整体得以延续的基础。人的培养是指立足于个体的完善发展,从个体角度出发,促进知识技能的提升以及精神境界的扩展。人的培养并非高扬工具理性,而是要从理性和精神两个维度着手,促进人的全面协调发展。

要厘清高校道德教育在实践和理论层面的不足,我们需要将认识推向更深层次,从哲学上研究"高校生命伦理教育"认识何以可能这一论题。探讨认识何以可能是哲学史上一个非常重要的论域。康德和胡塞尔从探讨先天的认识何以可能出发,对人的认识能力、先天要素以及这些要素的来源功能、条件范围作出界定。康德实际上是通过对人的认识能力的批判，为理性划定范围的同时为精神世界保留地盘。他所言的“先天”不是心理学上的特征，而是认识论的特点。“先验知识”是指那些独立于我们经验之外、不能为经验所证明，却能存在于我们的知识系统之中，并具有普遍性和必然性的知识要素。这些要素对于实践而言是纯形式的，因此他们只能是来自认识能力本身的知识形式。[1]而胡塞尔的路径是：研究人的内部纯意识，亦即在不考虑意识想象所代表的东西在具体世界是否存在，而仅仅将其作为意识想象来考察。[2]事实上，经验自然科学认识与数学、逻辑等观念科学认识便发生了分离。由此可以看出，康德与胡塞尔均有将认识分裂为观念认识与经验认识的倾向。

需要指出的是，生命伦理教育作为一种兼具经验认识和观念认识的特殊实践活动，既包含着对人本身存在的超验认识，同时也需要关注生命存在的现实维度。亦即，生命伦理教育“何以可能”的命题需要统合哲学层次与实践层次两个维度才能成立。首先，人具有建构意义世界的天然倾向，无论是康德所言的“先验知识”还是胡塞尔的“纯意识”，意义世界的建构均彰显着生命的价值。道德源自对形上世界的意义探求，这种探求是以人类生命的价值为目的的，因此，道德教育在哲学上的合法性来自于对人的生命本身的关注与反思。其次，道德教育应该以人为目的。道德作为人的特殊心理文化结构，必须建基于人性之上，道德若成为一种外在强制的约束力量则不能真正的培养道德。马克思论及道德与宗教的不同时说道：“道德的基础是人类精神的自律，而宗教的基础则是人类精神的他律。”[3]15道德教育不同于宗教信仰之处就在于，在肯定人的主体性同时，尊重个人，确立以人为目的，以生命发展为方向的道德教育原则。

1. 生命主体性

道德实践活动作为一种特殊的实践活动，与物质生产的对象化活动存在着明显的区别。对象化活动展现了人对客观事物的改造，而道德实践活动客观展现了人与人、人与世界的关系。在这一互动关系之中，人的生命感受成为道德评价的基础因素。互动关系事实上也体现了利益关系，正确的理解利益问题是打开道德教育之门的钥匙。

在一个多元价值观并行的社会，人的道德实践活动很难在一个同样的价值体系之内达成一致。然而有一点是肯定的，那就是多种价值之间虽然存在着差异，但其均以道德实践主体的生命体验为依据。这意味着，道德教育要在多种价值体系之间寻找共识，既要体现道德主体之间的不同需求，也要回归道德主体本身，研究道德主体的生命需要。尽管人类在多种价值之间存在着差异，现代社会中，绝对的、唯一的价值也难以成立，但是人保持自身生命特性的需要却是一以贯之的。这种保持生命主体性的“一贯地”需要是道德教育的价值起点，道德教育的作用就在于保持生命主体性地位，促进个体生命的成长。这种促进作用并非是一种外在的约束,而是一种诱导和呵护生命的过程。因为在这一过程之中,人的天性得以启发、潜力得到发展、人的生命主体性得以高扬。

2. 意志自由性

黑格尔认为,道德作为一种实践理性,其核心是自由。道德自由是自主自律的自由,与其他领域的自由相比较,更容易受到内心因素的影响。他就此认为,道德是“主观意志的法”,这里的法是自由意志的定在形式。康德从善良意志的角度出发,认为道德是保持善良意志的自律。换言之,道德自由是人作为道德主体对意志的运用而实现的,道德意志是道德行为现实化自身的必要环节,同时也是道德法则内化为自身的善的重要条件。

由此可见,人的道德意志是道德内、外向展开的桥梁,道德法则必须通过道德意志才能发挥作用。道德意志在自由原则的保证下,启发人的德性,把德性变成道德行为现实化自身的中介。但是意志的自由并不能自然的展现,需要在道德教育的作用下,通过启蒙,实现人的自由意志。康德认为:“启蒙运动就是人类脱离自己所加之于自己的不成熟状态……有勇气运用自己的理智。”[4]他将启蒙定义为“公开运用自我理性的自由”,也是道出了道德教育的精神实质。

3. 内在超越性

道德教育的超越性来自于道德自身的内在超越性。从形态看,道德是人类的一种精神活动,道德领域关注的问题不是“是与非”的事实问题,而是“应该与否”的价值问题。关于“应该”的思考将人从现实行为之中抽离,道德善恶等原则在理想世界之中加以审视,并形成引导人的行为的一般准则。内在反思体现着人类朝着至善方向不断探索的进路,道德实践个体也在这一过程之中不断地实现自我扬弃、自我升华。

道德教育需要掌握道德内在超越的特点。道德教育活动并非是道德相关知识的学习,也不是道德行为的养成,而是扎根于人生命深处,与人的道德意志紧密联系的特殊实践。以儒家为例,中国传统道德教育虽然也讲心性问题,但是更多地是在对“仁”的基本价值认同之后强调“德目”的养成。这种做法过分强调规范价值,忽视生命发展的内在超越向度,无视个人道德发展的内在需要,故而丧失了其应有的感染力和号召力,甚至造成了“灭人欲”的极端局面。要克服这种传统道德教育之空疏,我们需要回归生命本身,建立以“成人”为目的的生命伦理教育观。

二、生命伦理教育是一种文化反思

教育作为人类文化的一种价值生态,其首要特点是一种文化场域。高校生命伦理教育“是什么”的问题,需要在文化场域的理解之中得以解码。丹尼尔·贝尔曾说:“文化本身是为人类生命过程提供解释系统,帮助他们对付生命困境的一种努力。”这也就是说,在人类对现实困顿的反思之中,文化得以登场。生存困境或者说生命困境迫使人类通过文化寻找“系统解释”，亦即，文化的使命在于对人类的生命困境寻找答案，是超越生命困境的一种努力。

从文化意义上来看，高校生命伦理教育本身也是一个生命的过程。其产生和发展的过程，本质上也是人类生命遭遇困境后寻求解决之道的努力。生命伦理源自人作为生命体对于自身、环境以及相关生命体价值的反思，在这一过程中，生命价值、生命尊严、生命情感得以系统化呈现，并基于此形成一整套道德规范体系和原则。因此，高校生命伦理教育，就是在大学的文化场域之中对生命进行终极反思，对与生命相关的科技以及对生命情感相关的现象进行道德批判和反思的系统追问。

哲学的教育在于启迪智慧，因此对在校大学生进行生命伦理教育，不应该成为某一门“专业性课程”以传授知识和习得技能为目标。高校生命伦理教育是在一种文化理解的背景下对生命现象、生命情感、生命相关科技等领域的批判反思，其目的在于启发高校学生的生命智慧，形成尊重生命、热爱生命、关爱生命的意识，并将其内化为道德意志的一部分，建立稳定的伦理世界观。

高校是社会中特殊的机构，历史上的大学总是以文明承载者和道德教化者的形式出现。然而，在现代社会道德危机的背景之下，高校教育制度呈现出去道德化的倾向。主要的表现是：理性的过度高扬和道德的逐渐退场；大学生道德修养持续下降；大学组织制度中去道德化设计等。总体来看，高校道德危机可以分作两个方面，其一是形而下的道德教育危机；其二是形而上的道德理论缺失。形而下的道德教育危机之所以会出现，原因在于理性主义过度泛滥造成的精神缺失，大学教育仅仅关注现实功利目的而忽视了人的生命过程，并未承担起解释生命存在意义的责任。人在生命过程中会不断遭遇生存困境，文化作为一个解释系统源自于人类生命困境中的需要。高校生命伦理教育在哲学上的合法性就在于给大学生在遭受生命困境时提供一个解释的意义系统。这个意义世界在实践中不断演变和发展，并逐步形成一系列稳定的伦理原则和教育方法，这便是高校生命伦理教育的理论来源。高校生命伦理教育是一种文化的反思，道德教育与生命的关系要从以下三个方面来理解：

第一，人存在的双重属性决定道德与自然生命相互联系。人的存在既是自然属性又具有超越属性，作为自然的生命体，人和自然生物一样具有新陈代谢的生命，但与自然生物不同的是，“动物和它的生命活动是直接同一的。动物不把自己同它的生命活动区别开来，它就是这种生命活动。人则使自己的生命活动本身变成自己的意志和意识的对象。他的生命活动是有意识的”[3]96。动物的直接同一性体现其本能，人的超越性展现了生命的尊严和荣光。意志和精神是人与动物相区别的标志，自然生命和超自然生命的双重属性构成了人的独特生命形态。

道德教育直接与人的超越属性相联系，生命的完整性包含自然生命的健全和道德生命的成长。自然生命是道德生命的物质基础，离开这个基础，人的精神和意志自然不能展现。所以,道德教育不能离开对自然生命的关注,道德是自然生命的精神调节器。动物在本能的驱使下活动,人的实践却时刻体现出个人的意志,包含着对善与美的自觉追求。弗洛伊德人格理论的启示在于,人格的三个层次划分既体现了人存在的二重属性,又指出了超我(superego)代表着人的道德向度。超我以意志和精神为主宰,在实践中制约本我的自然冲动,将本能转化为道德原则,追求“至善原则”的实现。

第二,从文化意义上来理解,大学教育是一种生命的过程,生命伦理学是文化对生命理解的表达,也可以将其视为一种生命的过程。高校生命伦理教育是引导高校学生进行生命理解,促进其生命伦理观建构的过程。通过对生命困境的探索,生命伦理教育以此为研究方法,形成道德教育的一般原则和理论。同时,通过对高校学术具体生命困境的分析,将道德教育一般理论与具体实际相结合,传递出尊重生命、敬畏生命的生命伦理价值。在这两个环节之中,生命完成自身的反思和超越,并以文化的形态确立起来。高校生命伦理教育的最后效果,就是实现生命伦理的“教养”,对生命伦理具有一种自知之明,消解生命过程中的困顿,实现生命意义世界的升华。

生命伦理学是基于文化的生命理解,其体现出文化意义上的生命观。生命过程之所以需要道德教育,就在于生命面临的诸多困境需要寻找价值归宿。高校生命伦理教育是文化价值与哲学反思的同一,它将道德反思与自然生命有机合一,为高校学生在成长过程中面临的诸多问题寻找答案。当前,高校学生在成长中面临的问题主要有“终结生命”“伤害生命”“漠视生命”等形式。大学教育与中国传统应试教育既相区别又有天然联系,这种特点造成了教育体制对高校学生生命状态的关注,青春生命的非正常凋谢、伤害,以及不懂得敬畏生命而带来的性问题等,成为当前高校道德教育迫切需要正视的问题。反思这些生命成长中的问题,需要生命伦理学的智慧,需要依靠生命伦理学教育。

第三,超越不同文化与价值的冲突,实现生命价值安立。一个不能回避的事实是,当前道德教育的文化背景已经处于多元价值并行的潮流之中。东西方文化交流激荡,不同价值体系相互冲突,造成了高校道德教育价值观莫衷一是的局面。作为一种文化自觉的过程,生命伦理教育在理论层面的最大困境是,如何在多种外部社会文化的冲突之中寻找到理论的平衡点,将一个可普遍化的生命伦理原则传递给高校学生。首先需要正视的历史现实是,转型时期的中国文化价值形态,多元文化冲突,传统与现代之争对生命伦理的理解造成了巨大的挑战。具体来看,可以分为:西方文化与中国文化、传统文化与现代文化、传统文化中的不同子文化之间的巨大张力。

生命过程的重要展现面向即为生命感,生命感与生命主体所在的具体文化价值生态有着密切的关联，从某种意义上来说，高校生命伦理教育就是通过一种系统的文化价值生态来影响学生道德世界的建构。例如，在中国传统道德理想主义色彩浓厚的背景之下，生命的价值往往会随着对道德理想的追求而黯然失色。孔子在特定的条件下肯定“杀身成仁，舍生取义”，孟子进一步地高扬“义”高于“生”的价值，这说明不同历史时期的伦理文化中，生命价值的起伏是由具体文化背景所确定的。生命伦理学的方法始肇于西方文明，它的基础原则是基于生命的神圣，这与中国传统文化中将“生命”与“仁义”置于具体情境之中相权衡的做法差别巨大。生命感虽然以自然生命为基础，但作为一种主观的感受，更与精神世界密切关联。生命神圣的一般原则是基于对生命无限可能性的笃信，这要求我们既要呵护自然生命又要关怀精神生命，物质的自然生命是有限的存在，道德教育培养下的精神生命则更能体现人生命的神圣。

三、高校生命伦理教育的内容及方法

教育是一种以人为主体，以培养人为目的的实践活动。生命伦理教育作为一种特殊的教育活动，其培养人、塑造人的目的主要通过对生命施加影响而实现。具体来说，高校生命伦理教育的内容主要体现在以下三个方面：

1. 尊重自然生命

如前所述，生命伦理教育始于西方对生命神圣原则。1968 年，美国学者杰·唐纳·华特针对社会中生命伤害，如吸毒、自杀、性滥交等现象首度提出“生命教育”思想，目的是为了唤醒人们对生命的热爱与尊重，消除对生命的威胁。西方生命伦理教育思想的主流是基于健康生命的保全，预防暴力等非自然因素对生命造成伤害。我国的生命伦理教育紧随其后，21 世纪初，国家《教育规划纲要》也明确把生命教育与安全教育、国防教育、可持续发展教育并列，成为国家教育发展的战略之一。这一时期的“生命教育”可以视为生命伦理教育的起点，它将爱护自己生命、尊重他人生命作为基本原则，同时广泛开展心理健康教育、青春期教育、性教育等一系列活动，聚焦于自然生命价值。

微观地来看，高校生命伦理教育着眼于高校学生本身的生命成长，目的是解决高校学生成长过程中所遭遇的生命困境。生命伦理教育的首要，也是最重要的任务在于帮助学生树立尊重自然生命的意识。长期以来，中国教育体制存在着重知识习得、轻生命关怀的倾向，大学生面临生命困境后无力解决，通过自杀等极端方式伤害生命的事例屡见不鲜。不论是在西方还是在中国，生命伦理教育的主要目标均是要防止残害生命现象的出现，树立起对自然生命的尊重，使学生养成关爱自己生命、尊重他人生命的敬畏感。

宏观地讲，高校生命伦理教育就是建基于对自然生命敬重之上的文化引导。

尊重自然生命的第二个环节是对自然生命的反思，进而使高校学生建立起相应的道德原则，将普遍而外在的对生命的尊重内化为主体自觉。当面对生命困境时，关于尊重自然生命的道德原则便能通过个人主体意志发挥作用，进而避免生命悲剧现象的产生。这种伦理观的确立事实上就是获得了一种正确认识生命、解释生命的智慧，它能帮助高校学生超越生命与社会现象之间可能存在的紧张关系，彰显生命的价值。

2. 培育文化生命

尊重生命的前提是认识生命，人对自身的认识是基于一种文化的理解，生命伦理教育的使命便是帮助学生建立对生命的文化自觉。生命的自然价值是天然赋予的，而生命的文化价值却是一种理论价值，属于应然的范畴，这来自于文化生命的培育和道德世界观的建构。

人是道德的主体，道德产生于人的需要。对个人而言，道德作为文化的一种形态来源于我们对于生命困境的反思。人的双重属性决定了人不仅以生物体的方式存在，而更是一种自觉的、有意识的存在。动物受本能支配，其命运受自然律宰制，是与自然的直接同一，因此并不需要教育。人的社会属性决定了人生活在现实社会之中，受具体的文化价值生态制约。大学生所处的文化价值生态的现实表现是高校，被誉为“理想国”的高校有自身的校园文化、校风等精神形态，大学生个体与这个文化生态之间存在着互动关系，一旦发生价值冲突，则表现为生命困境。有学者认为，高校生命伦理教育就是学校和学生个体关系所构成的伦理世界，生命困境就是伦理实体与道德异乡人之间的冲突。[5]也就是说，高校学生遭遇的生命困境本身要回到文化层面来理解。黑格尔在《精神现象学》辨析了三种形式的伦理实体，分别是:家庭、市民社会和国家，虽然高校并不属于黑格尔所言的伦理实体的一种，但高校却依然具有“理想国”的精神形态，从这个意义上理解，高校与学生的关系可以比照伦理实体与个体的关系。生命伦理教育的需要成为大学生个体与伦理实体之间的桥梁，避免任何一个个体被伦理实体所抛弃，进而成为恩格尔哈特口中的“道德异乡人”，陷入生命困境。

道德异乡人的出现，意味着在伦理实体之下隐含着冲突和危机，生命伦理教育的意义在于，将高校的所具有的伦理精神与高校学生进行有机结合，使得个体的文化生命之中包含伦理实体的普遍精神。这样，学生与高校之间便能形成稳固的伦理关系，个体生命与高校实体之间相互涵摄，形成一个自由无碍的圆融之境。

3. 塑造道德生命

从超越层面来看，生命困境的遭遇来自于意义世界与生命世界的冲突。高校生命伦理教育的意义在于，帮助学生进行意义世界的建构，在维护自然生命的同时，塑造道德生命。伦理世界是一个意义世界，传统意义上的道德教育往往通过外在的道德规范进行说教，注重高尚道德原则的灌输，这种做法实际上忽略了道德主体的生命感受，人为地造成了意义世界与现实世界的疏离与对峙。因此，漠视生命的道德教育必须得到修正，借鉴和吸收西方生命教育生命神圣的原则，并将生命神圣性进行价值生态转换。也就是把对自然生命尊重与道德生命的塑造有机结合起来，重视生命伦理教育从现实世界到意义世界的多层次、多维度面向，使生命神圣具有可普遍化意义。

高校生命伦理教育对道德生命的塑造是以道德文化为中介实现学生主体道德世界观建构的活动，要重视道德主体的主观感受，也就是对传统灌输式道德教育模式的扬弃。一方面，继承了传统道德教育对德性认知的要求，但是关注生命的原则要求变革道德教育中的被动型，倡导生命主体性的参与；另一方面，传统道德教育多重视社会维度而忽略学生生命的成长过程，高校生命伦理教育就是要从对自然生命神圣感的体认开始，追寻道德的人性，重构道德生命性和道德世界的建构。从这一意义上来讲，高校生命伦理教育是对传统道德教育模式的超越，从被动接受道德灌输到主体性道德教育模式的转变，这种新的道德教育形态不仅意味着对教育内容的拓展，以人为本，高扬生命价值也是题中应有之义。

基于此，高校生命伦理教育更应该关注学生的现实需要，培养生活中的道德主体。道德教育若不考虑学生的需要，仅仅为了让学生获得有关生命伦理知识，从理论的角度去看待生命过程是隐含着巨大的疏漏的。道德作为一种价值追求，并不外在于己，而是人在遭遇生命困境时寻求超越的一种需要，它来自于人的现实生命。因此生命伦理教育需要关注受教者个体的现实需要，同时将理想的教育原则和生命现实有机结合起来，唤醒受教育者道德发展意识，引导人从生活世界走向道德世界。

参考文献

[1] 杨祖陶，邓晓芒.康德三大批判精粹[M].北京：人民出版社，2001：19.

[2] 张庆熊，熊十力的新唯识论与胡塞尔的现象学[M].上海：上海人民出版社，1996：135.

[3] 马克思，恩格斯.马克思恩格斯全集[M].北京：人民出版社，1979.

[4] 康德.历史理性批判文集[M].何兆武，译.北京：商务印书馆，2005：23.

[5] 张鹏.论高校生命伦理教育的价值生态及其超越[J].江苏高教，2011(4)：113.

西方生命伦理学研究的知识图谱分析

刘鸿宇

南京农业大学马克思主义学院

摘　要　本文利用 Citespace Ⅲ对“生命伦理学”的知识引文进行知识图谱可视化分析，并通过视图节点、中介中心性以及聚类分析将知识引文划分为 7 个引文聚类群，包括生命伦理与政治政策、生命伦理与自主原则、生命伦理与道德哲学、生命伦理与实证分析、生命伦理与生命科技、生命伦理与公共健康、生命伦理与弱势群体。通过对 7 大引文聚类群的研究，梳理总结西方生命伦理学的知识结构、研究方向以及学科演进的过程，进一步整合聚类的知识与信息，促进生命伦理学科的发展。

关键词　生命伦理学；科学知识图谱；Citespace Ⅲ；可视化分析

一、导论

生命伦理学是根据道德价值和原则对生命科学、临床医疗和卫生保健领域内的人类行为进行系统研究的学科(邱仁宗，2010)。生命伦理学作为应用伦理学重要的分支学科，应用于生命科学技术，知情权、尊严等人权，以及医疗资源的公正分配、公共卫生及政策等问题(甘绍平，2006)。

生命伦理学经历了一个历史性嬗变(Pellegrino Edmund D, 1999)：①原始生命伦理学时代(1960—1972 年)；②道德哲学生命伦理学时代(1972—1985 年)；③全球生命伦理学时代(1985 年至今)。如今的生命伦理学已经与生命政治学、生命科学技术、临床医学、公共卫生健康等领域紧密融连，而面对一个急速老龄化的中国社会(吴玉韶，党俊武，2014)，如何关注老年病患的自主权、尊严、生命甚至死亡，都是生命伦理学亟须关怀的问题。生命伦理学已经成为关注人类命运以及未来社会的应用型学科，目前正处于迅速发展和新理论的构建过程中。

在 Web of Science 以“applied* ethic*”(应用伦理学)为主题词进行文献搜索得到 3 748 篇，其中涉及生命伦理研究范畴的文献达到 1 877 篇，接近总量的二分之一，可见，生命伦理在西方已经成为最重要的应用伦理研究方向之一。如何在如此“浩瀚的文海”中探寻生命伦理学的知识理论，探寻学科的知识脉络？本文试图利用 Citespace Ⅲ构建生命伦理学科知识图谱，通过聚类分析探寻学科知识出现、发展、融合的过程，把握生命伦理学的知识脉络与结构，并以此作为“创新研究范式”运用于其他的伦理学科研究领域。

二、引文描述性统计

1. 引文文献来源

研究引文取自 Web of Science 数据库，在高级检索中以“bioethics”(生命伦理)为主题词进行文献搜索，同时限定语种为 English，文献类型为 Article，索引源为 SSCI，时间跨度为 1995 年至 2014 年的数据。共获得引文记录 2 313 个。具体见表 1：

表 1　引文文献来源与数量

	引文文献来源	文献量/篇
检索式	TS=(*bioethics*)AND 语种：(English) AND 文献类型：(Article)	
索引源	Social Sciences Citation Index (SSCI)	2 313
时间跨度	1995—2014	

2. 引文时间分布

从图 1 的引文时间分布图来看，1995—2004 年 SSCI 关于生命伦理研究的文献量并呈现出平稳发展的趋势，但从 2005 年开始，文献量开始快速增长，每年的文献量都超过 100 篇，2013 年达到最高值 203 篇，2005—2014 这十年关于生命伦理

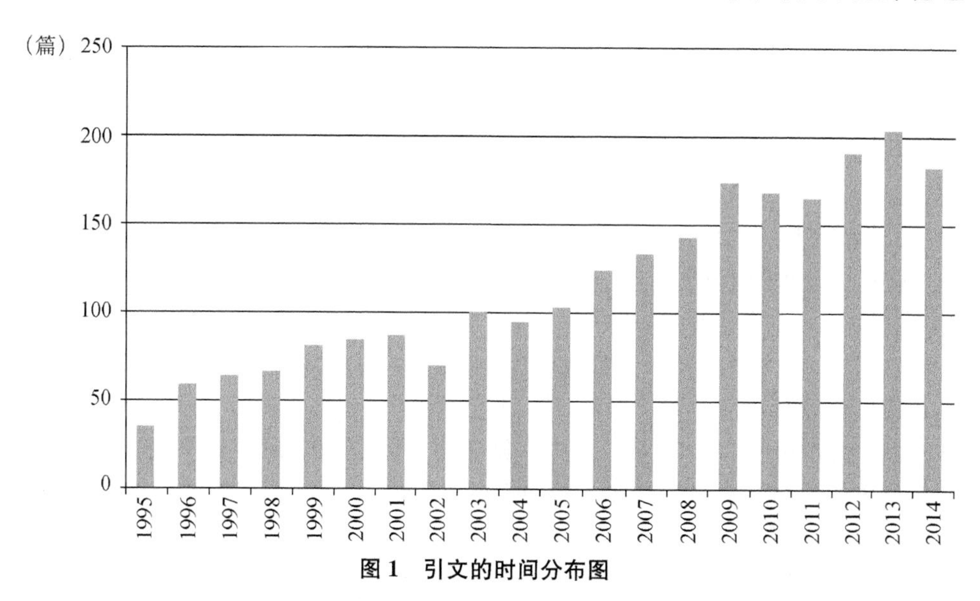

图 1　引文的时间分布图

研究的文献量总共达到了1 582篇,占到了总量的68.40%,可见,这十年来,关于生命伦理学的研究进入了快速发展的黄金时期。

3. 引文的地域分布

从图2引文分布的前十大地域来看,生命伦理研究文献量在美国分布最高,数量高达1 128篇,占到总量的48.77%,接近总量的二分之一。其次是英国的文献量,数量到达245篇;随后是加拿大、澳大利亚与德国,文献的分布量分别是205、123、57。排名前十的地域文献量总量到达1 965篇,占总文献量的84.95%。由文献的地域分布数量可知,生命伦理研究的中心主要分布在北美洲与西欧地区。

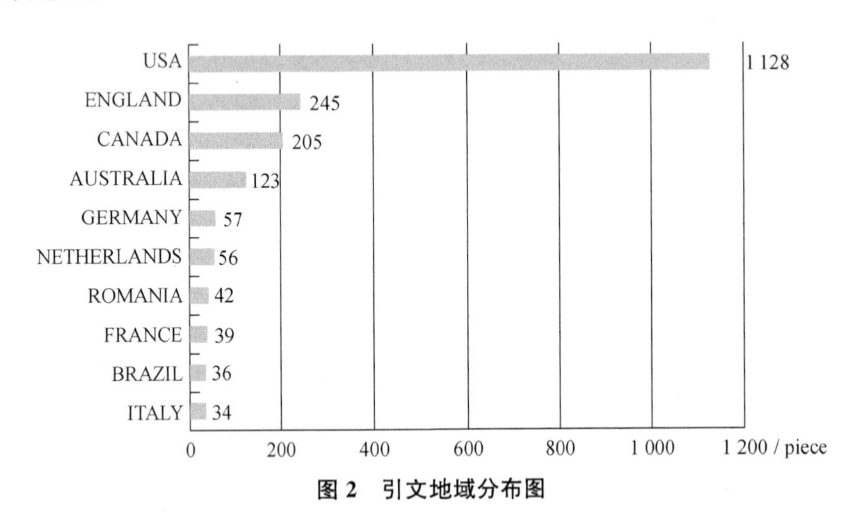

图2　引文地域分布图

4. 引文的期刊分布与机构分布

从引文的期刊分布(见表2)来看,排在前五位的分别是《医药伦理学期刊》,157篇;《生命伦理学》,149篇;《医药哲学期刊》,147篇;《剑桥健康护理伦理学周刊》,100篇;以及《肯尼迪伦理研究期刊》,98篇。排名前十五位的期刊还包括一些有名的医学伦理学、药学伦理学以及生命伦理学杂志,例如《医药与生命伦理理论研究》,92篇;《生命伦理调查》,67篇;《临床伦理学期刊》,64篇;《美国生命伦理学期刊》,62篇;以及纽约的黑斯廷斯生命伦理研究中心的《黑斯廷斯报告》60篇。排名前十五位的期刊论文共计1 291篇,占总数的55.81%。

从引文的机构分布(见表3)来看,排在第一位的是加利福尼亚大学,55篇;排在第二位的是英国伦敦大学,54篇;并列第三位的是美国哈佛大学,45篇,加拿大麦基尔大学,45篇;第四位是加拿大多伦多大学,44篇。由此可见,生命伦理学的研究机构重要分布在北美洲的美国、加拿大,以及西欧的英国。排名前十五位的研究机构发表论文数共计 577 篇，占总数的 24.95%。

表 2　引文期刊分布表

序号	期刊	数量
1	JOURNAL OF MEDICAL ETHICS	157
2	BIOETHICS	149
3	JOURNAL OF MEDICINE AND PHILOSOPHY	147
4	CAMBRIDGE QUARTERLY OF HEALTHCARE ETHICS	100
5	KENNEDY INSTITUTE OF ETHICS JOURNAL	98
6	THEORETICAL MEDICINE AND BIOETHICS	92
7	DEVELOPING WORLD BIOETHICS	67
8	JOURNAL OF BIOETHICAL INQUIRY	67
9	SOCIAL SCIENCE MEDICINE	65
10	JOURNAL OF CLINICAL ETHICS	64
11	AMERICAN JOURNAL OF BIOETHICS	62
12	HASTINGS CENTER REPORT	60
13	REVISTA ROMANA DE BIOETICA	56
14	MEDICINE HEALTH CARE AND PHILOSOPHY	54
15	JOURNAL OF LAW MEDICINE ETHICS	53

表 3　引文研究机构分布表

研究机构	数量
加利福尼亚大学	55
伦敦大学	54
哈佛大学	45
麦基尔大学	45
多伦多大学	44
宾夕法尼亚大学	42
乔治敦大学	41
约翰霍普金斯大学	40
美国国立卫生研究院	40
牛津大学	31
悉尼大学	31
凯斯西储大学	30
曼彻斯特大学	27
贝勒医学院	26
达尔豪斯大学	26

三、视图分析

1. 知识聚类视图

科学知识图谱是以知识领域(knowledge domain)为对象,显示科学知识的发展进程与结构关系的一种图像。它具有"图"和"谱"的双重性质与特征:既是可视化的知识图形,又是序列化的知识谱系,显示了知识单元或知识群之间网络(陈悦,陈超美,胡志刚,2015)。本研究利用 CitespaceⅢ对 1995 年到 2014 年之间的生命伦理学研究文献进行科学知识图谱可视化分析,选择"time scaling"(时间间隔)的设置值为 1,将"Threshold interpolation"的阈值"c(被引频数),cc(共被引频数),ccv(加权最低共被引次数)"调置为(3|3|20; 3|3|20; 3|3|20),利用简化功能"寻径"(PathFinder)和"最小生成树"(Minimum Spanning Tree, MST)对图谱进行剪枝,图谱绘制并遵循 Chen(2006)科学知识图谱知识聚类原理:"研究领域"Φ(t):"研究文献或字段"Ψ(t)→"知识基础与来源"Ω(t)。本文选择图谱知识聚类(Cluster)所映射出来的高频被引节点与高频中介中心性节点作为知识理论基础框架进行研究,并通过 TF * IDF 算法与"对数似然率"算法提取聚类主题词与研究类别词,最后文献聚类出七个模块,Q(模块性)值为 0.863, Q 值一般在区间[0, 1)内,$Q>0.3$ 就意味着划分出来的社团结构是显著的(Newman, 2004),具体见图 3:

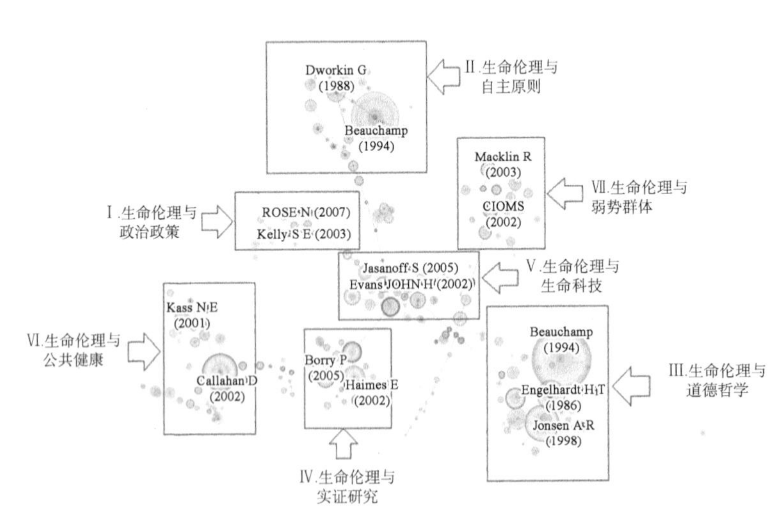

图 3　知识聚类图

2. 知识聚类概况

本文使用 Citespace Ⅲ进行知识聚类分析。整个网络大致被分为 7 个互引聚类。这些聚类的标签来自施引文献的索引词(包括题目、关键词与主题词),提取办法基于三种排序算法,即 TF * IDF 加权算法、对数似然率(log-likelihood rate,简称 LLR)以及互信息算法(mutual information,简称 MI)。TF * IDF 加权算法提取出的词语强调的是研究主流、对数似然率,互信息算法提取出的词语强调的是研究类别特点。两者相结合,从中提取共同的信息是对聚类最佳的诠释和界定(陈悦,陈超美,胡志刚,2015)。每个互引聚类代表某一主题、某一话题或某一类研究。具体见表 4:

表 4 聚类汇总表

聚类号	规模	*S* 值	标签(TF * IDF)	标签(LLR)	标签(MI)	年份均值
Ⅰ	22	0.545	Politics(政治)	Government(政府)	Reflexive(反映)	1998
Ⅱ	22	0.614	Autonomy(自主)	Dignity(尊严)	Moral(道德)	1999
Ⅲ	21	0.602	Moral(道德)	Philosophy(哲学)	Foundation(基础)	1993
Ⅳ	21	0.609	Empirical(实证)	Methodology(方法)	Practical(实践)	1996
Ⅴ	19	0.632	Technology(技术)	Gene(基因)	Embryo(胚胎)	1999
Ⅵ	17	0.585	Health(健康)	Social(社会)	Citizen(市民)	1999
Ⅶ	12	0.607	Vulnerability(弱势)	Protection(保护)	Developing(发展中)	2001

四、知识聚类分析

根据 Citespace Ⅲ创建的可视化图谱与聚类的知识信息,并结合每个聚类的高频被引文献,施引文献与中介中心性引文对聚类群进行知识分析与解读,并通过对每个聚类引文群知识结构的理解,把握生命伦理学科的知识脉络。

1. 引文群Ⅰ——生命伦理与政治政策

如表 5 所示,在引文群 Ⅰ 的被引文献中,被引频数最高的是 Nikolas Rose(2006)撰写的 *The Politics of Life Itself: Biomedicine, Power, and Subjectivity in the Twenty-First Century* 一书,Nikolas Rose 是英国著名社会理论家,作为伦敦国王学院卫生医学部社会系主任,有多部研究社会、政治、经济、医学等领域的著作,在 *The Politics of Life Itself* 一书中,Rose N.(2006)认为如今的生命科学已经进入了关于细胞、分子、基因等领域操作与研究的新技术阶段,与此同时,政府与相关政策对生命科学与生物医药的发展也做出了相应的支持或是审查,从而使医药、生命科学以及生物技术广泛地政治化。Rose N.从生命政治学(biopolitics)的角度解释了生物分子技术对民族政治、犯罪控制以及精神病学等领域的影响,并认为生命科学的应用已经进入了一种社会参与、政府管理、伦理评价的新阶段,而不仅仅停留在对疾病的治疗、治愈等方面,由生命科学所引发的医药激进运动、生命科学资本的兴起,以及生物新能源的突飞猛进,都彰显着一种新型生命政治学的诞生,如何对这些新生的生命技术进行应用与管理,决定着我们未来的命运。被引频数排在第二的是 Kelly S. E.(2003)撰写的 *Public Bioethics and Publics: Consensus, Boundaries, and Participation in Biomedical Science Policy* 一文,从公共伦理学的角度探讨了由生命科学引发的政治利益、社会共识、公众辩论、争议政策等问题,并以美国人类胚胎研究组为案例,提出了科学知识、道德认知、科学政策与公众参与的共识机制。

表 5　引文群Ⅰ

主题	被引文献	作者	被引次数
bioethics	The Politics of Life Itself: Biomedicine, Power, and Subjectivity in the Twenty-First Century	Nikolas Rose	362
government	Public Bioethics and Publics: Consensus, Boundaries, and Participation in Biomedical Science Policy	Susan E. Kelly	49
	施引文献	**作者**	**聚类中心值**
politics	Ethical Reflection Must Always be Measured	Kathrin Braun	0.36
public	Science governance and the politics of proper talk: governmental bioethics as a new technology of reflexive government	Kathrin Braun	0.36
reflexive	Public bioethics and public engagement: the politics of "proper talk"	Alfred Moore	0.36
	The ethics of open access publishing	Michael Parker	0.05
	Three Ways to Politicize Bioethics	Mark B. Brown	0.05

在引文群Ⅰ的施引文献中,聚类中心值(V)较高的文献都围绕着与生命伦理相关的政府制度、相关政策以及公众信息等主题展开。例如,Braun(2010)在撰写 *Ethical Reflection Must Always be Measured* 一文中指出政府伦理制度对生命科学技术管理发挥重要的作用,伦理制度不能仅仅停留在对技术的预测与控制的被动阶段,更需要作为一种"映射管理"而主动鼓励科技创新,政治讨论与公众参与。Moore(2010)同样认为"公共言论"与"公众参与"作为公众主体性的表现,

对政府伦理制度的促进，以及公众生命伦理学的发展具有重要的启示作用。Brown M. B.(2009)从“自由主义”“社群主义”与“共和主义”三大传统政治思想对生命伦理政治化的现象做了论述，并对不同政治传统下的生命伦理设计做出了评价。

2. 引文群Ⅱ——生命伦理与自主原则

如表6所示，在引文群Ⅱ的被引文献中，被引频数最高的是Beauchamp T. L.和Childress J. F. (1994)撰写的*Principles of Biomedical Ethics*。Beauchamp T. L.和Childress J. F.分别是美国乔治敦大学与弗吉尼亚大学著名的生命伦理学教授，两人在该书中提出了生命伦理学的“四大原则”，即，尊重自主原则、不伤害原则、有利原则与公正原则。该引文群围绕着“尊重自主原则”展开，即一个人按照他自己意愿决定他的行动的自由，并获得别人的尊重。被引频数排在第二的是加利福尼亚大学的荣誉教授，美国著名的法哲学家Gerald Dworkin (1988)撰写的*The Theory and Practice of Autonomy*，该书中介绍了自主的道德本质以及自主原则的价值，并在书中讨论了病患的“自主”权利，包括知情权、同意和家庭代理等权利，以及临床护理、传统家长主义式的医患关系冲突问题。

表6　引文群Ⅱ

主题	被引文献	作者	被引次数
bioethics	Principles of Biomedical Ethics	Beauchamp T. L. & Childress J. F.	683
autonomy	The Theory and Practice of Autonomy	Gerald Dworkin	453
dignity	施引文献	作者	聚类中心值
equilibrium	Human Dignity and Transhumanism: Do Anthro-Technological Devices Have Moral Status?	Fabrice Jotteranda	0.14
moral	Family Involvement, Independence, And Patient Autonomy In Practice	Gilbar R.	0.10
anthro	The Appearance of Kant's Deontology in Contemporary Kantianism: Concepts of Patient Autonomy in Bioethics	Barbara Secker	0.05
	Bioethics and “Human Dignity”	Jordan M. C.	0.05
	Parental Authority and Pediatric Bioethical Decision Making	Mark J. Cherry	0.05

在引文群Ⅱ的施引文献中,聚类中心值较高的文献从不同方面论述了道德原则、医患关系、临床护理等方面的"自主"原则。例如,Gilbar R.(2011)研究了英国病患家庭对患者自主决定的影响,收集的实证研究数据发现亲属参与并协助患者决定治疗决定,亲属影响着决策过程及决策本身,并认为在家庭式的决策模式下,病患的自主决定权应该受到法律的保护。Cherry M. J.(2010)探讨了家庭模式的医疗自治对孩童道德观念以及对文化理解的影响。Secker B. (1999)结合当代康德主义进一步扩展了生命伦理自主原则的话语范围以及病患自治概念的标准范围。Jordan M. C. (2010)同样从康德道德自律的哲学角度探讨生命科学的生命伦理问题,以及人类的自主与尊严问题。Jotteranda F.(2010)从生命伦理与自主人权的角度讨论了"超人类"生命科学的道德问题,以及新兴的生命科技对人类自主权与尊严的影响。

3. 引文群Ⅲ——生命伦理与道德哲学

如表 7 所示,在引文群Ⅲ的被引文献中,被引频数最高的是 *Principles of*

表 7　引文群Ⅲ

主题	被引文献	作者	被引次数
bioethics	Principles of Biomedical Ethics	Beauchamp T. L. & Childress J. F.	2166
moral	The Birth of Bioethics	Albert R. Jonsen	1216
	The Foundations of Bioethics	H. Tristram Engelhardt	969
foundation	A History and Theory of Informed Consent	Ruth R. Faden	739
	The Abuse of Casuistry: A History of Moral Reasoning	A. R. Jonsen & S. Toulmin	237
philosophy	Getting down to cases: the revival of casuistry in bioethics	Arras J. D.	109
	Pragmatic Bioethics	Glenn McGee	43
	施引文献	**作者**	**聚类中心值**
principle	The Origins and Evolution of Bioethics: Some Personal Reflections	Edmund D. Pellegrino	0.19
pragmatism	Moral experience: a framework for bioethics research	Hunt M. R. & Carnevale A. F.	0.14
evolution	The Foundations of Bioethics	Veatch R. M.	0.05
	A Synthetic Approach to Bioethical Inquiry	Carter M. A.	0.05

Biomedical Ethics, Beauchamp T. L.和 Childress J. F.以道德哲学中的“道德自律”“权利理论”“功利主义”“美德伦理”为理论与思辨的基础，提出了“尊重自主”“不伤害”“仁慈有利”“公正平等”四大生命伦理学原则，该书提供了生命伦理学道德基础理论，并结合研究案例与实例，围绕“四大原则”讨论了医患关系、临床伦理、家庭主义决策模式、弱势群体、司法公平公正等生命伦理问题。被引频数排在第二位的是美国华盛顿大学医学伦理部荣誉教授 Albert R. Jonsen(1998)编写的 *The Birth of Bioethics*，该书从“道德的良心”出发追溯了生命伦理学的哲学起源，并结合 1947—1987 年生命伦理兴起与发展的时段，讨论了人体实验、基因工程、器官移植、生命终止以及生殖技术等伦理问题，他从哲学、神学、法学的角度对生命伦理问题进行思辨与研究，扩展了与生命伦理有关的科学研究范畴。被引频数排在第三的是美国莱斯大学哲学教授，贝勒大学医学部荣誉教授 H. Tristram Engelhardt (1986)编写的 *The Foundations of Bioethics*，该书结合自由主义的哲学理论论述了生命伦理学中自主、公正、平等、正义等基本原则问题，并结合研究案例关注现实的生命伦理问题，例如堕胎、杀婴、安乐死、基因工程、知情同意权、医疗改革、分配正义等伦理问题。

随之其后的被引频数是 Ruth R. Faden(1986)编写 *A History and Theory of Informed Consent*，该书以道德哲学与法律推理为研究框架，概述了知情同意权的道德本质、历史发展以及功能价值，对病人“自主权”的主体权利进行深入的哲学分析，结合法哲学原理分析了包括披露、告知、理解、同意、能力等几个方面医患伦理关系，成为临床伦理学的奠基之作。其次，Albert R. Jonsen 和 Stephen Toulmin (1988)编写的 *The Abuse of Casuistry: A History of Moral Reasoning* 为决疑术(casuistry)在应用伦理学中开辟了新的适用领域，Arras J. D.(1991)在 *Getting down to cases: the revival of casuistry in bioethics* 一文中提到了与决疑术相关的道德推理与道德原则，并认为在关系复杂的生命伦理个案中，决疑术对个案的解释与推理起到积极的作用。再次，McGee G.(2003)编写的 *Pragmatic Bioethics* 将实用主义哲学带进了生命伦理问题研究之中，并认为实用主义可以用来分析指导不同的道德问题，例如干细胞研究、克隆人、强化人类基因。

在引文群Ⅲ的施引文献中，聚类中心值最高的文献是 Pellegrino. E. D. (1999) 撰写的 *The Origins and Evolution of Bioethics: Some Personal Reflections*，文献将生命伦理的起源与发展划分为 3 个阶段，即，教育阶段、伦理阶段与全球化阶段。在教育阶段，生命伦理学关注“非人化”的医学科学和技术力量，并引入人文与教育的力量规范价值观；在伦理阶段，主体需要面对生命研究带来的更为复杂的伦理困境，需要伦理学家教育并引导主体面对医疗实践领域中的道德困境；在全球化阶段，生命伦理问题的广度已经超越了伦理学家所能控制的范畴，遍布法律、宗教、人类学、经济学、政治学、心理学等各学科领域,而生命伦理与医学道德也超越其最初的起源成为人类系统研究的重大领域,生命伦理学的意义在于如何运用理论更好地指导实践活动。聚类值次高的文献是 Hunt M. R.与 Carnevale A. F. (2011)撰写的 *Moral experience: a framework for bioethics research*,以认识论与本体论为道德经验的框架基础研究生命伦理问题的道德困境。聚类值随后的 Veatch R. M. (1999)在其 *The Foundations of Bioethics* 中提到了生命伦理学的两大基础问题,即形而上学问题,道德真理的终极目的;认识论问题,旨在了解道德可被发现的真相。并在这两大基础问题上探究生命伦理学的原则与价值。Carter M. A.(2000)在其 *A Synthetic Approach to Bioethical Inquiry* 中将临床伦理的道德原则与实用主义哲学相结合,将抽象的哲学思想、道德律、人性论与具体的个人、行为、境遇相结合,目的在于探寻一种道德哲学与社会实践相结合的综合性方法论对现实伦理问题的对与错、善与恶进行评估与批判。

4. 引文群Ⅳ——生命伦理与实证研究

如表 8 所示,在引文群Ⅳ的被引文献中,被引频数最高的是英国纽卡斯尔大学政治、伦理与生命科学研究中心的教授 Erica Haimes(2002)撰写的论文 *What Can the Social Sciences Contribute to the Study of Ethics? Theoretical, Empirical and Substantive Considerations*,该文讨论了社会科学与伦理学研究的三大问题:

表 8 引文群Ⅳ

主题	被引文献	作者	被引次数
bioethics	What Can the Social Sciences Contribute to the Study of Ethics? Theoretical, Empirical and Substantive Considerations	Erica Haimes	232
empirical	The Birth of The Empirical Turn in Bioethics	Pascal Borry	192
methodology	施引文献	作者	聚类中心值
practical	How factual do we want the facts? Criteria for a critical appraisal of empirical research for use in ethics	Daniel Strech	0.10
data	Towards methodological innovation in empirical ethics research	Dunn Michael	0.10
case	Symbiotic Empirical Ethics: a Practical Methodology	Lucy Frith	0.05
	Empirical Ethics — The Case of Dignity in End-of-Life Decisions	Leget Carlo & Pascal Borry	0.05

一是，社会科学为伦理学研究提供了哪些经验性的理论？二是，社会科学提供的经验性理论是否有助于伦理学的研究？三是，理论与经验如何结合可以更好地解决伦理学所探讨与研究问题？Haimes 认为社会科学不仅仅局限于规范性与描述性的伦理研究中，其更大的意义在于促进理论与实证、认识论与方法论的结合，进而解决实质问题。被引频数排第二的是比利时鲁汶大学生命伦理学教授 Pascal Borry(2005)撰写的论文 *The Birth of The Empirical Turn in Bioethics*，该文指出了实证数据在生命伦理研究所遇到的问题，即，社会科学方法论问题，以及元伦理学原则的边界问题。Borry 从实证经验研究的方法出发对以上问题做出了解释，并指出实证研究整合了现实问题的大量信息，并对生命伦理与临床医学伦理实践产生了具体性的指导与影响。

在引文群Ⅳ的施引文献中，聚类中心值最高的文献是 Strech D.(2010)撰写的 *How factual do we want the facts? Criteria for a critical appraisal of empirical research for use in ethics*，该文指出了当下的生命伦理实证研究还缺乏系统分析与理论框架，如何制定系统的考察标准与评价指标是实证研究面临的挑战，在此基础上，Strech D.提出了应对挑战的实证研究训练方法与实证研究方法(定性和定量)。其次，Dunn Michael (2012) 撰写的 *Towards methodological innovation in empirical ethics research* 指出，虽然实证研究受到事实-价值区分论的批判困境，同时面临着社会科学方法原则的质疑与考验，但是实证研究仍然在生命伦理等应用伦理学科中蓬勃发展。Frith L. (2012)在其 *Symbiotic Empirical Ethics: a Practical Methodology* 提到如今的“经验转向”在生命伦理学界中引起了广泛争论，实证研究的“描述性”与“规范性”受到多方的质疑与考验，他认为实证研究方法应该注重理论与实践的结合，其目的在于通过理论与实践的结合探索实证数据对研究结果做规范性的描述。再次，Carlo L. 和 Borry P. (2010) 在 *Empirical Ethics—The Case of Dignity in End-of-Life Decisions* 中指出了实证研究与规范伦理学的关系，并结合规范伦理学规定了实证研究的具体方法，并通过对病患临终尊严的研究案例对实证方法进行效用评估。

5. 引文群Ⅴ——生命伦理与生命科技

如表 9 所示，在引文群Ⅴ的被引文献中，被引频数最高的是哈佛大学肯尼迪政治学院的著名教授 Sheila Jasanoff (2005)撰写的 *Designs on Nature: Science and Democracy in Europe and the United States* 一书。该书从政治、法律、伦理的角度去审视生命科技的发展，在转基因工程、克隆、干细胞、生殖技术的大发展阶段，生命科学成为自由贸易、科学探究、人类文明所关注的焦点。她比较了英国、德国、美国、欧盟四个地区与生命科学相关的政治、政策、伦理制度与法律，认为生命科学政策已经被这四个地区纳为代表国家形象的建设项目，并对国家的政治文化、民主

表 9 引文群 V

主题	被引文献	作者	被引次数
bioethics	Designs on Nature: Science and Democracy in Europe and the United States	Sheila Jasanoff	413
technology	Playing God: Human Genetic Engineering and the Rationalization of Public Bioethical Debate 1959—1995	John H. Evans	162
	施引文献	作者	聚类中心值
science	Bioethics and the Reinforcement of Socio-technical Expectations	Adam Hedgecoe	0.16
society	Constructing an ethical framework for embryo donation to research: Is it time for a restricted consent policy?	Kathryn Ehrich	0.12
public	Marginalizing Experience: A Critical Analysis of Public Discourse Surrounding Stem Cell Research in Australia	Tamra Lysaght	0.12
gene	National risk signatures and human embryonic stem cell research in mainland China	Margaret E. Sleeboom-Faulknera	0.12
cell	Bioethics, politics and the moral economy of human embryonic stem cell science: the case of the European Union's Sixth Framework Programme	Brian Saltera	0.12
embryo	Ethical boundary-work in the infertility clinic	Lucy Frith	0.12
reproduce	Reproduction opportunists in the new global sex trade: PGD and non-medical sex selection	Andrea M. Whittaker	0.10
tissue	Perceptions of the gift relationship in organ and tissue donation: Views of intensivists and donor and recipient coordinators	Rhonda Shaw	0.06
	The Body as Gift, Resource or Commodity? Heidegger and the Ethics of Organ Transplantation	Fredrik Svenaeus	0.06

政治、公共政策以及公共知识产生影响。面对生命技术创新与政府管理的裂痕，Jasanoff 讨论如何通过对生命科学技术的发展与管理解决国家政治、政策、贸易、法律与道德的分歧。被引频数排第二的是普林斯顿大学高级研究员，爱丁堡大学与明斯特大学的客座教授 John H. Evans(2002)撰写的 *Playing God: Human*

Genetic Engineering and the Rationalization of Public Bioethical Debate 1959—1995一书。该书针对“基因工程”公共辩论的社会力量进行讨论，在基因工程迅猛发展的时代，生命科技辩论的焦点广泛存在于科学界、伦理界、政治界与宗教界，如何在公共辩论中探寻对生命科技的科学管辖与伦理评价也成为该书探讨的核心。

在引文群Ⅴ的施引文献中，聚类中心值最高的文献是Hedgecoe A.(2010)撰写的*Bioethics and the Reinforcement of Socio-technical Expectations*，提出了生命伦理对生命科学技术的评价与限制，生命伦理的道德辩论引导着生命科学技术道德责任的发展方向，该文讨论了生命科学的伦理评价与道德辩论的形式，并认为生命伦理加强了社会对生命科学的伦理期望。随之而后的聚类值是关于胚胎干细胞、生殖技术以及器官移植等伦理问题的文献。Ehrich K.(2011)讨论了英国胚胎伦理干细胞捐献以及干细胞实验的伦理权限问题；Lysaght T.(2011)分析了澳大利亚关于干细胞政策的公共政治辩论、合法性与伦理性的问题；Sleeboom-Faulknera M. E.(2010)认为胚胎干细胞研究面临道德风险、实验风险、政治风险以及声誉风险，并以中国干细胞研究现状为例，提出了干细胞研究所需要的国际伦理意识。Saltera B.(2007)讨论了欧洲干细胞研究引发的伦理冲突以及道德、经济、文化问题。在生殖技术的伦理方面，Frith L.(2011)探讨了不孕不育治疗的临床医学道德伦理问题；Whittaker A. M.(2011)揭示了跨国代孕以及生殖交易的道德伦理问题。在器官捐献与移植的伦理方面，Shaw R.(2010)探讨了新西兰器官单向捐赠伦理问题；Svenaeus F.(2010)从海德格尔的现象学分析了器官缺乏导致其资源化商业化所引发的社会伦理问题。

6. 引文群Ⅵ——生命伦理与公共健康

如表10所示，在引文群Ⅵ的被引文献中，被引频数最高的是由纽约黑斯廷斯生命伦理中心研究员、美国约翰霍普金斯大学教授Daniel Callahan与美国明尼苏达大学教授Bruce Jennings(2002)撰写的论文*Ethics and Public Health: Forging a Strong Relationship*。该文主要研究的是伦理与公共健康之间的关系，认为生命伦理关注的是病人的权利发展与高科技的医药技术，而公共健康伦理在此基础上发展，并关注人群健康与卫生事业的伦理问题。文章提到如今的公共卫生引发的道德问题已经超越了生命伦理学的早期边界，需要整合更多生命伦理与公共健康的理论在公共卫生领域进行探索。被引频数排在第二的是美国约翰霍普金斯大学生命伦理研究所教授Nancy E. Kass(2001)撰写的论文*An Ethics Framework for Public Health*，文章提到公共卫生关注的是提高公民的群体性健康水平，而不仅仅局限于个人，而公共卫生所关注的群体性健康与疾病预防往往与个人的自由活动发生冲突产生道德上棘手的难题。文章围绕公共健康计划的伦理分析框架展开，推进传统公共健康目标的同时保证个人自由的最大化，实施公共卫生干预措施降低发病率与死亡率，并强调在目标实施过程中重视公平公正等问题。

表 10　引文群Ⅵ

主题	被引文献	作者	被引次数
bioethics	Ethics and Public Health: Forging a Strong Relationship	Daniel Callahan & Bruce Jennings	393
public	An Ethics Framework for Public Health	Nancy E. Kass	174
health	施引文献	作者	聚类中心值
social	Responsibility for health: personal, social, and environmental	Resnik D. B.	0.25
citizen	Public Health Ethics Theory: Review and Path to Convergence	Lisa M. Lee	0.14
responsibility	Patient and Citizen Participation in Health: The Need for Improved Ethical Support	Laura Williamson	0.10

在引文群Ⅵ的施引文献中，聚类中心值最高的文献是 Resnik D. B.(2007)撰写的论文 *Responsibility for health: personal, social, and environmental*，文章从个人、社会、环境角度讨论了与伦理学相关的社会健康责任与卫生保健政策，并从医疗保险、污染控制、食品安全、健康教育、疾病控制等方面讨论了公共环境、公共政策、公共卫生等社会公共健康问题。其次是 Lee L. M.(2012)撰写的论文 *Public Health Ethics Theory: Review and Path to Convergence*，文章论述了公共健康伦理学的发展，以生命伦理学的理论研究作为模型，提出了公共健康伦理学的研究框架，并将近 15 年来研究相关文献中理论与方法进行归纳，总结出了 13 个主要的公共健康伦理研究范式，作者认为任何一种研究范式都有相应的哲学基础与基本价值，并根据研究目的与实际情况进行选择。随后，Williamson L.(2014)提出了伦理学的"社会范式"，结合病患及民众的自由评价与公开辩论，研究社会公共健康体系。

7. 引文群Ⅶ——生命伦理与弱势群体

如表 11 所示，在引文群Ⅶ的被引文献中，被引频数最高的是由国际医学科学组织委员会(CIOMS) 2002 年颁布的 *International Ethical Guidelines for Biomedical Research Involving Human Subjects*，其中定义了涉及人类弱势受试者研究，包括涉及易受伤害者的研究；涉及儿童的研究；涉及因精神疾病或身体疾患不能作出知情同意判断人群的研究；涉及妇女或妊娠妇女的研究。同时，涉及人类受试者的研究必须遵循尊重自主人格、仁爱、正义三项原则，尊重个人的知情同意权,并保护易受伤害的弱势受试群体。被引频数排在第二的是美国叶什瓦犹太大学,阿尔伯特·爱因斯坦医药学院生命伦理学教授 Macklin Ruth(2003)年撰写的论文 *Bioethics, vulnerability, and protection*,她认为对弱势个体或群体进行利用或剥削是不道德的行为,并指出了两大弱势群体:一是,实力雄厚的工业国家或是跨国医药企业在发展中国家进行实验研究的受试者;二是,在文化和地位上属于弱势被压迫却无法反抗的妇女。她在文章中论述了生命伦理的关怀在于提高发展中国家对公民的自我保护意识,并呼吁政府保护女性的人权与生育权,以及呵护艾滋病患者等弱势群体。

表 11　引文群Ⅶ

主题	被引文献	作者	被引次数
bioethics	International Ethical Guidelines for Biomedical Research Involving Human Subjects	CIOMS	112
vulnerability	Bioethics, vulnerability, and protection	Macklin Ruth	104
protection	施引文献	作者	聚类中心值
developing	Inclusive and relevant language: the use of the concepts of autonomy, dignity and vulnerability in different contexts	Hans Morten Haugen	0.25
women	Why bioethics needs a concept of vulnerability	Wendy Rogers	0.08
minority	Vulnerability in Research Ethics: a Way Forward	Wendy Rogers & Susan Dodds	0.08

在引文群Ⅶ的施引文献中,聚类值中心最高的文献是 Haugen H. M.(2010)撰写的 *Inclusive and relevant language: the use of the concepts of autonomy, dignity and vulnerability in different contexts*,该文指出了医药与科学伦理的三个准则,即,自主、尊严、保护弱者。这三个准则同时也作为人权的基本准则,有效地指导公共政策服务于人权保护。其次是 Rogers W.(2012)撰写的 *Why bioethics needs a concept of vulnerability*,该文通过哲学理论对人类的“脆弱性”做出了定义,并解释了与“脆弱性”相关的概念,例如伤害、利用、需求、自主等,并指出了概念分类的漏洞,重新定义了生命伦理对“脆弱性”概念的评估。Rogers W.(2013)在另外一篇论文 *Vulnerability in Research Ethics: a Way Forward* 通过实证方法制定了弱势群体的研究框架,并以发展中国家的弱势群体与本国的弱势群体为案例进行比较研究。

五、总结

本文对生命伦理知识可视化图谱的7大聚类引文群的知识进行研究,总结了西方生命伦理学研究的方向与内容,即生命伦理与政治政策、生命伦理与自主原则、生命伦理与道德哲学、生命伦理与实证研究、生命伦理与生命科技、生命伦理与公共健康、生命伦理与弱势群体。本文通过节点引文分析、中介中心性引文分析,以及聚类分析,并从施引文献与被引文献两大方面对每个聚类引文群进行了知识总结与归纳,揭示了每个聚类知识的起源与发展,并通过可视化图谱梳理了生命伦理学的学科结构与知识脉络。随后的研究将进一步扩大样本量,探究生命伦理学科知识的发展与融合,以及分析学科的热点前沿,进一步深化生命伦理知识图谱体系,更全面地展示生命伦理学科知识系统。

参考文献

Arras J D, 1991. Getting down to cases: the revival of casuistry in bioethics [J]. The Journal of Medicine and Philosophy, 16(1):29-51.

Beauchamp T L, Childress J F, 1994. Principles of Biomedical Ethics [M]. New York: Oxford University Press.

Chen C, 2006. CiteSpace II: Detecting and visualizing emerging trends and transient patterns in scientific literature [J]. Journal of the American Society for Information Science and Technology, 57(3): 359-377.

Borry Pascal, 2005. The Birth of the Empirical Turn in Bioethics [J]. Bioethics, (19): 49-71.

Callahan D, Jennings B, 2002. Ethics and Public Health: Forging a Strong Relationship [J]. American Journal of Public Health, 92(2):169-76.

Council for International Organizations of Medical Sciences, 2002. International Ethical Guidelines for Biomedical Research Involving Human Subjects [Z].

Dworkin Gerald, 1988. The Theory and Practice of Autonomy [M]. Cambridge: Cambridge University Press.

Engelhardt H Tristram, 1986. The Foundations of Bioethics [M]. New York: Oxford University Press.

Evans John H, 2002. Playing God: Human Genetic Engineering and the Rationalization of Public Bioethical Debate 1959-1995 [M]. Chicago: University of Chicago Press.

Faden Ruth R, Tom L Beauchamp, Nancy M P King, 1986. A History and Theory of Informed Consent [M]. New York: Oxford University Press.

Haimes E, 2002. What can the Social Sciences Contribute to the Study of Ethics? Theoretical, Empirical and Substantive Considerations [J]. Bioethics, 16(2): 89-113.

Jasanoff Sheila, 2005. Designs on Nature: Science and Democracy in Europe and the United States [M]. Princeton: Princeton University Press.

Jonsen Albert R, 1998. The Birth of Bioethics [M]. New York: Oxford University Press.

Jonsen Albert R, Stephen Toulmin, 1988. The Abuse of Casuistry: A History of Moral Reasoning [M]. Berkeley: University of California Press.

Kass N E, 2001. An Ethics Framework for Public Health [J]. American Journal of Public Health, 91(11):1776-1782.

Kelly Susan E, 2003. Public bioethics and publics: Consensus, boundaries, and participation in biomedical science policy [J]. Science Technology and Human Values, 28 (3): 339-364.

McGee G, 2003. Pragmatic Bioethics[M]. Cambridge: MIT Press.

Rose Nikolas, 2006. The Politics of Life Itself: Biomedicine, Power, and Subjectivity in the Twenty-First Century [M]. Princeton: Princeton University Press.

Ruth M, 2003. Bioethics, vulnerability, and protection [J]. Bioethics, 17(5-6): 472-486.

陈悦,陈超美,胡志刚,等,2015. Citespace知识图谱的方法论功能[J].科学学研究,33(2):242-253.

甘绍平,2006. 应用伦理学在中国的兴起[J].学习与实践,(10): 150-154.

邱仁宗,2010. 生命伦理学[M].北京:中国人民大学出版社.

吴玉韶,党俊武,2014.中国老龄产业发展报告(2014)[M].北京:社会科学文献出版社.

生命伦理的道德哲学反思

生命伦理学后现代终结辩辞及其整全性道德哲学基础

孙慕义

东南大学人文学院

摘　要　寓居于德国与法国的生命哲学中的生命道德哲学理论应该称为经典生命伦理学，应该作为后现代复兴的“后现代生命伦理学”的前体，从叔本华开启的现代西方非理性主义思潮和英国的进化论伦理学是其重要的理论渊源之一。

生命伦理学的道德相对论，或称生命伦理相对论，应该给予一种借鉴和提示：普遍价值与行动方式的混乱，可以由价值等级排序进行调节，次级相对论或次级相对主义，是一种弱相对主义观点，是一种对于理论锋芒的收敛和隐藏，比如生命伦理学中流行的“允许”、宽容、特殊主义等。

个体法则（个人规律）理论是对于后现代社会中多元化和个人自由意志的认肯，更是对于实用的、具体的、境遇论的道德生活的精神生命自由的尊重。权利不是抽象的标签，在医学活动中要保证病人个体权利的不被放空，就必须完成“从理智的普遍法则道德向个体法则道德的整个转变”。生命个体在特定境遇中行使自我决定的权利才有所保证，这样的自主原则的依据是有力的、客观的、现实的，知情同意才能够被医生们所真正理解。个体生命在应该的逻辑中成为一个个形式的表述或显现，并且冲破了某一法则框定所有的病人的选择这一传统。“应该”更应该适用于每一个有理由存在的生命事实。

生命伦理学是生命政治与生命政治文化的一个重要组成部分，而这一文化的目的正是至善的追求，也是人类共同的理想（通过身体哲学、身体伦理和身体文化的道路达至思想的广场）——整全的道德（content-full morality）和真全或纯全生活（entire lives or pure-full lives），最后，通向“独一神圣与终极权威（God）”。这就是普世的伦理理想、真善美统一的那一境、信望爱统一的那一界。

关键词　经典生命伦理学；后现代生命伦理学；生命哲学；生命伦理相对论；价值等级排序；个体法则；生命政治；整全道德；真全生活

导言:从边缘到中心,生命伦理学在冥冥中显身与后现代复兴

1971年波特所著的《生命伦理学:通往未来的桥梁》①一书中,仅仅是再一次使用了"生命伦理学"术语。其实,波特只是在创立生命伦理学的历史长河中,在现代学术语境之下的一种推助,西方哲学界从来没有接受是由他把生命伦理学从襁褓中托出,而仅仅是可能由他重新提起。至于生命伦理学的当代意义是由安德里亚·赫里格尔斯(André Hellegers)②非常明智地考虑时代需要而重新命名,更重要的是,赫里格尔斯把生命伦理学变成一门特定的学科,旨在于发挥一种即将到来的高科技时代世俗神学的价值与作用。③ 波特的贡献在于把生命伦理学看成一种全球的生活方式(这是一个美好的愿望,尽管难以实现),真正赋予这门学科重要价值和现代内容的是埃德蒙·佩里格瑞诺(Edmund Pellegrino),他比任何人都关注生命伦理学,而且把古罗马的人文精神与文艺复兴的情感在生命的现象中予以融合,并建立起一个历史上从来没有的、新的学科框架,使欧洲具有反叛特质的异教历史和多元文化的现实结合起来,使人性得到更大的尊重,这应该是一种在医学生活中的特定体验和一种非正常的尝试。④

任何现实的存在,都不能割裂历史的成因和历史动力的作用。生命伦理学作为哲学的学科应该与人类思想史存在有机的血缘关联,它是哲学和人类精神的一脉,绝不是凭空而降的,只有这样来正视我们这一学科的形成,我们才不会狂傲地与明见的历史相对峙,也有利于我们回归本源的哲学母体和思维惯性,有利于我们为这一学科寻觅理性资源和创立整全的理论根基。

真正的历史应该是,生命伦理学是19世纪末至20世纪初重新复兴和流行于德国、法国的一股伦理学思潮,也是唯意志论伦理学之后一个非常重要的现代人本主义伦理学派。马丁·路德与其承继人加尔文等掀起的波澜壮阔的宗教思想革命之后的三个世纪,人类重新思考由于人的感性存在,制造一系列经验性心灵法则,

---

① 实际上,波特是在《全球生命伦理学》这本书中,成形了他的思想。他的那本《生命伦理学:通往未来的桥梁》(*Bioethics: Bridge to the Future*),只是一个阶段的开启,当然也是不可忽视的。但生命伦理学作为一个学科,不能认为是从他开始的,尽管他恰巧提示了我们这个后现代的世界。关于后来的发展,也可以参阅:Albert R Jonsen. The Birth of Bioethics[M]. New York, Oxford: Oxford University Press, 1998.

② 安德里亚·赫里格尔斯(André Hellegers, 1926—1979年),出生于荷兰,27岁移民到美国。从事妇产科学医疗工作,特聘研究员,主要领域为胎儿生理学领域。他是医学会的妇科调查和围产期研究会会长。后加盟肯尼迪研究所,即乔治城大学的世界上第一所生命伦理学研究所,该所成立于1971年10月1日。参阅:同①27.

③ 参阅:祁斯特拉姆·恩格尔哈特.基督教生命伦理学基础[M].孙慕义,主译.北京:中国社会科学出版社,2014:前言,14.

④ H Tristram Engelhardt, Jr. The Foundations of Christian Bioethics[M]. Lisse: Swets & Zeitlinger Publishers, 2000: 18. P.xviii.

而后人才开始认识与理解生命本体在具体生活实践中的价值，人才把意志作为身体的“物自体”本质这一基本概念作为生命的道德化主体，从此，人——所有的人，都有权利支配和选择自己的生命归属和最后的生命终结的方式。令人震惊与迷惑的无机世界的生物机械与化学力量，使生命从低级向上发展，并最后把拥有意识的大脑使有机体的人类达到具有意志和为生存自觉奋斗、战胜本能冲动、学会抑制、在痛苦中解脱的人。叔本华（Schopenhauer，1788—1860）的悲观主义，应该是生命伦理学最初的道德哲学基础，他的悲观主义对于生命的肯定，为我们设计了一个最好的医学活动和生命伦理选择模式，表面上的苦行主义和对于生命快乐的拒斥，对于种族繁衍的一系列身体的行为，必须给予道义的压制和意志的指导。① 爱德华·冯·哈特曼（E. Von Hartmann）既是叔本华的继承者，又具有鲜明的独创性。对于生命的伦理问题，他拒绝接受叔本华的身体快乐是对于痛苦解除的观念。他认为，生命的状态，比如健康、年轻、自由——这是人体最重要的，因为远离痛苦，才具有生命伦理价值，其他，对于财富、荣誉、权力的追求都是虚幻的，就是说，这个世界上的痛苦远超出快乐，我们应当以对生存意志的否定为目标，通过努力促成世界进程的目的和对一切所谓的存在的毁灭，而普遍对生命意志加以否定。② 如果把生命伦理学作为新教的一种后现代的文化现象，哈特曼寄希望于此，希望自由主义的新教成为一种无信仰的历史现象，把这种现代性文化利益，作为新教世俗化的依据。③

不要动辄就把我们的历史事件或新生的思想产品作为奇迹来观赏，历史其实是按常规的秩序和生态的规律走行发展和顺序的呈现，历史是一种感性与理性的混合表达，是人类情感的自然叙事，尽管往往是通过某一个思想代言人的话语，完成这种正当性的表意化形态，实际上，也是反映了很多有意义或者无意义自然存在的世界精神的历史。生命伦理学也并非在开初就被人们认识、自明，或者理解它作为有关人类生存状态和目的以及生命价值的观念学科；实际上，人们一直把它作为一种仅仅解决具体生命问题或医学科学研究策略与方法的学科，我们也过于功利地、实用主义地、境遇地使这门学问变得具象化和俗物化，而没有考量之所以有它的辉煌诞生所构成的人类思想与精神的革命。

我们应该从李凯尔特的历史哲学的文化历史评述中，获得这样的结论：我们的

---

① Bertrand Russell. The History of Western Philosophy[M]. New York: Published by Simon & Schuster, 1972: 755-756.

② 参阅：亨利·西季威克.伦理学史纲[M].熊敏，译.南京：江苏人民出版社，2008：232. 哈特曼还进一步否定科学抵御痛苦的价值，认为难以用其减轻人的天生的身体的不幸。

③ H Tristram Engelhardt, Jr. The Foundations of Christian Bioethics[M]. Lisse: Swets & Zeitlinger Publishers, 2000: 56.

生命伦理学的形成与发展,不是一个应时的、偶然的、简单的学术现象、哲学变革和医学思想事件。李凯尔特说:

> 如果价值是一种指导历史材料的选择、从而指导一切历史概念的形成的东西,那么人们可能而且必定会问:在历史科学中是否永远把主观随意性排除了呢?诚然,只要专门研究立足于它的作为指导原则的价值事实上已获得普遍承认这个基础之上,而且牢牢地保持与理论价值的联系,那么专门研究的客观性是不会受到主观随意性的影响的。[①]

这使我们想到尼采的唯意志论,他的狂浪无忌和奔放的生命伦理理想。弗里德里希·威廉·尼采(Friedrich Wilhelm Nietzsche, 1844—1900)是唯一一位以其生命和身体为代价,尝试解决和诠释生命道德原理的哲学大师,他以酣畅淋漓的语言,为生命伦理做了最本真的注解。实际上,1889 年从他患病时开始,就已经制造因为道德的规制与对善恶的界限,以及对人性的束缚而化生的人性悲剧,他的生命意志本当作为生命伦理的基础,但由于他并没有真正地获得生命和身体的自由,而在异常的信仰与心理的张力挤压之下,被强力意志、生理障碍、善与恶的价值判断的难题所击溃,他的起源于怨恨而非"圣灵"的基督教文化的评价,以及超人的生命道德愿景,对生理学和病理学方法分析人的行为和精神世界,为后来的弗洛伊德精神分析生命伦理、海德格尔存在主义生命伦理一族做了特别的启示。

尼采质疑道德作为疾病、毒药和兴奋剂,而永远不能达到本来是可以达到的强盛与壮丽的人生,那么,道德还值得我们去追求吗?我们不应该因道德的有限性而使我们的认知主体成为一个自相矛盾的核心,更不能以生命反生命来否定我们生命的创造和欲望。失去对人的生命的信念是人的最大威胁,就是生命难以纯净的原因。尼采以诘问来反讽病人的权利的意义,因为所谓文明社会和医学不能够为病人的意志的优越表达而提供任何环境或条件,病人作为弱者只能用强力的意志对健康人"施虐"。尼采始终挂虑过于幸福者、有教养者、强壮者与病者之间的关系,目的是为病人找回作为人的尊严,并期望唤醒医生们对于病人的关爱和病人对于医生的信任。[②] 尼采的生命伦理思想,核心是呼吁改造我们的文化医院,批评我们背离了人文精神的传统以及对于弱者的无情抛弃。只有我们成为真实的病人,才能够理解病人的强力意志和无限的痛楚,以及他们是多么需要巨大的同情。

---

① 参阅:亨利希·李凯尔特.李凯尔特的历史哲学[M].涂纪亮,译.北京:北京大学出版社,2007:122.

② 参阅:尼采.论道德的谱系[M].周红,译.北京:三联书店,1992:100-101.

我们可以把德国浪漫主义哲学家弗里德里奇·施莱格尔(Fridrich Schlegel, 1772—1828)的"生命哲学"①的首创作为生命伦理学的开端,是他指出:1772年有位匿名作者提出了道德上的美和生命哲学命题,这显然应该是生命伦理学的最早开端,即使当初包括生命哲学在内还只是德国古典哲学理性主义天幕上的一丝荧光②。叔本华以后,对理性主义进行了根基性颠覆,又经过威廉·狄尔泰(Welhelm Dithey, 1833—1911)到达鲁道夫·奥伊肯(Rudolf Eucken, 1846—1926)、让-马利·居友(Jean-Marie Guyan, 1854—1888)和亨利·柏格森(Henri Bergson, 1859—1941),最后构成了19世纪末到20世纪初的经典生命伦理学的思潮。生命哲学反对传统的形而上学,特别针对德国理性主义哲学方法论,冲破主客体二元关系的羁绊和栅栏,不再以认识论作为哲学思维主体,而以人的生命存在为核心的哲学本体论,并以个人真实的生命现象和运动情势作为道德哲学的对象,从而追问生命存在的本质和动态变化。这样:

> 个体的生命现象既是哲学的唯一对象,也成为了伦理学的最高本体。狄尔泰把"生命本身"和"生命的充实"作为人类思维、道德和一切历史文化的解释本体;居友以"生命的生殖力"作为人类的道德本原;柏格森同样是以"生命的冲动"和"生命之流的绵延"解释人类的各种道德现象。这一切都与生命哲学原理直接关联,也是现代生命伦理学的突出特征。③

如此观之,寓居于德国与法国的生命哲学中的生命道德哲学理论应该称为经典生命伦理学,应该作为后现代复兴的"后现代生命伦理学"的前体,从叔本华开启的现代西方非理性主义思潮和英国的进化论伦理学是其重要的理论渊源之一。

一、生命伦理学的后现代境遇与对绝对命令的僭越

后现代主义伦理学一直遭遇到很多人的误解,误解的理由之一就是相对主义;这是一顶令人不安的哲学帽子。即使像罗蒂(Richard Rorty)这种典型的后现代主义者也不愿背负"相对主义"的恶名,而将自己的观点认可称为"种族中心主义"。生命伦理学的任务,就在于建立一种客观和普世的道德哲学观念,用人的生命同构的自然甚至生理学层面的现实真理,使我们的伦理判断服从客观实在。

真正的后现代伦理学认识论,并不同于相对主义那种诡辩论的哲学学说。它承认相对静止的可能性,承认理想范型的存在,而且一直约制主观随意性的

---

① "生命哲学"的德文原文为:philosophie des lebens,是施莱格尔1827年在《关于生命哲学的三次演讲》中明确提出与阐述的。而他自己申明,早在1722年就有人匿名出版了《论道德上的美和生命哲学》,提出了生命哲学并暗隐了"生命伦理学"这一概念。

②③ 参阅:万俊仁.现代西方伦理学史(上卷)[M].北京:北京大学出版社,1990:153.

扩大。

这里面有一个非常重要的个体价值的相对性问题。生命伦理学或者现实的临床境遇，是否可以将一些个体的价值进行加总，将统计出来的结果，来作为“公认的价值”，或者说“医学社会价值”；当然，这些加总的方法，虽然有很多种，依然被统计学家们所诟病。“孔多塞投票悖论”和“阿罗不可能定理”说明，尽管按投票的大多数规则，也不能得出合理的社会偏好次序。①

由此可见，想要把个体价值加总为群体价值，从数学的角度来说，是根本不可行的。所以，这再一次地证明了群体价值的相对性。

在怀疑论中，最有名的一个实验，莫过于“桶中脑实验”。其实每个人都无法知道自己究竟是否是“桶中脑”，所以我们对于客观世界的认知，永远都是一个有偏斜的估计。正是因为这种绝对偏差的存在，致使我们无法使用“大样本”来消除它。这种系统偏差的存在，阻碍了我们对“真相”的把握。

相对主义道德方法显然在有限的限度内，给予生命伦理或临床伦理选择提供了一定的可能。

相对主义也是庄子哲学思想的核心，也是其对老子辩证法的极端化发展。庄子说，“物无非彼，物无非是。彼出于是，是亦因彼”，这样一来，“是亦彼也，彼亦是也”，于是事物的规定性和界限就不存在了。庄子的“齐万物”，否认事物的定规以及物质之间的差异；而又以“齐是非”来否定价值判断的统一标准；最后以“齐物我”彻底消除主观世界的物我界限。庄子的相对论思想，是对于儒家至圣至尊的挑战，对于客观世界的永恒变化的强调，有重要的意义。生命是自由的，是千差万别的，虽然有普遍统一的基本结构，但他们的品格、个性和行为的多样化以及差异，造就了丰富的生活。正如《庄子·秋水》所道，“物之生也，若骤若驰，无动而不变，无时而不移”，又若《知北游》篇里也说，“人生天地间，若白驹过隙，忽然而已”②。人的生命无定，生死变动、疾病表现，特别是人的感觉千差万别，医务生活的个人世界主义观念，在此，又必须接受同一下的自由，使道德行动适应于个体的诉求。

道德相对主义是一种立场，认为道德或伦理并不反映客观或普遍的道德真理，而主张社会、文化、历史或个人境遇的相对主义。道德相对主义者与道德普遍主义相反，坚持不存在评价伦理道德的普遍标准。相对主义立场认为道德价值只适用于特定文化边界内，或个人选择的前后关系。极端的相对主义立场提议其他个人

① 大数学家阿罗，曾在其《公众选择》一书中通过数学原理证实了社会偏好次序的不存在性，即不存在所谓的“上帝的视角”。阿罗不可能定理源于孔多塞投票悖论。即不存在一种选择机制，能够产生同时满足四个特征的社会偏好。这对于医学伦理学的两难选择，是一个提示。

② 参阅：王泽应.自然与道德：道家伦理道德精粹[M].长沙：湖南大学出版社，1999：19.

或团体的道德判断或行为没有任何意义。

如此，我们这位存在主义者让-保罗·萨特坚持个人的、主观的“moral core”应该成为个体道德行为的基础。公共道德反映社会习俗，只有个人的、主观的道德表达本真的生活与生命真实(authenticity)。

生命伦理学的道德相对论，或称生命伦理相对论，应该给予一种借鉴和提示：第一，生命是千差万别的，我们的道德评价必须在一个基本统一的原则下，给以个体充分的自由权利，对于医生来说，只要在一个可能或允许的范围内，都是道德的。第二，由于境况、主体、情感、信仰、文化、客观条件的差异，要根据诸多的特殊因素，求得一个最佳的处置方案，以维护病人的生命安全和尽可能的健康需求。第三，在不违背医疗善与爱的前提下，在遵守法律和普遍利益不受伤害的范围内，或者应该在不违背生命伦理基本原则的前提下，允许病人与家属的个性化选择，如生命增强技术、特殊方式的人工生殖、精神与心理干预、特种药物与器械的嗜好、死亡方式的选择等。第四，可以与功利论、境遇论和实用主义相结合，作为后现代生命伦理相对论(post-modern bioethics relativistic)的融合理论，指导我们复杂的、生动的，多元化的当代医学生活。第五，后现代生命伦理相对论应该强化道德的公正，避免行为与价值的分离，应该接受普遍的善对于医学的指导(无需使用“绝对道德”的词语)，要是“做的”可变，“应当做”不变，而做的不违法——结果“善”。第六，后现代生命伦理相对论应该撇清以下的易于混淆的观念：普遍道德与对具体事务认知的混乱(即普遍道德原则和适用道德原则的现实情况的理解)；普遍道德与普遍道德原则的具体应用的混乱(医学中的两难案例，正说明普遍道德存在，如谁应优先获得供体肾脏的争论)；普遍的原则与如何应用的混乱，即道德价值是普遍绝对的，但是实践方式是相对的。普遍绝对道德与道德争论，如，道德相对主义者经常用堕胎引起的争议来说明道德是相对的，一些人认为堕胎是可以接受的，另外一些人认为堕胎属于谋杀，仅仅因为人们对堕胎有不同看法，不能证明道德是相对的；作为医学道德，保护生命是普遍绝对原则，但又要不干涉孕妇自由与她对自己身体的权力，如果“胎儿不是人”成立，支持堕胎就是正当的；普遍价值与行动方式的混乱，可以由价值等级排序进行调节，或者根据时间、空间、具体场景和条件的差异，进行行动方式的调整，但并不因此违反普遍的伦理原则。①

至于所谓次级相对论或次级相对主义，不过是一种弱相对主义观点，是一种对于理论锋芒的收敛和隐藏，比如生命伦理学中流行的“允许”、宽容、特殊主义等。

① Bertrand Russell. The History of Western Philosophy[M]. New York: Published by Simon & Schuster, 1972: 832-833.

二、西美尔的"个体法则"和生命的伦理箴言

格奥尔格·西美尔①其实是另一位开创生命伦理学的先驱人物，未曾被我们注意。他的自我理论在伦理学中找到了后现代的发展可能。他把生命作为一种沟通的工具，用这一概念性工具使个人的行为同人的生命普遍要求结合起来。西美尔的工作并没有在进行生命哲学转换中消除"应该"的价值，而且证明"应该"对于一系列原则确立的重要性。人认识自己才能够把握生活，并在生活中评价行为；人确实是在两个范畴内了解自己，即如同西美尔说的那样，作为现实和作为应该，应该是我们任何境况下选择的依据。他说：

> 应该并没有高于生命或同生命对立，而是一种方式，通过这种方式应该意识到自己，就像现实就是现实。②

生命伦理学应特别关注西美尔的"个人规律"(或称"个体法则")理论，这是我们以往不曾注意的，我们这种忽视不能简单地归结为一种无知，而是一种研究和思想的浅表或潦草。尽管这个"个人规律"的伦理观念广招诟病，但它确实真正地寄托了完成的个人同一般(或普遍)的沟通，而在医学道德的表述上，这一点是何其重要。个人的规律性是以代表的层次和表达方式为先决条件，也就是在行动之前或选择时，人首先要在这个层次上形成个人的统一，"这种统一作为代表关系比逻辑非矛盾性更有意义"，而康德正是用绝对命令的形式和指称确立了定义并以这种逻辑的非矛盾性作为基础。如此，人才能够对自己的义务感不会产生自我冲突，把责任同个人生命联系在一起，这样的个人生命在道德上形成了统一体，伦理学由此成为我们的生命伦理的学问，医务人员自身和他们的工作对象以及与此连带的社会关系，都将进入全部的历史承担责任。菲尔曼通过西美尔的话最后断言：

> 纯粹思考上的伦理转换成具体行为和态度上的伦理，这种伦理包含了人的全部："一个人格的每一种不可描绘的风格和节奏，这个人格的基本态度，这种基本态度使每种因为时间而引起的看法成为仅仅属于个人的、独特的东西。"③

"个人规律"实际上反映了西美尔的生命伦理愿望，但并非像很多人所指责的

---

① 格奥尔格·西梅尔(Georg Simmel，1858—1918)又译西美尔，生于一个犹太富商的家庭。德国社会学家、哲学家；是现代社会学的创立人之一，特别是他对芝加哥学派产生了重要影响；他致力于对社会网络、道德社会学、城市生态学和社会距离以及边缘人等概念的研究。与马克思、韦伯共同建构现代资本主义社会-文化理论。

② 费迪南·费尔曼.生命哲学[M].李健鸣，译.北京：华夏出版社，2000：116.

③ 同②116-117.

那样，他犯了“一个唯美主义和个人主义的非道德化”错误，这就好似很多伦理学家对于恩格尔哈特的整全道德和真全社会的理想的批评一样，他们不肯接受这种观念的原因主要是他们害怕再一次不知不觉地成为一种道德宗教的奴仆，怕在现实中碰壁。费尔曼认为这种风险是和那个时代的精神相关；难道我们所处于这个时代就能够逃离背叛“彻底贯彻相互作用原则”的威胁？我们的医学和生命科学研究、我们由医学技术作为主要内容的市场，一直不在意人与人之间、我们同其他生命之间的交流，并且把这种交流视作生命的责任或者是我们成为生命责任性的自我。医学中的相互性、让他人也如同我一样有尊严地“活”，是生命伦理和生命德性的核心，是爱你的邻人的另一种叙事形式，这种相互性就寓于人道的普遍性之中，诸如医患关系永远是医疗关系一样，重复着医学内部的伦理活动和道德形态。费尔曼说：

> 生命内在的责任性是以一个人类大同的想法为先决条件的，这种人类的统一把各种不同的生命形式联合在一起并在应该中规定共同生存的要求。①

只有确定个人义务的合法性，才能够顾及整体的责任的可信度。个体法则（个人规律）理论是对于后现代社会中多元化和个人自由意志的认肯，更是对于实用的、具体的、境遇论的道德生活的精神生命自由的尊重。权利不是抽象的标签，在医学活动中要保证病人个体权利的不被放空，就必须完成“从理智的普遍法则道德向个体法则道德的整个转变”②。西美尔建议在历史发展之内，对那些实际内容采取化整为零的圈定和概念上的固定，从而获得个体法则作为生命统一体动机的结果。如此，生命个体在特定境遇中行使自我决定的权利才有所保证，这样的自主原则的依据是有力的、客观的、现实的。知情同意才能够被医生们所真正理解。个体生命在应该的逻辑中成为一个个形式的表述或显现，并且冲破了某一法则框定所有的病人的选择这一传统。“应该”更应该适用于每一个有理由存在的生命事实：

> 这一个体生命的现实就是同样严格的、超越所有独断专横的“应该”结论的前提；只不过这种客观性量的表达方式并非适用于任何数量的，而仅仅适用于这种个体生命的有效性。③

我们不能接受这样一个说辞，生命整体不过是断断续续的个别部分的总和；而身体是一个“集”，由此，康德在这样的背景下为纯粹的生命集合制定统一的行事原则，劝导人承担自身的义务。按照这样的普遍适用、一劳永逸的标准化法则约束人

① 费迪南·费尔曼.生命哲学[M].李健鸣，译.北京：华夏出版社，2000：117.

②③ 格奥尔格·西美尔.生命直观：先验论四章[M].刁成俊，译.北京：三联书店，2003：193.

的行为,作为不变的评价标准,显然剥夺了个人的权利。安乐死、堕胎、同性行为、为他人自愿代孕、拒绝手术等决定,很可能就不能有个人自由决定,知情同意也会成为一种抽调病人个人自主权利的虚饰。

纯粹的"自我"的人的生命仅仅是或者只能是"以各种个别事物单纯连续的形式出现的生命形象的补充,是每一个具有教育作用的行为自行负责的整体",以此来解决自我也是一种合法化观念;而西美尔认为,也就是超越这种论调的生命伦理依据是:

> 我并不把生命分解成作为某种空虚过程的自我和单个的、充满内容的行为,而是把在千变万化的内容中表现出来的,或者说得更准确些,是存在于内容的体验和实施中的东西,直接视为生命统一的形式。因此,整个生命要对每一个行动负责,而每一个行动要对整个生命负责。①

人的存在先于工作,同样,工作亦然先于存在;这即是说,人的身体的行为和意向性,应该是人对历史所负有的责任,即使一个具体的微不足道的行动,也理应是在"应该"的个体法则的允许范畴之内;生命伦理的道理和个体的伦理汇流的总体行为只有遵循"个人规律"才获得这种"应该",人可以理直气壮地选择某种方式生活和工作,而这种个体法则就成为指导我们伦理行动的条件。

生命伦理学为了生命的大同,必须关注任何一个生命的个体价值,围绕个体生命状态和个体生命存在展开道德追问;解决生命伦理的问题和难题,生命过程的所有点和阶段以及集合,都存在伦理基质,比如其存在的价值合理性与合法性,再比如改善状态手段以及技术的目的的意义;这种技术手段是否对任何受者全部是善的结果,或者即使造成一定程度的伤害,比较之后评估依然是益处大于伤害,等等。这就要求我们建立一套比照的评估标准,从而制定一系列原则与规则,供我们评估之后去选择,确立做还是不做。但生命问题是极其复杂的,在每一个个体有所差异的背景下,牵涉人的价值、医学的可能性、未确定的技术限度和风险,以及社会关系、人的情感,各种利益的平衡、对于冲突的调适,等等。这样就会引发价值意义的、功利公益的、动机后果等善与恶的争论和辩论,没有一个令人信服的辩护或合理性解释,人们不会接受你做出的医学或伦理裁决,方案就无理由实行,尤其是对于死亡的决策和应对重大伤害的决定。

医学和生命科学的决策权往往依赖于权威的导向,或是依赖先例或历史的经验,或是习俗、法律制度,包括传统的道德规范,我们很长的历史过程中,放弃自己的理性,放弃我们自己根据不同情境、后果以及对病人是否有利而深思熟虑地进行

① 格奥尔格·西美尔.生命直观:先验论四章[M].刁成俊,译.北京:三联书店,2003:202.

理性判断的能力。伦理学教会我们凭借我们的智慧去考量和评价，而不是一时的感情冲动，或是受到陈旧的礼俗、失效的法权的制约。生命伦理学就是帮助我们从重权威和经验到重后果(是否给病人带来福音和利益)，从重制度和习俗到重实践理性以及明确的伦理判断，这就是威廉·詹姆斯的"权威宝座的更迭"①。

人的生命问题，首先是生，就是生命的表意概念，什么叫人的生命？什么才叫活的生命？什么叫人？什么叫活？人是活的，不活即死；生或"活"的另一面或者可称为反面、对立面、对应式，就是死；死亡是生命中不可忽视的内容，所有人每时每刻都处于赴死的状态，死存在巨大的伦理空间。死具有无可争议的"属我性"，死亡不是对于生的背叛，死是生的一种顺应；死与生都是存在，而死是"在"的结束，和"生"有一间距，到达了生命的极限；"来到终结是此在的最本身、最不可让与、最不可剥夺的可能性"②。死的问题，除了概念、死的意义、死的目的、死的价值以外，还有很多值得我们深入研究、探讨和争论的问题。没有哲学家不考虑死的问题，之所以存在悲观论，就因为有死亡存在，而正是因为有死亡存在，才有活的状态，就像有黑夜才有白日、有黑暗才有光明一样，生命伦理学的研究要更多地投入对疾病与死亡的追问，"生""活""死"，还有一个介乎生死之间的过渡状态，就是"病"。人有病，才有医学，才有生命科学技术，才有医生这个职业，才有医患之间的关系，才有一个常态和病态的人，以及与此相关的文化和生命形态的比较。因此，舍勒的价值论意义上的生命哲学或生命伦理学就把生命价值或者活力价值作为独立的价值形态。"人从自然状态到文化状态"，成为能用工具劳动的人③，成为有别于其他的生命体，即物质-精神-道德的统一体形式的生命，如此，"人终于在极大的静默中进入了世界"。④ 人更重要的是经过数万年之后，人学会了反省，告别了那种没有控制的阶段，离别了无秩序与失败之恶，明确了生命的必死性，是进化使人处于孤独与焦虑之中，这种道德的生命自觉，使人具有了生命的内质性伦理意义。⑤

生命伦理学实际上要关注正常的人和非常态的人，即暂时健康者和病人；就是所有的人和所有的生命。特定语境下，我们要考虑非常态的人。生命伦理问题就是围绕四个状态，生或活着、病或亚健康、临终或死、除身体因素外其他那些需要帮助的人或者弱者(经济上的贫困、地位上的卑微、因某种原因被剥夺了某些权力的

---

① 参阅：约翰·杜威.评价理论[M].冯平，余泽娜，等译.上海：上海译文出版社，2007：36.

② 参阅：艾玛纽埃尔·勒维纳斯.上帝·死亡和时间[M].余中先，译.北京：三联书店，1997：41.
这是勒维纳斯分析海德格尔关于死亡问题、存在与时间问题时，对于生命终结如何构筑起一个整体的评论。

③ 参阅：舍勒.舍勒选集(下)[M].刘小枫，选编.上海：上海三联书店，1999：1284-1287.

④ 德日进.人的现象[M].李弘祺，译.北京：新星出版社，2006：121.

⑤ 同④226-227.

人)的救助。生病、生活、生计都可能发生困难,需要医学帮扶与救治,而主要要关注疾病状态的人。人活着要生病,随时可病,随时可亡。人生难以预料,世事无常,生、病、活交互出现,最后归为死。“夫万物非欲生,不得不生;万物非欲死,不得不死。达此理者虚而乳之,神可以不化,形可以不生。”①病可能逆转为活,活可重复罹病,病可暂时复常,亦可不治而消亡。器官老化可自然死亡,视为无疾而终,因疾病或者事故死亡,更具有伦理的意义。人终难免一死,生命因亡而不复存在,人因必死使得生而珍贵,使得生有意义,使得活的丰富和浪漫。西美尔说:

> 死亡并非在死亡的时刻才限定,才塑造我们的生命,它本身就是我们的生命对所有内容进行润色加工形式因素:死亡给生命整体带来局限性,首先影响着生命的每一个内容和瞬间;假如内容和瞬间能够超越这些内在界限,那么它们当中任何一个质量和形式也就会是另外一番景象了。②

死亡属于死亡者自身的,更属于由于这个生命产生而发生的各种事件和存在的生活过程,以及人生经历中所确立的世界关系。

生命指向所指,能指是很形式化的、很局限的、很外在的表述,是语言声音的形象。索绪尔的“所指”就是事物的概念,我们一定要把我们的表象和定义的概念结合起来。符号的任意性原则会激活生命或者“活着”的那人。人是感情的动物,战胜不了诱惑,但要解决一个本质,人的本质是什么? 自我意识的存在-蛋白质的逻辑构成-社会关系的总和,这三元素构成人的生命的现象集;这里逻辑与关系比自我意识深刻。人的现象是宇宙中非常特殊的现象,是时空中对人的生命智慧、灵性觉悟萌芽的一种放大,所以只解决形式上、功能上的构成,本质上未见是人,但是这样一种人可造就、技术能够完成、科学可以实现的“生命”形式有可能给人类带来灾难。生命伦理学面临的一个严峻问题,就是人和身体的“过度异化”。另外,人的本质要体现人的意义和价值,我们这样一种自然产生的人的关系,比如父母的情感、将来生育子女和我的次第观念、孝悌的排序、人的内在的与生俱来的人与人之间的伦理关系,是非常坚固的,也是非常清晰的。在关系中,体现在文化、经济和社会中的意义和现实的价值,只有在具有这样本质的人才能体现标准的意义和价值,而它们是从一种离经叛道的、非正常途径来的,它可能替代我们的一部分功能,但是它不能够解决价值和人的意义,所以意义是人的核心。生命伦理学承担了一个最重要的任务,就是解决人的价值和意义,解决“生命价值”和“活力价值”。舍勒认为的生命不仅仅在生理上而且主要在心理上是作为体验形式,成为一种“不可转换的原

① 谭峭.化书[M].丁祯彦,李似珍,点校.北京:中华书局,1996:13.本文字摘自“死生”。

② 格奥尔格·西美尔.生命直观:先验论四章[M].刁成俊,译.北京:三联书店,2003:84.

始现象”,这样,生命感觉就超越了仅仅限于主观感觉狭隘的概念,而获得了一种超越性意义。“生命感觉中存在一种自己的价值,这种价值属于人的自我经验的最强的图像。”①舍勒通过埃杜阿特·斯波朗格的话强调充满活力的生命的原始现象的独立性,“活”的力是生命的一个区域,人们再次集中地生活和思考。道德哲学讨论的就是人的本质、意义和价值。这就是我们这个学科的任务。如何构建这样一个新的理论是一个长期的任务,否则人类的地位就发生动摇,就不可信,所以伦理学从某种意义上应该是个辩护,我们要给予辩护,将来才可能规范我们的后科学时代的人类秩序,不能允许人的生命科学制造的产品或者“新人”模式,扰乱我们的关系次序、辈分,不可颠覆传统共认的道德角色结构体系。

三、整全道德、道德共认意识与自由世界主义

哲学靠表述意义与价值向人们展示它的魅力,而又因为始终无法用最通俗的语言阐释清楚这个“意义”,而使很多人最后远离,并恐惧或漠视它本身的“意义”。A. J. 格雷马斯认为:“谈论意义唯一合适的方式就是建构一种不表达任何意义的语言:只有这样,我们才能拥有一段客观化距离,可以用不带意义的话语来谈论有意义的话语。”②就像基督徒心中的上帝,意义恐怕也是难以言表与深究的。但可以说,意义是可以理解的。我们应该用形而上的内在性方式,解决对于意义的认知,但又不是用超验的信仰来谈论意义的多重性。我们现在就是要说明,生命伦理学是生命政治与生命政治文化的一个重要组成部分,而这一文化的目的正是至善的追求,也是人类共同的理想(通过身体哲学、身体伦理和身体文化的道路达至思想的广场)——整全的道德(content-full morality)③和真全或纯全生活(entire lives or pure-full lives),最后,通向“独一神圣与终极权威(God)”。这就是普世的伦理理想,就是真善美统一的那一境、信望爱统一的那一界;也就是头上的星空所照耀的、我们心中的良知,那就是真正自由的太阳伦理。

---

① 费迪南·费尔曼.生命哲学[M].李健鸣,译.北京:华夏出版社,2000:160.这是舍勒的论断。

② 参阅:A J 格雷马斯.论意义:符号学论文集[M].吴泓渺,冯学俊,译.天津:百花文艺出版社,2005:3.

③ 内容整全伦理(content-full ethics)或内容整全道德(content-full morality),是经过充分讨论与论证,查阅相关翻译文献,采用“整全”为中心的意义对译;曾与恩格尔哈特教授交流,其意对中文读者来说,为最恰适的词汇,最后译为“整全伦理”或“整全道德”,旨在于以此译词,作为生命伦理学或汉语伦理学经典词语。实际上,就“整全”来说,英语语境下,“integrity”或“wholeness”“full”等,都具有此意,如孙尚扬即把“integrity of life”译为“生命的整全性”(见《追寻生命的整全》,华东师范大学出版社,2011年,8月版),关键是,作者的内在意指,是最重要的译解依据。又查托马斯·阿奎纳曾用“量数的‘全整’”来解释“性体全整”,说明事物整体的完善,即“整全伦理”的概全意义.见:

圣多玛斯·阿奎纳.宇宙间的灵智实体问题[M].吕穆迪,译述.合肥:安徽人民出版社,2013:80-81.

此可参阅:祁斯特拉姆·恩格尔哈特.基督教生命伦理学基础[M].孙慕义,主译.北京:中国社会科学出版社,2014:5-6.

唐·库比特(Don Cupit)几乎与弗莱彻不谋而合,把伦理学从市场转向剧院,可以说是后现代哲学家作出的最具爆发力的行动。这也给恩格尔哈特的生命伦理学观念提供了理论资源,但是恩氏不完全赞同,彻底地剔除规则的道德转入生活方式的道德;而是重新建立道德原则的体系,是"允许"成为一项人对话、交流的基础,创造一种崭新的交流语式,是异乡人成为相认者,最好成为道德伙伴,一起来讨论、处理生命伦理的事物。此刻,不考虑任何所谓至上的权威,而是大家平等地、怀有诚意地共同生活,回归一种具有美学效果的、自由地表述心意、宗教式的生活方式。这个表现主义世界观和彻底的自然主义,就是使我们的世界成为"持续外泻、自我更新的,符号散播的能量舞动着的"[①]世界,我们的生活完全浸入其中,这就是恩氏的"真全生活",只有在整全的道德根基上,人们才有可能过渡到这样的太阳式生活。

库比特的太阳世界、弗莱彻的境遇世界,似同恩格尔哈特的自由的世界。恩格尔哈特没有一味停留在传统的自由意识论世界主义特质上,他曾经批评那种不关注个人价值和偏好,为了追求所谓公共理性去抹杀生命的个性选择,用霸权和绝对权威的控制,建立道德帝国主义王国,尽管他们在用词上避免"帝国主义"这个术语。他说:

> 自由世界主义将基本价值置于自主选择的特定理解之上,并且认为所有的人应该无一例外;自由世界主义伦理认为,人应该是自主性的、自我决定的个体;而追求这种自主品格遭遇挫折,那是误解虚假观念的原因。在深层的道德观念分歧的情境下,自由世界主义并没有简单地将"允许"视为表述道德自主权的中心。更进一步说,在人类昌荣的历史记录中,自由世界主义为自我决定论(self-determination)确立了核心的地位。在尚无对道德真理予以超越的过程中,道德生活的中心变成了自主的自我决定论,善的生活并没有服膺于真与善的裁决,于是,自主即成为善不可或缺的组成部分。[②]

生命伦理学的自主与允许两大原则,应该是其原则的核心,只要遵守基本的前提,决定或选择就应视为有效与合理。

自由意志论世界主义(libertarian cosmopolitan),是一种合作共处的自由观,要完成向自由世界主义(liberal cosmopolitan)即平等的自由观的让渡,必须具备充分的条件,尽管恩氏不完全肯定自由世界主义的善的整全性,而它却应该是我们这

---

① 唐·库比特.太阳伦理学[M].王志成,译.杭州:浙江大学出版社,2009:11.

② H Tristram Engelhardt, Jr. The Foundations of Christian Bioethics[M]. Lisse: Swets & Zeitlinger Publishers, 2000: 43.

个时代最重要的道德哲学多元化理论转向，这个超越，是一个去神圣化的过程，从固守所谓公共道德理性或道德帝国主义，转变为以个人价值为标准、抛弃权威的、自主的共在性联盟。这个前提是，必须建立和承认部分共认道德意识（overlapping moral consensus），通过允许原则和宽容原则去团结“道德异乡人”或“形而上异乡人”（metaphysical strangers）。但问题是，这个部分共认意识必须是德性的主要核心，例如爱、忠诚、和平、反对暴力等。给所有人和一切生命予以尊重和满足所有人所有事务的选择的自主，几乎是不可能的，制造这样的图示是一种空想，但我们可以尽可能使绝大多数人获得自主，在规范权利时，必须是公正地对所有人，甚至是所有的生命。这个自由的世界主义追求的目的，就是实现普世的价值或普世生命伦理价值。

自由世界主义观念，启示了个人世界主义。个人世界主义虽然没有被恩格尔哈特教授明确关注，但是他的思想中去除了当代虚无主义的“一切皆被允许”的边界以外的成分，有限度有条件地提出“允许原则”，暗示了每个人的个人生命价值的意义，可以推论到“只要有一个人还在痛苦中，整个世界就没有摆脱痛苦”的结论，也就是重现了阿尔伯特·加缪赞同陀思妥耶夫的笔下最黑暗的伊万·卡拉马佐夫的形而上式反抗，但“拯救所有人，否则无人得救”的原则[1]，却应该有一定的积极意义，尽管伊万表面上憎恨道德。

《圣经·旧约》的《路得记》记载了对于后流放时代犹太民族社群主义的回应和反抗。以斯拉与尼希米，作为大祭司和总督，代表了犹太社群的强势道德观念，他们认为民族的悲剧就是因为娶了外邦女子为妻，影响了社群的纯洁性。他们的道德意志认为只有净化社群的血统，才能够得以救赎。而作为以色列人最伟大的君王的曾祖母摩押女子路得，却向强势的以斯拉们提出自由社群主义的主张：上帝所希望的不是以血统为基础，而是以信仰和对上帝的爱为基础；这一勇敢的、即使是微弱的声音，就是要建立一个新的开放的、自由的世界主义为基础的、新的社群结构，实现民族共融。在此，决定社群关系和角色地位不是血缘，而是基本功能和行为，是坚贞的爱（hesed）[2]。

医学中的大众性和个人化决定了医学中的道德选择的多样态和境遇性，案例判定对于临床中的很多困难是很重要的，因此，应该允许：“尽管相互对立，然而却是合乎理性的各种完备性学说保持它们各自的善观念这一多元论状况的正义观

---

① 参阅：加缪.加缪全集（散文卷Ⅰ）[M].丁世中，等译.上海：上海译文出版社，2010：215.文题为“形而上的反抗”。其中反复以俄罗斯作家陀思妥耶夫斯基的《卡拉马佐夫兄弟》的小说人物作为道德哲学的议论的案例，表述自己理性反抗的思想和情感。

② Hesed，希伯来文为מצווה，意为坚贞的爱、仁爱，可参见圣经《何西阿书》（4：1；6：4），和合本圣经将其翻译为“良善”。

念",而不是坚持"只能有一种可以为所有具备充分理性和合理性的公民所承认的善观念存在的正义观念"①。

由此,我们可以确定医学优先次序(medical priorities),在资源有限的前提下,有时是几乎同样需要急救药物或急救手术的先后次序的境况下,多人竞争有限的保全生命的机会时,应该如何分配资源。这就必须建立一个适合于所处医疗境遇的医学道德序列(medical ethical different rankings):参考条件因子[医疗资源分配原则、病人支付资金款额能力、最可能公正限度、保险或保障指数、医疗单位技术和资本能力、管理实效、信仰公民(citizens of faith)觉悟等];联系医学伦理教学中的筛分公式:Y(预期寿命)$\times S$(社会价值)$\times P$(抢救成功率)$\times Q$(智商)$\times M$(医学价值)$\div C$(花费代价)。优先次序的确立是否体现一种生命政治自由主义观念,它与人类个人的充分合理性存在是否相容?我们的社会是否默认或接受本来处于冲突的无公度性意见之间的理性多元论?那么,我们前面分析的自由的世界主义就是这样的正义公平观念的资源。这个次序可以表述自主权利和医疗的公平性。而且信仰公民可以接受基本就位的先后等级次序,不至于发生激烈的纷争与冲突,以保证良善和谐的秩序。

罗尔斯的追求是善良的,他基于最合乎理性的社会统一基础的理想。他分析了重叠共识与临时协定的区别。重叠共识与恩格尔哈特的"共认意识"有些相似,但是共认意识必须是完全统一的观念或意见,而且理性地同意以此来指导行动;重叠共识相当于"部分共认意识",也可能是形而上异乡人,也可能只是相识者,是否能够同意合作与行动,取决于他们之间共识的成分的比例,特别在核心问题上和根本问题上的共识水平和程度。例如,对于严重的残疾新生儿处置的问题,一直存在很大的争议。如果从个人完全自主和自由选择作为依据,其合法代理人(双亲)为主体的意见,就可能存在很大的差异,由于信仰的原因,传统的宗教徒就不会同意安乐死形式结束生命;而一些世俗的人,就可能同意放弃这一质量极其低劣的生命。生命主义和敬畏生命的理论显然反对安乐死,甚至认为放弃或用医学方法处死都是杀人。他们几乎没有公认的保存这个生命的意识。个人世界主义认为,一个人就是"一个世界",世界正是由这无数个人构成;所以必须对每一个生命敬畏,生命质量无论多么低劣(即使智商小于10)都有与正常人一样的生存权利。一个生命也就是一切。所有以人道面目出现的思想都面临着一个权威标准的检验:对某个人生命和尊严的尊重就是对"多数人的生命和尊严"的尊重,而不是相反。这是检验伪人道主义和人道主义的试金石。"自由缺少了怜悯,就变成了魔鬼"②。

---

① 参阅:约翰·罗尔斯.政治自由主义[M].万俊人,译.南京:译林出版社,2000:142.

② 尼古拉·别尔嘉耶夫.人的奴役与自由[M].徐黎明,译.贵阳:贵州人民出版社 1994:4.

仅仅“怜悯”还不够，它必需诉诸个体对象，否则就是伪善。“每个人就是一个真正的生命……每个人就是人类。”①所以，雨果说：“把宇宙缩减到唯一的一个人，把唯一的一个人扩张到上帝，这才是爱。”个人世界主义认为，这世界上只要有一个人受难，人类就都在受难，有一个人死去，我就能感受到自己的生命的一部分在死亡，有一个人在无辜地残害别人的生命，我就感到自己的双手也沾满了鲜血，或者“我感到他们是在杀我”。

当然，“个人就是宇宙”的观点，有很大的局限性，这样容易使个人的利益主义无限放大和扩张。个人世界主义不应该不受限制地无限扩张或膨胀，应该接受理性的节制，个人自由从来都不应该成为一种暴力，任何人都不能使自己的权力绝对化，不受控制的权力往往伤及社会和损害社群的利益；因此，一个人的生命权力和他自己构成的世界本当是有限的，这样，才能够保全个人自己范围之内的自由，如果我们失去了基本的人类秩序，我们也就失去了可能的一切，也就失去了我们赖以共同生存的世界，也就无法维护自己的、自私的、个我化的小世界的权利。我们可以列举很多平常的例子：比如，开放性的传染病患者必须服从隔离的律令；医生不可滥用麻醉药处方权力；救护车司机不应该在未受命急救任务时闯红灯；产妇不应因任何理由随意私自堕胎等。以上的主体如果完全无忌惮地按着个人自由意志去行动，最后，个人就没有应时的自由。

我们生活在很强大的专制体制下的医学霸权世界和社会体制下，病人的自由十分有限，我们只能首先获得或争取最基本的弱个人世界主义，或者，最基本的弱生命自主化。一种压倒一切的生命政治制度，使我们必须放弃我们本来可能拥有的更多的权利和自由(归于整体或集团的利益，或者是为一个民族或国家，并因此制定的统一原则和律令；任何人不得违抗，目的是为了所有人的共同身体关怀)。生命政治目标通过医学权力力求实现其政治规划或纲领，不得不压制或牺牲个人世界的身体自由，不可随意自作主张地无计划地生育，在此显得十分涩目。医生的伦理训练就根植于这样的背景：

> 把学科规训同时作为知识的形式和权力形式来看待；继而研究微不足道的微型技术和实践方式，怎样生产了前所未有的监视、评断和审度形式；拒绝再单纯地把知识看成是“单纯”之物，远离那种玄虚的领地，以一种对权力和知识的相互关系所进行的分析去取代。②

如果医学教育是医学知识的第一个非人性变化，那么，通过考试赋予医生的资

① 皮埃尔·勒鲁.论平等[M].王允道，译.北京：商务印书馆，1994：263.

② 参阅：华勒斯坦.学科·知识·权力[M].刘健芝，等编译.北京：三联书店，1999：52.此处是作者评论米歇尔·福柯的对于考试制度的分析与批评。

格与权力,就是第二个霸权的形成。知识过渡到一种特定权力,医生成为“可算度的人”,一旦获得这样的权力和资格,他就可以有所顾忌或无所顾忌地去剥夺作为弱个人世界主义的病人的身体自由。算度他人和被别人算度,核心是谁是知识的主人,或谁是疾病的主人。

生命政治是一种人类社会文明的“政制”或“正制”,治理、制度与正当的管制是社会机制的结构核心。人的生命因为生存和生殖的基本需求而化生为身体政治表达,这种本源的物化的叙事,必须通过体制·机制、法制(法治)、德制(德治)来实现和完成,为了整全的宗教化理想,我们必须一边确立生命伦理的基本原则与规则,制定规范、规制、规章,一边进行道德的漂绿行动,制定基本决策与政策、管理机制,督查和改革体制,包括生命政治组织与结构、机构,展开各种复杂的、多形态的行动选择与运行;并通过对效果的监督体制与机制,随时对行为予以评价与反省,进行更加有效的控制或调节。

生命政治体必须表达人类整体的高尚品质,追求崇高的信仰与信念,不忘记自我告诫和德性自律,为了人类的最高理想而尽责,不然,这个政治体就必定消亡。

精神疾病的概念：托马斯·萨斯的观点及其争论

肖　巍

清华大学

摘　要　根据世界卫生组织2017年公布的数据，精神疾病已成为人类致残的头号元凶；然而，在精神病学、医学、哲学，以及精神病学哲学等学科中，"精神疾病"却一直是一个备受争议的模糊概念。这种模糊性不仅影响到人们对于精神疾病的认知、相关法律的制定与政策的出台，也直接关乎精神病学的临床诊断与治疗实践。20世纪60年代，美籍匈牙利精神病学家托马斯·萨斯提出"精神疾病是一个神话"的观点，它作为一个导火索引发数十年来的争论。萨斯也强调精神病学是一种道德和政治事业，这一观点同样也无法取得共识。尽管如此，在精神健康已成为当代世界公共健康领域难题的后萨斯时代，有必要联系萨斯的理论深入讨论和思考精神疾病的概念问题。

关键词　托马斯·萨斯；精神病学哲学；哲学；精神疾病；精神健康

2017年2月世界卫生组织（WHO）公布的数据表明：目前全球已有3亿人受抑郁症困扰，约占全球人口的4.3%，这一疾病已成为头号致残元凶。在全球范围内，每年抑郁症也会造成超过1万亿美元的经济损失。① 由此可见，精神健康（Mental Health）问题已经成为当代世界公共健康领域的一个难题。尽管如此，与"精神健康"如影随形的"精神疾病"（Mental Illness）概念依旧是一个为精神病学、医学、哲学，以及精神病学哲学（Philosophy of Psychiatry）争论不休的模糊概念，这主要是因为精神疾病存在于非物质化的、非客观化的思维环境中，无法如同身体疾病那样作出清晰的病理学描述和诊断，甚至人们对于精神疾病是否存在，以及临床

① 世界卫生组织2017年2月23日的《世卫组织：全球3亿人受抑郁症困扰　中国病例占全国人口4.2%》报告显示，2015年全球超过3亿人受抑郁症困扰，约占全球人口的4.3%。中国抑郁症病例占全国人口的4.2%。2005年至2015年，全球抑郁症患者的人数增长了18.4%。抑郁症的发病率高峰出现在老年人群，其中55岁至74岁的女性患病率高于7.5%，高出同龄男性2%。同时，抑郁症导致的自杀行为是15岁至29岁人群死亡的第二大原因，而且从发病率来看，女性比男性高1.5倍。参见 http://fashion.ifeng.com/a/20170225/40195898_0.shtml（2017年2月25日）.

诊断的有效性等问题也一直存在着争论。[①] 20世纪60年代,美籍匈牙利精神病学家托马斯·萨斯(Thomas Szasz)提出"精神疾病是一个神话"的观点[②],引发学术界数十年来的思考和争论,也促使精神病学哲学的问世和发展。面对亟待解决的精神健康难题,本文试图基于萨斯"精神疾病是一个神话"的观点,在哲学伦理学,尤其是精神病学哲学领域,讨论精神疾病概念,梳理和分析数十年以来围绕着这一观点所进行的争论,旨在通过抛砖引玉来促进当今时代的精神健康事业和精神病学哲学学科建设,因为这不仅关乎精神疾病的预防、识别、诊断和治疗,更关系到国家的经济与社会的发展,人民的安康以及在改革开放中的获得感和幸福指数。

一、萨斯:精神疾病是一个神话

1961年,萨斯出版《精神疾病的神话:一种人的行为理论基础》(The Myth of Mental Illness: Foundations of a Theory of Personal Conduct)一书,提出精神疾病是一个神话的观点,并引发一场旷日持久、至今仍未平息的争论。尽管国内学术界对于萨斯及其影响不甚关注,但在西方精神病学和哲学领域,他却是一个具有重要标志性的人物。早在20世纪70年代,便有评论家认为,《精神疾病的神话:一种人的行为理论基础》"在整个西方世界对于精神病学职业的本质,以及精神病学实践的道德意义作出革命性的思考";"毫不夸张地说,萨斯的这本著作提出值得政策制定者,以及所有知情的、有社会责任感的美国人应当关注的一个重要的社会问题……或许他比别人更有可能让美国公众警觉到一个过度精神病学化的社会所隐藏的潜在危险"。[③] 而且萨斯在本书出版的次年便被大学解除教职,成为一个终生被人褒贬和备受争议的"反精神病学家",以至于他本人也曾感慨地说这本书对于他和精神病学的影响"一言难尽"。2012年,92岁的萨斯在各种嘈杂声中与世长辞。然而,各种争论不仅没有由此而平息,反倒又掀起一个不大不小的高潮。《存在主义分析》杂志发表长篇讣告,评述他"被许多人视为引领20世纪和21世纪精神病学和精神病理学的道德哲学家。而对另一些人来说,他却产生一种具有诱惑

---

① 参见:肖巍.精神疾病诊断"有效性"的哲学探讨[J].医学与哲学,2016(11).

② 萨斯一生出版35本书(The Myth of Mental Illness: Foundation of a Theory of Personal Conduct. New York: Harper & Row Publishers, 1974.),《精神疾病的神话:一种人的行为理论基础》是他最著名、最有争议的著作。他曾任纽约州立大学北部医疗中心(The Upstate Medical Centre of the State University of New York)的精神病学教授,教授精神病学,他说自己曾像无神论者讲授神学一样讲授精神病学。

③ Edwin M Schur, The Atlantic, Thomas S Szasz. The Myth of Mental Illness: Foundation of a Theory of Personal Conduct [M]. New York: Harper & Row Publishers, 1974: back cover.

性的危险影响，主张忽视社会中的一些最无助的成员"。① 鉴于这些争议，我们有必要重温萨斯的观点及其历史争论。根据《精神疾病的神话：一种人的行为理论基础》和其他著述，萨斯的理论观点大体上可以归纳成两个主要部分。

（一）"精神疾病"概念的由来

在《精神疾病的神话：一种人的行为理论基础》第2版序言中，萨斯写道："我提出的这些问题陈述起来容易，但迫于文化与经济的强大压力却难以作出'正确的'回答，这些问题也很难澄清。"人们也不得已地提出一系列问题："什么是疾病？精神病学家表面上和实际上的任务是什么？什么是精神疾病？由谁来界定什么是疾病、诊断和治疗？由谁来控制医学和精神病学词语？医生—神经病学家与公民—患者的权利是什么？一个人有权利声称自己生病了吗？医生有权利称呼一个人为精神病人吗？一个人抱怨疼痛与他自称有病之间有何不同？在医生抱怨一个人行为失当与他说这个人有精神病之间有何不同？"②

萨斯认为，如果不讨论"正常"和"疾病"概念便无法回答这些问题。通常说来，"患病"具有两种含义：一是当事人或他的医生，以及他们都相信当事人正在遭受身体异常或者功能失调的痛苦。二是当事人希望得到医疗救助。因而，"疾病"这个术语首先与一种生物学异常相关，这是由患者、医生或者其他人认定的。同时它也关系到人们假定或者指派给患者的一种社会角色——如果一个人没有遭受生物学异常的痛苦，他就不被认为有病；如果他不情愿扮演患病的角色，人们也不认为他需要医疗救助。现代西医依赖两个前提：医生在获得患者同意条件下为其诊断和治疗身体障碍。医生被训练去治疗身体疾病，而不是经济、道德，种族、宗教或者政治"疾病"。"严格地说，疾病只能影响人的身体。并不存在精神疾病一类的东西。'精神疾病'的术语是一个比喻"。③ 因为"一个身体器官，如心脏是能够患病的，但是心病或者思乡病虽然真实存在，却不是医学意义上的，而仅仅是比喻意义上的疾病"④。同样地，把歇斯底里、痴迷性神经症、精神分裂症和抑郁症称为精神疾病，实际上也使用了相同的比喻，如果把"精神疾病"也理解成身体疾病，便在解释上犯了一个错误，如同人们把一个不喜欢某个电视节目的观众送到电视修理工那里一样不可思议。

那么，人类是如何发现"精神疾病"概念并把它置于医学门类中呢？萨斯以歇斯底里(hysteria)为例讨论这一问题，他认为是精神病学先驱者让-马丁·沙可

① Stadlen. Thomas Szasz Obituary[J]. Existential Analysis, 24(1): January 2013: 7.

② Thomas S Szasz. The Myth of Mental Illness: Foundation of a Theory of Personal Conduct [M]. New York: Harper & Row Publishers, 1974: viii.

③ 同②.ix.

④ 同①.

(Jean-Martin Charcot)①率先把神经病学(neurology)与精神病学区分开来。歇斯底里把人们的注意力转移到区分身体疾病和对于它的模仿上面,这便要求医生有火眼金睛把两者区分开来,而事实与模仿、对象与符号、生理与心理、医学与道德之间的差异便成为当代精神病学哲学认识论探讨的核心问题。歇斯底里可以提供一个绝好的例证说明“精神疾病”概念如何通过使用符号、遵循准则,以及玩游戏等行为形成。萨斯分析说,在19世纪中叶之前,疾病意味着身体障碍,体现为身体结构的改变、可观察到的变形,以及疾病或者损伤等,因而医生的职责是根据身体结构的不正常变化来区分疾病,这便是为什么解剖学成为医学科学基础的原因。病理学发展又增加了医生的诊断能力,使他们可以根据生化因素辨别一个人是否患病。然而,当代精神病学却不是基于类似的诊断手段,而是基于新构建的“疾病”原则——不是注重身体结构(bodily structure)的改变,而是关注身体功能(bodily function)的变化。前者需要观察患者的身体,后者则需要观察他的言行。在萨斯看来,这就是歇斯底里为什么会成为“疾病”并被冠以“精神疾病”的原因。随着“精神疾病”的发现,当代精神病学也被发明出来。这样一来,如果一个人抱怨疼痛和麻痹,但身体却检查不出问题,医生便会认为他患有功能性疾病,它可以通过患者的抱怨或行为功能的改变来识别,正如局部麻痹被视为大脑的结构性疾病一样,歇斯底里也可以被看成是大脑的功能性疾病。萨斯认为,沙可把歇斯底里说成精神疾病的动机是想让法国科学院认识到催眠术和歇斯底里研究是一项医学事业,而从未想过这样做要付出何种代价。

萨斯同样也对精神分析学表示不满,认为它不仅也同精神病学一样模仿医学,也一味地通过追随科学,像物理学中的因果决定论那样成为一种赶时髦的理论,它假设精神/心理疾病是由个体先前的经历决定的,而没有意识到“所有这些理论都降低,甚至忽视了以自由、选择和责任一类的词汇来解释人的行为”②。倘若法律也相信一些“反常的”行为是由先前的精神疾病原因决定的,就是在坚持弗洛伊德等人的历史主义理论。③

---

① 让-马丁·沙可(Jean-Martin Charcot, 1825—1893),法国神经病学家和神经病理学家,被誉为“当代神经病学的奠基人”,他对当代精神病学作出重要贡献,其影响主要在于对于催眠术和歇斯底里的研究,他起初相信歇斯底里是由遗传因素导致的神经系统障碍,但晚年时却认为歇斯底里是一种心理疾病,并提醒人们男性也会患上这种疾病,尤其在受到工业事故和战争创伤(traumas)影响时。

② Thomas S Szasz. The Myth of Mental Illness: Foundation of a Theory of Personal Conduct [M]. New York: Harper & Row Publishers, 1974: 5.

③ 卡尔·波普尔(Karl Popper)把这种应用物理决定论来说明人类事物的理论称为“历史主义”(historicism),因为它相信历史事件是由先前的事件决定的,如同物理事件一样。在萨斯看来,弗洛伊德用童年精神创伤解释成年人精神疾病的做法也是一种历史主义。

(二) 精神病学是一种道德和政治事业

精神病学通常被视为医学的一个分支，旨在对精神疾病作出研究、诊断和治疗。萨斯自认为并不反对精神病学，只不过不把它当成医学，反对强制性治疗而已。他认为精神病学干预应当指向道德，而不是医学问题，精神病学是一种道德和政治事业。“人们习惯于把精神病学界定为一种特有的关乎精神疾病研究、诊断和治疗的医学。这实际上是一个毫无价值的误导性定义。精神疾病是一个神话，精神病学家与精神疾病及治疗无关。在实践中他们只是对付生存中的人格、社会和伦理问题。”[①]他认为在沙可所处的时代，医生并没有特别有效的方法帮助患者，沙克所做的工作实际上是用医学语言描述人类的悲惨处境。当他与同时代的精神病学家埃米尔·克雷丕林(Emil Kraepelin)[②]等人以学术权威的身份把歇斯底里说成一种“精神疾病”时，却没有意识到自己犯了两个错误:一是把生存问题说成是“精神疾病”阻碍人们去分析这些问题所具有的道德和政治本质。二是把试图逃避责任者说成是“精神疾病”不仅模糊了疾病概念，也使这些人不必对自身行为负法律责任。然而，萨斯却把这些“精神疾病”患者想象为伪装逃避责任的人(malingerer)，作为一个曾经饱受纳粹法西斯蹂躏的难民，萨斯近乎狂热地相信欧美民主、自由和公正，他“坚信人是自由的行为者，对自己的行为负有完全责任——而不是被动的‘患者’，其‘行为’是由‘大脑’‘导致’的或者由‘精神疾病’带来的”[③]。让萨斯十分不解的是:为什么伟大的自由主义思想家斯图亚特·穆勒和伯特兰·罗素，以及路德维希·冯·米塞斯[④]和弗里德里希·冯·哈耶克(Friedrich von Hayek)等人也认为“精神疾病”患者可以对自己的行为不负责任和免除法律惩罚呢?[⑤]

---

① Thomas S Szasz. The Myth of Mental Illness: Foundation of a Theory of Personal Conduct [M]. New York: Harper & Row Publishers, 1974:262.

② 埃米尔·克雷丕林(Emil Kraepelin, 1856—1926)，德国精神病学家，当代科学精神病学、精神药理学、精神病遗传学的奠基人，相信精神疾病起源于生物和遗传性机能障碍，其理论在20世纪初期占主导地位，主张精神病学是医学的一个分支，应当像其他自然科学一样以观察和实验为研究手段。他通过对数以千计的案例进行实验研究后，不仅制定出现代精神病学分类体系，也提出“早老性痴呆(精神分裂症)”“躁狂—抑郁精神病”和“偏执狂”等概念。他确信所有精神疾病都有器质性成因，每一种主要精神疾病都有其大脑病理或其他生物病理基础，相信总有一天人们发现主要精神疾病的病理基础，因而也被视为最早主张精神疾病具有大脑病理基础的科学家之一。

③ Stadlen. Thomas Szasz Obituary. Existential Analysis, 24. 1: January 2013: 7.

④ 路德维希·冯·米塞斯(Ludwig von Mises, 1881—1973)，20世纪著名的经济学大师、自由主义思想家，被称为“自由至上主义的世纪人物”。著名的弟子有弗里德里希·冯·哈耶克等人。他强调哲学就是哲学，并不存在如同逻辑实证论与经验主义所说的“科学式”哲学。人心借哲学或神学来寻求知识，正因为它要解释自然科学所不能解释的那些问题。哲学所处理的东西实际上已经超出自然科学范围。他还认为不能由于一个人的见解与同时代大多数人不同就被封之为“精神病人”。

⑤ 同③13.

萨斯指出,当代精神病学正处于一个十字路口上——是依据医学归属继续进行治疗和干预呢?还是剥去精神病学的医学外衣,从道德和政治角度分析人类的行为?在对以往的精神疾病概念进行破坏性分析之后,萨斯也试图建立新精神病学,以便填补精神病学留下的鸿沟。归纳起来,萨斯的"新精神病学"建立在把精神病学视为一种道德和政治事业的基础上,并主要体现在把游戏理论、自由概念和道德价值引入精神病学的建构之中。

1. 把游戏理论引入精神病学

在摧毁当代精神病学虚幻的实体性之后,萨斯用一种个人行为的游戏理论来为精神病学奠定基础。他接受人类学家乔治·赫伯特·米德(George Herbert Mead)的理论,认为人们都是通过游戏方式来行为的,每个人在社会中都扮演一种角色,通过一种社会情境来决定"我"是谁及如何行为。在《精神疾病的神话:一种人的行为理论基础》中,萨斯试图研究人的行为,描述、澄清和解释人们彼此玩儿的游戏,以及与自己玩儿的游戏,看他们如何学习这些游戏和为什么喜欢这些游戏,在什么情况下玩儿古老的游戏和新游戏。他认为语言交流是精神病学的核心领地,语言学、哲学符号学和精神病学之所以相遇是由于它们都对语言游戏感兴趣,虽然它们各自探讨的内容不同,语言学家探讨游戏的形式结构,哲学符号学分析它的认知结构,而精神病学则强调它对于人的意义和社会应用。依据精神病学家参与患者、家庭和社会游戏的程度,萨斯把精神病学家分成三类:

第一,作为理论科学家和伦理学家的精神病学家,主要扮演一个懂得精神疾病患者游戏行为的专家身份,与雇佣者分享知识。

第二,作为一个应用科学家和伦理学家的精神病学家,扮演咨询者、社会修复者或者治疗师的角色,并根据自己对游戏的兴趣和技能来分类玩家,给他们分配任务,提出玩儿什么或应当如何玩儿的建议。

第三,作为社会工程师或者社会偏离矫正者的精神病学家,其角色类似于牧师、警察、独裁者和法官,或者是父母,通过强制手段迫使玩家去玩儿或者终止某些游戏。萨斯还相信游戏实际上是关乎一个人道德底线行为,人类描述游戏的概念和标准也是道德概念和标准。精神病学治疗的目的不是让人在疾病中恢复过来,而是从自身、他人和生活中学到东西。所以精神病学家需要探讨人的行为,观察和假设人类如何通过游戏来行为和生活。

2. 把自由概念引入精神病学

萨斯强调自由概念在精神病学和精神治疗中扮演的重要角色,并通过"自愿"概念把自由、选择和责任等概念重新引入到精神病学的框架和词语之中,要求人们分清"自愿"和"非自愿"的干预,前者是一个人自己想去做的事情,以便发生改变,后者则是违背当事人的意愿迫使他发生改变。"我们必须记住一点,一个人的行为是一种交流,它总是被界定为自由的、自愿的,或者不自由和不自愿的。"①他的自由概念主要有两个理论来源:一是精神分析学。萨斯认为从自由出发是进行精神治疗的最佳途径。弗洛伊德之前的精神治疗大都采用压抑自由的方式,而弗洛伊德则试图给患者更大的选择权和自由,并要求他们释放压力和对自己的行为负起责任。尽管精神分析学并未明确地表明自身的目的,但在萨斯看来,这一目的从一开始便是解放——让患者从创伤体验的病因学影响中解脱出来,从不良的记忆负担中——也是一种道德负担中解脱出来。弗洛伊德发现,神经症的主要原因是压抑,这些患者过度社会化了(over socialized),因而治疗的目的是让患者减轻压抑,变得更主动、更具创造性和更自由。二是存在主义精神治疗学。对于自由的渴望使萨斯成为存在主义哲学的深切同情者。1965 年,他发表自己的得意之作:《精神分析伦理学:自主性精神治疗的理论和方法》(The Ethics of Psychoanalysis: The Theory and Method of Autonomous Psychotherapy),集中思考存在主义精神治疗问题。② 他从存在主义哲学传统中,尤其是从索伦·克尔凯戈尔(Soren Kierkegaard)和萨特,以及阿尔贝·加缪(Albert Camus)等人那里汲取许多思想,在与精神分析学及存在主义的互动中形成自己的理论和治疗方法。美国精神病学家安东尼·斯塔德伦(Authony Stadlen)观察到,存在主义精神治疗的理论先驱者是精神分析,但长期以来人们一直有一个误解,以为两者是截然不同的学科,但事实却是"存在主义精神治疗具有致命的局限性,除非它从对于精神分析的重要存在主义发现中获得启示"③。萨斯也试图把精神分析和存在主义精神治疗整合起来,批判性地借鉴两者的理论和方法,而自由概念是他从这些理论中挖掘出来的珍宝。为此,萨斯反对所有基于道德和政治理由进行的"非自愿的"精神病学干预,强调患者在治疗中的自主性,"无论我的道德、政治和个人喜好如何,我相信所有人——无论是专业还是非专业人员,都应对所有精神病学干预采取一种开放的批评态度,尤其是不能接受和赞同仅仅是官方主张的一种作为医学治疗的精神病学干预"④。自主性"是一个积极概念,发展自我的自由——增加其知识、改善其技能,要求一个

① Thomas S Szasz. The Ethics of Psychoanalysis[M]. Society, January/February 1998: 16.

② 存在主义精神治疗(Existential psychotherapy)是基于现象学和存在主义哲学形成一种哲学治疗方法。主要认为人的内在冲突来自于他所处的存在处境。美国存在主义精神病学家欧文·D. 亚洛姆(Irvin D. Yalom)认为这一存在处境有四个方面——死亡的不可避免性、自由以及随之而来的责任、存在的孤立性以及无意义性。英国存在主义治疗学派代表库珀认为这实际上揭示出人类存在四个领域——身体的、社会的、人格的和精神之间的紧张关系。信奉这一理论的精神治疗师试图用这些维度概括被治疗者的境遇,找到相应的治疗方法。

③ Stadlen. Thomas Szasz Obituary[J]. Existential Analysis, 24. 1: January 2013: 12.

④ Thomas S Szasz. The Myth of Mental Illness: Foundation of a Theory of Personal Conduct [M]. New York: Harper & Row Publishers, 1974: 261.

人对自己行为负责,促使一个人自由生活:在诸多的行为过程中进行选择,只要不伤害他人”①。

3. 把道德价值引入精神病学

萨斯认为精神病学和精神治疗并不是中立的,而是体现出深刻的道德价值内涵,以往人们基于医学来描述人类生存与道德问题的做法严重脱离了人类生活的现实,精神病学必须引入伦理、政治、宗教和社会等方面的思考。精神病学运作是一种社会道德行为,精神病学家对患者做一些关乎道德信念和行为的事情,所以,他们的行为本身也是一种体现出道德价值观的政治和社会行为。精神病学家每天都会面临各种道德价值冲突,精神病学实际上提供了一种分析人际关系的模式,以便使人们更好地理解伦理、政治和社会关系。萨斯“相信精神分析治疗的主要知识和科学价值,如同家庭主妇放在门厅地垫底下的钥匙一样不易被人们发现——它为更好地理解伦理学、政治学和社会关系提供一种分析模式”②。然而,当代精神病学家却经常忽略精神病学中蕴含的这种道德判断,没有想过如果为一个人贴上“精神疾病”的标签意味着什么,更没有注意到是“谁”在对“谁”作出这种判断。萨斯认为被贴上“精神疾病”标签就意味着被限制了自由,显然,这个标签主要用于那些不被人喜欢的,或者观念、情感、爱好和行为怪异的人们。而那些负责贴标签者则是当事人的亲属、专家,甚至是通过各种职能部门来行使权力的社会,例如,在法庭辩护的精神病学家等人。因而,“谁的自由”始终是精神病学需要讨论的核心问题。精神病学家在人们的游戏中扮演不同的角色,那么,人们也有理由追问依据“谁的”道德价值观来贴标签的问题。萨斯也对精神分析学提出批评,认为尽管这一理论试图把患者从压抑中“解放”出来,可一旦进入实践领域,就不可避免地忘记“初心”。萨斯则试图揭示出隐藏于精神分析观察、理论和治疗中的道德价值,提出自主性精神治疗的准则,主张精神治疗的目的是增进患者对于他人和世界的理解,以便提高处理人际关系的能力,每个患者必须“自愿”地渴望恢复——并非在任何医疗和病理学意义上的,而是在纯粹道德意义上的恢复。只有自我认识、承诺和履行责任才能让他们真正地得到解脱。“自主性精神治疗本身是一种现实的和小范围的,在人际关系中体现道德自主性和灵活性的证明”③。患者通过摆脱压抑而成为有自主性的和真实的自我,无论是精神分析还是精神病学治疗,所要遵循的绝对道德命令就是帮助正处于挣扎中的患者,不仅要抵御疾病,也要抵御导致他们患病的人们,携手对付他们所面临的各种生存方面的政治与道德困境。

---

① Thomas S Szasz. The Ethics of Psychoanalysis[M]. Society, January/February 1998: 19.

② 同①16.

③ 同①.

二、精神疾病是一个"神话"吗?

作为一名多少有些惊世骇俗的精神病学家,萨斯获得的关注和引发的争议似乎与当代社会精神健康问题、神经生物学、医学、精神病学,以及精神病学哲学的新发展形影相随。《精神疾病的神话:一种人的行为理论基础》问世半个多世纪以来,学者们对于萨斯观点的评论主要集中于五个方面。

(一)把他视为一个"反精神病学家"(anti-psychiatrist)

在英国精神病学家雷切·库珀(Rachel Cooper)看来,除了萨斯之外,20 世纪 60 年代和 70 年代的反精神病学家还有戴维·罗森汉恩(David Rosenhan),他进行了一项实验研究,用结果证明精神病学家并不能把理智正常与否的人们区分开来。[①] 苏格兰精神病学家罗纳德·D.莱恩(Ronald David Laing)和亚伦·埃斯特森(Aaron Esterson)以及米歇尔·福柯(Michel Foucault)也被看成反精神病学的代表,虽然这些学者之间的观点不尽相同,但共同点却都是拒绝"精神疾病"概念,并对精神病学表示怀疑。[②] 2010 年,《苏格兰精神病学医学杂志》以"萨斯的这本著作对于 50 年后的今天意味着什么"为题主持一次学术讨论,都柏林大学的布兰登·D. 凯利(Brendan D. Kelly)指出:"萨斯的观点一直与反精神病学运动结合在一起,尽管萨斯一直表明自己只是一个精神病学的怀疑者,而不是反对者的立场;但实际上,萨斯对于精神病学强制性实践的批评与他本人一直坚持的'自主性精神治疗'事业是一致的。"[③]凯利认为,过去 50 年来关于萨斯观点争论的核心在于他断言精神疾病是危险的和有害的神话,相应的,当代精神病学实践也是危险和有害的,应当终止或进行根本性改革。

(二)他是一名身心二元论者

精神病学咨询师帕特·布拉肯认为,《精神疾病的神话:一种人的行为理论基础》的核心观点就是医学中使用的假设、语言和习惯用语并不适于对精神痛苦(mental suffering)的解释。当人们的思想、情感、关系和行为出问题时,并不能使用对付疾病组织和器官的方法。精神痛苦关乎人生意义的世界,无法通过医学科学,如内分泌学中应用的因果逻辑来把握。如此说来,即使萨斯本人并不承认是一

---

① 1973 年,美国斯坦福大学的研究者罗森汉恩做了一个著名的实验,他找到 8 个人来扮演精神病人,要求他们到精神病院对医生说自己听到"轰轰"的声音,他们都被接受入院治疗。这些行为正常却被院方视为精神疾病患者的人们,滞留医院 7—52 天不等,即便在出院时,他们也被医生诊断为"精神分裂症——缓解中"。

② Rachel Cooper. Psychiatry and Philosophy of Science[M]. Stockfield: Acumen Publishing Limited, 2007: 11.

③ Brendan D Kelly, et al. The Myth of Mental Illness: 50 years after publication: What does it mean today? [J]. Ir Psych Med., 2010,27 (1): 36.

个二元论者,事实上也在奉行笛卡尔的身心二元论。其实,萨斯争论的是一个古老的认识论问题:自然科学与人的科学研究方法之争。实证主义认为,自然科学研究方法是唯一能真正把握现实的方法,如果人的科学,如同社会学、心理学和历史学,以及人类学一类的学科试图成为科学,就必须依赖自然科学研究方法来建立理论模式。然而,一些哲学家却主张,自然科学研究方法与集中说明人类现实意义的研究方法之间存在着认识论鸿沟。在人的世界里,意义的说明需要某种解释学或者解释方法。"意义并不是某种通过因果规律来把握的东西"。① 这种观点也意味着自然科学并不需要解释因素,只要通过对于自然世界因果规律的经验研究就可以充分地把握,自然科学世界是一个独立于心理学和文化的世界。布拉肯看到,萨斯认为身体疾病是疾病,必须通过生物医学来把握,是一个与意义无关的世界。这种看法实际上是在坚持身心二元论,坚持那种自然世界与人的世界不相关联的哲学认识论。

(三) 他无视人们的精神痛苦

萨斯认为精神疾病像一个方的圆,根本不存在的东西,而不是一个独角兽,人们可能发现后者,但却没有可能发现前者。然而,对于许多人来说,萨斯就这样轻易地否定了许多极度痛苦和失去能力的人们。不仅如此,他也否认精神疾病患者通过寻求医生帮助,借助药物治疗缓解疾病和恢复健康的做法。萨斯对精神疾病自愿治疗的强调很容易引发是否应当干预抑郁症患者自杀问题的争论。萨斯相信个人有权利选择自己何时去死,包括以自杀的方式结束生命,并对英国女作家弗吉利亚·伍尔夫的自杀选择表示理解和尊重,这一观点带来诸多争议。美国精神病学和法学教授伯纳德·L.戴蒙德(Bernard L. Diamond)批评说,人们难以置信萨斯并不理解需要保护严重精神障碍者对于自我的暴力,他强调在一个自由社会里,一个人有权利伤害自己和自杀。这难道意味着人们必须允许一个抑郁症患者在失望中自杀,一个精神分裂症患者在幻觉的狂喜中自残吗?难道萨斯所强调的自由不为所有人拥有吗?②

(四) 他否认对于精神疾病的医学治疗,尤其是未经当事人同意的"强制性"送医

许多通过医学帮助得以康复的精神疾病患者都以自身的经历证明精神疾病的存在,以及治疗的效性。然而,萨斯从童年起便把监狱、医院和精神病院都视为监狱,成年之后他又发现,人们禁止讨论把疯癫者锁起来的伦理正当性问题,因为疯人就应当被关进精神病院,只有疯人才问"为什么?"从那时起,他就认为精神疾病不是一种疾病,并从未放弃过这种信念。他在童年时期就喜欢马克·吐温的小说

① Brendan D Kelly, et al. The Myth of Mental Illness 50 Years after Publication: what does it mean today? [J] Ir Psych Med, 2010, 27 (1): 37.

② 参见:Bernard L Diamond. Law, Liberty and Psychiatry: An Inquiry into the Social Uses of Mental Health Practices by Thomas S. Szasz [J]. California Law Review, 1964, 52 (4): 902.

《哈克贝利·费恩历险记》,因为一个天真的孩子能够意识到奴隶制的罪恶,而成年人却不能。他把对精神疾病的强制性治疗与奴隶制进行比较,发表了1977年的《精神病学奴隶制:当禁闭和强制伪装成治疗时》、2002年的《通过压制来解放:奴隶制与精神病学的比较研究》,以及1970年的《疯癫的制造:宗教裁判与精神健康运动的比较研究》等著述。

(五)他不同意免除精神疾病患者的法律责任

1965年,萨斯出版《精神病学的正义》一书,探讨在什么情况下被指控犯罪的人有可能被合理地认定不需接受审判的问题,主张精神疾病不能成为否定接受审判的权利,以及被要求免受审判的基础。精神病医生也不是评价这些罪犯是否应当受到审判的人。然而,戴蒙德对此批评说,萨斯没有看到许多法律工作者也同样在探讨精神病人的权利、公正,以及精神疾病患者的法律责任问题,并反对精神病学家对这种问题的操控和利用。"在敦促我们奉行他的政治意识形态——一种极端自由主义和个人责任的意识形态过程中,萨斯把所有政府出于福利和安保目的而进行的干预都视为法西斯主义。从这个意义上说,他似乎违背了自己的职业忠诚,忘记了临床技能和经验"。《精神疾病的神话:一种人的行为理论基础》"是一本不负责任的,应该被谴责的危险著作"。许多精神病学家十分糟糕地忽视精神病学与法律之间的关系,写一些关于医学和法律的天真论文,这类文章是有害的,让一些法律人士感觉到精神病学并不是一门"精准的科学"。①

然而,对于萨斯本人及其辩护者来说,上述评论和批评有许多误解和不足。为了避免被人曲解,萨斯在《精神疾病的神话:一种人的行为理论基础》结尾处总结出自己理论的10个要点:"① 严格地说,疾病只能影响到躯体,因此并不存在精神疾病。②精神疾病是一个比喻。精神'有病'或经济学'有病'只是在调侃意义上说的。③精神病学诊断是一种污名化标签,与医学诊断具有相似性,用在那些行为举止令人气愤或有冒犯性的人们身上。④那些对自身行为感到痛苦和抱怨者常被贴上'神经症'标签;而行为令他人痛苦,被他人抱怨者通常被认为患有'精神疾病'。⑤精神疾病不是一个人所拥有的某种东西,而是因为他做了某些事,或者他就是如此。⑥如果没有精神疾病,也就不存在由此被送医、治疗或者治愈的事情。当然,不论是否被干预,人们都可能改变自己的行为或者人格。这类的干预今天被称为'治疗'或者改变,如果依据社会赞同的方向,也可以称为'再造'和'治愈'。⑦把精神病学引入刑法管理中——例如对疯癫者的宽恕和裁决,或由于精神疾病免予起诉等是对法律的践踏,使那些被针对的人成为受害者。⑧个人行为总要遵循准则、

① Bernard L Diamond. Law, Liberty and Psychiatry: An Inquiry into the Social Uses of Mental Health Practices by Thomas S. Szasz[J]. California Law Review, 1964, 52 (4): 902.

策略和意义。人际关系和社会关系都可以当作游戏来看待和分析,玩家的行为必须由明确清晰的游戏规则来指导。⑨在许多自愿的精神治疗形式中,治疗师试图解释当事人行为采用了含糊的游戏规则,帮助他们理顺自己在游戏中的生活目标和价值观。⑩对于非自愿的精神病学干预并不存在医学、道德或者法律上的合法性证明,它们是违背人性的犯罪。"[①]作为萨斯理论的辩护者,美国精神病学家安东尼·斯塔德伦认为,无论是萨斯的拥护者还是其对手都对他有深深的误解,例如,许多人声称自己受萨斯的影响不使用类似"精神疾病"一样的"病理学标签",自认为是"精神健康工作者",但他们并没有意识到萨斯在半个多世纪之前就已经抛弃"精神疾病"和"精神健康"术语。针对上述评论二的观点,斯塔德伦也指出,人们认为萨斯把精神和肉体分开,忽视了古希腊整体论的疾病概念,这也是一个误解,其实萨斯充分理解古希腊的疾病概念,意识到精神疾病是一个与现代科学相关联的比喻,海德格尔观察到眼泪不能被理解成自然科学,尽管它具有身体属性。萨斯也说婚戒不能被理解为自然科学,尽管它具有物理属性。从这个意义上说,这两位学者都不是身心二元论者。对于上述评论三的观点,斯塔德伦也辩解说,萨斯想强调"精神疾病"概念所具有的经验、伦理和政治含义,他主要关心如何使用这一概念,认为它已经成为一个出于不良信念而有意为之的社会和政治错误——不仅为强制性精神病学提供合法性证明,对无辜者施以暴力,也以疯癫的名义为罪犯洗刷罪名。而这种对于"精神疾病"及其精神病学"互补性"的使用是对人性的诋毁和对法律的消解。"精神疾病的神话意图比仅仅语义学上的学术探讨有更多的含义。它也意欲谴责现代国家经过长期努力所拥有并行使的,得到医生和律师全力支持的,通过最暴力方式驯化和控制人们,借帮助他们的名义剥夺无辜者的自由,实际上也是剥夺其所有宪法权利的道德合法性。"[②]由此说来,萨斯非常关心人们的痛苦,只不过认为这些痛苦并不必然是医学问题,也不相信这些"精神疾病"患者缺乏责任能力,强调不应当对他们施以暴力。斯塔德伦还认为,萨斯也不否认对于精神疾病的治疗,只不过是主张自主性精神治疗,并认为这是世界上最值得做的事情。他早期描述的把许多人类状况日益医疗化的倾向在当代社会依旧如此。萨斯试图实践和促进一种真正的精神治疗,因为他相信一种存在主义观点——人最终不能用一个系统或者科学来描述。

三、后萨斯时代的精神疾病概念

萨斯曾把卡尔·波普尔的一句话——"科学必须始于神话和对神话的批评"作

---

① Thomas S Szasz. The Myth of Mental Illness: Foundation of a Theory of Personal Conduct [M]. New York: Harper & Row Publishers, 1974: 267-268.

② Stadlen. Thomas Szasz Obituary[J]. Existential Analysis, 24. 1: January 2013: 8.

为《精神疾病的神话:一种人的行为理论基础》一书的题记。然而,无论人们是否理解萨斯关于"精神疾病"的"神话",他都连同这一神话永久性地载入人类追求健康和精神健康,以及精神病学学科建设的史册。即便在萨斯已经离去的今天,这一神话依旧延续着,并提醒人们不断地探索自己的精神世界,在破解各种精神障碍之谜的同时,卷入永无休止的关于"精神疾病"的争论之中。中国大陆目前大约有 1 600 万精神疾病患者,精神疾病在国家疾病总负担中排名首位,约占疾病总负担的 20%。据 WHO 推算,到 2020 年,中国精神疾病的负担将上升到疾病总负担的 1/4。2017 年 2 月 WHO 宣布,2015 年全球超过 3 亿人受抑郁症困扰,约占全球人口的 4.3%,这一数字比前 10 年增加 18.4%。① 鉴于这一局面,人类再也无法否认精神疾病存在的事实。然而,问题的关键依旧是如何界定和解释精神疾病概念。人们在界定一个概念时,通常会坚持下列三种观点中的一种:"其一是纯粹评价的,不包括任何经验成分;其二是纯粹描述的,不包括任何评价成分;其三是由评价和描述两种成分组成。"②而且根据语言分析的观点,在定义某一对象时应当注意到三个方面:定义所呈现出的问题的本质;所能获得的解决问题的方法;在解决这类问题中人们所能期待的结果。③ 这就表明,任何概念都包含一种深刻的价值内涵,它取决于在界定过程中的方法论选择。基于上述观点,精神疾病应有广义和狭义之分,从广义上说,它通常与人们心理上的痛苦和总体上的不幸福状态相关。从狭义上说,它意味着在各种生物学、心理学以及社会环境因素影响下,由于人类大脑功能失调所导致的认知、情感、意志和行为等精神活动方面不同程度的障碍。

萨斯在一次讲演中曾经提到,自己读医学院时,只有 6—7 种精神疾病标签,而今有多达 300 余种,这足以可见国家和社会,以及精神病学家在控制人的自由和"污名化"方面创造力之强。而且随着当代社会政治和经济的巨大变革,人们生存问题与日俱增,精神病学俨然已成为一种"工业"生产出更多的精神疾病标签。应当说,萨斯的这一观点有其深刻的社会背景,而并非空穴来风,福柯对于精神疾病的历史考察可以为其提供佐证。福柯一直被认为是"反精神病学家",他 1958 年完成的《疯癫与文明》一书于 1961 年正式出版。书中叙述自 1650 年至 1789 年间,即"古典理性时代"精神病患者社会待遇的演进。在一次接受《世界报》记者的采访中,福柯谈到这本书的核心内容:"疯癫"只存在于社会中。在那些隔离它的敏感形式之外,在那些驱逐它或捕获它的嫌恶形式之外,它是不存在的。由此人们可以认为,从中世纪到文艺复兴时代,疯癫作为一种审美和世俗的事实存在;而后在 17 世

---

① 参见:http://fashion.ifeng.com/a/20170225/40195898_0.shtml(2017 年 2 月 25 日).

② Rem B Edwards. Psychiatry and Ethics[M]. New York: Prometheus Books, 1982:18.

③ 参见:Stephen G Post. Encyclopedia of Bioethics[M]. 3rd ed. New York: MacMillan Reference USA, 2004: 1790.

纪,从出现禁闭(狂人)的做法开始,疯癫便经历一个沉寂的、被排斥的时期。在古罗马和雅典,疯癫被定义为前精神病学术语,它主要有两个特征——无目的漫游和暴力行为。根据对美国社会的研究,公众混淆了精神障碍暴力之间的关系。有60%的人相信精神分裂症患者比正常人更可能有暴力行为。[①] 而且根据雷切·库珀的评论:“在反精神病学家中,福柯是微妙的和最重要的。他的理论可以有多种解释,感兴趣的读者应当自己去读福柯的相关著作。而我对他的阅读表明,福柯争论‘精神疾病’概念有特定的历史背景,如果我们的过往稍有不同,它就绝不可能出现。如果他是正确的,便毁掉我们把精神疾病视为理所当然的现实。”[②]因而,福柯相信所有概念都具有历史性,精神疾病也不例外。他的《疯癫与文明》《临床医学的诞生》和《事物的秩序》等著作被说成是威拉德·奥曼·蒯因(Willard Van Orman Quine)[③]再叠加历史的产物。蒯因认为,我们可以通过不同的关于世界的概念方案来组织、解释和预言自己的体验。有人认为世界是物质的,有人把世界看成是由精神和神缔造的,但不同方案都可以在组织人们体验方面获得成功。如果说蒯因是根据概念方案来思考,福柯则根据知识(episteme)来思考,并对精神疾病进行知识考古学的探讨,认为不能把知识想象为一种单一的包罗万象的世界观,而必须从知识的历史和权力构成来考察。同福柯相比,萨斯更多地看到由于政治权力关系,精神疾病概念在人类历史发展中的负面影响,并由此希望彻底否定这一概念,而没有像福柯那样从本体论意义上承认“疯癫”作为理性对立物的存在,并试图摆脱它被政治和权力结构控制的局面,这也是在后萨斯时代,我们需要继续使用精神疾病概念,同时警惕它被政治和权力机构利用,摈弃它被“污名化”的历史,用这一概念分析和解决与日俱增的精神健康问题的重要动机。

然而,无论如何,萨斯的“神话”理论都对精神疾病概念的阐释、精神病学、精神病学哲学学科,以及人类的精神健康事业做出了重要的历史贡献。在后萨斯时代,人们同样需要联系萨斯的反思和批评进一步思考精神疾病概念的内涵及其应用问题,其重要路径主要在于打破传统的身/心、医学/社会、理性/疯癫等二元论思维方式,从整体论(holism)和“缘身性”(embodiment)出发来理解精神疾病概念。

---

① 参见:Dilys Davies,Dinesh Bhugra. 精神病理学模型[M].林涛,译. 北京:北京大学医学出版社,2008:9.

② Rachel Cooper. Psychiatry and Philosophy of Science[M]. Stockfield: Acumen Publishing Limited, 2007: 14.

③ 蒯因是20世纪美国著名哲学家、逻辑学家和逻辑实用主义者,著有《语词和对象》(蒯因.语词和对象[M]. 陈启伟,朱锐,张学广,译.北京:中国人民大学出版社,2005.)等著作,主张把哲学和科学等问题置于一个系统的语言框架,即概念框架内来研究,强调对于这些概念框架的取舍应当以是否方便有用为标准,而不应以是否与客观实在相符合作为标准,这一观点被视为逻辑经验主义与实用主义结合的产物。

(一) 需要从整体论出发理解精神疾病概念

萨斯提出许多理由拒绝“精神疾病”概念，但根本观点缘于他对精神疾病的认知——它不是疾病，因为“患者”并没有遭受生物学异常的痛苦，疾病只能影响人的身体，精神疾病只是一个比喻。① 精神疾病实际上关乎人的生存和行为问题，任何行为及失调问题都不是疾病，也不需要心理治疗(therapy)。尽管萨斯及其辩护者都不认为他是一个二元论者，但他的理论基石却在于把身体和精神、生理和心理、医学和社会截然区分开来，缺乏一种整体论思维方式。根据当代精神病学的解释：“精神障碍是指在各种生物学、心理学即环境因素的影响下，大脑的结构和功能发生紊乱，导致认知、情感、意志和行为等精神活动的异常……精神是生物—心理—社会统一的表现。”②这是基于整体论观点对于疾病和精神疾病的认识。美国现象学家和存在主义医学哲学家 S. K. 图姆斯也指出，疾病是人类存在的一种本体状态。疾病让我们感受到躯体已经不是自己的盟友，我们的手指、腿和其他器官已经不像往日那样按照我们的意愿行事，而且只有此时我们才发现，我们的自我意识与躯体多么紧密地联系在一起。疾病或者残障不仅仅是一个生理事件，也是我们的本体存在，是我们在这个世界中的一种存在状况。③ “当身体出毛病时，生命也发生了故障”。“患者并不是仅仅‘拥有’这个躯体。他或她就是这个躯体。结果，病人不仅仅‘患有’某种病症，而是生存于他们的病情之中，例如患有多发性硬化症、关节炎、心脏病之类疾病的患者，就是以一种非常特殊的方式生活在一个失控的躯体中，而不仅仅是‘患了’某种可以识别的疾病”。④ 这也如同当代中国作家贾平凹所形容的那样“生病是另一种形式的参禅”。因而，无论从哲学还是医学意义上说，身体和精神疾病都是紧密联系和相互转化的，这仅仅因为人本身是一种整体性的本体存在，人们只是在分析和概念研究时把身心分离，而在现实生活中必须把两者统合起来还原成一个整体。因而，萨斯以无法从生物学和医学上作出诊断为由否定精神疾病的看法显然是不能成立的，正如他的评价者所言：“精神疾病是一种独特的身体疾病。它的原因不能被认识并不意味着它们不存在。精神疾病不是一个

---

① 萨斯在晚年的一次讲演中指出，伤寒症(typhoid fever)是一种疾病，而春倦症(spring fever)就是一种比喻，精神疾病如同后者一样是一个比喻。受社会政治权力和价值观影响，人们会把不被喜欢的行为称为“疾病”，如黑人逃离奴役奔向自由被说成是漂泊狂(drapetomania)，女性反抗男性主宰被称为歇斯底里(hysteria)等。

② 江开达. 精神病学[M]. 北京：人民卫生出版社，2010：1.

③ 参见：图姆斯. 病患的意义：医生和病人不同观点的现象学探讨[M]. 邱鸿钟，等译. 青岛：青岛出版社，2000：106.

④ 同③94.

神话而是一种神秘。"①尽管当代神经科学、生物学、脑科学和医学发展尚未达到准确地阐释精神疾病病因的程度,但这并不意味着这些病因是不存在的。从哲学上说,无论身体还是精神疾病都不是单一的疾病,都必须从作为本体存在的、具有统一性和整体性的人,也就是"精神是生物—心理—社会统一的表现"角度来理解。

(二) 需要从缘身性出发理解精神疾病概念

基于当代西方哲学中的解构主义、身体现象学,以及女性主义所强调的"缘身性"理论,人们也可以跳出萨斯面临的身心二元论理论困境,重新理解精神疾病概念。法国解构主义者把身体作为核心概念,这是因为这一理论认为二元论构成古典哲学体系的基础。笛卡尔等人奉行身心二元论,把一个抽象的,前话语的主体作为思考的核心,相应地把身体、情感、激情及需要看成是理性和精神的对立物,因而这种理性和自我反思是基于排除和压抑身体形成的。进而,当身体概念被用于人文主义文化中"爱智慧"的对立物时,便具有一种策略的价值。解构主义试图分两步走:一是把等级制倒置过来,例如,把身与心、物质与精神、理性和情感的地位倒置过来,强调在以往哲学中被忽略的成分;二是展开在二元论中相互排斥的要素,解释它们是如何相互纠结在一起的。身体现象学和女性主义哲学也在批评身心二元论基础上强调"缘身性",把它视为理解身心关系的一个新范畴。女性主义哲学强调,福柯相信身体是由权力关系导致的非偶然实体,而女性主义在此基础上强调身体和性别一样既是一种社会建构,也是一种社会关系隐喻。既然这一范畴充满意识形态、文化和社会的内涵,它本身必然随着历史和社会变迁而不断变化。身体"范畴"是一个行进中的,不断变化的范畴。从"缘身性"来看,主体是作为身体来生存的,有生命的身体是物质身体在特有社会文化背景下行为与体验的统一体,身体存在于情境之中,身体的存在及其物质环境构成一个人的现实性和各种可能性。身体是一个统一的整体范畴,它消除了任何诸如身体/心灵、身体/物体、身体/世界、内在/外在、自为/自在、经验/先验的二元对立,因为身体不单单是支撑着我们行动的躯体,也包括我们的意识、精神和心灵,身体及其意向性是身心关系统一的基础。基于"缘身性"理论,精神疾病不可能与人的身体及其意向性,以及身体体验分离,因而当代哲学,尤其是身体理论的建构和发展已经为超越萨斯所批评的"精神疾病"概念奠定坚实的理论基础。

四、结语

理性和精神是把人与万物区分开来的标志。作为世界上最为复杂的生物,人

① Brendan D Kelly, et al. The Myth of Mental Illness 50 Years after Publication: what does it mean today? [J]. Ir Psych Med., 2010,27 (1): 38.

的精神世界与人本身一样是一个神秘难解的谜团。然而,人类所面临的精神健康问题和困境却无时无刻不在逼迫精神病学、哲学,以及精神病学哲学锻造各种概念,找到摆脱问题和困境的方法和路径。在这条探索的路途上,萨斯提出并引发的关于"精神疾病"概念的争议是深化探寻人类精神世界和自我认知的一个路标,尽管人们依旧无法判断路在何方,但不容否认的是,由于萨斯的理论观点,我们关于精神疾病的思考已经更复杂、更深邃、更矛盾,更有生机和希望。因而,无论人们如何看待萨斯及其理论观点,都不应当忘却他的贡献。

人类的精神健康追求很大程度上取决于对"精神疾病是否存在"问题的回答。然而,20 世纪六七十年代,在哲学家、社会学家、精神病学家、人类学家之间便针对这一问题有过激烈的争论。在这一争论中,人们努力地界定精神疾病本质,并形成强调社会和生理病因学之间的两极对峙。而在 21 世纪的今天,哲学思维方式的变革势必会影响对于这一争论的理解,例如整体论和缘身性便有可能成为凿开身心二元论魔咒的工具。

可以预测,在人类精神病学,尤其是精神病学哲学发展的历史上,关于"精神疾病是一个神话"的争论还会顽强地延续下去,并随着精神健康问题的与日俱增愈发地引人关注。萨斯相信,精神不是一个如同大脑和心脏一样的器官,人的行为也并非如同糖代谢和造血一样是一种功能,人不是机器,不能当成物来对待。人的行为从根本上说是道德行为,不把握伦理价值便试图描述和改变人类行为的做法注定要失败。从这一意义上说,萨斯的确是精神病学哲学,尤其是精神病学伦理学的一个拓荒者,试图在精神病学中引入政治、社会和道德思考,并建立一种人的行为理论,把伦理学纳入对精神疾病的解释和治疗中来。

英国精神病学家库珀认为,我们需要探讨什么是理想的精神病学,而不是在反精神病学方面做过多少白日梦。或许,萨斯理论的意义及争论早已超出这一理论本身,并继续引领人们在追求理想的精神病学与精神病学哲学道路上踯躅前行。

生命的自在意蕴及伦理本位

——生命伦理学研究的三维向度

唐代兴

四川师范大学政治教育学院

摘　要　生命既是本体的又是形成的。在本体世界,生命原发存在,其自在性和他者性内在地统一,并表征为感性的伦理意蕴。在形成世界,生命继发存在,其潜在伦理意蕴必显扬为现实伦理要求,并因为遭遇利害而敞开三种可能性朝向。但这些体现不同可能性朝向的伦理要求只能在生命创造"生命的产物"这个层面展开,根本无助于消解生命自由与生命平等的矛盾、生命的产物控制生命和生命反抗其控制的冲突。生命伦理学诞生于这一双重拉锯战中,并必然肩负:①在人的形成世界中如何引导生命和怎样呵护生命;②在人的本体世界中如何实现生命的自在和自由。由此,生命伦理学必然开辟出生命本体的伦理学、生命形成的伦理学和能够整合二者所构建起来的生命伦理方法学。

关键词　伦理意蕴;伦理要求;自由的平等限度;生命本体的伦理学;生命形成的伦理学;生命伦理方法学

在对生命伦理学有限智识中,愚以为何伦对生命伦理学的基本判断颇有道理,他说:"生命伦理学是理解道德哲学的一个小小的窗口,抑或可以说是反观理论伦理学的一条路径。起码,我从生命伦理学领域可以窥视到当代伦理学或道德哲学理论与实践正在发生的转变,感受到生命伦理学作为这种转向的先驱。"[1]1 我对生命伦理学历来心怀虔敬,其最终理由可能亦在于此。因为有了生命伦理学,默默消长不息的生命才获得突显,并由此使生命问题本身成为当代文明探索中的重要内容。虽然如此,但生命却并没有在生命伦理学喧哗的世界得到照亮:生命伦理学在锐意张扬生命的过程,却在无形中遮蔽或消解着生命。这是因为生命伦理学虽然脱胎于医学伦理学,但它所关注的绝不仅仅是生命的活力状态(即健康或疾病)问题、生命的权利(比如堕胎、安乐死、自杀)、生殖技术或生命的保障性生存等问题,这些问题虽然重要,但却仅是生命的形成问题,而不是生命的本质问题、本体问题。

有机论哲学家怀特海认为,“欧洲哲学传统最可靠的特征是,它是由关于柏拉图的一系列注释所组成的”[2]35。柏拉图之所以具有如此重要的原创地位,是在于他区分了本体的世界(world of being)和形成的世界(world of becoming):本体的世界是世界的恒常状态、不变状态,它表现为普遍、永恒、真理;形成的世界是世界的流动状态、变化状态,它表现为具体、短暂、易逝。世界的构成是生命,生命构筑起本体的世界和形成的世界,并分领这两个世界。对生命予以伦理审查,当然要关注生命的形成问题,但更要注目生命的本体问题,只有生命的形成获得生命的本体照亮、生命的本体实现着生命的形成,生命伦理学才可实现对生命本身的解蔽而成就自己。

一、生命的自在意蕴

何伦曾在《生命的困惑:临床生命伦理学导论》中指出,“生命伦理学的研究不能只是因于应用规范伦理学的理论框架,仅着力于应当的谋划,急于规范的建构。因为对生命的思考和对生命现象所呈现出来的道德问题的反观,离不开元伦理学探究一般问题的努力。特别是在价值多元化的社会里,人们对什么是善并不是自明的,在许多时候,善不是一个而是多个,对善的理解不仅因时因事而异,而且因人而异。生命伦理学如果不去努力寻求关于善的共识,则有关应当行为的谋划很可能是脆弱的。所以,生命伦理学的实质是兼有规范伦理学和非规范伦理学的性质。”[3]6何伦所论极对,但客观审视,“善”亦不是生命伦理学的根本问题,因为“善”可以构成生命伦理学的尺度构建问题,却不构成生命伦理学得以构建的逻辑起点,更不能以此而解决生命伦理学得以建立的最终依据等问题。所以,在生命伦理学中,比“善”更重要、更根本、更具有决定性和指导性作用的恰恰是“生命”及其与伦理的本原关联问题。

简要地讲,生命是一种充满“活性力”的有机体。[4]68以此审视“生命伦理”概念,首先意指生命体现其伦理诉求,其次意指从伦理角度审视生命。致思“生命伦理”所面临的首要问题,就是到底是人赋予给生命以伦理?还是生命本身蕴含伦理?如果属于前者,那伦理就外在于生命,人完全可以按照自己的意愿而给生命附加上任何内容;反之,如果伦理乃生命的内在呈现,那么人就须得尊重生命本身的伦理诉求。伦理到底是外在于生命的还是生命的内在诉求,表面看来好像并不重要,但实质上却是根本。因为它体现两种根本不同的生命伦理来源,并由此形成看待和理解生命伦理的不同出发点、不同视角、不同视野、不同方法。比如,假定生命的伦理是外在于生命的,是人的觉醒和需要赋予生命的,那么就有充分的理由和依据将生命装进伦理之框中,完全按照人的意愿来处置生命;反之,假如承认伦理是生命的本性要求,那么,我们只能尊重生命的本性来确定伦理准则。比如面对安乐死的问题,如果持前一种主张,安乐死是合伦理的,是需要倡导和普及的;但如果持后一种主张,安乐死是违背生命之自身本性的,因而也是有违伦理的。

生命的伦理到底来源于生命自身,还是来源于人的赋予,要对此做出清晰的判断和正确的选择,需要回到生命本身。西美尔讲,“只有生命才可能理解生命”[5]37。只有在通过生命来理解生命的基础上,才可能通过生命来理解伦理:生命本身是理解生命和理解伦理的必需桥梁。

从生命理解生命,所涉及的第一个问题就是生命的来源问题,即生命从何处来?对这个问题的解答有宗教的和科学的两种想象方式。在宗教的想象方式中,生命来源于上帝:上帝是生命的生命,但其前提是上帝是自然的自然。在《旧约全书·创世纪》中,上帝是原自然、原生命、原创力。上帝原创的首要成果是天地山水,然后是生命万物,最后是人。在科学的想象方式中,生命来源于进化,即生命对生命的进化,其前提却是自然对自然的进化:只有自然对自然的进化之旅全面展开的进程中,才逐步实现生命对生命的进化。这其中仍然存在着原自然、原生命、原创力的问题。

在过去,宗教与科学始终在殊死搏斗,但客观地看,这种殊死搏斗不过是人的无知观念所为。撇开人的无知的偏执观念,宗教与科学在其形成意义上虽各不相同,但在本体意义上却是同构的。这种同构不仅表现在如上方面,更表现在对生命的等级性设定上:在宗教那里,上帝的创化遵循由整体到具体、由低阶向高阶方向展开,其创化的最高成就是人这个生物的诞生,其后就是人的堕落和自救。在科学那里,世界的进化遵循由一般到具体、由低阶向高阶方向展开,其进化的最高成就仍然是人这个生物的诞生,其后继续进化而上升为智力人、现代人、文明人,这一进程在形成性层面,是人的上升,但在本质层面,却仍然是堕落和由此引来的自救,这就是当代人类的境遇。

宗教和科学,对生命来源的不同想象方式,无意间达成本质上的同构,表明人的想象在最终意义上不能脱离存在本身:在形成世界中,生命来源于他者;但在本质世界中,生命来源于自己。在宗教那里,上帝创造生命的前提是上帝创造自我:上帝本身就是生命,是本原的生命。在科学那里,自然进化生命的前提是自然进化自我,这不仅在生物学那里是如此,在现代天体物理学那里也是如此:宇宙大爆炸的前提是极小体积、极高密度、极高温度的“奇点”,这个“奇点”却是自生成的。

生命来源于自己,意味着生命必以自己为要求,即生命必以自己为出发点,并以自己为目的。生命以自己为出发点和目的的根本前提,是生命的存在本质是生命本身,具体地讲是生命的本性。所以,生命以自己为出发点和目的,讲的是生命必须按照自己的本性来确立自己的出发点和目的。这在宗教的想象性表述中,生命本性乃上帝意愿,在上帝的意愿中,生命的起点也是生命的归宿,生命的动机亦是生命的目的，二者原本为“一”。人这个生命在无意中违背上帝意愿而堕落成为“人”，其所必为永劫的自救，不过是对生命本性的艰难回归。在科学的想象方式中，生命本性乃自然本性，生命的起点和归宿、动机与目的，同样是一个东西，人类按照科学的引导踏上文明发展的道路，必然迫使生命沉沦于科技化生存的死境之中，其所背负的永劫的自救，仍然是对生命本性的艰难回归。

宗教和科学对生命来源的不同想象方式，均来自于生命存在及其敞开存在的历史：生命诞生于偶然，但偶然诞生的生命却因生而活并为活而生，且生生不息的本性是必然的，这种必然性敞开的形成世界及其本质命运，却为宗教和科学所分别直观并进行不同的描绘：在生命向人的世界的形成过程中，必然牵动其无机机体（自然）一同沉沦：沉沦本身意味着生命自救生命的启航，这是生命伦理学得以诞生的内在契机和最终原动力。

生命以自己为要求和目的敞开自身的轨迹，之所以构成宗教和科学的想象方式，最终还是源于生命本身。因为生命既来源于自己，更来源于他者：生命来源于自己，这是生命的发生学，并形成生命的原发存在；生命来源于他者，这是生命的存在论，并形成生命的继发存在。从存在论或者说继发存在角度观，生命的他者性之实质表述，就是生命始终得之于天、受之于地、承之于（物种、种族、家族、家庭）血缘，并形之于父母。概括地讲，生命诞生天地神人的合乐，这就是以自身之内在规定性为本体的生命的他者性。

生命的他者性，表明生命的生存本质是他者性存在。

生命的他者性，仍然来源于生命的自身性。

生命的自身性的首要含义，就是生命的自在性，即生命按自己的本性要求而存在而敞开其存在。这对每个生命物种、每个物种生命个体来讲，都没有例外。这种无一例外的本质同构和同等要求，构成了生命存在的绝对平等。因而，生命的自在性，必以他生命的自在性为本来要求。

其次，生命的自身性亦是生命的个体性，这是所有生命都无法改变的存在事实，这一存在事实要求生命与生命之间必须平等。

生命的个体性存在表明生命是边界的。这种边界蕴含着一种内在规定，这就是生命与生命之间必存在着空间距离。这种空间距离的大小，并不具有绝对的规定性，但却有最低的限度要求，即任何一个生命得以自在的最低空间距离是不容缩小的，更是不能取消的，否则，生命就难以获得自在地存在，生命的自身本性就将遭受侵犯。

生命的个体性存在还表明生命是自我限度的。生命的自我限度表现在其自在的限度性：生命的自在始终是相对的，没有绝对的自在生命，所以，生命之于自由亦是相对的。从本质论，生命自在的相对性和由此形成的生命自由的相对性，均源于生命之自身力量的有限性,这种有限性体现为每个生命都不能凭一己之力而存在,更不能凭一己之力而自在存在和自由存在,生命必须走向他种生命、走向他物和他种存在,并凭借他者之力而实现自身存在。所以,作为个体生命,其存在和生存最需要的是其他生命、其他物、其他存在。简言之,生命最需要的是他者。

再次,生命的自身性就是生命对他者的需要性。生命对他者的需要,构成每一个生命存在的最低条件。生命对他者的需要的首要前提,却是生命的他者性本身,即生命得之于天、受之于地、承之于血缘、形之于父母的事实本身构成了"生命最需要的是他者"的绝对前提。

二、生命的伦理本位

从起源讲,生命既来源于自己,也来源于他者;从原发存在论,生命既是自在的,也是他在的。生命的双重来源和双重存在方式,均张扬出生命的内在伦理意蕴。生命的自生性和自在性,体现了生命的为己:为己,这是生命诞生和存在的最终依据、最终理由,也是生命蕴含伦理意趣的内在方式;生命的他生性和他在性,体现了生命的为他:为他,这是生命诞生和存在的绝对前提,也是生命彰显其内生伦理意蕴的外在方式。

生命的原发存在必然朝向继发存在方向敞开,这就是生命的生存。

生命在原发存在境域中,其全部的伦理意趣均蕴含于生命之中而待发;生命从原发存在境域中迸发出来向继发存在领域敞开,其蕴含在生命之中待发的伦理意蕴必然因为生存利害的激励而获得其现实性:在生命敞开自身的生存境域中,其潜在伦理意蕴变成了现实的伦理要求,并且这种现实的伦理要求构成了生命敞开自身存在实施生存的本体规范,由此,伦理获得了生命本位。

在生存境域中,伦理对生命的本位确立,实际上源于如下因素的激励。

首先,原发存在境域中的潜在伦理意蕴上升为生存境域中的现实伦理要求,其主体性前提是生命世界中人这一物种从一般生命形态变异为人质化的生命形态,即从物的生命变成人的生命,其实质性标志就是他获得人质意识并不断自我强化其人质意识。人从动物状态获得人质意识并不断强化其人质意识,这是一个形成人的世界的过程。这一形成过程实现了三个方面:首先是产生对象性意识和分离观念,然后在此基础上生成目的性意识并产生自我设计意愿以及其将此意愿转化为实际生存力量的努力。

其次,以人质化意识为武装的生命,一旦实施其目的性意识和自我设计意愿,则必然要遭遇利害,由此利害逼促生命紧急应对。这种基于生命本性的启动而敞开的紧急应对,既可采取趋利避害的方式,也可采取趋害避利的方式。在实际生存利害面前,生命本性朝向趋害避利方向敞开,无论有无其度,都合伦理,这是因为趋害避利的方式敞开生命本性，是生命实现生殖生命的基本方式，也是生命实现生殖所敞开的基本状态。与此不同，生命本性朝向趋利避害方向敞开，则有度的要求性：趋利避害有其度，则合伦理，因为有限度地趋利避害，既是生命实现对自己生殖的方式，也是生命实现对生命生殖的方式，更是生命实现了对自己生殖的同时实现了对生命生殖的共赢状态。

再次，在生存之域，生命遭遇利害并被逼促而选择，其被逼促选择趋害避利、有限度的趋利避害或无限度的趋利避害这三种方式，呈现生命本性敞开应对生存的三种可能性。而形成生命本性敞开应对生存的三种可能性的根本原因，却是生命的自为性。如前所述，生命的自为性是从自在性和他者性两个方面得到规定的。

生命的自在性要求生命必须追求自由，并且这种追求是绝对的，否则，生命的自在性将遭遇瓦解。与此不同，生命的他者性要求生命必须持有平等，并且这种持有亦是绝对的，否则，生命的他者性将遭遇消解。生命自在性所形成的绝对自由取向和生命他者性所形成的绝对平等取向，必然形成对立、矛盾和冲突。这种对立、矛盾和冲突的具体情景定义，就是实在的利害。对利害的权衡与选择，就是其绝对自由与绝对平等之对立、矛盾、冲突的消解：以趋害避利的方式消解生命自由与生命平等之对立、矛盾、冲突的实质，就是以牺牲生命自由而实现生命平等，即“我运用自由美化你的鼻尖”；以有限度的趋利避害的方式消解生命自由与生命平等之对立、矛盾、冲突力的实质，就是生命自由与生命平等之相向妥协，即在某个双方可接受的空间之“点”上实现互利和共赢，这就是“我的自由止于你的鼻尖”；以无限度的趋利避害的方式消解生命自由与生命平等之对立、矛盾、冲突的实质，就是生命自由以绝对方式实现了对生命平等的取消，这即是“我的自由削平你的鼻尖”。

最后，在生存之域，生命本性因为利害激励敞开三种可能性朝向，最终使生命本身获得两种形成状态，即生命固守其伦理本位的活力状态和生命脱嵌其伦理本位的非活力状态。

生命固守其伦理本位，就是其原发存在的伦理意蕴自我形成为继发存在的伦理要求，其具体表征为在生命的形成世界中实现生命自由与生命平等的内在协调和外在统一。在生命的形成世界中，生命自由与生命平等的内在协调，就是生命自在性与他者性的自为化。在生命的形成世界中，生命自由与生命平等的外在统一，则表征为“己他两利”或“舍利执爱”：前者乃生命敞开生存的道德本位；后者乃生命敞开生存的美德本位。所以，生命在形成世界中固守伦理本位的实质，就是固守道德本位或美德本位。生命固守道德本位，就是在充满利害取向的情景定义中其生存选择行为必须接受“己他两利”之伦理准则的导向；生命固守美德本位，是指在充满利害取向的情景定义中其生存选择行为必须接受“舍利执爱”之伦理准则的导向。

从根本讲,生命既存在于本质世界,也是存在于形成世界,或可说,生命既是一个本质世界,也是一种形成世界。本质的生命世界是自足的,具体地讲是自在性与他者性的真正同一。与此相反,形成的生命世界是非自足性的,因为在形成世界中生命始终处于未完成、待完成和需要不断完成的进程之中,它通常表现为自在性与他者性的分离,这种分离抽象为生命的绝对自由与绝对平等的冲突与矛盾,这种分离具体敞开为利与害的博弈,而利与害博弈则具体化为权与权的博弈和权与责的博弈,前者意即民权与公权的博弈,后者即是权利与责任的博弈,但无论是公权还是民权,都必须以责任为根本要求和规范。以此观之,这种以利害为实质取向、以权权对博和权责对弈为两维方式的博弈之实质规定,就是伦理,即既是伦理的一般规范,又是伦理的具体生成:伦理构成了一切生存境遇中利害博弈、权权博弈、权责博弈的认知框架和价值诉求。正是在这个意义上,我们才说生命是嵌含在伦理之中的。这就是在生命从原发存在向继发存在敞开的形成世界中,伦理始终具有本位功能的根本理由。在由具体的利害为牵引力的权权对博和权责对弈的形成世界中,生命一旦脱嵌于伦理,就必然要遭遇堕落,这种堕落的本质呈现,就是生命本性的沦丧或弱化;这种堕落的形成性敞开,就是反伦理,具体地讲就是道德沦丧或美德消隐。

在形成世界中,生命以实际生存境遇中的利害为取向、以权权对博和权责对弈为展开方式的博弈,本质上是生命自由与生命平等的博弈。当在这种博弈中生命自由彻底战胜或取消生命平等,或者生命平等彻底地战胜或取消生命自由时,就是生命脱嵌伦理。生命脱嵌伦理的实质,是生命脱嵌其自为本性。一旦这种情况发生,就意味着生命之自为本性被其他因素或力量所操控,即被低于生命本性的因素所控制,生命就因此而停止自我生殖而沦为自我消解。

三、生命的伦理关注

在原发存在中,生命自为地和谐。在继发存在中,生命的自由与平等分离,这是人的生命敞开自身存在所不可避免的命运,因为生命从原发存在向继发存在敞开的生命前提,是其命获得人质意识:“无论什么时候,只要生命超出动物水平向着精神水平进步,以及精神水平向着文化水平进步,一个内在的矛盾便出现了。全部文化史就是解决这个矛盾的历史。一旦生命产生出它用以表现和认识自己的某种形式时,这便是文化,亦即艺术作品、宗教作品、科学作品、技术作品、法律作品,以及无数其他的作品。这些形式蕴含生命之流并供给它以内容和形式、自由和秩序。尽管这些形式是从生命过程中产生的,但由于它们的独特关系,它们并不具有生命的永不停歇的节奏、升与沉、永恒的新生、不断分化和重新统一。这些形式是最富有创造力的生命的框架,尽管生命很快就会高于这些框架。框架也应该给富有模仿性的生命以安身之所,因为,归根结底生命没有任何余地可留。框架一旦获得了自己的固定的同一性、逻辑性和合法性,这个新的严密组织就不可避免地使它们同创造它们并使之获得独立的精神动力保持一定的距离。文化之所以有历史,其终极原因就在这里。只要生命成为精神的东西,并不停地创造着自我封闭,并要求永恒的形式,这些形式同生命就是不可分割的;没有形式,生命便不成其为生命。"[5]23在原发存在中,生命的形式就是肉体,它自为地存在。所谓自为地存在,就是生命内容与形式内在地统一,或者说生命与形式内在地统一,并在这种内在地统一中自为创造着这种内在的统一,这就是生命生殖新的生命、新的生命与形式的内在统一。在继发存在中,生命创造出两个形式:一个是与生命内在统一并真正实现生命自为存在的肉体;另一个是生命以意识的方式创造对象化的存在形式,即文化。仅从形式论,生命创造肉体,这是生命的情感生殖;生命创造文化,这是生命的精神生殖。生命创造肉体之所以获得内在统一的自为存在,是因为情感的勃发与张扬最终要内敛地回归于生命本身;生命创造文化之所以出现矛盾从而形成分离性存在,是因为意识地勃发与张扬最终外向地扩张而脱离生命。所以,在原发存在中,没有形式,生命就不成其为生命;但在继发存在中,因为有了意识对象化的形式,生命才异化生命。

意识对象化的生命形式何以会导致生命本身的异化呢?生命哲学家们对此做了最好的解答:"使生命高扬的哲学家坚决地坚持两件事情。一方面它拒绝作为普遍原则的机械学:它充其量是把机械学看成是生命之中的技术。另一方面它拒绝把形而上学奉为独立的东西和首要的观念。生命不愿被低于它的东西所控制;它确实是一点也不愿意被控制,甚至不愿意被那些要求列于它之上的观念所控制,并不更高的生命形式,尽管没有观念的引导也能了解它自己,但现在,这却似乎只有观念从生命派生出来时才有可能。生命的本质就是产生引导、拯救、对抗、胜利和牺牲。它似乎是通过间接的路线,通过它自己的产物来维持和提高它自己的。生命的产物独立地和生命相对抗,代表了生命的成就,表现了生命的独特风格。这种内在的对抗是生命作为精神的悲剧性的冲突。生命越是成为自我意识,这一点便越是显著。"[5]37-38生命在本性上是自为的:生命是生命的动因,也是生命的目的。生命只为生命本身而存在。不仅在生命世界里,而且在整个世界里,生命是唯一的、最高的存在,也是最高的成就。所以唯有生命可以指令生命,唯有生命才能控制生命,也只有生命才能张扬生命。然而,自人的生命获得了人质化意识,其不断强化的意识达向对新的生命形式即文化的创造,文化一旦被意识地创造出来,它就脱离生命而成为一种高于生命的存在:文化高于生命而存在的方式就是控制生命,但生命的自为本性恰恰是不受控制的。由此,生命的意识化成果——也就是生命的产物——对生命的控制取向与生命自为存在的反控制冲突,此二者形成不可调和的矛盾、冲突和斗争。

在生命被人质化意识所绑架的历史进程中,生命不仅以其自为本性敞开自我生殖、创造生命,更热衷于为意识激发起来的欲望所鼓动,而超越其自为本性地创造文化(包括物质财富、科学技术、思想观念……)及其各种扼制、异化生命本性的机械原则和制度装置。人质化的生命之所以热衷于创造出这些生命之外的东西,是因为这些"生命的产物"能够给生命的自为存在带来如下方面的好处:

首先,生命的产物能够为个体生命解决其存在之"生"的问题提供各种可能性条件,个体化的生命要获得生的资格、生的条件,必须解决力量与物质两个方面的问题:对前一个问题的解决,必须走向他者、走进人群,这就是生命的求群、适群、合群的实现,但其前提却是生命与生命的交通,包括约定、协作、遵守、践诺等等,而观念、思想、规则、制度装置等却成为生命所需要的东西。对后一个问题的解决,必须走向获取,这不仅需要体力,更需要技艺,由此科学、技术、经验等东西成为生命所喜爱的东西。

其次,生命的产物能够为个体生命的自由存在提供各种便利。在人的存在世界中,所有的物质、器物、技术、工具……都是为生命存在提供便利而制造,并实实在在地为生命存在提供了便利。

再次,在形成世界中,生命必然喜悦于享乐,这就是生命享乐生命。生命享乐生命的原动力是生命的亲生命性。生命的亲生命性表现为生命的自亲性和生命的亲他性。生命的自亲性就是生命以自己为亲;生命的亲他性是指生命亲近生命。生命的亲生命性成为生命享乐生命的原发动力。在原发存在中,生命享乐生命的直接方式,是生命拥有生命且生命进入生命,从而实现生命的生殖。在原发存在中,生命以亲生命性为原动力来享乐生命,却源于生命的内在要求性,即生命享乐生命乃是生命实现生命的本性,所以生命享乐生命既符合生命本性,也是生命所必为的,这就是上帝耶和华按照自己的肖像创造了亚当之后,还要从亚当身上取材创造一个陪伴他的夏娃的理由。从耶和华创造亚当和夏娃的行为看,生命享乐生命实质上是生命享乐自己。

生命享乐自己,这是生命享乐生命的原发方式,也是生命享乐生命的最高方式。但在继发存在中,人这一生命创造了享乐生命的继发方式,这就是生命享乐生命的产物,即生命享乐物质,生命享乐财富,生命享乐技术,生命享乐观念和思想、想象和历史……生命享乐生命的产物,这是生命享乐的扩张方式,也是生命享乐的普遍方式,更是生命享乐的堕落方式。

相对地讲,生命享乐生命,是生命的自为存在方式,也是生命的生殖方式,它象征完美、壮丽,是生命对生命的壮丽实现,也是生命对自己的壮丽实现。因而,生命享乐生命是生命的升华。反之,生命享乐生命的产物,恰恰是生命的异己存在方式,也是生命的内在萎缩方式和外在萎缩方式。并且,生命越是热衷于享乐生命的产物,生命就越走向于自我萎缩,生命的内在本性也越发枯萎。比如,在没有图像技术和图像文化的生存时代,节假婚庆,亲人团聚,面对面地幽雅清闲地漫谈、交流,甚至不分天南海北的胡诌乱吹,迸发出来的是热腾腾的心、热腾腾的情感,张扬生命对生命的亲近。但自进入图像文化时代,哪怕是一年一度的团年聚会,也往往穷于应付,家人之间除了必要的实务性交代,几乎没有了超越实利的交流,因为电视比亲情更重要了。再比如,在农耕时代,人最大限度地实现着生命享乐生命的日常生活,即老婆孩子热炕头。所谓老婆孩子热炕头,是指与老婆孩子之间有说不完的话,道不完的亲爱、亲近、亲热。这种生活应该是生命存在敞开的正常状态。但自从有了网络、有了手机、有了网络手机,生命几乎被人所遗忘,并且生命几乎被生命本身所遗忘。如果你略加留意,今日生活中,人们走路看手机、吃饭看手机、坐车看手机、睡觉看手机,甚至是两性做爱也是匆匆忙忙地应付了事,手机才是至爱,是须臾不离的现代"鸦片"。在网络手机时代,生命被技术所全面异化,生命被物所全面异化。正是这种异化,将生命完全解蔽的同时也将生命彻底地遮蔽。

有关于解蔽,海德格尔谈得最深刻,他说,"解蔽贯通并统治着现代技术。但这里,解蔽并不把自身展开于 ποιησιS 意义上的产出。在现代技术中起支配作用的解蔽是一种促逼(herausfordern),此种促逼向自然提出蛮横要求,要求自然提供本身能够被开采和贮藏的能量。"[6]932-933 生命被生命的产物所彻底解蔽,是通过技术和器物而实现的。解蔽,就是解除遮蔽,使之敞开、敞显,使之突现、暴露,使之赤裸化。生命的产物——科技和器物——对生命的解蔽,就是将生命赤裸化。这种赤裸化,首先是消解了生命的生意和神性,使生命成为一个纯粹的物,使由生命创造的世界成为一个彻底的物的世界,原本是生意和神性的自然亦沦为纯粹的物质的自然,人的生命就在这种物化的自然中被物化的欲望和贪婪所劫持,在这种无穷地滋生物的欲望和贪婪中,生命被彻底地遮蔽。

从根本上讲,生命的意识对象化形式越发展,生命越异化;生命越异化,生命的产物对生命的控制与生命的自为本性反控制之间所持续展开的冲突就越普遍、矛盾和斗争就朝向深度化方向敞开,生命的伦理问题就越发引来意识的关注,最后必然促成生命伦理学的诞生。

四、生命伦理学的基本维度

概括前面的内容:生命是自为和他为的。生命的自为性和他为性形成了生命的自在性与他者性,在原发存在中,生命的自在性和他者性因生命本性而获得内在统一:生命本性将生命的自在性与他者性予以内在统一的感性方式,就是生命的伦理意蕴。在继发存在中,其潜在的伦理意蕴必然显扬为现实的伦理要求。这种伦理要求具体敞开为有限度地趋利避害、无限度地趋利避害和无限制地趋害避利这样三种可能性朝向,由此形成道德对生命的引导和美德对生命的激励。然而,所有这些“引导”或“激励”都只能在生命创造“生命的产物”这个层面展开,并且也只能在这个层面上获得其功能的发挥,却根本地无助于真正消解生命的产物对生命的控制和生命对生命的产物的反控制之间的矛盾、冲突、斗争。生命伦理学就诞生于生命遭受控制与反控制的拉锯战中,并必然肩负起双重的责任与使命:一是在人的形成世界中如何引导生命和怎样呵护生命;二是在人的本体世界中如何实现生命的自在和自由。以此观之,生命伦理学实质包括了生命本体的伦理学、生命形成的伦理学和生命获得内在统一的伦理方法学。

在一般人看来,生命伦理学就是应用伦理学。生命伦理学作为应用伦理学,自有其充足的理由。首先,它有一个将自己定位为应用伦理学的来源,这就是它来源于现代临床医学,是现代临床医学中各种突出的生命现象、生命问题及其生命所引发出来的许多技术难题、认知困境、伦理难题,是临床医学伦理学所不能涵盖也不能解决的,由此生命伦理学从临床医学伦理学中突破出来而专门解决现代临床医学中日益复杂的生命难题。其次,由于生命伦理学有这样一个好出身,它也就必须为此而努力,所以生命伦理学成为临床医学中求解生命问题的非技术的方法学,虽然后来它从临床医学领域扩展到社会生命领域,但它也往往在社会“生命健康”的层面上得到运用。

其实,“生命健康”问题仅仅是生命伦理学的一部分,即它只属于生命形成的伦理学的范畴。当我们用“生命形成的伦理学”来表述生命伦理学的应用部分,首先须明确“生命形成的伦理学”中的“生命”,是专指人的生命。所以,“生命形成的伦理学”,是人的生命形成的伦理学的简称。其次需要定位“生命形成的伦理学”中的“形成”概念,它是柏拉图哲学意义的、与“本质”相对应的概念。如前所述,“本质”所指涉的是普遍、不变、永恒、真理;“形成”则意指个体、变化、易逝、现象。生命形成的伦理学,实质上是指生命个体、变化、易逝、现象的伦理学。生命形成的伦理学的根本来源、根本动因,不是临床医学中所遭遇的各种生命问题、困境、难题,而是生命本身的未完成性、待完成性和需要不断完成的吁求性。正是因为生命的未完成性、待完成性和期望不断完成的吁求性,才推动人的敞开、人的变化。人的动态不息的敞开、人的从不自足的变化,才生成出人的健康问题;人的健康问题,才导致临床医学中的生命难题、生命困境及其生命技术的道德问题;并且,也正是因为人的健康问题,才形成了家庭、社会的生命关注意识、生命关怀取向,才引发出工作、学习甚至娱乐等方面的自由、平等、人道、公正问题。

简要地讲,应用意义上的生命伦理学,是围绕生命形成而展开的。生命形成的所有问题,都与生命形成的伦理学相关,都属于生命形成的伦理学探讨、研究的范畴。但为了方便起见，我们可以将生命形成的伦理学所关注的主要内容归纳为三个方面：一是临床医学中的所有生命问题、困境、冲突、矛盾，当然也包括生命技术问题，比如试管婴儿、无性生殖、体外受孕、人体实验等所蕴含或表现出来的伦理问题，都属于这一类。二是日常生活中的健康问题。三是社会对生命的定位所产生出来的各种伦理问题，但这类问题要成为生命形成的伦理学的研究内容，其前提是它必要涉及生命的健康，即社会对生命的定位涉及生命的健康时，它就是生命形成的伦理学研究的问题，如果没有涉及生命的健康问题，就属于其他领域的伦理学所研究的内容。比如，劳动分配制度、社会福利等问题一旦涉及公民的生命健康时，生命形成的伦理学就有权研究它；反之，劳动分配、社会福利等领域的问题，就属于政治-经济学所研究的内容。

客观地看，生命形成的伦理学所指涉的范围，是人的生命的形成世界，是人在生命的形成世界中如何经营生命的伦理学。人在形成世界中经营生命必以生命本性为本质规定，更必要以生命的自为存在方式为根本依据。因而，生命形成的伦理学要探讨、研究和解决任何现实生存中的生命问题、生命困境、生命难题、生命技术的道德问题，都必须寻求最终尺度的确立和最终依据的明确。所以，生命形成的伦理学研究一旦展开并谋求健康的发展，就必要触及生命的最终根源、依据问题，就必要涉及生命存在的本质问题、本体问题。以此观之，生命伦理学必然要开辟生命本体的伦理学。

在生命形成的伦理学中，其“生命”是专指人这一物种生命，所以它是文化学意义的生命；但在生命本体的伦理学中，其“生命”是指包括人在内的世界生命，所以它是自然学和生物学意义的生命。

生命本体的伦理学关注生命的起源、生命的依据、生命的归宿和生命的本质、生命的本性等问题。所以，生命本体的伦理学更多地注目于人的原发存在境域，以及人从其原发存在境域向继发存在境域敞开进程中，其生命的朝向、生命的裂变、生命的异化以及异化进程中的生命的回归等问题。这些问题关联起如下三维世界：

首先是自然世界，其所关涉的是生命与自然的关系。在一般人看来，生命与自然之间仅具其外在关联性，但这只是从形成（现象）角度看，从实质观，生命与自然之间是一种内在生成关系，这种内在生成关系由两个方面得到规定：一方面，生命原本是自然，并且生命源于自然并表征自然，所以生命与自然之间形成本原性的原始关联性。在这种本原性的原始关联性中蕴含一种存在真理和一个存在法则，这就是自然为生命立法、生命为自然彰法。另一方面，由于生命既源于生命而且生命更源于自然这一双重性，形成生命的亲生命性。亲生命性，这是生命本性的自为释放方式，它同样既蕴含一个存在法则，更体现一种存在真理：这个存在法则就是生命既是生命的动因，也是生命的目的，这就是动机-目的一体论。动机-目的一体论法则,构成了生命形成的伦理学的行为准则。这个存在的真理就是生命共在互存和共生互生:即生命的内容与生命的形式共在互存、共生互生,生命的本质与生命的形成共在互存、共生互生,生命与自然的共在互存和共生互生。这既是生命自在存在的事实,更是生命他者性存在的事实。对这一双重存在法则、存在真理和这一双重存在事实的形上拷问与检讨,则构成生命本体的伦理学研究的奠基问题,亦是生命本体的伦理学的真正起步,因为这些问题蕴含着生命伦理学的最终逻辑起点。

其次是原发存在世界,其所关涉的是生命的自为存在问题。生命的自为存在实际上呈现一体两面,即生命自在性与他者性。在原发存在中,生命的自在性与生命的他者性是内在地统一的,这种内在统一的自身依据就是生命完形的本性,简称为生命本性。在这个维度上,生命本体的伦理学必须探查和检讨生命的自在存在和生命的他者性存在的内在统一何以可能,以及生成其内在统一的内隐机制。这些构成了生命本体的伦理学研究的基本问题。

再次是继发存在世界,其所关注的是生命的生存问题。生命的生存问题具体表述为生命对生命的需要和生命对物的需要所牵涉出来的所有问题,这些问题均可用"利害"来概括之。生命遭遇"利害"的必为选择的各种可能性,以及这些可能性最终变成现实性所形成的伦理要求与伦理规范问题,构成了生命本体的伦理学所研究的重心问题。

对形成的伦理学和本体的伦理学予以整合所构建起来的生命伦理方法论,构成了生命伦理学的第三个维度,它所集中关注并谋求解决的基本问题是生命本体的伦理学和生命形成的伦理学如何获得内在的一致性和统一性的问题,或者说生命本体的伦理学和生命形成的伦理学达成内在一致的统一性何以可能,构成了生命伦理方法论的基本主题。

如前所述,当生命突破原发存在的散漫而向继发存在世界敞开,因为遭遇利害纠缠而将自由与平等之间的冲突突显了出来;并且,当生命进入形成的生存进程,生命享乐生命的本原性童趣得到无限度的释放所形成的生命的产物控制生命和生命反抗其控制的矛盾也突显了出来。这种双重突显既要求生命本体的伦理学必须为对一切形式的生命形成的伦理问题的探讨提供认知依据、理论基础和思想原理,更要求生命形成的伦理问题的探讨,必须达向生命本体的伦理学高度才可获得其真正的解决,包括认知解决和实践解决。基于这一双重要求,生命伦理方法论在其实际上应该是生命伦理原则学。整体观之,生命伦理方法由两部分构成:一是具体的研究方法,即收集材料和分析材料的方法,这就是"我们通常讲'研究方法',也无非是收集资料的方法与分析资料的方法。不同学科、不同研究领域、不同研究主题的性质决定了应采用的研究策略与方法"[7]4。二是指导和规范研究方法的选择和运用的原则,这就是研究的原则方法。从根本上讲,伦理原则构成伦理问题探讨的根本方法。在生命世界里,对生命的伦理问题的目的性关注和探讨,必须有其明确而共守的原则,否则其探讨和研究就会各自为政、很难沟通。对生命问题予以伦理探讨和研究所必须遵循的共守原则,就是生命伦理方法论研究的基本构成内容。

客观地看,生命从原发存在向继发存在进发所产生出来的自由和平等之间的冲突问题,实质上所涉及的是一个限度问题,即自由的限度和平等的限度问题。在这个问题上,民主主义者更强调平等的绝对性,自由主义者却更强调自由的绝对性。"自由就是生命,对自己,对别人,对地球上的所有生物而言,都是如此。"[8]43 自由才是生命,没有自由就丧失了生命,这不仅对所有人是如此,首先是对所有生命必须如此。1976 年诺贝尔文学奖获得者索尔·贝尔有一个回忆,讲述自己 12 岁时的一天黄昏,他将捕捉到的一只美洲小画眉关在笼子里,目的是要让它为自己唱歌。这只小画眉的母亲来给它喂食物,但让他感到很不幸的是这只小画眉第二天却死了。贝尔对此大惑不解,于是向当天来拜望他父亲的著名鸟类学家阿瑟·威利求解疑惑,威利对他说,"当一只美洲画眉发现她的孩子被关进了笼子后,就一定要喂小画眉足以致死的毒莓,她似乎坚信孩子死了比活着做囚徒好些"。鸟类学家的话使贝尔觉悟:"从此以后,我再也不捕捉任何活物来关在笼子里,因为任何生物都有对自己自由生活的追求,而这种追求无疑是值得肯定的。"[8]44 自由才有生命,但生命自由之内在规定,却是平等:从静态看,每个生命的自由都是绝对的,但从动态观,任何生命的自由都只能是相对的。因而,自由与平等之获得内在统一所必须遵循的基本准则,就是自由对自由的平等限度。因为自由而遵守平等限度之准则,这是生命伦理研究的根本方法。以此自由的平等限度为根本准则,如下的道德规律才可成立:"在道德规律面前,一切人的生命都有同样的价值,一旦某人遇到了危险,所有其他的人,不管他们是谁,在那个人得到援救以前,都不再安然无恙地享有生存权利。"[8]295

自由与平等的问题,是生命与生命的问题。而生命的产物对生命的控制和生命对其控制的反抗之间的冲突与斗争,恰恰是人与物的问题。人与物之间的矛盾,本质上是生命与欲望之间的冲突,更进一步讲,却是生命本性遭遇利害时所表现出来的异化问题。解决这一问题所必须遵循的根本准则仍然是限度原则,即生命本性的限度规定了生命的限度,也规定了生命对欲望的限度,更规定了生命对责任的限度以及生命对痛苦、不幸、失败甚至绝望的承受与忍耐的限度。这种限度在由生命这自身本性所规定的质和量上是绝对平等的,但个体生命对其总量的消费与节度上却各有差别,因为不同的生命在其本性的限度内消费生命和役使生命的量与质各不相同,这各种不同却必须以生命本性的同构以及其本性所焕发出来的自由的平等为基数,减去其所消费的量,就是每个生命所实际得到或必须付出的。从这个角度来看健康问题、疾病问题、生育问题,以及疾病过程中所引发出来的技术问题、失误问题等等,都没有纯粹的意外,有的只是基于生命本性的限度对个体生命的补偿或要求担当而已。比如,一个人昨天还活蹦乱跳,今早就传来其死亡的消息;一个人生病经历十年的痛苦和折磨甚至不成人形,但至今还活着。前者是因为其有限生命在付出与获得方面达到本性的限度,因而,其生命可以圆满谢幕。后者乃因为其有限生命的长度没有消失,具体表现为其人享乐生命的量在事实上超过了其本性的限度但其生命付出却远远没有达到其本性的限度所致,什么时候这种基于生命本性的限度达到了付出与获得的收支平衡时,其人的生命的大幕必将准时落下。

由此不难看出,对生命伦理学的定位和探讨,并不接受观念的支配,而是必须遵循生命的法则。生命的法则就是生命成为生命的法则,这个法则的内在规定就是生命本性,这个法则的外化要求的基本准则就是自由的平等限度,包括生命与生命的互为限度,生命自为存在的限度,尤其是生命的自在存在中其质量的互为限度、付出与获得的互为限度、快乐与痛苦的互为限度,这种互为限度所达及的动态平衡状态,才是生命的伦理;这种互为限度所敞开的动态平衡进程,才是生命的伦理生成。

参考文献

[1] 何伦,施卫星.生命的困惑:临床生命伦理学导论[M].南京:东南大学出版社,2005.

[2] 谢宇.社会学方法与定量研究[M].2版.北京:社会科学文献出版社,2012.

[3] 万慧进.生命伦理学与生命法学[M].杭州:浙江大学出版社,2004.

[4] 埃尔温·薛定谔.生命是什么[M].罗来鸥,罗辽复,译.长沙:湖南科学技术出版社,2005.

[5] 西美尔.现代人与宗教[M].2版.曹卫东,等译.北京:中国人民大学出版社,2003.

[6] 马丁·海德格尔.海德格尔选集[M].孙周兴,选编.上海:上海三联书店,1996.

[7] 劳伦斯·马奇,布伦达·麦克伊沃.怎样做文献综述:六步走向成功[M].陈静,肖思汉,译.上海:上海教育出版社,2015.

[8] 汤姆·睿根,彼得·辛格,等.地球也是它们的[M].周立军,等译.银川:宁夏人民出版社,2007.

对利用脱离于病人的人类组织开展研究的生命伦理学思考

曹永福

山东大学医学伦理学系

摘　要　利用脱离于病人的人类组织开展医学研究，存在着利益冲突：一方面，医生/研究者将其次要利益，亦即“科学研究利益”与其主要利益，亦即“病人的健康利益”予以颠倒；另一方面，医生/研究者将其次要利益，亦即“研究者的利益”与其主要利益，亦即“科学研究利益”予以颠倒。究其原因是研究者的“职业”行为目的会影响到其病人诊疗的判断以及对人体组织的获得。为此，提出防范其中利益冲突的四种策略。

关键词　脱离于病人的人类组织；医学研究；利益冲突；职业行为目的；防范策略

引　言

目前，有关科研单位申报生物医学类的研究项目以及开展此类课题的研究，都需要进行生命医学伦理审查①，其中许多生物医学研究项目需要利用临床诊疗过程中产生的脱离于病人的人类组织，如血液、骨髓、病变组织、胚胎和死胎等。但是，在这些人体材料的采集、存储和/或二次科研利用中，尚存在着诸多医学伦理疑问和生命伦理难题。例如，其中的科研伦理关系往往是和诊疗伦理关系交织在一起的，存在着“利益冲突”的隐忧。例如，有的医师申报研究项目，他们既是病人的医生，同时又是研究者，因此，“如果一位医生在从事临床医疗过程中还存在研究利益，就会产生‘利益冲突’。一位心存研究利益的医生会被诱使去采取一些尽管科

[基金项目]山东大学自主创新基金重点项目“脱离人体的器官和组织的社会伦理法律问题研究：生命伦理学的视角”，项目编号 IFW12114

① 《世界医学协会赫尔辛基宣言》(2013 年版)第 23 条规定：“研究开始前，研究方案必须递交给相关研究伦理委员会，供其考虑、评论、指导和批准。……该委员会必须有权监督正在进行中的研究。”我国卫计委《涉及人的生物医学研究伦理审查办法(试行)》(2007 年)也规定伦理委员会承担如下审查职责：“审查研究方案，维护和保护受试者的尊严和权益；确保研究不会将受试者暴露于不合理的危险之中；同时对已批准的研究进行监督和检查，及时处理受试者的投诉和不良事件。”

学研究上有用但却对患者具有很少或没有益处的医疗行为,他会有意识或无意识地将这一研究利益考虑进医疗行为判断当中”[1]。有的研究者通过与医生合作,或凭借同学、朋友或工作关系,从临床上获取生物医学研究用的人体材料,这种研究同样可能影响到该医生与病人之间的伦理关系。

有的研究者认为,科学研究的目的是为了社会公益,使用从病人身上取得的人体组织进行生物医学研究,当然能够从生命伦理学上得到辩护。本文认为,这些研究者将“研究者利益”和“科学研究利益”混为一谈,淡化和回避“研究者利益”的存在。其实,“医生/研究者的物质利益、科研成果、学术前途、研究所的学术声望等都可能和病人/受试者的利益发生冲突”[2]146。这种对“科学研究利益”模糊的认识,容易导致对人体组织提供者的利益关注不够。

那么,在利用诊疗行为产生的人体组织进行科学研究的过程中,摘取活检材料,如采集病变组织、血液、脊髓液等,是否完全是基于诊疗的需要?是否是在病人及其家属不知情的情况下,“顺便”将它们用于科学研究?为了科学研究的需要,是否存在多取病人组织的可能?这种活检材料满足诊疗需要总会有剩余,能否从伦理上得到辩护?运用临床病理诊断后的剩余标本制作的病理切片进行有关研究,有无伦理疑问?等等。因此,有必要正视而不是回避的是:在生物医学研究中,人体组织的采集、存储和/或二次科研利用存在利益冲突,并探讨防范冲突难题的策略和途径。

一、利用人类组织开展研究存在着利益冲突

众所周知,所谓利益,即好处。一个人获得某种利益,意味着其某种需要、欲望和目的的满足。人们的需要是多种多样的,因而其利益也是多种多样的。伦理学的使命正是合理调节与配置人们的利益关系。在生物医学领域中,同样有很多利益需要调整与配置。“利益伦理学是医学伦理学不可忽视的课题。”[3]然而,在人类生活中,利益冲突是普遍存在的。通常人们容易把“利益冲突”理解为“利益主体之间的冲突”。杜治政认为[4],利益冲突是指不同利益主体对各自利益目标的互不认同,是利益主体一方的利益要求构成了对另一利益主体的威胁,是指一个利益主体为了保护自身利益对另一方采取敌对行动。“利益冲突是利益矛盾的激化状态,是利益矛盾的对峙、对抗的外部表现。”[5]152而“利益矛盾和冲突是基于利益差别而产生变化的”[5]142。显然,由于各种自然和社会需要不同,人们之间存在的利益差别是普遍的。当然,利益差别并不一定导致利益矛盾,更不必然引起利益冲突。

然而,从职业精神(professionalism)建设的角度,利益冲突(conflicts of interest, COI)有着独特的含义。所谓利益冲突,“是一种境况(situation),在这种境况下,一个人的某种利益具有干扰他代表另一个人合适做出判断的趋势”。更形式化地说,“利益冲突是一种境况,在这种境况下,某人 P(不管是个人还是法人)有利益冲突。P 有

利益冲突，当且仅当①P与另一个人处于要求P代表他做出判断的关系中，且②P具有某种(特殊的)利益，这种利益具有干扰他在这个关系中合适做出判断的倾向”[6]。一般说来，这种专业判断的利益是“主要利益(primary interest)”，而所谓的某种特殊利益是“次要利益”(secondary interest)，但在P的心目中，利益冲突往往使其将“主要利益”和“次要利益”之间的关系予以颠倒。可见，利益冲突基于一种信托关系，基于委托人对受托人的信任，委托人由于缺乏必要的专业知识和技能，需要通过受托人的专业判断和道德标准才能保证自己的利益，而受托人的自身利益或第三方的利益可能干扰受托人为维护受托人利益而做出的恰当判断和决策。

那么，在利用脱离于病人的人类组织开展研究的过程中，是否存在利益冲突呢？医生是在对病人进行疾病诊疗时，获得了脱离于病人身体的人类组织，并利用这些人类组织开展生物医学研究。显然，在其中，“主要利益”是由医生的职业责任决定的，世界医学协会《日内瓦宣言》①指出：“病人的健康将是我的首要考虑。”因此，病人的利益，尤其是病人的健康利益是医生应该首要考虑的，即所谓的主要利益。对于医生/研究者来说，病人之所以参与到生物医学研究之中，是由于自己罹患疾病，是为了疾病的诊治，并不是为了参与科学研究。次要利益是病人的健康之外的利益，一般是指“医生自己的其他利益，如技术水平的提高、经济收入的增加、科研成果的发表等”[7]。

问题是，很多研究者认为，此类生物医学研究是为了“利于社会”的公益目的，因而是合乎伦理的，他们往往以所谓的“科学发展利益”而为自己的利益冲突辩护，而淡化或回避“研究者的利益”。而仔细分析不难发现，“研究者的利益”与“科学发展利益”根本不同：“科学发展利益”概念抽象，是指科学研究有利于科学发展和技术进步，而科技发展和进步无疑一般是有利于人类社会的。但是，科学研究能否成功本身具有很大的不确定性，而且人们越来越深刻地认识到，科技发展和运用需要科学技术伦理的规范才能造福于人类，否则，反而可能贻害人类。但“科学研究者的利益”却是具体的和确定的，尤其是当医生/科学研究工作成为一种职业的时候，“职业利益”就是其不可回避的。

不难理解，职业是指参与社会分工，用专业的技能和知识创造物质或精神财富，获取合理报酬，丰富社会物质或精神生活的一项工作。职业是人们在社会中所从事的作为谋生手段的工作；从社会角度看，职业是劳动者获得的社会角色，劳动者为社会承担一定的义务和责任，并获得相应的报酬。也就是说，从职业的角度来看，医生/

① 《日内瓦宣言》是世界医学协会在1948年举行的日内瓦第2届大会上采纳，并在如下大会上作了修订：1968年澳大利亚悉尼第22届大会，1983年意大利威尼斯第35次大会，1994瑞典斯德哥尔摩第46次大会。见“世界医学协会(WMA)”的官方网站：http://www.wma.net/en/30publications/10policies/c8/index.html.

研究者需要通过科学研究这一职业获得养家糊口的条件,获得生存和生活的条件。

当生命医学科学研究作为一种职业时,其中就存在着“利益冲突”的可能,这包括,一方面是引发医生/研究者在对病人诊疗疾病过程中的利益冲突,即医生/研究者将此时的次要利益,亦即“科学研究利益”与其主要利益,亦即“病人的健康利益”予以颠倒;另一方面是引发研究者推动科学发展中的利益冲突,即医生/研究者将此时的次要利益,亦即“研究者的利益”与其主要利益,亦即“科学研究利益”予以颠倒。例如,医生/研究者的直接目的是为了自己的科研成就、学术前途、职业利益,而非推动医学科技发展和进步,由此引发利益冲突:“研究者的目的是为了得到引人瞩目的科研成果,这些成果对于其职务晋升、国内外学术声望和地位、能否取得国家或单位的成果奖励以及能否因此获得政府、基金会和公司进一步的资助都有很重要的关系。”[2]147-148

二、利益冲突的原因:科研职业的伦理行为分析

那么,为什么医生/研究者利用脱离于病人的人类组织开展研究会存在诸多利益冲突呢?通过对科研人员的职业伦理行为进行细致分析,我们就不难发现这个秘密。什么是伦理行为?“伦理行为是受利害己他意识支配的行为……从‘行为是有机体有意识地为了什么所进行的活动’的定义不难看出,行为由目的与手段构成”[8]:行为的“目的”是有意识地为了达到的行为结果;“手段”则是有意识地用来达到某种行为结果所采取的方式和方法。

医生/研究者的职业伦理行为,就是医生/研究者在利害病人和医生/研究者自己的意识支配下的职业行为。作为一种职业,一方面,医生/研究者在对病人进行诊疗的同时,利用脱离于病人的人类组织开展研究,这一行为的“目的”是为了实现和有利于自己的职业利益,其实可能并非为了病人的健康利益,也不是为了科学发展利益,当然,医生/研究者必须采取有利于病人健康和有利于科技发展的手段,否则,其职业利益也不可能实现。需要说明的是,为了达到自己的职业伦理行为目的,医生/研究者也有可能采取有损病人健康和不利于科技发展的手段。但是,就这类医学科研行为总体来讲,或者就绝大多数研究者的研究行为来说,“采取有利于病人健康和科技发展的手段”必多于“采取不利于病人健康和科技发展的手段”。① 另一方面,当

---

① 就如同“经济人”要达到利己目的,却往往需要采取利他的手段。从理论上,一个“经济人”在与其他“经济人”交换,即通过他人而依靠他人为手段时,仅仅有两种相反的情形:以利他为手段和以损人为手段,这样,“经济人”的行为具有且仅仅具有“为己利他”和“损人利己”两种类型。然而,就市场经济行为总和来说,或者就绝大多数人的市场经济行为来说,为己利他的行为必定多于损人利己的行为。否则,如果损人利己的行为多于为己利他的行为,那么,每个人从市场经济中所遭受的损害必定多于所获得的利益,市场经济便注定崩溃而不可能存在了。(参照王海明. 新伦理学[M]. 北京:商务印书馆,2008:674-678.)

一个医生在利用脱离于病人的人类组织开展科学研究的时候，其直接目的是为了所谓的“科学发展利益”，即为了取得科研成果，反而不是为了病人的健康利益。当然，此时又离不开利用脱离于病人的人体组织，以病人的人体组织为手段。

于是，科研人员利用脱离于病人的人类组织开展研究时，存在着“利益冲突”就不足为怪了：研究者的职业伦理行为目的会影响到其病人诊疗的判断以及对人体组织的获取。

三、利用人类组织进行研究中利益冲突的防范

利益冲突的存在是必然和不可避免的[7]，但如何处理利益冲突是问题的关键。一般来说，有几个比较公认的方法：公开（如向谁公开和公开哪些信息）、相关人员的“回避”（如伦理审查时相关人员的回避）、相关部门规范的制定和教育活动的开展等[9]。针对医生/科研人员利用脱离于病人的人类组织开展研究中的利益冲突，本文提出如下防范策略：

首先，明确“脱离于病人的人类组织”的伦理属性，强调对提供者的尊重。

医学上“脱离于病人的人类组织和器官”多种多样，包括：①脱离于病人的器官和血液、精液、脊髓液、皮肤、卵子、受精卵、胚胎等人体细胞和组织；②DNA 样品等人类生物材料；③手术及其他诊疗过程中产生的“废弃”的人体组织、器官（病变组织和器官）等，病理切片后“废弃”的人体组织、病理蜡块等；④妇女生育后娩出的胎盘、流产（包括人工流产）下来的死胚以及死胎；⑤用于医学教学和医学研究的尸体；⑥人体塑化模型与“加工的尸体”等。其性质是什么？从生命法学和人格法学的角度，大多数观点将它们定位为“物”[10]或“人体脱离物”[11]，所有者拥有“物权”，或称之为“人体变异物”[12]，而且提出“生命物格”的概念[13]；另有观点认为所有者拥有“器官权”[14]，甚至认为是拥有“准人格”[15]。在医疗卫生领域，《医疗废物管理条例》（简称《条例》）则将脱离于病人的组织和器官界定为“医疗废物”，规定：医疗废物是指医疗卫生机构在医疗、预防、保健以及其他相关活动中产生的具有直接或间接的感染性、毒性以及其他危害性废物。总共分为五大类，其中病理性废物是指治疗过程中产生的人体医疗废物和医学实验动物尸体等。杨立新教授等指出[16]：《条例》中没有进一步区分哪些废弃的人体组织、器官属于医疗废物，哪些不应属于。因此混淆了有价值的和无价值的甚至有危害性的医疗废物的区别。因此，一方面，在今天医疗水平和医学科研背景下，显然将脱离于病人的人体组织和器官简单地定义为医疗垃圾是片面的，因为它们既可能有利于医疗，如用于器官和组织移植，又可以用于科学研究。另一方面，脱离于病人的组织和器官是一种特殊的存在，它可能是患者及其家属的一种情感寄托，即使它失去活性不再依附于原身体而存在。因此，“将脱离的组织和器官简单地定义为医疗垃圾和医疗废物，对其本人

或亲属也缺乏应有的尊重”[11]。

综上所述,医生/研究者利用脱离于病人的人类组织开展研究时,要认识到这些人体组织特殊的伦理属性,既不能视为医疗垃圾,用于科学研究,是“废物利用”或“变废为宝”,又不能视为一般的“物”。如上所述,这些人体器官和组织毕竟是从病人身体上脱离下来的,对其表示“敬畏”是对病人理应、起码的尊重。

其次,确立“只有通过有利于病人健康和科研利益,才能实现其职业目的”的社会机制。

如上所述,既然医生/研究者开展生物医学研究已经成为其自己的职业,那么,我们就没有必要回避“职业利益是其职业伦理行为的目的”这一问题,而医生/研究者既应该采取有利于病人健康和科学发展的合乎伦理的职业手段,当然也有可能采取不利于病人健康和科学发展的不道德的职业手段。尽管医生/研究者的职业目的不是为了病人的健康利益和科学发展利益,但社会开展生物医学研究(例如政府举办的生物医学研究事业单位、政府科研基金项目计划等)的目的却是为了病人的健康利益和为了有利于科学发展。这样,社会为了达到这个目的,就可以对“医生/研究者为了达到职业目的”予以承认,即以其作为手段。这就意味着:我们应该建立种种社会机制,以保证医生/研究者采取前者合乎伦理的职业手段,而不是相反。

因此,一方面,我们没有必要强求医生/研究者必须声明其开展研究是为了所谓的“科学研究利益”,因为这是科学研究的社会目的,研究者的职业利益是其开展科学研究的主要目的,否则,即使医生/研究者声称是为了科学研究利益,也是违心和不真实的。另一方面,社会应该通过制定相关规范,包括法律法规、行业伦理等,促使医生/研究者最大限度地采取合乎伦理的手段,而不是不道德的手段,从而实现有利于病人的健康利益和科学技术发展的社会目的。

再次,构建“预先普遍告知”制度。

获得病人的知情同意,是医生/研究者利用脱离于病人的人类组织开展研究时,对病人尊重的重要措施,是“尊重”这一重要生命伦理学原则的要求。如果在诊疗过程中,已经确定了将利用从病人身上获得的人类组织进行科研,必须应该获得病人的知情同意,以防范有关利益冲突,比如病变组织、血液、脊髓液等活检材料的采集不仅仅是基于诊疗需要,还要用于科研的情况,就应该通过知情同意,以保证基于诊疗需要而“剩余”活检材料能够得到伦理辩护。但在许多情况下,基于诊疗需要而产生脱离于病人的人类组织,并非都已确定今后必然用于科学研究。例如,许多研究者运用临床病理诊断后的剩余标本制作的病理切片进行生物医学研究,病人当时知情同意的是提供人体材料仅仅为了用于诊疗,而此时又用于科学研究,没有知情同意或者获得同意已经不可能或不现实。2013 版《世界医学会赫尔辛基宣言》①第 32 条提出："对于使用可识别身份的人体材料或数据的医学研究，例如采用生物标本库或类似知识库的材料或数据，医生必须寻求受试者对其采集、储存和/或二次利用的知情同意。可能有一些例外的情况，如对这类研究而言，获得受试者同意已不可能或不现实，在这样的情况下，唯有经研究伦理委员会考虑并批准后，研究方可进行。"

因此，可以建立"预先普遍告知"制度，即对于并不确定将来可能用脱离于病人的人类组织用于研究，预先普遍获得提供者(病人)的知情同意，即基于诊疗知情同意的同时，预先普遍告知病人，事后有可能利用脱离于他们身体的人体组织用于科学研究，并在知情同意书文本中进行"预先普遍告知"的标注。如果病人不同意将脱离于自己身体的人类组织用于今后的科学研究，病人的这种意见应该受到尊重。

最后，承认研究者的利益，给予人类组织提供者以合理补偿。

如上所述，"研究者的利益"主要是医生/研究者的职业利益，而科研成就、学术前途、学术声望和地位、更有利于资助的取得等各种利益与职业利益关系密切，这些利益同样还能够满足医生/研究者的其他重要需要，因而也是他们的重要利益，这些利益与具有公益性质的所谓"科学研究利益"是不同的。既然"研究者的利益"与"科学研究利益"不同，"研究者的利益"可能是因利用病人提供的人类组织进行研究而获得的。那么，给予提供者(病人)一定的补偿就是公平合理和理所当然的，这种补偿可以是减免一定的诊疗护理费用、给予一定的经济补偿、学术致谢等不同形式。

参考文献

[1] 赵西巨. 从美国 Moore 案看对人体组织提供者的法律保护[J]. 中国医学伦理学，2008，21(1)：33-36.

[2] 陈元方，邱仁宗. 生物医学研究伦理学[M]. 北京：中国协和医科大学出版社，2003.

[3] 杜治政. 医学伦理学不可忽视的课题：利益伦理[J]. 医学与哲学(人文社会

① 《世界医学会赫尔辛基宣言》是世界医学协会(World Medical Association，WMA)所采用的涉及人体的医学研究道德原则的伦理文件。它是 1964 年 6 月在芬兰赫尔辛基 18 届世界医学协会联合大会采用，并于第 29 届(1975 年 10 月在日本的东京)、第 35 届(1983 年 10 月在意大利的威尼斯)、第 41 届(1989 年 9 月在中国香港)、第 48 届(1996 年 10 月在南非的萨默塞特西)、第 52 届(2000 年 10 月在苏格兰的爱丁堡)、第 59 届(2008 年 10 月在韩国的首尔)，第 64 届(2013 年 10 月在巴西的福塔莱萨)世界医学协会联合大会上进行了修订。[参见"世界医学协会(WMA)"的官方网站：http://www.wma.net/en/30publications/10policies/b3/index.html.]

医学版),2007, 28(9):1-2.

[4] 杜治政.医学专业面临的危机:利益冲突[J].医学与哲学(人文社会医学版),2007, 28(7):1-5.

[5] 王伟光.利益论[M].北京:人民出版社, 2001.

[6] Davis Michael. Conflicts of Interest [M]// Ruth Chadwick (editor-in-chief). Encyclopedia of Applied Ethics. London: Academia Press, 1998: 585-595.

[7] 丛亚丽.外科医师的利益冲突[J].中国实用外科杂志,2008, 28(1):3-4.

[8] 王海明.新伦理学[M].北京:商务印书馆,2008: 546-547.

[9] 邱仁宗.利益冲突[J].医学与哲学,2001, 22(12):21-24.

[10] 史尚宽.民法总论[M].北京:中国政法大学出版社,2000: 250.

[11] 余佳蔚,曹永福.脱离人体的组织和器官社会伦理问题研究[J].医学与哲学(人文社会医学版),2014, 35(1):43-45.

[12] 杨立新,陶盈.人体变异物的性质及其物权规则[J].学海,2013 (1):136-147.

[13] 杨立新,朱呈义.论动物法律人格之否定[J].法学研究,2004(5):86-102.

[14] 杨芳,潘荣华.论人体器官权及其对物权法的新发展[J].上海政法学院学报(法制论丛),2006, 21(6):44-47.

[15] 张莉.胎儿的准人格地位及其人格利益保护[J].政法论坛,2007(4):164-170.

[16] 杨立新,曹艳春.人体医疗废物的权利归属及其支配规则[J].政治与法律,2006(1):65-72.

道德选择与爱

邵永生

东南大学人文学院

摘　要　道德选择是人的存在方式，做人的过程就是通过不断进行道德选择而逐渐成"人"的过程；"爱"具有"伦理"属性，是道德选择合理性的标准；"爱"与道德选择需要对人之生命的尊重，而尊重人之生命又是建立在人存在的意义和价值基础上的。

关键词　道德选择；伦理；爱

人的生命过程是一个不断与他人、与社会、与自然互动的过程，这种交往、互动的过程必定存在着各种各样的行为选择。由于人与其他动物的最大区别在于：人是道德的存在，因此，行为选择的过程常常表现为道德选择的过程。道德选择凸显了人是以道德的方式存在，凸显了人的社会性，并伴随着人的生命过程。也就是说，人的生命过程是一个不断进行道德选择的过程。

一、道德选择是人的存在方式

人与动物的区别是什么？或者说，人的根本性特质是什么？也就是说，人在何种意义上、在何种程度上超越了动物成为文明的存在？显然，道德选择是对动物性的克服与超越，道德选择是人之为人的内在规定，道德选择是人的存在方式并使人成为文明的存在。

"在中国哲学中，'道'与'德'本是两个概念，'道'既指普遍的法则及存在的根据，又被赋予社会理想、道德理想等意义；'德'有品格、德性等义，又与'得'相通，后者在本体论的层面上意谓由一般的存在根据获得具体的规定，在伦理学上则指普遍的规范在道德实践中的具体体现及规范向品格的内化。"[1]

道德选择是伦理学研究的核心词汇。在特定场合，在面临几种行为选择方案

基金项目：2012年度国家社科基金一般项目"境遇道德选择理论在生命伦理学的应用研究"（已结题，批准号12BZX075）。

时，一个人必须首先依据一定的道德标准①进行价值判断，进而做出行为选择，这种依据某种道德标准进行自觉的选择过程就是道德行为选择(或称道德选择)。这种选择不仅包括主体对自身行为动机、意图、目的的选择，而且包括主体对自身行为的方式、过程、结果的选择；不仅表现为主体外在的行动、交往等道德实践活动，而且表现为主体内在的认知、情感、意志等道德精神活动。这种选择既是人的内在道德品质、价值观念的外在呈现，也是人为达到某一道德目标而主动作出的一种价值选择过程。

道德选择的条件是：前提条件是客观上存在着若干种行动方案；基础条件是行为主体必须具有行为选择的能力。道德选择能力既受年龄影响，也受一个人的价值准则或价值观的影响；它是一个人必须信守一定的道德标准，必须理解特定的行为与这些标准的联系以及不受外在压力的影响而真正自主自愿地作出选择的能力。

影响道德选择的因素多种多样。既不能认为道德选择只受个人自由意志的支配而不受客观必然性的影响，也不能认为道德选择纯粹受必然性的支配而排除人的道德选择能力。其实，中国古代也十分强调这种反思的生活。曾子(曾参，孔子弟子)曰："吾日三省吾身：为人谋而不忠乎？与朋友交而不信乎？传不习乎？"(《论语・学而》)曾子此意为：我每天多次反省自身，给别人做事、谋划忠于职守了吗？和朋友交往不够诚信吗？老师教授的知识认真学习了吗？这句话背后的意蕴是：人只有通过不断反思、审视自己的行为，才能提升德性、认识自我、融入社会，才能获得人生境界的超越；在反思中，不断调整、约束自己的行为(好像是不自由)，但却

① 道德标准是判断行为善恶的价值尺度。它和一定社会的经济关系相联系，同社会发展的客观必然性相一致，并且反映人们的共同利益和愿望。某一伦理学理论其实就是确定道德标准的过程，例如德性论、功利主义、道义论的道德标准等。

人的道德选择能力既受客观必然性的影响又受主观自由意志的支配。把自由和必然以及个人利益和整体利益的关系很好地结合起来才是解决道德选择问题的关键。如何根据实践中客观条件的变化而理性地进行行为选择是每个人都要面对的问题，如何提高人们道德选择能力也是伦理学必须研究的重要课题。

道德选择是人的存在方式，表现为一种"反思"能力。只有反思才能做得恰当，才能做得好，才有道德产生的可能；动物无反思的本能，无反思意味着行为无恰当性可言。反思是对存在及其关系的理性思考；唯有经过反思的，才可能是恰当的。根据亚里士多德、孔子等人的思想(如亚里士多德的中道、孔子的中庸)，道德就是恰当地做；动物也能做，但动物是本能，无恰当可言，唯有人的做有恰当问题；作为类的人，经过反思形成自我约束与规范，形成一定的社会秩序，确保了人的自由存在。故而古希腊哲学家苏格拉底就说，"未经审视的生活是不值得过的"(柏拉图：《苏格拉底的申辩》)。

这里的"审视"就是"反思"，也就是说，人应该不断地反思自己的行为，审察自己的内心，判断你自己的行为是否有善的动机和善的行为，是否有利于他人与社会。这种反思的生活就是对责任、对德性追求，这样的人生才有价值、才值得一过。可惜，现实生活中一些人没有审视或反思的习惯，生活提供了什么就盲目接受什么，附和、从众、随大流、"做一天和尚撞一天钟"，很少审视或反思自己，这就远离了这种反思的生活、远离了这种对德性的追求。

获得了人生的真正自由。

道德选择是人的存在方式，表现为两个维度：其一，作为做人的标准。这是属于 being，也就是人的内在规定性、人的质的规定性。因此，道德首先是做人的资格。其二，人之为人(成“人”)是在生活中干出来的，这是属于 doing。有道德之人是要在社会生活实践中“做”出来的，即要做人。而做人的过程就是通过不断进行道德选择而逐渐成“人”的过程。人不仅仅要有美好的心魂与高尚的情操，更要将这种美好的心魂与高尚的情操展现在行动中，变为现实的行为。在实践中，通过身体力行的行动，将通过反思而认识到的做人的标准，化作现实的意志冲动，变为自觉的行为。只有在实践中不断进行道德选择，不断地做，才能成为有道德的人，这是人之为人的实现途径。

道德选择是人的存在方式，意味着每个人在成长的过程中或者说在成“人”的过程中无时无刻不面临道德选择，无论你是否意识到。例如，是否该将路上捡到的钱包占为己有？公交车上，面对老弱病残孕，是否该让个座？在外郊游、野餐后是否该把垃圾清理掉？等等。人本身就生活在矛盾之中，面临各种道德冲突，人们往往根据趋利避害的潜意识和本能进行选择，但趋利避害并不一定是道德选择，道德问题中往往不会那么简单的就是非利即害，更多的时候是此利与彼利、此害与彼害的选择与平衡，每个人心中都有自己的天平，都会做出自己的选择，每种选择都可以找出其选择的理由，但是否做出的是道德选择，最重要的选择标准就要看是否是对生命的尊重，是否是表达了爱的伦理关照，这也是一种道德责任。道德选择离不开自由意志，人在自由意志的支配下进行道德选择的同时，也就自由地选择了责任(道德责任)。因为，只有选择的自由，人才应该为自己的选择后果担责。自由是责任的前提，责任是自由后果。责任是道德选择的价值属性，否定责任就是否定了选择。选择意味着在价值冲突的氛围中、在多种可能性中进行权衡和取舍，选择表明了自己的价值倾向，并指向相应的价值目标。

二、道德选择需要“爱”的伦理关照

在说文解字当中，繁体的“愛”是由“爪”(爫)、“秃宝盖”(冖)、“心”、“友”四部分组成。“爪”字的本义为手爪(行动)，“冖”字的本义是覆盖(意为保护、维护)。也就是说，爱(最常见的是友爱)需要用心(真诚)、用行动来保护(维护)。这种真诚的心是无私的奉献与给予，包括物质、感情、行动等。爱的本质是无条件地给予，而不求回报，就像母亲对孩子的付出。“爱本质上就是善，因此，它也能使我们生命高贵并且善好。”[2]11

道德选择试图为人更好的生存找到“处方”，这种更好的生存的“处方”离不开“爱”这样的“伦理”精神的关照。

"'伦'是中国文化的特殊概念。……'伦,辈也。'……'理'同样是很能体现中国伦理的文化设计原理的概念。……'理,治玉也。'……要把玉石造就成玉,必须遵循其内在的原理和内在的规律,故'治'的过程,也是探索其内在原理和内在规律的过程。所以,当'理'与'伦'结合,构成'伦理'的时候,就意味着是人伦的原理、为人的原理、人之所以为人的原理。"[3]也就是说,"伦理"的"伦"即人伦,反映人与人之间的关系;"理"即道理、规则。"伦理"就是人们处理相互关系应遵循的道理和规则。因为,人生活在各种社会关系之中,这种复杂的社会关系必然产生许多问题与矛盾,必然需要一定的道理、规则或规范来约束、调整人们的行为,从而实现人与人之间和谐的互动过程。"'伦'的文化实质,是个体的人如何与家庭的或社会的实体相统一,而形成一个普遍物。"[4]458伦理与道德是一种怎样的关系?黑格尔对此作了一定意义的区分。他认为,道德指个体品性,是人的主观修养与操守,是"主观意志的法",是"主观的善",是"形式的良心";而伦理是主观与客观的统一,是特殊与普遍的统一,是"主观的善和客观的、自在自为地存在着的善的统一",是"真实的良心"。[5]也可以这样理解,把伦理化为个人的自觉行为变为内在操守即为道德。道德是个体性的而伦理却是社会性的。

"爱"具有"伦理"属性,是伦理关照,为何?

"爱"只有在社会关系中才能存在,没有社会关系就不可能存在"爱"。它就像一条令人愉快的纽带,把人们联结在一起,组成了社会这种"群体性生命"的存在形式。"人只能存在于社会之中,天性使人适应他有以生长的那种环境。人类社会的所有成员,都处在一种需要互相帮助的状况之中,同时也面临相互之间的伤害。在出于热爱、感激、友谊和尊敬而相互提供了这种必要帮助的地方,社会兴旺发达并令人愉快。所有不同是社会成员通过爱和感情这种令人愉快的纽带联结在一起,好像被带到一个互相行善的公共中心。"[6]可以这样认为:"爱"是"群体性生命"实现和谐的基础,和谐的"群体性生命"需要通过"爱"来表达。这是因为人不仅具有自然属性,而且更为重要的是还具有社会属性的特征。

人的自然属性是社会属性的基础和前提,社会属性是人的本质特征的体现。"人的本质并不是单个人所固有的抽象物。在其现实性上,它是一切社会关系的总和"[7]。这就意味着:第一,人的生命的本质是由社会关系决定的,人既是社会关系的产物,同时又在不断地创造完善社会关系;第二,人的生命本质是现实的、具体的,或者说,人是特定历史条件下的人和具体社会关系中的人;第三,社会关系的"总和",是各种社会关系的有机统一,而不是诸多种社会关系简单地机械相加;第四,只有在社会关系中,人才能不断进行高度自我完善性的活动,和谐的"群体性生命"的表达才有可能实现。"假如一个人能升到天上,清楚地看到宇宙的自然秩序和天体的美景,那奇异的景观并不会使他感到愉悦,因为他必须要找到一个人向他述说他所见到的壮景，才会感到愉快。”[8]78也就是说，一个人不仅通过观看美景，更要通过与人交流来分享自己观看到的美景，才能感到愉悦和意义。这句话也可以这样来理解：人是社会性的存在，离开了社会人将失去人之为人的价值和意义。“某个神灵把我们带离人寰，将我们置于完全与世隔绝的某个地方，然后供给我们丰富的生活必需品，但绝不允许我们见到任何人。有谁能硬起心肠忍受这种生活呢？有谁会不因孤寂而失去对于一切乐事的兴趣呢？”[8]78这就说明，人离开与他人的交流、互动，孤独的存在，尽管有美味佳肴，也食之无味，毫无兴趣可言；人不是物质的存在，人需要精神的慰藉，而只有在群体中才能找到精神的力量。

社会属性是人的超自然属性，人类异于动物正是由于这种超自然性的存在，而伦理、道德也只有在这种人类特有的超自然性中才有可能产生。当然，动物也有它们所谓的群体活动的“社会”属性，但人的社会属性和它们不同的是，人是具有能动性、主动性以及创造性的自我意识的存在；动物的生命是被自然规定的，而人是通过自身的主动性活动克服自然限制过一种富有创造性的生活。从某种意义上说，过一种伦理、道德的生活本身就属于创造性生活历程中的一个重要组成部分。这就意味着人的活动具有了超越“必然性”（“是”或“事实”）的规定，从而迈向了过一种“应然性”（“应”或“应该”）生活的可能。

“应然性”的生活涉及如何“做人”的问题，这就和伦理、道德产生了具有一定意义的联系。伦理与道德的生活就是一种“应该”的生活或者说是一种“应然性”的生活。也就是说，个体“应该”通过自觉的行为（学习、自我修养和操练）使“客观的善”（伦理、“真实的良心”）变为“主观的善”（道德、“形式的良心”）①，这是一个成“人”的生活过程或者说是人的道德、伦理生活的建构过程。因为只有在这种“应然性”的生活中个体才能发展，社会才能不断地文明与进步。也就是说，“应然性”的生活是个体如何“得道”而与伦理实体相统一的过程和行动，它是“做人”或“成为人”的过程和行动，它是在社会关系中存在并体现为“群体性生命”的状态和人的生命“质量”提升的过程和行动。

“群体性生命”只有在社会关系中才能表达，而要使“群体性生命”达到“和谐”，必须有人间之“爱”才可能实现。因为，道德和伦理都离不开“爱”。“‘爱’的本质规定就是自我与他人的统一，就是‘不独立’，就是在自我与他人的统一中获得和确证自己。”[4]344因为，人具有“不独立”的特性，于是，个体迫切需要与社会建立某种联系与统一才能生存和发展，而这种联系与统一的方式就是“爱”。只有“爱”才能走

① 黑格尔把良心分为“形式的良心”（属于道德的范围，是个人主观独自的良心，是主观的普遍性，是“内部的绝对自我确信，是特殊性的设定者、规定者和决定者”）与“真实的良心”（属于伦理范围，是客观精神的体现，是主观与客观的统一、特殊与普遍的统一）……道德是主观的，只有伦理才是主观与客观的统一，才是客观精神的真实体现。（参见：黑格尔.法哲学原理[M].范扬，张企泰，译.北京：商务印书馆，1995：15.）

向联系与统一,而"恨"却会走向分离和孤立,甚至走向绝望和毁灭。其实,爱就是将别人看作成与自己同样重要,甚至比自己更重要,这就意味着爱必须体现为一种善良的行为,是一种给别人带来幸福的行为。给别人带来幸福需要自己的奉献,奉献就是付出甚至是牺牲,于是可以从另一个层面来理解爱——爱就是付出和牺牲。假如人人都献出自己的一份爱,那么和谐的"群体性生命"必将实现。于是,在个体付出"爱"的过程中,个体德性得以提升,在此过程中"得道"(德者得也)便与社会的伦理实体这个普遍物逐渐达到了统一。

"伦理层面的爱与善是一体的。爱被视为善的要素,与真、美不可分割。真、善、美是上帝或'绝对价值'的一体三面。"[2]6 爱是关怀,是尊重,是善良,是人性的升华并赋予生命以意义与价值,爱才是伦理的,爱就是伦理关照。道德选择与爱不可分离。在道德选择中,爱赋予生命以意义与价值,爱赋予生命以温馨与甜蜜。爱是人性的升华,是生命的颂歌,是生命永恒的主题。

三、"爱"与道德选择建立在对人生命尊重的基础上

生命是一种不可逆的过程。从咿呀学语的童年、风华正茂的青年、成熟的中年到壮心不已的晚年是生命成长的规律。孔子曰:"吾十有五而志于学,三十而立,四十而不惑,五十而知天命,六十而耳顺,七十而从心所欲,不逾矩。"(《论语·为政篇》)孔子认为他十五岁就有志于做学问,三十岁能自立于世,四十岁能通达事理,五十岁的时候就懂得自然的规律和命运,六十岁时对各种言论能辨别是非真假,也能听之泰然,七十岁能随心所欲却不逾越法度规矩。孔子用自己的人生感悟表达了人的生命从生理、心理到精神的整个过程的变化。他将人的一生分成了不同的阶段,既有时间、空间上的紧密相连的顺序,更是表达了人的生理经历由弱变强再由强变弱,而心理却逐渐走向成熟、精神更加丰富的生命过程。这种走向成熟、精神不断丰富的生命过程是不断与他人、与社会、与自然互动的过程,在互动的过程中,我们每走一步都会为自己以后的生命历程打下基础、为以后的生命历程指明方向,人之内心世界愈加成熟。一般而言,人与外界互动的过程就是自己的心理、精神更加完善、成熟与丰富的过程。只有一个心理和精神更加完善、成熟与丰富的人,才能在充分地享受生命乐趣的同时使自身与外界达到完美的统一。

生命不仅是指由有机物和水等物质构成的物质生命,而且对人来说更是由精神或思想构成的灵性的生命或精神的生命。人的生命存在是灵与肉有机结合的存在。"灵"就是道德、伦理、心理、思想、精神,"肉"就是肉体、生理、自然、物质。社会心理学家马斯洛的需要层次理论表达了这样的观点:人的需要是由低向高逐渐发展的过程,不仅有生理和安全的基本需要或者说是物质与生存的需要,人还有爱、尊严以及自我实现等高级的精神需要。对精神需要的追求提升了人的生命质量,

是人区别于其他生命的重要标志，是人的生命的高级价值实现形态。爱、尊严以及自我实现等高级的精神需要并不是从天而降的、单向的，而是人人、彼此和互相的，正所谓“人人为我、我为人人”，这就说明人的生命的存在是一种社会性存在。就像荀子所言：“力不若牛，走不若马，而牛马为用，何也？曰：人能群，彼不能群也。”（《荀子·王制》）这也说明人的生活是社会性生活，人不可能脱离群体而存在，人的生命只有在人类的群体中才能保持活力或生命力，才能不断地发展与创造。人的社会性存在需要人与人的联系，而要达到人与人之间的“和谐”的联系就需要道德、伦理这样的精神来“连接”，正是通过这种“连接”，从而使人找到了自身存在的价值或意义。而要通过这种“连接”实现人间的“和谐”，就需要在人的生命活动进程中不断进行道德选择，这里首要确立的原则是对人生命的尊重。

在人类的历史上，一些不尊重人生命的现象和事件时常发生，一些重大事件甚至导致人类文明倒退的悲惨后果。例如，二战期间一些德国、日本的“科学家”和“医生”肆意进行惨无人道、骇人听闻的人体实验，就是一种不道德的选择、犯罪的选择，引发了对尊重人的生命权的思考。

对生命的尊重是道德选择的首要条件，特别在现代社会，经济高速发展、物质越发丰富，反而面临许多道德困惑甚至道德危机，表现在人与人、人与社会、人与自然的关系出现的紧张、异化。例如，在人与自身方面，为何时常出现自杀、自残等现象？在人与人的关系方面，为何有见危不敢救的情形？在人与社会的关系方面，为何时常发生针对不特定人群的暴力事件？在人与自然的关系方面，为何环境污染的事件屡屡发生？这一切凸显了对生命尊重意识的培育、教育的意义所在。

四、尊重人生命基于其存在的意义和价值

人的生命的存在既需要物质，更需要精神。人更需要“精神”，人是精神的存在，这种精神突出表现为人对自身存在的意义或价值的追求。人对自身存在的意义或价值的追求是人区别于其他生命的最重要的特征，是人类自身朝着独立的、有尊严的、自由的价值主体迈进的重要一步，也是人摆脱野蛮和愚昧而实现文明、高尚和超越的重要环节。

人的生命是生命进化的最高形式，是物质生命（肉体生命）和精神生命的统一体。物质生命以不断地生长、繁殖、代谢、进化、运动来彰显自己的存在，表现自身的活力，从而丰富了这个物质世界的魅力、神秘。人的精神生命是有别于其他生命的、以伦理与道德形式存在的生命，这是一种具有“反思”性的、追求人的存在价值和意义的生命。

人的生命过程应该如何才能具有意义和价值？每一个生命的出现是偶然的，但其归属（死亡）是必然的。如何体现在生命成长过程的价值？如何过一种有意义

的生活？这是每一个人必须面对与思考的问题。

也许有人会说:生命的价值与意义就在于不断地追求,感受生命的美妙,体验生活的快乐;也许有人会说:生命的价值与意义就在于既要为自己,又要为他人和社会,因为个体在他人的存在中、在群体中才能体现出意义和价值,每一个个体都发挥自己应有的力量奉献给人类群体,社会才能发展和进步,个体的存在才会更有价值和意义;也许还有人会说:生命的价值与意义就在于会用亲情、友情、爱情、同情来证明自己的存在……

无论如何,这些“也许”都是值得我们“反思”的。

所有的生命体都受到时空与自然力的制约,任何生命体都是处在一定时空与自然力之中的生命体。尽管生命体受到时空与自然力的限制,然而人之生命存在的价值与意义就是要不断摆脱时空与自然力的限制,因此就需要不断地适应环境、提高生存能力,并通过不断创新和发明来展现生存的价值和意义。

存在就有价值,无论是生命体和非生命体;价值属于运动着的物质世界和劳动着的人类社会,而物质世界和人类社会组成了丰富多彩的自然界。故而,价值脱离不了自然界;自然界存在的价值有可能被人发现,有可能还没被发现,没被发现时人也不能否定其价值,因为价值有其固有的特性。一般而言,价值是对人而言的,但不能完全为了人,或者说不能完全属于人。就对人而言的价值是会变化的,这种变化会随着人类的进化、社会的发展而发展。当然,人类以外的生命体并无价值的评判能力,对价值的评判能力需要人类本着对自身、对其他生命体、对地球生态的整体平衡与美丽的负责的精神去把握和考量。因此,从脱离以人为中心的狭隘的价值观而放眼整个地球生态的平衡与美丽而言,价值是指人之生命克服时空与自然力的制约的能力与体现对整个地球生态的平衡与美丽的意义。价值包含有利于人的生命与其他生命体利益的综合考量,包含人与外在自然的统一、和谐、整体的发展。对价值的把握需要知道,价值不仅是人类对于自我发展的本质发现,而且是人内在的自我创造及外在的自然创造的统一,是世界万物普遍联系的反映。因此,对价值的评判能力的方法应该是一种整体的、多角度的评判法,包括人对人的行为是不是合理、是不是应该的评判也是如此。当然,人类的进化是从无机到有机、从低等到高等的过程,因此,人类的价值的评判能力也是不断进化和发展的,是相对合理而不是绝对应该的。

人的生命的存在是不断追寻价值和意义的存在,对价值和意义的评判能力需要以人类的智慧去发掘其合理性,这种智慧是随着人类的进化而不断发展的过程,这种合理性不仅要有利于人的生存、发展与进步,也要以有利于其他生命体的发展和地球生态的整体平衡为依托。这就涉及人在其生命的历程中如何进行道德选择的问题。

道德选择的过程就是体现人的生命如何实现其价值和意义的过程。道德选择的基础就要体现对生命的尊重，它是对人的生命是否能够获得幸福的选择。进行道德选择时既需要有对生命的深刻认识、理解和感悟，又需要有人文关怀的精神或者说要从本质上体现对人的生命、权利、价值和尊严的关怀。道德选择预示着人类对自身存在的价值、尊严、意义、平等和自由的渴望，也预示着人类对生命存在过程中其行为道德合理性的探求，而行为道德合理性的标准或原则就是有无“爱”的伦理关照。

参考文献

[1] 杨国荣.伦理与存在:道德哲学研究[M].北京:北京大学出版社,2011:5.

[2] 皮蒂里姆·索罗金.爱之道与爱之力:道德转变的类型、因素与技术[M].陈雪飞,译.上海:上海三联书店,2011.

[3] 樊浩.伦理精神的价值生态[M].北京:中国社会科学出版社,2001:129-131.

[4] 樊浩.道德形而上学体系的精神哲学基础[M].北京:中国社会科学出版社,2006.

[5] 黑格尔.法哲学原理[M].范扬,张企泰,译.北京:商务印书馆,1995:12-16.

[6] 亚当·斯密.道德情操论[M].蒋自强,钦北愚,等译.北京:商务印书馆2003:105.

[7] 马克思.关于费尔巴哈的提纲[M]//马克思恩格斯选集:第一卷[M].北京:人民出版社,1995:56.

[8] 西塞罗.论老年 论友谊 论责任[M].徐奕春,译.北京:商务印书馆,1998.

宽容与生命伦理学

刘曙辉

中国社会科学院马克思主义研究院

摘　要　生命伦理学实践中经常会遇到不宽容的事例,由此决定了研究宽容的必要性。宽容是一种在差异中共存的方式。否定反应是宽容概念的起码条件,有无否定反应是区分宽容与冷漠的标准。能力是宽容概念的辅助条件,有无干涉能力将宽容与顺从相区分。如果行为主体产生了否定反应,而且也具备干涉能力,他选择干涉还是不干涉成为最为关键的一步。克制是指行为主体不干涉敌对的他者的一种无为,是宽容概念的决定条件。选择克制与否是宽容与不宽容的分界线,克制之有无限度是宽容与宽恕的分水岭。简言之,宽容是指行为主体在差异情境中对不喜欢或不赞成的行为、信仰或生活方式有能力干涉却不干涉的一种有原则的克制。在生命伦理学实践中,我们一定要尊重差异,妥善处理否定反应,并做出一种有原则的克制,以宽容的精神应对生命伦理学实践中出现的分歧和冲突。

关键词　生命伦理学;宽容;冷漠;共存

一、生命伦理学实践中的不宽容

案例1:患者L,女,35岁。因胃溃疡合并大出血,由丈夫送至医院急诊。夫妇俩的宗教信仰都认为输了别人的血就是一种罪恶,终身不得安宁。所以,尽管医生再三劝她输血治疗,但她仍然拒绝输血。此时患者面色苍白,呼吸急促,脉搏快而弱,血压低至60/40 mmHg,医生劝丈夫,丈夫表示同意输血,但患者仍说:"不要违背我的信仰。"几经周折,这位医生给病人输了血,病人得救了。但是,后来病人把医生告上法院,理由是医生没有尊重自己的宗教立场,美国最高法院做出裁决,这个病人的最高利益是其信仰,判定这位医生侵犯了病人的自主权,并判以高额罚款。

案例2:蒂勒是美国少数几个不顾社会争议、为怀孕21周以后的妇女施行堕胎手术的医生之一。全美仅有3家医院提供怀孕21周以后的堕胎服务。正因为如此,蒂勒一直是反堕胎人士的攻击目标。他的诊所门前经常有反堕胎组织举行大规模抗议活动。此前,他多次遭到攻击:1985年,诊所被炸;1993年,他在诊所遭到枪击,双臂均中枪,但大难不死。此后,为防不测,蒂勒的诊所戒备森严,他总穿着防弹衣坐诊,出入常有保镖陪伴,只有去教堂时才会放松警惕。2009年5月31日,坚持实施晚期堕胎手术的美国医生乔治·蒂勒在堪萨斯州威奇托市一所教堂遭枪杀,不幸身亡,享年67岁。美国总统奥巴马当天发表讲话,对这起谋杀事件表示"震惊和愤怒",他说道,"不管美国人就不同问题存在的分歧有多深远,都不可以用暴力手段来解决"。尽管1973年堕胎在美国就已经合法了,但是关于堕胎的争议却一直没有停过,甚至出现了谋杀堕胎医生这样的不宽容事件。据说,蒂勒是1977年以来第8位被杀的堕胎医生,其他17位逃过一劫,堕胎医生确实成为美国最危险的职业之一。2010年1月,犯罪嫌疑人斯科特·罗德被判一级谋杀及严重人身侵犯罪名成立。2010年4月1日,塞奇威克县法官沃伦·威尔伯特宣布,根据这两项罪名,判处罗德终身监禁,51年零8个月内不得获保释。美联社报道,法院所做判决为最重量刑。

正因为在生命伦理学实践中存在着大量的不宽容现象,所以生命伦理学需要研究宽容。

二、宽容的理念

1. 差异

什么是宽容?简单地说,宽容就是一种在差异中共存的方式。没有差异,就不会有分歧和冲突,自然也谈不上宽容。所以说,差异是宽容之所以必要的情境要素。具体而言,宽容问题所涉及的差异主要包括利益差异和观念差异。

利益差异主要涉及稀缺资源的分配问题,具体到生命伦理学领域,就是稀缺医疗资源的分配问题。比如,关于器官移植,在如何分配器官的问题上会出现排队与急救的矛盾。一个是投保了巨额医疗保险的富人,按时间算,他排在第一位;一个是因见义勇为而身负重伤、危在旦夕的穷人,现在只有一个心脏,移植给谁,这就出现了资源分配的问题。

另一种差异是观念差异,即思想意识方面的差异。人们都赞成医疗资源的公平分配,但是,对于何种分配是公平的,如何进行具体的分配,人们却存在着巨大的分歧。

面对差异,人们的反应多种多样。有的人认为差异是人类繁荣的前提,因而赞成差异;有的人可能无所谓,既不赞成也不反对;有的人认为不稳定的罪魁祸首就是差异,因此极力压制差异,甚至用暴力来消除差异。与这些对待差异的反应相比,宽容有何独特之处?这就涉及宽容概念的其他要素。

2. 否定反应

否定反应是宽容概念的起码要素。宽容情形之所以出现,是因为行为主体面对差异时产生了否定反应,这种否定反应可能是非道德意义上的不喜欢,也可能是道德意义上的不赞成。前者涉及的是我们的趣味和倾向,后者涉及的是关于善恶的判断问题。对于一些小事,比如说哪个药能更快地治好感冒,医生与患者可能会有不同看法,医生认为是西药,如快克、感康;病人认为是中成药,如同仁堂的感冒清热颗粒,由此而来的可能是一种弱的宽容,因为这点分歧是小事,即使你什么药不吃,一个星期后感冒基本上也会好。对于一些大事,例如克隆技术,有些人一开始可能坚决不赞成,但是后来只是反对生殖性克隆,而对治疗性克隆持宽容态度,这种宽容就是一种强的宽容,因为毕竟克隆技术,特别是克隆人牵涉到人类繁衍的大问题。小事与大事不可相提并论,因此宽容在程度上存在着强弱之别。

但是,在趣味和倾向是否属于宽容的范围这个问题上存在着争议。尼科尔松认为在趣味和倾向方面谈论宽容是不合适的,我们必须只在不赞成的意义上谈论宽容的道德理念。"宽容是一个道德选择的问题,与我们的趣味和倾向无关。"尽管在我们试图解释人们是不是宽容的时候,我们需要把他们的偏见和偶然的爱憎情感考虑在内。但是这些情感在道德上是没有正当基础的,所以不能成为一种道德姿态的基础。与之相对,沃诺克则坚持宽容应该有一个更广泛的范围,人们不只是在道德不赞成的意义上展现宽容,而且也在纯粹只是不喜欢的意义上展现宽容。她举了一个例子,假如我女儿的一个男朋友用便鞋配套装,我很不高兴,但是我没有提及我的不快,而且当他宣布他想与我女儿结婚时,实际上我还表示高兴,此时我是宽容的。

否定反应是否包括非道德意义上的不喜欢这一讨论与哲学上关于道德与理性和趣味的讨论相关。尼科尔松之所以认为宽容只出现在存在道德不赞成的地方,是因为他认为道德是理性的,是能经受理性论证的,而非道德只是一种感觉或情绪,因此可以在两者之间划出界线。而沃诺克则追随休谟的脚步,认为道德是一种关于谴责或赞许的情感,因此在不喜欢或不赞成之间并不存在严格的界限。我赞成宽容情形中的否定反应有一个宽泛的范围,即宽容既适合不赞成的情形,也适合不喜欢的情形。其中,因道德意义上的不赞成引发的宽容是一种强的宽容,而非道德意义上的不赞成涉及的则是一种弱的宽容。这样一来,我们在一些微不足道的事情上也可以做出宽容的行为,例如,宽容一个左撇子。但是,这并不意味着微不足道的事情与重大的事情可以相提并论。显然,一个人只是穿了一件不合时宜的外套与一个人虐待儿童是不能等同的,人们的反对程度肯定也是不一样的。之所以赞成宽容有一个更广泛的适用范围,是因为无论是非道德判断还是道德判断引发的否定反应,并不必然成为我们干涉他人的充足理由。它只是告诉我们为什么会不喜欢或者不赞成,而不是说这种不喜欢或者不赞成究竟意味着什么。此外,从价值多元论的角度看,除了道德价值以外,还有其他价值,价值是多元的而且是不可通约的。例如，一个僧侣的禁欲人生与一个幽默大师的幽默人生之间是无法比较的，一个音乐家的事业的价值和一个哲学家的事业的价值也是不可比较的。此时，如果他们彼此产生了否定情绪，这种否定情绪很可能是一种不喜欢，而不是基于道德判断的不赞成，说禁欲人生是善的或者说幽默人生是善的，说音乐家的事业更有价值或者哲学家的事业更有价值，这都难免有点牵强。

否定反应有一个宽泛的范围表明，在关于什么是宽容的适当对象这一问题上，重要的不是否定反应包不包括不喜欢的问题，而是需要进一步考察潜在的宽容者做出判断的方式。之所以说是潜在的，是因为要判断一个人是否是宽容的，还需要评价他做出判断的方式。他做出判断的方式如何，将影响我们认为他是真正地认为这些判断能够获得确证的程度。简单地说，他能否为他做出的否定判断负责。要为他的否定判断负责，他就应该对支持他做出否定判断的信息的来源进行反思，并且对不同视角保持开放，这种反思和不同视角的引入将有可能改变他的判断和信念。如果行为主体确实是基于可以获得确证的理由，而且是在对各种信息和视角保持开放的前提下做出否定判断的，我们说他是负责的；反之，我们说他是不负责的。

正因为否定反应，宽容对于行为主体而言成为一件难事，因为他需要有所取舍。舍什么？取什么？基于对他人承诺的认可，舍弃干涉他人的欲望；保留对自身信念的承诺，因为正是这一承诺使得我们产生干涉他人的欲望。这里出现了一种紧张，即对自身信念的承诺与对他人承诺的认可之间的紧张。这种紧张是宽容的特征，也是宽容之难。

3. 能力

能力是宽容的辅助要素。如果行为主体对他人有否定反应，自然就会想干涉他，而这种干涉的意向要外化为干涉行动的话，还需要能力。行为主体是否具备将意向转变成行动的能力，成为宽容与顺从之间的区别。如果行为主体没有能力制止，他的不干涉只是一种顺从。这种不干涉是暂时的，因为一旦行为主体具备了干涉能力，他马上就会实施干涉。顺从的人之所以不干涉，是由于软弱、畏惧或者屈从而放弃斗争。一旦他拥有了反抗的力量，他马上就不再容忍这一行为。顺从是弱者对强者的一种屈服，意味着不平等。顺从只是一种无奈之举，一种不得已而为之之举，是一种没有选择的选择，这种行为并不指向他人，是自我与他者关系的暂时中断。之所以说是“暂时”，是因为一旦顺从的人获得了力量，他就会一扫自己的软弱形象，暴露自己的侵略性，去干涉他不喜欢或不赞成的东西。

通过分析宽容和顺从之间的关系，我们得出：第一，宽容和顺从都是有条件的。前者的条件是“我愿意宽容你，如果你也宽容我”。条件满足，则宽容；条件不满足，则不宽容。后者的条件是能力。如果没有能力，我采取顺从的做法；如果有能力，我采取干涉的做法。第二,从能力的角度看,顺从是一种不得已的选择,因为即使顺从的人对他人产生了多么强烈的厌恶或反感情绪,他也没能力进行干涉,所以只能沉默,只能放弃。宽容是行为主体即使具备干涉的能力,也选择不干涉他人的一种克制,他这种克制只有当遇到不宽容的时候才中止。

那么,把宽容与顺从区别开来究竟是何种能力?在顺从的情形中,行为主体缺乏将自己干涉他者的意向转变成干涉行动的能力,因此不存在选择干涉还是不干涉的问题;在宽容的情形中,宽容者具备将干涉的意向转化成干涉的行动的能力。例如,作为个体,我们不可能改变有关堕胎现象的法律,但是我们还是通过给堕胎者和堕胎医生带来社会压力而展示我们的不宽容,这就是密尔所说的"多数的暴政"。与其他暴政一样,多数的暴政的可怕之处在于它通过公共权威的措施而运作。但是,当社会本身作为暴君,也就是说,当社会作为集体而凌驾于构成它的个体之上时,它所采取的手段并不仅仅限于政治机构所能采取的措施,社会能够并且确实在执行它自己的诏令,即公众意见。但是,假如公众意见是错的,而不是对的,或者它面对的是本来就不应该干涉的事情,那么,它就是一种社会的暴政,一种多数的暴政。这种暴政比起有些政治压迫来更加可怕,因为它虽然不是以极端的刑罚为后盾,但是它使得人们没有多少可以逃避的办法,因为它深入人们的生活细节,甚至奴役到人们的灵魂本身。门德斯主要从权力的角度谈能力,将宽容概念中的能力等同于权力,这会引发很多误解。因此,我们有必要换一个思路来理解宽容概念的能力条件。

宽容情形中所指的能力更多的是一种行动能力,它是内在于行为主体的一种主体能动性,是行为主体主动应对外界刺激的一种反应。人是社会环境的产物,而主体能动性使得人反过来能够影响和塑造社会环境。能力是意向转变成行动的决定要素之一,是一种否定性、限制性的要素。行动能力不必然是一种控制能力,而控制能力必定是一种行动能力,也就是说,行动能力包含控制能力。控制能力是一种对他者产生决定性影响的能力,可能是要求对方无条件地做某事,也可能是绝对禁止对方做某事。行动能力和控制能力都涉及对他者的影响,但影响程度是不同的。

4. 克制

克制是宽容概念的决定性条件。所谓克制,是指行为主体不干涉敌对的他者的一种无为。作为一种无为,它类似于亚里士多德所说的自制。自制者知道其欲望是恶的,但是基于逻各斯而不去追随它。在差异情境中,行为主体对他人的行为、信仰或者生活方式产生了否定反应,且具备干涉的能力,宽容者不会基于其否定反应和能力而对他人做出干涉,而会基于普遍的标准而选择克制。克制保证了宽容者与被宽容者在差异和冲突中的共存。选择克制与否是宽容与不宽容的分界线，而克制的彻底与否则是宽容与宽恕的分水岭。

当行为主体对他者产生否定反应时，倾向于认为自己是对的，而他者是错误的。但是，行为主体认为某种行为或信仰是错误的并不等同于这种行为或信仰本身就是错误的。前者是行为主体基于主观确证而做出的一种判断，实际上是行为主体的信念；后者是一种客观确证为真的知识。如果行为主体把主观确证为真的信念等同于客观确证为真的知识，认为自己是正确的，而他者是错误的，进而去干涉或压制他者，而不顾他者的行为或信仰可能同样是正确的，或者迄今为止未被确证为错误的这一事实，那么行为主体就是不宽容的。例如，在西方中世纪，基督徒认为无神论是错误的，进而对无神论者进行干涉和压制，他们所做出的就是不宽容的行为。简单地说，不宽容就是一种干涉。这里出现了一个问题：我们对恶（比如杀婴行为）的干涉是否也属于不宽容的范畴？在这种情况下，人们主张不应该宽容。因为要确保宽容本身的存在，就不能宽容不可宽容者。这是宽容的限度问题。对不可宽容者的不宽容与一般的不宽容的不同之处在于：宽容者会提出不宽容的理由，为其不宽容提供正当性证明；不宽容者则不会提供理由，即使提供了理由，也是不正当的理由，从而走向了教条主义。为了避免这种混淆，我们有必要进一步缩小不宽容的范围，指出不宽容是行为主体对他者的不正当干涉。之所以是不正当的，是因为它是对可宽容者的干涉。因此，宽容包括了两个不可分割的部分，对可宽容者的不干涉和对不可宽容者的干涉。对可宽容者的不干涉使它与不宽容相区分，对不可宽容者的干涉使它与宽恕相区分。

这里，我们需要区分一下个人认为错误的东西与真正错误的东西。个人认为他人的行为或信仰是错误的，比方说，我认为实施安乐死是错误的，这还只是一种主观判断，与实施安乐死本身是否错误没有关系；相比之下，如果他人的行为或信仰本身就是错误的，比方说谋杀是错误的，那么我认为谋杀蒂勒的凶手——斯科特·罗德——在蒂勒没有伤害他的条件下谋杀蒂勒的行为是错误的，这就不只是一种主观判断，而是包含着客观真理。在前一种情况下，如果个人基于自己是真理的化身，认为他人的行为或信仰是错误的，进而去干涉他人，而不顾一个事实，即他人的行为或信仰可能同样是正确的这个事实，那么个人就是不宽容的。在后一种情况下，如果个人在有能力的条件下选择不干涉他人，而无视他人的行为或信仰是错误的这一事实，那么个人做出的就是宽恕的行为。

宽容者既不迷信自己的主张，也不高估自己的精神境界，他把自己的角色定位在不宽容者与宽恕者之间，致力于实现在差异中共存。

这就可以解释案例 1 中的情形了，为什么救人反而吃官司败诉？其中一个原因就是该医生没有做到宽容。在这个案例中，医生和病人显然产生了观念上的差异，医生认为病人的最高利益是生命，而病人认为是信仰，医生对病人的这种看法持否定态度,接下来他利用医生的干涉权给病人输了血,而没有尊重病人的自主权。在这里,他所使用的并不是宽容概念中所讲的行动能力,而是一种控制能力。利用自己作为医生的权威,他做了一件违背病人意愿、侵犯病人自主权的"好事",这是一种典型的家长制作风。

为什么要克制? 这主要有两个理由,一个是对个人平等尊严的认可,一个是对个人独特身份的承认。出于对个人平等尊严的认可,宽容者重视他人与自己的相同之处,承认他人拥有同等的个人权利,这种宽容是一种作为尊重的宽容;出于对他人独特身份的承认,个人不再痴迷于自己的个性,也不再坚持用自我的标准去衡量他人,而是看到人的多样性、价值的多元性和文化的丰富性,这种宽容是一种作为承认的宽容。

通过对宽容要素的分析,我们现在可以给宽容下一个比较准确的定义:宽容是指行为主体在差异情境中对不喜欢或不赞成的行为、信仰或生活方式有能力干涉却不干涉的一种有原则的克制。

在生命伦理学实践中,我们一定要尊重差异,妥善处理否定反应,并做出一种有限度的克制,以宽容的精神应对生命伦理学实践中出现的分歧和冲突。

全球生命伦理学:是否存在道德陌生人的解决之道?

王永忠

东南大学人文学院

摘　要　本文在对恩格尔哈特的道德陌生人导致的伦理共识的缺失进行了深入分析,为了解决这个恩格尔哈特问题,众多学者提出了全球生命伦理学的概念,并在不同的文化-宗教语境中探讨了重新达成共识的可能性。在对全球生命伦理学理论体系回顾的基础上,本文提出了建构全球生命伦理学可能的四种对话模式:道德朋友-陌生人模式、道德熟人模式、道德学生-老师模式与全球公约模式。

关键词　全球生命伦理学;道德陌生人;共识

一、道德陌生人:恩格尔哈特的问题

道德陌生人是恩格尔哈特生命伦理学的一个基本问题域。(Wear, 2010)他在《生命伦理学基础》的导言中提出这个概念:“一个人总要邂逅道德陌生人,彼此不会共享充分的道德原则或共同的道德观,因而无法通过圆满的理性论证来解决道德争端。当人们试图合理地解决争端时,讨论总是不断地进行下去,无法达到确定的结论。结果是,当人们遇到持有不同的道德观的道德陌生人时,理性的论证无法解决道德争端。”(恩格尔哈特,2006)[2] 恩格尔哈特(1998)[4] 在使用“道德陌生人”(moral strangers)这个说法的时候,是指“人们在卷入道德争论时,他们不能在具体的道德观设想上取得共识时人们彼此之间的关系”。进而,他使用“后现代主义”这个词来说明实用理性的分崩离析的特征:“后现代主义时代就是道德上陌生人的时代。”(恩格尔哈特,1998)[6]

恩格尔哈特(2006)[7] 区分了道德商谈的两个层面:道德朋友之间的充满内容的道德商谈与道德陌生人之间的程序性商谈。其结果是:在一个大规模的世俗国家内,许多事情都会得到允许,而这些事情在许多人(作者在内)看来是令人痛心疾首的错误的和道德上混乱不堪的。这一情形将使那些希望一般的社会或一个大规模的国家构成统一的道德共同体,并由统一的、充满内容的世俗生命伦理学来指导的人大失所望。因为他们的希望在社会学上是没有根据的,并且按照一种世俗道德的可能性来看,也是无法得到辩护的。大规模的国家包含着众多和平的道德共同体,国家没有道德权利禁止这种多样性。

大规模国家的出现开始于现代早期,西方世界渐渐进入以理性代替信仰的理想主义和启蒙时代。现代时代(the modern age)曾经是由信仰理性所标志的时代,是由那些表面上看起来是道德陌生人,但在事实上受到明确的完整的道德权利和责任束缚的人的信仰所标志。基督教信仰过去不能通过神的恩典所提供的东西,现代曾力求通过理性来完成。现代这个时代开始回顾古代社会,然后展望未来,经过科学和政治上进步的证实,断定理性能够为道德观设想和政治权力提供一个一般性的辩护。随着具体的道德观设想的向心力丧失,道德结构碎裂成为各种根本不同的道德观。"但这里还有挽救的希望。世俗人文主义可以作为当代一个希望的核心认识,它能为道德上的陌生人提供一个共同的完整的道德框架。人文主义通过诉诸人性,希望去揭示这样一个道理,即人们仅从人这个角度便取得共识。这样就应该跨越宗教、意识形态以及哲学诸多方面的不同的共同体。"(恩格尔哈特,1998)[6]

世俗人文主义为当今的主要道德思考确定了基调,即我们从人们所持的共识出发,用非宗教的语言来奠定文化和公共政策的基础。"作为道德上的陌生者相遇时,是在①他们在某一行动的道德规范上持有不同观点,诸如在安乐死、代孕母亲身份或者在道义上以及保健等问题上持有不同观点。②不具备共同的、内容完整的、能够容纳合理的、在道德上能够完全解决所争论问题的道德与哲学框架。人们之间,既可以是道德上的朋友,也可以是道德上的陌生人,这是根据他们所处某一特定的道德框架所决定的。当道德上的陌生者相遇或合作时,除了武力和强迫之外,他们合作的基础是什么?"(恩格尔哈特,1998)[13]为了获得友好的合作基础,道德上的陌生者必须寻求某种中间性的框架,并根据这一框架,他们能够找到他们共识的东西。因而,世俗人文主义为现代有关生命伦理学和保健工作奠定理性基础。

显然,恩格尔哈特(Engelhardt, 1996b, 2000, 2006a, 2006b)认为,世俗化的这种努力是失败的,不同共同体之间基于理性所构建的共识是极为脆弱的,毋宁说是一种共识的缺失,依靠理性仍然没有解决由来已久的问题。

二、全球生命伦理学:一个学术文献综述

现代以降,康德提出的所谓"普世化原则"(principle of universalization)成为全球化的理论源头,尤其是康德试图将他打造的"道德普世化原则"适用于全人类,然而,在康德的时代,这仅仅适用于欧洲。(Gracia, 2014)[26]而近几十年电信技术、交通、国际贸易、旅游的迅猛发展,世界才从旧的"普世化"进入到新的"全球化"

(globalization)。

全球化从一开始就试图建构一种放之四海而皆准的普世价值观和话语体系。全球化的出现促进了各种宗教及文明间的对话(或对抗),就在亨廷顿的《文明的冲突》一书出版的1993年,大约200名全球40多个宗教及精神传统的领袖签署了《面向一种全球伦理》(*Toward a Global Ethics*)的声明。这份文件由德国神学家孔汉斯(Hans Kung)起草,宣告所有传统分享诸如对生命、团结、宽容和平等权利尊重的共同价值观。文件强调,表现各种文明传统的共同点远比指出它们之间如何不同来得更为重要。(ten Have, et al, 2014a)[13]甚至出现了世界宗教议会(the Parliament of the World's Religions)的运动。就这个意义而言,全球生命伦理学理论的形成和发展在很大程度上出于学者试图在一个共识坍塌的后现代社会中重新搭建起对话的平台,以消弭道德陌生人带来的文化战争。

波特是较早使用全球生命伦理(global bioethics)这个概念的学者,他强调这个概念的世俗性:"全球生命伦理学是作为一种世俗纲领提出的,旨在倡导一种在卫生保健及自然环境保护领域决策的道德。它是一种责任道德。尽管被描述成为一种世俗纲领,然而不要与世俗人文主义(*secular humanism*)相混淆。全球伦理学能够与世俗人文主义共存,只要在这一点上取得一致,自然法主宰着生物界——事实上,宇宙——不会按照个人、政府或宗教偏好的愿望发生改变。"(Potter, 1988)[152-153]全球生命伦理学在波特的视野下结合了"全球化"(global)这个词的两层意思:第一,它是一个在全球范围内的伦理学系统;第二,它是同一的和包罗万象的。(ten Have, et al, 2014a)[10]波特提出伦理学应该从人类群体扩展到一个包括土壤、水、植物和动物的群落环境,包含人类和生态系统构成的"全生物共同体"。(Potter, 1988)[78]

全球化的发展也促使某种形式的全球道德共同体的形成,同样包含某种内容,如全球价值和责任、全球传统与机构(如无边界医生组织、联合国教科文组织、世博会等),其中的一个例子就是"人类共同遗产"(common heritage of humankind)的概念,包括物质遗产(如海床和外太空)和文化遗产。世界遗产为本土化的象征物赋予了一种普世意义,成为人类认同在全球化层面上的表现。将文化财产视为世界遗产意味着一种全球化文明计划,试图创造一种将人类视为一个整体的全新全球化共同体,促进了世界公民的认同并引发一种全球团结和责任。(ten Have et al, 2014a)[16]然而,所有这些全球化进程同时也是在本土化的情境中展开的,全球化平台和本土化情境共同作用以建构和产生全球化生命伦理学。因而,全球化生命伦理学就是这种连续和多边的表达、思考和生产的结果。(ten Have, et al, 2014a)[17]

全球化生命伦理学的另一个重大关切就是在一种世俗伦理的框架内讨论不同宗教和文明传统中的生命价值和意义。它并不追求一种单一体系,而是尊重多样性。相对于单一道德词汇和单一道德信念集合的强概念,许多学者为一种弱概念(weak notion)辩护,全球生命伦理学被定义为:“可以进行跨文化分享的道德原则。”(Tao, 2002)在这个意义上,全球生命伦理学真正的含义正是承认“世界范围的现代医学已经产生了相同种类的道德问题,需要通过理性和论证来处理”。(Becker, 2002)[108]

贝克尔(Becker, 2002)[105]认为,以往的规范理论可能声称,通过发展出高度普遍性的规范原则集合从而将同一性和一致性带入了道德规范方面取得了某种成功。这种成功可能由于处于犹太-基督教文化情境的相对霸权所导致的有限的范围之中。然而,在今天的世俗化、多元文化和无边界的世界中,规范理论的任务变得更为艰巨,并且看起来越来越缺乏承诺。在西方社会之内的特殊群体的相互冲突的道德视野以及越来越被广泛接受的形形色色的东方伦理(儒家、道家、佛教等)提出了质疑,一个相对稳定而可辨识的道德原则集合是否能够被确定,以使得个体规范能够围绕着它们有意义地组织起来。一致性丧失的这种状况使得有人感叹道:“当代的道德语言——在很大程度上也是道德实践——处于严重无序状态”(麦金泰尔,1995)[322];而有人则争辩说,试图寻求为“任何人和任何地方的群体”都能分享的“一种单一道德词汇和一套单一道德信念”是不正确的。(Rorty, 1993)[265]

在全球化、世俗化、多元化、跨文化、后现代时代的生命伦理学建构的讨论中,研究西方传统的哲学家和神学家自然主要关注基督教与犹太教。自从生命伦理学的学科创立以来,讨论基督教生命伦理学传统的文献可谓汗牛充栋。而在全球生命伦理学的讨论中主要集中在一个后现代、多元化、后基督教时代的基督教生命伦理学问题(Engelhardt, 1985, 1993, 1996b, 2006a, 2006b; Engelhardt et al, 2002; Capaldi, 2002; McInerny, 2004; Bekos, 2013; Bishop, 2014; Cherry, 2014),同时各个基督教的不同宗派的生命伦理学传统的异同与相互关系以及如何应对后现代、全球化的挑战也是学者关注的焦点,包括:天主教(Llano, 1996; Bole III, 2000; McHugh, 2001)、东正教(Harakas, 1993; Engelhardt, 2000)与新教(Tilburt, 2014; Nash, 2014)。总体而言,有关犹太教的讨论(Novak, 1979; Franck, 1983; Rosner, 1983; Jakobovits, 1983; Newman, 1993, 1994; Davis, 1994; Levin, 2000)集中在希伯来圣经(即旧约)的生命创造、守护、律法中的生命伦理传统、神人关系等等方面。对犹太人而言,生命的意义是照律法书给定的,现实世界的问题只是选择何种医学手段实现上帝所给定的意义。

关于非西方世界的生命伦理学研究从各自的文化-宗教传统出发,讨论多元生命伦理学的可能性、如何应对和调试与西方生命伦理学的关系、本土生命伦理学的意义及对全球生命伦理学的贡献等课题。这些讨论包括主要的文化-宗教传统:比较医学伦理/生命伦理学(Veatch, 1988; Engelhardt, 1996a);伊斯兰教与医学伦理学(Nanji，1988；Kelsay，1994；Atighetchi，2007)；印度教生命伦理学(Young，1994)以及印度的医学伦理学(Desai，1988)。谷口(Taniguchi，1994)的论文处理了佛教医学伦理中的方法论问题；拉丹纳库(Ratanakul，1988)研究了泰国佛教文化传统中的生命伦理学解决方案；坎帕尼(Campany，1994)对中国道家生命伦理学进行了探讨；也有相关学者对儒家生命伦理学构建及相关问题进行了研究(Qiu，1988；Cong，1998；Cheng，1998；Cheng，2002；Tao，2002，2006)；坂本(Sakamoto，2002)探讨了东方传统对全球生命伦理学可能的建设性影响，提出了新人文主义、最小化人权、整全和谐与作为一种社会微调技术的全球生命伦理政策。

在众多学者中，中国学者范瑞平所参与的全球生命伦理学讨论(Fan，1998，2002，2004，2006，2010)非常具有代表性。作为恩格尔哈特的翻译者，他熟练地运用恩格尔哈特在批判后现代性对基督教传统生命伦理学造成巨大冲击同时又努力重建传统的理论范式，来探讨儒家传统受到现代、后现代、西方化、世俗化冲击下的状况及重建问题。范瑞平写道："儒家必须面对中国道德重建问题，却无法求助于决定性的完全理性的论证、共同接受的权威或者上帝的恩典。儒家必须求助于儒家道德和形而上学视野的力量以及它吸引个体中国人、中国社区和中国政治结构的能力。恩格尔哈特和我在我们自己的计划中都是从一种对道德真空(moral vacuum)的诊断开始的，这种道德真空是由于传统道德和社会结构的崩溃造成的，正如恩格尔哈特(Engelhardt，2000，前三章的内容)针对西方所给出的诊断。然而，我发展了他的诊断，并且在本质上修补了他的诊断，用以回应中国情结面对的挑战并为其找到原因。"(Fan，2010)[72]因此，范瑞平提出恩格尔哈特的生命伦理学世俗化原因可能低估了地缘的道德共同体的作用，正如人们可以在受到儒家道德影响的东亚地区找到这样的共同体。这种儒家意义的道德共同体是一种巨大的重要资源，应该用来重建21世纪的中国道德和政治。

三、启蒙的失败与共识的坍塌

汉密尔顿认为，启蒙运动所导致的一种对上帝存在的偏离是世俗化的开始，康德在这方面影响深远。康德的《纯粹理性批判》(1960)[429-435]中第三章4节的题目是"关于上帝之存在本体论证明之不可能"。康德不赞同理性神学(rational theology)的论点，正是他的计划的关键，他试图"将有神论从哲学中消除"并挽救哲学作为一门科学的地位(Hamilton，2008)[103]。作为一位引领启蒙运动的思想家，"康德试图将哲学从宗教教义中解放出来，这对于理性可以用来证明上帝存在的主张无异于浇了盆冷水。在本质上，所有现象界的知识都是从意识中产生的，因而必然受到限制，不存在任何绝对者。然而，根据定义，上帝是绝对者，不可能从现象界——这也是理性的范畴——论证一个最高存有的存在。理性神学是一种矛盾形容法(oxymoron);事实上,也是'理性的无神论'(rational atheism)。上帝的概念可以驻留在现象中,然而,如此这般的上帝的存在无法从那里演绎出来”(Hamilton, 2008)[103-104]。

启蒙运动工程的崩溃是由于下述认识论主张的失败:人们能够通过理性来得知应当做什么,因而,这同终极真理的存在或人们有通过恩典得知真理的能力没有丝毫关系。结果是,对应着约束道德陌生人的无内容的道德和生命伦理学,依然存在着众多包含着充满内容的生命伦理学的道德共同体。再者因为俗世的道德与道德朋友间的道德存有距离,并且因为俗世的道德权威的有限性,我们经常可以适宜地说:“X有道德权利做A,但那样做是错误的。”十分重要的是,有些共同体对于个人依然有严格的和强烈的要求权。人们所能发现的只是,道德陌生人所创立的大规模的社会无法成为这样一个共同体:人们在其中找到道德生活的充分意义,理解真正的团结,或超越无内容的个体主义的紊乱性(恩格尔哈特,2006)[85-86]。

后现代的人们生活在“一个诸神缄默的世界”,这意味着传统基于宗教的道德权威的缺失(Moreno, 1988)。恩格尔哈特观察到世界范围内的信仰失落状况:“全世界都没有神面对面地对我们说话。对于那些最迫切的祈求,有的只是缄默。当第一位俄罗斯宇航员发现他在太空里没有发现上帝。或者,如果祂(她)存在的话,祂(她)隐秘地对神秘主义者和诗人说话。当泰勒斯看见'万物都充满神'的时候,现代世界揭示的只有有限。神性隐藏起来了。诸神曾经呼风唤雨和医治疾病。现在有了气象学和药理学。神的存在被驱逐了。然而,仍然存在着众多相互竞争、曾经相互敌对的圣书和神圣传统的解释者,他们声称神的权威——对于他们自己、对于这些经文或者早已作古的创始人的宣称,这些创教者确认自己亲自听到过神的话。这些现代宗教团体常常拥有过去政治权力和结构的残余,它们曾经借此掌握巨大的行政权力并控制着知识分子的关注。”(Engelhardt, 1985)[79]总而言之,在许多方面,宗教在社会的某些方面发挥作用,如神学院、大学等等,但在许多方面已经不再像过去一样严肃地对待了。在上帝缺位之后,我们无法如过去在信仰的确定性中那样获得一种具体的、充满内容的俗世道德或生命伦理学来作为标准的俗世的道德或生命伦理学。世俗化导致共识的坍塌,在无法达成共识世界中,任何具有一般性的生命伦理学体系都只能因为缺乏丰富内容而浅薄和脆弱。

恩格尔哈特对上帝缺失的后现代社会出现的伦理权威失位表现出强烈的担忧,与此相对,另一些学者则认为宗教的地位和话语权在当今时代反而得到了加强。“宗教的社会意义从一个全球的视角来看正清楚明白地变得越来越明显,今天宗教共同体在世界的许多地区扮演着一个重要的公共角色。它们以形形色色的文化方式塑造人类的个体信仰态度,它们影响文化生活,并且它们是公共讨论和政治进程的一部分。其结果是，在世界的许多地方在分析社会发展时，宗教代表了一个值得关注的重要因素。宗教在全球政治舞台上正成为一个中心话题，尤其是在2001年9月11日之后。今天全球政治战略如果不考虑宗教与政治之间关系就很难形成。"(Reder and Schmidt, 2010)[2]

四、全球生命伦理学：可能的对话模式

恩格尔哈特(Engelhardt, 2006)编撰的论文集是以"全球化生命伦理学"(Global Bioethics)为主题的，他强调在一个"共识坍塌"(The Collapse of Consensus)的世界如何建构一个以对话和理解为前提的伦理体系。只有通过对话才能产生共识已经成为学者的共识，然而，对于如何才能达成或者是否能够达成全球生命伦理学却存在着巨大分歧，尽管如此，生命伦理学家们还是没有放弃努力，提出几种可能的对话模式。

1. 道德朋友—陌生人模式

为了使道德观不至于跌入相对主义，需要解决两个问题：①既然理性不能告诉我们何为正确的道德观，那么我们还有没有其他办法得知正确的道德观？②持有不同道德观的人们之间如何合作、如何解决道德争端？共同体与社会是相对照的：共同体是用来确定一个群体的男男女女，由围绕着一种分享的美好生活的愿景而形成的共同道德传统以及/或者信仰联系在一起，使得他们能够像道德朋友(moral friends)合作(Fan, 2010)[73]。对于第一个问题，恩格尔哈特认为人们只能通过加入一种宗教或道德共同体，通过上帝的恩典和道德传统来得到正确的人生观、世界观和道德观。第二个问题，社会则由许多不同的道德共同体构成，属于不同道德共同体的陌生人之间只能按照世俗生命伦理学的同意原则来解决他们之间的道德分歧，如此一来，社会的道德维系既微弱又是以充满张力为特征的。

这正是美国的伦理现状。美国生命伦理学的标准版本是在一种普世的现代性文化中兴盛起来的，这种生命伦理学并不等同于可以被证明是合理的以及能够维系道德陌生人的道德。它是对于那些共同体观念淡漠以及家庭破裂的人的道德。这里，挑战是重大的。维系一种原生文化常常等同于维系家庭和共同体结构。这是对全世界尤其是对美国的一个挑战。(Engelhardt, 1998)[650] 恩格尔哈特(2006)[26-27]强调不同道德共同体之间的这种朋友—陌生人模式："一个人越是全身心地生活在一个具体的道德共同体中，他就越能察知在能够约束道德陌生人的伦理学(和生命伦理学)与只能约束道德朋友的伦理学(和生命伦理学)之间存在着巨大反差。无论是宗教信仰者还是意识形态信奉者都应该认识到，俗世的生命伦理学为人们提供了一个和平的中性框架，人们据此可以与他人交往，并通过见证和例证而不是通过强制来改变他人、吸收他人。"

多元文化熔炉的美国只是多元化世界的缩小版,无法在美国取得一致的生命伦理学,亦难在世界范围内形成一种全球生命伦理学。因而,对于那种生命伦理学普世性主张的首要挑战就是尖锐的生命伦理学争论,诸如堕胎、克隆、胚胎实验和卫生保健资源分配,都说明了在医学内部存在——正如一直以来的那样——根本不同的道德生命叙述。(Cherry, 2002)[266]看不到这种不同,而声称存在普世的"道德一致",因而,强加某种特殊的道德愿景,就会导致可能被定义为"强迫道德殖民主义"(coercive moral colonialism)的结果。(Cherry, 2002)[267]在这种情形下,只能接受不存在一种普世全球生命伦理学的现实,人们在道德领域生活在"朋友-陌生人"的模式之下。

2. "道德熟人"模式

明显不同于恩格尔哈特,特罗特尔(Trotter, 2010)相信在严格的、去内容的俗世生命伦理学与内容丰富的宗派伦理学之间存在着一个中间立场,他提出了"中间生命伦理学"(intermediate bioethics)。他引用维尔德斯的"道德熟人"(moral acquaintances)这一术语,卓有成效地对待不同道德共同体的方法,并非将其看作是道德陌生人,而是将其看作熟人,因而,中间生命伦理学指道德熟人有意(在短期内)留心和平的协作,并(在长期)寻求一种共同的、普遍的伦理真理的认同。特罗特尔(Trotter, 2010)[209-210]指出中间生命伦理学与恩格尔哈特的区别在于:"①它允许并努力分析和理解从差异的、宗派的道德共同体而来的观点,②它的目标是产生出伦理内容,并且③它乐观地坚持道德陌生人之间的壁垒可以通过对话、竞争和/或皈依来消除。"

维尔德斯这样论述朋友、陌生人和熟人:"一种道德部分地就是一种生活方式,往往与特定的文化和共同体相联系。如果一个人从这个角度思考全球生命伦理学是没有太大帮助的,然而,如果他考虑问题的角度是尊重个人作为道德主体,那么他就可以讨论一种从尊重个人和文化方面而言的浅意义(a thin sense)的全球生命伦理学。在这样的一种世界观之下,一个人可以谈论:生活在一个道德共同体并分析一种深厚的道德世界观的道德朋友;有着完全不同的世界观的道德陌生人,但是他也能通过使用公共的、一致同意的程序达成公约和共识在道德努力上合作;道德熟人依赖受益但分析某种重叠的道德观点。在这样一个尊重和道德多元化的世界中,一个人和一个共同体需要理解他/她的道德责任。在这样的世界中,一个人和共同体会常常面对一个与他人在不同的道德事业中合作的问题。要保持他们的正直,他们需要知道他们的道德价值,以便他们知道什么可以和什么不可以妥协。"(Wildes, 2006)[374-375]

3. "道德学生-老师"模式

图布斯认为,如果我们同意实际上我们遇到的每个"他者"至少是一个部分的

“陌生人”的话，那么，尊重“道德”本身就在相当程度上成为一个“体恤陌生人”(stranger-regardingness)的事情。(Tubbs，1994)[40]作为一个道德生活的“支配的隐喻”，成为道德的“就是对陌生人友好”。他引用了《圣经》中许多关于陌生人的教导说明，对陌生人的关切可以看为解决道德陌生人问题的一个进路。(Tubbs，1994)如：“不可亏负寄居的，也不可欺压他，因为你们在埃及地也做过寄居的。”又如耶稣教导门徒“要爱人如己”，可以看出是对待陌生人的准则。

图布斯(1994)[52]给出了一个自我-陌生人(或者家园共同体-他者共同体)相遇时，建构一种学生-老师(student-teacher)关系，旨在强调通过陌生人提供的贡献能够扩大我们的道德视野与意识。这种道德视野的扩大，反过来，会让我们认识到“陌生人/老师”在他或她自己身上(作为所有他者的“陌生人”)的真正的道德价值和意义。值得注意的是，这种“作为老师的陌生人”(stranger-as-teacher)模型将最为主动的角色给了陌生人。因为，作为老师的陌生人不仅作为一个被动的提醒者起作用，提醒我们欠他什么或者我们被命令做什么，他也不仅仅是作为我们自己的界限从而作为到达我们的自我整合或自我中心的手段起作用。而是，他/她将我们带到一个不同的世界观之中，与我们分享一种不同的价值域，并且挑战我们重新检视我们的先入之见和理性。无论通过提出作为“教师”的陌生人可能或者不能有什么别的意义，他/她面对面(vis-à-vis)对自我发生作用(以及这个自我的道德意识的发展)无疑是显而易见的。

4. “全球公约”模式

全球公约模式是在实践层面上，各国能够在政府和医疗机构实施的生命伦理原则。全球公约模式的理论基础来自于一种将人的尊严和人权视为是建构全球生命伦理学最高原则的观念。安多诺(Andorno，2014)[46-49]比较了世界不同的文化-宗教传统，这些传统和哲学包括：柏拉图、斯多亚学派、基督教、文艺复兴人文主义、康德、孔子、荀子、孟子、伊斯兰教等，指出每一种传统中都可以找到对人的尊严的尊重和维护，人的尊严千百年来一直都是人类哲学和宗教思考的主题。

康德也许是第一位将尊重(Achtung)和尊严(Würde)置于道德理论中心的现代哲学家。即使一个人不能同意他那过分形式化的伦理学观点，也会承认他的著名的绝对命令的第二表达式对于理解尊严概念的实践结果非常有帮助(Andorno，2009)[230-231]。按照这个原则，我们应该总是将人看作是“一个他自身的目的”(*Zweck an sich selbst*)而永远不能将其仅仅作为我们目的的一个手段。其原因在于人不是“物”而是“人”，因而不是可以被作为一种手段的某种物。尽管物具有一个价格，某种价值一定存在某种等价物，而尊严使得一个无可替代。(Kant，2011)[96]

联合国教科文组织(UNESCO)经过多方谈判，于2005年10月19日签署了

《生命伦理学与人权普遍宣言》(*The Universal Declaration on Bioethics and Human Rights*),涉及“与医学、生命科学和应用到人类的相关技术有关的伦理问题,考虑到它们的社会、法律和环境维度(1a 条款)”。(ten Have et al, 2014b)[37-38] 因而,该宣言庄严地确认了国际社会在科学和技术开发与应用中尊重一系列普世人文原则。这些基本伦理原则包括:①人的尊严与人权;②利益与危害;③自主性与个人责任;④同意;⑤没有同意能力的个人;⑥尊重人的易受伤害性与人的正直;⑦隐私与保密;⑧平等、正义和公平;⑨非歧视与非侮辱;⑩团结和合作;⑪社会责任与健康;⑫共享利益;⑬保护未来世代;⑮保护环境、生物圈和生物多样性。(ten Have et al, 2014b)[39] 签署该公约的目的是多重的,然而,最为重要的目的是为了提供“一个普世的原则和程序框架,在生命伦理学领域指导各国的立法、政策或其他政令的形成(2i 条款)”。

五、结语

全球生命伦理学既存在着可能性,又受到限制。(Wildes, 2006)[374] 这个问题如此之重大,以至于我们无法承担“共识坍塌”所带来的后果,伦理学存在本身就是在避免这种后果。在这个意义上,全球生命伦理学的讨论才刚刚开始。

参考文献

康德,1960. 纯粹理性批判[M].蓝公武,译. 北京:商务印书馆.

恩格尔哈特,2006. 生命伦理学的基础[M].2 版. 范瑞平,译,北京:北京大学出版社.

恩格尔哈特,1998. 生命伦理学和世俗人文主义[M].李学钧,喻琳,译. 西安:陕西人民出版社.

麦金泰尔,1995. 德性之后[M].龚群,戴扬毅,等译. 北京:中国社会科学出版社.

Andorno R, 2009. Human Dignity and Human Rights as a Common Ground for a Global Bioethics [J]. Journal of Medicine and Philosophy, 34 (3): 223-240.

Andorno R, 2014. Human Dignity and Human Rights [M]// ten Have Henk A M J, Gordijn B. Handbook of Global Bioethics. Dordrecht: Springer Science+Business Media: 45-57.

Atighetchi D, 2007. Islamic Bioethics: Problems and Perspectives [M]. Dordrecht: Springer Netherlands.

Becker Gerhold K, 2002. The Ethics of Prenatal Screening and the Search for Global Bioethics [M]// Julia Tao Lai Po-Wah (陶黎寶華). Cross-Cultural

Perspectives on the (Im) Possibility of Global Bioethics. Dordrecht: Springer Netherlands: 105-130.

Bekos J, 2013. Memory and Justice in the Divine Liturgy: Christian Bioethics in Late Modernity [J]. Christian Bioethics, 19 (1): 100-113.

Bishop Jeffrey P, 2014. Christian Morality in a Post-Christian Medical System [J]. Christian Bioethics, 20 (3): 319-329.

Bole III Thomas J, 2000. The Person in Secular and in Orthodox-Catholic Bioethics [J]. Christian Bioethics, 6 (1): 85-112.

Campany, Robert F, 1994. Taoist Bioethics in the Final Age: Therapy and Salvation in the Book of Divine Incantations for Penetrating the Abyss [M]// Paul F Camenisch. Religious Methods and Resources in Bioethics. Dordrecht: Springer Science+Business Media: 67-91.

Capaldi N, 2002. The New Age, Christianity, and Bioethics [J]. Christian Bioethics, 8 (3): 283-294.

Cheng, Chung-Ying (成中英), 2002. Bioethics and Philosophy of Bioethics: A New Orientation[M]// Julia Tao Lai Po-Wah. Cross-Cultural Perspectives on the (Im) Possibility of Global Bioethics. (Philosophy of Medicine 71) Dordrecht: Springer Netherlands: 335-357.

Cheng F, 1998. Critical Care Ethics in Hong Kong: Cross-Cultural Conflicts as East Meets West [J]. Journal of Medicine and Philosophy, 23 (6): 616-627.

Cherry Mark J, 2002. Coveting an International Bioethics: Universal Aspirations and False Promises [M]// Bioethics and Moral Content: National Traditions of Health Care Morality. Dordrecht: Kluwer Academic: 251-279.

Cherry Mark J, 2014. The Emptiness of Postmodern, Post-Christian Bioethics: An Engelhardtian Reevaluation of the Status of the Field [J]. Christian Bioethics, 20(2): 168-186.

Cong Y, 1998. Ethical Challenges in Critical Care Medicine: A Chinese Perspective [J]. Journal of Medicine and Philosophy, 23 (6): 581-600.

Davis Dena S, 1994. Method in Jewish Bioethics [M]// Paul F. Religious Methods and Resources in Bioethics. Camenisch, Dordrecht: Kluwer Academic Publishers:109-126.

Desai Prakash N, 1998. Medical Ethics in India [J]. Journal of Medicine and Philosophy, 13 (3): 231-255.

Engelhardt Jr. H Tristram, 1985. Looking For God and Finding the Abyss:

Bioethics and Natural Theology [M]// Shelp Earl E. Theology and Bioethics: Exploring the Foundations and Frontiers. Dordrecht: Springer Science + Business Media: 79-91.

Engelhardt Jr. H Tristram, 1993. Personhood, Moral Strangers, and the Evil of Abortion: The Painful Experience of Post-Modernity [J]. Journal of Medicine and Philosophy, 18 (4): 419-421.

Engelhardt Jr. H Tristram, 1996 b. Moral Puzzles Concerning the Human Genome: Western Taboos, Intuitions, and Beliefs at the End of the Christian Era. in Moral Diversity [M]// Kazumass Hoshino. Japanese and Western Bioethics: Studies in Moral Diversity. Boston: Kluwer Academic Publishers, 181-186.

Engelhardt Jr. H Tristram, 1998. Critical Care: Why There Is No Global Bioethics [J]. Journal of Medicine and Philosophy, 23(6): 643-651.

Engelhardt Jr. H Tristram, 2000. The Foundations of Christian Bioethics [M]. The Netherlands: Swets & Zeitlinger Publishers.

Engelhardt Jr. H Tristram, Rasmussen Lisa M, 2002. Bioethics in the Plural: An Introduction to taking Global Moral Diversity Seriously [M]//Engelhardt Jr. H Tristram, Rasmussen Lisa M. Bioethics and Moral Content: National Traditions of Health Care Morality. Dordrecht: Springer Science + Business Media, Kluwer Academic Publishers: 1-14.

Engelhardt Jr. H Tristram, 2006 a. Global Bioethics: An Introduction to the Collapse of Consensus [M]//Engelhardt Jr. H Tristram Global Bioethics: The Collapse of Consensus. Salem: M & M Scrivener Press: 1-17.

Engelhardt Jr. H Tristram, 2006 b. The Search for a Global Morality: Bioethics, the Culture Wars, and Moral Diversity [M]//Engelhardt Jr. H Tristram. Global Bioethics: The Collapse of Consensus. Salem: M & M Scrivener Press: 18-49.

Fan Ruiping, 1998. Critical Care Ethics in Asia: Global or Local? [J]. Journal of Medicine and Philosophy, 23 (6): 549-562.

Fan R P, 2002. Reconstructionist Confucianism and Bioethics: A Note on Moral Difference [M]//Engelhardt Jr. H Tristram, Rasmussen Lisa M. In Bioethics and Moral Content: National Traditions of Health Care Morality. Dordrecht Springer Science + Business Media, Kluwer Academic Publishers: 281-287.

Fan Ruiping, 2004. Truth Telling in Medicine: The Confucian View [J]. Journal of Medicine and Philosophy，29 (2)：179-193.

Fan Ruiping，2006. Bioethics：Globalization，Communitization，or Localization? [M]//Engelhardt Jr. H Tristram. Global Bioethics：The Collapse of Consensus. Salem：M & M Scriven-er Press：271-299.

Fan Ruiping，2001. A Confucian Student's Dialogue with Teacher Engelhardt. [M]//Ana S Iltis，Mark J Cherry. At the Roots of Christian Bioethics，Salem：M & M Scrivener Press：71-87.

Franck I，1983. Understanding Jewish Biomedical Ethics：Reflections on the Papers [J]. Journal of Medicine and Philosophy，8 (3)：207-216.

Gracia D，2014. History of Global Bioethics [M]. Henk A M J ten Have，Bert Gordijn. Handbook of Global Bioethics. Dordrecht：Springer：19-34.

Hamilton Clive，2008. The Freedom Paradox：Towards a Post-secular Ethics [M]. Crows Nest：Allen & Unwin.

Harakas Stanley S，1993. An Eastern Orthodox Approach to Bioethics [J]. Journal of Medicine and Philosophy，18 (6)：531-548.

Jakobovits I，1983. Some Letters on Jewish Medical Ethics [J]. Journal of Medicine and Philosophy，8 (3)：217-224.

Kant Immanuel，2001. Groundwork of the Metaphysics of Morals [M]. Cambridge：Cambridge University Press.

Kelsay J，1994. Islam and Medical Ethics [M]//P F Camenisch. Religious Methods and Resources in Bioethics. New York：Springer：93-107.

Llano A，1996. The Catholic Physician and the Teachings of Roman Catholicism [J]. Journal of Medicine and Philosophy，21 (6)：639-649.

Levin M Birnbaum I，2000. Jewish Bioethics? [J]. Journal of Medicine and Philosophy，25 (4)：469-484.

McHugh James T，2001. Building a Culture of Life：A Catholic Perspective [J]. Christian Bioethics，7 (3)：441-452.

McInerny D，2004. Natural Law and Conflict [M]//Mark J Cherry. Natural Law and the Possibility of a Global Ethics. Dordrecht：Kluwer Academic Publishers：89-100.

Moreno Jonathan D，1988. Ethics by Committee：The Moral Authority of Consensus [J]. Journal of Medicine and Philosophy，13 (4)：411-432.

Nanji Azim A，1988. Medical Ethics and the Islamic Tradition [J]. Journal of Medicine and Philosophy，13 (3)：257-275.

Nash Ryan R, 2014. Reformed Christian Bioethics: Developing a Field of Scholarship [J]. Christian Bioethics, 20 (1): 5-8.

Newman Louis E, 1994. Text and Tradition in Contemporary Jewish Bioethics [M]//Paul F Religious Methods and Resources in Bioethics. Comenish Dordrecht: Kluwer Academic Publishers:127-143.

Newman Louis E, 1993. Talking Ethics with Strangers: A View from Jewish Tradition [J]. Journal of Medicine and Philosophy, 18 (6): 549-567.

Novak D, 1979. Judaism and Contemporary Bioethics [J]. Journal of Medicine and Philosophy, 4 (4): 347-366.

Potter Van R, 1988. Global Bioethics: Building on the Leopold Legacy [M]. East Lansing: Michlgan State University Press.

Qiu, Ren-Zong, 1988. Medicine The Art of Humaneness: On Ethics of Traditional Chinese Medicine [J]. Journal of Medicine and Philosophy, 13 (3): 277-299.

Ratanakul P, 1988. Bioethics in Thailand: The Struggle for Buddhist Solutions [J]. Journal of Medicine and Philosophy, 13 (3): 301-312.

Reder M, Schmidt J, 2010. Habermas and Religion [M]//Habermas J, et al. An Awareness of What is Missing: Faith and Reason in a Post-Secular Age. Cambridge: Polity Press.

Rorty R, 1993. The Priority of Democracy to Philosophy [M]//G Outka, J P Reeder. Prospects for a Common Morality. Princeton: Princeton University Press: 255-278.

Rosner F, 1983. The Traditionalist Jewish Physician and Modern Biomedical Ethical Problems [J]. Journal of Medicine and Philosophy, 8 (3): 225-242.

Sakamoto, Hyakudai, 2002. A New Possibility of Global Bioethics as an Intercultural Social Tuning Technology [M]//Julia Tao Lai Po-Wah. Cross-Cultural Perspectives on the (Im)Possibility of Global Bioethics. Dordrecht: Springer Netherlands: 359-367.

Taniguchi S, 1994. Methodology of Buddhist Biomedical Ethics [M]//Paul F Religious Methods and Resources in Bioethics. Camenisch, Dordecht: Kluwer Academic Publishers: 31-66.

Tao Lai-Po-Wah J (陶黎寶華), 2002. Global Bioethics, Global Dialogue: Introduction [M]//Tao Lai-Po-Wah. Cross-Cultural Perspectives on the (Im) Possibility of Global Bioethics. Dordrecht: Springer Netherlands: 1-18.

Tao, Lai-Po-Wah J, 2006. A Confucian Approach to a "Shared Family Decision Model" in Health Care: Reflections on Moral Pluralism [M]//Engelhardt Jr. H Tristram. Global Bioethics: The Collapse of Consensus. Salem: M & M Scrivener Press: 154-179.

ten Have Henk A M J, Gordijn B, 2014a. Global Bioethics [M]//ten Have Henk A M J, Gordij & B. Handbook of Global Bioethics. Dordrecht: Springer Sceience + Business Media: 3-18.

ten Have Henk A M J, Gordijn B, 2014b. Structure of the Compendium [M]// ten Have Henk A M J, Gordij & B. Handbook of Global Bioethics. Dordrecht: Springer Science + Business Media: 35-42.

Tilburt Jon C, 2014. Introduction: Overhearing Strange Voices Next Door [J]. Christian Bioethics, 20 (1): 1-4.

Trotter, G, 2009. The UNESCO Declaration on Bioethics and Human Rights: A Canon for the Ages? [J]. Journal of Medicine and Philosophy, 34 (3): 195-203.

Trotter Griffin, 2010. Is "Discursive Christian Bioethics" and Oxymoron? [A] //Ana S Iltis, Mark J Cherry. At the Roots of Christian Bioethics. Salem: M & M Scrivener Press: 203-228.

Tubbs Jr., James B, 1994. Theology and the Invitation of the Stranger[M]// Courtney S Campbell, B Andrew Lustig. Duties to Others. Dordrecht: Springer Science+Business Media: 39-53.

Veatch Robert M, 1988. Comparative Medical Ethics: An Introduction [J]. Journal of Medicine and Philosophy, 13 (3): 225-229.

Wear Stephen, 2010. Bioethics for Moral Strangers [M]//Ana Smith lltis, Mark J Cherry. At the Roots of Christian Bioethics. Salem: M & M Scivener Press: 247-259.

Wildes S J Kevin Wm, 2006. Global and Particular Bioethics [M]//Engelhar dt Jr. H Tristram. Global Bioethics: The Collapse of Consensus. Salem: M & M Scivener Press: 362-379.

Young Katherine K, 1994. Hindu Bioethics[M]//Paul F. Religious Methods and Resources in Bioethics. Camenisch, Dordrecht: Springer Science + Business Media: 3-30.

生命伦理中的道德运气

——以有危重病患者的家庭为例

罗　波

东南大学人文学院

摘　要　有危重病患者的家庭面对生命伦理问题时不可避免地会出现两难困境:患者本能求生而不得,希求一死又为社会所不许;家属眼见亲人备受折磨于心不忍,助其解脱又无合法依据。为什么会出现这种两难困境?从理论上而言,社会赋予生命伦理最基本的原则是"生"的道德。这种最基本的规范受到习俗、道德乃至法律的维护。当危重病患家庭去触碰这条道德底线时便会遭遇道德运气。本文通过分析道德运气对行为主体的道德行为评价的重要影响,从道德运气作为人们意志无法控制的客观因素的角度解释了危重病患家庭两难困境的现实原因。通过对危重病患者家庭面对生命伦理问题时遇到的两难困境的理论和现实原因的分析,我们既能感受到身处现代文明环境中的人生之为人的无奈,同时也看到了人类为实现自身权利而永不放弃的斗争精神。

关键词　生命伦理;道德运气;道德评价

生命伦理学中有许多难题,死亡伦理便是其中之一。有危重病患者的家庭比其他家庭有更多概率面对这个难题。一旦有危重病患者的家庭面临生命伦理问题,患者和家属都会处于两难境地,对于患者而言,"求生不得求死不能"可能是最准确的描述;对于家属而言,既没有能力帮助患者生,也没有权利帮助患者死。面对社会现实,危重病患者家庭是那么的脆弱无助。站在生命的十字路口,是该墨守规范选择道德,还是该为患者的解脱去碰碰运气?在道德生活中,不管是患者抑或家属的行为遭遇道德评价时,道德运气都会起到比较关键的作用。本文试图从危重病患者家庭的现实困境出发,分析产生此困境的理论原因和现实原因。

一、病患家庭的两难困境

危重病患者家庭的患者和家属在肉体和精神上存在两难困境。在肉体层面有患者病痛之苦和家属身体消耗之累;在精神层面双方都要面对社会道德要求和家庭实际情况之间的矛盾,这更是心灵的煎熬。

一方面,患者自身两难。危重病患者由于其病情的特殊性,在肉体上要忍受非常人的痛苦,是“好死”还是“赖活”?这是他们针对肉体痛苦所做的最多的心灵挣扎和纠结。除此以外,他们还要考虑家属的情感因素:自己撒手西去可能给家属带来沉重的精神打击;外人对自己撒手的非议是否严重影响家族的面子?

总而言之,患者在生与死之间做着艰难的博弈,家属也在支持或者反对患者的生与死之间纠结煎熬,双方在精神和肉体上都受难。

面对这种两难状况该如何办?如果患者自私一点,不顾家人情感因素和可能受到的社会谴责而追求自我解脱,此时对于患者和家属的道德评价可能不会太尖锐;若家属自私一点,不顾患者意愿强行使患者解脱,这是极“恶”的违法行为;若家属为了沽名钓誉,勉强患者没有尊严地活着,这种行为就是不折不扣的伪善。为什么危重病患者家庭会面临如此困境?

二、何种道德?

有危重病患者的家庭没有“自私”的权利,他们面对的是何种道德?危重病患者有否权利自己结束生命?家属有否权利协助患者结束生命?这两个问题是危重病患者家庭要面对的最根本的道德追问。

“上天有好生之德”,死亡是最大的恶。死亡到底恶在哪里?“人们畏惧死亡,不是因为死亡给他们带来某种可怕的感觉,而是因为他们不再有任何感觉,因为死亡剥夺了感觉的可能性。死亡之恶的准确定位,需要通过考察其反面(继续生活)所含有的善来进行。设若死亡不发生,死者就能继续享受生活中可能的善,因此,他的死亡剥夺了那些可能的善,这就是死亡之恶之所在。”所以,对于寻常百姓来说,即使身患恶疾无法挽救也要“赖活”,继续生活总能使人多些希望,毕竟早死会剥夺未来可能的善,早生不一定让人受益,但晚死有可能让人受益。正如托马斯·内格尔所说:“他死后的时间是他的死亡夺走的时间。在这段时间中,如果他当时没有死,他将会活着。因此,任何死亡都蕴含着某段生活的丧失,其受害者如果不是死于那刻或更早一点的话,就能过上这段生活。”那么人在什么情况下是可以死的呢?“死必须来自外界:或出于自然原因,或为理念服务,即死于他人之手”。黑格尔的回答说明,人之死亡或出于自然或出于人为,这里的人为是指人为了崇高的理念,为了使自身个体性合于普遍实体性的牺牲行为,而非世俗的厌世轻生之举。

当死亡被人们定下了“恶”的基调时,危重病患有否自杀权利和家属有否协助其自杀的权利的答案就比较明显了。亚里士多德认为,自杀是公民削弱国家力量的行为。阿奎那认为自杀“总是一个道德上的罪”,“杀死自己是完全不合法的”,原因是:“违反自然法和上帝之爱”“杀死自己损害了共同体”“无论谁夺走自己的生命都是对上帝犯了罪”。黑格尔认为人没有自杀的权利,“我作为这一个人不是我生命的主人,因为包罗万象的活动总和,即生命,并不是与人格——本身就是这一直接人格——相对的外在的东西。因此,说人有支配其生命的权利,那是矛盾的,因为这等于说人有凌驾于其自身之上的权利了。所以人不具有这种权利,因为不是凌驾于自身之上的,他不能对自己作出判断。海格立斯自焚其身,布鲁陀斯以剑自刎,这种都是对他人格的英勇行为。但是如果单就自杀权而论,那么就对这批英雄来说也不得不加以否认。”综上所述,自杀行为违反人性,因为这种行为削弱集体的力量和自身人格的力量。

生命有自身的规律,这个规律可能令人愉悦或痛苦,应该让其遵守它固有的规律运行:生命运行的愉悦是对人之行为合乎自然万物规律的肯定,作为生命载体的我们要感恩自然万物使生命在愉悦的轨道上运行得更远更长久;生命运行的痛苦是对人之行为不合乎自然万物规律的警醒,作为生命载体的我们要反省自身,深刻忏悔,纵使不能扭转颓势也不能人为地夺取哪怕自己的生命。

当“死”遇上“生”时,道德选择“生”。此道德标准针对人的生命权利,是纯粹的“生”之道德,任何违背求“生”的道德原则的道德事实都会被贴上负面道德判断的标签,而在病患家庭的两难博弈中,“生”之道德原则正是促成双方两难的根本原因。

在生死之争中,患者承受了最大的痛苦,作为家属看在眼里痛在心里。虽然“生”的法律如山,但是为了减少患者的痛苦,家属也会铤而走险去翻过这座山。当家属需要违背社会道德来成全患者减少甚至结束痛苦的要求来成就江湖道义时,他就只能碰碰道德运气。因为道义之举实施之后仍要面临社会道德的审判,至于他在翻越“生”的道德之山时会碰上何种运气,那真是要看他的运气了。

三、何种运气?

内格尔明确地界定了道德运气的概念,即“凡在某人所作之事有某个重要方面取决于他所无法控制的因素,而我们仍然在那个方面把他作为道德判断对象之处,那就可以称之为道德上的运气”。由此界定可以看出道德运气之所以产生,是因为传统道德理论与道德实践存在矛盾之处:理论上行为主体不需要承担因不能控制因素引起的道德责任,实践中人们对行为主体进行道德判断的标准是他的实际行为,而不受行为主体控制的因素却往往被忽略,如内格尔所说:“人们的行为及道德判断都是部分地由外部因素决定的。尽管良好的愿望自身是正确的,但是在成功地从失火的大楼内救出某个人与试图去救人却不小心使他从十二楼的窗户上摔下去这两种行为之间存在着重大的道德差异。”当人们为超越自己控制能力的因素引发的行为担负道德责任时，道德运气就产生了。所以，人们的道德生活除了自由意志的主观因素，还有道德运气的客观因素存在。在道德生活领域内，揭示运气对人类生活的重要影响，从而对现代道德进行反思，这就是道德运气的价值所在。

根据内格尔的思想，运气影响道德的方式有四种：构成方面的运气、环境中的运气、行为原因方面的运气、行为结果方面的运气。四种道德运气之间相互关联——“即使意志本身的行为不受先前环境的决定，也可能受行为者之倾向、能力和气质的影响；即使不受行为者之倾向、能力和气质的影响，也可能受行为者所处环境的影响；即使不受行为者所处环境的影响，行为者所获得的道德评价还是会受行为结果方面的运气的影响。”为了透彻分析这四种类型将为生命伦理中的行为情境带来如何的评价，特举两个危重病患者家庭案例。

案例 1：一对八十多岁的老夫妇风雨一生。晚年妻子身患绝症，四处求医不治，病痛难忍一心求死。其夫于某天将其推入河中。（此案 2014 年发生于江苏某城市）

案例 2：美国影片《姐姐的守护者》。一家五口：父、母 Sara、姐 Kate、哥、妹 Anna。Kate 身患白血病，需要与自身匹配的脐带干细胞及其他器官，而 Anna 的出生及出生以后的任务就是随时为 Kate 提供所需一切。影片叙述结构以 Kate 的病情发展需要 Anna 的肾移植，Anna 将父母告上法庭申请身体支配权的对立和矛盾为主线，伴随着发生在这个家庭的过去和现在的各种事情展开。结果 Anna 胜诉，Kate 去世，而这场官司却源自 Kate 的策划。

1. 行为原因方面存在的运气

行为原因方面的运气，是“影响行为者采取某个行为或决策的作为直接原因的不确定性，亦即，引发该行为或决策的因果链条上的前序环节”。它“指向在意志控制之外的先前环境对意志本身之行为的决定性影响，就是说，如果承认意志本身之行为不过是在意志控制之外的先前环境的产物，那么，对意志本身之行为进行道德评价，实际上就是在对决定着意志本身之行为的先前环境进行道德评价。很明显，这个问题也与自由意志的问题密切相关”。先前的某种原因导致今时此种行为，这是道德运气与道德活动之间的因果关联。这种关联诉诸情感具有很强的主观性。

意志和运气如何关联？关联一：作为行为主体有意为之的意志行为，主体要负责任。“在对行为的理论化过程中，意志不宜被作为一个单独的变量，而应当始终与另外一个在实质上起作用的因素‘欲望’一道被考虑。欲望，作为行为原因之实质因素而与作为行为原因之形式因素的意志共同构成一个实际的意欲……欲望是向运气敞开的，也就是说，可能受到环境因素的左右，但经过意志把关、过滤的意欲因体现了意志的作用从而具备了承担责任的条件。”案例 1 中，丈夫为何推妻入河？原因可能很多：或是不忍妻子在疾病折磨中煎熬，出于对妻子的爱怜，帮其早日结束苦难;或是丈夫经年累月照顾患病爱人,身体、心理都到了能承受的极限,出于对自我的解脱;或是为了帮助不堪忍受痛苦的妻子完成遗愿,推其入河完全是妻子的意思……不管哪种原因,丈夫应该都对行为及其结果深思熟虑,当社会对他的所作所为进行谴责时,他只能为该行为承担全部责任。

关联二:行为主体对自己并非有意而为的事情也负有责任。“对部分命运的有意选择意味着主动承担了附着在那部分命运之上的风险,也就意味着主动承担了责任方面的风险,这样说也还没有完全穷尽我们所负责任的合理范围,实际上在我们正常的伦理直觉中,我们期待自己和他人承担的责任远远超出了有意而为的范围。”案例 2 中,Kate 与 Anna 不仅是姐妹更是知心朋友,Kate 的日常起居和生病护理有很大部分都是由 Anna 来完成的,Anna 深知 Kate 的生理和心理痛苦,故而 Anna 愿意为了结束 Kate 的痛苦做出并非自己本意之事——起诉父母,夺回身体支配权,不再为 Kate 提供身体器官。母亲认为 Anna 为了自己身体的完整而致 Kate 的性命于不顾,这种行为太过冷血。既然 Anna 选择了帮助 Kate 完成遗愿,她就必须背负家庭和社会对她的误解,当社会和家庭对她进行负面道德评价时她只能承受。

2. 构成方面的运气

构成方面的运气是指“影响行为者气质、性格与禀赋的不确定性,它们往往是在行为者形成自主的能动性之前就存在并对其产生构成作用的因素,比如,一个人的基因、未成年时期的看护人或启蒙教育”。

“尽管认同行为本身不属于运气的事,但认同的内容是向运气敞开的,而自我正是通过认同某些向运气敞开的内容而构成的,所以,自我的构成仍然没有脱离运气的影响,构成方面的运气仍然是一个真实的问题。”对于案例 1,人们也许会问:若妻子若干年前与另一个人结婚,那么另一个丈夫面对今天的妻子还会不会和现在这个丈夫采取同样的行为呢?这就涉及现实生活中这个丈夫的“倾向、能力和气质”等问题了。若该丈夫在构成方面的表现是脾气不好、遇事容易着急且解决问题能力较差、文化素养较低等任何一个或几个方面,那么他的行为则不可得到辩护。若该丈夫是心地善良、总为他人着想、遇事沉着隐忍,那么他的行为则可以得到辩护。

构成方面的运气直接与自我相关联,是自我的遭遇或者可能受到的遭遇或影响。例如案例 1 中丈夫会选定一个时间段推妻入河,这样不会为人发现。如果仅仅作为认知者,丈夫的行为被路人甲或路人乙发现,这件事本身并不会被体验为一种运气,它的被发现可以被合理地归于偶然,但是,路人甲或路人乙为什么发现的是丈夫的“恶”行为,而不是别人的偷窃或打人等“恶”行为,那么丈夫就会把被路人发现体验为一种运气。将自我的遭际体验为一种运气,就意味着将运气与命运相联系。日常生活中老百姓常说:“这是命,我认命。”若承认命运是我们生活的构成力量,那么命运的力量就成为最终的解释,面对它,我们就不再辩解,就会担起属于自己的那份责任。例如案例 2 中,Anna 将照顾 Kate 视为自己的责任,这种责任体现为愿意为 Kate 做一切事情,承受一切非议、打击、误会,背负忤逆的骂名。她可以为 Kate 提供身体器官,也可以为了帮助 Kate 有尊严的死去而变成家庭和社会的“大反派”。她承认了自己与生俱来的命运——帮助 Kate,这也是她生活中至关重要的构成性力量,那么她承担来自命运中的责任就理所应当了。但是这并不意味着 Anna 对姐姐的责任没有了必要的界限。妈妈没有根据生活的整全性(比如 Anna 身体的整全性以及今后生活的完整性),Anna 没有考虑自我的整全性来考虑对 Kate 的责任范围,只是单纯将责任规定在了意愿行为的范围之内,而 Kate 考虑到了,正因为如此她才会策划了一场让自己断绝器官供应的反常规的诉讼。Kate 之所以能这么做,也是“认命”——自己不能康复,也就不愿继续连累家人。

3. 环境方面的运气

“影响行为者基本立场取向的作为生活背景的不确定性,比如,一个人生活的历史阶段和大的时代”,这是环境方面的运气。对于具有同等善恶程度的人,有行善或作恶行为与没有机会而未完成行善或作恶行为相比较,社会的道德评价大不相同。究其原因,动态的环境因素是影响道德评价的重要指标。人与环境互动,人总是要将环境纳入自我理解之中。案例 2 中 Anna 家的大环境是:一家人都为救助患白血病的 Kate 而付出,这是她家生活的重心。母亲 Sara 拥有强烈的希望 Kate 活下去的意志,她甚至放弃律师工作,一心一意地照顾患病女儿和这个家。面对如此家庭环境,Anna 可以认同自己是这个特殊家庭的一员,但她的这种认同可能包含着对母亲及家庭重心的认同,也可能不包含。姐姐需要身体器官救助这一现实因素既可能被她纳入她的实际的、整全的认同之中,也可能被她仅仅作为一种环境因素。这两种不同的选择产生的行为差异将会很大。若 Anna 认同家庭重心的观念,她就可以付出一切;若仅认同自己是家庭一员,她可能只付出对 Kate 的同情和怜悯。随着时间的流逝,原来被归为环境因素的东西,会成为自我的构成性因素。行为原因方面的运气恰就是指先前的环境因素对于意志行为的决定性影响,而这种运气的存在恰表明环境因素是构成自我的一个重要力量。可以想见,来自有危重病人家庭的成员因为目睹了亲人的巨大痛苦,了解照顾病人的艰辛和不易,所以这种家庭的家属比如 Anna 和她哥哥,会比一般家庭的孩子更富有同情心和怜悯心,更早熟,遇事更沉着稳重,也更能理解生之为人的喜怒哀乐,也就可能更加珍惜生命、亲情和其他拥有的一切。如果环境的力量大到直接导致未来自我的造就,那么过去的环境因素就会被纳入未来自我认同之中,进而成为未来道德实践行为原因方面的运气。

环境方面的运气的价值具有辩证性和历史性，也就是说，我们把环境方面的因素置于人生的整段经历来历史而全面地看待就会发现环境运气本身并没有太强的价值属性，我们之所以认为这个环境运气好或坏，其关键在于个人发挥主观能动性的程度。面对同样的道德环境考验，意志坚强、百折不挠的人顺利过关，这个他人眼中的坏运气也是行为人眼中的好运气，因为这个运气展现了他的优良品质同时更磨砺了的道德品性。反之，考验失败的人便认为这是坏运气。很显然，对这种环境运气的评价在很大程度上取决于结果方面的运气，具体来说，因为正是成功才有可能使行为主体产生他先前所遭受之“坏运气”并不坏的想法。案例 1 中丈夫推妻入河的行为无疑被置于严峻的道德考验之中。面对这种环境，他经受考验，人们若能发现他的善良意图以及多年爱护妻子，对其精心照料，一以贯之的善良品行(比如通过邻里和亲戚子女的介绍)，那么社会将会为他的“恶”行为批下崭新的注脚。反之，他就被社会打入道德败坏的无底深渊，成为“夫妻本为同林鸟，大难临头各自飞”的又一社会实例。

4. 行为结果方面的运气

由于原因方面运气的介入，“行为者在一定程度(甚至很大程度)上丧失对已做出的行为或决定的控制，从而导致某些不完全合乎或反映行为者原先能动性计划的后果出现”。这就是行为结果方面的运气。行为结果方面的运气对道德辩护的影响分下面两种情况：

其一，在行为者存在过错的情况下，道德辩护只考虑因，不受行为结果方面运气的影响。而在行为者存在过错的情况下，结果却严重影响道德评价。道德评价由运气影响的结果和行为者的意愿两个因素构成，道德评价同时考虑因和果。

道德辩护与道德评价在遭受行为结果方面运气的影响上差异很大，分析案例 1 具体来说：第一，若丈夫行为出于恶意，他无法做道德辩护，因为道德辩护的根本点在于行为者的意愿而非行为结果；第二，若丈夫行为没有恶意，他可以得到道德上的辩护，不管其妻溺亡与否，因为结果的出现与他的意愿被认为不存在因果关系(妻亡并非丈夫本愿，他助妻亡只是通过这一途径使妻得到解脱，故丈夫行为的因所引起的果是满足妻子的解脱意愿)；第三，如果丈夫存恶意行为没有出现严重后果(如妻被救起)，因其过错没有产生实际恶果，他所受自我责备将远大于社会谴责；第四，如果丈夫恶意行为出现恶果，因其行为产生的实际恶果与其过错有直接因果关系，他将受到巨大的社会谴责。

由分析可得，道德辩护与道德评价在受到行为结果方面的运气的影响上表现不一致，关键并不在于行为者的过错，而是在于不确定因素——运气的介入。也就是说，行为主体的能动意愿决定他受到谴责还是赢得辩护。而行为结果方面的运气决定在评价取向一致的前提下他所受谴责或辩护程度的大小。只要过错存在，道德辩护就会有问题，道德评价就低。当由于不确定因素的影响致使行为结果有所差异时，受运气影响的仅为道德评价。

其二，当行为者在不确定中作决定时，道德辩护也要受行为结果方面运气的影响。案例 2 中母亲 Sara 尽管看上去坚定其实左右为难：若要挽救 Kate 的生命就要牺牲 Anna 身体的完整性，若要保存 Anna 就必定失去 Kate 的生命，至于牺牲 Anna 身体的完整性是否一定能够挽回 Kate 的生命，母亲 Sara 也不确定。两个独立而血脉相连的生命让母亲的内心痛苦地博弈。如果 Sara 的决策成功，Anna 的捐赠挽回了 Kate 的性命，那么母亲的行为可以得到道德上的辩护；如果 Sara 决策失败，Anna 损失身体器官 Kate 丧命，母亲就得承受道德上的谴责。即使母亲的意愿在行为上没有任何过错，但是，只要收获一个失败的结果，那么对于母亲的道德辩护就很成问题。这实际上表明，道德辩护在这种情况下也受行为结果方面的运气的影响。既然不确定因素普遍存在，那么道德辩护就一定受行为结果方面运气的影响。

作为客观因素的道德运气从四个方面影响对人们行为的道德评价。可以说，人们道德生活的每一环节都被道德运气所包围，所以人是不可能完全按主观意志行动而不受道德约束的，这也是危重病患家庭遭遇两难困境的现实原因。

四、结语

危重病患者家庭中的成员在面临生命伦理问题时会陷入左右为难的困境。社会赋予生命伦理的基本规范是“生”的道德。社会通过规范、习俗、道德乃至法律等各种途径严格维护这种质的规定性。而危重病患者家庭怀着善良意志试图打破这种规定，在帮助患者结束“生”的道德实践中他们会遭遇原因、构成、环境和结果四种运气，这四种道德运气将成为影响行为者道德评价量的规定性的重要因素。这种两难困境为何如此难以打破？究其根本原因在于，危重病患家庭面临的最大道德问题是“生”的道德，因为患者和家属都无权选择死。而社会又将患者“生”之重托完全施加于家属身上，不管患者或家属意愿如何，不管他们面临何种“运气”，社会道德赋予家属的权利就是维持患者的“生”。完全自然属性的“生”被全然打上了社会属性的道德烙印，面对强大的社会压力，单个人的行为天空并不宽广，个人不仅在大自然面前非常脆弱，在复杂的道德体系中也不强大。但是，正因为在如此狭小的领域里奋力突围的举动才更显出了人类为争取自身权利而永不放弃的坚强和韧性。

论社会性生命伦理范型

——对主体性生命伦理范型的一种反思

马俊领

广东医学院生命文化研究院

摘　要　主体性生命伦理范型是指把个体生命的知性运用、情感满足、意志执行、目标达成和幸福最大化作为生命伦理研究的主要内容和分析参数的知识模式。主体性与奴役性的相反相成、理性还原为计算理性和工具理性的不可逆转彰显出社会性生命伦理范型在伦理导向上与前者相比的优越性。社会性生命伦理范型彰明个体生命的有限性和依赖性,把生命的社会价值置于比个体功利价值更高的序列,社会性生命伦理的培植过程是一个极富理想色彩的话语协商和生命主体间认同过程,也是社会公共理性和可通约的审美判断力培植的过程。

关键词　社会性生命伦理范型;生命主体间社会性认同;公共理性;审美判断力

生命主体具有不同于物质实体的内在价值,这已经成为公认的准则:“那些满足了生命主体标准的人和动物本身,有一种与他物不同的价值即内在价值,并且他们不能仅仅被看作或当作器物(receptacles)。”[1]

一、主体性生命伦理范型

主体性生命伦理范型是指把个体生命的知性运用、情感满足、意志执行、目标达成和幸福最大化作为生命伦理研究的主要内容和分析参数的知识模式。主体性生命伦理范型对于高扬人性、彰显个性、最大化个体生命福祉发挥过不可取代的作用。但随着思想理论史和社会实践史的变迁,对这种范型提出反思在今天已经显得非常必要。

1. 主体性生命伦理范型的诞生

近代以来,伴随着重大的文化事件,主体性生命伦理范式逐步建立起来。14世纪至17世纪以意大利为中心蔓延到整个欧洲的文艺复兴运动试图在意识形态上把人和人性从神圣权力和世俗权力的束缚中解放出来。17 世纪至 18 世纪以法国为中心同样覆盖整个欧洲的启蒙运动则试图通过重构新的信仰体系和政治制度,把作为个体的人的独立性、人的思维和行为由于其理性导向而具有的主体性确立为现代性的永恒根基。文艺复兴和启蒙运动过程中的宗教改革、政治革命和科学革命唤醒了生命本身的人性和个性,揭示了生命本身的内在价值和德性意义,虽然没有取消但极大地贬抑了作为外在力量的神性和宇宙总体性。由此,主体性生命伦理范型逐步得以建立。

2. 主体性生命伦理范型的辩证法特别是其历史性悖论

然而,植根于人的生命本能和社会文明中的辩证法揭示出,孕育出主体性生命伦理范型的重大文化事件在提升人之为人的生命价值的同时,也不可避免地在贬损人之为人的内在性和神圣性。文艺复兴和启蒙运动中的科学革命除了把立足于经验的实证方法指认为达致知识确定性的主要路径外,人的生命和其他物种的生命乃至和无机物一道,成为实验科学和分类科学界定与分析的大规模客观素材。文艺复兴和启蒙运动中的政治革命及其所建立起来的民主制度或新的霸权制度既把提升社会的福利水平和保障人的自由作为昭告天下的旗帜,又把对生命过程的总体管制作为统治的重要手段,把对个体生命的理性掌控作为国家治理的重要目标。

20 世纪两次世界大战的爆发、奥斯维辛集中营和古拉格的出现,集中展示了主体性与奴役性的相反相成,理性还原为计算理性和工具理性的不可逆转。主体性的重要蕴含即使在微观领域也被欲望转换:极端自私被认同为个性,精于算计被等同于理性,以本己利益最大化为目的之我行我素披上了自由的外衣。随之而来的是,在文化领域中意义的丧失、认同危机和传统的断裂;在公共准则领域中团结的消弭、合法化的丧失、规范的混乱和动机的丧失;在个性结构中的方向危机、教育危机以及由之造成的人的异化和心理疾病等。

二、社会性生命伦理范型

因此,反思主体性生命伦理以及相应地建构社会性生命伦理在理论上显得非常必要。这种反思与建构的核心是,彰明个体生命的有限性和依赖性。生命的有限性是个体生命相对于社会总体生命而言的,生命的依赖性是个体幸福相对于社会更高价值而言的。

1. 社会性生命伦理范型的诞生

由社会性所支配的生命伦理的构成要素是生命间交往模式、公共准则以及个性结构。[2]生命间的理解过程积淀为具有同情心和同理心的交往模式,协调行为的过程积淀为生命间互守的公共准则,社会化过程积淀为生命个性结构。如果生命的主体性过度膨胀,对权力和货币的追求超越了对德性之善的向往和对生命义务的履行,生命的社会性遭到破坏、生命主体间性受到削弱,这一切也就无法顺畅地进行。

由于主体性生命伦理范型最终嬗变为以金钱、权力或其他强制性手段为媒介,以功利为取向,以对人和社会及自然的控制为最终目的之排他性拜物教,重建社会性就成为新型生命伦理的精髓。

2. 社会性生命伦理范型具有自然流变性和社会性

社会性生命伦理范型把个体生命的社会价值置于比个体功利价值更高的序列,生命具有自然流变性和社会性。其中,生命的社会性是人的生命区别于自然物生命的本质特征。正是在具体的意识形态和物质文明背景下,生命才获得了社会意义。可以说,社会的道德-实践-体制维度与社会的技术-物质-系统维度共同塑造了生命的内涵,生命与社会是一种相互投射和相互塑造的存在。

由于人是社会的人,社会价值是人的生命更为独鲜明独特的向度,是人的生命的标志性向度。正是生命的社会价值把人生和自然界的生命最终区别了开来。儒家思想的舍生取义思想就是对生命的社会价值向度的强烈宣示:“生,我所欲也。义,亦我所欲也。二者不可得兼,舍生而取义者也。”这种思想直接塑造了中国传统文化的性格,凸现了以生命追求社会价值的人生真谛,一如文天祥诗句:“人生自古谁无死,留取丹心照汗青。”个人的生命在社会中才能实现其快乐和幸福,才能追求到真正的价值。生命的社会性要求我们包容、合作,把贡献当作一种乐趣和自我价值的体现,且行且思,且行且歌,相互善待与珍重。

在社会性生命伦理范式的观照之下,生命社会性的文化意义、心理意义和政治意义不可分割地相互勾连,它牵涉到文化生命主体间认同、心理体验和政治布局的形成。文化的、心理的、政治的和交往的生命关怀向度又反过来影响生产性要素。按照亚里士多德关于实践和制作的区分,生命的社会性既是实践和制作的起点,又因为实践和制作而得到强化。

三、社会性生命伦理范型的核心范畴:生命主体间社会性认同

生命主体间社会性认同是社会性生命伦理范型的核心范畴。如上所述,主体性生命把个体生命的知性运用、情感满足、意志执行、目标达成和幸福最大化作为最高目标,但主体对他者的奴役、剥夺和客体化也由此产生。按照胡塞尔的现象学,“人们与其说建构了一个唯我论的世界,毋宁说是建构了一个共享的世界”,生命主体间性承认“某物的存在既非独立于人类心灵(纯客观的),也非取决于单个心灵或主体(纯主观的),而是有赖于不同心灵的共同特征”。[3]

生命主体间社会性认同具有多重起源和多维蕴含。

1. 生命主体间社会性认同的多重起源

生命主体间社会性认同具有多重起源:基于血缘的生命主体间社会性认同,基

于文化的生命主体间社会性认同，基于政治的生命主体间社会性认同和基于自我价值与他者价值统一的生命主体间社会性认同。下面分述之。

文化人类学认为，处在萌芽状态的生命主体间认同是起源于血缘关联的，这种血缘关联满足了人类童年时期的归属需要。但是这种基于血缘的生命主体间认同正如我们所发现的，后来成为政治安排的一种借口，在家族专制特色非常明显的中国古代皇权政体之下尤其如此。中国“一人得道，鸡犬升天”和“一损俱损，一亡俱亡”的古语以及“家天下”的政治观念正是对血缘关系在古老政治布局中重要性的写照。应当说，建立在血缘基础上的生命主体间认同是人类生命主体间认同的最初和最古老形态，这种形态迄今仍然具有重要的存在场域。

随着群体的壮大和文化作为一种意识形态介入的增强，生物学意义上的血缘概念逐渐被文化学意义上的虚拟的和想象的血缘概念所取代，由此产生了可以被称为血缘联想或者血缘情节的生命主体间社会性认同，而血缘联想或血缘情节的呈现方式与呈现历史则显示出了族群发展的轨迹。这种生命主体间认同方式已经是初步的文化生命主体间认同。这种初步的文化生命主体间认同进一步衍生出越来越远离血缘的、基于共同生活方式、价值理念和宗教信仰等意识形态的文化生命主体间认同。

政治性生命主体间认同常常和各政治派别或政治势力之间的角逐相呼应。因而，政治性生命主体间认同往往伴随的是政治宣传、政治鼓动和政治斗争。政治性生命主体间认同的生命物质基础在于，个体对某种政治理念、政治体制和政治行为的生命主体间认同，最终以此种政治类型能够给生命主体间认同者带来民主福利和物质福利的承诺为前提条件。一旦这种承诺不能兑现，政治生命主体间认同的基础也就消失了，作为其目标的行动归宿也就变得不明确起来。政治性生命主体间认同的复杂性在于，这种生命主体间认同是和意识形态操纵紧密相连的。政治性生命主体间认同的复杂性还在于，它和其他类型的生命主体间认同相比更容易具有表面认同和内里排斥相互结合的两面性。以欧洲为例，从大约 15 世纪以来其政治民主化进程与其宗教改革相互推进。前者，亦即政治民主化以保障公民的脱离教廷控制的宗教信仰自由为承诺，这也就是说，政治生命主体间认同与宗教生命主体间认同在西方是联姻的。政治生命主体间认同以对强权的恐惧、对敌人攻击的预设和对无政府混乱状态的避免为条件。[4]145 在当代，对于大部分国家的大部分公民来说，战争的危险几近消失，但由于国家经济利益和个体经济利益之间以及国家强大程度与个体尊严实现之间真实关联和想象中的关联因素，政治生命主体间认同依然是一种强大的生命主体间认同方式。

基于自我价值与他者价值统一的生命主体间认同则是生命主体间认同的最高级形态。正如马克思所说的，未来的社会将是自由人的联合体。生命主体间认同的另外一个心理学基础在于人的自我实现需求和自我解释需求。长期的生命无根感或生命主体间认同真空会造成人的不安全感和虚空感,因此,人有归属和被他者承认的需要。这种需要来源于人类的童年时期个体对单独生存的恐惧,这种恐惧一直由于物质的匮乏而且随着人类在道德和制度的实践领域的混乱延续至今。从认知心理学的角度而言,个体需要与周围的环境保持和谐,而认知不和谐将会造成心理焦虑和交往障碍。所以,基于自我价值与他者价值统一的生命主体间认同,既具有生物性——生存诉求包括人身安全和经济安全诉求——的起源,也具有被他者承认的社会性起源,还具有认知和谐的心理学基础。

2. 生命主体间社会性认同的历史、制度和道德维度

在古希腊,公民、自由人、外来者和奴隶所得到的尊重、民主权利、经济权利包括经营和福利分配的份额是相当不同的。在中国的周代,奴隶和平民在人身自由和经济权利上相差悬殊。可见,抽象的生命主体间认同是不存在的,生命总是处在一定的历史语境中的生命,生命总是一定的象征符号标示下的生命。这些符号可以是生物学意义上的:血缘、肤色;也可以是地缘意义上的:故乡、祖籍;可以是社会物质意义上的:财富以及获取财富的手段;可以是政治意义上的:权力、地位以及生命样态提升的渠道;可以是文化意义上的:宗教信仰、价值取向、生活习俗、民族性格;可以是个体意义上的:政治立场、宗教信仰、价值取向、生活方式选择的自律、自由和自主性。

制度保障是生命样态其他保障的基础,而制度与道德的相互塑型使得道德也不得不借助制度使自己由自发的和没有强制约束力的生命主体间认同变成一种由强制力做保障的生命主体间认同。欧美的同性恋者一再争取合法婚姻的斗争历程都表明了制度对于生命主体间认同来说的重要性,都说明微观的选择需要宏观的体制予以合法化。

历史的延续并不能保证同宗同源就能产生相同或者相似的生命主体间认同,甚而至于,会生发迥然不同的文化习俗、宗教信仰和生命意识。因此,我们不能忽略历史因素或者说历史语境对生命的社会价值实现的意义以及对生命主体间认同意识的塑形。

3. 生命主体间社会性认同的物质和政治蕴含

生命主体间社会性认同及其所造成的心理-生命归属感具有现实物质和政治蕴含。根据列维纳斯的现象学对马克思劳动概念的肯定,身体的需求是人生状态的原初密码:“在需求的具体事物中,使我们与我们自身远离的空间始终有待于去征服。必须跳过它,必须抓牢物品,即必须动手去工作。在这一意义上,‘不劳动,不得食’乃是一个分析命题。”[5]生命主体间社会性认同的物质意义在于,生命总是政治语境中的生命。在特定的政治语境中,特定的生命主体间社会性认同意味着

特定的权利信息表达，直接或间接关涉到由宗教信仰、政治立场、世俗文化、种族肤色等所导致的福利分配。

生命主体间社会性认同的物质蕴含和政治蕴含不得不说是生命概念最重要的实在蕴含之一，文化的、种族的、性取向的以及其他的一切生命主体间认同，最后大抵以政治生命主体间认同和物质获取为基本的保障。

四、社会性生命伦理的理论建构路径

社会性生命伦理的形成是一个复杂的社会-生命相互塑造的实践过程和话语过程的统一，是生命主体性生成过程和生命主体间互认过程的统一。具体而言，生命主体间互认的形成既是一个社会境遇特别是文化语境对个体的置措过程，也是个体的生命主体性被不断激活和锻造的过程。同时，生命主体间互认过程的话语性特征明显，任何定型的生命主体间互认都将最终具有内在言说的和自我反思的连贯性。这也即是说，生命主体间互认是社会塑型、他者命名和自我指认的协同产物。社会性生命伦理建构的复杂性还表现在：不同生命主体的心理形态具有多样性，社会性生命赖以塑造的生活平台具有多维性，生命主体之间的多向度互动具有难以预知性，生命主体间互认的性质与社会团结及人生幸福具有密切相关性。

社会性生命伦理建构与整合的合理路径，是能够产生社会团结、锻造生命社会价值的重要架构。为此，我们必须研究生命主体间认同模式的多样性乃至多元性，爬梳不同的生命主体间认同方式在不同的历史语境中的嬗变轨迹，以期为社会性生命伦理的形成提供一种理论支持。

1. 社会性生命伦理建构必须不断探寻支撑个体和群体生命主体间认同意识的多样历史元素

血缘生命主体间认同在自然经济时代具有压倒性的优势，但文化、政治、社会价值的实现对实现生命主体间认同的作用在现代社会越来越重大。血缘生命主体间认同作为一种最原始和最初级生命主体间认同形态主要适应于自然经济；政治生命主体间认同作为一种后继的生命主体间认同方式产生，并盛行于威权区隔的时代；在当今世界一体化和经济全球化的浪潮下，文化生命主体间认同则是一个民族区别于其他民族最为重要的生命标识。

但从历史主义的角度看，并没有一个特定的元素充当生命的社会性认同形成的恒久基底元素，退一步讲，即使这个基底元素是存在的，比如是血缘和文化，它们也仅仅在某个或某些阶段起作用，并且起作用的方式也不断变化。这些元素不可能无条件地、一以贯之地存在于整个人类历史发展的过程之中，而是不断被一些偶然因素所改写。[4]127-129 战争、侵略、自然灾害、英雄人物或付诸实践的政治理论都可能感染既有生命社会基因、改变既有生命意识形态、转化既有生命主体立场、分流不同生命样态人群。

无论如何，由生命的生物性所决定的生存关切问题、由生命的社会性所衍生的人的全面发展问题、由生物性和社会性共同决定的人身自由和心灵自由的关切问题，仍然是社会性生命伦理建构过程中所首要关切的几个问题。我们必须基于这些首要关切的问题构建社会性生命伦理，凝练不同人群的生命主体间认同共识。

2. 建构社会性生命伦理应当关注生命伦理的认识论、伦理学和本体论意义

从生命伦理认识论的角度来说，社会性生命伦理要求生命主体做到既能自我持存，又不自我扩张为一种认识论上的霸权主义，因为这种生命霸权主义会以单一视角掩盖乃至强行消除他者视角，进而以单一自我利益剥夺他者利益。[6]当生命主体在认识论意义上能够做到厘清自我和他者的边界，做到自我持存与真诚交往并存时，生命主体间性才能拓宽人类的思维边界，从而消除主体性悖论，社会性生命伦理才能得以建构。

从伦理学的角度而言，基于社会性生命伦理范畴之下的生命主体间性视角往往导致道德上的普遍主义结论。这种普遍主义的明确性建基于生命主体间认同之上，最清楚地表现在对生命权利或基本社会尊重的平等配置的诉求方面。我们有充分的理由认为，被普遍接受的公平和正义观念必定是尊重大多数生命主体价值选择和行为选择的观念。并且，这种公平和正义观念的普遍性越大，被纳入到尊重范围的生命主体价值选择和行为选择类型就越多。因而，道德普遍主义事实上在当代具有程序上的特征，它设定了经由生命主体间包容和尊重达到理解和承认的道德交往路径，而并不强制推行某种充实着具体内容导向的价值观念。对社会性生命伦理范畴之下的生命主体间性视角的强调应该成为我们在知识建构中克服单向思维、完成由认识差异到超越差异以获得可理解性和客观性的重要路径，也应该成为我们在道德建构中克服自我意识形态霸权扩张、缓解自我生命主体视角与他者生命主体视角紧张关系的重要手段。

生命的社会本体论意义在于生命和社会相互建构的共生和互生关系：生命作为社会最重要的建构性要素处在社会系统之中；社会作为生命最重要的存在平台，处在生命系统之中。生命所依托的文化背景与政治系统乃至交往网络是个人安全感与归属感的重要来源。在生命进化的过程中，不同生命样态的主体从心理、政治和社会层面调适形成了有限稳定的相互认同方式与交往契机。人类生命伦理史的纵深发展表明，一旦生命主体间社会性认同发生危机，并且这种危机成为了社会关系或生命主体间认同关系的主流，政治危机和社会危机就会接踵而来，直至新的生命主体间认同关系从萌芽走向发展和稳定。

3. 结论

社会性生命伦理范型的建构在对主体性生命伦理范型反思的基础上进行。它

是一个极富理想色彩的话语协商和生命主体间认同过程，也是在生命问题上的社会公共理性和可通约的审美判断力培植的过程。它还尝试解决在事实上于生命主体间认同过程中所存在的权力和金钱媒介殖民问题。这种具有程序性意义的生命主体间认同，对于具有宰制意蕴的主体性互动方式是一个重要的反思性理想语境和矫正框架，给自我的自由自主与他者的自由自主、个体的自我生命意识与集体总体生命意识、个体生命价值与社会总体价值的弥合找到了一条可行的路径。

参考文献

[1] Regan. The Case for Animal Rights [M]. Berkeley: University of California Press, 1983: 243.

[2] 哈贝马斯.交往行为理论：第一卷[M].曹卫东，译：上海：上海人民出版社，2004：100.

[3] 尼古拉斯·布宁，余纪元.西方哲学英汉对照辞典[M].王柯平，等译.北京：人民出版社，2001：518.

[4] 石之瑜.身份政治——偶然性、能动者与情境[M].高雄：台湾中山大学出版社，2006：145.

[5] 杨大春.堕落还是拯救：列维纳斯对“不劳动，不得食”的现象学分析[J].哲学研究，2011 (10)：71-77.

[6] 马俊领.身份政治：霸权解构、话语批判与社会建设[J].思想战线，2013(5)：100-104.

彼彻姆和查瑞斯的共同道德观及争论

马　晶

南京中医药大学马克思主义学院-医学人文学院

摘　要　彼彻姆和查瑞斯提出共同道德观是其生命伦理学建构的规范框架。本文首先分析共同道德观的来源及其含义;其次进一步讨论国内外生命伦理学者的争论,包括赞成和反对共同道德的观点;然后针对这些观点得出彼彻姆和查瑞斯的回应;最后,从方法论上提出彼彻姆和查瑞斯是非基础主义和融贯论的共同道德观,他们赞成反思平衡的方法来应用共同道德。

关键词　共同道德;普遍性;基础主义;融贯论;反思平衡

美国生命伦理学者彼彻姆和查瑞斯把共同道德观作为其生命伦理学建构的规范框架。生命伦理学界学者对共同道德观展开了激烈的争论:是否存在跨越文化和时间的普遍适用的共同道德?国内学者对他们的共同道德观有很多不同观点,但是没有对其共同道德观进行批判性的研究。本文试图深入研究分析彼彻姆和查瑞斯的共同道德观及其应用来回答此问题。

一、共同道德的来源及其含义

彼彻姆和查瑞斯在1994年的《生命医学伦理原则(第四版)》中最开始用共同道德这个术语。他们提出"共同道德是一种社会(道德)制度。它是根据社会已经认可的指导人们行为的规范组成"。他们在2001年的《生命医学伦理原则(第五版)》中进一步论述共同道德观,"我们把所有赞成道德的人都认同的一套规范统称为共同道德。共同道德包括约束所有地方所有人的道德规范,并且在道德生活中,没有比共同道德更为基本的规范了"。共同道德确实具有规范力:它为每个人确立了义务性的道德标准。不遵守这些规范意味着做了不正当的行为。彼彻姆和查瑞斯提出共同道德具有道德权威,因为共同道德能够应用在所有地方所有人,并其标准能判断所有人的行为。

共同道德有规范性命题和非规范性命题。彼彻姆列举了十种规范性命题的共同道德,以下是共同道德行为标准(义务的规则)的例子:①不杀人;②不引起痛苦和不伤害他人;③阻止邪恶和伤害发生;④解救处于危险的人;⑤讲真话;⑥养育年幼者和不能独立生活者;⑦遵守承诺;⑧不偷窃;⑨不惩罚无辜者;⑩用平等的道德观对所有人。人权、道德义务、道德美德都是公共道德的内容。道德美德属于非规范性的共同道德。

彼彻姆和查瑞斯认为共同道德不是绝对的,它具有历史性并随着具体社会历史情况发生变化。彼彻姆和查瑞斯进一步指出虽然共同道德的规范是普遍的,但它们不是绝对和无条件正确,并能适合一切环境。共同道德中的某些道德规范能被其他道德规范合理压倒。共同道德改变的证明既要求在道德系统中一个或者更多道德规范仍然保持不变,或者要求道德的目的不改变。没有道德系统中一部分规范的稳定性,道德改变将会很难理解和缺乏证明。关键就是新的规范证明将会需要诉诸一些不变的规范和目标。因为共同道德要符合社会发展目的的需要,所以共同道德某些规范是根据社会发展变化的,不是绝对不变的。

彼彻姆和查瑞斯的共同道德具有普遍性。共同道德可以跨越文化跨越时间,对具体道德主体的行为具有评价作用。但是,彼彻姆不是假设在所有社会所有人实际上都会接受共同道德规范。许多不道德、非道德和有选择性的选择道德的人不会拥护共同道德的要求。一些人道德观念十分微弱,另外一些人道德堕落。道德被曲解、拒绝和被其他价值观取代。因此,共同道德是普遍性的,是指所有文化中的赞同道德行为的人都接受共同道德的要求。

二、共同道德观的争议

跨越文化和时间具有普遍性的共同道德是否存在?主要有以下不同观点:

第一种观点是共同道德不存在,不同文化和群体的人具有不同的道德观。美国生命伦理学者恩格尔哈特反对彼彻姆和查瑞斯提出的具有普遍性的共同道德。他指出道德同乡人与道德异乡人的区别。道德同乡人是道德朋友,"'道德朋友'是这样一些人,他们享有足够的共同的充满内容的道德,因而可以通过圆满的道德论证或诉诸共同认可的道德权威(其裁制权不是由被裁判人的同意而得来的)来解决道德争端。道德异乡人必须通过相互同意来解决道德争端,因为他们不享有足够的共同道德观"。道德异乡人没有共同道德观,因此恩格尔哈特认为共同道德根本不存在。他提出允许原则,即必须通过他人允许才能对他人采取行动。生命伦理在应用过程中必须尊重他人的道德选择,个人的道德选择因为其文化背景和信仰会有区别,任何人都没有权利在没有得到他人允许的情况下对他人采取行动。中国儒家生命伦理学者范瑞平反对共同道德的存在。他认为:彼彻姆和查瑞斯预设"共同的道德"的存在,否认人类社会存在着任何基础性的道德分歧,也否认不同文化之间道德多元性的存在。范瑞平提出人类的基本价值观方面没有共识,过分强调道德的共同性就是用一种道德观强加到另外的道德观上,是一种文化强制。

第二种观点认可共同道德存在。王延光研究员在初步整理和思考儒家、美国的世俗生命伦理学、宗教生命伦理学及其背后的科学、文化和政治因素后,她发现如果忽视美国主流宗教中上帝的原罪说和以耶稣作为善爱的模板,宗教和科学与世俗生命伦理学一样,其伦理基点或底线都是:对人类的爱和正义,减少人类的痛苦,提升人类和社会的福利,与儒家基本理念仁爱共同。虽然人类的共同信仰在不同的文化和情景的实践中会有些变化,但是变化的不是道德标准,而是由当时的不同情况引起的行为判断和后果限制使道德行为发生了变化。她认为存在共同道德,在某种程度上各种不同文化观的伦理底线都是共同的。不同文化的道德标准不会改变,改变的是为了适应社会情景的具体道德行为。

第三种观点是建设性的:根据人类社会情况来达成共识。孙慕义教授赞成罗尔斯的"重叠共识"。"重叠共识"是指"在观点上相似、相近甚至对立的道德指向,也存在部分甚至大部分意见的相同性和观念中的共有部分"。生命伦理学中的伦理秩序既是价值多元的,又是不伤害个人的基本生命权利。他提倡和而不同,求同存异,反对"强制的共识",因为这种共识没有给人以选择的自由。

三、彼彻姆和查瑞斯的回应

彼彻姆和查瑞斯认为恩格尔哈特的允许原则是根据道德异乡人各自的经验规则,而"经验规则允许太多的自行决定,就好像原则和规则没有必须遵守的道德力量一样"。没有实质内容就无法对具体道德规范提供指导,如果道德异乡人的经验规则不符合共同道德就是错误的规范。彼彻姆和查瑞斯举例说:"在阿富汗和巴基斯坦法西斯控制下的塔利班实行恐怖的道德犯罪。他们热衷于一些事情而不是共同道德,这些事情没有对为什么他们应该限制他们特殊的狂热给出任何理由。"彼彻姆和查瑞斯认为共同道德观是伦理规则,可以作为人们行动的道德理由。

不同文化传统具有不同的道德观,那么共同道德是否能够约束所有人呢?包括不同文化传统的人,比如赞成中国儒家伦理观的人是否与西方赞成自由主义传统的人拥有共同道德?对此,彼彻姆和查瑞斯提出共同道德与特殊社群道德的区别。公共道德(共同道德)的普遍规范由一组实际的和可能的道德规范组成。普遍意义上的"道德"仅指公共道德的规范。相反,特定社群意义上的"道德"包括产生于特定文化、宗教和制度渊源的道德规范。共同道德是抽象的、内容贫乏和普遍适用,而特殊道德是具体的、充满内容和地方适用。共同道德对地方特殊道德具有评价作用。共同道德是普遍的,任何人在任何地方都适用。特殊道德是地方道德,比如儒家生命伦理是属于特殊道德,适合中国。

四、非基础主义和融贯论的共同道德观

共同道德是否存在的争议涉及生命伦理学能否具有共识，即不同文化和国家的生命伦理学界能否达成统一的认识的可能性问题。现在生命科学技术迅速发展，比如克隆人、用基因技术改造胚胎等生命伦理问题需要国际上达成一定的共识。如果共同道德观能够提供基础共识，那么如何应用共同道德呢？彼彻姆和查瑞斯提出反思平衡的方法来应用共同道德。

彼彻姆和查瑞斯的反思平衡方法是一种融贯主义，但是不同于融贯论。那么他们的反思平衡方法究竟是如何应用的呢？本文首先分析基础主义和融贯论与反思平衡方法的不同。基础主义者认为存在一些享有"认知特权"的基础信念，对这些信念的辩护并不包含任何其他的得到辩护的信念，因而这种辩护是直接的、非推论性的。融贯论者否认这一点，他们认为，认知主体对任何一个信念的辩护都至少部分地来自于该主体对其他信念的辩护，因而不可能存在直接得到辩护的信念。彼彻姆和查瑞斯的共同道德观不同于基础主义也不同于融贯论。

第一，共同道德不完全是用基础主义的方式获得合理的道德信念。共同道德的信念需要进行反思平衡，通过融贯一致的方法获得部分合理性的证明。共同道德的道德信念通过融贯一致的方法相互之间辩护支持，使得大部分信念成为合理的道德信念。"从某种程度上说共同道德自身需要完善，我们能希望做出完善共同道德，通过重新修改规范指导方针达到基本的道德目的。"比如在道德变革中，新的共同道德的信念需要得到以前的道德信念的证明。

第二，基础主义的道德信念具有绝对权威，是其他道德信念的基础，而彼彻姆和查瑞斯的共同道德的信念并不具有绝对权威。首先，基础主义绝对权威的道德观念是不可改变的，而彼彻姆和查瑞斯的共同道德根据社会历史条件是可以改变的。其次，基础主义绝对权威的道德观念是有等级层次区别的，居于最高地位的道德信念可以压倒其他任何道德观的道德信念，但是彼彻姆和查瑞斯的共同道德中道德原则、美德论、权利论等都具有平等地位，而且道德原则比如四原则之间也是平等的，不存在任何特殊的道德信念是绝对的权威。

第三，融贯论的方式只是强调道德信念内部的逻辑一致性，否认经验的作用。而彼彻姆和查瑞斯把经验作为共同道德是否合理的检验标准。共同道德的道德信念需要经过经验(例如，促进社会繁荣和减少伤害)证明其存在的目的，但是只有经验本身不能完全证明共同道德存在的合理性，需要有已经存在的深思熟虑的道德判断作为评判标准。

彼彻姆和查瑞斯反对把他们的共同道德观贴上基础主义和融贯论的标签。一方面，共同道德的道德信念需要经过经验证明其存在的目的，但是只有经验本身不

能完全证明其存在的合理性。共同道德的道德信念需要进行反思平衡,通过融贯一致的方法相互之间辩护支持,使得大部分信念成为合理的道德信念。另外一方面,共同道德的道德信念作为基础为融贯一致的方法提供规范的指导,使得融贯一致的方法能够符合道德要求,并且防止了融贯论无穷后退的情况。

彼彻姆和查瑞斯的反思平衡方法能够很好地对道德问题存在的复杂性进行思考。传统的道德哲学思考希望通过一种完善的道德理论建立合理的道德体系,道德体系内部的逻辑具有一致性,根据一种绝对的道德原则来解决道德问题。这种道德思维是以简单的还原方式思考道德问题,把道德问题还原到基本的道德理论框架内。彼彻姆和查瑞斯提倡根据具体的道德问题利用反思平衡的方法。他们的反思平衡方法是以共同道德作为深思熟虑判断的基础,一方面在实践中广泛收集各种信息,另一方面在逻辑上保持各层级道德信念的一致性,用从上而下或者从下而上等方法的结合来解决道德矛盾。

但是彼彻姆和查瑞斯的反思平衡方法还存在不足之处:一是对应用者的要求十分高,反思平衡方法的应用者需要了解各种生命伦理理论,还需要有实践经验,在实践中应用者要能够把生命伦理理论与经验相结合。二是信息收集不全和应用者本身的偏见导致反思平衡方法难以很好的应用。

人类基因权利的法哲学基础与价值

杜珍媛

南京中医药大学经贸管理学院

摘　要　通过历史唯物观下的科技发展与基本权利的演变，阐述科技发展引发基本权利的变化。以动态的唯物主义辩证法的方法论论证人类基因权利的来源，认为它发轫于科学技术的创新，产生于科技对现实的冲击，植根于基因利益的诉求，根源于基因科技伦理的刚性诉求。我国传统的平等权、财产权、隐私权、人格尊严权等都还没有涉及基因权利问题，同时都不足以完整地涵盖基因权利。基因权利是人类应当具有的独立的基本权利。

关键词　人类基因；权利；法律价值

一、引言

科学技术的发展与社会变迁大大推动了生产力的发展，促进了经济和社会的进步，同时也推动了法制的发展，引起法律意识、法律内容的变化以及对法律实践、法律表现形式产生影响。科技是一种持续存在的法律变革“潜流”，科技进步使人们对权利和自由的追求成为时代的直接动力。一切权利的产生都以一定的经济条件作为基础，离开了经济条件，权利就无从产生，更不可能得到实现。人类的基因权利是否存在？基因权利何以值得珍视和保护？首先应从社会生产变迁入手，分析基因权利存在的社会经济背景，在此基础上探讨其法理上存在的可能性和必然性。

二、人类基因权利的产生基础

1. 科技发展与基本权利的演变

科学技术是人类文明的重要支柱，是影响人类生存与发展的最根本和最主要的因素。每一次科技革命唤醒了人类权利意识，滋生了新型社会关系，都引起了基

基金项目：2014 江苏省法学会法学研究课题：电子病历平台下医疗隐私保护机制研究[SFH2014C15]；南京中医药大学校级重点学科—工商管理开放课题资助。

本权利的变化与发展。权利是历史的社会发展的产物,科学技术对权利的影响主要是通过科技革命的深入对人类生活的改造实现的。

(1) 科技的发展唤醒自由、权利意识

权利意识是权利发展的前提条件,科学技术的发展促进了人们冲破封建迷信与偏见的可能,自由观念从此才有可能深入人心。正如哥白尼提出日心说来对抗地心说权威,纯粹的科学研究到了后世,其影响超出了他所处的时代,所涵盖的人权意义、反叛精神远远在它的科学发现之上。

在古代,科学技术落后,人们受神权思想的影响,没有做人的真正权利。14 世纪以后,各门自然科学包括天文学、地理、化学、医学、数学等都取得了新的进展,人们在科学技术的创造活动中不断修正自己的错误认识,了解到世界是人创造的而不是神创造的。在对自然现象的解释上,科学逐渐战胜并取代了宗教在人们生活中的地位,神权的法律意识被人权的法律意识所取代。在资本主义发展时期,资产阶级重视科学、理性、人权,并把它作为反封建、反神学的武器,希望通过科学的发展实现人类的"自由、平等、博爱",也就是实现人类普遍享有的自然权利。① 随着 15 世纪末航海技术的发展,超越欧洲一国之内的贸易自由化要求摆脱封建桎梏和通过消除封建不平等来确立权利平等被提上了日程,由此可见,权利思想是资本主义生产关系代替封建生产关系的产物。

到了近代,科技的发展威胁人的生存,进一步唤醒人们的权利意识。医学、解剖学的运用使人成为科学研究的对象,人不仅不断被肢解,而且逐步被商业化。辅助生殖使得精子、卵子等成为交易的对象;器官移植使得肾、肝、角膜等成为抢手的商品;生物基因也可以成为某些人的专利。信息科技的发展更强化了这种趋势,网络使人的私人空间越来越小,机器的智能化可以取代许多人工的作业,人类的命运该走向何处?人类是否会被物化,甚至变为机器的附属?这些表明,科技的发展损害人的尊严甚至已经威胁到人的生存与发展。然而科学如何发展,都必须尊重人的尊严和权利,保护人的健康与生命。也正是由于科技的发展使得人的尊严意识、权利意识不断被唤醒。

(2) 科技的进步滋生新型社会关系

科学技术进步与科技成果的广泛运用,扩大了人类活动的空间与范围,新的社会关系不断涌现。如电子工学的发达,促使了情报迅速传播,也造成情报的泛滥,使民众私生活受到一定的破坏。再如核科技的日新月异,加之东西阵营军备竞赛的激烈,使超级大国都想拥有超级杀伤力,也使人民的和平生存权面临严重的威胁;而 20 世纪以来网络技术和电子商务的飞速发展丰富了商务活动的运行模式,

① 孟宪平.科技发展对人权的双重影响及解蔽思路[J].江汉大学学报(社会科学版),2008(1):25-29.

提高了交易效率，降低了交易成本，使得交易更加便捷，但不可避免在很大程度上改变了保护知识产权、信息隐私的条件；记录装置、监视装置、网络技术、辅助生殖技术、基因测试以及其他基于电子学、光学、声学的通信技术与新的复制技术的发展，对人类的生产方式、生活方式乃至思维方式、生活质量等都产生了极其广泛又深远的影响，改变了人类社会的权力内容，信息隐私、网络知识产权、代孕亲子关系、电子证据等这些词汇伴随着新型社会关系而纷纷出现。

科学技术的更新与突破必然在实践中催生新的生产关系并引发新的问题，如：人工授精技术与试管婴儿的诞生颠覆了传统婚姻观念、亲权关系，克隆技术导致的代际混乱，基因筛检中信息的不当披露和使用产生的基因歧视等，在这些错综复杂的关系中，每个人的行为因与他人的行为交织着，而带来了他们利益范围的交叉，如奥斯丁所指出的："权利的特质在于给所有者以利益"①，"授权规范的特质在于各种限制条件对实际利益进行划分"。马林诺夫斯基所言："任何关键的行为体系如果不和人类的需求及满足直接或间接地相关联，都不可能继续存在……不论这种需求是基本的，即生理需求，还是衍生的。"因此，不是任何要求都能成为权利，只有符合伦理要求的权利才能成为权利。于是，人类的生存权、发展权、环境权、自由权等反映了人的需求的基本权利成为人权的新的内容和形态。基因权利也正是科学技术发展过程中产生出来的新的需求的结果，例如，因为基因资讯会影响到人们日后的就业、保险、教育等方面，基于对自己基因资讯的保护和避免受到歧视的需要，人类需要有基于基因的隐私权与平等权。

由此观之，六七十年代以来，随着生产的自动化与机械化、人类环境的破坏、医学技术的发展，人类生存权、环境权、隐私权、和平生存权，还有基于基因的权利等新兴的基本权利因科技的发展不断涌现，相继登上人权的舞台，必然要求法与权利、法律体系的理论与制度也随之发生变化。

2. 基因权利的产生源于科技对现实的冲击

法作为社会关系的调节器，每当社会生产领域发生变革，必然要求现有法律制度给予回应。如果现有法律制度无法调节新生的社会关系，则必然会有新的法律制度产生。法律如何回应社会变迁，自古以来就是最重要的课题。基因技术对已存在的社会伦理观念和准则带来了挑战，甚至可以说是空前的冲击。德沃金曾言："从根本上说，权利理论是关于法律发展的理论。"那么，基因权利是否是一项新兴的权能？基因权利所涵盖的平等、自主、隐私、公开等诸项权能可否在既有的法律权利体系中找到依据？既有权利规范是否可以涵盖和解决所提出来的问题？

首先，现代社会中新型而复杂的"人格交往关系"需要新的规范分析工具调整。

① 弗里德里希·包尔生.伦理学体系[M].何怀宏，等译.北京：中国社会科学出版社，1988：540.

基因医学研究和技术应用所引发的法律问题和以往有所不同,充满了更大的风险和不确定性,侵权行为也更加隐蔽或容易被忽略。在现代社会,每一个人都明显地感受到个人信息被难以控制地侵犯着,比如手机号码、电子邮件都往往会被他人擅自获取或非法利用。而在基因时代,甚至无法直接地感受侵权。当一个人手术中被医师提取骨髓、血液样本、毛发等后,他很难知道也很难控制他的基因材料将用于何种目的,甚至当他的基因被申请了专利并化为巨额的财富时,他也不会知情并能够请求获得相应的报酬。个体在基因上的人格及其内在的财产利益,需要法律的保护,因此,在人类基因医学研究和技术应用过程中,种种繁杂的法律关系日益浮出,有必要把基因权利在法律上予以明确和规范。

其次,基因科技的发展使得法律内容与形式发生变化,保障基因权利的法律也要相应地适应基因科技的发展。传统的平等权、隐私权、知识产权等在我国宪法、侵权责任法、专利法中虽做了规定,但在宪法和私法层面上并没有对基因科技发展带来的诸如平等、隐私、知情同意、专利等新兴权利进行明确,如:平等权被当然地视为人格权,但却没有被明确化为私法上的具体人格权规范,而隐私权在我国确实已经成为私法人格权,并可以在《侵权责任法》第二条中找到救济的具体规范依据。但是,基因隐私不同于一般的某一个体不愿他人知悉的个人信息,它涉及的问题更加复杂,对家庭关系、社会关系影响更大,关乎更广泛的公共利益(如在保险、雇佣、教育、医疗等领域的歧视)甚至代际正义,这是由人类基因的特殊医学、商业价值以及在遗传上的特性所决定的。现行法中的隐私权无法涵盖基因隐私的这些特殊性。同样的,虽然隐私权内含着个人信息控制权和自己决定权,并且通过基因隐私权来对基因人格利益进行全面保护的思路也被提出来了①,但它们还是无法完全涵盖体现于基因人格利益上的平等、自主和公开等这些权能或权利内容。仅仅属于所谓"一般人格权"的宽泛领域。

3. 基因科技伦理的刚性诉求

基因科技的种种问题需要伦理上的指导和决策,伦理规范和准则的变动性、多样性、灵活性虽可以较好地适应多元的、发展的、日新月异的社会,具有比法律规范更高的包容性,更能适应社会生活的变化和技术的发展,但伦理总是不能提供一个非常确定的答案,而往往只是给出一个具有可能性的辩护基础。基因伦理上的诸多柔性的问题,最终需要法律的刚性的解决。将基因科技发展带来的新型的权利形态用法律的形式加以确认,才能更好地确保基因技术在经济和医学领域的积极利用,平衡基因权利主体间的利益。

① 刘士国.患者隐私权:自己决定权与个人信息控制权[J].社会科学,2011(6):96-100.

三、人类基因权利的法律价值

基因权利发轫于基因科技的发展，公民对于基因利益随着基因科技的发展产生了权利诉求。国内虽然关于人类基因、胚胎、干细胞等的法律文献日益增多，但对于人体及人体组织基本权利的研究却未受重视，对于何谓基因权利，它包含哪些内容，具有哪些价值都存在疑虑，唯有厘清基因的基础权利结构，才能使相关生物科技法律的研究具有切实的理论基础。

目前我国学术界对于基因权利是否存在众说纷纭，概括起来，存在三种主要不同的观点：持肯定态度者、持否定态度者以及谨慎论者。持肯定论者主要以湛江师范学院的王少杰博士，生命法学者倪正茂、陆庆胜、饶明辉等为代表。其中王少杰博士认为："所谓基因权就是基于基因资源的开发利用和基因技术的研发应用而产生的权利，基因权是一束权利，而非一项权利。"①饶明辉学者认为："与基因有关的权利，可以称为基因权利。基因权利，从直观上来看，可以有不同类型。侧重于'资源'方面，形成基因物权、基因社会权(环境权和发展权)。侧重于'技术'方面，形成基因知识产权。侧重于'信息'方面，形成基因人身权(基因隐私权)。"②持否定态度者主要以李文、王坤为代表，他们认为，"基因隐私权歧视就可以包含在传统的隐私权范围内，解决基因隐私权问题也无需另外再建立一套新的法律制度，可以套用民法的调整手段"。"只需要扩大传统的平等权、财产权、隐私权等的保护，再加上更新侵权理论，就足够弥补传统法律的缺陷，根本不需要确立一个新的基因权利。"③谨慎论者主要以台湾学者颜厥安先生为代表，他的著作《鼠肝与虫臂的管制：法理学与生命伦理论文集》中关于基因权力的观点如下："如果我们认为，人不仅是对具有生命潜能及基因资讯的细胞拥有所有权，更对其生命潜能与基因讯息拥有某种权利，问题就会比较复杂。在这种看法下，新取得细胞所有权的人，除非获得法律允许活细胞产生者之同意，否则他就不能任意运用科技去发动这些细胞的生命潜能或探知其基因资讯。这种权利我们可以将它称之为基因权(genetic right)，其中包括基因资讯权(right to genetic information)与生命潜能控制权(right to control of life potentials)。"他对于基因权利谨慎地表示："将人类基因或基因信息视为财产法益，承认其具有财产价值而给予保护，其可能引起之法释义学与法政策上的效应如何？将基因或基因信息视为人格法益的延伸，并给予相对化的人格自主保护，是否能够提供足够的权利保护？""人对于潜在细胞中的生命潜能

① 王少杰.论基因权[J].青岛科技大学学报(社会科学版)，2008(1)：81-84.

② 饶明辉.基因上的权利群论纲[D].武汉：中南财经政法大学，2003.

③ 李文，王坤.基因隐私及基因隐私权的法律保护[J].武汉理工大学学报，2002(2)：179-183.

与基因资讯真的拥有如此绝对的权利吗？这种权利得以被证明的合理基础是什么呢？它是一种宪法保护的权利吗？如果是的，它的保护领域在哪？”①

面对以上的观点，笔者认为：公民基于基因上的权利，实为人们的应有权利。应有权利是权利的初始形态，它是特定社会的人们基于一定的物质生活条件和文化传统而产生出来的权利需要和权利要求，是主体认为或被承认应当享有的权利。广义的应有权利包括一切正当的权利，即法律范围内外所有正当的权利。狭义的正当权利特指应当有而且能够有但还没有法律化的权利，由于这种权利往往表现为道德上的主张(以道德主张出现)，所以也被称为“道德权利”。实际上是以道德主张出现的法律上的应有权利。道德是应有权利的价值基础，如果缺少了道德的支持，也就不存在应有权利。基因权利为狭义的应有权利。基因技术的发展及其衍生的诸多问题使人们产生了对基因权利的渴望，生技科学与生物医学的发展使得国家具备了保护这一权利的物质手段。因此，国家应及时将这一应有权利转化为法律权利。

传统的民法理论适应科技发展的要求，在不断完善自身的前提下发挥保护基因权利的职能也是非常必要的。但是，传统的基本权利类型固然在一定程度上可以提供对基因权的法律保护(例如可以依托于平等权、财产权等进行保护)，但是这种保护是缺乏针对性和极不充分的，有时甚至无法提供这种保护，这使得独立的基因权产生成为必要。目前我国传统的平等权、财产权、隐私权、人格尊严权等它们所针对的问题都还没有涉及基因权利问题，同时都不足以完整地涵盖基因权利。就算是扩展这些基本权利的内容，它们每一项权利也只能将基因权利的一部分内容涵盖进去，无法把基因权利全部涵盖进去，要完整地体现这项权利的基本内涵使基因权利真正而完整地得到保障，必须把基因权利抽出来，使之成为一项基本权利。于是，基因利益已经逐渐成为一项独立利益受到重视并产生独立保护的诉求，而且只有将基因权利作为一项专门权利才能获得充分的保护。

---

① 颜厥安.死去活来——论法律对生命之规范[M]//鼠肝与虫臂的管制:法理学与生命伦理论文集.台北:元照出版有限公司,2004:37-38.

解析生命伦理学的存在及"骨血"构造

黄亚萍

南京金宁天瑞置业投资有限公司

摘　要　兴起于二十世纪六七十年代的生命伦理学,在多元文化的背景下成为潮流趋势,人们喻之为交叉学科、哲学及全球性事业,从美国学者比彻姆和丘卓思所提出的"四原则说",到人们逐渐了解的基因工程、辅助生殖技术、克隆及器官移植等热点问题,生命伦理学在时代的激流中正日益丰富和不断发展,以其自身的存在和学科特色启迪人们去沉思和选择。

关键词　生命伦理学;存在;基本原则;热点

生命伦理学兴起于二十世纪六七十年代,相对于诸多的学科而言,它是新时代的宠儿。在跨学科、文化多元的条件下,宛如新生儿一般,拥有年轻的生命力,不仅超越了传统医学伦理学的内容,而且结合了最新的生命科学、医疗保健和生物技术,迅速取代了元伦理学的位置而成为当代伦理学领域的主导力量,新的"骨血"构造为人们展示全新的问题,也带来全新的思考和衡量。

一、生命伦理学的兴起

有学者在研究生命伦理学时,首先指出:"当生命科学及其相关技术越来越能够有效地控制人类早期的生命形成过程,并进而可以完全打乱人类的自然生产方式时,甚至在技术上完全抛开人类生命的自然生成方式而对生命物质进行实质性的干涉,能够独立地将人类这一生命'复制'出来的时候,便引起人们广泛的关注。因此,生命伦理学作为伦理学的一门新兴应用学科在我们这个时代的兴起是必然的……"[1]而在"兴起的必然"背后又蕴含了多少的背景和缘由呢?

生命伦理学产生于二十世纪六十年代的美国。而美国在六七十年代正处于文化和社会变革时期,公民权利运动将矛头对准社会是否公正平等问题,女性主义盛行于此时,结合人工流产的立法和新的生育观念,探讨女性生殖权利问题。而二十世纪初到六十年代一直占据统治地位的元伦理学,又始终以分析道德对话的概念、语言、逻辑,研究伦理论证方法以及探讨道德判断的性质、功能等为己任,脱离了现实生活和实际的伦理问题,生命伦理学作为应用伦理学的重要分支在这些条件下迅速兴起。

提及生命伦理学产生于二十世纪六七十年代,就让人们不得不想起二战及二战以后的三件大事:①1945年广岛原子弹爆炸,科学家们本意是想以原子弹来结束长久的战争,免除战争中的水深火热,但是原子弹的杀伤力超出了预想范围,基因突变并未随事件的结束而消失。②同年在德国纽伦堡对纳粹战犯审判时,纳粹集中营中在没有受试者本人同意的情况下,一批医生和科学家进行不人道的人体试验。③1965年,Rachel Carson的《寂静的春天》一书,向人们敲响了环境恶化的警钟,宣告世界范围的环境污染的存在。这些世界性的重大事件带给人们新的问题,也在更深入全面思考之际为生命伦理学的诞生埋下了伏笔。

生命伦理学的诞生当然还离不开科学技术的迅猛发展、价值危机的诞生以及人们权利意识的增强和扩展。

在当今社会,人类已经能够应用生命科学创造出纯粹人工的生命,而器官移植、人工受精、人工流产、遗传咨询、羊水穿刺已不再是海市蜃楼,生命科学和临床医学技术的突破性、革命性发展是生命伦理学诞生兴起的重要推动力。技术历来被誉为“双刃剑”,给人类带来福音的同时也潜藏着许多问题甚至是威胁。技术的发展让人们不得不正视和思考人类胚胎拥有何种地位和价值,人工流产是否有罪,生命的死亡概念又该如何看待,克隆、试管婴儿的出现,追问生命有没有价值等级可言,新技术带来的新一轮思考促使了生命伦理学的兴起和发展。

技术前所未有的发展也使世界浓缩为“地球村”,大众传媒和网络的火热使得各种经济、政治、文化因素相互交织和冲突,人口膨胀、环境污染、资源浪费、核安全问题以及恐怖主义的存在都在考验人们的价值取向的坚定度以及道德底线的下线,在伦理学领域之中,沉淀为浓厚的危机感。如何有效地控制疾病和病毒,保障公共卫生和健康,是否需要强调动物的权利,如何将这些问题诉诸伦理的共识和切实的实践,让纷繁复杂的世界保持冷静的思考和理性的行动,是生命伦理学存在的宗旨和义务所在。

经济的发展带来人们生活物质条件的富足,也让人们在意识领域和精神需求方面强化了自己的权利意识。“珍视和保护生命是传统伦理学的一项基本原则”[2]16,而如今这个时代,人们对生命的态度不仅仅是珍视和保护,还倾向于选择。孕妇是否能够运用羊水穿刺来选择舍弃不健康的孩子,病重患者是否有权利来选择自己的生死,而未婚者、同性恋者是否有权利通过体外受精以及代理母亲分娩来弥补亲情缺失的遗憾,生命在人工干涉下的形成以及人们对生命先天遗传“质量”的要求正在许多未知的问题面上形成对人类道德伦理的拷问,而生命伦理学正是对这些拷问的思量和回应。

生命伦理学的兴起是对这个时代技术、经济发展的反思,也是试图于现在与未来之间进行理智衡量和冷静选择,更是不可回避的趋势所在。

二、生命伦理学的内涵解读和定位

对于生命伦理学的内涵解读和定位可谓是仁者见仁,智者见智。

"生命伦理学"在1970年作为一个全新的词汇而出现,美国政治家和Sargent Shriver和Georgetown大学校长Andree Hellegers意欲将伦理学和医学科学联系起来,在一起探讨设法说服肯尼迪基金会资助他们建立研究中心时提出的这一词汇,Sargent Shriver说道:"因为我们需要将生物学和伦理学结合起来,我想到了'bioethics'一词,大家当场用它为研究中心命名。我们认为我们正在启动一个关于新科学的研究中心,该研究中心主要关注生物学带来的伦理问题。"[3]

美国学者波特提及生命伦理学时,认为"生命伦理学是利用生物科学来改善人们生命质量的一门学问,她同时有助于我们对人和世界的本质进行更好的理解"。中国学者关键也指出:"生命伦理学是根据伦理道德的原则和标准,对生命科学领域中的人类行为进行系统的研究和规范的判断。"而杜治政则结合了两者的说法精炼地解析道:"生命伦理学是围绕改进生命质量而展开的各种伦理问题的概括。"[4]这些学者首先指出了生命伦理学是研究与生命相关的伦理问题,旨在进行问题概括和完善认识,这是最基础的认识和定位。

陈竺认为"生命伦理学是科学与伦理相互交叉、相互渗透的重要领域"[5];卢风、肖巍则指出生命伦理学"是一门研究与生命相关的所有伦理学问题的交叉学科""是传统医学伦理学的现代拓展"[6];胡林英也赞同指出"生命伦理学声名鹊起也多得益于现代生物医学的发展,从根本上讲,生命伦理学亦可被看作是传统医学伦理学的现代版本"[7];而田海平教授在解读生命伦理学时看到的是更为庞大的系统,生命伦理学"是与生命科学和医疗技术相关联的'应用伦理学'……代表了对一种新型伦理形态进行理论反思或问题诊治的伦理学理论形态或道德哲学形态……是一个内含生命科学、医学、伦理学、法学、社会学等诸多学科的文化系统"[8]。由此可见,生命伦理学与医学、生命科学密切相关,而且是涉及多领域的交叉学科。

中国生命伦理学最早的传播者和研究者邱仁宗教授定义生命伦理学"是应用规范伦理学的一个分支学科"[9]8,"是将伦理学应用于解决生物医学技术引起的难题和挑战……反映了对新技术的使用要进行社会控制的要求"[9]16,并且将生命伦理学划分成五个具体类别:①理论生命伦理,探讨生命伦理学的思想、学术基础;②临床伦理学,衡量临床实践中如何做出合乎道德的决策;③研究伦理学,从事临床药理实验、流行病学调查、基因普查和分析的相关伦理问题探索,探究在人体研究中该如何保护受试者及其相关人群、病人的甚至受试动物的权益;④政策和法制生命伦理学,探究在解决有关生命的伦理问题时应该制定的政策和法律法规;⑤文化生命伦理学,探究生命伦理学与历史、思想、文化、社会情境的联系[10]。邱仁宗教授指出,“生命伦理学是一个在多元化和技术迅速变革的社会背景下,卫生保健和生命医学科学的发展中自然产生的哲学事业,它对生命、死亡、疾病、生育、性交等概念及其意义的考虑将会导致文化中业已确定的观念和实践的变革。所以生命伦理学不仅是一门学术,而且是某一文化自我理解和自我改造的重要因素”,并且“生命伦理学是人的事业,不是神的事业,所以它的结论在大多数情况下是暂时性的、实验性的,而不是绝对正确、不容置疑的”[11]。

胡林英在解读“什么是生命伦理学”时认为“生命伦理学代表了一种全新的观念转变,它不仅开创了一个新领域,而且体现了一种学术思想、政治因素对医学生物和环境的影响”[7],并且生命伦理学能够时刻跟进现实,对现实的、可见的生命伦理问题保持高度敏感,它跨越民族、国家,关注的是全球性的生命伦理问题,是一个国家更是世界的事业和学问。

时间伴随生命伦理学日益成长,人们对其的认识也更加全面和深入,更多需要界定和思考的问题正在促使生命伦理学日益扩展和丰富,一步一步从“新生儿”变得更加成熟。

三、生命伦理学的“骨架”——基本原则

生命伦理学的内容和问题可谓纷繁复杂、层出不穷,但是作为一门学科,有自身的“骨架”所在,能够万变不离其宗,以不变之原则应万变之情境。

生命伦理学的基本原则一般指的是美国学者比彻姆和丘卓思所提出的“四原则说”,在《生物医学伦理学原则》一书中两位学者提出此说,将自主原则、不伤害原则、行善原则、正义原则阐释给后世。

1. 自主原则

两位学者从自主原则的词根意义着手探析自主的含义,自主原则词根来自于希腊语 auto(self) nomos(rule, governance or law),词根的意思 self-rule or self-governance,其扩展的意义是导致个人行为,使人成其自我的自治(self-governance)、自由权利(liberty rights)、隐私权(privacy)、个人选择(individual choice)、自由意志(freedom of the will)。他们认为自主是指:一个人的行为在有意识,可以理解的情况下,能够不受别人的影响和限制,自我选择和作出决定。尊重自主表示的是对个人的自我意愿和自由选择的尊重,核心是尊重人权,包括知情同意原则、隐私权、保密等。尊重自主性原则指的是尊重有自主能力的个体的自我意愿和自主选择,即承认该个体拥有基于自身价值信念而持有的意向,做出选择并采取行动的权利。而体现于具体的医护关系之中时,则为病人在有选择能力时,享有权利去选择、决定他所倾向的医疗行为方式,医务人员有义务尊重病人的决定,并且

对于缺乏自主能力的病人，如精神病患者、儿童，应当在态度和行动上都予以尊重。

2. 不伤害原则

不伤害原则是指一种避免引起对他人伤害的义务，近似于拉丁语“primum nonnocere”，直译为“首先是不伤害”。不伤害的具体解析是个人或集体的行为不应该对其他人或集体造成不必要的伤害。而在生物医学上，伤害包括以下三项：身体的伤害，如病人肢体的疼痛，身体组织的伤残，器官功能的损害；经济利益的损失，指病人为补救伤害而付出的诊治费用以及因此而减少的日常经济收入；精神上的伤害，如泄露病人或受试者的隐私致使其人格、尊严受侵害等造成精神上的、心理上的受伤害。在甘绍平的《应用伦理学前沿问题研究》中，甘绍平将“不伤害原则”誉为“最核心的价值原则”[2]48，是“基本的、实质性的原则”，并评论道“将不伤害视为道德的主导理念及应用伦理学最核心的价值原则的做法，虽然从表面上看似乎降低了道德的要求和水平，但实际上却是多元化时代里人们以理性的方式所能期待的最好的东西”[2]48。作为应用伦理学的分支之一，不伤害原则在生命伦理学当中是举足轻重的，成为先决和核心的原则。

3. 行善原则

在英语中，beneficence 意味着仁慈、善良和慈善的行为，这一原则要求阻止伤害，增进他人利益，代指一种为了他人利益而行动的道德义务。有利原则分为两种：确有助益原则、效用原则。确有助益原则要求当事人提供利益，效用原则则是要求当事人权衡行为的可能利益、危害和代价以达到最大利益。不同于“不伤害原则”的先决性和义务性，行善原则更似一种道德理想，它是不伤害原则及其他原则的扩展和延伸。

4. 正义原则

“正义”指的是根据一个人的义务或是应得的而给予恰当、公平、平等的对待，比彻姆和丘卓思结合医疗分配中所呈现的不公正的现象而将正义原则引入医疗实践，以此原则来衡量代价、利益及风险，比彻姆依据个人的需要、个人的权利、个人的成果、个人对社会的贡献、个人劳绩等五个方面，来试图践行正义原则，从而给予每个人所拥有权利的公正、平等。

虽然在生命伦理学的原则探讨上存在诸多的争议和质疑，但是比彻姆和丘卓思的“四原则说”是生命伦理学决策制定、利益权衡的起点和基本框架，具有显著的普遍性和客观性，是生命伦理学丰富、践行的航向标，就如比彻姆在《原则争议》(Principlism and its Alleged Competitors)中指出的：“原则给来自各领域的人们提供了一种容易掌握的系列道德标准……使人们认识到这一领域立足于某些更坚定的基础之上，而非偏见与主观判断之上。”[12]四大原则是生命伦理学的“骨架”之所在，让生命伦理学有它的立足点和根基所在。

四、生命伦理学的"血肉"——涉及领域和热点问题

生命伦理学的存在,依仗于其自身的"骨架"——基本原则,茁壮成长更得益于实践中的现实问题,人们对各大领域问题的探讨正在逐步丰富和完善生命伦理学这一学科体系。

1. 基因工程

在基因问题上,生命伦理学涉及的问题有基因研究、转基因技术、基因重组等。在基因研究 PK 人的尊严、基因检测利弊衡量、基因检测用意、基因决定论、基因歧视等方面都存在诸多疑惑和争论,学者们追问医生是否有权去解读基因图谱,基因存在的缺陷等基因隐私又该如何处理,谁又拥有保存、掌握这些基因信息的权利。转基因技术的应用让人们无法预知未来,在转基因食品、植物的出现下,人们会担忧转基因食品的安全性,转基因作物、植物等会不会破坏生物多样性和环境的生态平衡,存在着未知的安全隐患。而基因重组则完全可能调整甚至改变人的遗传特点,如此一来,人体也可预先设计,不再是顺其自然的存在,基因重组可以用于疾病治疗,但是会不会带来人类不可逆转的劫难。

2. 辅助生殖技术

人类生殖原本是一个"瓜熟蒂落"的自然过程,但是随着生命科学的发达,人类已能够通过自身的力量去控制人口数量和质量,能够完全创造人工的生命。试管婴儿形式下的人工授精、胚胎植入、代理母亲,引发了激烈的伦理争论,伴随着辅助生殖技术的应用,由非法到合法的过程,使原本顺其自然的婚姻关系、亲子女关系都受到极大影响。代理母亲能否商业化,同性恋、不婚主义者是否有权拥有自己的孩子,父母身份又该如何认定,人们都尚未得出定论。

3. 克隆及器官移植

克隆在如今已不单是技术问题,更多地涉及道德、伦理问题。克隆有助于优生、拯救生命,但是却要考虑克隆会不会导致人伦关系的混乱、克隆技术滥用、人类基因多样性的缺失、家庭结构的丧失等问题。而器官移植的过程中,我们要考虑器官来源,器官捐献、器官商业化、活体摘取都存在诸多的伦理辩护,而在器官移植时应该考虑如何合理公正安排应用已有的器官"资源"。

生命伦理学仿若一个巨大无比的口袋,囊括了太多疑惑和问题,这些热点问题只是冰山的一角,也只是这个时代目前有待思考、谨慎的话题,相信会出现更多的未知领域,需要人们在步履匆匆的行进中去暂停去思索,顾虑一下每一步所可能导致的未来。

五、小结

生命伦理学作为应用伦理学的新宠之一，作为传统医学伦理学的现代版，兼具激烈争议和迅猛发展于一体，生命伦理学的兴起和存在以及自身体系的完善都是人类发展的巨大收获和亮丽风景，在时代的行进中开辟出一块崭新的静思空间，把道德要求诉诸现实、诉诸行动，让人们在利益和代价之间、现在与未来之间不断权衡，清楚技术的福利所至和隐患、威胁的不可逆转，以更全知、更深入的视角去"透视"一切，而不是让人们在匆忙的前行中习惯性的躁动，去泯灭良知和清醒。

参考文献

[1] 张丽娟，张璐.道德多元与原则冲突：全球生命伦理学的困境[J].河北青年管理干部学院学报，2008(6)：46-49.

[2] 甘绍平.应用伦理学前沿问题研究[M].南昌：江西人民出版社，2002.

[3] Reich Warrew. The word of bioethics: its birth and the legacies of those who shaped its meaning [J]. Kennedy Institute Ethics J, 1995(5): 319-336.

[4] 董辅生.浅谈生命伦理学的兴起及其意义[J].江西医药，1987(5)：421-425.

[5] 陈竺生.生命伦理学在中国[J].中国医学伦理学，2005(6)：1-3.

[6] 卢风，肖巍.应用伦理学导论[M].北京：当代中国出版社，2002：8.

[7] 胡林英.什么是生命伦理学?：从历史发展的视角[J].生命科学，2012(11)：1225-1231.

[8] 田海平.中国生命伦理学的"问题域"还原[J].道德与文明，2013(1)：104-109.

[9] 邱仁宗.生命伦理学[M].北京：中国人民大学出版社，2010.

[10] 邱仁宗.21世纪生命伦理学展望[J].哲学研究，2000(1)：31-37.

[11] 邱仁宗.生命伦理学的产生及其思想基础[J].医学与哲学，1989(1).

[12] Beauchamp Tom L. Principlism and its Alleged Competitors [J]. Kennedy Institute of Ethics Journal, 1995(5): 181.

素食主义的道德哲学沉思

任春强

江苏省社会科学院哲学与文化研究所

摘　要　素食主义的精神核心是理解生命、敬畏生命以及探索人类如何与其他物种和谐共处。基于逻辑、历史和现实的考察，素食主义包含三个层次的理据：健康和同情是其经验根据，由于经验性的根据无法证明动物与人的平等性，动物的权益没有得到充分的辩护，因此，需要超出经验世界去寻求更具普遍必然性的论据；基于万物有灵和神创造万物，动物的生命便具有了神圣性，不杀生成为最基本的宗教戒律之一，素食主义的超验根据以对神的绝对信仰为前提，然而，有限的人企图完全理解神却是一种僭越，因此，人只能从人自身出发来沉思素食主义；在先验层面，素食主义的根据在于通过人的有限性和合道理性努力来突破人类中心主义。因此，最完备的辩护理由是三大根据互相批判和承认，继而形成一个合道理性的素食主义理论和行动体系。

关键词　素食主义；经验根据；超验根据；先验根据；人类中心主义；合道理性

严格的、绝对的素食主义者(strict vegetarian)不食用和不使用任何与动物(animal)相关的产品，部分素食主义者和素食主义派别甚至不食用特定种类的蔬菜、谷类、大豆和食盐等非动物性产品。一个经典的误会是"植物与动物同为有生命的存在——生物，吃素同样会伤害或终结植物的生命"，其实，素食主义对食用植物的内容和方法也有所限制，其根据为尽可能小地伤害生命整体，即在不暴力(nonviolence)伤害和终结植物生命(例如连根拔除)的前提下获取最基本的食材[1]。

然而，在非素食主义占主流的语境和实践中，如何从道德哲学角度为素食主义进行恰当的说明和辩护？素食主义运动的主体是人，因此，对人的理解和规定是阐明素食主义主张的前提。当人开始思考时，一种非肉体性的活动便呈现出来了，即思维在思维其自身，同时，肉体的存在和各种感觉也一并被思维所把握，能思维自身并能感受肉体的存在，此即是人的精神作用。人的精神以人所身处的、所经历的生活世界为对象时，它获得了一种经验性的认知和实践。但是，经验性的知识和行动因其有限性、具体性而呈现为无序、杂多和相矛盾的状态，因此，精神要将自身推向更高的统一性:或者以完全超越经验领域的信仰世界为依据,或者以给经验生活奠基的先验理念世界为根据。由此,人类完整的精神世界分为经验(empirical)、超验(transcendent)和先验(transcendental)三大层级:经验层级面对着经验生活或经验世界,超验层级指向对无限者的信仰,先验层级是以形上本原或理念为根据去理解和反思前两者。顺此,素食主义在经验生活中的支持理由为"健康"和"同情",在信仰和戒律中的理据是"万物有灵"和"神创万物",而在先验层级的思考中是为了"世界的整体和谐",即促进世界整体的合道理性进程。

一、素食主义的经验根据

"健康"最直接的关涉是人的肉体,根据同类元素接近的原则,肉类食物更易为人类吸收,同样,若肉类食物遭受了污染,那么对人体的危害也是直接的。全球性的自然污染肇始于工业革命,经过近三百年的浸染,现时的自然环境(大气、大地、海洋等)、植物、微生物、动物既受到了历史性的污染,同时又受到了时代性的污染。由于动物集自然环境、植物、微生物于一身,动物既吸取其营养,同时也摄入其污染元素,所以,动物自身已经成为有毒元素的核心载体和宿主。加之人的贪欲、科学技术和市场利益共同催促着动物的"生产效率",人的贪欲寻求过度的、多样的肉食产品,科学技术提供"生长激素"和"抗病毒药物",市场利益贪求最小的空间实现最大的产出、最短的时间达到最大的产能,动物不断被工具化、利益化和毒化,被虐待和被杀死,在这种极限性的透支中,动物又成为这个时代有毒元素的集中载体。无论基于历史的理由,还是根据现时的事实,动物及其相关肉食产品比起植物及其相关制品被更大程度地污染和毒化了,所以,少食肉类和吃素能减少身体被伤害的概率。并且由于动物直接或间接以植物为食物,动物摄入植物所含有的基本元素,同时,植物也吸收动物(如死后被分解)所含有的基本元素,所以,植物和动物所提供的营养成分之间没有本质区别。

在日常生活中,人类对越是类似自身的存在者越抱着同情的心理,因为人类身上天然就具有动物性,因此人类与动物的亲近感是最直接的。尤其是当动物在遭受疾病、疼痛、痛苦和死亡等极端状况时,人类几乎能感同身受,因为人类经历过和经历着类似糟糕的生命体验。一个肉食产品的呈现,便包含了一个动物一生全部的疾病、疼痛、痛苦和被死亡的过程,若能对其中任何一种不好的感受抱有同情心,那么,人类理应减轻和减少它们可能遭受到的每一分痛苦。因动物的痛苦而选择素食不同于因动物被污染而选择素食,前者是基于同情心和感同身受,用最大的同情去感受动物的痛苦,用最大的心智去理解动物的痛苦,这是一种竭力突破以人类为万物中心的心灵努力和行动,"我们不仅与人,而且与一切存在于我们范围之内的生物发生了联系。关心它们的命运,在力所能及的范围内,避免伤害它们,在危难中救助它们”[2]8，而后者依然将人、个人的生命价值、生命质量作为思想和行动的唯一动机和目的。

无论人类出于健康的动机还是同情动物的初衷而选择素食，均是基于经验性的、具体的、有条件的考量，一旦经验性的前提条件被取消或者被满足，即动物自身的毒性降到尽可能低的程度，或者动物的死亡过程几乎没有痛苦，甚至出现了人造肉(in vitro meat)，那么，素食主义在经验世界里的种种辩护将变得十分脆弱。问题的根源在于，经验性的辩护理由没有将动物与人作为同等重要的存在者，或者说在经验世界中动物与人是不平等的。因此，唯有反对“物种歧视(speciesism)”[3]，承认动物自身便具有不可取代的地位和价值，才是更好的辩护理由。

二、素食主义的超验根据

在经验生活中，人类基于经验的理由选择素食主义；由于经验的理由是有限的，或者它们停留于自己的具体限度内，其整体只具有数量上的“无限性”，实则是经验有限性的无穷叠加。换言之，经验理由的本性是个体性的和偶然性的，是具体而变动不定的，因而与普遍必然的理由存在质的差异。所以，素食主义的经验理由应完全超出自身，在无限性的向度上寻求更加普遍的理由，就历史的呈现而言，这个理由首先显现为宗教信仰及其教义和戒律，由于宗教的信仰世界绝对超出于经验世界，超越了人的全部理智推导，因而是超验的。

既然在经验世界中，动物与人之间存在差异，或者说人在智性能力上高于动物，那么，人类敬重动物的理由是什么？除非它们拥有与人类相同的精神本质——灵魂。这种信念来自人类对大自然及其力量的敬畏、崇拜和恐惧，相信大自然是一个有生命力、有灵魂的存在整体，而由大自然所生养的植物、动物、人以及自然环境等便天然地具有神圣性，因为它们分有了自然的灵魂。因此，人类信仰大自然及其灵性力量，继而相信“万物有灵”。在人类相信动物有灵魂，且这种灵魂并不比人类的灵魂低贱的前提下，动物与人类才具有了同等的重要性，动物的生存权和价值在其自身，而不是由人来规定的。因此，虐待、伤害和杀死一个动物，便伤害和否定了它的灵魂；继而，如果灵魂可以流转，那么动物的灵魂不单单是动物灵魂，也可能是人的灵魂，杀死一个动物便可能是在杀死一个潜在的人。严格来说，植物的灵魂和生命也不比动物的灵魂和生命低下，对植物也必须有足够的敬畏和尊重，因此，对素食的欲望也应有所节制。所以，宗教信仰为素食主义提供了敬畏生命、敬畏灵魂等诫命。

进一步，如果整个经验世界由一个无限的神所创造，那么，世间万物在作为神之造物(作品)的意义上是平等的，万物都是被造物，因此，人没有足够的理由“杀生”，无论被杀的对象是人类还是非人类生命，因为每一生命甚至每一存在物的最终起源都是神，它们由神来创造和赋予，因此，唯有神才拥有消灭和终结它们的绝对权力。人类所有的优越性来自神的眷顾，而不是人类本身真的无所不能，可以四处僭越，成为万物的主宰，继而对其他物种生杀予夺。因此，对于神的特别恩宠，人类要谦逊和感激，对神的作品，人类要好好看护和照料，并尽可能减少自身的破坏力，尤其是伤害生命的种种行为，因为人类对动物有直接的感受力，当它们的疼痛、痛苦通过其声音和表情传达出来时，人是有所感知的，故而虐待、杀害它们会让人感受到一种直接的罪责——“杀生”。

然而，人类是否必然会自由地走向宗教和信仰神？因为现存的有神宗教都宣称自己的宗教教义是神的直接启示和戒律，是最终真理。那么，它们之间的差异如何调和，宗教徒与非宗教信仰者之间如何和平共处，然后才是人类整体能否在素食问题上取得一定程度的一致性。有神宗教信仰的思路以对神及其“启示”的无条件信仰为绝对出发点，而不是从人的角度来思考问题。严格说来，神是不可被完全思议的，也不是将人之有限性的对立面如无限、圆满、全知全能全善等结合起来就是神的属性，所以，人是无法彻底思考神的；由于神所启示的经典、戒律和教义已经沾染了人的有限性，由此，它们不一定具有无可置疑的普遍性。而素食主义是人与动物之间的关系，思考的主体是人，因此，素食主义的真实根据应以人自身为出发点。

三、素食主义的先验根据

1. 对人类中心主义的批判

素食主义的经验根据和超验根据其内在的逻辑推理具有两个方向：一是以人类为世界的中心和最终目的，另一个是以世界的整体和谐为旨归。前者的思路为，之所以善待万物如动物、植物和自然环境等，是为了人类自身更美好的生活和未来。后者涉及一种换位思考，“如果我就是那只动物或者那株植物或者那块石头，我怎么为自己的生存或存在，甚至更好地生存或存在做合道理性的辩护”，事实上，让人完全成为某种动物、植物或无机物是不可能的。但是，要突破人类中心主义，必须推进到动物、植物和自然环境的权利层面，人类不能自私地仅仅为人类自身而生活，“素食主义刺激我们去确认自己是大自然的一部分，而非区隔于、优越于动物与自然界整体，并且帮助我们超越‘人类中心主义’的限制”[4]。虽然人类不可能完全克服自身的主观性（用自己的“眼光”看待世界）和有限性（总会侵害万物），但思维角度的转化——从以人类为中心到世界的整体和谐——却是可能的。反思和突破人类中心主义这种思维方式及其所指导的种种行动，最重要的是思想和心灵的一种翻转：“从万物为我（人）”到“我（人）为万物”。

“人类中心主义”包含两层意思：一是人只能凭借自己的感官、理智、概念系统等属人的东西，去认识和体悟世界以及其他存在者和存在物，此即是存在层面的人类中心主义;二是人将自己看作世间万物的中心和主人,万物为人而存在,此为价值层面的人类中心主义。彻底追问第二层次人类中心主义的哲学根据,依然会回溯到第一层次的思考,因为没有第一层思考的辩护,第二层次的人类中心主义是极其脆弱的,经不起合道理性的批判。

2. 人的有限性和合道理性进程

"人类中心主义"是一个价值判断,其哲学根据是"人的有限性",人不可能完全脱离和超越自身的有限性,必然因为自身的有限性而追求自己的权益,所以,严格说来,任何与人相关的思想和行动都打上了人的烙印,连宗教信仰也不例外。正因为如此,"突破"而非完全超越人类中心主义是一种悖论性的反思和体验——"在人自身之中超越人"。

自然事物包括人自身有其不可知的一面,所谓的"知"已经是人化之知,正因自然事物不可被完全知悉,人才要尽量避免人的"主观性暴力",用属人的合道理性去过度干扰自然事物自在的生化过程;而且自然拥有属于自身的合道理性,其内在便具有力量和能量,所以,人要尽可能地让属人的东西退场,敬畏自然,让自然自由地呈现自身;同时,既然人不可能完全脱离人的"视野"去理解和领悟自然事物,那么,从绝对的意义上讲,人对自然事物的所思所行都是一种"暴力侵入",或者说人一行动便有罪过。然而,如何消除这种暴力和罪过?因为人生存于此世间,便不可能完全无思无行,而有思有行则必然会干涉甚至侵入其他自然事物,那么,最彻底的解决之道只能是人的消失,甚至不要出现类似人这样的可以思维和体悟的存在者。

面对如此困境,需要引入"合道理性"(reasonability and rationality)观念,其范围为"自然事物"已然是人所把握的"自然事物",因为对自然事物拥有"绝对的知"是不可能的,同样,对自然事物绝对无知也是不可能的,除非人和类人的存在者不出现,所以,虽然人无法绝对地"知"自然事物,但是,人一旦在"知"自然事物,就必须论证和反省这种"知"的合道理性。然而,人并非一"知"便是完全合道理的,恰恰相反,人一直在犯错甚至在犯罪,因此,人之"知"是一个不断修正、不断走向更合道理性的过程;并且"合道理性"不是指一个终极的、无可反驳的绝对存在或绝对真理,而是"合道理性的进程"。如是,人类才能为每一讲"道理"的领域进行合道理性的辩护,继而看到其限度和否定面,再基于其合道理性面和否定面,继续推进各个领域的合道理性进程。所以,"合道理性的进程"其意义在于,为每一具体时空、思维中讲道理的场域提供辩护,同时使其走向更合道理性或者说变得更好,也即在辩护的同时又展开批判。人即是如此,虽然这个世界不可能被绝对地"知",甚至有不可理喻的、不可思议的事物存在,但人不会以不可理喻、不可思议、完全神秘的方式理解和对待它们,就像对待一个真正的、具有危险性的疯人,我们不可能以不合道理性的、疯狂的、危险的方式对待他一样,即便人的思想和行动不具有终极的、绝对的合道理性。概言之，人对自然事物无法绝对地“知”，但是人既然存在，人便要去“知”，重要的不是否定这种有限的“知”，而是推进这种“知”的合道理性进程。

正是在推进“合道理性”之进程的意义上，人才有可能突破“人类中心主义”、人的主体性，单纯的不可知和不作为是无法规避人类中心主义的。何为“合道理性”？简单来讲，就是“更好”。虽然从思辨的意义上讲，这个“好”依然是没有脱离人的“好”，然而，在具体的时空中，通过各种思路的比较便可以看出“好”的方向，而且事物不可知只是在绝对层面有意义上，在具体的事物中，一定程度的知是可能的，或者说，没有人之知，事物便只是潜在的。人在追求“合道理性”的永恒过程中突破自身，而此“合道理性”的本质在于合道理性的过程，因此，它既是在此处的合道理性又超越此处的合道理性，如此不断地超越自我的界限，人突破自身本具的“人类中心主义”才有可能。

在先验层面，素食主义根据人的有限性和合道理性努力来突破人类中心主义，承认人的有限性和合道理性的能力是最基本的前提，因此，素食主义的先验根据不是用来否定素食主义的经验根据和超验根据的，而是三大根据互相映照、互相批判和承认，继而能形成一个合道理性的素食主义体系。这个体系肯定人自由地选择自己生活的权利和人的良善心理，承认素食主义者在经验生活中的吃素习惯和行为，尊重在宗教信仰中恪守“不杀生”和“斋戒”的教义，并在哲学的道德沉思和实践中敬畏生命、敬畏自然以及“照看”万物。

四、素食主义的道德哲学意义

“理解生命，敬畏生命，与其他生命休戚与共”[2]20是素食主义的基本精神理据。理解生命包含了文化、宗教、伦理、科学、技术、政治、经济、社会等方面的因子，重要的是这些因子之间的对话和协同合作，对待生命的基本态度反映着一个人和一个社会的文明程度。因为人的有限性，洞彻生命几乎不可能，又因为生命本身的力量，人类必须对生命给予足够的尊重，理解生命的过程同时也是人类不断地自我反思和批判自己限度的历程，而其他物种作为有生命的存在，其价值不能由人单方面决定。

人与其他存在者（天地万物：生命存在者和非生命存在物）首先共享一个“存在共同体”，每一个存在者在存在的意义上对自己的存在来说是自足的，即便它无法进行自我辩护，而人类是目前已知的唯一能够进行自我辩护的存在者，然而，这种辩护很容易越过自己的限度，呈现为人类对其他存在者的破坏、伤害和消灭。当人类清楚明白地认识到自己对其他存在者的侵害时，人类觉悟到自己与其他存在者处于一个互相连接、互相影响的“生态系统”中，维持这个生态系统的稳定和正常运作，不仅仅是为了人类自身的利益，同时也是为了系统中其他存在者的权益。因为在生态系统中,非生命形态是客观的,或者说它们是诸客观条件,它们是稳定的因素;与此相对,生命形态是生态系统中的自主因素,它们能主动地改变生态系统的状态,既包括生命形态与非生命形态之间的关系,又涵摄诸生命形态之间的相互作用。其中,最重要的关系是人与其他生命形态之间的关系,因为人类借助科学技术不断扩大自己的主观能动性,其他生命形态变得越发被动,因此,面对生态系统的恶化,人类既是元凶,又是救赎者。而在人类对其他生命的所有伤害中,人类的食肉行为是最大和最持久的,因为肉食以动物的死亡为前提,而吃素则不必终结植物(果实、叶片等)和动物(牛奶、鸡蛋等)的生命。所以,为了整个生态系统的和谐,人类必须节制和克制自身的食肉行为。

参考文献

[1] 冯契.哲学大辞典[M].修订本.上海:上海辞书出版社,2001:1115.
[2] 史怀泽.敬畏生命[M].陈泽环,译.上海:上海社会科学院出版社,1995.
[3] Singer Peter. Animal Liberation [M]. New York: HarperCollins Publishers, 2002: 6.
[4] 福克斯.深层素食主义[M].王瑞香,译.北京:新星出版社,2005:Ⅺ.

"东大伦理"系列·《伦理研究》

江苏省道德发展高端智库　江苏省公民道德与社会风尚协同创新中心　东南大学道德发展研究院

The Study of Ethics

伦理研究【第五辑】

(生命伦理学卷·下)

主　　编：樊　浩　孙慕义

执行主编：谈际尊

东南大学出版社
SOUTHEAST UNIVERSITY PRESS
·南京·

图书在版编目(CIP)数据

伦理研究.第五辑，生命伦理学卷/ 樊浩，孙慕义主编.
—南京：东南大学出版社，2020.6
ISBN 978-7-5641-9275-4

Ⅰ.①伦… Ⅱ.①樊…②孙… Ⅲ.①生命伦理学—文集 Ⅳ.①B82-53

中国版本图书馆CIP数据核字(2020)第242739号

伦理研究.第五辑(生命伦理学卷·下)
Lunli Yanjiu Di-wu Ji (Shengming Lunlixuejuan · Xia)

主　　编	樊　浩　孙慕义
出版发行	东南大学出版社
社　　址	南京市四牌楼2号　　**邮编**　210096
出 版 人	江建中
网　　址	http://www.seupress.com
电子邮箱	press@seupress.com
经　　销	全国各地新华书店
印　　刷	江苏凤凰数码印务有限公司
开　　本	700mm×1000mm　1/16
印　　张	39
字　　数	780千
版　　次	2020年6月第1版
印　　次	2020年6月第1次印刷
书　　号	ISBN 978-7-5641-9275-4
定　　价	160.00元(上下册)

本社图书若有印装质量问题，请直接与营销部联系。电话：025-83791830

总　　序

东南大学的伦理学科起步于20世纪80年代前期，由著名哲学家、伦理学家萧焜焘教授、王育殊教授创立，90年代初开始组建一支由青年博士构成的年轻的学科梯队，至90年代中期，这个团队基本实现了博士化。在学界前辈和各界朋友的关爱与支持下，东南大学的伦理学科得到了较大的发展。自20世纪末以来，我本人和我们团队的同仁一直在思考和探索一个问题：我们这个团队应当和可能为中国伦理学事业的发展作出怎样的贡献？换言之，东南大学的伦理学科应当形成和建立什么样的特色？我们很明白，没有特色的学术，其贡献总是有限的。2005年，我们的伦理学科被批准为"985工程"国家哲学社会科学创新基地，这个历史性的跃进推动了我们对这个问题的思考。经过认真讨论并向学界前辈和同仁求教，我们将自己的学科特色和学术贡献点定位于三个方面：道德哲学；科技伦理；重大应用。

以道德哲学为第一建设方向的定位基于这样的认识：伦理学在一级学科上属于哲学，其研究及其成果必须具有充分的哲学基础和足够的哲学含量；当今中国伦理学和道德哲学的诸多理论和现实课题必须在道德哲学的层面探讨和解决。道德哲学研究立志并致力于道德哲学的一些重大乃至尖端性的理论课题的探讨。在这个被称为"后哲学"的时代，伦理学研究中这种对哲学的执著、眷念和回归，着实是一种"明知不可为而为之"之举，但我们坚信，它是我们这个时代稀缺的学术资源和学术努力。科技伦理的定位是依据我们这个团队的历史传统、东南大学的学科生态，以及对伦理道德发展的新前沿而作出的判断和谋划。东南大学最早的研究生培养方向就是"科学伦理学"，当年我本人就在这个方向下学习和研究；而东南大学以科学技术为主体、文管艺医综合发展的学科生态，也使我们这些90年代初成长起来的"新生代"再次认识到，选择科技伦理为学科生长点是明智之举。如果说道德哲学与科技伦理的定位与我们的学科传统有关，那么，重大应用的定位就是基于对伦理学的现实本性以及为中国伦理道德建设作出贡献的愿望和抱负而作出的选择。定位"重大应用"而不是一般的"应用伦理学"，昭明我们在这方面有所为也有所不为，只是试图在伦理学应用的某些重大方面和重大领域进行我们的努力。

基于以上定位，在"985工程"建设中，我们决定进行系列研究并在长期积累的基础上严肃而审慎地推出以"东大伦理"为标识的学术成果。"东大伦理"取名于两种考虑:这些系列成果的作者主要是东南大学伦理学团队的成员,有的系列也包括东南大学培养的伦理学博士生的优秀博士论文;更深刻的原因是,我们希望并努力使这些成果具有某种特色,以为中国伦理学事业的发展作出自己的贡献。“东大伦理”由五个系列构成:道德哲学研究系列;科技伦理研究系列;重大应用研究系列;与以上三个结构相关的译著系列;还有以丛刊形式出现并在20世纪90年代已经创刊的《伦理研究》专辑系列,该丛刊同样围绕三大定位组稿和出版。

“道德哲学研究系列”的基本结构是“两史一论”。即道德哲学基本理论;中国道德哲学;西方道德哲学。道德哲学理论的研究基础,不仅在概念上将“伦理”与“道德”相区分,而且在一定意义将伦理学、道德哲学、道德形而上学相区分。这些区分某种意义上回归到德国古典哲学的传统,但它更深刻地与中国道德哲学传统相契合。在这个被宣布“哲学终结”的时代,深入而细致、精致而宏大的哲学研究反倒是必须而稀缺的,虽然那个“致广大、尽精微、综罗百代”的“朱熹气象”在中国几乎已经一去不返,但这并不代表我们今天的学术已经不再需要深刻、精致和宏大气魄。中国道德哲学史、西方道德哲学史研究的理念基础,是将道德哲学史当作“哲学的历史”,而不只是道德哲学“原始的历史”“反省的历史”,它致力于探索和发现中西方道德哲学传统中那些具有“永远的现实性”精神内涵,并在哲学的层面进行中西方道德传统的对话与互释。专门史与通史,将是道德哲学史研究的两个基本维度,马克思主义的历史辩证法是其灵魂与方法。

“科技伦理研究系列”的学术风格与“道德哲学研究系列”相接并一致,它同样包括两个研究结构。第一个研究结构是科技道德哲学研究,它不是一般的科技伦理学,而是从哲学的层面、用哲学的方法进行科技伦理的理论建构和学术研究,故名之“科技道德哲学”而不是“科技伦理学”;第二个研究结构是当代科技前沿的伦理问题研究,如基因伦理研究、网络伦理研究、生命伦理研究等等。第一个结构的学术任务是理论建构,第二个结构的学术任务是问题探讨,由此形成理论研究与现实研究之间的互补与互动。

“重大应用研究系列”以目前我作为首席专家的国家哲学社会科学重大招标课题和江苏省哲学社会科学重大委托课题为起步,以调查研究和对策研究为重点。目前我们正组织四个方面的大调查,即当今中国社会的伦理关系大调查;道德生活大调查;伦理—道德素质大调查;伦理—道德发展状况及其趋向大调查。我们的目标和任务是努力了解和把握当今中国伦理道德的真实状况,在此基础上进行理论推进和理论创新,为中国伦理道德建设提出具有战略意义和创新意义的对策思路。这就是我们对“重大应用”的诠释和理解,今后我们将沿着这个方向走下去,并贡献出团队和个人的研究成果。

“译著系列”、《伦理研究》丛刊,将围绕以上三个结构展开。我们试图进行的努力是:这两个系列将以学术交流,包括团队成员对国外著名大学、著名学术机构、著名学者的访问,以及高层次的国际国内学术会议为基础,以“我们正在做的事情”为主题和主线,由此凝聚自己的资源和努力。

马克思曾经说过,历史只能提出自己能够完成的任务,因为任务的提出已经表明完成任务的条件已经具备或正在具备。也许,我们提出的是一个自己难以完成或不能完成的任务,因为我们完成任务的条件尤其是我本人和我们这支团队的学术资质方面的条件还远没有具备。我们试图通过漫漫兮求索乃至几代人的努力,建立起以道德哲学、科技伦理、重大应用为三元色的“东大伦理”的学术标识。这个计划所展示的,与其说是某些学术成果,不如说是我们这个团队的成员为中国伦理学事业贡献自己努力的抱负和愿望。我们无法预测结果,因为哲人罗素早就告诫,没有发生的事情是无法预料的,我们甚至没有足够的信心展望未来,我们唯一可以昭告和承诺的是:

我们正在努力!

我们将永远努力!

樊　浩

谨识于东南大学“舌在谷”

2007 年 2 月 11 日

编 者 引 言

最辉煌的成功，往往源自无数的挫折与失败；最强大的轰鸣，往往最初仅仅发出微小的声音。我们的事业不过是源于一个羸弱的身影，但如今，它变得尊贵起来，并如同巨人一样，给予我们生命和人类的生活，带来希望和喜讯以及变革的力量。

先知以利亚应该是一位值得尊敬的神，我们很多人，都不曾知道他逃避以色列王后耶洗别迫害所受的遭遇。有记录，在何烈山山洞中耶和华让他出来站在山上，此时

> 在他面前有烈风大作，崩山碎石，耶和华却不在风中；风后地震，耶和华却不在其中；地震后有火，耶和华却不在火中；火后有微小的声音。①

我们每天其实都有良心的呼唤，但是，那是最微小的声音，所以我们经常听不见，因此，我们无法思索和反省，我们只是活着，“满眼流光随日度……不觉芳洲暮”②。我们必须学会倾听最微小的声音，也许，那是最后的真理，那也许就是生命终极的依靠。

这个微小的声音，就是那个弱小的幽灵，它悠缓而低沉，只是在飘浮和燃点着。

我们亲历它开始强大，它化成无数更小的幽灵，由其中一个最小的幽灵化作又一个最强大的幽灵；幽灵依然在散落尘埃，尘埃还在积淀，当尘埃中仅存留的精魂成为一个思想的胚胎，那么，只要有足够的营养或文明培基的爱，新生的幽灵将战胜一切旧有的，借黎明的光照和精神的差遣，诞生并发育，如果在暗夜，它将照亮万物。

我们人的生命之前与之初，即由于这种幽灵的存在而存在，它潜藏着人的性与人的意识的可能，它指向未来的元素、分子、颗粒或碎片、段落，最后归为一种具有整体特征的结构。

生命从根本上是一组符号，作为语词它拥有了内部结构以及系统整体行为的

---

① 旧约·列王纪上:第19章:12-13.

② 朱彝尊.茶烟阁体物集下:蝶恋花·春暮.

对立、冲突与统一。不知道用什么其他的语词来替代，“生命”或我们面前这个学科，之所以被我们说成幽灵，是因为凝视后，却无法再提出正义以外的、任何其他的意义、思想与声音，那个“能指”的音位只有一个，作为生命的概念和价值的“所指”一直被变化着——不是本身的改变，或者本身在改变——；那个 life 和 bioethics 只是一个声音，只是唯一的声音。庄子曰：

> 冬夏青青，受命于天……幸能正生，以正众生。

生出于青，青出于蓝。蓝色是古代近东最名贵的颜色，因为它象征蓝天与大海，那是永恒的生命的颜色。世上最宝贵的是生命。科学哲学家波普尔在古稀之年谈到生命的可贵时，曾讲过一个浅显而又令人信服的道理，他说：

> 如果我们在宇宙中随便选择一个地点，那么——根据我们目前尚存疑点的宇宙论来计算——在这个地点发现生命的概率将为零或近于零。所以生命至少有一种稀有之物的价值，生命是宝贵的。我们都容易忘记这一点，把生命看得太一文不值了。[①]

世上最可怕的事情莫过于对生命的糟蹋，而工业社会和随之而来的信息社会，在对我们星球的自然生态彻底解构的过程中，正在步入最可怕的自我迷失，人的生命——不仅是个体生命，而且是整个人类的生命——正面临生命史上前所未有的挑战。全球性的生态污染，不时袭来的流行性传染病，足以将地球毁灭百十次的核武器，此起彼伏夺走无数生命的恐怖袭击，且不说基因工程、数字技术对生命延续造成的潜在威胁了，——难怪政治学家伯林(Isaiah Berlin)在评价 20 世纪的历史时要说：“从对人类的野蛮摧毁的观点看，20 世纪毫无理由地成为人类曾经经历过的最糟糕的世纪。”[②]而更可怕的是这种“对人类的野蛮摧毁”，在 21 世纪仍然在继续。这就是生命伦理学“遭遇”的后现代。[见孙慕义著《后现代生命伦理学》(上)序言，中国社会科学出版社，2015 年版]

生命伦理学是对生命的意义和价值的追问，这种价值和意义的载体是人。纵观历史上所有对人的生命价值的探索，可以发现一个共同的理路：人的生命与所有其他存在物最根本的区别在于，人是自我设计、自我规定、自我完善的创造者，而人之所以能够如此，是因为他能够设定并遵守道德准则，这是人特有的功能。亚里士多德已经认识到这一本质，他说：“如果我们能够发现人的‘功能’(εργονορ)，我们就能够准确地测定幸福之所在。”人的生命的目的是寻求幸福，而为此就要发现人独

---

① Karl Popper. How I See Philosophy//C J Bontempo, S J Odell. The Owl of Minerva. New York: McGraw-Hill Book Company, 1975: 55.

② 彼得·沃森.20 世纪思想史(上).朱进东，等译.上海：上海译文出版社，2008：1.

有的"功能",这种功能是什么呢?亚里士多德告诉我们,人"具有分享道德价值的能力",这是人独一无二的功能。柏拉图在《普罗泰戈拉篇》中有一个发人深省的寓言:当诸神创造出各种动物之后,便派普罗米修斯和厄庇墨透斯(亦译成爱比米修斯)从性能宝库中选取适当的性能,分配给各种动物。道德是人的生命最根本的规定,是人的基本功能,也是人性的类本性。历史上,这样的看法是具有普适性的文化共识。康德认为,人的生命有三种固有的素质:技术素质、实用素质、道德素质;而其中最根本的是道德素质,因为人"表现为一个从恶不断地进步到善,在阻力之下奋力向上的理性生物的类"。中国先秦思想家荀子也说:"义则不可须臾舍也:为之,人也;舍之,禽兽也。"(《荀子·劝学》)

今天,生命伦理学已经无需羞羞答答地面对后现代生活,因为它本身就是后现代的宠儿;它成为人学的核心基础,它帮助我们行动,同时破解生命的奥秘,它是一切人文学科,特别是道德哲学以及身体文化的理论中轴,它是实践哲学最先锋的实践者和优秀范例与榜样;它包容了和淹没了很多新兴学科的活点,它在哲学伦理学和生命科学的共同支撑下,完成了从弱小分支学科伸延或延异为大同学科的过程。它实现了"一种只有在被思考之后才能存在的行为"①。

生命伦理学正在行动着。

"时而我思,时而我在",这一哲学化的意识状态和思维状态结合在一起,成为生命伦理学的一种思想形态,尽管我们的生活方式依然是孤独的,但这种我们自愿选择的孤独有利于发展哲学的高贵品质的条件,并成为哲学的一种终极归宿的选择,不管你是否认肯与接受,你必然要受制于对于人的生命存在(生存)和活力(生殖)的思考。因为,哲学也是为人的。我们依旧看到和听惯了对于柏拉图讲述的"色雷斯农村姑娘看到泰勒斯仰头观察天体运动不慎掉到井里"②时所爆发出的笑声。而我们今天依然会遭到这样的嘲笑,所有的普通公民并非理解我们的研究与他们如何"活着"之间的关联,我们的表象的无能使我们常常显得格外愚钝,但康德为我们做出了榜样,他的思辨和思维能力如同"朱诺所崇敬的特瑞阿斯的能力","尽管他是盲人",他却能够给我们一切克服困难的勇气与智慧。

康德在回答什么是启蒙运动时指出:

> 不成熟状态就是不经别人的引导,就对运用自己的理智无能为力。当其原因不在于缺乏理智,而在于不经别人的引导就缺乏勇气与决心去加以运用时,那么这种不成熟状态就是自己加之于自己的了。Sapere aude!要有勇气运用你自己的理智!

---

① 汉娜·阿伦特.精神生活·思维.姜志辉,译.南京:江苏教育出版社,2006:85.

② 同①89.

我们今天汉语文化圈的生命伦理学依然需要这种勇气与决心，没有自己的语符身份和知识系统，生命伦理学就没有“生命”，我们已经不再被学界所把玩和鉴赏，而作为一种严肃和庄重的文化和思想沉积的载体堂皇地迈入前台。当然，“任何一个个人要从几乎成为自己天性的那种不成熟状态之中奋斗出来，都是很艰难的”。我们必须依然在这种艰难的意念中获取一种成熟的知性。摆脱非汉语语式的历史符形，从混乱胶着的符义的尴尬处境中解放出来，兴发一场推罗蓝式的获得生命伦理学的“是”和生命的“真理世界”的学科建设运动。

安静的学术品行与风格，是善和沉思的形，真理并不需要过分张扬，它是历史的必然“到场”和一定“到时”。

用最浅近的思维足以表明，我们总是以经验的世界，来扩延我们的生命伦理现实，每一天以同样的语言试图解释、评价和裁决对错或责任，我们即使了解周围生命世界的需要和伦理纠纷，也不知晓我们真正裁决的凭据是什么或这个凭据的凭据是什么。我们以我们自身的“内在的”与“主观的”经验和感悟，去框定“外在的”“客观的”现象与事件，尽管我们依托于冠冕堂皇的形式和组织制度，也只是对真理的猜测；我们始终带着内心生活的体验以及对习承传统的敬畏，或者对印象中知识的理解，推断出一系列究问历史的方法、研讨问题的语境、回应行动选择的判断以及所谓我们长期奉行的伦理原则——甚至我们认为这些是天经地义、不证自明的。其实，我们必须明确，任何人类知识都会包含谬误，——这是因为某些知觉是虚假的，且还可能产生臆想的、没有客观依据的概念组合，——所以我们总是面临持续不断的、永无止境的任务——摈弃错误的表象和判断，而代之以我们可以认定是对实在的正确了解的另一些表象和判断。

今天，我们承继“2007 年南京生命伦理学与首届老龄伦理和老龄科学会议”的精神，时隔十年之余，再一次集合国内外有志于该领域的学者，特别是这一历史断代具备中西方生命伦理知识文化准备的青年一代；让我们再凝神、回思这门引人入胜的学科，再一次感动和影响社会与人。并且在此，追及老一代汉语伦理学界的先驱学者，当初他们对于生命伦理学充满了期待，对我们做了历史的托付，他们身先垂范了这段骄人的历史。此刻，为进一步推动生命伦理学事业，使生命伦理学真正成为道德哲学界关注的焦点，东南大学生命伦理学研究工作继续以学科建设与理论深层探究为己任并已形成特色；除南京“2015 年国际生命伦理学论坛暨中国第二届老年生命伦理与科学会议”的大会文萃外，吾等亦将后续的两次高端会议即 2018 年 8 月北京第 24 届世界哲学大会“生物伦理”分会议的交流文章以及 2018 年 10 月由东南大学生命伦理学研究中心主办的“中美生命伦理学高峰论坛”的相关作品一并作为本卷的《补遗》部分汇集出版；此前出版的《伦理研究：生命伦理学卷 2007—2008》，已经形成较大的学术影响力，受到各方的赞誉和激赏。本卷编者希望于此刊出的一批高水平生命伦理文章，能够继续鼓动生命的伦理学与生命哲学研究之运势，对有教于并关注此道的读者，确可开卷有益。

鉴如是，借此出版之际，感谢提供给我们优秀文章的诸位作者。

在兹，让我们共同复温《周易》之训：

> 夫"大人"者，与天地合其德，与日月合其明，与四时合其序，与鬼神合其吉凶，先天而天弗违，后天而奉天时。天且弗违，而况于人乎？况于鬼神乎？
>
> （《周易·周易上经·乾》，中华书局，2011年版第24页）

孙慕义

识于东南大学丁家桥 2019 年 3 月

目录

生命伦理学前沿理论

生命伦理的道德哲学反思

构建生命伦理学的"中国理论"

技术发展与生命伦理

生命伦理与老龄文明研究

构建生命伦理学的“中国理论”

中国生命伦理学认知旨趣的拓展

田海平

北京师范大学哲学学院

“中国生命伦理学”的形态学认知旨趣由历史、逻辑和实践三个维度构成。它的根本在于确立一种道德形态学的认知范式。一方面，借之以消解西方话语体系的“霸权”；另一方面，由此真实面对中国语境下“一般性话语”和“具体项目”之间的断裂。“中国生命伦理学”亟须三种认知旨趣之拓展：以一般性话语辨识文化路向与原则进路；以具体项目治理彰显实践理性和实践智慧；以具体项目与一般性话语之关联，展现生命伦理学的“伦理分层”路线。

一、西方话语体系不能准确呈现中国生命伦理学

我们为什么要提“中国生命伦理学”？理由主要来自三个层面的认知旨趣。

第一，我们在历史的甚至本土知识学的文化境遇中产生了中华民族自己的生命伦理学问题。中国传统的中医文化或中医药文化，有着独特的理论框架和核心价值体系，对身体、疾病、医道、生死、医疗保健等有一套源远流长、影响深远的理论逻辑和话语体系。这是一种与当今西方俗世生命伦理学或基督教生命伦理学很不一样的生命伦理学的问题域。这就要求我们必须面对或正视生命伦理学的文化的、历史的和意识形态方面的问题。这一层面的认知旨趣在今天面临一个日益紧迫的时代性课题——即进一步打通医学人文价值世界与医疗科技世界之扞格。我们认为，这一认知范式在中国语境中的展现，亟待从一种文化的和语境视域进行问题域的历史还原，以反思“中国生命伦理学”的“文化乡土”。

第二，我们在面对当代中国的“现代医生-医院体系”的专业化发展和现代医疗技术的深远影响中，必须寻求或重构我们能够共认的可普遍化的道德原则。毫无疑问，中医文化是传统文化的重要组成部分，但它只有融入“现代医生-医院体系”并在精神实质方面完成一种现代转化，才具有普遍性并焕发生命活力。这就要求我们在中西文化冲突的所谓“文化战争”背景下，搁置具体内容的生命伦理学的道德争议，聚焦于一种程序合理性的共识。这一层面的认知旨趣在中国价值理念上乃是从一种形式的和程序的视域进行认知的逻辑还原，以思考“中国生命伦理学”如何应对生命伦理的普遍原则。

第三,我们在面对高新生命技术的进步带来的影响深远的伦理难题和法律难题时,既不能脱离中国话语体系内涵的价值观诉求(包括传统价值观),又不能脱离人类共同的价值标准的指引。这要求我们在权衡众理的“知”和协调多元的“行”的知行关联中,进入一种以对话或商谈为“主旋律”的道德形态学视域。这一层面的认知旨趣强调从一种实践智慧和道德决策的视域进行认知旨趣的实践还原,以探索治理各种生命伦理学难题的“实践伦理”之进路。

以上三方面的认知旨趣在“中国生命伦理学”的学科意义或话语体系的意义上,致力于两个功能拓展。一方面,凸现中国语境和中国话语,推进一种“说中国话”的生命伦理学的理论研究范式和话语方式的实质性突破,以克服目前我国生命伦理学研究受到的过于“西化”的意识形态因素的不利影响。它的意义在于从一种道德形态学的视域出发,使生命伦理学的学科性质、话语方式和知识谱系得以拓展,进而揭示并阐扬其中有待深入挖掘的生命伦理学的中国价值之内涵。这就是说,生命伦理学在认知旨趣上必须反省它的意识形态特性,特别是要反省体现在中国人的身体历史、生命存在、医学实践、医疗体制和医疗生活史之中的价值诉求、情感积淀和伦理认同。在这一点上,要清醒地认识到,任何移植、引介和应用西方生命伦理学的研究范例或理论范式的尝试当然毫无疑问地会为我国生命伦理学的研究提供有益的视角、方法、理论和观点,但并不能替代中国形态的生命伦理学研究。另一方面,实际地展开“中国生命伦理学”的问题域谋划,必须突破西方话语体系的“霸权”。我们必须从传统的重新发现和医疗生活史的形态学勘察出发,对中国生命伦理学的“问题域”进行历史的、逻辑的和实践的三维向度的还原。这一“问题域”的还原,有三个重点方向:第一,要深入清理“历史还原”展现的文化路向——由此路向,我们认识到,不论以何种“普遍性”形式出现,西方话语体系都不能够准确呈现中国生命伦理学的谱系和脉络。第二,要辩证看待“逻辑还原”凸显的原则进路——由此进路,我们看到,任何有关生命伦理学的原则体系的论证或辩护,作为“一般性话语”对普遍性寻求的尝试,虽然在逻辑上贯彻了一种形式化的还原策略,但或多或少属于意识形态谋划的范畴,实际上预设了一种可疑的普遍主义价值承诺,因而隐蔽着西方中心论的陷阱。第三,要认真回应“实践还原”揭示的难题取向——这一取向的实践伦理背景,是由大数据、云计算、高新生命技术(包括脑科学、遗传学、生物科学及其技术)和人体增强技术等前沿性的“技术-实践”所展现的生命伦理论域。

由此,我们需要面对三个无法回避的生命伦理学难题:如何应对道德多样性难题?如何重新发现传统(生命伦理学与传统隔离将没有任何前途)?如何透过道德形态过程来澄清概念(生命伦理学研究中概念的混乱反映了“实践性”内容的薄弱)?这三个难题归结起来可称之为“中国生命伦理学的道德形态学难题”——即如何在中国形态和中国问题的探索与求解中寻求理论与应用、一般性话语与具体项目、精神与理性之间的关联与过渡，并通过形态学整体观对难题进行求解。

二、中国生命伦理学的“一般”与“具体”

诸种旨趣各异的生命伦理学探究，以不同的还原策略面向问题或难题，因而在知识脉络上不可避免地遭遇从“一般性话语”到“具体项目”之间的断裂。从话语方式看，生命伦理学的“一般性话语”具有毋庸置疑的意识形态印记或价值观诉求。然而，考虑到生命伦理学的“一般性话语”在通常意义的“应用伦理”研究范式中表现得似乎并不特别明显，因此，指证“一般性话语”存在着“显性的”和“隐性的”分别，就变得十分必要。所谓显性的“一般性话语”，是指在一种“文化路向”上拓展出来的话语类型。比如有人在这个意义上展开“基督教生命伦理学”或“儒家生命伦理学”。所谓隐性的“一般性话语”，则是指一种“原则进路”上拓展出来的话语类型。比如著名的生命伦理学“四原则”就隐蔽地构成了应用范式下生命伦理学研究的普遍性“咒语”。这两者之间，形成了两种断裂的理论抽象：前者着眼于语境论的文化知识；后者着眼于普世性的原则诉求。而值得特别重视的是，“具体项目”通常由“实践还原”同时面对这两种相互断裂乃至相互对立的“一般性话语”的理论抽象。

于是，中国生命伦理学认知旨趣的拓展，首要地是要打破在意识形态之“一般”和科学项目之“具体”之间预设的线性连接。具体来说，从“一般性话语”到“具体项目”之间，实际上并非某种直接的线性连接，其非连续性使得“问题还原”产生了某种界划理论分析与难题治理的异质性分域之功能。从这一意义上看，问题域的非连续性对于生命伦理学认知旨趣的拓展，显得十分重要。它表明，一般性话语的理论诠释与具体项目的难题治理，只有在回归中国医疗实践和医疗生活之现实的意义上，才构成“中国生命伦理学”在文化路向、原则进路和难题治理三个方面的主题拓展。

由一般性话语与具体项目两个方面看，“中国生命伦理学”要完成两种认知旨趣的拓展：

其一，以“一般性话语”辨识文化路向与原则进路。“一般性话语”的核心是观点、理论、思想传统及流派的多维性及其相互竞争。我们有必要审查从文化路向而来的各种理论预设，以厘清不同理论范式的生命伦理学认知的相对独立性。同时，必须注意到文化取向与原则取向在一般性话语之类型学上的基本区分：前者诉诸文化的认同原理，其话语核心落实到“伦理”；后者诉诸立法原则，其话语核心落实到“法律”。“中国生命伦理学”的一般性话语在文化路向与原则进路两方面关涉“伦理”与“法律”。避免二者之间的“层次混淆”和“层次化约”成为“中国生命伦理学”语境重构的必然抉择。

其二,以具体项目治理彰显实践理性和实践智慧。"具体项目"针对两大类难题,愈来愈引人注目。此即伦理难题与法律难题。所谓伦理难题,是指同一种行为的价值选择无法满足两种或多种互相冲突之伦理价值评价的二难处境,在这种处境中,无论行为人选择何种价值,都会受到其他价值持有者的指责。所谓法律难题,是指人们在寻求一种"伦理中立"的法律解释和立法实践的过程中遇到了支持与反对都有法律依据的情况。以现代医疗技术面临的生命伦理学难题为例,我们指证如下四类"具体项目"难题:①伦理与伦理之间的冲突,即在一种伦理体系中得到允许的行为,在另一种伦理体系中可能是被禁止的;②道德与道德之间的冲突,即同一种医疗行为可能存在着不同的道德辩护理由;③伦理与道德之间的冲突,这主要表现为单位人的组织伦理与个人道德良知之间的冲突;④伦理与法律之间的冲突,主要表现为:现有伦理上的析理无法为法律上的适用提供依据,而现有法律规范或解释又无法体现伦理的价值、原则和道德理由,于是出现了伦理失灵和法律失灵的情况;又或者,伦理上的支持和反对都符合法律解释原则,而法律上的支持和反对都有强有力的伦理上的支持。对生命伦理学的"具体项目"的关注,正在日益成为中国大陆生命伦理学研究的焦点或热点。然而,如若没有卓有成效的一般性话语分析的支援,具体项目治理便不可能获得一种与"中国生命伦理学"之理念相匹配的"实践智慧"。

三、中国生命伦理学面临的两个挑战

在过去的30多年里,"中国生命伦理学"面临两大挑战:"一般性话语"讨论如何面向现实的生命伦理难题;"具体项目"治理如何看待、评估和体现一般性话语的重要意义。

面对两大挑战,始终存在两种类型的问题关联:①具体难题治理在一般性话语的解释性框架上引发了针对原则的质疑,但尚未触及文化信念,这是表层伦理问题;②具体难题治理在一般性话语的解释性框架上不仅引发了针对原则的质疑,而且还有可能动摇其中的文化信念,这是深层伦理问题。

从这种区分出发,我们看到,这两种关联方式展现了生命伦理学的伦理分层,即居于核心层(或深层)的实质伦理与居于非核心层(或表层)的程序伦理。由此产生了一种由具体项目难题进入生命伦理学一般性话语的"伦理分层"视域。这使我们特别强调道德形态学方法理念对于拓展中国生命伦理学认知旨趣的作用。以现代医疗技术中的生命伦理问题为例,在具体项目中运用伦理分层的道德形态学方法涉及两个相关步骤。第一步是对现代医疗技术的分类。按照伦理分层方法,可将现代医疗技术分为常规医疗技术和高新生命技术。第二步是在"宏观-微观"之沟通的问题域中呈现上述两个层次的生命伦理学问题。核心层或深层的实质伦理与高新生命科学技术有关，这一类技术引发的伦理问题由于技术本身的“高”“新”和“发展性”的特点以及技术本身的特殊风险，必然带来伦理-法律难题；由于技术的发明、试验或使用，有可能在治疗疾病的同时改变了人们对生命、自我、疾病和健康的理解，这可能对现有伦理的文化信念产生冲击。非核心层或表层的伦理问题与常规医疗技术中的生命伦理问题有关，它是针对由20世纪以来广泛应用于临床领域的医疗技术所引发的诸种重大伦理难题。主要涉及病人个体权利的保护、医生的义务与责任，以及在医疗技术的生产和使用过程中的社会公平与正义问题。

总起来看，“中国生命伦理学”认知旨趣的拓展，旨在突破西方话语体系的学科移植和知识专断，它在道德形态学理念上拓展三个重要的理论维度：一般性话语层面的文化取向与原则进路；具体项目层面的实践理性与实践智慧；具体项目与一般性话语相关联的伦理分层。这三个维度提供了对“中国生命伦理学”语境进行道德形态学勘察的视角。不论在何种认知旨趣上，“中国生命伦理学”必须落脚于中国价值的语境勘测和中国问题的国情应对。

儒家生命伦理对当代中国市民道德品格与形态形成的根基性意义

(摘要)

范瑞平

香港城市大学公共政策学系

让我们从宪政建设说起。不少学者都在探讨中国应当构建什么样的宪政。从现代西方的观点看,宪政是要首先确立个人的基本权利(例如机会平等、言论自由等等),并把它们作为根本的宪政原则,指导立法,规范行政。相比较而言,如果我们认真对待儒家伦理的话,我们会很容易看到,儒家伦理想要首先确立的,不是个人的基本权利,而是个人的基本美德及其培养,诸如仁、义、礼、智、信、孝、和等等。

有的朋友大概马上就会发出疑问:中国还有其他伦理,凭什么把儒家伦理作为根本的宪政原则呢?如果我不信奉儒家伦理,你要强加于我吗?的确,包括儒家在内,任何非自由主义的政治学说,可能每天都要面对这样的疑问。我在后面将试着提供一些辩护的观点。现在,如果大家还有耐心的话,请允许我先说明一下内容:如果儒家美德作为根本的宪政原则,这将意味着什么?

我认为这将意味着以下五个方面的内容:后备权利、差等责任、行为宽容、伦理设防、教育优先。本文将概要和举例说明这些内容的特征。

最后,本文将从三个方面尝试对儒家美德的宪政原则做出辩护。一是中国历史的主流考虑;二是其他传统的批评权利;三是自由主义传统本身的问题。这一辩护是提示性的,不是全方位的。最后提及虚无主义对于我们的挑战,指出我们的事业不但需要对付消极虚无主义,也要对付积极虚无主义。

医疗恶性事件背后的伦理困境

——医改的境遇伦理分析

邵永生

东南大学人文学院

摘　要　医疗恶性事件背后所面临的伦理困境是医患关系出现了紧张、矛盾、不协调，甚至在一定程度上出现了对立。因此，从国家或政府层面必须积极进行医疗改革。但应该选择怎样的医改方向？通过境遇伦理的分析，笔者认为应该把“公平优先、兼顾效率”作为医改的价值选择方向，从而能为我国医疗卫生事业的发展和医患关系的协调奠定良好的观念与制度基础。

关键词　医疗卫生体制改革(医改)；境遇伦理；公平优先、兼顾效率

医疗恶性事件指闹医①、伤医甚至杀医等妨碍、扰乱医疗服务秩序和环境、造成医务人员人身伤害甚至死亡的事件。近年，一系列医疗恶性事件令人震惊。如，哈医大杀医事件②、浙江温岭杀医事件③、齐齐哈尔杀医事件④、上海医闹伤人事件⑤等，“国家卫生计生委通报，去年全国共发生恶性伤医案件 11 起，造成 35 人伤亡。其中，死亡 7 人，受伤 28 人。国家卫计委指出，近年来，虽然以医闹为代表的涉医群体事件有所减少，但严重扰乱医院诊疗秩序、伤害医务人员的恶性案件却时有发生”⑥。这些现象在令人们震惊、愤慨之余，也令我们不得不进行思考，为什么近些年医疗恶性事件时有发生？

注：本论文是 2012 年度国家社科基金一般项目“境遇道德选择理论在生命伦理学的应用研究”(批准号12BZX075)的一个子项目。

① 笔者认为，现在普遍使用的“医闹”(即受雇于医疗纠纷的患者方，与患者家属一起，采取各种途径以严重妨碍医疗秩序、扩大事态、给医院造成负面影响的形式给医院施加压力从中牟利的行为)应改为“闹医”比较贴切，因为“医闹”从字面理解似乎是医生的不道德行为或者违法行为，是医方在闹而非患方在闹。

② 哈医大杀医案被告一审判无期[N].京华时报，2012-10-20.

③ 陈沙沙，丁筱净. 媒体详解温岭杀医案始末[N]. 民生周刊，2013-11-12.

④ 阿润. 齐齐哈尔杀医案：毫无征兆的杀机[N]. 三联生活周刊，2014-03-03.

⑤ 刘伊曼，刘武，黄志杰. 上海医闹伤人事件调查[N]. 瞭望东方周刊，2011-02-11.

⑥ 国家卫计委. 去年全国恶性伤医案致 35 人伤亡[N]. 南方都市报，2013-10-23.

一、"伦理困境"是什么？为什么？

首先有一点是肯定的，即医疗恶性事件的背后是医患关系出现了紧张与矛盾，医患关系出现了不协调，甚至在某些境遇下出现对立的情况——这就是医疗恶性事件背后所面临的"伦理困境"。因为，良好的医患关系是以"爱"作为纽带而联系起来的伦理关系，而紧张、不协调、矛盾甚至严重对立就是这种"伦理困境"的现象表达。

为何出现紧张、不协调、矛盾甚至对立的"伦理困境"呢？这里既有患方的因素，比如：对医疗的期待较高、期待会在闹医的过程中得到更多的经济利益等等；也有医方的因素，比如：缺少医患沟通、在医疗的过程中期望得到更多的经济利益（如大处方、过度医疗）、医疗资源分布不合理（例如：大城市的大医院拥有更多医疗资源，以至于大医院人满为患，不能提供良好的就医环境）等等。因此，和谐的医患关系必须依靠医、患双方共同努力，克服这些因素的不良影响才能实现。如何"克服"？医疗恶性事件时常发生的事实折射出从国家或政府层面积极进行医疗卫生改革的迫切需要。通过医疗卫生改革（简称"医改"），改革那些不适合医疗卫生事业发展的上层建筑与社会关系，才能为医患关系的协调奠定良好的观念与制度基础。

二、"伦理困境"关键与我国医改所处的"境遇"相关

紧张、不协调、矛盾甚至对立的医患关系带来的"伦理困境"折射出从国家或政府层面积极进行医改的迫切需要。如何进行行之有效的医改？这就要求国家或政府在主导医改的过程中，必须首先根据当下的境遇或背景，树立较为宏观的视角或理念，以引领医改的方向。这里，境遇含有境况、遭遇或背景（环境）的意思。当下，中国的医改处于什么样的"境遇"呢？这是进行境遇伦理分析之前首先需要思考的。梳理下来主要表现在以下几个方面[①]：①在卫生资源配置结构方面，重城市轻农村、重医疗轻预防、重高端轻基本、重西医轻中医的问题虽然正在扭转，但仍然是比较突出的问题；公共财政投入向基层、农村和公共卫生倾斜的导向作用不断增强，但仍有较大的资金缺口。②经济快速发展，生活方式快速变化，人口老龄化加速和疾病模式转变，给我国居民带来沉重的传染性和非传染性疾病的双重负担。③我国医疗卫生事业总体上滞后于社会经济发展；"看病难""看病贵"问题得到一定程度缓解，但问题依然突出；医改成效与社会期望之间还存在差距。④"以药补

① 陈竺.突出重点 攻坚克难 全面落实医改和各项卫生工作任务：在2012年全国卫生工作会议上的工作报告[R].2012-01-05.

医”这一机制推动了医药费用不合理上涨，造成了药品滥用，扭曲了医务人员行为（如开大处方等）。

当然，中国的医改离不开当前中国的经济改革和宏观的社会背景，即经济结构逐渐走向市场化，经济和社会发展偏重效率，但公平问题还有较大的提高空间，也就是在处理效率与公平的关系上，宏观的视角建立在“效率优先兼顾公平”这一价值方向。这也是当下医改所面临的一种境遇或背景。

三、医改所处的“境遇”与公平、效率密切相关

公平指公正，含有不偏不倚之意，包括机会公平、过程公平和结果分配公平，一般由政府来维护。医疗卫生服务公平是根据人的各自卫生需求不同，都有同等机会享受到相应的“基本”的医疗、预防和保健服务和得到与其健康状况相应的医疗卫生资源供给（如大病医疗保险）。这里的公平并不意味着均等或一样，因为人的健康状况是不同的。在医疗卫生领域，得到均等的资源和服务意味着不公平。效率就是指投入与产出或成本与收益的对比关系。投入少而产出高说明效率高。效率一般由市场通过竞争而实现。医疗卫生服务的效率一般通过市场竞争来满足特殊的医疗消费主体的“特殊”的需求（例如医疗美容消费）以及在一些具备竞争条件的医疗资源（如药品、医疗器械等）方面容许适当的竞争以使其得到合理的配置。

一般情况下，效率与公平是互为条件、互为促进和相互制约的辩证统一关系，提高效率是实现公平的物质基础，实现公平又是提高效率的必要条件。然而，效率与公平又常常是矛盾的两难选择，人类社会要发展就是要讲效率，没有效率便没有发展，没有进步；而社会的发展、进步必须保持公平，否则，社会的繁荣和稳定就不可能长期保持。在特殊的领域（如医疗卫生领域）这种矛盾与两难选择十分明显、更为突出，甚至很难用市场经济的竞争法则去运用和指导，这种互为条件、互为促进和相互制约也就不甚明显，甚至出现矛盾的现象。比如，医疗卫生的效率提高了，但医疗卫生的公平却不能很好地实现。

医改所处的“境遇”与公平、效率密切相关。“在卫生资源配置结构方面，重城市轻农村、重医疗轻预防、重高端轻基本、重西医轻中医的问题虽然正在扭转，但仍然是比较突出的问题。”——主要与医疗公平有关。“公共财政投入向基层、农村和公共卫生倾斜的导向作用不断增强，但仍有较大的资金缺口。”——主要与医疗公平有关。“经济快速发展，生活方式快速变化，人口老龄化加速和疾病模式转变，给我国居民带来沉重的传染性和非传染性疾病的双重负担。”——这种“双重负担”与医疗公平、医疗效率均有关。“‘看病难’‘看病贵’问题得到一定程度缓解，但问题依然突出。”——主要与医疗公平有关。“‘以药补医’这一机制推动了医药费用不合理上涨，造成了药品滥用，扭曲了医务人员行为（如开大处方等）。”——主要与医

疗公平有关。

医改与经济结构和宏观的社会背景是息息相关、互相影响的。医改所处的“境遇”是和我国发展医疗卫生事业的理念——处理好公平和效率的关系——密切相关的。在当前，把握好医改所处的“境遇”与公平、效率的关系，显然成为中国医改的关键性问题。究竟是效率优先、兼顾公平？或公平优先、兼顾效率？还是两者同时兼顾？这是一种价值选择——即主体根据自身的需要对客体所做的应然选择，它涉及医改的方向。

四、“伦理困境”如何解决？——境遇伦理的方法

境遇伦理(境遇论)是基于境遇或背景的决策方法，是做决定的道德而不是查询决定的道德；它强调以人为中心，以“爱”为最高原则，并把“爱”与境遇的估计和行动的选择结合起来进行道德选择。“在每一个背景下，我们都必须识别、必须计算。没有爱心的计算是完全可能的，但没有计算的爱是决不可能的。”[①]就是说，境遇伦理需要通过“爱的计算”(即爱的权衡、考量)进行道德选择。

何谓“爱”？在《说文解字》当中，繁体的“愛”是由“爪”(爫)、“秃宝盖”(冖)、“心”“友”四部分组成。“爪”字的本义为手爪(行动)，“冖”字的本义是覆盖(意为保护、维护)。也就是说，爱(最常见的是友爱)需要用心(真诚)、用行动来保护(维护)。这种真诚的心是无私的奉献与给予，包括物质、感情、行动等。爱的本质是无条件地给予，而不求回报，就像母亲对孩子的付出一样。“爱的计算”是境遇伦理的核心，其过程就是道德选择的过程。对行为的目的、手段、动机和带来的结果等考量、权衡或计算就是“爱的计算”的对象，只有在对它们进行整体考量中以“爱”来行动，行为才是道德的或正当的。

对行为的目的、手段、动机和带来的结果等进行计算或权衡、考量，不仅需要善良的意向、关心，而且需要可靠的信息来帮助我们进行行为的道德权衡，不可靠的信息极易导致判断失误、行为出现严重偏差。

爱的计算标准就是借用了功利主义的“最大多数人的最大幸福”“效用”“有用”的思想。“我们的境遇伦理学坦率地同穆勒通力合作，其间没有任何敌对关系。我们选择对大多数人最‘有用’的东西”[②]。“爱的计算”的另外一个标准就是“无偏见”，即追求世人的利益，不管我们喜不喜欢他。“无偏见的爱只能意味着公正无私的爱，范围广泛的爱，一视同仁的爱……因为——如我们所说——爱追求世人的利

---

① 弗莱彻.境遇伦理学[M].程立显，译.北京：中国社会科学出版社，1989：119.

② 同①95.

益,不管我们喜不喜欢他。"[①]为何如此呢?这是由于爱的职责的特征使然,"爱的职责不是同特别喜欢的人打交道,不是找朋友,也不是'迷恋'某个唯一者。爱的范围广阔无垠,它普遍关心一切,具有社会兴趣,对任何人都一视同仁"[③]。

五、境遇伦理方法对医改方向的价值选择

有必要强调的是:境遇伦理学中的"境遇"既指时间比较短的境遇,也指时间在一定范围内的境遇。而当下医改的背景下所处的境遇就是指时间在一定范围内的境遇。在这个医疗恶性事件时常发生的时期,针对这种"伦理困境",需要不断深化医改进行解决。究竟何种医改方向更适宜于当下的境遇,可通过境遇伦理的方法进行价值选择或价值权衡。

1. 价值选择一:对"效率优先、兼顾公平"还是"两者同时兼顾"的权衡

改革开放以后,中国实行的是社会主义市场经济体制,经济上实行的是"效率优先、兼顾公平"的原则。其主要原因是:第一,中国尚处在社会主义初级阶段,发展生产力是主要任务,其途径就是提高效率,但是社会主义社会的本质又决定了中国必须消除两极分化、达到共同富裕,还必须兼顾公平。第二,中国经济体制改革的目标是建立社会主义市场经济体制,在市场经济条件下,必然要求遵循市场经济的一般规律,如价值规律、竞争规律等。从某种意义上来讲,市场经济就是效率经济,因此,中国的政策取向是维护市场经济规律,保护市场主体的积极性,实行效率优先。

如何实现效率、公平的辩证统一是需要人们认真思考和解决的重要课题,尤其在关系到与人的生命和健康有关的医疗卫生领域。

过去,政府也希望通过市场化提高效率和加强竞争来提升医疗服务水平和降低医疗价格,亦可减轻政府的负担。但市场的逐利天性,至少使得降低医疗价格和明显提升医疗服务水平的目标未能实现。对此,必须了解市场的双重局限性:第一,市场充其量只能解决资源配置的效率问题,无法有效地解决资源分配的公平性问题。第二,也许在经济的很多领域,市场能够提高资源配置的效率,但在信息不对称的领域(例如医疗领域),市场往往失灵,亦即,不光不能提高资源配置效率,反倒会降低效率。因为医疗领域存在严重的信息不对称(例如医患之间),这与市场要求"透明"的原则相悖。

医疗机构过度市场化常常为人们所诟病,盖因其背离了公平的伦理。"在19世纪的大部分的时间里,美国政府对私人企业采取一种放任的态度,包括卫生保健行业。这种放任的政策建立在高度崇尚努力工作、勤俭节约和个人责任的宗教和哲学的基础之上。这种支持发展政策的效果是物质产品和服务的显著增长。不

① 弗莱彻.境遇伦理学[M].程立显,译.北京:中国社会科学出版社,1989:98.

过,亚当·史密斯(Adam Smith)描述的'无形的手'不能平等地分配这些商品和服务,整个制度产生了一种社会达尔文主义,即让强者更强甚至发展到具有掠夺性,而代价是牺牲了弱者和无组织者。"①这就是说,依靠市场经济的"无形的手"来调整医疗卫生保健行业的资源分配问题是不可能达到平等地分配这些商品和服务之目的的,因为市场的规律是让强者更强,是以牺牲弱者和无组织者的利益为代价的。而医疗卫生保健行业恰恰就是为了照顾弱者(如患者)利益的场所,一旦完全市场化,其负面或不良后果是十分明显的。市场机制的最根本特点在于供求双方通过价格信号进行交易,通常为价高者得,而那些无支付能力者也就自然无缘市场提供的产品及服务。由此可见,只要医疗服务盲目地走向市场化,医疗卫生服务目标偏离医学目的(救死扶伤、人道主义)的问题就不可避免。

医疗卫生领域的特殊性也使得与"效率优先"甚至"效率与公平同时兼顾"显得格格不入。首先,与一般消费品不同,大部分的医疗卫生服务具有公共品或准公共品性质,一般来说,具有公共品性质的服务是营利性市场主体不愿干、干不好甚至干不了的。因为,公共品或准公共品的性质是更加注重服务与质量而不是盈利和效益,而且是市场庞大、服务对象众多。其次,医疗卫生领域的服务和被服务的主体之间主要是非竞争关系,都是为了一个共同的目的——改善和增进人的健康——而采取的不同分工和相互合作的关系,而不像经济主体之间各自为了不同的目的而在市场上采取的竞争和合作关系。再次,从某种角度讲,医疗卫生领域的一方主体之一的患者是弱势群体(一般而言,每一个人都是"潜在的患者",都是走在医院的途中或正在医院,都有可能成为患者而变成弱势群体中的一员),而弱势群体在市场上不具有竞争地位。市场是讲竞争讲效率的,市场竞争的结果必然拉大贫富差距,造成一部分弱势群体在资源分配上处于不利地位,因此,一般来说,医疗卫生领域的服务的绝大部分是不适合通过市场机制来发挥作用的,不能简单采用照搬市场经济的做法。对此,杜治政教授也认为医疗保健服务和某些其他服务不同,有它自己的某些特殊性:"①医疗卫生的直接成果是挽救人的生命,增进人的健康,而人的健康与生命从来是不能用货币价值形态来表现的;任何领域进入市场,必须以该领域能成为商品为前提,不能成为商品的领域是不应进入市场的。否则将造成严重的后果。②医疗卫生工作的目标是消除疾病,增进人类健康,而不是经济效益,几乎所有的经济学家都认为医疗保健部门是非盈利部门。③作为市场运行的基本准则,买卖双方必须是平等的,而医生与病人双方在事实上不可能处于

① 雷蒙德·埃居,约翰·兰德尔·格罗夫斯.卫生保健伦理学:临床实践指南[M].2版.应向华,译.北京:北京大学出版社,2005:159.

平等的地位。在痛苦与死亡面前，病人没有讨价还价的可能。"①

另外，中国的医改不具备以效率为主导或以市场化为主导的经济基础。以美国为例，其以市场为主导的医疗卫生制度确实提供了优质的服务，但医疗费用一路上升，政府、企业和个人都不堪重负。"美国学者 Backy White 认为，美国的医疗保健正处于危机之中。非常少的美国人可获得充分的保险，保健价格太高。……医疗费用的增长，归根到底要威胁到政府的财政支出。一个国家如何承受将它的国内生产总值中的10%—15%用之于医疗保健呢？在欧洲，西欧的保健系统长期以来是个例外，但是，植根于团结原则基础上的西欧保健系统也受到两方面的攻击：①卫生保健费用日益增长，需要抑制费用；②对传统概念重新定义——生物医学技术和科学的进步扩大了成功干预的范围，使得医学既失去了经济的控制，又失去了伦理的控制。一向以福利闻名而骄傲的荷兰，也因保健费用的增长，在过去几年作出了巨大努力来抑制卫生保健费用的增长。"②而英国、加拿大等以政府为主导的医疗体制虽然效率和服务不如美国，但资源的有效利用、公平上却胜过美国。"平等主义理论强调对商品和服务的平等可及。……平等主义的拥护者经常把加拿大和英国这样的社会普遍可及的卫生保健体系看着美国应该效仿的模范。"③而对中国而言，尚不具备实行如同美国医疗卫生模式这样的个人经济承受能力。

由此可见，"效率优先、兼顾公平"或者"两者同时兼顾"都不太可能适应医疗行业的特殊性质(为了弱者的利益；信息不对称；主体的力量不对称；为了共同的目标即患者的生命与健康，而非不同的目的与利益需求等)的要求和当下中国的国情(人均 GDP 较低)。

2. 价值选择二：对"公平优先、兼顾效率"的权衡

在中国现阶段综合国力逐渐增强，实现温饱并朝小康迈进，还存在一定程度看病难看病贵这种特殊境遇下，在医疗卫生领域的改革目标应实行"公平优先、兼顾效率"的原则，也就是说，把"公平优先、兼顾效率"作为医改的价值选择方向。

这是一种基于我国现阶段国情的、考虑到医疗卫生特殊性的医改方向性选择或价值选择。在这里，"公平优先"主要指要优先满足人民基本的医疗服务和保障及大病的医疗服务和保障，以公平地维护人民的生命权和健康权(在此特别强调的是，取消"以药养医"与"科室承包"也是实现"公平优先"的主要方式，因为这是对患者不公平的现实"符号")；"兼顾效率"就是在做好这样的基础上满足不同的医疗消费主体的不同的、特殊的需求(如医疗美容消费，但医疗美容服务的水平与质量必

① 杜治政.医学伦理学探新[M].郑州：河南医科大学出版社，2000：344.

② 同①.

③ 雷蒙德·埃居，约翰·兰德尔·格罗夫斯.卫生保健伦理学——临床实践指南[M].2版.应向华，译.北京：北京大学出版社 2005：163.

须政府实施严格准入与管理)以及在一些具备竞争条件的医疗资源(如药品、医疗器械的招标采购等)方面容许适当的竞争以使其得到合理地配置。前者主要靠政府来唱主角;后者主要靠市场来唱主角。因为"某些非基本的医疗服务,某些特殊的保健需求,仍是可以市场化的"①。

在当前中国"经济"逐步走向市场化的境遇下,在医疗卫生领域,鉴于医方与患方之间不对称性等特征,公平就有了一个特别的意义。"公平比效率带有更强烈的伦理色彩、虽然效率最终也带来公平,但不能为此而付出'不公正'代价去换取效率。"②境遇伦理的核心是在特定的境遇下通过"爱的计算"达到动机善和结果善的统一,找到行动的正确方向。要实现医疗卫生保健的公平就要进行"爱的计算",境遇伦理的"计算"带有评估、权衡和考量之意,通过这种认真负责的、考虑周全的和小心谨慎的评估、权衡和考量,来甄别当前的境遇下为何公平比效率更重要,为何要体现"公平优先、兼顾效率"的原则,就需要权衡、考量在当前的境遇下的决定行为的各种背景因素以及决定或行为目的、手段、动机和带来的结果等,也就是要考虑行为的格式塔③,从各种因素所构成的整体中进行综合把握,计算如何能够在特定的境遇下做最大爱心的事。这种"爱的计算"主要通过以下方面来进行整体或综合(格式塔式的)权衡的。

(1)"公平优先、兼顾效率"的价值选择是由中国医疗卫生事业的性质与目标所决定的。中国医疗卫生事业的性质是政府实行一定福利政策的社会公益事业。在这种性质的定位下,医疗卫生机构努力的目标就应该坚持为人民服务的宗旨,正确处理社会效益和经济收益的关系,把社会效益放在首位,防止片面追求经济收益而忽视社会效益的倾向。

(2)出于解决"无限"与"有限"这对矛盾的动机。在所有国家的医疗卫生事业发展过程中,一个无法回避的基本矛盾是:社会成员对医疗卫生的需求是无止境的,而社会所能提供的医疗卫生资源则是有限的,特别是对于中国这样人口众多的发展中国家,有限的医疗卫生资源如何在社会成员之间以及不同的需求者之间进行合理的分配?毫无疑问,应优先保障所有人的基本的医疗需求,在此基础上,才能谈到满足不同的需求者之间的不同的需求。首先应体现公平性(这里指相对的

---

① 杜治政.医学伦理学探新[M].郑州:河南医科大学出版社,2000:344.

② 孙慕义.后现代卫生经济伦理学[M].北京:人民出版社,1999:213.

③ 注释:"格式塔系德文音译,意指事物被'放置'或'构成整体'的方法。以此为方法论基础建立起来的现代心理学流派谓之格式塔心理学,其主要信条是:无论如何不能通过对部分的分析来认识总体,必须'自上而下'地分析从整体结构到各个组成部分的特性,方能理解整体的全部性质。"(弗莱彻.境遇伦理学[M].程立显,译.北京:中国社会科学出版社,1989:119.)弗莱彻力图把这一方法引入伦理学领域,认为"正当性存在于行为整体的格式塔或状态之中,而不在单个因素或组成成分之中"。(弗莱彻.境遇伦理学[M].程立显,译,北京:中国社会科学出版社,1989:120.)

公平），而后才能达到更高程度的差别性的医疗关照。

（3）中国医疗卫生领域面临的问题与挑战是：不公平性现象比效率低下存在的问题更加突出和尖锐。如基本医疗保障体系覆盖面不够；大多医疗卫生资源集中在大城市、大医院，社区和农村医疗卫生服务资源不足，也就是说城市和农村医疗卫生资源配置与人口相比呈现倒置现象；医疗费用逐年攀升，以致部分老百姓因无支付能力而不敢看病或提前出院等。

（4）通过“帕累托最优”这种功利主义的计算方法来进行结果善的权衡，评估能否在医疗卫生服务领域达到最优。帕累托是意大利经济学家，效用最大、满意度最大、社会福利最大这个效率评价指标就是他用数学公式证明的。帕累托最优（Pareto Optimality）是指资源分配的一种理想状态，假定固有的一群人和可分配的资源，从一种分配状态到另一种状态的变化中，在没有使任何人境况变坏的前提下，使得至少一个人变得更好。处于这种状态的资源配置就实现了帕累托最优，其目的是充分利用有限的人力、物力、财力，优化资源配置，争取实现以最小的成本创造最大的效率和效益，它是公平与效率的理想王国。传统的市场经济学认为，市场机制是实现帕累托最优的最好办法。然而，现代市场经济学逐渐认识到，市场机制实现帕累托最优的分析仅仅是理论上的。在实际上，由于种种原因，市场机制并不能自发地引导经济达到帕累托最优，反而会出现市场失灵现象。卫生服务的市场环境经常大量地出现市场失灵现象（这是由医疗卫生服务的特殊性所决定的），不可能指望依靠市场机制纠正资源配置无效率状态，来实现帕累托最优，而必须通过政府制定相关的经济政策，通过政府这只“有形的手”的调控方才可以纠正市场这只“无形的手”的失灵现象，才能提高医疗卫生服务的公正性和资源配置的效率，才能最大程度地实现医改“结果的公平”。“卫生领域中的公平，是体现于卫生服务产品在任一地区、任一人群中分配的合理化，以及人们在享受基本医疗服务方面的合理化。……卫生领域中的公平，不仅要求机会的公平，而且要求结果的公平，特别是结果的公平。”[①]而无论是机会的公平（人人享有医疗保健）还是结果的公平（社会发展的成果要相应地惠及人民）政府都起着不可替代的角色。政府重要的作用就是解决医疗卫生服务的公平性问题。公平性不太可能靠市场化来解决，市场化只能部分解决医疗卫生资源配置的效率问题。

也就是说，在医疗卫生领域，由于信息不对称、医生诱导需求、垄断等现象的存在，易产生市场失灵情况。这样就不能通过市场本身自发地来调整与解决医疗不公平现象（如过度医疗、大处方等），必须通过行政的手段加以弥补。也可以这样理解，即“公平优先、兼顾效率”原则的实现往往不能通过市场本身自发地来解决，而

① 孙慕义.后现代卫生经济伦理学[M].北京：人民出版社，1999：214.

是需要各级政府、卫生行政部门及相关部门共同努力推动才能实现。

通过以上境遇论之爱的权衡,有一定的理由相信,在当前的境遇下我国医疗卫生体制改革应采取的价值理念或价值导向是确立"公平优先、兼顾效率"的原则。这是根据当下我国医疗卫生事业特殊境遇所作出的价值选择,或者说是一种道德选择。境遇论把以下两条作为在复杂的情况下的规则:"①根据具体的、个体化的特色,在可供选择的行为路线之间做出道德选择;②选择可产生较大善的行为路线。"[①]由于"公平优先、兼顾效率"是在当前的具体境遇下通过"爱的计算"可产生较大善的行为路线,这便是一种道德选择;而且,贯彻"公平优先、兼顾效率"的"医改"价值选择从根本上说是为了更好地满足人民群众对健康的需求,因为人的生命权和健康权是基本人权和宪法权利,是诸权利中最重要的权利,生命权和健康权的获得往往是不容重复的,只有首先注重公平,才能更好地得以实现。

要使"公平优先、兼顾效率"的原则得以实现就必须通过政府和卫生行政部门的推动,合理选择医疗卫生服务的重点和方向:必须大力强化农村和城市社区医疗卫生工作,避免医疗卫生资源过分向城市及发达地区集中,以确保医疗卫生服务的可及性;大力扶持公共卫生及初级医疗卫生服务体系的发展,确保公众能够得到优质和普遍的基本医疗服务;真正打破城乡、所有制等界限,建立一个覆盖全民的、一体化的医疗卫生体制等。

通过"公平优先、兼顾效率"这一医改价值方向的确立,以及上述相应的改革措施的推进与进一步细化实施,医患关系还会紧张、不协调、矛盾甚至对立吗?杀医、闹医事件还会时常发生吗?

---

① 弗莱彻.境遇伦理学[M].程立显,译.北京:中国社会科学出版社,1989:126.

生生之义

——易传天义论生命道德形而上学

范志均

东南大学人文学院

摘　要　《周易》中蕴含一种以生命为原则的道德形而上学。不同于柏拉图主义以自然存在论为基础的元善论道德形而上学，易传道德形而上学乃是一种以生命生成论为前提的天义论或道义论道德形而上学。易传道德哲学则为一切合乎道德的生命辩护，所有合乎天地乾坤之大道大德的生命、生成都是正义的。天地之道义在创生万物，使万有得以生，并正其性命，使其得其分，适其宜；柔顺厚载、顺承万物，各贞万物使其是其所是，终成其所是。

关键词　生生；生生之道德；生生之义

《周易》本是一部卜筮之书，先人为了预测吉凶祸福而设卦观象，立爻明变，极数以知来。汉易即寻此路数，极尽其象数之义。但是东晋王弼用道家玄理注释《周易》，其“言不尽意”“得意忘象”之理义彻底否定了象数论，开出了对《周易》的义理之阐释。宋明儒家否定了王弼对《周易》的道家注解，把它归为儒家经典，借此阐发理学之义理。近现代以来，顾颉刚、李镜池等诸多学者再次撤掉了《周易》之理义，将它当做一部卜筮之作，而现代新儒家熊十力、方东美、唐君毅和牟宗三等也重新将它视为儒家经典，力辟其本体论维度，方东美甚至直接道出生命原理是其核心原理，极尽其生命形而上学之理义。牟宗三以儒学为体，援引康德，视宋明新儒学为康德道德形而上学之证成和完成，并携此洞识审观《周易》，视道德形而上学为其基本义理。对我们来说，《周易》中蕴含一种以生命、生生为原则的道德形而上学是毋庸置疑的，但是对于这种道德形而上学我们却不能从现代道德形而上学，即康德道德哲学的视角加以解释，这样做有以现代来理解古代之嫌。我们应当坚定地回到古代语境中，回到文本中，以古代理解古代，以其自身认识自身，并参照古希腊自然形而上学，特别是柏拉图主义道德形而上学来深思易传道德形而上学。如此一来，我们将会看到，不同于柏拉图主义以自然存在论为基础的元善论道德形而上学，易传道德形而上学乃是一种以生命生成论为前提的天义论或道义论道德形而上学。

一、本元生生论

古希腊哲人用本源生成论与本体存在论来解释自然，以及宇宙万物的存在、发生和变化。但是古希腊哲人的思维是理性的、分析的，他们对自然的沉思起于生成论，因为这是可直观的，整体加以把握的，然后跃进至存在论，凭着理性思维的刚性，硬是把生成和存在分离开来，分作两截：生成的不存在，存在的不生成；是者是其所是，不是其所不是。然而他们的理性思维也是综合的，在分开生成与存在之后，他们最终也上进到把生成和存在统一起来，提出了生成存在论，即生成的存在构成论：存在元素的构成与分解生成万物。因此古希腊哲人的思想是生动的，竞争性的，发展的，他们似乎在完成一次思想的接力竞赛，直至胜利地站在穷尽一切可能的思想终点和巅峰。

返回来，再看古典儒家似乎只走了三两步就达到了终点，思想虽然经过充分酝酿却未得到足够反复开展，但也迅即成熟了。《易传》即代表了古典儒家全部的自然之思，然而在它之前和之后，我们没有看到有何种思想先行为之做准备，有何种思想越过它开出新天地。它仿佛突然之间就出现和呈现在我们眼前，然而我们也发现它不是有缺失的而是非常完备的，开端即达于峰巅。所以如果参照古希腊哲人的自然之思，我们会发现易传的宇宙考察并没有生成与存在的分离与综合，它们本来就是一体的，生成的就是存在的，存在的也是生成中的，没有不生成的存在，也没有不存在的生成，一切都在生生变易之中，但一切生生变易的东西都是存在的。因此易传的自然形而上学既不是生成论，也不是存在论、构成论，而既是生成论、存在论，也是构成论，乃是一种存在生成论、生成存在论、本元构成论、生生论。在古希腊哲学中被分开的东西，即生成、存在和构成，在易传哲学中都是被统合为一体、通和为一的东西。

易传哲学首先是一种生成论。易者，变也，化也，通也，生生也。日往月来，寒来暑往，往来无穷也。“故水火相逮，雷风不相悖，山泽通气，然后能变化，既成万物也。”(《说卦传》第六)总而言之，“《易》之为书也不可远，为道也屡迁。变动不居，周流六虚，上下无常，刚柔相易，不可为典要，唯变所适。”(《系辞传下》第八)这种唯变的宇宙论大概只有古希腊的赫拉克利特万物流变的自然论可与之媲美。然而易传不唯讲宇宙万物之生成，就此而言它与古希腊早期自然哲学无异，更是讲万有之生化，化育，本质上它乃是一种生机论，生命化成、生成论。简言之，生生论：“天地絪缊，万物化醇。男女构精，万物化生。”(《系辞传下》第五)就此而言，它与古希腊哲人之生成论区别开来，虽然后者也是一种物活论，如赫拉克利特就把火视为永恒的活火，但物活论根本上不同于阴阳和合而化生万物的生命论、生生论。

易传生成论还是一种本元生生论。“有天地，然后万物生焉。”(《序卦传》)万物不是其来有自，而是从出于天地、乾坤二元。“大哉乾元，万物资始，乃统天。”万物有始，始于乾元之创造，而乾元以其大而能创始万物：“夫乾，其静也专，其动也直，是以大生焉。”（《系辞传上》第六）万物有生，生于地元、坤元：“至哉坤元，万物资生，乃顺承天。”天元、乾元是始生、创生，而地元、坤元是顺生、承生、受命，而坤元以其广而能顺生，“夫坤，其静也翕，其动也辟，是以广生焉”。（《系辞传上》第六）广大配地天，天地、乾坤创生、生成男女，男女和合，生育万物。

易传本元生成论也是一种本体生成论、存在生生论。万物皆始生于大生的乾元和广生的坤元，在这里，乾元即天，坤元即地，天乾地坤作为本元即本原、万物本体。万有变动不居，周流六虚，但不是虚影不真、性无体空，而是真实的、实在的、皆有自体的。生生不已的万有乃大用、现象，而天地乾坤乃大体、本体。按照熊十力的说法，体用不二，本体和现象不是分作两截，存在与生成分作两行，相反，它们是一体大用的，存在的是变动的，流变不居的是存在的。生生不已的是存在，本体是生生无穷的。熊十力认为，宇宙乃一实体，万物归于一元、一体，天地乾坤不是元、体，而只是宇宙本元、实体的两种大用、现象；乾是生命、心灵，坤是物质、势能，两用一体，两种现象汇为一元，体和用，本元和现象是同一的，摄体归用，即用见体，不能分体与用之两端来看[①]。显然熊十力否认乾坤是本元，把它们降为现象，使之失去了本体论地位，而他这样做是为了避免所谓二元论的后果。但是他的这种担忧是没有必要的，因为即使存在这样一种天地乾坤二元论也不是不可接受的，这种二元论不同于西方哲学二元论之处即在于，后者是分裂的，对抗性的，而前者是相向的和互补性的，二而为一；并且乾坤二元不能完全从本体论的层面来讲，更应当从构成论的层面来看：乾坤二元不唯存在，而且还是构成万物、生命的基本元素。

易传本元生生论亦是一种生生构成论。《易》言，在天成象，在地成形，或如熊十力言：“万物资取于乾道，以为性命。资取于坤道，以成形骸。”[②]但是这不是说天地、乾坤能够单独生成万有，成其性形，相反，它们必须交济互补、相反相生方成万有，万物无不秉有阴阳，阴阳和合而生气质，无不刚柔相推而成其变化。“乾知大始，坤作成物。”（《系辞传上》第一）朱子注曰：“乾主始物而坤作成之。”[③]熊十力释曰，乾元始生，乾道主动，乾称大生，但乾不能单独生成万有，必与坤合德，主导坤，“万物始生”；坤元顺生，坤道受动，坤称广生，但坤元不独化，“必待乾之力，主动起变，以开导坤。坤乃承乾而化，与乾同功，乃得凝成万物”[④]。换言之，只有乾主导乎坤，才遂成万物，只有乾坤异性才能相反相成，聚合变化才有万有始生的神妙。

---

① 熊十力.乾坤衍[M]//蔡尚思.十家论易.上海：上海人民出版社，2006：293-296.

② 同①307.

③ 朱熹.周易本义[M].廖名春，点校.北京：中华书局，2009：222.

④ 同①330.

牟宗三也道出,乾元乃创生原则,坤元是终成原则①,乾坤并建和合才有万有的有始有终,始生生成完成。

二、生生之道德

古希腊哲学在经过生成论、存在论和构成论三个阶段发展之后,随着关心人事伦理的苏格拉底的出现再次发生转折,一种关心灵魂完善更甚于自然生成存在构成的道德主义原则被苏格拉底发现,并被他扩展到对自然的整体沉思,古希腊哲学进而由自然形而上学转向道德形而上学。古希腊道德形而上学是通过对自然形而上学的否定而诞生的,道德本体论是通过对自然生成论、存在论和构成论的克服而发展的。与经过充分发育和展开的古希腊哲学相比,古典儒家哲学甫一出生基本上就是成熟的,在前者那里得到开展的思想因子都包含在它里面,固然没有生长,却似乎也不需要成长,因为它什么都有,什么都不缺,它既是生成论、存在论,也是构成论,同时它还是道德论或价值论,易传形而上学从根本上说是一种道德或价值形而上学。如方东美即言,易传不仅形成一个以生命为中心的本体论系统,更形成一个以价值为中心的本体论系统,"则《周易》从宇宙论、本体论、价值论的形成,成了一套价值中心的哲学"②。而易传道德或价值形而上学不是通过否定生成论、存在论而形成的,恰是把它们包容、同一于自身而产生的。对它来说,不唯生成、生生是道德的,只有道德的方生生不息,而且存在、存存也是道德的,也只有道德的才存在;没有不合道德的生生,也不存在不道德的存存。古典儒家也没有经过从自然存在到道德存在的思想转折,它本身即起于对人事伦理的道德省思,发于求诸己的为仁由己,尽心尽性止于至善的道德实践,进而顺理成章地直接过渡到为仁以知天、尽心尽性以知天的道德本体沉思,从而形成了易传论天地道德的形而上学。

天地乾坤二元乃万物生成存在的构成本原,万物由乾元而被创始,由不存在到存在,从无到有,经坤元而生成,成其所是,是其所是,通过乾坤二元而万有生生不息,"成性存存"。然而这还仅是从存在生成论来看天地乾坤,以此我们知道了天地乾坤乃万物生生不息的本元本体,但是由此我们却还不知道天地乾坤何以是万有生成的"所以然"和根据。牟宗三直接把乾坤二元的创始原则和终成原则作为万有生生不止的最后根据和所以然,并以之为道德形而上学的两大原则,显然把问题简单化了,只看到了乾坤二元作为万物生成的本体论基础,却遗漏了至关重要的一点,即其道德根据。也就是说,万物生成不仅由本体而生成,而且还因道德而生成,万物何以生成不唯因其本体,更因其道德:万物皆道德化地生成,皆生生有道、有

---

① 牟宗三.周易哲学演讲录[M].上海:华东师范大学出版社,2004:12-14.

② 方东美.原始儒家道家哲学[M].北京:中华书局,2012:146.

德；天之乾元创始、始生万物有道有德，地之坤元生成、终成万物亦有道有德；天有天道、天德以创生万有，地有地道、地德以成万有之所是，合且分有天地之道—德，万有生生不竭。易传天地之道不是老子之道，后者兼具本原与法则两义，而前者只有法则、律法一义，本原被归于天地之乾坤二元。作为法、纯粹形式，道也不同于柏拉图主义的理型或理念，因为它不与万有生成分离，是超越的但也是内在的，乃生生之道。作为法、律，道也不同于宋明理学讲的理，后者是静止的，而道不全是静的，也是动的，道在一静一动之间。

天之乾元是创始、创生之本原，因此首要的天道即是大始，“乾知大始”，即最大化、最高可能的创造、造化；天道亦是大生，即最大化的创生、生育万物，“夫乾，其静也专，其动也直，是以大生焉”。（《系辞传上》第六）

天道的第二个原则是刚健中正。“天行健”，天道以刚健运行，万物无不秉此刚健而生生，生生万有无不阳健有力，生机勃勃。老子说，弱者道之用，而易传却说，健者，强者道之用，乾道成男也；道非以柔顺而是以强健创生万有也。“大哉乾乎！刚健中正，纯粹精也。”（《文言传·乾文言》）朱子注曰：“刚以体言，健兼用言；中者，其行无过不及；正者，其立不偏，四者乾之德也。”[①]朱子对刚健中正的解释是合其义的，其唯一的不足是把作为天道原则的刚健中正归为天之四德。

天道的第三个原则是以易知。“夫《乾》，确然示人易矣。”“乾以易知”“易则易知”，天道并不复杂而是极简易，乾道运行变化也以简易为原则，所谓“乾健而动，即其所知，便能始物而无所难，故为以易而知大始”[②]。这也就是说，乾道强健、至健，故它一定“恒易”，所谓“夫乾，天下之至健也，德行恒易以知险”。（《系辞传下》第十二）乾主大始，天道是最大化的创生万有，而它是以最易行的原则，“以‘易’的方式、样式、道路、路数”创始万物[③]。

天道的总原则是阴阳相反相成、互补互济、保合太和。“是以立天之道曰阴与阳”，但是天道并非阴与阳，而是“一阴一阳”，即是使阴阳和合为一。阴阳为气，阴阳保合则气化、大化流行万象更新，然而万象之生化、流行却由非气凝聚与消散，而是由阴阳两种相反性质的气互补相生，天道即阴阳二气互补相生之法，即相反相成的阴阳两气的同一性原则。老子说，“反者道之动”，而易传讲，一阴一阳，阴阳交合相反相成即是道之动。在老子那里，柔弱胜刚强，阴胜于阳，而易传所讲的阴阳互动却是阳主导下的阴阳弥合，万象无不分有阳刚之气，万生无不强健有力。古希腊的赫拉克利特讲万物生成流变遵循逻各斯，即道，并且说对立双方的矛盾、冲突和

① 朱熹.周易本义[M].廖名春，点校.北京：中华书局，2009：40.

② 同①223.

③ 牟宗三.周易哲学演讲录[M].上海：华东师范大学出版社，2004：45.

斗争是推动事物生成流变的根本原因。但是易传却在阴阳和合而生的万象中,只看到了它们的互补而非对立,太和而非冲突,和谐而非斗争。万物到底是因为对立和斗争还是因为互补和太和而生生不息?古希腊哲学和易传哲学给出了相反的答案,也许双方都应该向对方汲取一点东西以弥补自身。

易传还讲,"形而上者谓之道,形而下者谓之器",道和器,道与象分属于两界,道是超越的,器与象是内在的,道为体,象为用。"在天为象",即阴阳保合万象纷呈,但是"一阴一阳之谓道",天象之上有天道,道为万象生成之则。不过道虽然为形而上者,却并未与形而下者分离、分作两截,如柏拉图主义之理念论那般,而是一体的,超越的道也是内在的,道并不离象,而是即象使其符合自身,不背离自身,如赫拉克利特的逻各斯那般。

天以道生万物,使万物有则,也以德生万有,使万有成其性。天指体言,也以象也,所谓"在天成象"是也。乾指德言,所指为天德。天之乾德有四,即元亨利贞。"元者,善之长也;亨者,嘉之会也;利者,义之和也;贞者,事之干也。"(《文言传·乾文言》)朱子注曰,元者,生物之始,莫先于此,于时为春,于人为仁,而众善之长也。亨者,生物之通,物至于此,莫不嘉美,于时为夏,与人为礼,而众美之会也。利者,生物之遂,物各得宜,不相妨害,于时为秋,于人为义,而得其分之和。贞者,生物之成,实理具备,随在各足,于时为冬,于人为智,而为众事之干。① 朱子拿四乾德来比附四季固然牵强,但它们与人之四德性却也相合。

天有天道天德,地也有地道地德。天道一阴一阳,地道则一刚一柔,所谓"立地之道为刚与柔",一刚一柔之谓地道。地道为坤道,然坤道成女,故坤道之一刚一柔乃柔主刚,柔中有刚,刚柔相推而生变化,正如相反,乾道之一阴一阳乃阳主阴,阳中有阴,阴阳和合而生万象。因此乾道主动,主动中有被动,而坤道被动,被动中也有主动。反者道之动,然乾道之反动是阴反阳,坤道之反动是刚反柔。因此坤道有类于老子之道,其道柔胜于刚也,但也不完全似老子之道,其柔中显刚也。乾道大始,而坤道成物,万物资以生成,乾道成其始,而坤道达其终,乾道成之性,而坤道继其性,乾道创始,则坤道继承,乾道主使,坤道辅助,乾道先于坤道。乾道大生万物,即最大地生育万物,坤道则广生万有,即最多地生成、承接、顺成万有,乾道动直静圆,动以制静,故大生,而坤道静翕动辟,静以主动,故广生。(《系辞传上》第六)乾道以易知,而坤道以简能。"夫坤,隤然示人简矣。"(《系辞传下》第一)朱子曰:"坤顺耳静,凡其所能,皆从乎阳而不自作,故为以简而能成物。"②或者说,坤道至顺故能恒简而成物,"夫坤,天下之至顺也,德行恒简以知阻"。所谓"夫乾,天下之至健

① 朱熹.周易本义[M].廖名春,点校.北京:中华书局,2009:35.

② 同①223.

也，德行恒易以知险”。(《系辞传下》第十二)乾道刚健中正，坤道则至顺承天。“坤道其顺乎！承天而时行。”(《文言传·坤文言》)乾道以其至健而大生万有，坤道以其至顺而广生万物，成全万物，使其是其所是。然而正如乾道至阳也至阴，坤道也非纯粹至顺，其至柔也至刚也。“坤至柔而动也刚，至静而德方。”(《文言传·坤文言》)坤道承顺，坤德则厚载。“坤厚载物，德合无疆；含弘光大，品物咸亨。”(《彖传上·坤》)坤道柔顺中正，而其德则柔顺利贞，“直方大，不习无不利”。(《文言传·坤文言》)以朱子之注：“柔顺正固，坤之直也。赋形有定，坤之方也。德合无疆，坤之大也。……故其德内直外方而又盛大，不待学习而无不利。”①

分而言之，有天道天德，有地道地德，合而言之，天地有大道，有大德。天地之大道曰易：天地设位，即天尊地卑，天高地下，天贵地贱，乾坤成列，乾，健也、始也、成之者性也，坤，顺也、成也、继之者善也，“而易立乎其中矣；乾坤毁，则无以见易；易不可见，则乾坤或几乎息矣”。(《系辞传上》第十二)“子曰：‘乾坤其易之门邪？乾，阳物也；坤，阴物也。阴阳合德而刚柔有体，以体天地之撰，以通神明之德。”(《系辞传下》第六)易即天地乾坤变化之道，一天一地，一乾一坤之谓易也；合户谓之坤，辟户谓之乾，一合一辟谓之变，乾往坤来不穷谓之通(《系辞传上》第十一)。易者，动也，动之微而有几也；易者，变也，变之奇而有神也；易者，化也，化无穷而有妙也。天地大道之易本身“无思也，无为也，寂然不动，感而遂通天下之故”。只有至精者、至变者、至神者方才能知易之几、神、妙也。(《系辞传上》第十)

“天地之大德曰生。”(《系辞传下》第一)天乾以其刚健而创生、大生，地坤以其柔顺而接生、受命。王夫之注曰，天地之生德，统阴阳柔刚而言之也：“万物之生，天之阴阳具嘘吸以通，地之柔刚具而融结以成；阴以敛之而使固，阳以发之而使灵，刚以干之而使立，柔以濡之而使动。”②天地位，乾坤列，易在其中，而“生生为易”，万物生生不息于天地之间，“天地感而万物化生”(《彖传上·咸》)；万有生生不止于乾坤之开合、翕辟之中，“天地之间，流行不息，皆其生焉者也”，“惟夫和以均之，主以持之，一阴一阳之道善其生而成其性，而生乃伸。则其于生也，亦不数数矣”③。

三、生生之义

苏格拉底实现了古希腊哲学的道德哲学转向，提出了元善论以对世界和人进行一种目的论的解释。对于苏格拉底和柏拉图来说，不是存在高于善，因此应当对善做一种存在论的理解，把善看作一种价值存在，而是善高于存在，善是存在者存

① 朱熹.周易本义[M].廖名春，点校.北京：中华书局，2009：45.

② 王夫之.船山遗书：第一卷[M].傅云龙，吴可，主编.北京：北京出版社，1999：184.

③ 同②365.

在的终究原因,善使存在者存在,使存在者的存在是好的,非存在使存在者存在,存在使存在者是好的。世界和人都是好的,它们因为善而获得存在。对于世界,我们要去发现它的善,对于人,我们应当关心灵魂的完善,过上好的生活。因此,苏格拉底创立的道德哲学不是存在论意义上的道德形而上学,而是目的论意义上的元善论道德形而上学,元善是其最高原则,目的论是其基本逻辑。

易传哲学是包容性的、完备的哲学,它既是一种生成论、存在论、构成论,也是一种道德论,一种以生生为道德的哲学,牟宗三把它称之为道德的形而上学,方东美称之为生命价值形而上学,而这种价值形而上学就其实质即是道德形而上学,因为他明言,易传呈现的宇宙乃是一道德的宇宙,虽然他也说其是一美的宇宙①。这样一来,牟、方二人便在对易传道德或价值形而上学内在逻辑或理据问题上发生了分歧。牟宗三是参照康德道德形而上学模型来理解易传的,而他认为,易传哲学不仅是一种道德形而上学,而且依据易传乾坤易简原理推出,易传道德形而上学如康德道德哲学一样是自律的道德形而上学②。如果他的结论成立的话,那么这就意味着易传道德形而上学的基本逻辑不是目的论或价值论,而是道义论或天义论,因为目的论或价值论道德哲学一定是他律道德哲学。因此,牟宗三实际上就把易传道德形而上学看作一种道义论或天义论的道德形而上学,而方东美却从价值论,从善和美的视角把易传道德哲学理解为一种目的论或价值论的道德哲学,依据康德或牟宗三,则这种道德哲学肯定不是自律的道德哲学。如果存在一种儒家易传道德形而上学,那么它到底是一种道义论或天义论的还是一种目的论或价值论的道德形而上学呢?在我们看来,它应是一种天义论或道义论的道德形而上学,"成性存存,道义之门"当是这种易传道德形而上学的基本逻辑。

其实早在苏格拉底道德哲学转向之前,自然哲学家阿拉克西曼德与赫拉克利特已然以一种道德的伦理的眼光思考了自然生成的正义问题,即自然正义或天义论问题而不是善的问题,即自然善或目的论问题。前苏格拉底自然哲人都以一种本源生成论解释自然,而这种生成论解释是机械论或生机论意义上的,不是目的论意义上的,目的论根本就没有进入他们的视野中,而且生成论与目的论似乎也是不相容的,但它与正义论是相容的。自然是生成、流变的,然而自然无穷的生成是正义的吗?这是阿拉克西曼德最早在沉思自然本源的过程中深刻地提出来的问题,他没有提出后来苏格拉底式的问题,即自然的生成或存在是好的吗?

阿拉克西曼德把本原称为无限者、不确定者,从中产生无限多的有限的事物、具有确定性质的事物。自然万物总是从无限者中无穷尽地产生,然后因为自身的

---

① 方东美.原始儒家道家哲学[M].北京:中华书局,2012:121.

② 牟宗三.周易哲学演讲录[M].上海:华东师范大学出版社,2004:44-46.

有限性质而毁灭返回无限者。自然就这样不断地生成，复又不断地消亡；无限者是不灭的，而万有却是有死的。如果我们只注意自然无尽的生成，那么我们会赞美自然的无穷生机，然而也会视这种无尽生成是自然的，必然的，就是如此的，自然正义的问题就不会产生。但是阿拉克西曼德却没有完全被自然生成所吸引，他反而在自然无尽的生成中总是看到死亡、毁灭。而他恰在对自然事物、生命的死亡中敏锐而勇敢地提出了这样的问题：自然中为什么有死亡，生成的为什么会毁灭，“有权存在的东西怎么会消逝呢！永不疲倦、永无休止的生成和诞生来自何方，大自然脸上的那痛苦扭曲的表情来自何方，一切生存领域中的永无终结的死亡之哀歌来自何方”？① 最后，他把自然的生成和死亡问题归结这样一个问题：自然万有既生成又死亡是正义的还是非义的？他给出的回答是，自然万有的生成是非义的：

各种存在物由它产生，毁灭后又复归于它，都是按照必然性而产生的，它们按照时间的程序，为其不正义受到惩罚，并且相互补偿。②

自然生成不是正义的而是不义的，它们本不应该产生、生成，生成是一种罪过，因此任何事物都要为其生成而接受惩罚，即死亡、毁灭。或者说不生也不灭的无限者是正义的，一切背离它而生成的有限者都是非义的，死即是对它们的惩罚。由此阿拉克西曼德首次对自然进行了一种正义论的沉思，在事物的死亡中看到了其生成是否正义的问题，而非是否善的问题。

对于自然生存是否正义的问题，阿拉克西曼德给出了消极的和略带悲观的回答，但是随后的赫拉克利特却对同样的问题做出了积极的和乐观的回答。在阿拉克西曼德看到自然生成非义的地方，他却看到了自然生成流变的正当性、正义性：万有虽然永恒地生成和毁灭，但是生成不是罪，万有之毁灭也不是对其生成的惩罚，相反，逻各斯、道规定了生成，使其是合乎法则的，因此是正义的。

我看到了什么？合规律性，永不失堕的准确性，始终如一的法则常规，审判着一切违背法则的行为的复仇女神，支配着整个世界的公义以及服务于它的有如魔法一般的常存自然力量。我看到的不是对被生成之物的惩罚，而是对生成的辩护。什么时候罪孽和堕落会发生在坚定的形式中，发生在神圣可敬的法则中呢？③

自然一切的生成流变都是由对立面的矛盾、冲突和斗争引起的，“战争是万物之父，也是万物之王”，战争、斗争使一些事物生成，使一些事物毁灭，正如它使一些人成为神，使一些人成为人。但是由斗争引起的万有的生成和毁灭却不是非义的，

① 尼采.希腊悲剧时代的哲学[M].周国平，译.北京：商务印书馆，1994：43.

② 阿拉克西曼德残篇[M]//汪子嵩，等.希腊哲学史：第一卷.北京：人民出版社，1988：204.

③ 同①50.

而是“应当知道,战争是普遍的,正义就是斗争,一切都是通过斗争和必然性而产生的”①。

阿拉克西曼德因为看到了自然中普遍存在的死亡而提出了自然生成是不是正义的问题,而他本人给出了否定的答案,赫拉克利特随之反驳了他,为一切自然的生成辩护,称无处不在的冲突、战争导致的自然生成是正义的,死亡或毁灭并不是对事物生成的惩罚,逻各斯、道规定了万物的流变都是合宜的、合乎秩序的、正确的,即正义的。赫拉克利特的斗争的自然正义论是典型希腊人的自然观,真正体现了希腊世界无处不在的竞赛精神。但是这种自然正义论即天义论却因苏格拉底发明了道德目的论而被取代和被淹没了,自然生成或存在是否善而非是否正义的问题成为道德形而上学关心的基本问题。

对于古典道家而言,成问题的不是自然生成、生命的善恶问题,而是义与非义的问题。在老子那里,道既是本原,所谓“道生一,一生二,二生三,三生万物”,也是道路、法则、律令,万物生成、生命只有合乎道,得乎德,即自然无为自化、柔弱、不争才是正确的、正当的、正义的,而一旦违背道法自然而生,即有为、刚强、争则是不当的、不合宜、不合适的,即非义的。老子的道如赫拉克利特的逻各斯、基督教的上帝的话,道(word)一样不具有目的的意义,不像苏格拉底和柏拉图的善理念那样内在地推动和引导生命向善、为善,而是具有法、律则的意义,作为规则规范和命令生命合乎律则,不可违背法则。就生命、万物与道、律则的关系而言,只存在合不合乎律法的问题,而这样的问题即是是否合义的问题,而不是是否为善的问题。

依据道家,一切柔弱的生成、生命是合乎道德的,因此是正义的,而所有刚强的生成、生命是非道德的,则是非义的。而易传道德哲学则为一切合乎道德的生生、生命辩护,所有合乎天地乾坤之大道大德的生命、生成都是正义的。“参天两地而倚数,观变于阴阳而立卦,发挥于刚柔而生爻,和顺于道德而理于义,穷理尽性以至于命。”(《说卦传》第一)一阴一阳乃天之道,一刚一柔乃地之道,和顺于天地之道及其德即是“理于义”,就是正义的,反之,背离于天地乾坤之道德的生生就是非义的。穷天下之理道,尽人物之德性,合乎天道,成其天命则是称其义,取其义。

“天地设位,而易行乎其中矣。成性存存,道义之门。”(《系辞传上》第七)这是总论天地之道义,犹如朱子曰,“‘天地设位’而变化行,犹知礼存性而道义出也。”②天地出,则原初位置即确立,原始的秩序即建立:天尊地卑,天贵地贱,天高地低,天上地下,尊卑、贵贱、高低、上下即原初秩序,合乎这个基本秩序是自然的、

① 赫拉克利特残篇[M]//北京大学哲学系外国哲学史教研室.西方哲学原著选读:上卷.北京:商务印书馆,1981:27.

② 朱熹.周易本义[M].廖名春,点校.北京:中华书局,2009:231.

正义的，而背离或颠倒这个秩序则是不自然的、非义的。所以“天地设位”就是天地最早确立了根本的正义秩序，万有必然也能够在这个秩序中找到适合自己的位置，在属于自己位置的万物即是正义的，或者说在天地之间的万有就是合宜、恰当的。天地位，乾坤同时陈列，阴阳和合、刚柔相推而变化生，天道一阴一阳，坤道一刚一柔，“易行乎其中矣”；乾道大始、大生，坤道终成、广生、成物，乾道成性，天命之谓性也，坤道存存，地顺受以承天命、使性存也。由乾及坤，一乾一坤之道乃“成性存存”、万物生存、生成不止，入于“道义之门”：万有之成性存存、生生不息合乎天地乾坤之道德，因而是合宜的、正当的。天地之大道大德曰易曰生，而易之谓生生，故生是道德的，生成、生命本身是正义的。万物因天地之道德而被创生化育，也因之而是合义的，但一旦背离天地之道德则是非义的。

分而言之，天之义或乾之道义在创生万物，使万有得以生，并正其性命，使其得其分，适其宜。“乾道变化，各正性命，保合太和，乃利贞。”（《彖传上・乾》）“乾道变化”即一阴一阳创生万物，“各正性命”即给予创生万物自身性命，使其成其所是，成其自身。朱子说，“物所受为性，天所赋为命”，这固然不错，但是他没有道明天何所命，物受何性。而从乾道正性命可知，天道即则，赋予物为命，乾道即创生之物必然服从之命令，“天生蒸民，有物有则”。乾道内化于物即为物所受之德性，万物从道得道为性。“正”意味着天道所命，万有所得是恰当的，其性命是适合于它的，万物各成其所是，得其所如是。换言之，万有各自得到了适宜它的性命，它的性命恰是如它应当适当得到的，因此天道正万物，万有成其义。“保合”，程颐注为“常存常和”，朱子注为“全于已生之后”，合两家言之，得其性命的已生、既有万物相互之间“保有和平”，永不冲突，达于“太和”，即绝对和谐、一体，没有矛盾和斗争。赫拉克利特说，斗争生成万物，而斗争是正义的，完全和合是不义的。但在古典儒家这里，“保合太和，乃利贞”，不和、冲突则是不义的，无以保证万物得其性命之正，和谐互补才是天下大义，才能使万物各得其性命，各从其类，各物其物，生其生，各在其位，不失其序，虽百虑而一致，“殊途而同归”“并行而不悖”。

乾有四德，即元亨利贞，而“利者义之和也”，即“言天能利益庶物，使物各得其宜而和同也”[①]。“乾始能以美利利天下，不言所利，大矣哉！”（《文言传・乾文言》）天德之正义即在于“美利天下万物”，使其各得其正，“各不相害”：“乾之始万物者，各以其应得之正，动静生杀，咸恻隐初兴，达情通志之一几所函之条理，随物而益之，使物各安其本然之性情以自利，非待既始之余，求通求利，而惟恐不正，以有所择而后利，此其所以为大也。”[②]王夫之的这段话可谓淋漓尽致、具体精微地发挥了

① 王弼，注，孔颖达，疏.周易正义[M].卢光明，李申，整理.北京：北京大学出版社，1999：13.

② 王夫之.船山遗书：第一卷[M].傅云龙，吴可，主编.北京：北京出版社，1999：13.

易传之天义即在利物的义理。

乾道大始,刚健中正创生万物,各正其性命即是天义。坤道终成,柔顺厚载广生、顺承万物,各贞万物使其是其所是,终成其所是即为坤义。乾德利贞,天义即在利万物。坤德利永贞,义在贞固万物,厚载万有使其顺成、存存。坤道至柔也至刚,“直方大”;“‘直’其正也,‘方’其义也”。(《文言传·坤文言》)故坤以其直正万物,以其方正使万物各得其所是,称其义也。

阿拉克西曼德悲叹一切生成都是非义的,赫拉克利特惊叹一切生成流变都是正义的,易传天义论道德哲学则赞叹天地之间万物的生生不息都是道德的,也是合乎道义的:天地因其道德的创造和承载而是正义的,万有因其合乎道德而是称义的。

儒家的生命伦理关怀与生态人格构建

张　震

华东师范大学体育与健康学院

摘　要　儒家本有的生命伦理关怀经过各个时代儒者的形上化构建，逐渐形成生命伦理与崇高人格相同一的"生态人格论"，进而其作为修道之教的正心、诚意都是儒家构建其生态人格的重要环节。这一生态人格的构建是非对象化的人格塑造，是对生命自我觉解的人格培养，是让人获得切身生命体悟的人格完型，可以为我们当代的人格培养和生命教育提供重要的启示。

关键词　儒家；生命伦理；生态人格；构建

儒家的生命伦理关怀并非仅限于作为集体存在的人，而且更加关注作为个体的生命的健康发展和生活幸福，是充满人本主义理念的伦理观念，更重要的是，儒家看似人类中心主义立场的生命伦理，本质上却是"生态主义的"，是"仁民爱物"的思想和其崇高人格的追求在道德形上学维度的同一。在儒家看来，个体的生命、社会人的生命和自然的生命是"感而遂通"的，是非孤立存在的，人的人格完整、道德完善、生活幸福都是对一切生命德性的彰显，充分实现自我、获得家庭幸福、做优秀的社会成员和成为有道德心的君子是不够的，如果不能通达天道，让"天理之性与气质之性"相贯通，就不能达到其最高理想——"道"。这种形而上的境界追求，彰显了其实现生命的终极价值、终极智慧和最高本质的理想，是生命意义、生命精神与生命境界的和合。儒家"仁者与天地万物一体"的生态人格论将人类的感性存在、社会存在、政治存在、历史的存在和形而上的存在相贯通，其成己与成物的修身过程是具有深刻伦理关怀的"生命超越"历程。因而，儒家的生命思想和生态关怀超越了一般的世俗人文主义教育观，能够为我们当今的生态人格建设提供重要启示。

一、泛爱生物的生态观——儒家生态伦理的生命关怀

德国哲学家费希特认为，中华民族是最具原初性的民族，因而，她能够根源性地运用其心灵，这是该民族"特有的文化生命"。费希特所指的最原初的心灵就是"天人合一"的生命情感。儒家认为，人居宇宙之中，是秉持天地之造化而生，存在

于整个宇宙创进不息、生生不已的持续发展历程中,厥尽“参赞化育”之天职。天道有“大生之德”,地道有“广生之德”,人的最高存在价值与宇宙生命的存在价值是一体的,人道即是天道和地道的具体体现,人凭借昊天之创造力、大地之孕育力得以生存繁衍,在追求自身价值的同时,实现“天地之大德”——生的永恒意义。人禀受“生生之德”,作为万物意义的实践主体,而不是万物的中心去实现天命之性,其本质上就是一种“生态主义”的伦理学。

在儒家天人一体、万物一体性的宇宙观和自然观之下,人必须效法天地之大德,因而对其他自然生物的关怀就成了顺从天人之道的一种具体实践方式。《史记·孔子世家》中载有孔子提出“刳胎焚夭则麒麟不至郊,竭泽涸渔则蛟龙不合阴阳,覆巢毁卵则凤皇不翔”[1],因而要“讳伤其类”的观念(《大戴礼记》中也有类似的记载)。孔子认为破坏巢破卵、竭泽而渔、刳胎杀生、填溪塞谷,都是违背天命的,其中麒麟、蛟龙、凤凰和鬼神都是天命之道的象征,即是说,如果人类破坏自然原有的和谐秩序,就不能承天顺命,不能达到近乎大道的君子境界。同时他还主张要合理、顺时地利用自然为人服务,提出“钓而不纲”“弋不射宿”“树木以时伐”“禽兽以时杀”的原则。孟子继孔子之后也提出了“仁民爱物”的思想,将仁心扩展到万物之中。此外,荀子认为礼仪制度与生也有必然联系,提出“天地君亲师”的理论,认为上事于天,下事于地,是遵循自然之道、尊重万物生灵的表现。所以圣王之治下“草木荣华滋硕时,则斧斤不入山林;鼋、鼍、鱼、鳖、鳅、鳝孕别时,罔毒药不入泽”(《荀子·王制》),对待生命应当“不夭其生,不绝其长”,要合理利用自然资源。事实上,从上古三代开始就已经有了负责管理生态资源的官员,如《周礼》中记载有“大宰”之职,其“以九职任万民:一曰三农,生九谷;二曰园圃,毓草木;三曰虞衡,作山泽之材;四曰薮牧,养蕃鸟兽”[2]。三农、园圃、虞衡、薮牧都是相关官职名称(如虞衡主要负责管理和保护山泽资源),大宰会任使他们根据节气、时令、水土等实际情况发展农业生产,保护生态的可持续发展,其正是儒家生态伦理关怀的重要思想渊源。

汉儒董仲舒从他的“天人感应”理论出发,提出了更具生态关怀的“大同社会”观,认为人的道德修为高尚就能够让“毒虫不螫、猛兽不搏、抵虫不触”,一幅和谐的世界图景应当是“天为之下甘露,朱草生,醴泉出,风雨时,嘉禾兴,凤凰、鹿麟游于郊”[3]的万物祥和、生生不息的美好状态。这其中也同样提到了凤凰和麒麟这两种象征性的意象符号,以此生物之灵长的信步于郊即代表了一切生命的繁荣。董仲舒还把暴政与对生态环境的破坏直觉式地联系起来,认为桀纣不仅是迫害人民、穷奢极侈,还毁坏生态,以“困野兽之足、竭山泽之利、食类恶之兽……灵虎兕文采之兽”[4]14,他还认为这样的行为会引发自然(天)的惩罚,致使“日为之食,星賈(陨)如雨,雨螽,沙鹿崩,夏大雨水,冬大雨雪,賈石于宋五,六鹢退飞,賈霜不杀草,李梅实,正月不雨,至于秋七月,地震,梁山崩,壅河,三日不流……”[4]15将自然灾害与对人对自然的破坏联系起来，以警示人们保护生态环境。事实上，据史籍《汉书·沟洫志》记载，由于汉代从关陇到中原地区的过度农垦，已经发生了严重的水土流失现象，黄河也正是在此时代成为泥流滚滚的模样，水患也愈加严重，加上汉代发生过多次地震，因而董仲舒对生态破坏的描述是有其现实性背景的。另外，他还发现了干旱少雨与乱砍滥伐的内在关联，提出了“春旱求雨，无伐名木，无斩山林”的具体办法。不仅是董仲舒，汉儒桓宽也提出：“谷物菜果，不时不食，鸟兽鱼鳖，不中杀不食。故徽网不入于泽，杂毛不取。”[5]（《盐铁论·散不足》）可见在那个时代汉儒就已经有了较为深刻的自然伦理关怀和生态保护意识。

更为重要的是，董仲舒将生态关怀与人的本然伦理情感联系在了一起，他明确提出：“质于爱民以下，至于鸟兽昆虫莫不爱”，又说：“泛爱群生，不以喜怒赏罚，所以为仁也”。可以看到在董仲舒的话语中人的本然之爱已经开始与“仁”联系了起来，泛爱万物已经不是一种简单的伦理情感，开始上升到更高的抽象道德层面。在董仲舒看来这种道德与天时、地利和阴阳五行是同构共率的，“天之道，有序而时，有度而节，变而有常”，所以人的喜怒“不可不时”，只有“喜怒以类合”，理才能一而贯通，所以判断义与不义，只需要看是否与时类合即可。进而，人的喜怒是否有节、合时就与万物生灵的繁荣与否也具有天然的联系，所谓“喜怒时而当，则岁美；不时而妄，则岁恶，天地人主一也”（《王道通三第四十四》）[4]52，就是把自然万物与人的主体性视作本质同一的存在。那么即是说，人只有能够爱万物，按照万物和自然的运行规律行事，让喜怒哀乐符合自然和时机，才能真正达成义，成就仁。这一由天人合一的直觉性思维向本体向度的转变为后世儒者在诠释人的生命责任时，提供了思想的资源，尤其是宋儒和明儒承接了这一思维模式，将人对自然的生态伦理关怀上升到形而上的本体论高度上来。

二、生生之德的天命之道——儒家的生命形上学建构

宋儒和明儒的“生生”之思源自其整体论、有机论和动态活力论的形上学思维模式，他们认为生生是一个有机的整体发生域，是“自生”“自尔”的创造性动力过程，是理解万物的根本方式。《周易·序卦》讲：“有天地，然后有万物；有万物，然后有男女；有男女，然后有夫妇；有夫妇，然后有父子……”周敦颐诠释为：“乾道成男，坤道成女。二气交感，化生万物，万物生生而变化无穷焉。”[《濂溪学案（下）》]其都将生生不息之象置于天地万物的生化创造之中，认为人与万物生灵即有着共同的精神本体。蒙培元先生提出“天地之大德曰生”这句话有三层涵义：第一层，就其生命创造的自然生成过程而言，可以谓之“天道”；第二层含义，是就其生命创造的价值和意义而言的，其可以谓之“天德”；第三层，是就其授予人之目的性而言的，其谓之曰“天命”。[6]天道、天命和天德就是万物生生之本体。而反过来看，天地之道，用

一言而蔽之,即“其为物不贰,则其生物不测”,即是说,天这个本体的现实存在是以生为道的。因而,生生之物才是真正的天命之实存。换言之,儒家所建构的本体世界与生命世界是互具的一体两面。朱熹说:“天地不为它事,生万物而已。此即生也。易言之,天地以生物为心。”(《朱子语类》卷五三)

宋儒的生态伦理思想本质上就是将生命上升到形上的高度,打通天、生物和人三种存在。《中庸》将天、地、山、川皆视为万物之丽,朱熹说:“此四条(天地山川)皆以发明由此不贰不息,以致盛大而能生物之意。”(《中庸·章句注》)其中天代表了昭昭无穷之明,是日月星辰所系,生物之所覆;地负载了广厚的山岳和淹博的河海,承载了万物;山的广大养育了草木、禽兽,为宝藏所兴;水之厚积养育了蛟龙、鼋龟、鱼鳖,是财货所殖。儒者感生命之伟大造化,遂而通天地之仁心,程颢的诗《秋日》就有:“万物静观皆自得,四时佳兴与人同。道通天地有形外,思入风云变态中……”之辞句,其源自周茂叔“不除去窗前草,与自家意思一般”(《二程遗书》卷三)的生命体悟。周敦颐提出:天命之性落在生物之中也是一个“仁”,所谓“万物之生意最客观。此‘元者善之长也’,斯所谓仁也。”(《二程遗书》卷十一)[7]张横渠从气本论出发,提出“游气纷扰,合而成质,生人物之万殊;其阴阳两端循环不已者,立天地之大义”(《正蒙·太和》)而此人、物之大义就是仁,所谓“天体物不遗,犹仁体事而无不在也……无一物而非仁也。”(《正蒙·天道》)张载把天地之生、万事万物看作是仁的气聚。王阳明也认为:“大人之能以天地万物为一体也,非意之也,其心之仁本若是。”(《大学问》)因此人见到孺子之入井而必有怵惕恻隐之心、孺子见鸟兽之哀鸣觳觫而必有不忍之心、鸟兽见草木之摧折而必有怜悯之心,正是因为“仁心之为一体”,因为生命之世界都存有一个仁。从先秦儒家开始,到宋明新儒家,其关于生命存在形态的讨论不一而足,但都将“生生”共同置于“仁”这个本体中来,创造了“仁”学的本体思想(陈来先生称之为“仁本体论”或“仁体论”[8]),由此,仁的道德责任形成了儒家在天人关系上的独特见解,杜维明先生认为:“这种道德本性就是实然意义上的‘道德生态学’。”[9]

二程提出,“天所付为命,人所受为性”,天道之命——仁集中体现在人的连续存有形式之上,虽然万物皆有性,但真正能尽致发挥天道之命、天理之性的存在是人,因而所谓命者,“人所禀受”(孔颖达《易疏》)。命在儒家语境中有多重含义,一为生命之命(life),指的就是包括人在内的生灵之生命;二为命运之命(fortune),这个命运不同于命定论的命运(destiny),讲的是契机性的命运,是确定特定事件的因果条件,它既是这个事件的可能性,又是它的限制[10];三为道德理性之命(reason),指的是充塞于天地之间的生生之德性在人身上的具体显现。唐君毅先生认为:“‘命’代表了先秦天和人的相互关系……它(命)既不仅外在地作为天命存在,也不仅内在地存在于人之中,而是存在于天和人的互具关系之中,即在两者相互影响和融摄中，相互的给与取中。”[11]因此，这三个意义上的“命”是可以由仁一以贯之的。那么，儒家意义上的生命思想即是以人为实践体的生态伦理思想，人的存在是作为有道德理性、关怀万物的主体而在世的。“其心之仁本若是”，就是把人的生态伦理关怀看作理所当然的事情。

我们现代语境下的“生命”，在传统儒家语境中由生与命两个部分构成，其中生与性相通，荀子说：“生之所以然者谓之性”，东汉注释家郑玄注的《礼记·乐记》也提出：“性之言生也”，清代徐灏的《说文解字注笺》中也有：“生，古性字，书传往往互用”，可见生、性在“生命”的语境中是相通的。所谓性是“心”之“生”，表示有意志的生命主体，这与儒家天人合一的观念相关，即是说，天的意志是落实到具体的生命中通过性得以实现的，人与物所得之性便是“生之理也”（《孟子集注》卷八），朱熹更是将性在圣人身上的体现视作与本体的理相通、相和，上升到了天理的高度，即是二程所谓“性即理也”的本体论建构。而实现天命的主体则是人，人虽然并非万物的制裁者、主宰者和统御者，但确是万物之性的集中表现者和实践者，可以将生生之天理落实于心中、体现于行中。所以王阳明提出了“心性一体”的学说，通过知行合一的理路，将本体之天命彻底转化为主体之天性，所谓“性是心之体，天是性之源，尽心是尽性”。（《传习录》）

宋明儒家诸士通过对天命之性的不断反思，实质上是建立了一个自然之天、德性之天、自然之命、德性之命、生物之性、道德之性的整体发生体域，虽然不同的解释者所开出的路径不同，但无论是宇宙论意义上的仁，还是本体论意义上的仁，还是主体论意义上的仁，都是一体之仁，通体都充溢着天地间万物的生生之德，是普爱万物、泛爱生物之一理、一气或一心。因而，儒家的伦理是通过具有道德主体性的人（命和性）而实践的生态伦理和自然伦理，这种非人类中心主义的道德形而上学系统，把整个自然界的生命都置于自身的生命关怀当中，让人通过气质之性和天理之性的相贯通而实践天地之大德。

三、正心诚意的修道之教——作为生态人格建构的自身修证

经过汉儒宇宙论和宋儒、明儒本体论建构后的生命伦理思想实质上已经转化为人指向自身的生态人格构建的意象，生命不再是作为人的对象或客体来被关注和关怀的，而是作为人本身的道德良心，一体性地存在于人的本真之善性和觉解当中，以一种“智的直觉”的方式使人与世界万物之生息共融。因而，儒家的生命伦理思想本身就孕育了构建生态人格的种子，这一构建是以“谆谆诲教”的教育实践从历史中出场的，孔子更是被后世称为“大成至圣先师”。从汉语“教育”的原发含义分析，教的古型为“斈”和“䜫”[12]。从字形上看，上半结构为卦爻辞之“爻”，因而其原发性内涵有“交”的意思，且是以言交之于子。《说文解字》解曰：“作教上所施，下

所效也,从支从孝。”[13]64 而“育”的含义为:“养子使作善也”,徐锴注释为:“不顺子也,不顺子亦教之,况顺者乎?”[13]312 那么,教育的本意就是对顺乎人本之善的不断效法和遵从。儒家深谙此道,所以其关于生命的体悟和修证本身就是一种关于“原善”的生命教育,即是说,其修身的活动与生态人格构建的活动在儒家的语境中是同一的。

周敦颐“观天地生物气象”,此“观”并非一般意义上的观看,而是体察、体觉、体悟,是将全部生命投入到生活世界,从某一具体感怀为切入点,感通天地造化的浩然盛大、沛然莫之能御的盎然生机,触类旁通地体认到整个天地宇宙间万物所涵具,通体透悟到天地在造化万物时所涵具并彰显出的一切,所谓“万物并育而不相害,道并行而不相悖,小德川流,大德敦化,此天地之所以为大也”。(《中庸》第三十章)儒家的教育者们充分认识到世间万物之生命的并行不悖,在他们的道德本体建构中人的纯善意识是先验地存在于心性当中的,因此生命之善是川流不息、自然而然发生的,而这种自然之“小德”就源发自天地之大德,其醇厚化育,无穷无尽,是人的道德本体,同样也是“大生”的本体。体察、体觉、体悟之“观”的根本就是“顺”,顺人之本然至善之心,是故“不行而至,不疾而速,不将不迎”。二程子说:“天命也。顺而循之,则道也。循此而修之,各得其分,则教也。”(《二程遗书》卷一)可见二程把顺天循修视作最高的“教育”手段,因而自天命以至于教,则可保证对原善之心无加损之。所以,所谓圣人,就是能够“以其情顺万事而无情”之人,所谓君子,就是行“莫若廓然大公,物来而顺应”之法。即是说,儒家生态伦理之中的生命教育的最高和根本教化方式就是通过顺乎万物生灵之道来实现复归纯然之本善的。

在儒家生态人格构建的实践——教化层面,《中庸》讲喜、怒、哀、乐之发乎中节者为和,而中和之象之为大本、之为达道,二程认为“和也者,言‘感而遂通’者也”(《二程文集》卷九《与吕大临论中书》),因而人若是致中和便可“感而遂通”,使天地位、万物育。从先秦而滥觞的心性修养论,从其肇始就已经将天地万物与人的心性本然地关联起来,认为人的修养只要达到近乎于道的程度,就可以成就万物之生、合万物之道,等于完成了生命本然的伦理关怀,也就是完成了“生命教育”的根本任务。因而,无论是宋儒还是明儒都强调心性的修养,朱熹在讨论胡宏的《知言》时提出了“心主性情”之说,在此之前张横渠同样也提出了类似说法,认为人应当通过心性之修养功夫来接近生命之道,即用直观理智疏导杂多之性情(喜、怒、哀、乐、惊、惧、恐等)。二程在诠释《周易·复传》时指出:“一阳复于下,乃天地生物之心也”,提出了以人心观天心的方法,程伊川说:“心,生道也。有是心,斯具是形以生。恻隐之心,人之生道也。”(《二程遗书》卷二一下)朱熹也提出“天地以此心普及万物……只是一个天地之心尔,今须知得他有心处,又要见得他无心处”(《朱子语类》卷一),正是由于“天人无间断”,因此修持原善之道心本身就是对世间生物的伦理关怀。在朱熹看来,《大学》之修身、齐家、治国、平天下,“基本只是正心、诚意而已”,因而心中存仁,就能同天地生物,生生不穷,儒者以此本心参赞位育,则可为圣,而圣则天人合一。本然之心的澄明在儒家的语境中就是“诚意”,其教化就是“自明诚”之教,让人由明而归于本诚,故“诚则明矣,明则诚矣”,即是说,教也是通达与万物同一境界的路径,其既推崇圣人之道,也在强调修身为本。《中庸》认为只有“尽人之性”才可以达到至诚的境地,而所谓尽性,就是“顺理之使而不失其所”,把自性中的天理之道充分澄明出来。

实现“至诚”的具体教化手段一是通过“慎独”之修而正心、诚意,二是以“礼”为教化手段,让常人也能够在“礼”所营造的廓然大公的神圣感中自明而诚。事实上,荀子在继承孔孟仁义之学的思想基础上就将“礼”置于了最具实践性的核心地位。荀子提出了“礼之三本”,认为人的教化应当通过守礼、尊礼的方法实现,礼作为指向终极价值的符号,为人树立了一个具有明见性的实体。孔子曰:“志之所至,诗亦至焉;诗之所至,礼亦至焉;礼之所至,乐亦至焉……”[14]儒家的“礼”往往与乐相结合,让人可以在音乐中获得某种崇高体验,这种体验是以生命自身的律动为中心的,《礼记·乐记》有:“凡音之起,由人心生也。人心之动,物使之然也。感于物而动,故形于声……乐者,音之所由生也,其本在人心之感于物也。”[15]认为音乐是人之“感物之动”,是人生命体悟的外在形式,所以音“生于人心”,乐“通于伦理”,礼是“天地之序”,乐为“天地之和”,人的外貌斯须不庄、不敬,则容易生出嫚易之心;中心斯须不和、不乐,则容易生出鄙诈之心,因而应当“致礼以治身,致乐以治心”。儒家这种对“礼—乐”的诠释完全是以生命为中心的,如果说儒家生态人格构建的本体论基础是“生命先于本质”,那么“修道之教”的根本目标就是以这一生命“先在的结构”为基本出发点的顺天承人之大化。

儒家的“生命伦理”并不是将人的生命与生态系统的整体生命割裂开来,然后从认识论的视角和方法出发去“授人以鱼”,而是把人作为与万物一体、与万物平等的道德主体,教人从生命自身的体验求证中去感受生命自身的魅力和价值所在,以通感万物生灵之心,获得对其他一切生命的本然关怀之情。其实践形式是以生活世界的实践活动为基础,通过阐发做人的道理,以作修养功夫和提升道德境界为手段,激发先在地存在于人心中的本然之善性,让人去彰显生命自身的可塑性。因而,儒家的生命伦理思想本质上是有关人性命的哲学,更是一种生态哲学,其不仅关注人的生命体存在,更关注在这一生命与其他一切之生灵的共融共通,这就使得其构建生态人格的理念成为融化在其伦理意识血液中的必然教化指向。

四、小结

儒家生命伦理关怀的真正精髓所在就是对人伦情感的培育,而不是道德的说教;是体善,而不仅是言善。更重要的是,儒家的生命伦理之最为重要的切入点是其对待万物生灵的生态伦理关切,这其中所包含的"生态人格"意蕴是非常值得我们反思的。首先,生命伦理的起点应当是一切生命的生命,而不是人类中心主义下的生命;其次,生命伦理的实践应当是顺从人的生命情感,引导人去激发其中的善,感受其中最具生命活力的律动,而不是单纯用知识传授的方式对学生灌输;再次,伦理的关怀是在生活世界中的言传与身教,是让被教育者从教育者的行为方式、言谈举止中捕捉到、体验到的德性,而不是摆出来的道德"模型";最后,尊敬感与崇高感的培养,是人通向与其他生命"和谐共振"的法门,当人去亲身感受和体验浑厚宏大的神圣之象或自然景致时,内心才能够进入宁静无碍的境地。正如《大学》所言:"静而后能安,安而后能虑,虑而后能得。"因此,相较于当前的生命教育,在儒家生态伦理关怀之中的生命教育更具直指人心的力量。因为儒家的生命伦理关怀从其本体论奠基开始就采取了"天人一体"的非对象化观念,而且其终极旨归也是臻于天道之大德。这种非对象化的教育实践并不把受教育者当作知识和思想传授的对象,更不把受教育者与其所在的生活世界和自然环境相割裂,而是以一种整体化的教育观将教育对象与教育本身融合起来,把教育主体与生活世界和意义世界统摄于一,在教育中完成人"生命主体的消融",最终完成与天地万物同一的"生态人格"之构建。

参考文献

[1] 司马迁.史记[M].北京:中国华侨出版,2013:127.

[2] 陈业新.儒家生态意识与中国古代环境保护研究[M].上海:上海交通大学出版社,2012:346.

[3] 苏舆撰,钟哲(点校).春秋繁露义证[M].北京:中华书局,2011:101-102.

[4] 刘殿爵,陈方正(主编).春秋繁露逐字索引[M].香港:商务印书馆有限公司,1994.

[5] 王利器(校注).盐铁论校注(定本)卷6·散不足[M].北京:中华书局,1992:72.

[6] 蒙培元.蒙培元讲孔子[M].北京:北京大学出版社,2005:49.

[7] 朱熹,吕大临.近思录[M].查洪德(校译).郑州:中州古籍出版社,2014:37.

[8] 陈来.仁学本体论[M].北京:三联书店,2014:31.

[9] 杜维明.存有的连续性:中国人的自然观[J].世界哲学,2004(1):86-91.

[10] 郝大维,安乐哲.孔子哲学思微[M].南京:江苏人民出版社,1996:160.

[11] Tang Chun-i. The Tíen Ming "Heavenly Ordinance" in Pre-Chín China

[J]. Philosophy East and West, 1962, 11 (4): 195-218.
[12] 汉典[EB/OL]. http://www.zdic.net/z/la/kx/6559.htm.
[13] 许慎,徐铉(校). 说文解字[M].北京:中华书局,2013.
[14] 郑玄(注).礼记·孔子闲居(十三经注疏)[M].北京:中华书局,1980:1616.
[15] 郑玄(注). 礼记·乐记(十三经注疏)[M].北京:中华书局,1980:1527.

生命伦理精神:中国生命伦理学的道德语言与可能范式

许启彬

东南大学校长办公室

摘　要　处于社会转型期的中国生命伦理学同时也面对着后现代的道德境遇:传统道德基础的崩坍、道德权威的消解与生命伦理的学理匮乏使中国生命伦理学亟须重新构建。本文试图把生命伦理精神作为构建中国当代生命伦理学的价值向度与道德语言,通过观照医药共同体与生命技术凸显的伦理精神危机,提出基于生命之爱的责任伦理范式,从而为中国语境下的生命伦理学构建提供一种可通约的道德语言,并作为区别于其他构建方式的创新路径。

关键词　生命伦理学;生命伦理精神;生命技术;范式

一、生命伦理精神:生命伦理学的道德语言

1. 生命的道德哲学本质

作为伦理实体的生命有着个人与他者的分野,并在历史中生成、存在,它以超越与创造性敞开自身、确证自身,显透着生命的自由品性。生命因精神而产生爱的秩序,这是生命的本真状态,如若在世界和历史的境遇绵延中生命的本真被遮蔽、意义被消解、精神被奴役,便会产生精神危机,这是人类秩序的内在意向。

如何在生命向度上让“此在”诗意地栖居在大地上?如何让人类在本真之爱中显现崇高的类本质?这是每一个人类的个体抑或文化共同体乃至于整个生命共同体所理解的“应当”。缺乏生命意识、缺少生命关爱,甚至没有对生命的庄重与敬畏的现代人精神生活图景,决定了需要一种比生物医学伦理学视野更广阔、胸怀更博大、更能够促进人性向深度觉醒的生命伦理学,这种生命伦理学应该是以庄重、关爱、敬畏一切生命为基本视域,超越传统的医学道德结构和观照视域,以生命持存、消解身体痛苦、追求精神自由和灵魂幸福为目的,并且坚守对人的生命状态、价值以及意义的道德追问和终极关怀,从而成为顶天立地的生命母题和精神工程。

这种生命伦理学的逻辑前提对生命的道德哲学释读。在本质意义上,一方面,生命作为一种存在最终会绵延至消亡,不仅个体生命是向死而生,全部生命形式也

是有限和相对的,这是生命存在的境遇;另一方面,人的创造性为认知乃至于应用科学技术窥探和干预生命提供了超越的可能,使人类生命从自然存在转向了自为与自由的存在。生命的非本真状态将人抛入异化和奴役的境遇,人对自身的不断超越构成生命对于非本真状态真正超越的必然进路。

生命的此在与伦理道德有着逻辑上的统一。生命的此在包括意识的存在、感情的存在以及生理的存在,对伦理道德禁忌的恪守和真善美的追求,不仅是对价值的追求,而且也是维系意识存在、生命存在的依据。伦理道德从内容上说是一种价值,但从形式上说是一种特殊的范畴、形式与逻辑。人体生理、意识的建构与伦理道德在逻辑上是统一的,彼此有着天然的关联。生命元素体现了人特殊的伦理形式,所以实践伦理道德就是执行生命先验的逻辑,它体现的不仅是一种意义和价值,也是运行整个生命的此在。伦理道德与生命存在相联系,它的内涵应该包括生命的整体,生命伦理学的立场也不例外。

2. 生命伦理精神的界定及其本质

伦理作为一种价值应当,其形上预设是"和谐","和谐"既是伦理精神的限定价值,也是伦理精神的价值承诺。[①] 伦理精神,是指在某一特殊历史时期内,在某一特殊社会或社会生活群体中所形成的一种具有普遍价值导向意义的道德意识和价值观念。[②] 对于个体而言,伦理精神通过对个体进行价值提升和价值引导,使个体实现生命过程基本关系的统一,从而形成一个和谐的伦理世界和一个"完整的人";对于人类社会而言,伦理精神则是人类最初生存时积淀传承而来的最基本的价值航标和衡量基准。

生命伦理精神概念有两种内涵:其一是"生命的伦理精神",这是关于生命这一伦理主体的伦理精神解读;其二是"生命伦理的精神",这是生命伦理学本身显透出的精神实质与价值旨归。本文所操持的生命伦理精神概念的主要意含,即关照生命的伦理精神形态,是伦理精神在生命共同体的映射,如果说伦理精神可从客观性和主观性两个向度来界定的,那么,映射到生命共同体的生命伦理精神就同样有着相应的客观性向度与主观性向度的分野。其中,以"异质综合体"为主要载体的客观性生命伦理精神指向历史上医学文化演进中的伦理精神以及实现伦理认同的价值意识与道德准则;而主观性的生命伦理精神则指向生命伦理精神的主体的活化的伦理精神,这里的主体既指个体化的主体,主要包括狭义的医务人员、患者及其家属、医事行政管理人员、药品相关人员等以及广义的生命存在主体等所有生命共同体中的伦理个体,也指代组织与群体,如集体、政府、医院、医务群体等。

① 樊浩.道德形而上学体系的精神哲学基础[M].北京:中国社会科学出版社,2006:642-645.

② 陆昱.中西方伦理精神的比较[J].前沿,2010(1):67.

在历史形态上,生命伦理精神内在于旨在关怀生命的文化流变之中;在本质意义上,生命伦理精神意味着对生命的直接干预,意味着对于生命担负的神圣责任,也意味着对生命的终极关怀,它是人类医学视域和生命内在秩序最基本的伦理价值诉求,代表着人类生命伦理最根本的精神和意义方向,同时也是医学精神最根本的表现样态。

二、医药共同体与生命科学技术的伦理精神危机

1. 中国语境下医药共同体的道德危机

医事的神圣光辉在传统宗教与道德式微、多元伦理境遇凸显的背景之下若隐若现,这是当代中国医学的社会画布,随之呈现出的冲突场景亦光怪陆离。医生救死扶伤是医生职业本身首要的"应当",是不可还原、不可回溯的本质规定与伦理表征,而如今治病救人、救死扶伤这样最基本的使命在诸如知情同意等义务或原则面前反而成为一种技术化的考量,抑或陷入一种难以消解的道德困境,这是现代人遭遇的伦理事件,也是医生无法逃避的道德境遇。诸如此种困境也在中国现实下呈现着特有的伦理症候,并体现为特定条件下的道德危机。

当代道德危机的实质在于道德权威的危机,中国的道德症候也在于价值多元化以及道德权威的式微。医学作为社会这一大系统中的一个小系统与社会发展息息相关,两者同处于更大的生态环境之中,相互之间相互影响,比如社会的发展方向和发展水平影响着医学的境遇,生态环境的破坏影响着中国的医疗环境,同时,近代西方医药技术的传入改变了医药共同体的格局,科学化的医术逐渐占据主导地位。只不过,中国在接受了先进的西方医药技术的同时也剥离了其宗教性的精神内核,加之西医也在一定层次上向中国的传统道德伦理进行了有节制的妥协,由此中国的西方医学便只剩下了技术以及作为医学职业专家应具有的美德与道义的道德框架,使得本就缺乏宗教精神的中国医学失去了内心的敬畏,由此中国的医药共同体面临无根的境地,徒有技术理性与技术理性膨胀所带来的精神异化和伦理怪相。

面对医药共同体的伦理危机,传统生命伦理学更多地通过原则去应对,但有时表现为善与善的冲突的原则既是医学演进至现代社会沾染了现代性道德的必然,也是医药行业本身的固有矛盾在当代社会中的展开,具体表现为传统的生命伦理精神断裂与现代生命伦理学的学科不成熟造成的道德暗区或者道德真空,以及生命伦理学原则自身的局限性与现实特殊道德的复杂性。而在实践中,生命伦理精神断裂或缺失的医生将面临道德冲突时的道德选择仅仅化约为遵从生命伦理学的原则,并将之作为伦理合理性的德性标准,难以应对面临自身本就充满道德复杂性的道德情境。

2. 生命科学技术的伦理悖论

当代医学的疆域版图不断扩延,从个体化的诊疗到社会建制医学,从单纯自然的诊疗手段到当代生命科学技术,从生物医学模式到“生物—心理—社会”医学模式,乃至于到后现代医学模式,当代医学面临着的是扩延之后的合理性危机与困境。

在世俗社会的膨胀使科学逐渐成为一种社会建制,科学技术活动在现代社会逐渐职业化,知识生产活动也日渐体制化。特别是伴随着“唯科学主义”和“技术决定论”的兴起和发展,科学技术的伦理悖论也日益凸显,技术渗入人的生命,排斥意志,压制情感,加重了对人的控制和统治,从而“使物质力量具有理智生命,而人的生命则化为愚钝的物质力量”①,使人失去了作为人应有的精神追求和人文情怀,造就了单面社会、单面人和单面思维。由此,人类文明发展过程中因科学技术而进步与倒退交织的两难状况,使从野蛮中解放出来的人类,再一次沉沦到新的野蛮中去。

当代生命技术的伦理问题也是当今作为显学的生命伦理学之重要命题。生命伦理学承续了传统医学道德的使命,正是随着当代生命技术的狂飙突进、文化多元性与俗世化潮流,生命伦理问题开始走进世俗化的视野并开始体制化发展,随之传入中国的生命伦理学也成为传统的医学伦理学之新标签,以基因技术、克隆技术、人工辅助生殖技术等为代表的当代生命技术成为生命伦理学学科体系的基础命题,并围绕这些当代生命技术展开了伦理争论,这些争论主要基于视角的差异,有的从原理出发演绎判别,有的从事实本身出发归纳梳理,有的基于整体考量,有的尊重其不可通约的技术个体性,而在这些争论背后的伦理共识在于,当代生命技术本身是一个伦理事件,无论以何种方式化解,其伦理本性及其引发的伦理争议和伦理危机已是客观的前提。

三、生命伦理精神重构的可能范式:生命之爱下的责任伦理

1. 构建理路:道德责任与责任伦理的凸显

从本质上讲,伦理行为应该是一种责任行为,责任并不是外在的“必须”,是社会性个体间联结的内在基础,也是社会良性发展的道德基础。莱维纳斯在“他者”理论中也论证了责任是如何产生的。他认为,在现代社会,“人们”利用最先进的技术、最完备的体制(政治的、经济的),正在全球范围内展开一场声势浩大的统治他者、消灭他者的运动。这是一场以存在本身为目的的斗争,莱维纳斯将之称为“没有伦理的生命斗争”②,他把落脚点归于责任。

① 马克思恩格斯全集:第12卷[M].北京:人民出版社,1972:4.

② 莱维纳斯.道德的悖论:与莱维纳斯的一次访谈[M]//文化与诗学:第一辑.上海:上海人民出版社,2004:202.

责任伦理何以必要、何以可能？随着风险社会的迫近，它所产生的“有组织的不负责任”现象日益彰显，并渗透到社会生活的方方面面。由于行为者履行责任的行为在时间上是一个过程，因此它要求行为人在行为发生之前就能预见行为完成之后可能产生的结果，并努力克服其中负面的东西。为了减少风险所产生的危害，政府组织、社会团体、每一个个体在技术发展中都应该树立责任伦理意识。正如约纳斯的责任伦理理念所指出的，技术的影响力使人的责任扩大至地球上的未来生命，地球生命无任何抵抗地遭受着滥用技术作用力的痛苦，人类责任因此首次成了整个宇宙的责任，①由此，他发出的责任的绝对命令是：在你之后仍然存在一个人类，而且尽可能长久地存在。雅斯贝尔斯也指出，对人类最遥远的未来，对人类历史的保存负有责任。

责任伦理是对传统伦理学的一个重大拓展。传统的伦理学是一种权利中心的伦理，它轻视人的责任，因此，无法为身处科学技术世界的人提供判断行动的尺度，而必须从责任的角度而不是从权利的角度关注自然，关注未来，关注生命，关注地球上人类将来的生存的可能性，关注作为处于强势的人对自然、他人、他国、后代所承担的责任，在此意义上，萨特认为个人应该为自己的行动负责，为全人类负责。

从道德实质来看，责任是德性与规范的统一，是道德人格与道德实践的统一，内含着对于道德的实践意识和坚定的实践意志，同时，从责任的法律内涵来看，责任还是联结个体道德与社会法律体系的环节。责任与法律、道德的联结，责任既可以通过外在强化内化为自律的德性，亦可是一种伦理规约，成为个人或者当代医药共同体的行动指南。正是从这个意义上，责任伦理作为一种积极的事先责任，为解决现代伦理难题提供了一种具有前瞻性的行为指导规范，并通过评判与制裁的方式为责任主体履行责任提供了有效的责任监督机制保障②。

由此，破解生命伦理学难题可能的价值理论在于：既凸显责任主体的德性自觉，嵌入生命之爱，又彰显责任伦理为核心的规范精神，这里的责任化的伦理精神是内化到责任主体心中的绝对律令，又是面向未来、脱离人类中心主义的无限责任。

2. 价值“奇点”：生命之爱

生命之爱是生命伦理精神的最高概念，也是本体论概念。

首先，生命之爱是人之为人的内在属性，是医患之间实现和谐的人性基础。人的精神维度是人区别于其他存在的根本所在，人的生存与发展由生命之爱维系，也是人类自身发展中的一种内在维度。生命之爱是人性的根基。中国传统的儒家思想所致力寻求的超越路径，也是建立在人性的基础上的，将“仁义礼智信”尤其是

① 汉斯·约纳斯.技术、医学与伦理学：责任原理的实践[M].张荣，译.上海：上海译文出版社，2008：29.

② 张春美.DNA的伦理地位[M].上海：上海书店出版社，2006.

“仁”作为人性中最根本的精神，即寻求在人性自身中由己推人的人伦规范来达到一种和谐，并消除动物性以及实现人的超越性理想。这种生命之爱是每个人都具有的一种内在情感，是人在生存中所必然依赖的一种生存需要和情感交流以及社会和谐的一种发展需要，在人们追求生存与发展的利益中的表现尤为明显。在医学视域中，医患之间在人性层面上同样也需要一种人与人相互理解、相互帮助的生命之爱，这本身也是人的一种精神本能。

其次，生命之爱是传统文化的精髓和本质，是传统文化在医学中的体现。人类社会在传统与现代的更替中前进，传统的力量作为一种潜在的权威影响着人类在发展传统文化中的一些精神实质，以及外化的习俗和遗产仍然发挥重要作用。中国传统文化是以儒、释、道三种力量为主的遗脉，其中的精髓和本质可以归结为一种生命之爱，这种生命之爱之所以起作用，不仅在于人们仍然会在传统文化中的生活受传统文化无形力量的影响，更重要的是中国的传统文化所体现出来的生命之爱所给予人的关怀和超越。尤其是儒家的文化即可归结为“仁爱”文化，成为中国传统文化的根基所在，而佛家和道家的文化中虽然也体现着爱与终极关怀，只不过更多的是作为一种宗教意义上的生命之爱。中国传统的医学中也渗透着儒、释、道等传统文化的精髓，甚至在医疗水平不高的古代，仁爱都成为医学的内在范畴，“医乃仁术”即是最好的表达。当代医学理应将这种传统文化中生命之爱作为生命伦理精神中的重要基础。

最后，生命之爱是社会政治权威的根据，是政治性医疗环境的支撑，也是社会政治权威得以树立的根据。社会政治权威源于国家暴力，更重要的是社会政治权威所制定的政策、统治社会所仰赖的对公民的爱，这是衡量一个政治权威是否合乎伦理精神的根据所在，一个政治实体理应按照生命之爱来树立权威，制定符合爱、符合公平正义的政策来实现最广大人的意志。医学领域需要政治实体在政策和国家环境上给予支撑，在制定医疗政策和改革医疗体制时以生命之爱作为最基本的根据。

正如舍勒所认为的，爱作为人类的一种最基本的内在情感或精神气质的根基，形成了人类伦理精神世界中最基本的“秩序”，爱的秩序是个人生活的支柱，也是社会组织或历史时代的精神范型，它给人类主体指明道路，使之看清其世界和其行动与活动的作用，它也支配着社会历史的发展方向。因此，对爱的价值和秩序的认识，就构成了一种具有根本意义的价值知识，也是生命伦理精神的价值“奇点”。

3. 责任伦理范式：面向未来与非人类中心主义

(1) 本真德性的追寻

① 道德个人主体的道德人格

德性是责任伦理范式的首要根基，“在道德选择中，首先要关心的就是人格"①。道德人格是指人格的道德规定性,它是一个人内在的道德素质和外在的道德行为的有机统一,是一个人的尊严、价值和品格的综合体现。每个人随着自我生命图卷的展开都有着对自己的道德情感与道德行为的深刻体验,都蕴含着其对人生、对世界的生命体悟与伦理情怀。道德不仅以规范和行为准则的普遍形式存在,而且还以德性与价值存在表现为主体的内在需求。相对于规范无人格的、外在于个体的特性,德性无法与人自身的存在、生命价值和内在人格相分离。干涉生命的医学与生命科学技术是一个特殊的职业,自古以来从事这一职业的责任主体就被赋予了浓厚的德性色彩,"医乃仁术"要求医生宽厚仁德重视人的生命,表明了社会对医生创造与实现价值高度的认同感,同时也赋予了他们崇高的使命。

② 生命共同体中的组织德性

生命共同体中的组织也应有其德性上的合理性。对于社会中的每一个个体来说,社会作为一个整体都可以被看作是一个"他者",影响和引导着社会中个体的各种行为规范和伦理态度,这个"他者"也被米德称之为"泛化的他人"。② 在生命共同体中,不仅其成员具有内在的生命秩序体系,而且作为一个伦理实体,其自身更具有独特的伦理秩序。这种伦理秩序体现了医务人员个体、生命科学技术个体与生命共同体整体的和谐与统一。生命共同体的伦理精神既指责任个体的内在生命秩序和个体的道德精神,又包含个体与整体、实体相统一的"实体精神",同时更强调生命共同体这一实体的道德意识和道德意志。

(2) 伦理责任的认同

在后现代的境遇中,尤其是建设性后现代境遇中,构建中国语境下的生命伦理精神既需要坚守生命之爱这一价值原点,也要实现德性、道义与规范的内在契合,这种契合在本文的话语体系中最集中的体现,便是责任伦理的生成与确证。笔者认为,生命伦理精神所应涉及的是责任伦理理念下的伦理责任,其中包括底线责任、技术责任、社会责任与环境责任。

① 底线责任:切勿伤害

切勿伤害是责任伦理的金规则。一切生命都有生存和趋吉避凶的自然要求,伤害即意谓对其产生所厌恶的痛苦状况,因而使受伤害者得不到合理或适当的生长发展,或造成生命的缺憾等,这都是对生命的一种扭曲或挫折。因此,伤害他人或物乃是道德上不容许的行为。侵犯一个人之自律也是对当事人的一种伤害,而这种伤害的严重性正是由于所造成的伤害涉及一行动的道德主体,而且是道德主体最基本和最重要的成分,即自律自主的理性表现。责任伦理学家约那斯指出:当

① 弗莱彻.境遇伦理学[M].程立显,译.北京:中国社会科学出版社,1989:39.

② 米德.心灵、自我与社会[M].赵月瑟,译.上海:上海译文出版社,2008:137.

代道德行为的根本任务并不在于实践一种最高的善(这或许根本就是一件狂傲无边的事情),而在于阻止一种最大的恶,保护和拯救面临着威胁的受害人。① 在生命伦理学意义上,切勿伤害主要提出四个方面的责任要求:作为一种道德事业,要求从业人员怀有为患者幸福服务的动机和目的;适当的关怀;风险利益的评估;有害利益的评估。②

② 技术责任:整全的科学精神

真正的医学与科学精神应该内含着行善的目的,而不仅仅是为了追求真理。无论科学技术何等发达,人类永远无法穷尽世界的可能,科学与人文精神之间存在着一个基本的均衡。技术责任的具体要求,一方面对所从事的关涉生命技术研发,永远不能为了真理而真理,更不能以科学作为谋取利益的手段,因为生命科学技术本身即是伦理化的责任行为,作为医学与生命科学技术的责任主体,应该具有整全的科学精神,即把科学作为"生生之具",无论动机还是效果,都要以生命本身作为价值基础,并把这种价值基础内在于科学探索动力机制中,化为不断寻求解除疾病痛苦、恢复身心健康、促进幸福感提升的动力,以整全的科学精神作为行善的路径。

③ 社会责任:公平正义精神

人与人之间的关系是一种社会性关系,在社会领域,应认同公平正义精神,它表征着道德的普遍性、平等性和无私性,公平正义精神是人类社会的重要维系原则,也是一个社会道德与否的标识。不公义的行为会对他人形成伤害,它是道德经验的主要成分,也是构成生命伦理精神的重要伦理责任。在生命伦理精神的范式中,公平正义也是重要的结构成分。无论是在医药实践中,还是在生命科学技术的研发与成果共享中,公平正义精神都已成为在医药资源有限的情况下不可规避的伦理责任。每个人都有平等的权力自由地、公正地实现生命的完整,这是基本的伦理精神,只不过公平正义的实现路径多有不同,但这种伦理责任是确定不移的,此外,这也是医学的社会性本身的内在要求,公平正义的伦理精神对于生命而言本身就是良药一剂。

④ 环境责任:生态伦理精神

人的生命与环境、与自然宇宙、与生命世界、与地球上的一切生命的存在状况、运行方向密切相联。生态化综合方法以自然、人类、自然为三维视域,将生命的存在和生存置于自然宇宙和生命世界的大背景上来考察,则发现人与人、人与生命、生命与生命,以及个体生命与自然宇宙、与生命世界、与地球生物圈之间,客观地存

① 参见:甘绍平.约纳斯等人的新伦理究竟新在哪里?[J].哲学研究,2000(12):51-59

② Alasdair Maclean.Briefcaseon Medieal Law[M].Sydney: Cavendish Publishing Limited, 2004: 117-134.

在着共在与互存、共生与互生的关系。① 对于生态、环境包括整个自然的责任需要摒弃传统的人类中心主义理念,立足现代生态危机的症候,从根本意义上实现转换。正如史怀哲主张的"敬畏生命的伦理学",保持对生态、环境,乃至于生命与整个大自然的敬畏之感,把伦理的范围扩大到了一切生命,要求人们对一切"存在于范围之内的生物"承担起道德责任,以伦理的态度关爱整个生命世界,同时也为人类拓延出更广阔、更本真的伦理空间与道德世界。

当然,道德责任并不等于道德效力本身。在不同的伦理境遇与道德情境下,尤其是后现代境遇中,多元化与相对性彰显,所构建的生命伦理精神范式一方面在生命之爱的绝对原则之下坚守基本的伦理责任,另一方面也承认基于伦理境遇与道德情境的权宜道德。

参考文献

[1] 马克思恩格斯全集:第12卷[M].北京:人民出版社,1972.

[2] 孙慕义.后现代生命神学[M].高雄:文锋文化事业有限公司,2007.

[3] 孙慕义.医学伦理学[M].北京:高等教育出版社,2004.

[4] 樊浩.道德形而上学体系的精神哲学基础[M].北京:中国社会科学出版社,2006.

[5] 莱维纳斯.道德的悖论:与莱维纳斯的一次访谈[M]//文化与诗学:第一辑.上海:上海人民出版社,2004.

[6] 汉斯·约纳斯.技术、医学与伦理学:责任原理的实践[M].张荣,译.上海:上海译文出版社,2008.

[7] 弗莱彻.境遇伦理学[M].程立显,译.北京:中国社会科学出版社,1989.

[8] 米德.心灵、自我与社会[M].赵月瑟,译.上海:上海译文出版社,2008.

[9] 唐代兴.生态理性哲学导论[M].北京:北京大学出版社,2005.

[10] 张春美.DNA的伦理地位[M].上海:上海书店出版社,2006.

[11] 陆昱.中西方伦理精神的比较[J].前沿,2010(1):67.

[12] 甘绍平.约纳斯等人的新伦理究竟新在哪里?[J].哲学研究,2000(12):51-59.

[13] Alasdair Maclean. Briefcaseon Medieal Law [M]. Sydney: Cavendish Publishing Limited, 2004.

① 唐代兴.生态理性哲学导论[M].北京:北京大学出版社,2005:22-25

《黄帝内经》天人合一观所体现的中国生物伦理思想

高也陶

澳门医学专业诊疗中心

摘　要　《黄帝内经》是中国古代最古老的著作之一,由《素问》与《灵枢》两部分组成,与《易经》《神农本草经》并称中国文化渊源的三坟,至今仍然是传统中医的核心经典。《黄帝内经》具体详细地描述了天、地、人合一的思想。这一思想的起源与走出非洲的现代人类迁徙过程相同,一支是来自沿喜马拉雅山南麓进入中南半岛,到达成都平原所形成的文明;一支是穿过兴都库什山,进入西伯利亚,到达北冰洋后,折转向南,进入中国北方的所形成的文明。当前中国人类化石发现与《黄帝内经》的医学理论均可以证明这一来自非洲,经过中东,最后到达中国大地的文明最终组合。在这个迁徙过程中,早先人类对必须观天文以定路线,察地理以判食物,分别一年四季以定安居,因此,人与天、与地的关系,是先人最早的研究,最早必须掌握的知识。从非洲走出的先人,在中东经过一南一北两个方向继续前进,最终在华夏大地结合后,七万年的知识与体会在此汇聚、冲撞,最后得出了天人合一的理论,成为指导先民生存繁衍的原则。这一伦理思想最先以医家的理论,表现在《黄帝内经》的理念体系中,最后发展到中国传统文化儒道释三家合一的生物伦理思想。

关键词　黄帝内经;天人合一;生物伦理;华夏文明

一、华夏文明与人类迁徙

根据目前在华夏大地发掘的智人化石,可以证明现代人类起源于 7 万年前非洲的一位女性,符合之前世界各地的智人化石和基因研究结果:现代人的非洲起源论(如图 1)。[1]

图 1 左下图,我们可见现代人类祖先 12 万至 8 万年前从非洲走出后,向东到达两河流域,并由此,一支向继续向东直达北冰洋海岸,一支向南到达中南半岛。

广袤的华夏大地,在这两支迁徙路线终端之间。很显然大洋必然阻挡了这两条路线继续前进的相当部分的迁徙者,使他们不得不掉转方向。最后,必定进入华夏腹地,并在此交融。虽然这可能距离他们的先人在两河流域分手后,不知道过了上万成千之年。再见时候,可能已经面目全非,不知道自己原来与对方曾经出自同一祖先。

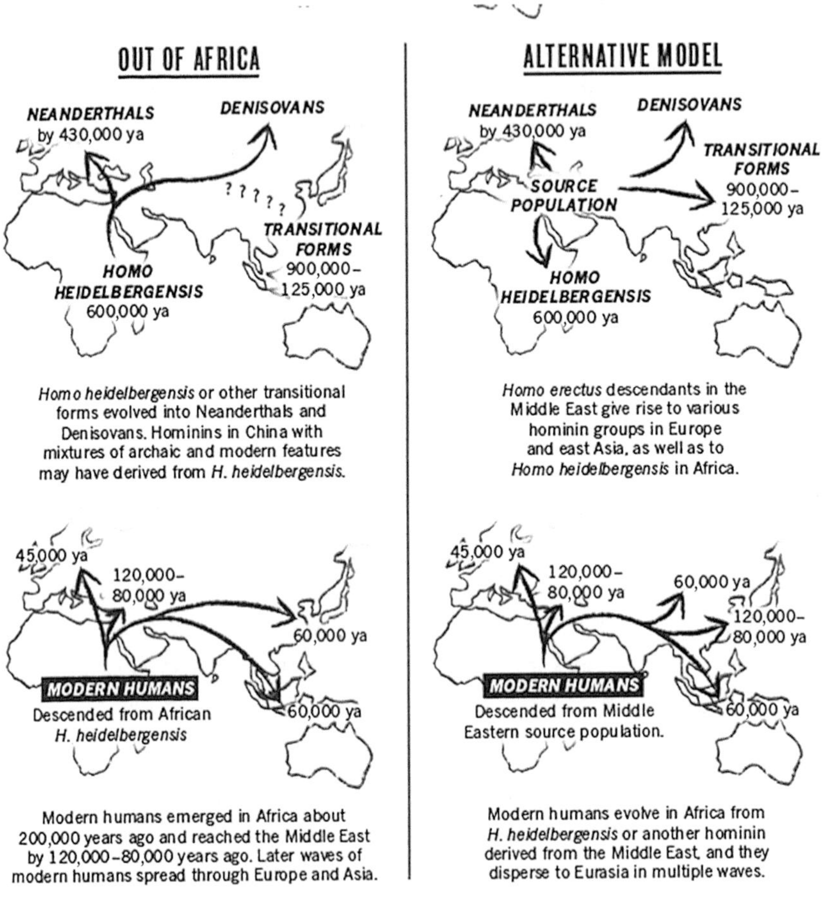

图 1 现代人的早期迁徙的路线

二、《黄帝内经》遗留的痕迹

《黄帝内经》被认为是中国古代最为古老的经典文献三坟之一。在《黄帝内经》中,可以寻找到上述两支迁徙路线所带来的文明痕迹。由中南半岛的西南方向迁徙而来的文明,在成都三星堆平原存在明显的停留汇聚遗迹,在《黄帝内经·素问》

中留下了僦贷季的传说。[2]由北冰洋的东北方向迁徙而来的文明，在燕山山脉一带发展了进一步的文明，并在长江流域传播，在《黄帝内经・灵枢》中留下了九宫八风的理论。[3]

1. 僦贷季是 JUDAS 吗?

《黄帝内经・素问・移精变气论》说:“色脉者，上帝之所贵也，先师之所传也。上古使僦贷季，理色脉而通神明，合之金木水火土，四时八风六合，不离其常，变化相移，以观其妙，以知其要，欲知其要，则色脉是矣。”

这位僦贷季是谁? 朱大可提出“神名音素标记”概念，找出全球水神系、地神系、日神系、主神系、母神系、风神系、木神系、冥神系、始祖神系、妖灵、祭司与巫师、人文英雄等神名语词的相似性，并提出“主神音素递增效应”，认为以人类祖先出发地非洲为原点，距离非洲越远，各民族(文明)主神的音素会越多，神的名字会被不断加长。

朱大可指出:“许多年前就已经发现，在神的名字结构中，位于词首的那个音素(主要是辅音，也包括小量元音)极其坚硬，犹如高强度的语言合金，能够抵御数万年岁月的磨损和腐蚀。它们可以用作神的辨认标记，我称其为神名音素标记。而每位于神名词干和词尾的音素，则更为柔软，极易在漫长的岁月中湮灭。这种词头音素记号是最重要的研究工具，犹如生物学上的 DNA 标记。”[4]

在中国上古史上，找不到与该名字相同发音的人名。按上古发音研究，华夏语系发音为双音节，三音节发音多为其他民族。在世界范围，我们可以找到一个相同读音的名字:JUDAS，一般被翻译作犹大。“大”字在中原古语中，一直发音为“贷”，至今许多方言仍然如此。直接音译，几乎就是 JUDAS 原音。

这里所指的 JUDAS(犹大)，不是耶稣十二门徒中那个出卖耶稣的弟子，因为这个犹大故事发生也才不过 2000 年前左右。本文所指的犹大(僦贷季)，是至少 4000 多年前左右的犹大，《圣经》中雅各十二子中的一位，或者说是希伯来上古史中的那一位名叫犹大的人物。推测《摩西五经》时代的闪含语系(Semito-Hamitic family)或希伯来人(Hebrew)的发音，更接近“僦贷季”的发音。

《圣经》研究者说:犹大是雅各(亚伯拉罕之孙)的儿子，雅各的十二个儿子后来发展为以色列的十二个支族，犹大支族成为各支族之首，出了很多君王。“后来的大卫王，就是犹大的后代。大卫王的后代，也一直坐在犹大国的王位上，直到神灭了整个犹大国。更重要的是，主耶稣，这位弥赛亚，从肉身来说，也是犹大的后代。所以显然，犹大蒙神极大地祝福。”[5]由此看来，僦贷季(犹大)不仅是《圣经》中明确记载的一个具有盛名的人，还是一个支族名和一个国家名，代表当时最为强盛的文明，发现色脉的上古名医僦贷季并非无名之辈，具备上古最强大的生产力、文化基础和家族背景。

由于黄帝、岐伯都与成都平原相关,考虑上古文明的迁徙路线及相关出土文物,来自西南方的迁徙文化,最有可能带进了 JUDAS 的文化。

2.《九宫八风》《易》与玉龟版

图 2 一眼望去,似以《易经·说卦传》第五章"帝出乎震,齐乎巽,相见乎离,致役乎坤,说言乎兑,战乎乾,劳乎坎,成言乎艮"为根据排列。但再仔细阅读《灵枢·九宫八风》,则可知两者太一(帝)游宫的起点不同,《周易》起之于震卦、东方、数三、春分,《黄帝内经》起之于坎卦、北方、数一、冬至。长期以来,多认为是《周易》对《黄帝内经》的影响,但也有学者认为两者没有直接的联系。[6]

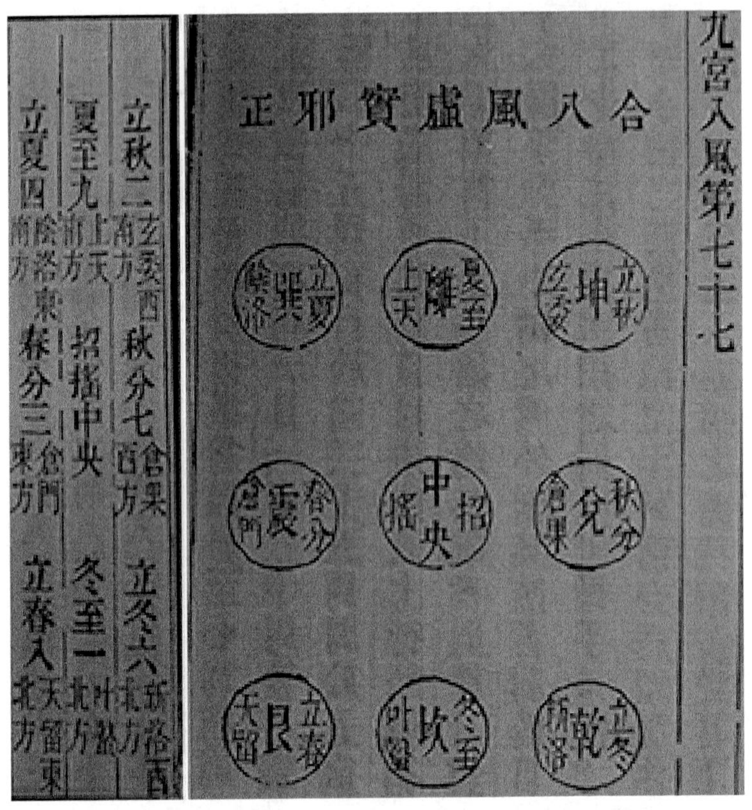

图 2 宋版《黄帝内经·灵枢·九宫八风第七十七》篇首

根据对安徽含山县凌家滩出土的公元前 3000 多年前的玉龟版(图 3),安徽阜阳双古堆出土的公元前 175 年的太乙九宫占盘,我们推论出《黄帝内经·灵枢·九宫八风》与《周易》无直接关联,甚至具有比《周易》更为古老的源头。因此,《灵枢·九宫八风》可能是《黄帝内经》较为早期的理论篇章,或者说《九宫八风》图更早于洛书、九宫占盘,直接与五运六气相关联。

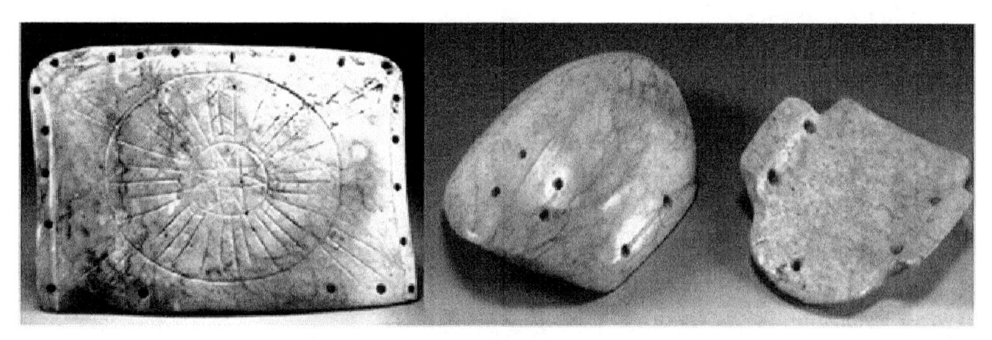

图 3　安徽含山县凌家滩出土的玉龟版

根据凌家滩出土的玉龟版的研究，其天文准线在 5500 年前的北纬 42°，相当于现在我国燕山以北及内蒙古草原地区，这一证据非常充分地证明了本书推论华夏文明的另一支，7 万年前从非洲迁徙的，绕/穿过兴都库什山，到西伯利亚、北冰洋的那一支，南下进入华夏地区的。相信他们在较北纬 42°更为偏北地区，就已经具备了凌家滩玉龟版的思想、设计，并加以制作。

三、天人合一是《黄帝内经》的核心理论

《黄帝内经・素问・宝命全形论》："天覆地载，万物悉备，莫贵于人，人以天地之气生，四时之法成"，"夫人生于地，悬命于天，天地合气，命之曰人"。

《黄帝内经・灵枢・岁露论》说："人与天地相参也，与日月相应也。"

《黄帝内经・素问・三部九候论》："天地之至数，始于一，终于九焉。一者天，二者地，三者人，因而三之，三三者九，以应九野.故人有三部，部有三候……有天有地有人也。"

传统中医以此断疾病，决生死。

四、天人合一不仅是传统中医理论而且是中国生命伦理思想的核心

中国传统伦理也以天人合一为行为指导原则。如《易》以八卦为象，"天地定位，山泽通气，雷风相薄，水火不相射"，非常明确是以天文、地理、气象为原则。《易》有三义：表象上看"变易"是其内容，"简易"是其表面，但其中心原则是"不易"。孔子以此原则引申出"君君臣臣父父子子"的伦理纲常，并成为中国历史上几千年自我修复的社会稳态结构。也可以从中国几千年来的具体法律实施中看到这种典型的天人合一例子，如秋决：法典规定一般的死刑犯都将在秋天执行，因为秋天是落叶的日子，万物肃杀，人头落地，生命归于天地怀抱。

由此可见，天人合一不仅是中医经典的个体生长病死的理论，而且是中国社会生命伦理的原则。这一理论是出于先人们长期迁徙过程体验到的天人相应的经验

积累,顺应天地人合一原则,对群体与个体都将带来更大的利益!

参考文献

[1] JANE QIU. THE FORGOTTEN CONTINENT: Fossil finds in China are challenging ideas about the evolution of modern humans and our closest relatives[J]. Nature, 2016,535: 218-220.

[2] 吴丽莉,潘亚敏,高也陶.上古名医僦贷季和俞跗与《黄帝内经》思想源头[J].医学与哲学,2016, 37(12A):83-87.

[3] 潘亚敏,陈涛,高也陶,等.上古玉龟版与九宫八风:再探《黄帝内经》思想源头[J].医学与哲学,2017, 38(7A):66-71.

[4] 朱大可.华夏上古神系[M].北京:东方出版社,2014: 58-59.

[5] 圣经人物雅各之子犹大[DB/OL]. (2012-01-01) [2016-02-22]. http://blog.sina.com.cn/s/blog_98b1b8e901010b0b.html.

[6] 李建国.《周易》与《黄帝内经》学术思想的比较研究[D].广州:广州中医药大学,2009.

《墨子》"非命"篇的伦理透视

杨廷颂

东南大学人文学院

摘　要　《墨子》非命篇中为我们展现的是命与力、命与天、命与生三个维度的命论思想。墨子对于现实生活态度的内俭而外节，对于强力生活观的推崇等都是以实利为考量因素的。同时以三表法作为评判手段，墨子对强力的肯定和对怠的否定是以国、王、民三者的现实功用为例证的，显示了墨子对命的看法是以实利为旨趣的。通过对《墨子》"非命"篇的伦理透视，对于今天的我们再次思考何以与外部环境相处、何以与自己的心灵相处等问题具有重要意义。
关键词　墨子；命；力；俭节

生命思想在先秦原典中已有论及，是可以作为串联起中国哲学史专题性研究的核心议题之一的。学术话语下的生命不同于日常用语中的生命，前者生、命异同各有所表，后者多指实然状态中的人生活动。从学术的角度出发，我们可以发现作为中国哲学固有概念的生命思想是由"生"与"命"两个核心概念组成的词语，诸子百家言生与命各有不同的维度旨趣。例如，《易传・系辞上》的"生生之谓《易》"，这里的两个"生"同时含有名词和动词性成分，又如《论语・尧曰》中的："不知命，无以为君子也"，等等。在先秦诸学中，墨家言命有着鲜明的特征，这至少可以从《墨子》非命篇中看出命与力、命与天、命与生三个维度的命论思想。

一、命之鞭笞：罢不肖

命与力是中国哲学中的重要术语。中哲的命思想既有表示先天的命论含义，如"五十而知天命"(《论语・为政》)；又有疑命而扬力的命论追问，如"既谓之命，奈何有制之者耶?"(《列子・力命》)其实质是强调后天人为努力的重要性。以孔子为代表的先秦儒家既肯定人的意志作用同时又承认命的客观必然性。与孔子的命论观相异，在命与力的关系中墨子强调的是人的主观能动性，高扬力的重要性，肯定人的努力之于生活的意义。可以归结为重强力。强力何以重要，安于命运何以危害？墨子在《非命・上》中从政治的实功性层面明确了"知命"思想对于国家的危害，又从利的角度认为强力可以带来实利。事实上，其理论旨趣同样指向"兴天下之利,除天下之害”的这一墨家学说根本原则。

墨子首先指出治理国家的目的是想要国家得到富强,人口众多,刑法政事治理妥当。之所以事实上得到了相反的结果就是因为有人认为经济的富贵、人口的多少、生命的长久都是命中注定的,个人的性格再硬对于命运的改变也是无济于事的。从“命寿则寿,命夭则夭,命虽强劲,何益哉?”这句话中我们可以清楚地看到,墨子命的用例包含了先天之命定性与后天人的主观能动性两方面。“命寿则寿,命夭则夭”是个人出生前就含有的天命,“命虽强劲”的命是个人后天的命,这个具有个人色彩的命可以理解为性格、个性。墨子所非之命显然是前者,崇扬的是后者。墨子使用的论证方法,是以托古的形式以夏商周三代更替的史实证明了命的不存在。因为,如果命真的存在,三代君王都自称受命于天,但天下混乱了以后这种先天之命并没有护佑命定之人,而终于是行义的人使天下得到治理。另一方面,因为义与利在墨子看来是相通的,行义即是行利。生活中不信命定所带来的是实功性利益:天下治。信命定的人得到的结果是:天下乱。因此,安于先天之命与检验事实真理的本于圣王之事的检验方法就相违背了。这是不安于先天命定思想在治理国家层面的体现。

在人际生活的德行涵养以及人伦秩序方面,强劲之命同样重要。强劲之命是对生命的敬畏而不是无知的无畏。因为知道自身生命在人伦坐标中的位置所以能够敬重乡里、举止有度。这种安伦尽份的生命态度是命之强劲的基础性要求,否则便是“暴人之道”。有了对生命的敬畏和节制所以能够治理社会没有盗窃、防守城池不叛变、君王有为难则以死尽忠。反之,若没有以上这种安伦尽份的生命态度得到的结果只能是“以此为君则不义,为臣则不忠,为父则不慈,为子则不孝,为兄则不良,为弟则不弟”。(《非命·上》)这样的结果既是个人无命的表现又是社会失治的象征。所以,个人的命既需要不安于先天的命定,同时又需要明确个人在人伦坐标中的位置,安于伦分、恪尽伦职。总之,个人对命既需要强劲的精神也需要敬畏的心灵,否则只能算作是“暴人之道”。暴人之道的不义、不忠、不慈、不孝、不良、不弟不度、无节等表现与三表法中的“原之”即“下原察百姓耳目之实”的原则又相违背,因此是被墨子所否定的。

知命对于个人的实利又有什么影响呢?墨子首先否定了个人生命中的“罢不肖”思想。罢,有疲与驽钝的意思。对罢不肖的解释大致有四种:①“弱不胜任者”;②“无行”;③“乏于德义者”;④罢士不伍。罢不肖就是做事拖沓不贤的人。持有罢不肖命定思想的人认为一切都有注定,于是沉溺吃喝,做事懒惰,这样就造成个人的穷困和国家的亡失。即使在三代圣王治世的时代这样的人也会饥寒交迫。这是从国家和个人层面上考察罢不肖的危害。从形上的角度而论,如果相信命定的思想就会不信上天和鬼神,心中无所敬畏,而相信一切都是命中注定的。所以,在社会上层的人不治理国家，在下层的人不好好做事，于是对天、鬼、国、人都不能带来实际的利益。总之，相信有命定思想的人是造成国家混乱、个人穷困的原因，相信命定思想是暴人之道。墨子以三表法中的"用之"出发从鬼神、社稷、穷富三个方面进行了说明。

二、命之态度：俭节

在《非命·上》篇中可以看出墨子以三表法论证了命定思想不符合天、鬼、国、人的实际利益，能带来的只能是对天鬼意志的违逆、国家正事的荒废以及人的穷困饥寒，是暴人之道。《非命·中》篇中又进一步补充了墨子将俭节思想之于命的意义涵括在内。何谓俭节？《尔雅》对俭的解释为："瞿瞿、休休，俭也。"郝疏："俭者，敛也。"段玉裁在《说文》注中说："俭者，不敢放侈之意。"这个敛字含有对内自敛、自约、不放纵的意思。何谓节？《说文》对节的解释为："竹约也。"段玉裁注："竹约也。约，缠束也。竹节如缠束之状。"《周易·节》曰"节：亨。苦节，不可贞。"孔颖达注解为"节，止之义"。朱熹解为："节，有限而止也。"节意为竹子的自我缠束而形成的骨节，引申为节省、克制之意，是外发程度上的适当、适度、节制的意思。通过词义的辨析我们再来思考墨子下面这段话：

> 是故昔者三代之暴王，不缪其耳目之淫，不慎其心志之辟，外之驰骋田猎毕弋，内沉于酒乐，而不顾其国家百姓之政。繁为无用……恶恭俭而好简易，贪饮食而惰从事，衣食之财不足，使身至有饥寒冻馁之忧，必不能曰：我罢不肖，我从事不疾。必曰：我命固且穷。（《非命·中》）

墨子的这段话主要是说夏商周的三代暴君不懂得外节和内敛，对外的消费方面"繁为无用""内沉于酒乐"，在内在的俭省方面，"不缪其耳目之淫，不慎其心志之辟"，而对他们对此的解释是命中注定如此；三代中的伪民，"繁饰有命，以教众愚朴人久矣"；三代的穷民怀有同样的命定思想所以"恶恭俭而好简易，贪饮食而惰从事"，这是他们饥寒交迫的原因。可见，暴君、伪民、穷民的相同点都是相信命定如此，而不向内从自己身上找原因。从中我们得到的启示是，墨子的非命思想除了以三表法作为对命定的否定外，也有从现实生活外节而内俭的侧面例证简朴节约的生活态度对于生命的意义。将重生与节俭相联系在墨子思想中是一以贯之的一条主线。

三、命之崇扬：尚力

"强力"是墨子对后天主观能动性的一种概括，可以从《非命·下》中的"吾罢不肖，吾从事不强"和"夫岂可以为命哉？故以为其力也"两句得出。为何要强力？因为，即使在禹汤文武这些圣王治理天下的时候也会因为出现罢不肖之人，而要使

“饥者得食,寒者得衣,劳者得息,乱者得治”这个目的所依仗的无非就是强力。这是从圣王的角度出发认为尚力对于后天之命的重要性。从贤良之臣的角度出发,力同样重要。“今贤良之人,尊贤而好功道术,故上得其王公大人之赏,下得其万民之誉,遂得光誉令问于天下。亦岂以为其命哉?又以为力也。”(《非命·下》)贤良的人尊贤人而且喜好的是能带来实功的道论与实际操作层面的术,所以既可以得到王公们的赏识又可以得到百姓的赞誉。而这些荣誉不是先天就被赋予的,而是因为后天不停地努力所达到的。反之,那些失败的君王和罢不肖之民的共同点都是将一切的结果都归为命定如此,所以自己“贪饮食而惰从事”。而且凡是相信命定的人都有外用方面的不知节和内在德性方面的“恶恭俭”,而这都是后天之命里应当屏除的东西。所以,因为相信命定而导致不端正的生活态度从而致失败的结果已有先例,那么现实中要怎样做才是尚力的表现呢?

对王公大人而言,之所以蚤朝晏退不敢怠倦是因为“强必治,不强必乱;强必宁,不强必危”;对卿大夫而言,之所以竭股肱之力、殚其思虑之知是因为“强必贵,不强必贱;强必荣,不强必辱”;农夫之所以强乎耕稼树蓺是因为“强必富,不强必贫;强必饱,不强必饥”;妇人之所以强乎纺绩织纴是因为“强必富,不强必贫;强必暖,不强必寒”。反之,如果社会各阶层都相信命中注定的言论,那么王公大人和卿大夫就会怠乎从事,天下必乱;农夫、妇人就会怠乎从事,衣食之财将不足。这样的结果只能是天下大乱。因为,墨子对于命的态度是“命者,暴王所作,穷人所术,非仁者之言也”。(《非命·下》)这里的怠就是相信先天命定的生活方式,力或者强是相信后天能动性的生活方式。基于三表法中的“用之”,即“发而为政乎国,察万民而观之”可知,命之态度在于尚力。

总之,我们可以看出在《非命》篇中墨子对于罢不肖之人的现实鞭笞,对于现实生活的态度是内俭而外节,对于强力的推崇是命之崇扬。对强的肯定对怠的否定是以现实功用的方式论述明确。而墨子对命的看法又是以墨家的实利旨趣为贯穿始终的。例如,“故命上不利于天,中不利于鬼,下不利于人”。(《非命·上》)这里借士君子之口说出“欲天下之富而恶其贫,欲天下之治而恶其乱”,是从国家富强治安的视域中考量知命不力强的危害。在这样一个视域中,利是力所带来的实功,而知命罢不肖的人必然带来国家的贫穷和天下的混乱。利,既是墨子所言称的义,更是不安于命的现状而奋发搏击后所能带来的实际好处。所以非命三篇虽然记录有别但都是以墨家的核心思想“兴利除害”为结束语。故曰“今天下之士君子,中实将欲求兴天下之利,除天下之害,当若执有命者之言,不可不强非也”。

四、墨子非命思想的启示

在既有的对墨子非命思想的研究中,人们往往注重于生与命的阐释,生命固然是中国哲学的标志性概念之一，然而当我们进一步思考墨子学说的实功性旨趣时不难发现现实利害是墨子非命思想的评判标准之一。这一点在《非命》篇中表现为对"恶恭俭而好简易"引起的衣食之财不足的担忧。如上所述，墨子对俭节的论述是侧重内俭和外节的，针对的是衣食之财不足的"时命"而发出的实功性考量。这是研究墨子《非命》思想的一条路线。而现有研究中对《非命》中俭节思想的阐释相对而言不是太多，这正是我们研究墨子思想时需要进一步深挖的地方。基于此，在文化强国的当下视域中，墨子俭节思想在当代社会中至少可以带给我们如下启示：

(1) 重生俭葬。墨家从实功性出发诠释生与死的意义。活着是为了做创造价值的实事，而不是沉溺于对逝者的悲伤之中。葬的要求是能让机体组织得以瓦解而不污染环境为要求。联系现实，面对各地纷纷出现"天价墓地"的情况，我们要做的不是扩展公墓面积或打压墓价，而是从价值取向中树立俭葬重生的理念。俭葬不仅是要避免"死人与活人争地"的用地局面，而且要认识到遗风陋俗的危害。当下，仍有不少地方大操大办丧葬之风，甚至变相为显示主家地位的场面，由此而来的是浪费钱财与人力，出现丧葬吃喝、奢侈礼金的情况。重生俭葬的理念要求我们摈弃遗风陋俗，以文化的形式将对释者的缅怀化为生者前进的力量，将金钱与精力花在恰当处而不是用在丧礼的"装点门面"上。

(2) 止奢节用。俭约是中华民族的传统美德，体现的是质朴的操守和审美的情趣，墨之节其核心理念是止奢。节本身有恰到适度的含义，止字更是要求保持在一定的度上。止奢节用在当下有着特殊的含义。一方面，我们已经基本建成小康社会，人民物质生活水平有了质的提升。另一方面，奢靡之风在日常生活中随处可见。无论是衣之节还是食之节其标准都是抑奢止用，既强调满足基本需求而不加过多装饰。如果不能在全社会树立俭节意识，社会发展势必受到资源的制约。那么，如何实行？"善禁者，先禁其身而后人"，厉行俭节，反对奢靡，要从自我做起，从公知、领导做起。切实做到止奢节用，不仅是传统美德的内在要求也是建设节约型社会的必然要求。

(3) 务实强本。墨子的"分人以事"思想与"简政放权"是同一种意思；"分人以事"是务实性的行政简易程序，"分人以禄"是重视民利的强本之策。务实而强本是国家兴盛的必要条件。所以说"用财节，自养俭，民富国治"。此外，将务实强本的政俭思想与节用思想相联系，我们不难得出将政工教育与俭德考核相接轨从而落实到具体的考核中的具体举措，例如将计划内的公务活动节省情况和奢侈浪费情况作为俭德考核的重要内容，以避免口号化与形式化的教育宣传。

综上所述，墨子的非命思想和俭节思想对于21世纪的人们有着十分重要的意义。因为，人类所共同面临的难题是人口、资源、环境的三大危机。在技术层面，虽然人类可以利用核物理、基因工程等技术暂时缓解能源短缺，但从根本上说，迄今为止的地球危机不在于物质的匮乏而是起因于人类对自身生命价值的背离。联系到现实生活,我国是14亿人口的大国,但水资源仅占全球的6%,是世界平均水平的25%,是水资源贫乏的国家之一,但同时生活中随处可见对资源的浪费,而不是把价值建立在可供人类长期发展的实功实利的基础上。基于此,当我们再次审视墨子非命思想和俭节思想不难发现其有着鲜明的重实功实利的价值取向,墨子谈俭节是立基于自然人性论之上的,其意义在于将从价值判断中属于浪费的奢来回归到自然需求中的合理性程度,从而回归到俭省的传统美德中来。正如有关学者所指出的:"持有墨子观念的人,无论多么富裕,从内心深处来说都是节俭的。"而这是当时墨子对生命的态度。何以与外部环境相处,何以与自己的心灵相处,对这些问题的审思是今天的人们重温生命思想所应思考的应有之义。

有利与不伤害原则的中国传统道德哲学辨析

肖茂伟

郑州轻工业大学马克思主义学院

摘　要　西方生命伦理四原则中的“行善原则”(中国学界称之为“有利原则”)和“不伤害原则”传入中国后,中国生命伦理学界有时又被合二为一地称为“有利与不伤害原则”,这样一种变化和整合并不仅仅是经由中国学者的翻译和诠释不同而造成的,而是在其背后蕴藏着某些深层次的中华文化、民族心理、中国哲学和道德哲学的因子。本文便是在中国古代哲学、中国传统道德哲学的背景下对“有利与不伤害原则”和“有利无伤原则”的思想特质和辩证运思进行一种探索性的辨析。中国传统道德哲学中老子“利而不害”、墨家“损而不害”以及李贽“万物并育,原不相害”的观点,既道出了“利物而不害物”的自然法则,也揭示了“利人而不害人”的道德准则,其蕴涵的道德哲学智慧和伦理道德境界更是令人折服。而具有哲学运思的“利害之辨”在自然主义、心理学、经验论和方法论上呈现出利、害、不害等之间的辩证关系;同时,道德哲学上的“利害之辨”一方面在人性论或人情论以及心论中得以呈现,另一方面在利害与义利、仁道、善恶、德法等之间的关系上建构了义、利、害相统一的“义利-利害观”。

关键词　有利原则;不伤害原则;有利与不伤害原则;利害之辨;“义利-利害观”;“有利-伤害观”;中国传统道德哲学

在西方生命伦理学理论体系中,“由美国学者比彻姆和查尔瑞斯提出的生命伦理四原则,即自主原则、不伤害原则、行善原则和公正原则一直作为伦理决策的首选,并被欧美等许多医学组织视为医生的职业行为依据”;同样,该生命伦理四原则传入我国后也“逐渐成为教科书中的主要内容,并被列为国家医师资格考试的内容”,不同的是,“其中的自主原则被改为尊重原则,行善原则被改为有利或有益原则”。因此,在我国相关研究中便出现自主原则、不伤害原则、有利原则和公正原则的医德或生命伦理四原则。而且孙慕义等学者不仅将其中的有利原则和不伤害原则合二为一,称之为“有利与不伤害原则”,并视其为生命伦理学的基本原则之一,同时还将“不伤害原则”称之为“有利无伤原则”。

一、"利而不害"的思想特质

事实上,"有利""不伤害""有利与不伤害""有利无伤"这样的概念和称谓不仅具有鲜明的中国传统道德哲学色彩,而且它们之间的关系又具有中国传统道德哲学层面的辩证运思。而就是在此基点上,可以从中国传统道德哲学的视角来辨析有利原则和不伤害原则背后所蕴涵的道德哲学层面的思想特质及其辩证运思。其中,"有利与不伤害"或"有利无伤"的中国传统道德哲学特质可以从道家老子"利而不害"的道德智慧中辨析出来。

"圣人不积,既以为人,己愈有;既以与人,己愈多。天之道,利而不害。圣人之道,为而不争。"圣人"无私自有,唯善是与,任物而已",而"天道动而使物生之、成之",因而天道利物而不害物,由此,圣人则因循天道、"顺天之利,不相伤"故而利人而不害人(《老子·八十一章》)。而这种利物而不害物的思想在李贽那里也有所体现:"万物并育,原不相害者,而谓余能害之,可欤?"(《李贽全集·焚书注·答邓明府》)万物本不相害,我又有何能害它呢!并且,圣人这样做也"不害"己,即所谓"既以为人,己愈有;既以与人,己愈多"。这不仅因为"物"是"或损之而益,或益之而损"的,更因为"道生一,一生二,二生三,三生万物",所以万物"以一为主,一何可舍"呢!万物若"愈多愈远,损则近之。损之至尽,乃得其极"(《老子·四十二章》),因而"损"对于万物而言是一种返回进而归一于"道"的过程。而这是又与老子的"往""反"思想密切相关的:"执大象,天下往;往而不害,安平太"(《老子·三十五章》);"大曰逝,逝曰远,远曰反"。并且,"道"的这种一往一返的活动是"周行而不殆"(《老子·二十五章》)的。可以说,圣人"不积"而"为人""与人"是一种"得道"的活动,这样,对于圣人而言也是一种利人而不害人且又不害己的活动。

可见,在老子看来,"利而不害"不仅是一种客观的自然规律,而且是圣人"为人""与人"所因循的人类法则,这样圣人便像天利物而不害物一样利人而不害人。其中,"为人""与人"而"不积"则彰显了圣人"贡献他人而不和人争夺功名的精神"和"伟大的道德行为"。这也正是老子希望世人能够做到的,所以便在《道德经》的最后给世人留下了或者确切地说是立下了"人类行为的最高准则",即利人而不害人,而其中的道德智慧无疑也是最高的。之所以称之为"最高",是因为在老子那里,"得道"于己最多是一种"不害己"而不是"利己"的活动,这更彰显出圣人"无私自有"的至高道德境界,也即老子所说"不可得而利,不可得而害""故为天下贵"(《老子·五十六章》)。而这对于人的生命与健康又何尝不是一种最高的道德智慧和道德准则。

无独有偶,墨家也提出了"损而不害"的观点:"不能而不害,说在害。损而不害,说在余。""凡事有害于人者,不能不足为害";而凡物有所减去却不害于人,不能不说其多余了(《墨子闲诂·经下》)。就此墨家举例说"损饱者去余,适足不害,能害饱"。"损去其多余"则"食适足,不害于人,而过饱乃为害"(《墨子闲诂·经说下》)。这便是墨家所说的"适""宜"。那么怎样做到适宜呢?墨家认为要通过"平"即"知无欲恶"(《墨子闲诂·经上》)来达到适宜,比如,"若识麋与鱼之数,惟所利,无欲恶。伤生损寿,以少连(适),是谁爱也?尝多粟,或者欲不有能伤也,若酒之于人"。意思是说,若知道麋鹿和鱼都是用来吃的这一共同点,而没有什么偏好与嗜好,那么就适宜了。否则就会伤害身体而折寿,这是不适宜导致的结果。如此,又有谁喜欢那样做呢?就像"酒无益于人,损之为宜"(《墨子闲诂·经说下》),板栗吃多了却又不想伤害身体是不可能。所以说"无欲恶之为(无)益损也,说在宜",换言之,要知道无欲恶便无益损则可达到适宜的道理(《墨子闲诂·经下》)。

墨家这种"损而不害"的观点反映在人与人之间的关系上便是"利人者,人必从而利之""害人者,人必从而害之"(《墨子闲诂·兼爱中》),利人看似损己实则也是利己的,因为已所利之人反过来也会利己;而害人看似利己实则也是害己的,因为己所害之人反过来也会害己。于此,二程、朱熹也有类似的观点。"子曰:'放于利而行,多怨。'……程子曰:'欲利于己,必害于人,故多怨。'"(《论语·里仁》)可见,墨家也主张一种利人而不害人的观点。只是,与道家不同,墨家主张利人而不害人的同时也主张利人且利己,因为在墨家看来,利人、利己、害人、害己之间的关系是相互的、辩证的。由此,墨家在道德境界上要逊于道家,然而就其现实合理性而言则比较完备,毕竟利人、利己、害人、害己的现象在现实中均有存在的可能性,并且,它们之间的辩证关系更能体现"利而不害""损而不害"的辩证运思。

由此观之,生命伦理的有利与不伤害原则或有利无伤原则在中国传统道德哲学那里可以找到更为抽象且更为深刻的文化与哲学、伦理与道德层面的基因,而这也正体现出这一原则的道德哲学层面的思想特质及其辩证运思。

二、"利害之辨"的哲学运思

就道德哲学层面辩证运思而言,更为丰富、更为深刻的思想还体现于中国古代哲学、传统道德哲学史上的"利害之辨"当中。纵观中国古代哲学、中国传统伦理思想史,利害之辨的内容主要在哲学和道德哲学两个层面得以呈现,利害之辨在中国古代哲学上的运思则具有以下特点:

首先,具有客观自然主义的特质。比如,老子不仅从天道的层次认识利害,而且从利害统一于道的视角解释二者之间的既对立又统一的关系:"天之道,利而不害"(《老子·八十一章》);"祸兮福之所倚,福兮祸之所伏"(《老子·五十八章》)。而荀子则将天道转化为人道,并从生理机体上来认识利与害,并指出人与人之间具有共同的自然属性:"饥而欲食,寒而欲暖,劳而欲息,好利而恶害,是人之所生而有也,是无待而然者也”(《荀子・荣辱》);“今人之性,生而有好利焉……生儿有耳目之欲,有好声色焉……凡性者,天之就也,不可学,不可事”(《荀子・荣辱》)。

其次,具有一定的心理学基础。比如老子很早就指出“人之所恶,唯孤寡不穀,而王公以为称”(《老子・四十二章》),意即普通人所厌恶的却是王公所欢喜的。墨家不仅最先从心理上对利、害的概念加以界定,而且还论证了利与害之间的辩证关系。“利,所得而喜也”,“害,所得而恶也”(《墨子・经上》);“利,得是而喜,则是利也。其害也,非是也。害,得是而恶,则是害也。其利也,非是也”(《墨子・经说上》)。而韩非则最先直接指出利与害在概念上具有“相反”的关系:“夫欲利者必恶害,害者,利之反也,反于所欲,焉得无恶?”(《韩非子・六反》)“利害有反”(《韩非子・内储说》)。

再次,具有经验论上的社会基础。比如,墨子从天下之势的视角指出何为天下之利、天下之害:“天下之人皆相爱,强不执弱,众不劫寡,富不侮贫,贵不敖贱,诈不欺愚”为天下之利;而“大国之攻小国也,大家之乱小家也,强之劫弱,众之暴寡,诈之谋愚、贵之敖贱,此天下之害也”(《墨子・兼爱中》);“大国之攻小国也,大家之乱小家也,强之劫弱,众之暴寡,诈之谋愚、贵之敖贱,此天下之害也”(《墨子・兼爱下》)。管仲则从现实人们不避疲劳、艰难、危险而逐利的行为中指出利在人类社会行为中的作用。“商人通贾,倍道兼行,夜以续日,千里而不远者,利在前也。渔人之入海,海深万仞,就波逆流,乘危百里,宿夜不出者,利在水也。故利之所在,虽千仞之山,无所不上,深源之下,无所不入焉。”(《管子・禁藏》)而韩非更是从社会层面对利与害进行了功利主义的审视:“舆人成舆则欲人之富贵,匠人成棺则欲人之夭死也。非舆人仁而匠人贼也。人不贵则舆不售。人不死则棺不买,情非憎人也,利在人之死也”(《韩非子・备内》);“凡法令更则利害易,利害易则民务变,民务变谓之变业”(《韩非子・解老》);“人主不察社稷之利害,而用匹夫之私誉,索国之无危乱,不可得矣”(《韩非子・八说》)。尤其是韩非在对社会人际关系进行考察的基础上揭示出人与人之间的关系就是计算利害的关系:“故君臣异心,君以计畜臣,臣以计事君,君臣之交,计也。害身而利国,臣弗为也;害国而利臣,君不行也。臣之情,害身无利;君之情,害国无亲。君臣也者,以计合者也。”(《韩非子・饰邪》)“父母之于子也,产男则相贺,产女则杀之。此俱出父母之怀衽,然男子受贺,女子杀之者,虑其后便、计之长利也。故父母之于子也,犹用计算之心以相待也,而况无父子之泽乎!”(《韩非子・六反》)

最后,也具一些方法论上的建树。比如,墨子提出的“权”:于所体之中而权轻重,之谓权。权非为是也,非非为非也。权,正也。断指以存腕,利之中取大,害之中取小也。害之中取小也,非取害也,取利也。其所取者,人之所执也。遇盗人,而断指以免身,利也;其遇盗人,害也。断指与断腕,利于天下相若,无择也。死生利若，一无择也。杀一人以存天下，非杀一人以利天下也；杀己以存天下，是杀己以利天下。于事为之中而权轻重，之谓求。求为之，非也。害之中取小，求为义，非为义也。……不可正而正之。利之中取大，非不得已也。害之中取小，不得已也。所未有而取焉，是利之中取大也。于所既有而弃焉，是害之中取小也（《墨子·大取》）。利害既有大小之分也有得已和不得已之别，而要做得正好、恰到好处，就需要权衡其轻重甚至有所舍弃。

又如，荀子提出的“顾”“虑”“权”“计”“辨”：欲恶取舍之权：见其可欲也，则必前后虑其可恶也者；见其可利也，则必前后虑其可害也者；而兼权之，熟计之，然后定其欲恶取舍。如是，则常不失陷矣。凡人之患，偏伤之也。见其可欲也，则不虑其可恶也者；见其可利也，则不顾其可害也者。是以动则必陷，为则必辱，是偏伤之患也（《荀子·不苟》）。“可欲”“可恶”“可利”“可害”均需要前后有所“顾”“虑”，进而“兼权之，熟计之”方能定其欲恶取舍。否则，将会陷入被动且受辱的患害之中。因为可欲的有可能是可恶的，可利的也有可能是可害的。

人之所以为人者，何已也？曰：以其有辨也。饥而欲食，寒而欲暖，劳而欲息，好利而恶害，是人之所生而有也，是无待而然者也，是禹、桀之所同也。然则人之所以为人者，非特以二足而无毛也，以其有辨也（《荀子·非相》）。

尽管与人之间具有相同的自然属性，然而人之所以为人并不是因为与动物不同，而在于人有辨别包括利害在内的能力。

再如，韩非提出的“权计”“权”：“明于权计，审于地形舟车机械之利，用力少，致功大，则入多”（《韩非子·难二》）；“古者有谚曰：‘为政犹沐也，虽有弃发必为之。’爱弃发之费，而忘长发之利，不知权者也。夫弹痤者痛，饮药者苦，为苦惫之故，不弹痤饮药，则身不活、病不已矣。”（《韩非子·六反》）若要实现和达到“功大”而“入多”和“长远之利”，就要在“权计”上有所“明”、在“权”上有所知。利害之大小、利害与否全在“权计”和“权”，由此才能把握利害大小、利害与否的辩证关系。

三、义利害相统一的道德哲学辨析

而哲学上的利害之辨体现在中国传统道德哲学中一则关涉到人性论、人情论以及心论，各家各派虽有差异，但趋利避害的人性论、人情论以及心论是其共性。

在先秦，墨家“利，所得而喜也”“害，所得而恶也”（《墨子·经上》）的观点可谓是有关利害最早的心论。同时，孟子也较早认识到害既有生理方面的也有心理方面的，且不能以生理之害为心理之害，否则会产生真正意义上的“忧”：“孟子曰：‘饥者甘食，渴者甘饮，是未得饮食之正也，饥渴害之也。岂惟口腹有饥渴之害？人心亦皆有害。人能无以饥渴之害为心害，则不及人不为忧矣。’”（《孟子·尽心章句上》）而管子则较早从自然主义人性论上明确揭示了趋利避害的人情论：“夫凡人之情，见利莫能勿就，见害莫能勿避。”(《管子・禁藏》)荀子也提出了具有自然主义成分的性情论：“今人之性，饥而欲饱，寒而欲暖，劳而欲休，此人之性情也”(《荀子・性恶》)；“目好色，耳好声，口好味，心好利，骨体肤理好愉佚，是皆生于人之情性者也，感而自然，不待事而后生之者也”(《荀子・性恶》)；“凡人有所一同：饥而欲食，寒而欲暖，劳而欲息，好利而恶害，是人之所生而有也，是无待而然者也，是禹、桀之所同也。”(《荀子・荣辱》)在这一点上韩非则师承荀子：“好利恶害，夫人之所有也”(《韩非子・难二》)；“安利者就之，危害者去之，此人之情也”(《韩非子・奸劫弑臣》)。秦以后，二程不仅承认存在利害，并认为计较利害乃人之常情。“若无利害，何用计较？利害者，天下之常情也。”(《二程遗书・伊川先生语三》)同样，朱熹也承认人性、物性均有自然本能一面。“曰：气相近，如知寒暖，识饥饱，好生恶死，趋利避害，人与物都一般。”(《朱子・性理一・人物之性气质之性》)而叶适则指出“就利远害”乃人之同心：“人心，众人之同心也，所以就利远害，能成养生送死之事也。”(《习学记言序目・尚书・虞书》)此外，黄宗羲、李贽等在人情论和心论上亦然：“好逸恶劳，亦犹夫人之情也”(《黄宗羲全集・明夷待访录・原君》)；“趋利避害，人人同心”(《李贽全集・焚书・答邓明府》)。

二则关涉到利害与义利、仁道、善恶、德法等之间的关系，表现在两个方面。

一方面是对立的关系。于此孔子当属首位：“放于利而行，多怨”；“君子喻于义，小人喻于利”(《论语・里仁》)。不过，孔子却“罕言利与命与仁”(《论语集・子罕》)，所以孔子并没有后来的孟子那样态度直接、尖锐：“何必曰利？亦有仁义而已矣”(《孟子・梁惠王章句上》)；“为人臣者怀利以事其君，为人子者怀利以事其父，为人弟者怀利以事其兄。是君臣、父子、兄弟终去仁义，怀利以相接，然而不亡者，未之有也”(《孟子・告子章句下》)。并且，孟子也将利与善相对立：“孟子曰：‘鸡鸣而起，孳孳为善者，舜之徒也。鸡鸣而起，孳孳为利者，蹠之徒也。欲知舜与蹠之分，无他，利与善之间也。’”(《孟子・尽心章句上》)后来，董仲舒则袭承孔孟。“凡人之性，莫不善义，然而不能义者，利败之也。故君子终日言不及利，欲以勿言愧之而已，愧之以塞其源也。夫处位动风化者，徒言利之名尔，犹恶之，况求利乎。”(《春秋繁露・玉英》)再后来，二程、朱熹均认此理。比如，二程认为“人皆知趋利而避害，圣人则更不论利害，惟看义当为与不当为，便是命在其中也”(《二程遗书・伊川先生语三》)。朱熹则更甚：“盖仁多，便遮了义；义多，便遮了那仁”(《朱子・性理一・人物之性气质之性》)；“人性本善，只为嗜欲所迷，利害所逐，一齐昏了”(《朱子・学二・总论为学之方》)；“小人之心，只晓会得那利害；君子之心，只晓会得那义理。见义理底，不见得利害；见利害底，不见得义理”，“君子只知得个当做与不当做，当做处便是合当如此。小人则只计较利害，如此则利，如此则害。君子则更不顾利害，只看天理当如何”(《朱子・论语九・里仁篇下》)；“初来本心都自好，少间多被利害遮蔽”(《朱子·程子之书三》)。同样,陆九渊在这一点上与朱熹相同:“‘天下之言性也,则故而已矣,故者以利为本。’此段人多不明首尾文义。……当孟子时,天下无能知其性者。其言性者,大抵据陈迹言之,实非知性之本,往往以利害推说耳,是反以利为本也”(《陆九渊集·语录上》);“古人理会利害,便是礼义,后世理会礼义,却只是利害。”(《陆九渊集·语录上》)

另一方面是统一关系。如前文所述老子将利、害、不害统一于“道”;而墨家不仅用“兼”“兼爱”来兴利除害,而且还将“义”“利”相统一。仁人之事者,必务求兴天下之利,除天下之害。今吾本原兼之所生天下之大利者也,吾本原别之所生天下之大害者也。是故子墨子曰别非而兼是者,出乎若方也。乐记郑注云:‘方犹道也。’”(《墨子·兼爱下》)“义,利也。”(《墨子·经上》)

同样,管子在对利、害、不害关系的处理上,既诉诸“道”“政”“仪”也启用“仁”,由此才能实现“致利除害也”(《管子·禁藏》):“凡治乱之情,皆道上始。故善者圉之以害,牵之以利,能利害者,财多而过寡矣。”(《管子·禁藏》)

“建当立有,以靖为宗,以时为宝,以政为仪,和则能久。非吾仪,虽利不为。非吾当,虽利不行。非吾道,虽利不取。上之随天,其次随人。”(《管子·白心》)

“大心而敢,宽气而广。其形安而不移,能守一而弃万苛,见利不诱,见害不惧,宽舒而仁,独乐其身,是谓云气,意行似天。”(《管子·内业》)“节欲之道,万物不害。”(《管子·内业》)而荀子不仅以义制利而且与智愚之别、荣辱之分之“常体”相关联,以此处理“好义”与“欲利”“安危”与“利害”之间的关系。

“将以为智邪?则愚莫大焉。将以为利邪?则害莫大焉。将以为荣邪?则辱莫大焉。将以为安邪?则危莫大焉。”(《荀子·荣辱》)“荣辱之大分,安危利害之常体:先义而后利者荣,先利而后义者辱;荣者常通,辱者常穷;通者常制人,穷者常制于人:是荣辱之大分也。材悫者常安利,荡悍者常危害;安利者常乐易,危害者常忧险;乐易者常寿长,忧险者常夭折:是安危利害之常体也。”(《荀子·荣辱》)韩非虽在人情论上师承荀子但在趋利避害上则袭承但又不同于管子,提出“不务德而务法”(《韩非子·显学》),以此实现“进利除害”(《韩非子·难势》)。并且,韩非也将利害与公私、善恶相关联:今缓刑罚行宽惠,是利奸邪而害善人也,此非所以为治也(《韩非子·难二》)。法之为道,前苦而长利;仁之为道,偷乐而后穷。圣人权其轻重,出其大利,故用法之相忍,而弃仁人之相怜也(《韩非子·六反》)。

布衣循私利而誉之,世主听虚声而礼之,礼之所在,利必加焉。百姓循私害而訾之,世主壅于俗而贱之,贱之所在,害必加焉。故名赏在乎私恶当罪之民,而毁害在乎公善宜赏之士,索国之富强,不可得也(《韩非子·六反》)。董仲舒则既袭承孔孟又借鉴墨家,提倡通过义来兴利除害:“故圣人之为天下兴利也,其犹春气之生草也,各因其生小大而量其多少,其为天下除害也,若川渎之写于海也,各顺其势,倾侧而制于南北。故异孔而同归,殊施而钧德,其趣于兴利除害一也。是以兴利之要在于致之,不在于多少;除害之要在于去之,不在于南北。"(《春秋繁露·考功名》)总而言之,西方生命伦理四原则中的"行善原则"和"不伤害原则"传入中国后,中国生命伦理学界有时又被合二为一地称为"有利与不伤害原则",并被视为生命伦理学的基本原则之一,甚至其中的"不伤害原则"又被称为"有利无伤原则"。这样一种变化和整合并不仅仅是经由中国学者的翻译和诠释不同而造成的,而是在其背后蕴藏着某些深层次的中华文化、民族心理、中国哲学和道德哲学的因子。

四、结语

中国传统道德哲学中老子"利而不害"、墨家"损而不害"以及李贽"万物并育,原不相害"的观点,既道出了"利物而不害物"的自然法则,也揭示了"利人而不害人"的道德准则,其蕴涵的道德哲学智慧和伦理道德境界更是令人折服。而具有哲学运思的"利害之辨"在自然主义、心理学、经验论和方法论上呈现出利、害、不害等之间的辩证关系;同时,道德哲学上的"利害之辨"一方面在人性论或人情论以及心论中得以呈现,另一方面在利害与义利、仁道、善恶、德法等之间的关系上建构了义、利、害相统一的"义利-利害观"。由此观之,"有利与不伤害原则"既体现了具有中国传统道德哲学特质的道德智慧,也拓宽了西方生命伦理"行善原则"和"不伤害原则"的研究视域,更有利于在生命伦理学中建构科学的"有利-伤害观"。这或许也是中国传统道德哲学之于当代生命伦理学所作的贡献之一。

参考文献

[1] 孙福川,王明旭.医学伦理学[M].4版.北京:人民卫生出版社,2013.

[2] 孙慕义,徐道喜,邵永生.新生命伦理学[M].南京:东南大学出版社,2003.

[3] 孙慕义.医学伦理学[M].4版:北京:高等教育出版社,2010.

[4] 王弼,注.老子道德经注校释[M].楼宇烈,校注.北京:中华书局,2008.

[5] 张建业,张岱,注.李贽全集注:第一册:焚书注[M].北京:社会科学文献出版社,2010.

[6] 陈鼓应,注译.老子今注今译[M].修订版.北京:商务印书馆,2003.

[7] 孙诒让,撰.墨子闲诂[M].孙启治,点校.北京:中华书局,2001.

[8] 朱熹.四书章句集注[M].北京:中华书局,1983.

[9] 王先谦,撰.荀子集解[M].沈啸寰,王星贤,点校.北京:中华书局,1988.

[10] 韩非.韩非子新校注[M].陈奇猷,校注.上海:上海古籍出版社,2000:1011.

[11] 黎翔凤,撰.管子校注[M].梁运华,整理.北京:中华书局,2004.

[12] 程颢，程颐，撰.二程遗书[M].潘富恩，导读.上海：上海古籍出版社，2000.
[13] 黎靖德.朱子语类[M].王星贤，点校.北京：中华书局，1986.
[14] 叶适.习学记言序目卷：全二册[M].北京：中华书局，1977.
[15] 黄宗羲.黄宗羲全集：第一册[M].杭州：浙江古籍出版社，1985.
[16] 苏舆，撰.春秋繁露义证[M].钟哲，点校.北京：中华书局，1992.
[17] 陆九渊.陆九渊集[M].钟哲，点校.北京：中华书局，1980.

老龄人道德关怀的缺失、原因及其对策分析

黄成华

华南师范大学政治与行政学院,广东医学院社科部

摘 要 老龄人因社会地位的变化而亟须道德关怀。对老龄人的道德关怀状况成为衡量社会文明程度的重要标准。老龄人道德关怀需要相应的社会保障,即老龄人老有所为的积极探索,新型代际伦理的尝试构建,政府功能的合理定位,老龄人慈善事业的有效拓展。

关键词 老龄人;道德关怀;代际伦理

在建设"资源节约型、环境友好型、人口协调型"三型社会中,人口老龄化问题比较突出。2015 年中国总人口数量超 13.6 亿人,60 周岁以上老龄人口 2.1 亿。[1] 未富先老的现象明显,老龄人问题凸显,引发全社会的聚焦。一些久病老人得不到好的照顾,一些独居老人离世多天才被发现。一些老龄人不堪忍受生活重负而选择自杀。各种各样的虚假医疗广告也以老龄人为重要传播对象,坑蒙拐骗。针对老龄人尤其是空巢老龄人的暴力犯罪现象增多。要适应时代需求,加强对老龄人的道德关怀。

一、老龄人社会地位的变化及其原因分析

1. 父权制的解体

在以家族为本位的封建宗法制所构建的大一统的等级统治秩序中,国有国君,族有族长,家有家长。封建君主因皇权专制而处于社会的核心地位,同样,老龄人因享有父权而居于家庭的凸显地位。传统文化中占统治地位的儒家思想强调,在家要孝,对国要忠,个体无论在家里还是在家外,都被编织进人伦关系网中。家国同构的运作机制,移孝作忠的亲情伦理向政治伦理的转化机制,使得政治伦理化,伦理政治化。对长辈的不孝顺就意味着对君主的不忠诚。"在父权制与君主专制共同编织的宗法人伦之网中,个人完全被'五伦'所统摄。'五伦'即'父子有亲,君臣有义,夫妇有别,长幼有序,朋友有信'(《孟子·滕文公上》),其中父子关系、夫妇关系、长幼关系是以家族关系为基础的,君臣关系、朋友关系是一种拟家族关系,因此,一切社会关系都是由父权制决定的家族关系或拟家族关系,整个社会就是一个

大家族。君王是百姓的君父,臣民乃君王的子民,官吏是黎民的父母官。'三纲五常'是维护宗法等级统治秩序的总纲,孝道是维系长幼尊卑名分与体现人子身份的根本伦理原则,由此形成了以孝道为文化根源、以家庭养老为主要形式的老龄关怀伦理文化。"[2]封建社会出于维护皇权统治秩序的需要,极力强化父权家长制,使得尊老敬老的道德义务带有强制性执行的特点。老龄人因为掌握有大量的社会资源,所以,不尊老敬老非但意味着被剥夺了享有这些社会资源的机遇,而且意味着对父权家长制的蔑视,挑战封建纲常伦理秩序,被视为大逆不道和忤逆之举,严重者甚至会被逐出家门,丧失财产继承权。尊老敬老在封建社会,不但是道德义务,而且是政治义务。"儒教社会以'仕儒'为载体通过科举制与皇权相结合,形成文化与政治同构,为专制皇权与社会秩序文化提供强有力的精神支柱。"[3]在父权制的威逼利诱之下,只能唯命是从,而不敢越雷池一步。尊老敬老是封建宗法制的延伸性要求,是维护三纲五常等纲常伦理秩序的必然要求,是"君为臣纲、父为子纲、夫为妻纲"封建宗法制的制度性要求。"在尼采看来,知识不是随意产生的,它总是与社会需求的权力密切配合,不存在对客观世界正确反映的真理,只存在为权力意志服务的真理。"[4]福柯更旗帜鲜明地指出,"权力就是知识"。在现代社会,尊老敬老的道德要求已经不具有强制性。2013 年 7 月 1 日修订的《中华人民共和国老年人权益保障法》规定,与老年人分开居住的家庭成员,应当经常看望或者问候老年人。[5]

2. 生产生活方式的变更

传统的农业生产分工简单、技术含量低,农民依靠心口相传的经验从事农业,循环往复,周而复始,日复一日,年复一年。自给自足的小农经济是滋生经验主义的土壤。在经验性的农业社会中,老龄人因掌握生产技能和生活经验而处于社会的中心地位。精耕细作的农业生产更多的是经验化的生产,注重经验的积累。老龄人从事农业生产年份长,经验丰富,在传统社会理所当然占据中心地位。年轻人为了提高生存能力,必须从老龄人那里继承生产技能和生活经验。缺少了老龄人的经验传承和技术帮扶,年轻人可能会犯下揠苗助长的低级错误。无论是在社会、家族还是家庭,老龄人都拥有话语权,拥有社会资源,位高权重,德高望重,深受家庭成员的敬仰与爱戴。老龄人把话语权转换成社会特权,子女对老人唯命是从。老龄人的生产知识、经验和技能不能适应现代化生产方式的需要。生产方式的变更掏空了封建宗法制度的根基,建立在传统生产方式基础上的封建等级观念也随之土崩瓦解。在知识型、学习型社会,知识的更新速度加快,"活到老,学到老"的要求更加明显。一方面,老龄人的再学习能力下降,对新事物的接受能力减弱;另一方面,老龄人积累的生产经验变得过于陈旧和过时,对年轻人而言早已经不是知识权威。对比过去,反观当下,老龄人不可避免地产生心理落差感,感觉被周围的世界所孤立。农业社会发展缓慢,千年一貌。不断简单重复的生产方式造就了保守恒常的生活特点，在生活方式上重复“日出而作、日落而息”“面朝黄土背朝天”的日子；在生活空间上奉行“父母在、不远游”的原则；在人生追求上被土地紧紧地束缚着，陷入诸如“放羊—娶媳—生娃—放羊”的命运循环，自满于“三十亩地一头牛，老婆小孩热炕头”、小富即安的生活状态；在人际交往礼仪规范上，老龄人掌握规范的制定权和解释权；在人生归属上选择认祖归宗、落叶归根、入土为安的乡土情结。农民长期处于封闭生活的状态，人际关系类型简单，生活空间有限，使得农民阶级整体上视野狭隘，孤陋寡闻，小农意识浓厚。现代社会发展迅速，年轻人的生活方式、衣食住行、人生追求等变化多样，老龄人在传统生活中权威地位消失。

3. 身心发展的失衡

老龄人一如既往地进入人生转折期——身体衰退期，无论是体力还是智力都呈递减趋势。老龄人纷纷从生产型角色到消费型角色的转换带来了经济收入的锐减与支出的激增。这种鲜明、强烈的对比冲击着老龄人的自尊心、自信心和自豪感。老龄人身体的各部分器官功能衰退甚至衰竭，各种各样的老年病接踵而至，纷至沓来，老龄人尤其成为高血压、高血脂、高血糖的高发高危人群，健康状况每况愈下，生活自理能力逐步减弱，有心无力的无助感强烈。老龄人要承受因疾病频发而带来的身体之痛。此外，老龄人还要承受配偶离世、人生伴侣丧失而带来的丧亲之痛，情感异常脆弱，处于崩溃的边缘。随着独生子女家庭的增多，家庭重心逐渐下移，小孩成为全家的掌上明珠，被视为珍宝，而老龄人则成为被忽略的存在，“人小得老不得”的人生体验尤为深刻。“未富先老”的基本国情也使得由国家来供养老龄人显得捉襟见肘。一些地方的养老金已经出现亏空，收不抵支。“在我国现行的养老保险个人账户制度下，养老金预计发放年数低于预期剩余寿命 8 年，养老金投资回报率大幅跑输待遇增长率，继承制还导致养老金额外支出。”[6]

二、老龄人道德关怀的社会诉求

1. 对老龄人的道德关怀导源于老龄人的时空境遇

传统社会，老龄人因生活技能下降、体力不支、疾病缠身、自我防护能力不足等不利因素而引发的社会贡献率下降，可以由制度、生产、话语等霸权因素弥补。而在现代性运作中所发生的一系列变化都不利于老龄人。社会制度的变迁、生产方式的变更、老龄人角色的转换、生活技能的下降、身体的衰退、家庭重心的下移，这些不可逆转的因素都直接或间接地削弱着老龄人的社会地位，不利于其身心的和谐发展。老龄人被投以各种各样嫌弃的歧视性目光，其历史境遇变得雪上加霜。从老龄霸权到老龄弱势群体，老龄人经历了一段非常复杂的心路历程。老龄人虽然从社会生活中归隐，角色功能向家庭回归，但并不意味着老龄人伦理关系趋于简单、道德困惑趋于减少。老龄人面临着人生多个重要转折点，逐步淡出社会视野，处于生命的凋亡阶段，在新陈代谢中属于将要被替代的人群。老龄人需要进行严峻的生存博弈。“代际伦理、继替伦理、厚生伦理、再婚伦理以及善终伦理都是老龄期特有的伦理问题，老龄人需要面对更为复杂的社会伦理关系。”[7]这其中的每一种伦理关系一旦解决不好，势必会影响到老龄人的幸福指数。老龄人因内外因素的变化引起的身心发展失衡亟待发挥伦理的调适功能。

2. 对老龄人的道德关怀导源于生命的自我关怀

生命个体的有限性与成为老龄人的确定性，不能独善其身成为每个个体必然面临的生命焦虑。快要或将要成为老龄人的群体推己及人，反观自身，换位思考，对老龄人进行道德关怀，并把这种做法像接力棒似地代代相传，使不能独善其身的生命焦虑成为杞人忧天。在缺乏父权和知识权的不利境遇下，尊老敬老的道德要求得不到老龄人社会地位的保障，也得不到因果报应论的心理威慑，而需要另辟蹊径、另寻他源。而生命的自我关怀却可以为延续尊老敬老的传统提供道德理性的理论论证以及文化本源的逻辑支撑，并使敬畏生命的理念上升成为新的道德信仰，夯实尊老敬老的道德文化根基。生命的自我关怀成为老龄道德关怀的直接推动力，且在不断地固本强基。对老龄人不闻不问、不理不睬等恶行的放纵会导致恶的复制和蔓延，提高社会运行的道德成本。对老龄人进行道德关怀是不同个体间的风险共担行为，体现了人类团结互助的精神，是个体改善生存境遇、规避生存风险的积极选择。从应然层面来讲，每个个体都应把老龄关怀作为自己为人处世、得以安身立命的基础。

3. 对老龄人的道德关怀导源于文明提升的需要

长久以来，中国文化就注重把老龄人纳入道德关怀的视野。在父“仁”和子“孝”、抚养与赡养、哺育与反哺中，体现出人伦至爱的互动与传递。尊老敬老俨然积淀为孝文化基因，成为中国人的人生信条，融入生活的方方面面。时代变迁使得爱幼的环境一如既往，而尊老的环境却时过境迁。对老龄人进行道德关怀，是世界各国的通行做法，是人性自然情感的流露，也是德性提高、文明濡化的必然结果。有没有把对老龄人的道德关怀提到一定的高度，成为衡量一个社会文明程度的重要标准。敬老尽孝，敬畏生命，保持对生命共同体、命运共同体的认同感，是文明人所应该具有的德性修养。“每个人的生命都来源于父母，父母的生命又来源于其父母，这样一种生命的延续进一步构成了人类整个的生命体。”[8]“不独老其老，不独亲其亲……鳏寡孤独废疾者皆有所养。”“老吾老，以及人之老；幼吾幼，以及人之幼。”这些道德追求尤其成为提升个体德性修养、发展老龄慈善事业的助推器。据此，一方面，参与老龄慈善事业不能成为某个别人的先知先觉，而应该成为社会的共识。另一方面，加强公德建设以不断提高道德期待作用的效果。只有这样，才能形成推动慈善事业的内在良性循环机制。

三、老龄人道德关怀的社会保障

对老龄人进行道德关怀,其目的是关注老龄人晚年生活状况,提高晚年生活品质,老有所求,老有所为,老有所养,病有所医,困有所帮,尽享天伦之乐。老龄人晚年幸福生活的获得离不开科学有效的社会权益保障。在当下历史条件下,"关注老年生存方式、生活状态和精神秩序的生命伦理运动带入现实的伦理实践之中,而且必然催生一种新的社会经济和政治结构秩序,改变着生命的存在方式乃至疾病及其意义与医学文化生态,并充分发挥生命伦理学在参与制度改革和卫生决策、卫生经济立法中的积极作用"[9]。老龄人道德关怀必然要求关注老龄人生存质量,确立起养老事业的人文向度,为老龄人争取更多的社会保障,促进医疗卫生资源的合理分配。

1. 老龄人老有所为的积极探索

让老龄人老有所为,能够感知到自身的价值所在,不至于妄自菲薄,引喻失义。现时代条件下老龄人老有所为不同于传统社会的父权、知识权等老龄霸权,而更多体现为老龄人的道德权威。要发挥老龄人尤其是德高望重型的老龄人在道德建设中传、帮、带的作用,注重挖掘老龄人的生存智慧、处世技巧、道德资源和精神财富,服务于构建社会主义和谐社会的千秋伟业。在社会高速发展中,引发社会不稳定的因素有逐步增多的趋向,道德资源显得稀缺、弥足珍贵。联合国秘书长潘基文曾经指出,必须认识到老年人的经验能够帮助降低灾害构成的风险,应当让老年人参与灾害风险管理以及相关的规划和决策过程。[10]老龄人具有丰富的生活体验,要发挥老龄人警世、醒世、喻世的作用,发挥道德明示、启示、昭示和警示的作用,成为行为的示范、道德的楷模和做人的标杆。老龄人的谆谆教导是保障年轻人健康成长的道德规训。老龄人完成了人生的一次重要循环,从幼年期的天真无邪、青年期的朝气蓬勃、中年期的如日中天,到老年期的老成持重,其丰富的人生阅历足以绘就出一幅人生画卷,积淀成一本人生书籍。老龄人以其一生的行为为幸福做注解和诠释。老龄人历经沧桑,阅尽人间繁华,看尽人间百态,体验人生百般滋味,经历过悲欢离合、大喜大悲。老龄人现身说法,解剖自我,能够以史为鉴,面向未来,给年轻人重要启迪,帮助年轻人培养高尚的道德情操,成就幸福人生。

2. 新型代际伦理的尝试构建

构建新型代际伦理,既要消解老龄霸权,也要防范老龄歧视;既帮助老龄人顺应社会变化树立积极向上的社会心态,也呼吁全社会来给予老龄人道德关怀。血缘宗法意识把分散的小农意识结合起来,从而形成了超稳定的家国一体的社会结构,亲亲尊尊,国是家的放大,家是国的缩小,政治伦理化,伦理政治化。家国同构的封建宗法制建立起了君主制、父权制社会,传统农业生产的经验性生产方式更强化了老年霸权。传统社会的尊老敬老受到老年霸权的威逼利诱。现代市场经济和民主政治的发展极大地解放了思想,其所蕴含的自由、平等、契约等观念消解了以血缘关系为基础的“长尊幼卑”的等级观念,使得现代的人际关系更加趋于平等。要以此为基础,构建新型代际伦理,弥补因老龄人社会地位下降而带来的道德缺失,防范老龄人被边缘化甚至被暴力虐待,在与老龄人的交往中融入代际平等、代际公正等理念。

现代社会尊老敬老的背后已经没有封建宗法制的制度强制,没有对物质利益渴求的心理冲动,而更多体现为对养育之恩的回馈与报答,表征为一种责无旁贷的道德责任和义务的践履。随着退休金的普及和增多,老龄人对子女的情感渴求更甚于对经济扶持的需要。要真正了解老龄人的需要,关注老龄人的情感世界,对其关怀备至,厚待有加,让其安度晚年,物质基础丰厚,心情舒坦。丧偶老人茕茕孑立,形影相吊,形单影只,孤苦伶仃,晚年生涯显得异常悲惨与凄凉。老龄人需要找个老伴相伴到老,共度此生。但老龄人的再婚遭遇到多重障碍,尤其当涉及财产继承时,子女为了顺理成章地继承父辈的财产,干扰甚至反对其再婚。老龄人再婚就意味着与子女关系的僵化甚至断绝,致使许多老龄人在孤苦中度完余生,人生不能进行完美地谢幕。老龄人希望得到子女的关爱,丧偶老人希望再次得到人生伴侣的关爱,独居老人和失独家庭的老人希望得到志愿者的家庭陪护之爱,生活起居不便的老人更需要得到专业的护理照料。

3. 政府功能的合理定位

为了提高政府的公信力,树立政府的公众形象,政府有必要在全社会发动尊老敬老的伦理实践,推动养老事业的发展,把尊老敬老的社会道德风尚演变成中华民族的共有努力,成为共谋性的事业,并为之奠定坚实的物质基础,促使尊老敬老从个体心性伦理向制度伦理转变。政府要把自身的顶层设计与民间智慧结合起来,以老龄伦理建设为契机,推动医疗卫生事业的改革。

政府在促进养老形式的转变、推动养老专业化的发展、解决老龄人的贫困以及进行养老的国际化合作等方面发挥至关重要的作用。农耕经济年代,以家庭为主要生产单位,实行一家一户制的农业生产方式。个体以家庭为载体,走完从摇篮到坟墓的人生历程,家庭承担了多种功能。随着社会生活节奏的加快,家庭结构趋于小型化,家庭功能越来越少。家庭结构朝小型化方向的演变促使家庭功能被部分剥离出来。由于独生子女家庭的增多,未来单个家庭最多要赡养四个老人,背负着沉重的道德赡养义务。年轻人无暇或无力顾及老龄人的养老问题,这就迫切需要改变养老形式,从居家养老发展到社会养老,发展和壮大养老事业,推动养老社会化,推动老龄人养老事业的发展。党的十八大报告提出:“积极应对人口老龄化,大力发展老龄服务事业和产业。”“从家庭养老转向社会养老是老龄化中国的必然选择。它不仅体现了多子养老向独子养老的赡养责任分担形式的变化,而且体现了家庭道德关怀向社会道德关怀的实践转换,反映了家庭内血缘亲情关爱向社会制度性道德关怀的拓展。”[11]养老形式的转变,一方面要突破传统孝道的观念,即以社会养老取代居家养老,成为敬老尽孝的新实践途径;另一方面要完善社会养老保障制度。在家庭本位的传统社会,侍奉伺候老人、亲力亲为被视为孝道。随着社会养老保障制度的健全与完善,经济扶持、家庭养老送终的功能也逐步从家庭中剥离开去。家庭养老功能的退出与社会养老保障制度的健全,构成了此消彼长的局面。要建构以政府主导、以专业医护人员为主体、以养老资金的多元化为方向、以多层次的养老机构为依托的养老开发模式,推动养老事业朝专业化方向发展,提高养老水平。要充分挖掘社会资源和盘活社会资金以满足老龄人的养老需求,培训专业医护人员照顾老人的日常生活起居,在养老机构完成养老送终、善逝善终的人生最后命题。进行养老事业的国际合作,充分汲取国际经验,邀请国外专家传经送宝,加强对医护人员的培训力度。

4. 老龄人慈善事业的有效拓展

老龄人日益成为弱势群体,成为被关怀照顾的重要人群。要关注和解决老龄人的贫困问题,尤其是欠发达地区的老龄人,这关系到老龄人能不能体面地、有尊严地活在世上。人常言,人老了可能不会赚钱,但绝对会花钱。老龄群体中因病致贫、因病返贫、因骗致贫的现象有所凸显。要做好老龄人的扶贫扶困工作,设立老龄人扶贫济困资金;建立老龄人大病重病救助医疗保险,完善医疗保障制度;对老龄人的大笔资金周转要进行监控,并进行适当的管制,防止老龄人上当受骗。组织志愿者定点帮扶独居老人和失独家庭的老人,逢年过节时对鳏寡孤独老人进行家庭陪护。组织社会热心人士到敬老院、养老院等地方献爱心。要给老龄人创造更好的学习机会,在精神上帮助老龄人更好地融入生活世界,防范老龄人因知识陈旧而引发生命与生活的脱节。以社区为单位,成立老龄人学习机构,有条件的地方可以接受社会力量捐助成立免费的老龄大学。精神有障碍的老龄人、老年痴呆症患者等,更加需要专业医护人员的对症治疗。对晚期恶性肿瘤患者等重症老龄人群,进行临终关怀,发挥医务人员、志愿者、宗教界人士等的作用,减轻疾病所带来的痛苦,帮助病人完成最后的道谢、道歉、道别等人生礼节,克服病人对于彼岸世界的恐惧感,让病人舒坦地离开人世,圆满地进行人生谢幕。有些医疗机构甚至帮助临终老龄病人提前召开追悼会,提供机会让其与亲人、朋友一一惜别。

参考文献

[1] 国家统计局. 2015年中国总人口数量达136782万人 65岁以上老龄人口

占 10%[EB/OL].(2015-01-20). http://www.mnw.cn/news/china/844094.html.

[2] 刘喜珍. 宗法伦理与契约伦理的差异及与老龄伦理的相关性[J]. 求索,2011(4): 123-124.

[3] 罗荣渠. 现代化新论——世界与中国的现代化进程[M]. 北京:商务印书馆,2004:530.

[4] 杨生平. 试论后现代主义价值取向[J].新华文摘,2013 (18):41-44.

[5] 辛刚. 常回家看看入法[EB/OL].(2013-07-03). http://news.163.com/13/0703/08/92RHU4P600014Q4P.html.

[6] 养老金个人账户入不敷出 专家:提高个人缴费比例[EB/OL].(2015-05-07). http://news.china.com/domestic/945/20150507/19644741.html.

[7] 刘喜珍. 老龄伦理提出的根据与主要内容及基本特征 [J].求索,2009 (11): 129-130.

[8] 周琛. 老龄关怀的"孝"伦理的现代转换[J].东南大学学报(哲学社会科学版),2013 (2): 34-37.

[9] 孙慕义. 生命 人类 伦理 爱——记南京生命伦理学暨老龄生命伦理学国际会议[J]. 国际学术动态,2008 (3): 36-40.

[10] 潘基文呼吁发挥老年人在减灾方面的作用[EB/OL].(2014-10-14). http://news.xinhuanet.com/world/2014-10/14/c_1112808334.htm.

[11] 刘喜珍. 论老龄社会关怀的中西差异[J].长沙理工大学学报(社会科学版),2012 (1): 125-128.

技术发展与生命伦理

基因技术的"自然"伦理意义

樊　浩

东南大学人文学院

摘　要　本文在道德哲学的意义上规定和诠释"自然"的概念,认为"自然家庭"和自然家庭中诞生的"自然人"是伦理、道德和道德哲学的始点,"自然"是人及其存在的原初状态,或罗尔斯式的"无知之幕",其最具哲学意义的本质是不可选择性。基因技术不仅极大地扩张了人的行为选择能力,而且将这种选择性推到了文明的底线。这是基因技术提出的最严峻和最深刻的伦理挑战。技术必然性与伦理合理性之间存在"乐观的紧张"的辩证互动关系。为此,在研究视野和研究方法上必须进行两次转换:由对基因技术的伦理关切到基因伦理学的建构,由基因伦理学的研究到道德哲学的洞察和把握。

关键词　基因技术;自然;伦理;道德;道德哲学

基因技术对现代伦理形态或现代伦理的文明形态的最大挑战,是伦理的自然基础问题,因而基因技术的"自然"伦理意义,便是基因伦理尤其是基因技术的伦理形态意义的研究中不可回避的前沿性课题。这一课题涉及两大基本问题:①技术、伦理与自然的关系问题,包括:技术尤其是基因技术与人的自然存在的关系问题,其实质是基因技术的伦理前景;伦理、道德与人的自然存在的关系,尤其是人的自然存在的道德哲学意义问题,其实质是伦理、道德的起点。它们在哲学的层面更重要的是技术与自然、伦理与自然、技术-伦理互动与自然的关系。②高技术伦理具体地说是基因伦理研究的方法论问题,主要是科技伦理、伦理学、道德哲学三种研究视野之间的关系问题。两大问题中,第一个问题是科技伦理和科技道德哲学的基本问题,第二个问题是科技伦理研究的方法论,即科技伦理研究的几种可能的视角以及它们之间的对话互动的问题。对它们的进一步讨论显然具有重要的学术意义。

一、伦理、道德和道德哲学的"自然"始点

道德与自然的关系是基因伦理研究的重要哲学基础。在精神哲学层面,需要审慎辨别的是:第一,伦理、道德的始点与道德哲学的始点虽有紧密关联但并不能完全等同,两者之间存在生活与理论、历史与逻辑的殊异;第二,伦理、道德和道德

哲学的变化,与它们的逻辑与历史始点并不是一个问题,甚至不属于同一个问题域,对前者而言,后者更具有某种“变”中之“不变”的性质。

歧义也许可能在这里发生:在文明发展的历史长河中,自然人、自然家庭的本性和本质发生根本性的变化,是否意味着自然人、自然家庭作为道德、伦理、道德哲学始点的地位也发生了根本性变化?价值理念能否成为现代伦理、道德和道德哲学的起点和基础?

首先需要澄清的是,在关于基因技术的自然伦理基础的问题域中,“自然”概念的哲学本质是什么?对“自然”的概念规定的讨论可能会引起更为复杂的学术论争,最简捷的办法是寻找它的反概念。在中西方哲学中,无论对自然的理解存在多么深刻的文化差异,都有一个基本的共同点:自然是与人为相对的,自然的反概念就是人为,所谓“不事而自然”。无论英文中的“Nature”,还是中文中的“自然”,其基本意义都是“自然而然”,即事物原初的本然的状态,是本性和自性,而在与人文或文化相对应的意义上,亦即所谓原初状态的“存在”。由此,又引发出另一个问题:伦理的自然与道德的自然的区别是什么?作出这个区分的哲学依据,是“伦理”与“道德”在概念本性方面的殊异。由于伦理“是本性上普遍的东西”,是个体的公共本质即所谓实体性,它所关涉的不是个体与个体而是个体与实体、个体与它的公共本质之间的关系。最初的或直接的、自然的伦理实体是家庭,因而家庭就是伦理的自然,或伦理实体的最初状态或自然状态。关键在于,正如黑格尔所揭示的那样,在家庭中,伦理关系不是指个别性的家庭成员之间的关系,甚至不是家庭成员之间爱的关系,而是个别性的成员与家庭伦理实体之间的关系。这种关系的本质是:个体作为家庭成员而行动。

对道德哲学传统加以仔细梳理便可发现,中西方传统道德哲学都着力讨论人性问题,并以此为体系的逻辑出发点,这一特点在中国道德哲学传统中尤为突出。因为任何道德哲学体系或伦理学体系要在理论上彻底,就必须从两个具有终极意义的哲学追究出发:道德何以必要?道德何以可能?人性讨论的全部意义在于:既要为道德的必要性提供充分的根据,又要为道德的可能性留下广阔的地盘。在中国道德哲学史上,最具代表性的是孟子和荀子的人性论及其“理一分殊”。孟子主性善,“仁也者,人也”,认为人性即恻隐之心、羞恶之心、恭敬之心、是非之心的“四心”,它们是仁义礼智四种德性的“四端”,由此,他以“万物皆备于我,反身而诚,乐莫大焉”的信念和原理,解决道德的可能性问题,但他同时又关注人性中内在的放失道德之心即所谓“放心”的不道德的可能性和危险性,从而为道德的必要性提供依据。荀子以“性者,生也”“不事而自然谓之性”立论,认为人性本恶,善不是性,而是“伪”,性善是人内在的“化性起伪”的能力及其运作的结果。孟子、荀子人性论,表面看来正相对立,但在道德哲学层面却有着根本的一致性:①无论主性善还是主性恶，他们都将善或恶当作人的自然本性，或力图论证它们是人的自然本性，是人性之自然；②他们得出的结论一致："人人皆可为尧舜""涂之人可以为禹"，可谓殊途同归，理一分殊。人性与道德(或所谓善恶)的关系的道德哲学本质，就是中国传统道德哲学家戴震所说的"自然"与"必然"的关系。出于自然，适完其自然，归于必然(应然)，就是人性之于道德和道德哲学的意义。

道德以自然人为始点，虽然各种道德哲学理论对是道德性还是生物性是人的自然本性存在争议，但它们都将这些本性视为"自然"，并从这种"自然"出发建立道德哲学体系和伦理精神体系。诚然，人性的具体内容"从一个时代到另一个时代、一个民族到另一个民族，会变得完全不同甚至截然相反"，因为从本质上说，对人性的"实践精神的把握"只能是一种伦理性的认同，而不是科学式的认识。伦理同样如此。所不同的是，它不是像道德那样以"自然人"，而是以两种不同伦理性质表征的"男人-女人"所组成的"自然家庭"为逻辑起点。家庭作为直接的和自然的伦理实体，其根本特质在于诞生于它并置身于这个实体之中的个别性的"自然人"的不可选择性。也正因为如此，家庭以及作为家庭聚集地的乡村才成为黑格尔所说的"神圣性和义务的渊源"。人类文明的意义，在于发展自己的能动性或选择性，从必然王国中解放出来，进入自由王国。道德文明的意义，在于发展人类选择的合理性或合价值性：一方面使自己从自然状态或本能控制中解放出来，获得个体意志的自由；另一方面使自己从伦理关系和伦理实体的必然性支配中解放出来，获得实体和实体性意志的自由。前者是主观自由、道德自由，即主观意志的法；后者是客观自由、伦理自由，即客观意志的法。现代文明的成果，包括高技术文明和道德文明的成果，空前地扩张了人类的自由；而基因技术的成果则将人类选择的自由推到底线，或推到了文明的临界点——颠覆伦理实体的自然性，即对自身最初的或自然的伦理实体选择的自由。但是，选择或选择性的始点具有不可选择性，作为伦理始点的，应当也只能是人类的不可选择性。至少，到目前为止的一切伦理和道德哲学传统是建立在这个基点上的。这个不可选择性，表现为个体对于自己家庭的不可选择性。民族是"由家庭构成的"，同样，自然人对自己的另一个伦理实体即民族，也是不可选择的。家庭与民族是两个最基本的伦理实体，男人、女人作为两种伦理性质的代表，则是这两大伦理实体的"原素"。"家庭-民族-男人、女人"构成"伦理世界"，两大伦理实体分别对应伦理世界的两大伦理规律，即相对于家庭的"神的规律"和相对于民族的"人的规律"。自然人或个体扬弃自己抽象的独立性，作为"家庭成员"与"民族公民"存在和行动，是一种不可逃脱、不可选择的命运。

家庭的自然性、对于自然人的不可选择性，以及它作为伦理始点的地位和意义，类似于罗尔斯所说的"原初状态"和"无知之幕"。正是由于家庭对于自然人的不可选择性，个体才获得了一个平等和公正的起点。这种不可选择的平等，与诸家庭伦理实体、民族伦理实体在世俗世界,如经济社会发展水平上的不平等,以及由于诸伦理实体之间的不平等而导致的个体之间的不平等,构成一个伦理性的悖论,也构成一个道德哲学的悖论。这一悖论构成内部伦理关系、伦理情感以及个体的伦理选择的神圣性。如果说,道德的可能性与必要性构成了自然人作为道德始点的逻辑根据,那么,选择性与不可选择性之间的张力,便构成自然家庭作为伦理始点的逻辑根据。这两种自然之间存在深刻的相通性,因为伦理与道德本质上是贯通一体的。这种相通性以及它们作为"自然"的道德哲学意义,孔子有过明确的表述。在论述"三年之丧"的伦理根据时,孔子就从"子生三年,然后免于父母之怀"阐发,家庭的自然本性决定了自然人作为"家庭成员"的基德。

可见,虽然伦理道德的价值理念历尽沧桑,虽然人们对待个体与家庭"自然"的态度在近代尤其是现代以来已经发生深刻的变化,但是,自然人、自然家庭在道德哲学中作为道德与伦理逻辑始点的地位并未发生根本性改变。文明发展的通则是:在"变"中总是存在某些相对"不变"的东西,由此传统的形成、文明的延续才有可能。黑格尔道德哲学体系正是以自然人和自然家庭为逻辑始点。黑格尔的道德哲学体系,主要集中体现于他的《法哲学原理》和《精神现象学》下卷。正如恩格斯所说,黑格尔的伦理学就是他的《法哲学原理》。不过需要补充的是,《精神现象学》同样也是他的道德哲学。不同的是,《法哲学原理》是以"自由的意志"为研究对象的体系,而《精神现象学》下卷则是以"自由的观念"或"自由的意识"为研究对象的体系,但无论哪种体系,都以家庭为伦理的起点。《法哲学原理》以家庭为"直接的和自然的伦理实体";《精神现象学》则以家庭为"伦理世界"的直接和自然的存在形态,并表现为"神的规律"。在黑格尔道德哲学中,自然被确定无疑地作为道德的始点。黑格尔不仅认可自然的道德地位,而且也是以自然为道德的始点,只是他认为在道德世界观中,道德比自然更具本质性。理由很简单,如果不这样,它便沦为"自然世界观"而不能成为"道德世界观",道德以自然为出发点和对象,是对自然的超越。至于自然在康德体系中的地位,限于篇幅,这里不作详论,只是申言,如果以"自然"为"原初状态"和"无知之幕",那么,正如罗尔斯所断言的,"在康德的伦理学中无疑包含有无知之幕的概念"。

当然,黑格尔、康德的理论体系是唯心的,其体系是"头足倒置"的。但是,在马克思主义经典作家的理论中,"自然"的基础性地位也被充分肯定。马克思、恩格斯在讲到生命生产时说,"这样,生命的生产——无论是自己生命的生产(通过劳动)或他人生命的生产(通过生育)——立即表现为双重关系:一方面是自然关系,另一方面是社会关系;社会关系的含义是指许多个人的合作,至于这种合作是在什么条件下、用什么方式和为了什么目的进行的,则是无关紧要的"。伦理、道德本身是一种生活,即伦理关系和道德生活,而不只是观念或价值理念,"不是意识决定生活,而是生活决定意识"。以某些重要的近代性或现代性价值理念作为伦理道德的始点是不可靠的。诚然,要生活就要生产,要生产就要结成一定的生产关系和社会关系,因而无论自然人还是自然家庭,都是历史地发生并获得现实性的。但是,生产方式是伦理道德的最终决定力量,与自然人、自然家庭是道德、伦理的逻辑始点并不是同一个命题,更不是同一个概念,甚至不是同一个问题域,因而不能简单地以前者对后者进行辩驳和否证。

或许,正是由于"自然"构成伦理和道德的逻辑始点,从另一个方面说也构成伦理和道德的对象。在道德哲学史上,伦理与自然、道德与自然的矛盾是一个难解之结。在中国传统道德哲学史上,以老庄为代表的道家就以"自然"为最高价值,揭露儒家伦理道德的虚伪性。到魏晋,这个矛盾酿成"名教"与"自然"之辩,伦理学家们得出的结论是:"越名教而任自然。"这场讨论在理论上十分繁复,故以"玄学"概之,但以此为佐证,说明"自然"的道德哲学地位,却具有一定的解释力。

二、基因技术的"自然"伦理前景

论证"自然"的道德哲学地位,第二个重要的问题便是技术与伦理的关系,具体地说是基因技术"自然"伦理前景问题。它涉及道德哲学与科技伦理的一系列重大理论课题:①对基因技术来说,在道德哲学意义上"自然"的本质或者说最有决定意义的"自然"本质是什么?②技术与伦理互动的历史规律如何?③基因技术的"自然"伦理前景如何?或者说,基因技术对包括伦理道德在内的人类文明最根本也是最应引起高度警惕的挑战是什么?

第一个问题既与道德哲学研究的视野与方法相关,也与前文所讨论的伦理、道德与自然的关系相关,其实质是:到底什么是道德哲学意义上的"自然"?或者说,作为伦理、道德始点的"自然"的内核是什么?"基因技术的道德哲学革命"作为"道德哲学"的视野和方法所关注的,是基因技术带来的对伦理道德和人类文明具有根本意义的挑战及其可能产生的终极性后果。这里便存在一个方法论上的悖论:一方面,学者的研究只能在某种特定的学科视野下进行,学科就是规定,规定就是否定,否定就是局限;另一方面,任何一种研究尤其是特定学科视野下的研究都必须超越自身的局限,达到更为深刻的真理性。学科视野中的这种规定和否定、局限和超越的悖论,也体现出马克思主义哲学辩证法资源的难能可贵,因为只有透过辩证法,才能真正扬弃这些局限,从而"出入学科"。这一悖论内在于"道德哲学"的概念之中:它的研究对象既是"道德",在基本学科立场上便是伦理学的;但既是"哲学",它的根本方法便应当也必须超越伦理学而达到哲学的普遍。所以,道德哲学意义上对"自然"的关注,与伦理学以及生物学意义上对人的自然的关注可能存在原则上的差异。

虽然人们可以从各种纬度对人及其家庭的“自然”本性作出具有一定真理性的规定,但在道德哲学意义上,乃至在基因技术与伦理道德相对应的意义上,人及其家庭最具决定意义的本质,就是它的不可选择性。正如库尔特·拜尔茨所说,现代技术带来的最为严峻的伦理道德挑战,就是人的行为选择权的爆炸式增长,以及由此所产生的与人类的伦理道德控制能力的不对称。在这方面,基因技术尤为突出。“今天,所发生的这场人类繁殖的技术革命(我们正处于其开端)已经导致了我们行为选择权的急剧扩张。”在某种意义上,人类一切文明发展的目的,包括伦理道德与科学技术在内,都是扩张和提升以行为选择权为核心的人的能动性,这种能动性的哲学表达便是所谓的“自由”,自由的本质是“解放”。科学技术的目的,是将人从客观自然或外在自然的束缚中解放出来,获得客观自由;伦理道德的目的,是将人从主观自然即受生物本能驱动的压迫下解放出来,获得主观自由。因此,“自由”是人类最基本、最重要的价值追求。但是,文明的辩证法在于:第一,自由的始点是不自由,选择权建立在不可选择性的基础上;第二,如果引导和规约人的行为选择权的价值资源尤其是伦理道德资源供给不足,人类的选择权的发展便遭遇巨大的文明风险,这也是科技伦理尤其是基因伦理讨论的针对性和它的哲学意义之所在。所以,虽然可以对自然作诸多规定,但在道德哲学意义上,“自然”的根本规定就是人的不可选择性。对道德来说,是对人的自然生命体的不可选择性,包括对“男人-女人”这个被黑格尔称之为“伦理世界原素”以及人的最初生命性状的不可选择性,即所谓“自然人”;对伦理来说,是人的最初的、直接的伦理实体即家庭的不可选择性,即所谓“自然家庭”。

正是在这个意义上,基因技术对伦理学的最根本、最深远的挑战,在于从而根本上颠覆传统道德和传统伦理赖以存在的自然基础。如果用拜尔茨的话语表述,基因技术将人的行为选择权的“爆炸性增长”推到的文明的底线或临界点,以致使人类不仅滋生这样的冲动,而且有这样的现实可能,这就是:“充当上帝”。西方科学家发现,哥白尼和达尔文使人降了级,但现代科学却逼迫人类去“充当上帝”。“从贬义的用法上讲,‘充当上帝’的说法含有我们像上帝那样做出决定,但却没有上帝那样无所不知的智慧的意思。”人对于自己生命的原初状态及其所处的直接的伦理实体的不可选择性,是人的生命和生活的罗尔斯式的“无知之幕”,它既是选择性为本性、以自由选择为价值目标的人类文明的被预设的始点,也是现有的人类文明和制度安排的基础,是道德超越性和伦理神圣性的根源。颠覆了这个始点和基础,以这个“无知之幕”为背景的人类文明的一切设计和安排都将失去合理性与现实性。基因技术与其他高新技术的根本不同之处在于:它透过技术手段将人类的行为选择权延伸到了既有文明的底线,撩开人类文明的“无知之幕”并使之“祛魅”。克隆技术及其发展正在一步步使这种可能变化现实,它的进步已经表明,克隆人至少在技术上已经不是天方夜谭。但是,行为选择权与行为选择能力在文化尤其在哲学上并不是一回事,两者的区别在于价值合理性。这种区别的本质在于,人们不仅要像上帝那样作出决定,还要具有像上帝那样具有全知全能的智慧,至少有足够的把握保证我们所作出的决定及行为选择具有基本的文明合理性,否则,便内含着巨大而深刻的文明风险。这就是基因伦理的意义之所在,也是许多国家对基因技术尤其是克隆技术以立法形式进行限制的依据之所在。

当然,迄今为止的一切技术干预都未曾根本改变更没有彻底颠覆人的自然本质,但是,"未曾改变"的根本原因是"未能改变"。目前的相关技术,如生殖技术、医疗技术,基因-生殖技术,就人的生命来说,是一个"人工自然"的"不自然"逐渐蚕食"自然"或原初自然的轨迹,其彰显出的伦理问题,都与人的"自然"本性的社会意义相关。"自然家庭"也是如此。从斯巴达的人种选择、柏拉图的婚配制度,到尼采的"育种战略",再到现代优生学,可以说,古今中外的一切优生策略和婚姻制度,在一定意义上都可以视为对人及其家庭的自然本性进行"改良"的努力,但也正因为如此,这些社会性的努力不可能突破"人的自然本质藩篱"。然而,基因技术第一次从技术上使之成为可能,它使人从"育种员"成为"工程师"(拜尔茨语)。也正因为如此,在人类改造自身的自然的历史进程中,基因技术只是在技术意义上才是一场革命,因为这一努力一直在社会意义上进行。这也从另一方面说明,人类一直怀揣"充当上帝"的欲望和冲动,一旦在技术上提供可能,这种冲动很可能成为现实。在技术必然性与伦理合理性之间,我们需要一种"乐观的紧张"。一方面,在人类文明史上,我们还未找到社会意识形态和制度规约完全改变乃至消除某种技术必然性的先例,基督教对于解剖技术、现代文明对于核技术的关系就是例证;另一方面,意识形态、制度安排和伦理道德对此又不是完全无所作为,它可以调整甚至改变技术的社会与文化意义,使之符合人类的根本价值目的。所以,对待基因技术与人的自然的关系的合理态度,应当既不是乐观主义,也不是悲观主义,而是"乐观的紧张"。

三、基因伦理学的使命与道德哲学的课题

至目前为止,关于基因伦理研究更多地是在技术的层面考察、反思乃至展望基因技术所带来的以及可能产生的诸多伦理问题,尤其是由技术风险所导致的诸多伦理后果和伦理风险,如在治疗中由于知识供给的不充分而产生的对人的生命健康的不负责任、生殖技术中由"消极优生"向"积极优生"异化所产生的伦理后果,以及克隆人对人的尊严的严重侵犯。这些当然是一种务实的和建设的态度,但是对于基因技术的伦理问题的研究如果仅局限于此显然是不够的。它不仅使关于基因伦理的研究局限于技术层面,并且只能跟在基因技术的发展后边亦步亦趋,更重要的是,它无法真正履行基因伦理的文化使命,为基因技术的发展提供价值互动和价

值引导,更无法透过对基因技术的文化和文明前景的鸟瞰与展望,为基因技术的发展主观能动地进行必要的理论准备。由此,基因伦理的研究应当在三个层面展开:一是对基因技术的伦理关切;二是基因伦理学的建设和建构;三是关于基因技术及其发展的道德哲学研究和道德哲学准备。

对基因技术的伦理关切无疑是基因伦理的基本使命,但是,人们除了在一些最为基本的问题上如基因-治疗技术潜在的健康风险、基因-生殖技术可能产生的生殖操纵以及由此衍化的种族歧视等可以直觉地达成共识外,事实上很难为自己的判断找到充分而确定的伦理依据。而且,上述判断还不是严格意义上的伦理判断和伦理分析。所以,在现代关于基因伦理的研究中,有相当一部分并不是伦理的,而是技术的,至少技术的比重大于伦理的比重,其给人的印象和诱导是:只要技术上成熟,这些伦理问题不仅会迎刃而解,而且根本不会产生。这样,在对基因技术的伦理关切中,我们事实上虚拟了不少伦理问题,而如果将技术问题虚拟为伦理问题,那么伦理学便提出了自己无法完成的任务,或者说它试图越俎代庖。换言之,如果我们所认为的伦理问题可以通过技术或技术的成熟来解决,那它们就不是至少不是严格意义上的伦理问题。这便是基因伦理的局限。由此,基因伦理的关切便必须过渡到自觉的基因伦理学的理论建构。

基因伦理学的基本任务,是对基因技术及其运用中的诸多问题进行伦理认定和伦理判断。首先,必须判断哪些问题是“伦理的”,哪些是“非伦理的”或与伦理无涉的;其次,必须判断它如何、为何是“伦理的”或符合伦理的。作出这些判断的前提是,必须有可靠与合理的价值依据,由此对于事实的指证和现实的关切,便转化为理论和历史的自觉研究。但是,基因伦理学本质上是一种发展伦理学,或者说,应当用发展伦理学的视野和方法研究基因技术的伦理问题。按照西方学者的观点,发展伦理学的基本任务有二:一是为发展提供伦理批评,二是为发展提供伦理战略。这里要补充的是,基因伦理作为发展伦理学,还必须为基因技术的发展提供伦理论据和伦理引导。以发展伦理学的视野和方法对待基因技术乃至整个技术发展,可以避免使伦理和伦理学成为技术进步的紧箍咒,同时又可以保证伦理和伦理学对技术发展履行积极有力的价值批评、价值互动的文化功能。

也许,关于基因伦理问题研究的诸多分歧可能在于对待“自然”概念以及基因技术所面临的“自然”伦理问题的基因伦理、基因伦理学、基因道德哲学的不同诠释和理解纬度。在亚里士多德那里,伦理学与道德哲学是同义语,也许正是发现了伦理学在理论与实践上的局限,康德又对伦理学与道德哲学重新进行区分。他将哲学区分为理论哲学和实践哲学,实践哲学主要就是道德哲学,道德哲学与伦理学不同的是,它在根本上是一种哲学。道德哲学不仅要为伦理道德提供终极性的价值依据,而且它所关注的也是根本性和终极性问题。基因技术从根本上所挑战的是作为道德哲学对象和概念的“自然”，即作为伦理和道德对象与始点的“自然”，而不是技术意义上作为“生命规律”的“自然”，这正是它最为深刻的文明意义和伦理后果之所在。也正是在这个意义上，应当进行“道德哲学革命的理论准备”。当然，这一立论的真义不是说基因技术已经颠覆了“自然”，更不意味着承认甚至放任克隆人技术的发展，而是指出，基因技术的道德哲学实质，是对“自然”的改造，这个改造已经开始，对它采取羞羞答答的回避态度无济于事。

哲学研究的任务不是修修补补，而是直面本质。与其在颠覆性的改造面前束手无策，不如未雨绸缪，及早做好理论准备。面对和承认这个事实或许是一个痛苦的过程，但是，哲学的展望乃至假设、哲学的洞察和勇气，仍然是我们应对基因技术最为彻底和最为主动的战略选择。

“人体冷冻”或换头术的费厄泼赖(Fairplay)应予缓行

——对人体冷冻术或换头术的存在论倒错的分析哲学与后现代生命伦理审查

孙慕义

东南大学人文学院

在亏欠的意义上阐释此在终结的尚未,而且还是它最极端的尚未,这是不适当的;我们曾拒斥过这种不适当的阐释,因为它包含着存在论上的一种倒错……最极端的尚未具有此在对之有所作为的那种东西的性质。①

我们都是滚滚前进的历史激流的一部分,因而不存在绝对的理想,任何理想都要根据它的完善程度得以估价……整个观念的核心是科学或科学主义——它笃信,除非在严格的纪律之下,有哪些理解什么是构成世界的物质、人类和非人类的人去做事情,否则就会导致混乱和挫折。②

夫万物非欲生,不得不生;万物非欲死,不得不死。达此理者虚而乳之,神可以不化,形可以不生。③

我们始终坚持在人类的文化领域内明确划分各种界限,并同时关注在发展人类文明的过程和实在中,保持清醒的思绪和健全神经活动,对于那些貌似前卫实则掺杂恶意的关乎人类尊严的计划予以格外关切和警觉;我们是在判断是非善恶的自觉中,逐渐强大起来的,特别是注意应用任意伦理原则时,尽可能不去伤害任何人的偏好和利益,只要其不损害他人与公众权利,不搅乱现有的健康的社会秩序,不影响历史的进步,我们总是坚持强调生命神圣、身体权利和个体的自由。

人的生命是现象学的,人的生命不应该仅仅是经典的,它是时间与过程本身,是一种存在,是“我”与“我们”的“到场”和“到时”;我们是在此时发生的这一件一件

① 海德格尔.存在与时间[M].陈嘉映,等译.北京:三联书店,2014:287.

② 参见:以赛亚·伯林.自由及其背叛[M].赵国新,译.南京:译林出版社,2001:121.

③ 谭峭.化书[M].北京:中华书局,1999:13.

事,我们曾经不是"这个",现在是"这个",所遭遇的不是那些发生过的,发生过的不再重复,不再"在"了,就是生命伦理事件和生命伦理"时间"的"在"。

但人的生命活动过程中必须建立共同遵循的总的秩序,每一个选择都要经过评价和测量,否则可能选择失败或称作无效行动、遭遇阻隔,要有一个好的结局,必须遵守原则;伦理化的或者宗教式的或者与传统相关的规定,是我们生命存在的保证,生命是适应和遵守这种规矩而发生和进化的,和植物赖于肥沃的土地一样,人的生命必须赖于生命的法则,首先是道德的法则和训令,才保证我们的人的物种生命繁衍与发展。这些原则是以人的生命需要作为前提的,是符合于人性,包括物质与精神的。

实验者自认意义与价值地选择行动,或者考虑到个性化标准而宁可逃避理性滥用之嫌,或者使得生命科学的行动绕开文化习俗与伦理法则的纠缠,让实验的"应该"完全被个体自由法则或实验者的创作冲动所控制;使证明性心意不接受社会条件的限制,而甚至丝毫不惧怕歌德所抱怨的那种"专横",最后,连证明性心意的"证明"本质和本身固有的特性也不顾及,在虚无主义的生命悬置的梦幻中,投入这场并不指望积极回报的游戏中。

生命制造了各种形体,生命本身却脱离了一种模态的同一性,人"类"名为最高级别的形体的普遍命运,独立于诸多分属于各种种系的"身体"母本形体,以此作为"应该"或"是"的衡量其他存在个性化的事物的依据,以此为人的身体权利或合法性的基础,建立一系列判断善恶的标准、原则和要求,从而制约有碍于人类自身进化及其关系的社会发展的行为。而高新奇生命技术井喷式(有时是病态)发展的今天,这一"应该"或"是"遭遇了空前的挑战和撞击。虽然,那种"生命"依然在"应该"这一意识范畴内归属于真正真实存在的生命,但传统的概念却发生了动摇和畸变,不仅仅是人工智能开启的硅基文明时代的对人类权威归属和定位的破损的威胁,甚至业已出现尊严的裂隙和人类主体霸主权力的溃塌的危机,诸如赛博人、克隆人的纷纷登场。

而冰冻人体,尽管已经不是什么新鲜吸睛的事件,但依然如期掀起了一番诡异的喧闹。眼下,国内的新闻眼却报告了中国境内的第一例:

> 49岁的展文莲2017年5月8日因肺癌去世,两天后,山东银丰生命科学研究院和山东大学齐鲁医院的临床专家共同为展文莲实施了人体冷冻手术。①

并非我们强行把此案例纳入自己的评论范围内,许多硬性的原则对它来说未

① 见《科技日报》2017年5月14日。

必相宜,但已经进入冰冻状态的这个"生命体"如此随意地被判决和执行,在没有经过任何正规评估和规范论证程序以及国家级伦理组织准和的情况下,施行人与他的团体,就这样粗糙地、形式主义履行以下知情同意"手续",放任地获得了冰冻人体实验的应该,仅仅凭借其夫的首肯和其情感语言的飘忽而模模糊糊的意愿,众人怀抱着几乎是不存在的"复活"的希冀,计划则被"理性滥用"所绑架,这位曾经发表过十分"豁达"的文明声明的"当事生命体"与其夫,共同商定的参与游戏或"富人赌博"的实验的决定,看似遵循了"尊重自主"的伦理原则,但他们却难以预料的是,不小心坠入"有意图的社会形态"的陷阱。

一、没有"整全"实验依据和"基本无果"的另类生命技术

历史是沉重的。人类一直在艰难的选择和苦涩的承受中行走,冲动常常会把我们引向本可避开的灾难。

世界是事实的总和,并非事物之总和,我们必须给每一次重要的创造性工作绘制科学事实的图像,其图像的形式和结构必须是逻辑形式,就是说,图像和所描绘的事实(愿望不属于事实,永远不属于,可以属于目的和目标)能够共通,这一图像方可作为"逻辑图像"。① 我们试以具有艺术气质的维特根斯坦的逻辑哲学读解这个关于生命科学技术案例的逻辑图像,同样我们把它认肯为一种关于身体或人的生命体的存在的思想。诚然,一个思想也具有一个意义的命题。②

那么,如果我们把人体冷冻技术作为一个具体事实的逻辑图像的话,我们就可以把有关的核心要件和背景做一前提性分析。这一分析是基于生命伦理或身体伦理作为基础话语语境的。

第一,当前,尽管国际低温生物医学技术可以实现绝大多数细胞与部分组织的深低温保存,但器官的保存尚未有突破,人体保存几乎无法实现。眼下的冷冻身体,即在-196度的低温下,把"冷冻人体(他们不愿称为'遗体')"保存在白色的灯光照耀下的一个银白色的不锈钢储藏罐中;实际上,不如说是一种具有欺骗性质的(缓冲亲人离世后情感失落与心理抚慰性的)、替代火化或土葬的另一种处理遗体的"仪式"。

第二,现阶段冷冻造成的人体损伤无法避免,即无损冷冻与无损复温几乎不可能。科学家一直认为,现时没有实验能证明,在冷冻一段长时间后,细胞仍可以保存完好;就现有技术而言,能低温保存的只有血液、细胞和人体器官,但要保存单个人体器官极其困难。国际上的主流科学界依然处在研究细胞和组织器官的保存的

---

① 请参阅:王浩.超越分析哲学[M].徐英瑾,译.杭州:浙江大学出版社,2010:106.

② 同①.这是该书作者对维氏逻辑哲学论中一个论题概要语言的基本要义。

水平上。

第三,这项技术的核心问题在于抗冻保护剂难有突破性进展,科学家依然使用20世纪50年代就发现的低效小分子抗冻剂。魏晓曦团队针对这一项目瓶颈,在美国劳伦斯伯克利国家实验室利用仿生纳米技术模拟鱼类等生物体内的高效无害天然抗冻蛋白,但这类仿生抗冻分子研制尚存在很多难以逾越的难点。

第四,目前尚没有整全的冷冻无损和成功的冷冻动物体成功地并被验证的研究报告,尽管有零星个例报道,诸如土耳其冰冻驴复活、俄罗斯冻鱼试验,以及日本国家极地研究所的研究人员首次将冷冻30多年的缓步动物"水熊虫"成功复苏(记者华凌报告:《科技日报》北京2017年1月20日电)等,类似许多报道仅仅限于媒体对于民间传闻的采集,实为博得公众的关注度。通过研究抗冻生物所具有的抗冻物质的保护作用以及对细胞的冷冻实验,目前有两大相互补充的理论可以对此作出基本解释:低温导致的化学损伤以及冰晶伤害。如何实现超快速冷冻,可以让细胞直接进入玻璃化状态,寻找新型玻璃化溶液,以便让组织、器官甚至完整的生物体(例如人体),进入玻璃化状态,目前,还有难以逾越的技术屏障;大部分学者依然坚持:人体冷冻复活是一种科学幻想。能低温保存的只有血液,甚至连人体细胞的低温保存都是非常困难的,器官一旦冷冻,能继续使用的可能性极小。

第五,在1999年的一次滑冰事故中,瑞典放射学专家安娜·博根霍尔姆(Anna Bagenholm)在冰层下的冷水里浸泡80分钟,她的体温当时降到了13.7℃后生还;2000年,加拿大阿尔伯塔省埃德蒙顿市一名学步小童仅着尿布走进了冰水,她在失去心跳两个小时后复苏。这些,并没有得到权威研究机构与正规组织的文件证实和认可,其真实性显然可疑,且实验不能重复。主流科学家一致认为,冷冻复苏目前只是商业行为,已经超越了医学领域;没有任何证据与理论证明被冷冻的人体将来能够"复活";美国人体冷冻研究所虽然对几十个人体进行试验,但至今无一复苏。神经外科专家顾建文认为,从目前人类掌握的医学技术来看,"冷冻复活"是不科学的,没有任何可能实现复苏,他指出:头颅切割后,神经虽然能再生,但神经组织之间纤维不能发生对接;冷冻的头颅和身体无法使神经再行联结;其次,冷冻之后在深低温下,复苏时则会发生膨胀,膨胀后使表面已经非常脆弱,结果导致内部结构破碎。美国堪萨斯大学医学中心李本义博士表示,"冷冻技术"因为没有价值,就像推销保险一样,买未来的不确定性或者购买一个"自我欺骗"。从目前的技术来说,作为一个活体,让它的组织功能恢复、复活,是不可能的。他认为,即便未来可以使神经细胞冷冻复苏,而神经系统是一个无比复杂的网络,必须无数个神经元协同作用,重建人体的中枢神经系统,也基本没有实现的可能。

面对一个根本无望,并且没有任何依据的科学实验研究,为什么还如此引发社会关注和一部分人的动情,这有深刻的人学和社会心理学背景。人类对于死亡恐惧、对于生死分离的难以承受、对于延迟死亡的渴求以及当下的病态浮躁心绪和科学家的创造冲动,加之市场和商业化潮流的鼓噪;同时,富人阶层和有闲族群对于财富延长或持续占有的强烈渴望,使其对该项稀释死亡过程时间密度的冰冻人体与复苏的"高新奇生命技术"推波助澜;他们对这一"死亡暂停键"表现出一种亚宗教式的陶醉。

但我们对于这项失去理性的科学的另类技术冒险,必须应以理性言说的法则去消解其热度,如同深受加尔文教影响的卢梭,这位日内瓦公民,他认为遵循生活法则存在的人,对于对与错、公正与不平等、是与应该,永远值得深切关注;即使是科学技术昌明或更为突破的明天,对哪些生活方式是正确的,而哪些生活方式是错误的,甚或是有害的等等这些问题,我们必须予以分辨。哲学家不应该仅仅迷恋神圣文本的宁静,以及它们所指认的真理,而应该帮助公民明白"我应当怎样生活"或庄严地做出行为选择。

二、富人赌博、公正与道德经济

冷冻人体是一项富人的赌博与有钱人的游戏,为排解其对于财富和快感终将失去的抑郁,他们曾选择各种可能的技术手段和文化仪式,但死亡和绝症依然不断地打破他们美丽的梦境。

金钱会使人变得格外贪婪,即使自己都不相信可能,也还会掷出最后一粒命运的骰子,用巨款购买"万寿无疆",这就成为很多富人极端"尚未"时心灵慰藉的赌注。

眼下的价格定位背后似乎也有一只亚当·斯密的看不见的手:

> 阿尔科提供全身冷冻的费用为 20 万美元,全身冷冻最低 15.5 万美元。脑神经系统冷冻费用约 8 万美元。而会费可按年、半年、季度和月份支付,根据会员期限、年龄、是否为学生等因素费用不等。有的年费可高达 770 美元。CI(Cryonics Institute)
>
> 世界上另外一家比较大的"人体冷冻"公司是俄罗斯的 KrioRus 公司,成立于 2003 年,系首家美国以外的人体冷冻企业。人体冷藏的收费由 9 000 美元(俄罗斯公司 KrioRus 的脑神经冷藏)到 28 000 美元(Cryonics Institute 的全身冷藏)到 200 000 美元(Alcor Life Extension Foundation 的全身冷藏)不等,收费视不同的公司、服务、国家或地区而定。此外,人体冷藏者也可以考虑使用以人寿保险的形式付款,或分期缴。
>
> 银丰生命科学院工作人员说,冷冻费用 100 万以上,今后每年再缴 5 万左右液氮费用。

此时，保险业也开始嗅到了商机，一些保险公司与冷冻机构联手，推出了针对普通人的险种。英国《卫报》曾经采访了两个孩子的母亲维多利亚·斯蒂文，她是"人体冷冻研究所"的会员。她向英国一家保险公司购买了此类保险，除首期支付费用外，每月向该机构支付36英镑，就可以在辞世后享受冷冻服务。

中国的卫生"贫困"，已经影响了我们的国际声誉，因病致贫的很多家庭正接受着医疗不公正的绝对邪恶，有限医疗资源分配中的不公正断送了很多人的美丽前程；那么，为什么还去追逐基本无望的梦幻般的冷冻复活人体的技术，花费或挪用巨资满足极少部分富人的"万寿无疆"的欲望和背离公共理性的并不道德的游戏？一个国家必须坚守有公共利益约求的公共价值体系，应该对影响公共福利资源的奢侈生活方式给予限制。社会必须对于有可能挤占与挥霍卫生资源的行为设定红灯。平等是具体的，生命增强技术往往成为妄称"科学自由"、身体极权主义者放任主义行动的工具。

保罗·库尔茨认为，平等原则是民主主义伦理学的基本原则，比彻姆迁移了这个原则作为对平等权利的要求和对人们期望的共同利益的追求，"每一个人都应该得到人道的对待"[①]，在医疗权利和健康权利面前，应该人人平等。这源自于在生命面前，人人都是平等的。所以，任何社会与国家都把生命权放在首要的位置，给予法律与伦理的认可，医疗公平也成为医学道德的重要伦理原则。所谓医疗公平(Medical Justice)，就是根据生命权的要求，按合理的或大家都能接受的道德原则给予每个人所应得到的医疗服务。而不能允许极少数人因为个人的偏好，投掷实质上并不分属于个人的款项，大肆挥霍巨额，耗费于冷冻人体这类技术豪赌活动中，这是对社会卫生资源的暴力侵占，是对大众利益和健康权利的一种践踏。

医疗公平原则体现了人的底线保障。医疗公平对社会成员的基本权利予以切实的保证，从最起码的底线意义上体现出对人的种属尊严和对个体人为社会所作的基本贡献的肯定。在医疗活动领域，个体人最基本的权利是人人所固有的生命权。人的生命具有独一无二的价值，生的权利就是人最基本的权利，医学活动是与人的生命紧密相联的社会活动，在人的生命受到威胁的时候，就应该遵循生命神圣的道德精神给予公平的医疗，从而维护其生的权利。

医疗公平原则体现了人的生命、健康与保健机会的平等。医学机会平等有两层含义：一是共享机会，即从总体上来说每个社会成员都应享有大致相同的基本的医疗保健和照顾；二是差别机会，即社会成员在卫生资源的享受上不可能是完全相等的，应允许存在程度不同的差别，但这些差距绝对不可以达到极端化，没有损害医疗公平原则或挤占本属于公共利益的那份核心资源和共享机会。当今，在一个

① 孔汉斯，库舍尔.全球伦理[M].何光沪，译.成都：四川人民出版社，1997：14.

没有科学合理按贡献的约分适配的“按劳取酬”机制建立之前,许多中国的富人的所得并非由经济规律所判定的;甚至是通过非法手段对人民财富的变相侵吞;由此随意的畸形身体消费,实质上是对于公众卫生事业的一种伤害,应予禁止。政府对于这类富人病态式身体商业化消费行为必须设立禁区和红线,扼制富人医学市场膨胀和炫富式卫生消费心理。

医疗公平原则体现了社会调剂分配的权力的合理性以及生命政治效应。现代医学事业作为社会性事业不仅对同一时代的每一个社会成员产生影响,而且还能影响到未来几代人。因此,立足于社会的整体利益,对初次分配后的利益格局进行一些必要的调整,可以使卫生资源初次分配中出现的差距程度得到缩小、缓解或消除群体之间、阶层之间由资源分配可能引发的抵触和冲突,使社会成员普遍地不断得到由卫生经济发展所带来的收益,从而使医疗卫生服务质量不断提高,满足社会的可持续发展需要。

医疗改革最大的困难就在于资金的投入以及资源的使用或正当的流向;自由的社会必须对于极少数人的奢侈享受和畸形身体消费予以必要的监督和限制;因为准普遍的对于美容、增高术、益智等权利的自由选择,会使得缺乏经济支持的基本医疗事业造成削弱性压制;不要说普通人群的“健康奢侈消费”,他们的正常医疗和生存性“维生”都难以为继。这里,伦理学变成政治学的正义和多元社会的文化自由问题,这在卫生经济伦理逻辑上是对于“公正”的伤害。富人的个人财富占有仅仅是一个财富所属权的说辞,换一种提法,应该说其仅仅是财富的保管人或代管人,为了公正,富人不具有随意支配的自由,而必须接受卫生公正的“专制”,如同强制纳税的法令。如此,挪用巨额资金选择基本没有结局的“冰冻技术”而无限“拖延”极端的与众不同的生命的“悬临”,而耽搁或剥夺更多可以挽救的生命的真实存活的机会,是一种本己自身良知的辱没和“我”的“思执”(res cogitans)的不当。

康德主义认为,任何人都应该平等地被当做人而受到尊重,一视同仁不仅仅是一个古老的遗训,而必须在医学现实中能够尽可能成功有效地实施;每个人从道德目的论来说,都应该被平等地对待,我们万不可明知兮而为之,并去扩大这种不平等。

应予认定,长寿、身体美化、智能增强、“冷冻活体”等需求,均不在所谓医疗公平原则的范畴之内。

医疗公平原则不能不被限制,也不能被曲解,机会必须建立在公平并且正义的基础上,每个个体成员具有不同的特征,我们是在共性的基础上,照顾最大多数人的平等机会,在逻辑上,处理自然与社会的分配平衡,尊重个性选择,但不是放任不合理的超出基本医疗范围极端的“挥霍性”身体消费。

极少数人的自由必须服从于大多数人基本生存的“应该”,不能囿于经济地位和金钱的暂时拥有值来给与享用奢侈身体技术的"专横"。国家必须保护大多数公民的生命"应该"的永恒奔流和反对极少数人对于生命政策的标准化的随意修订。政府不能允许国民生命保全的"应该"由极少部分挤占绝大多数人的基本医疗资源,即一部分用于几乎无望的技术试验,而被切割过的另一部分用于覆盖几乎全体的医疗保健;这样构成的卫生投入的整体,是令人反感的。卫生经济政策的制定首先应考虑伦理学的通约,在政策方案的选择上主要应侧重于伦理学标准,由此再来对这个方案进行社会经济成本和社会经济效益的分析与评价,尽管这个评价是一个系统化过程,可以不分先后,但伦理学原则应该是压倒一切的。选择理论和公平的目的基于四个不证自明的公理:卫生资源稀缺并有限;同一资源可有许多不同用途;人们因需要不同而要求各异,但不能全部满足;资源分配因过程复杂,干预因素过多常常出现偏差,必须由政府监控,以绝大多数人的基本配额的满足为前提。选择有若干标准,但决不助长损害公共利益的极少数人的"病态或畸形的奢侈消费"。

帕累托的"最优状态"是指生产资源的任何重新配置,如果社会变革使每个人的福利都下降,或者使一部分人的福利下降,另一部分人的福利提高,这种社会变革必须阻止！帕累托最优状态是一种静态的理想的伦理状态,资源最优配置,产量达到最高水平,产品分配也能使社会全体成员达到最大满足,这显然是不可实现的,但它却指明了一条市场经济合理性的途径。旧福利经济学应用了边沁的"幸福最大化"的功利主义伦理思想;新福利经济学则以"一般均衡论""最大社会福利的最适度资源配置"来表现"最大效率"和"最优状态",由此,福利经济学者则把研究重点集中于"经济效率是最大的社会经济福利"问题上。新福利经济学的伦理命题是:个人——不是别人——是他本人福利的最好判断者(即一个人的福利图welfaremap可说是他的偏好图preferencemap);社会福利取决于组成社会的所有个人的福利,而不是取决于其他任何东西;如果至少有一个人境况好起来,而没有两个人境况坏下去,整个社会的境况就算好起来。

当我们思考证明应该做什么和怎么做时,就要提出为什么。人类的行动之前必先有个判断,判断和行动不能分开,达到某个判断是一个推理过程,证明这个判断和所采取的行动也是一个推理过程,在这个推理过程中所引用的理由往往就是道德规则,而要证明道德规则的正确所引用的理由就是道德原则。原则比规则更普遍、更基本,是行动规则的基础。

公正原则是"根据对社会的贡献分配"规则的基础。公正原则是卫生经济伦理学的核心的基础原则。

如果将冷冻人体作为一项卫生资源的二次分配,那么,可能遭遇微观分配中的难题,如"当不是所有的人都能活命时谁该活下去"？这个问题不是由病人决定,而是由医生或其他人为病人决定的。可以提出这样的要求:A.规定一些规则和程序决定哪些人属于可以得到这种医疗的范围,可按年龄、成功的可能概率、预期寿命、医学需要标准进行初筛;B.再规定一些规则和程序从初筛后的人中再参照一些社会标准,如病人地位、影响、作用、过去的成就和潜在的贡献等。

公义原则在经济伦理学中是公正的变体,罗尔斯把其正义称之为"公平的正义"(justice as fairness)。在罗尔斯看来,人们的不同生活前景受到政治体制和一般的经济、社会条件的限制,也受到人们出生伊始就具有的不平等的社会地位和自然禀赋的深刻而持久的影响,而且这种不平等又是个人无法自由选择的,这种不平等就是正义原则的最初应用对象。罗尔斯同时认为,各方将选择的原则是处在一种"词典式序列"。他的"公平的正义"正是从实际出发,关照社会中各个角落,为社会经济机器布设了一个阿基米德式的支点。显然,冷冻人体技术必须以占有财富的多寡来进行权利筛分,因此,它不能从"公平的正当"(right-nessasfairness)这一道德律令获得辩护。

三、代际伦理、反省与取舍原则

代际伦理是致命的心理错节和人性裂隙,当场景与文化环境发生根本变更之后,几乎可称之为"出土文物或古董"的生存者醒来,会以何等恣情适应陌生的新人类生活环境和生存方式。他如何割舍与上几代人生活方式的联结,突变或进入新的难以想象的生活实景,几乎是有些残酷的现实让他难以情感相融。比如说狂浪的性行为和混乱的伦常关系以及对当现代的真理的是非判断和行为自由。

另一个伦理问题对这类冰冻人体的约制和准入的规范,应该是事件发生之后最重要的理性考量,如此我们方可以制定相应的伦理条例与法律。这是倒逼的情境下,被迫的生命政策。诸如冷冻人体此类技术,为避免陷入窘境和道德陷阱,我们可以应用非常规的反省与取舍原则,进行评价和控制。

反省性原则(reflex principles)是让人们保持审慎明智的一项原则,它不会通过内在或外在的根据来消除法律、一般伦理原则或者对于事实等方面的疑惑,而只是考虑在出现不可消除的疑惑时,如何知道到何处寻求更加正确的方法,在何处应该避免错误的行为。冷冻术已经引发这样的疑惑,也就是出现了两难或者出现判断或选择的困难,此时,我们只能在决疑中,站在推定的一方。

> 推定是对疑惑情形中更为正确东西及所要规避的不义行为的推断。我们要采取被推定为有理的立场(一边),这个立场应该是一个人的权利之一,直至与此相反的事实真相得到证明。

而我们的控制依据是以下的反省原则的改良方案:

(1) 不给与财富拥有或知识技术持有人以任何特权;

(2) 如果冷冻或头颅移植技术暂时没有规范的法律或伦理条规的限制,则不允许施行,擅自施行者并扰乱生命科学或医学秩序,应追究法律与伦理责任;

(3) 施行人和此项技术的可能获益者,不享有自主选择权和独立职业权力;

(4) 由于存在代际伦理风险,则是否实行此项技术的推定应以常理(the usual and the ordinary)为先,而冷冻术与换头术不符合平素经验或不被公众习俗所接受;

(5) 推定新技术或疗法选择自由,不适用于对此项普遍疑问的技术,并对公共舆论和风尚可能存在伤害,而且暂时无法精确地回应其后果,则不可实行。

"*有疑问的法律不具约束力*"能否成为一条原则,具有极大的挑战性,谁有疑问,是全体还是多数人,还是少数人,还是个别人,不能因为极特殊的情境和个别的案例破坏法律的权威性,只有在自由的方面明显优于遵守法律的有害性,才可以准予行为人的自由。这些争论牵涉到特殊主义、境遇论、次级相对主义以及严格主义(rigorism)、较大可能论(probabiliorism)、同等可能论(aequiprobabilism)、或然论(probabilism)以及散漫主义(laxism)等伦理理论。

伦理神学家们还致力于对于取舍原则(preference rules)的论证,并且他们一再运用这种原则解决疑难的现实问题,医学中可以借鉴这个原则作为一个有价值的参考,帮助我们在坚持生命伦理学的基本原则和应用原则的前提下,更灵动和理性地解决困难的案例。取舍原则不是外在从属性的,而是解决伦理问题的内在标准,它的一个重要前提是:人们应该优先选择更具基本重要性的价值作为行为依据,比如奥托·舍令(Otto Schlling)的排列序列为:永远的救恩—生命—健康—自由—荣誉—物质方面的利益。

> 人生的目的的绝对价值有着至关的重要性,价值的顺序排列最终是由人的终极目的所决定的,那些对人生的目的的实现起重要作用的机制应该排列在前。当然,价值的排列顺序会随着每个人的人生目的的本质的不同而有所改变。

就冷冻术来说,按卡尔·白舍客的主张,可参照取舍原则的几个选项:①冷冻当事人的特殊利益应该服从社会心理与整体利益,如果挤占公共卫生资源,或者事实上的"挤占",而又非属于紧急的生命救援,则应该放弃;②冷冻术条件并不成熟,成功可能难以把控,在伦理上无充分的依据,则不能允许;③如果某个价值(人人享有基本医疗保健)已经处危机之中并且需要紧急行动(医疗改革),就不应该忙于可以容缓的那一任务(冷冻人或换头术);④某个亟待满足的需要(公平的医疗)应先行于将来可能的需要(高新奇生命技术);⑤应先维护现存价值(大多数人的基本医疗),优先于维护将要产生的新价值(某些为少数人享用的或高消费的身体增强技术),即保护现有生命的责任比赋予新生命的权利更重要;在别无选择时,可以牺牲一些特殊小众的价值来为大众普遍或基本价值让路。

显然,这不是取舍原则的全部,具体的操作与应用依然是很复杂的,医疗实践中还是要根据具体的境况制定具体的应用方案。因此,拉纳(H.Reiner)指出:“取舍原则的应用也不是一件简单的事情,个人往往不能胜任这件工作。它需要集体中伦理传统的帮助,也需要有能力的伦理权威相辅佐。”

四、永无兑现的“许诺”与艾耶尔死谷

我们有必要认真解读这个草率的知情同意程序:展女士签署的是一份“遗体捐献”同意的登记手续,而“这个过程中,有医生向我们提出是否愿意参加‘人体冷冻’项目,我认为这给妻子增加了一份‘再生’的希望,爱人也同意这个提议,后来又问了我们的孩子,他也表示支持。”桂先生说,“以前在新闻上看过国外有类似的项目,当时他们和我提出来的时候感觉比较惊讶,但是有一丝希望,就希望能够出现奇迹。”为了那一丝希望(其实几乎不存在或完全不存在),在医生的诱导下,成为冷冻人体(遗体)试验的“人体”。

在兹,人体冷冻与其说是一个生命技术的费厄泼赖,不如说起码在未来的相当历史阶段,是科学家对当事人的一种“服丧欺骗”(mourning the deception)的谎言。麦吉尔大学的神经学家和生物学助理教授 Michael Hendricks 认为,这一复活或模拟是一种超越技术前景的可悲的虚假希望,而凭“人体冷冻”行业所提供的冷冻死亡组织,那些利用这个希望从中牟利的人们应该受到我们的愤怒和鄙视。

当然,一个人可能从不撒谎,却有时需要欺骗。奥古斯丁坚持“谎言是一种话语,这种话语是一个人希望说出他可能实施欺骗的一件不真实的事情”。奥古斯丁的这种唯一的立场成为西方的观念。这一观念产生变化后,把谎言分为三种流派:①带有有害意图,旨在于损毁或伤害他人的生命、财产和名誉;②过于殷勤和谦恭的谎言,其目的在于防止伤害或不便;③谎言仅仅是一种玩笑。

医学生活中或临床实践中,在以下这样的情境下允许这种合理谎言:

> 形势紧迫,比如患者处于极度情感控制之中,无法解脱,如果不施行欺骗,即发生生命危险,或危及他人的安全等;为了病人的根本利益和权利的维护;为了他人或者公共的利益;出于治疗的需要,而这种手段对于病人的身体康复、疾病治愈或者生命维护是重要的;出于一个纯洁、高尚的目的,医生怀有一个善良之心,襟怀坦白。①

---

① H Tristram Engelhardt Jr. The Foundations of Christian Bioethics[M]. Lisse: Swets & Zeitlinger Publishers, 2000: 358.原文为可以被接受的欺骗中的四条:紧迫、必需、服丧欺骗(mourning the deception,是为了避免自己内心遭受谎言的伤害,始终恪守某一真相)和一个纯洁的目的;本书作了根本性改写。

按伦理学辩解,可以认为:

> 在这些前提下,欺骗就如同一种有奇效的药物,有保留地、谨慎地以此达到一种恰当、重要的善。自主行为虽则没有欺骗的目的,尽管是普遍意义的善,然而却不是最重要的高于一切的善。[①]

柏拉图确实认肯了"柏拉图式的隐喻",他在《理想国》中一再称道,可以把谎言作为一种强效而危险的药物,并赞许在绝望的情况下运用是必要的,他说:"虚假……如同一种药物的形式,对人们是有用的"[②],特别是被医生所运用时更是如此:"很显然,我们必须只允许医生来使用谎言"[③]。如此,医生的谎言,因其广泛的使用而被当作为一种模式。

奥利金(Origen, 185—232)也宣称:"有时运用欺骗方式是允许的,而且在某种程度上,谎言好比通常所说的那样一种药物。"[④]他的学生亚历山大里亚的克莱门特(Clement of Alexandria),同样认为,"除非在医学上,为了患者的利益,医生可以欺骗或说谎"[⑤]。到了公元5世纪,这种合理谎话的医学形式已经被医学界所确立,并为公众所接受。

由于以上的分析和推论,显然,医生们在必要时做出"合理谎言"的决定是可以获得伦理辩护的,即由医生做出的具有治疗意义的(有益于身心健康的)欺骗,在类似语境中通常被认为是正当的,并是出于爱与善的本意。这种欺骗只要对临床效果有利,或者对于患者的健康恢复有益,就可以适度采取如同演员在舞台上的表演一样,扮演优秀的、善良的"医学骗子",这类谎言就是合理与善意的。

当然,医生的欺骗行为必须得到病人的默许。另一方面,这种方法对于卫生保健来说,与让患者作为自主决策者的授权是相违背的。他的理想并不是去做一个公正地承诺并授权给患者的道德中立的医生。

但我们依然可以这样结束这段讨论:

> 为了病人,医生欺骗他们的病人是很正当合理的。医生应该采用家长式的方法,以此来实现病人的利益。然而,这不是一个被认可的家长制,对于它来说,至少不存在一个明确的警告。而且,默许并不是预先假定的允许欺骗的必要条件。当然,为了完成一个重要的治疗目标,欺骗不

---

① H Tristram Engelhardt Jr. The Foundations of Christian Bioethics[M]. Lisse: Swets & Zeitlinger Publishers, 2000: 358.

② 转引自上书,出自柏拉图《理想国》。

③ 同②.

④ 同②.

⑤ 同②.

仅是被允许的,而且是必需的。[①]

我们说,任何道德规范体系都要把诚实与讲真话纳入自己的体系之中,成为自己道德体系的重要组成部分。医学道德也不例外,诚实与讲真话自始至终都是临床实践工作中评判医学道德的重要依据,“合理谎言”或“善意撒谎”却是一个很重要的例外,这主要是讲真话与保护性医疗相冲突造成的。按效果论讨论,临床的实践也的确有一些病人,在这种保护性医疗措施的保护下,即在医生的善意谎言和欺骗下得益。因此,只要没有出现有害的后果(本人或他人),医务人员不向病人讲真话,而采用“善意的谎言和欺骗”,这在道德上是允许的。

我们面对的冷冻人体复活技术,已经远超出科学的范畴,是社会学、心理学与商业活动,逆天行道的非科学行为,而且给病人和当事人(或自愿者)一种明确的空头许诺,一种根本不可能有结局的指引,这竟然不直接作为欺骗,而编制了一个几乎不会出现的梦境;这不是严肃的科学作为和一诺千金的医学圣约。“这是你最后一次机会”,阿尔克生命延续基金会的这句口号,显然是一句谎言!

应该承认,好与坏从存在论意义上并不是抽象结构的某种状态,而是存在的模式,是由结构决定并由目的驱使的行动,将由后果验证我们行动的性质,我们不应该阻止那种看起来不被人用好的评价的方式但确实能够为那些弱者解除痛苦的行动。[②]

> 斯皮塔曼·琐罗亚斯德呀![行医者]的手段各不相同,有的用手术刀,有的用草药,有的用神圣的语言,后者才是医中翘楚,因为他们能够治愈虔诚教徒的心病。[③]

在道德生活中,人们选择、放弃而肯定、否定某种行为,其都有明示的或潜隐的、重要的道德原则支持。道德原则是人们对行为的道德性评价与行为的选择的重要依据。通常,在同一个道德规范体系中的道德理论与道德原则、道德规范存在着内在的一致性,基本理论与基本原则、道德规范是相对应的。同样,基本原则之间也存在着内在的逻辑一致性,比如,医学伦理道德体系中的尊重原则、医疗行善原则、有利无伤原则以及公正原则等,是相互交叉、互补与包容的,其道德实质是趋向同一的。

我们其实往往处于勒维纳斯式的“艰难的自由”之中,处于一个冲突和不信任的时代,这是后现代的一个特点,每个人都追求自由,而每个人都不可能获得整全的自由,理性独断主义、单独研究人质的认识论独断主义、追求绝对真理的独断主

① H Tristram Engelhardt Jr. The Foundations of Christian Bioethics[M]. Lisse: Swets & Zeitlinger Publishers, 2000: 363.

② 穆瑞·罗斯巴德.自由的伦理[M].吕炳斌,等译.上海:复旦大学出版社,2008:58.此段文字,受到了《自由的伦理》中源自魏尔德在《自然法》中的一段论述的启发。

③ 贾利尔·杜斯特哈赫.阿维斯塔:琐罗亚斯德教圣书[M].元文琪,译.北京:商务印书馆,2005:298.

义遭受到空前的挫折，尼采的价值重估打击了道德和信仰体系，我们不得不冷思相对主义、境遇主义、实用主义以及道德共认意识、道德异乡论等这样的严肃理论问题，并且重新回到评价领域之中，并考量：

> 在一个事实判断不同的价值判断领域中，或曰在一个与认知不同的评价领域中，我们又没有充分的理由去证明我们赖以作出评价的价值准则是合理的；我们有没有充分的理由去评判不同的价值准则，去评判不同的价值判断。①

既然我们还必须面对鲜活的生活本身，并且必须在多样态的、个性化的，甚至极端的身体文化要求的境况中，做出被当事人或主体接受的决策，并且又不失为伦理的、善的和正当的选择，我们显然必须坚持我们的信念和信仰。在生命伦理学发展的同时，我们必须要在纷繁的后现代道德文化背景下，给与逻辑实证主义关于价值判断的情感主义以无可辩驳的回应。我们虽然不能精致和绝对地解决所有医学问题，但是凭借我们前述的主体原则、基本原则和应用原则，我们确实能够普遍地解决了一般性伦理难题，并获得了公众的认肯。我们坚持了正义、善和爱，用自然赋予我们的神圣权力，避开了"艾耶尔死谷"②，我们以不同境遇下"人的需要"作为价值判断的依凭，以事实判断作为行动的基础，灵动地应用我们的伦理原则，在人的生命问题的选择过程中，坚持对于主体意见的尊重，坚持对于主体权利的维护，坚持行善、公平正义，就可以使生命伦理学成为有生命的、有巨大价值的学问。我们面对着多元的、复杂的、无可名状的变化着的世界，在自由意志世界主义逐渐让渡于自由世界主义的潮汐中，应该保持我们敬畏生命的信念，获得生活的成功。

但艾耶尔死谷的提出，提示我们必须远离绝对标准主义论，也就是说，在生命伦理学判断中，不存在绝对普遍的原则，爱与善是人类的一种信仰和道德信念，而在现实医学生活中，我们只能面对人的具体需要，来选择我们的行动，从这个意义上，次级相对主义是有一定积极意义的。由此，原则的交叉，也是必要的。

艾耶尔死谷更像是德国哲学家弗里德里希.H.雅可比1799年提出的虚无主义，虚无主义否定人生的意义与价值，也成为恰达耶夫在《哲学通信》中的愤世嫉俗、悲情孤愤和自虐情绪的情感根基；同时可以说是庸俗社会学、无产阶级文化派、

---

① 参阅：冯平. 评价论[M].北京：东方出版社，1995：246.

② 艾耶尔死谷，即逻辑实证主义和激进的情感主义的代表艾耶尔提出的"价值判断没有充分的理由、评价没有合理性可言"的观点；他同时提出，伦理概念是一些妄概念，并认为伦理判断根本不具有任何客观的校准能力。阿尔弗雷德·艾耶尔(Alfred Jules Ayer，1910年10月29日—1989年6月27日)，英国哲学家，因1936年出版的《语言、真理与逻辑》而闻名于世。此书中他提出了逻辑实证主义的一个主要论点，从而成为逻辑实证主义在英文世界的代言人。在1946年至1959年，他曾是伦敦大学学院的精神逻辑哲学的教授，同时也是牛津大学的逻辑教授。在1970年，他被封为爵士。

尼采主义者、极端无政府主义的思想基础[①]，其实，后现代的医学文化社会，尤其应该警惕这样的消极思潮占据我们的精神生活。

五、死亡悬临(bevorstand)、生命意义和生活的过程与实在

> 终结悬临于此在。死亡不是尚未现成的东西，不是减缩到极小值的最后亏欠或悬欠，它毋宁说是一种悬临(bevorstand)。[②]

冰冻"遗体"是普遍的冰冻死亡或终结了的"人体"，而尚未宣称冰冻人的"活体"的试验；即目前的人体冷冻术只是在死亡后实施；在患者心脏停止跳动的两分钟到十五分钟之内，要马上用冰冷冻患者的身体(其实物理意义上他们已经死亡了，但是并不称他们为死者)，并且注射一些化学物品来防止血液的凝结。

> 海德格尔的申明：死亡毋宁是一种生命的悬临态，但不是说这一终结并非拖延为"尚未现成"而是已经发生，成为生命的最后亏欠，不是极小值的悬欠，是仅仅出现一次的那种终结。

生命是黏糊糊的活动，一生都渴望摆脱，但一生都难以实现。我们太复杂、太传统、太老到地应付生命的事务与事件，但我们往往是错误地理解与对待。死亡打败了我们，最终我们不得不觉悟医学的无能和无计划，败下阵来，服从于天定的死亡契约，终于我们停止了生命；就此，再没有任何强大和威严，只是成为腐败的产物，作为白骨平息仇恨与厌恶，和其他动物、植物一样，皈依泥土，结束所有的复杂，以另一类奢华的形式完成生命的结束。

柏拉图就认为死亡是灵魂从身体的开释；毕达哥拉斯认为死亡是灵魂与躯体的暂时分离；德谟克利特认为死亡是自然之身的解体；黑格尔认为死亡是扬弃，是精神的自我和解；等等。

"人命至重，有贵千金。""身体发肤，受之父母，不敢毁伤，孝之始也。"人的生命的贵重是神圣不可侵犯的。"不知命，无以为君子"(《论语·尧曰》)。孟子说："莫非命也，顺受其正"。出世为生，入地为死，生生死死，自然了然，万物而泽。"生之徒，十有三；死之徒，十有三；人之生，运之于死地，亦十有三。夫何故？以其生生之厚。"[③]因此，必须将死的变化纳入生死大化之中，纳入"万物将自化"的规律之中，才能够真正地解决死的危机。

安乐死已经并依然是一个富有文化磁力的话题，这个话题因为涉及生命的本

① 请参阅：马龙闪. 历史虚无主义的来龙去脉[J].炎黄春秋，2014(5)：23-28.

② 海德格尔.存在与时间[M].陈嘉映，等译.北京：三联书店，2014：287.

③ 老子：道德经，第50章。

源和人的本质以及世界的存在的奥秘,因此,安乐死的讨论将永远伴随着我们;人,或者苟且偷生,或者尊严离世,或者自然了结,或者轰然而没。死,是庄严的,但未见人人神圣。

> "传道者说:虚空的虚空,虚空的虚空,凡事都是虚空……。江河都往海里流,海却不满。江河从何处流,仍归还何处。"①
>
> "凡事都有定期,天下万物都有定时。"②

关于死亡,无人不去作最为根基性的议论,因为人类存在的本质并非是一种即兴的冲动,而是"由时间之持续所要求的必死性"③;死亡是清偿、赔付、让渡以及告别。哲学有一类最为使人称道的理解,认为虚无是一种错误的概念,是一种对于死亡的误解,死亡并不等同于虚无,于是,人类成了一种不向死而存在的方式④。灵魂说或生命轮回的宗教观,都是对于死亡的一种道义的拯救,同时,最为要害的是,死亡与善恶作为关联,或是升入天堂,或是降入地狱;死亡本身已经成为对于善行的评价性结论;死亡向前无限地延伸,制约和规范以必死为界限,使人生成为一种责任,在肉身存续阶段,实现其伦理性,这样的生命就成为一种道德的冲动,此在性与向死而生,如此就成为一种有道德价值的存在。

人于生死海中,我们通过修行,可与诸圣一念相呼应,知道、见道、得道。

> 心有生灭,法无去来,无念则静虑不生,无作则攀援自息。或始觉以灭妄,或本觉以证真,其解脱在于一瞬。⑤

永生者不死,死者无永生。"这个世界上的生命所以有意义,只是因为死亡。"⑥死亡是生命中最明了又最晦暗的、最有意义的事件之一,其道德内容与生命同样丰富、复杂、深阔。没有人真正、真实地从本质上不畏惧死亡,即使最后选择自愿地、尊严地、安乐地死亡,还是必须选择用一种解脱这种"惧怕"的无奈的形式,完成对于这场终必结束的"游戏人生"的关闭。死亡是一种面对失去未来的被动;死亡是一种生命的"最自由的形式和阶段";是对于未来假想生命新模型的一种召唤和启动。死亡的必然结果一生都充满了对于生命本体的刺激。

向死而生,是生命的规制,死亡的伦理就是时间伦理法则的应用案例,时间的单向性已经准备和固化了最后的常模。死乃天理、天命,归天即天轨、天规、天归。

---

① 传道书 1:2-7。

② 传道书 3:1。

③ 勒维纳斯.上帝·死亡和时间[M].余中先,译.北京:三联书店,1997:12.

④ 同③59.

⑤ 楼宇烈.中国佛教与人文精神[M].北京:宗教文化出版社,2003:237.
此文字引自石井本《神会语录》"大乘顿教颂序"。

⑥ 别尔嘉耶夫.论人的使命[M].张百春,译.上海:学林出版社,2000.

人的生命历程可能是艰难的、曲折的、浪漫的必然到达终点的一段旅行，不同异乡人从天地间各个不同的地方出发，不问其经历是平坦或坎坷，是宁静或喧闹，是长程或短途，旅行的最后都将走向同一个终极驿站，这是最后的再不会有“后一居所”的停止，不是停留，不是歇息，是再没有“我”的告别和永别——死亡。

我们依然在修昔底德的古训中生活，世人通常并非喜欢关于“善举的长篇大论的演说”，而更加明确的是“如不可谋害人命”这一条传统的道德戒律；摩西十诫中所划定的“不可杀人”①是“耶和华与人约定的”。

如何选择死亡？身患不治之症或重度难治之症，处于极度痛苦、生活质量低下、濒临死亡的患者，是不惜一切代价地治疗和维持他(她)的生命呢？还是使其少受折磨，安详地提前结束生命——安乐死呢？这一问题不仅是医学，而且也是现代医学伦理学、社会学、法学等深入研究和激烈争论的问题。

> 不疼的时候，我觉得平和、安宁，我从来没有像现在这般大彻大悟，能像印度圣人一样思考生与死的问题。②
>
> “自我”于生，死，以及有去，来。
>
> 且在一切身，太空不异似。③

冷冻活体是否可以比照安乐死，或者可认肯为“终结此在的悬临”；而此意应决定于自愿者或当事人的主体意愿；自愿安乐死是其“死”，不再留恋世事，自我决断，毅然舍抛尘缘，永无回头之念；而自愿“活人体”冰冻，其主体意愿核心是希望复“活”，这个本质差异，不可混淆。因此，科学家认为，冷冻活人即是谋杀，尽管尚无此情的成文法律，但亦然视为禁区，万勿以科学之名误人。

Bevorstand 是悬置的面临或可能发生，其不确定性与随时可能性都言明了海氏的“死亡存在论结构”，而非伦理意义和法律语境的安乐死式的“人道的死亡”④

---

① 旧约·出埃及记 20：13。

② 杰克·伦敦.杰克·伦敦小说选[M].盛世教育西方名著翻译委员会，译.上海：上海世界图书出版公司，2010：549. 这是书中曾经强大一世的“魔鬼”号船长“海狼”临终之言。

③ 五十奥义书[M].徐梵澄，译.北京：中国社会科学出版社，1995：750.此段为“唵”声奥义书第三卷：9。

④ “安乐死”(希腊文 Ευθανασία)就是“快乐的死亡”，或者可称为“人道的死亡”(humane death)；汉语译为“安乐死”，源自佛教净土宗之经要《佛说无量寿经》：“无有三途苦难之名，但有自然快乐之音，是故其国名曰安乐”。西词“euthansia”真义为“清净死”或“安宁死”，因为生命质量低劣，再无何求，除蕴苦，只求安宁、无欲、清洁而去，带着生命的尊严，把最后的“价值”留给世界，再不求取任何资源，空净轻轻而来，安平无悔地离开。安乐死是一种精神经济学的实践，像诺斯替教陈留的化石一样，死是一种讲精神者的境界。安乐死是西方文明中处死那些身患不治之症、老年或身体严重畸形者的社会背景下产生的一个专门术语。《布莱克法律辞典》认为，安乐死是“从怜悯出发，把身患不治之症和极端痛苦的人处死的行为或做法”。《牛津法律指南》认为，安乐死是“在不可救药的病危患者自己的要求下，所采取的引起或加速死亡的措施”。《韦伯新国际词典》第三版的定义是：“使患者脱离不治之症的无痛致死的行为。”1975 年的《新哥伦比亚百科全书》定义是：无痛致死或不阻止晚期疾病患者的自然死亡。1985 年出版的《美国百科全书》中把安乐死称为：“一种为了使患不治之症的病人从痛苦中解脱出来的终止生命的方式。”

进一步解释说：

患不治之症的患者在危重濒死状态时，由于躯体和精神的极端痛苦，难以忍受，在患者或其家属的合理及迫切要求下，经过医生、权威的医学专家机构鉴定确定，符合法律规定，按照法律程序，用人为的仁慈的医学方法使患者在无痛苦状态下度过死亡阶段而终结生命的全过程。

在此还应特别强调指出，安乐死是死亡过程中的一种良好状态及达到这种状态的方法，而不是死亡的原因。安乐死的本质不是决定生与死，而是决定死亡时是痛苦还是安乐。安乐死的目的是通过人工调节和控制，使死亡过程呈现一种理想状态，避免肉体和精神的痛苦折磨使濒死患者获得舒适和幸福的感受。Hope 显然认为：

没有令人信服的思维实验可以表明作为与不作为或者其涂于遇见之间道德上的区别，这个区别包含：①我们进行行为评估的人对于将死者有着明确的关爱的责任；②没有损害一人而使另一人受益的问题；③死亡是将死者的最大利益。①

关于安乐死的争论已经显然颇有收获，道德神学家们也开始出现思想的松动。他们"试图去理性地推导出'好死(good death)'的特征。它企望通过合理地论证和见到的理论体系，去证明医生协助自杀和安乐死的合理性，以在逻辑上一视同仁地说服信徒和非信徒"②。

多数有思想的宗教学者开始重视在这个过程中，病人本人或病人代表的真实意愿，并且医生确实是出于对病人实际上的关爱，而不是空乏无味的不切实际的对于医生良善行为和关爱的指责。甚至教宗庇护十二世(Pius Ⅻ)已经清楚地宣称：

人们可以使用去痛药品，虽然这种药会有缩短生命的副作用。③

Hope 使用逻辑(有效三段论)、概念分析、一致性和案例比较、基于原则的推理四大工具，以伦理思想原则作为依凭，并且参照"对特定环境或案例的道德反应和我们的道德理论之间连续的动态变化"④，以评估我们已经发生的生活事实。显然，罗尔斯式的"反思平衡"能够帮助我们走出困境。道德哲学原理能够使我们心明眼亮，脱离习惯的、俗成的本来已经陈腐的或愈加愚昧的信条，就是因为"打

---

① Tony Hope. 医学伦理[M].吴俊华，等译.南京：译林出版社，2010：23.

② H Tristram Engelhardt Jr. The Foundations of Christian Bioethics[M]. Lisse: Swets Zeitlinger Publishers, 2000: 331.

③ 参阅：白舍客. 基督教伦理学(下)[M]. 静也，等译. 北京：三联书店，2002：346.

④ 同①62-63.

纳粹牌”和那场历史上的人类伤痛造成了我们整体性对于安乐死的误解和心灵拒斥。而我们要想重新构建一个体系,就必须跳过或脱离那样一种沉闷已久的思想禁锢。

> 医生协助自杀为我们提供了一个道德上和神学上的罗夏测验(Rorshach test),从而显明了道德和神学基本责任。进一步地交易发展,很可能发生在许多西派基督教中,从而它们能直接凭借事实,而信奉一个将允许他们接受医生协助自杀和安乐死的全新道德观。①

脑死亡的提出,是一次革命,不是简单的民间都可以给予的那种“他走了,去了,安息了,离开了”的生活判定;是要以死亡标准改变人类的年龄生态和生命本体认知,是生命观念和价值的生态的修正。

六、守护真理,“冷冻人体”的费厄泼赖应该缓行

目前我国法律对于人体低温保存尚未有明确具体的禁止性规定,也就是对此类新生事物的态度在法律层面上尚不明确,而且这种保存方式后期如何处理,人体寄存方和保管方之间的权利义务如何确定,也没有具体的专门的法律规定,需要双方在现有法律规范框架下根据实际情况进行具体的协商和约定。

勒维纳斯曾说过:“最多寓于最少之中”②;我们试图在医学生活中把世界分隔开来和重新创造的常常在对于病人的身体的治疗或康复训练中遭遇阻遏,这时我们还没有弄清人类身体内部的秘密,身体的价值从来如同我们对于生命价值的认同一样,在日常生活中无需认同,这并不能令我们坦然。我们此刻就有一个一个预设,是否把我们所遭遇的医学中“身体”或“身体模式”的困惑都归结为一个统一的根源,包括解释人的意识、情感以及对于善恶的评价和行动的选择。

思想的运动也是身体的运动的思想,同时属于我们对于人和社会存在的现实与现象的认识的变化和新的身体启蒙运动,尽管我们很多人尚在旁观者的位置上,对我们表示唏嘘。

“思想”的东西或者与身体共在化一的思维意识是以一种特殊的方式控制我们的“肉身”;它对人发出指令;而“神经组织的粒子和场”(新实在概念)又如何通过物理功能和生理反应回答这一指令,从而完成与意识密切相关的行为改变。身体一方面是“自在”地在内(包括神经元、递质与相关生物活性物质、介质等)外环境和必要的条件下“存在”,又在心灵和意识(反思、思想、认识、觉悟等)的引导下,产生其

---

① H Tristram Engelhardt Jr. The Foundations of Christian Bioethics [M]. Lisse: Swets Zeitlinger Publishers, 2000: 332.

② 居伊·珀蒂德芒热.20世纪的哲学与哲学家[M].刘成富,译.南京:江苏教育出版社,2007:序言.

人是身体或身体认识的行为,从而使其成为"自为"存在的身体。①

> 我使我的身体存在:这是身体存在的第一维。我的身体被他人使用与认识的,这是它的第二维。……我作为被身为身体的他人认识的东西而为我地存在。这是我的身体的本体论第三维。②

德日进说:人终于在极大的静默中进入了世界③,而同时,我们应该进入他一个精致的观念,即人的"复杂化过程"(complexification)。我们理解的身体就是在这复杂的创生过程中,随着宇宙造化的节律而更精细地由原子达到无机到有机分子,后又达到次细胞—分子群集—细胞—多细胞—组织—器官—身体岛的个体,具有意识和社会关系的行为生命体,由大脑指派的身体,经过心智演化,按着趋同的整合法则,成为这个无声世界的一股最生动的力量,语言和音乐,启动和显明了理性的时间,身体代"人"负有神圣的责任,身体具有高智能的生活目的,生存与繁殖目的的结局,使身体创造了文化和文明。

亦如是说,身体成为最不幸的人生的现实物,如浴苦在先,承受死亡,克服欲念,接受鞭挞,饱受痛楚和情感的折磨与考验,始终在可能销毁的风险中,背负着信仰、良善之心与恶劣的环境争斗,身体用它生命性和存在或存在者的"解蔽",通过行为和姿态在敞开之境中展开自己,表述源出于真理的原始本质。

人的思维对意义的探索始于对于自我的认识和接受,人最终不是为了有用,或者不仅仅是为了存在的价值,而是出于对于意义的信仰,阿伦特坚持认为:

> 我在真理和意义之间、认识和思维之间划出了一条界线,我坚持这种划分的重要性……④

而真理是我们根据身体的感官或者大脑的本质(这是人的存在的本质)必须承认的东西,因为身体的必然存在以及其自然性、生命性是不能否定的。这样,我们陈述的身体事实真理,在科学上是可以被证实的。

人的生命时而是一种自然界的活化的抽象,时而是一种自然的物理主义的身体力行。肉身被精神把控,与外部世界发生关系,接受刺激—传导—判断、分析与选择—反射与应答—行为表达,身体作为个体的总和参与物理秩序、生命秩序和人类秩序,并且成为生命世界的历史过程的某一个事件。如此,身体就成就了"那个是真实

---

① 可参阅:萨特.存在与虚无[M].陈宣良,等译.北京:三联书店,1987:400.

② 同①456.

③ 德日进. 人的现象[M].李弘祺,译.北京:新星出版社,2006:121.

④ 汉娜·阿伦特.精神生活·思维[M].姜志辉,译.南京:江苏教育出版社,2006:67.

成为真实的东西"①,和生命实验或者称为身体的经验相符的可能性;身体与真实的事情或者命题相符合、相一致,作为真理的东西体现了传统真理定义的双重特性:

> veritas est adaequatio rei et intellectus。其意可以是:真理是物与知的符合。但也可以说:真理是知与物的符合。……在这样理解的真理,即命题真理,只有在事情真理(Sachwahrheit)的基础上,也即在 adaequatio rei ad intellectusm(物与知的符合)的基础上,才是可能的。真理的两个本质概念始终就意指一种"以……为取向",因此它们锁死的就是作为正确性(Richtigkeit)的真理。②

伽达默尔极其在意对于身体行为"中枢区域"的研究,他对神经系统、神经组织以及神经物质中位置的意义的考量,为行为结构和人的生命性找到了解剖主义基础,并提出神经现象—意识发生—人类活动—文化智能—社会关系等如何嵌入身体之中的哲学理由。③ 他指出:"解剖学精神寻求某些可见的联系中和某些限定的区域内认识到神经活动的机能。"④身体的这一机能的显现,即是身体合理性或者直接称为"真理性"的说辞的依据。

身体是被生命性(lebendigkeit)所验证的,此要提及约尔克伯爵的研究,约尔克伯爵完成了狄尔泰与胡塞尔未能发现的东西。伽达默尔认为,他在思辨唯心论和新经验观点之间架设了一座桥梁,这就给与了身体和生命概念无穷的语义的延伸,在区分和争议中,对生命主体——身体做了前所未有的肯定。与生命的自我肯定一样,使自我意识的、经常把自己区分为自己和他者的、具有自发性和依存性的、汇合肉体联结和心理联结的领域的身体。⑤

因此,狄尔泰把身体的试验(Erprobung),看做身体存在瞬间形成的意义;这就道破了原本以为生命是历史生命的时间论基础,陈述了人类生命或者身体的全部复杂性和残酷性。如此,身体不仅仅是在现实的人的世界中的有用,更具有一种历史过程意识与智能性创造性生存的价值,但终极归其为:身体本身应具有绝无可能被其他所超越而存在的本质性的意义,即身体以存在为取向,选择或决定美好、良

① 海德格尔.海德格尔选集:上[M].孙周兴,选编.上海:上海三联书店,1996:215.

② 同①215-216.

③ 请参阅:莫里斯·梅洛-庞蒂.行为的结构[M].杨大春,等译.北京:商务印书馆,2010:96-99.作者引用了戈尔德斯坦《机体的构造》中的一个长段落,说明人的行为与神经结构的关系,以此解释身体即为人的缘由。

④ 同③99.

⑤ 请参阅:汉斯-格奥尔格·伽达默尔.诠释学.Ⅰ真理与方法[M].洪汉鼎,译.北京:商务印书馆,2010:358-359.

善、正义以及文化的其他内容,而在物与知符合的基础上,成就正确性的真理。

身体被一种人化的力量所驱使,唯有其具有生命性的物理的、生理的(同时是生物化学的)基础上,"人化"的超越方能够完成。在这一目的的诱惑之下——机会主义的或者偶在论地实现——使肉身与精神融入一体,经历复杂的或者经受无数挫折的考验,并被各种失败与消弭风险压迫着,最终成为人的身体,即身体外在包容内在智慧和意志、心灵的统一体。

按柏格森的说法:"心灵必须是一种绝对独立于物质的力量,如果,那么,精神是一个现实,它就在这里,在心灵的现象中,我们可能能够与它实在地接触。"①这并没有否定身体与心灵的关系,而更进一步指涉了精神"就在这里"(身体中)的现实,人作为意志的行为者,不可能分离式地漂浮在肉身之外,包括宗教化的语境下,身体也代"它"去受惩罚。

医学道德的"应该",不应该固守几个简单的原则,医生的"善"的行动是自由的,临床过程的复杂性和病人文化选择的多元性,不是用四个原则就能够应对的。现实有许多可能,安乐死术对 W 可能是"安乐",对 Y 可能就是作恶。我们还没有最好的价值图式,我们不过只是拥有一个抽象的"美德"或所谓"人道精神",爱人的人经常伤害所爱的对象;有什么原则可以让我们少犯幼稚的、低级的伦理错误,有什么原则可以指导我们解决复杂的两难问题,有什么原则使我们具有伦理智慧,使我们能够始终道德地生活。只靠觉悟无法校正我们的行为,中道有时并不美好,宽容也解救不了我们自己;在医学这个充满道德风险的场地上,处处都是道德的检验所,"游戏生命"是会葬送我们神圣的医学的。

在界定道德行为或道德赞许行为时存在两个核心的哲学问题:第一个是相对论哲学问题。我们在界定某种行为是否道德时采用什么公正标准,是行为者自己的标准,还是社会的标准,或者根据某些道德原则确定的某些公正行为的普遍性哲学判断标准?从哲学与伦理心理学两方面分析,哈特萧恩使用的是被普遍接受或大多数人接受的规范,即社会相对论,这在生命伦理学是不可行的;这一标准忽视了个体行为者自己的判断(其实他们是有能力判断并且一直这样伦理地生活着),行为者判断是判断一种行为是否道德的必要组成部分。(如果行为人在医学生活中这种所谓公正判断明显错误,可以用康德的尊重他人原则、穆勒的福利最大化原则和体谅并且不伤害原则、宽容并有利于群体也无碍于社会等原则,在冲突的情境中化解。)第二个是基本哲学问题,是行为的道德性取决于遵守道德规范本身,还是取决于指导行为的意图、判断或原则,或是取决于行为的福利或健康利益后果(即

① Bertrand Russell. The History of Western Philosophy[M]. London, New York: Simon & Schuster, 1972: 797.

在医学活动中,医疗或技术行为取决于服务物件或接受个体如何进一步加工强化伦理情境,或者技术实施过程中的相关的他人利益和情感的事实性信息,以及如何来预测行为的后果等)。罗尔斯为保证角色承担的公平、公正的动机与后果,以及可逆性设计的程序形式是:罩遮在“无知之幕”下做出选择的原初状态,选择者或许根本不知道他要成为某一情境或社会中那一种人,而且为了有意使病人在所谓技术或方案的设计与实施者达到他们预先拟定的目标(科学的、经济的,很少是道义的,往往是混合有人道成分的医疗目标),而通用的流行的知情同意文本上的签字,他们必须选择一种原则或策略,凭借这种原则与策略个体就能在日常的工作状态下最好地从事科学研究或技术活动,本身也能心安理得地生活,即使是处于技术资历和地位不是很高级阶段的医生或科学家。但我们却很少考虑那些知识上很贫穷、经济上很拮据、社会地位上很低下和很卑琐的那些人的状况。自尊(与尊重)是正义的最基本直觉概念,这就是正义论最原始的预设,正义首先要解决的是如何保障所有社会成员的作为人的自尊和被尊重,而主要不是每一次分配多少物质资源和利益,当然我们要尽可能去为那些很难为自己争取到最基本、最低限度健康权利的人争取利益。为了保证我们生命伦理学的意义和爱的价值,而且要使我们在道德试验场和生活场地中获得成功,我们必须建构一个正义客观条件理论,限制脱离实际的理论家,更应该限制决策人、官员,以及医生和科学家。

人类思想的历史,是由蒙昧走向文明,是由专制与独裁,经过血浴奋争,走向个性的解放和精神的自由;历史上幽暗的时代漫长并令人窒息,无数思想巨人为解放思想而牺牲和奉献自己的全部,自由的曙光终于冲破黑暗达之理性与自由的王国。即使没有绝对的自由王国,即使没有人的绝对的自由解放,人们也希望伸展自己的心神灵性,并使个性获得张扬。纯粹的私自思想的天赋自由是没有价值的,一个人的心底活跃的思想是极难以隐藏的。

我们现在可以归结,冷冻人体或换头术的费厄泼赖应该缓行!

人体实验与伦理审查

——医学伦理审查历史的启示

樊民胜　潘姗姗

上海中医药大学

摘　要　人体实验推动了医学的发展。但是，在一味追求科学利益和国家利益作为医学研究主导的时候，往往忽视了医学最终目的和人类生命尊严。二战中德国纳粹和日本731部队强迫战俘和平民做了大量的非人道的人体实验，这是对医学伦理原则的严重违背。《纽伦堡法典》以及《赫尔辛基宣言》是对战争罪行的审判和在反思基础上建立的国际人体实验共同原则，但战后的美国儿童医学实验和跨国人体实验的历史证明，这些国际文件所起的作用有限，在冷战和国际竞争的大环境中，受到经济利益和国家利益的驱动，不断有挑战人类道德底线的人体实验出现。必须重申，医学的发展与进步不能凌驾于人权之上，不论何时，医学伦理审查都应该坚持维护人的基本权利。

关键词　人体实验；《纽伦堡法典》；《赫尔辛基宣言》；人权

在2015年3月某医学研究机构的年会上，我们就科研伦理问题作了一个题为“科研伦理审查的现状与使命”的报告，回顾了因为二战中德国纳粹和日本731细菌部队滥用人体实验的罪行，引起全世界的反思，因此而诞生了《纽伦堡法典》和《赫尔辛基宣言》等一系列有关医学人体实验的国际准则文件，也开始了医学伦理审查的制度建设。有一听众提问说，先生刚才举例都是战时的人体实验，和平时期的人体实验更值得关注，比如美国的“塔斯基吉实验”用黑人做梅毒研究，从战前一直持续到1972年。我们的答复是正是二战中的反人道的人体实验被揭露之后，才有了对医学进行监督和审查的行动。由于当时的时间限制，我没有作进一步的说明。

人体实验一直都是医学进步的动力，但是，二战时期德国纳粹分子借用科学实验和优生之名，用人体实验杀死了600万犹太人、战俘及其他无辜者，引起了人们对人体实验的反思，开始了医学伦理审查之路，但是这并没有阻止人体实验的步伐。二战之后，美国继续进行大量的违背伦理的儿童人体实验和跨国人体实验。

从《纽伦堡法典》到《赫尔辛基宣言》,医学伦理审查的道路也非一帆风顺,人权没有得到保护,反而让人体实验有愈演愈烈之势。医学的进步与人权的保护,究竟哪个更重要?

一、人体实验在医学进步中的作用

人体实验(human subject experimenting):以人体(包括尸体和活体)作为受试对象,用科学的试验(包括解剖、测量、试验和观察)手段,有控制地对受试者进行研究和考察的医学行为和过程。[1]

人体实验对医学进步的作用是毋庸置疑的,虽然在人类活动的早期就已经有了医学的萌芽,并最终诞生了医学,但是医学长期以来一直停留在经验阶段,古人通过大量的医疗实践活动,观察到某些植物可以治病,针灸可以止痛,但"知其然而不知其所以然",并未上升为科学。直到文艺复兴之后随着科学的发展,显微镜、X光机、青霉素等的发明,解剖学、生理学等学科和实验室的建立,医学才告别了经验阶段,而走上了具有科学意义的实验医学阶段。

人体实验在医学进步中的作用有以下几点:

(1) 使医学走上科学轨道。医学知识建立在科学的基础上,人体实验对医学的发展有重要意义。无论是西方还是中国,古代的医学典籍中记载的许多医学知识,实际上都是在人体上观察到的自然事件,需要通过实验研究上升为理论,才能更好地认识生命、指导医学实践。

(2) 使医学快速发展。过去许多医学家,为了更深刻地说明疾病的本质,整理归纳他们所见到的与记录的疾病的现象,推测疾病发生的原因,并根据这种认识用手头能找到的一切方法去治疗疾病。由于对疾病的发生原因、变化规律和本质缺乏可靠的认识,这种具有探索性质的治疗实践不可避免地带有很大的盲目性。盲目的摸索也曾取得一些十分有用的经验,如三七止血、黄连止泻、柴胡退烧、常山治疟等都是实践中观察得到的知识,上升为人类战胜疾病的可靠经验,这些中医药大学的知识被明代李时珍收录进中药的药典《本草纲目》,并翻译成多国文字,传播到世界上许多国家。但是靠"拾取"这种偶然发现来积累经验,医学的进步就会是十分缓慢的。只有当医学引进科学实验的方法,有意识地向自然"索取"知识时,医学才能大踏步地前进。

(3) 促进临床医学的发展。医学中的科学实验最初是在动物中进行的,西医泰斗、古罗马医生盖伦热爱医学研究,解剖了大量的动物,并将取得的知识毫不犹豫地运用到人身上,并创造了许多至今仍在使用的解剖学名词。但他的错误也影响了西方医学一千年,直到 1543 年维萨留斯在大量解剖实践基础上发表了《论人体之构造》,创立了解剖学之后才得到纠正。同样,英国的医生 W.哈维在狗身上发现了"动物的心血运动",用实验方法发现了血液循环学说,纠正了医学史上盖伦对"人体内血液运动的中心在肝脏"的错误描述,于1628年发表《动物心脏和血液运动的解剖研究》,创立了生理学。以后又经过许多优秀医学家的努力,医学中的科学实验才逐渐发达起来。1865年,法国医学家C.贝尔纳(1813—1878)发表《实验医学导论》,论证了在医学中采用科学实验的重要性和必要性,系统地总结了科学实验的方法和经验。这本书的问世,标志着现代医学开始把科学实验作为自己前进的主要车轮和支柱。但那时医学中科学实验主要在动物、微生物、人的离体组织和分泌物包括人的尸体上进行,也就是说局限在基础医学的实验室中,所以长期以来人们把基础医学称为实验医学以区别于应用医学——临床医学和预防医学。

临床医学中的研究对象是人,人体既不能伤害,人权也不容侵犯。在一般科学实验中,实验对象的命运取决于实验的目的和方法的需要;而在临床医学中,则恰恰相反,实验的目的和方法必须符合实验对象——人的需要和利益,而不能像对无机物或动物那样进行实验。所以,长时期以来在临床医学中,主要靠盲目的摸索来积累经验,治疗学几乎是建立在纯粹的猜想的基础上,任何一个人的"理论"都有机会被奉为教条,被几代人所遵行。临床医学研究方法长期处于落后状态,对疾病的认识与治疗正确与否,难以检验,例如,盖伦的一些错误的认识与理论就被医学界奉为不容置疑的真理,而影响了世界医学一千年。

动物试验可以给临床医学以很大的帮助,但由于动物与人有很大差异,动物实验不能代替人体实验,例如青霉素这一对人体十分有用而又安全的重要药物,对于常用的医学实验动物——豚鼠却是剧毒药。即使一种药物或检查治疗方法通过了药理研究及动物实验,第一次用于人体时总还有一定的风险。因此,无论经过多少动物实验,在进入临床使用之前,必须经过人体实验取得安全有效的证据,因此医学的发展允许进行一定的人体实验,以取得经验。在科学纯真年代①,许多献身医学的科学家和医生为了获取医学知识,造福人类,不惜以自己的身体作实验,有人甚至献出生命的代价。医学史上有著名的居里夫人所做的放射性镭对皮肤的烧伤实验;巴斯德的狂犬疫苗实验;导致美国医生拉奇尔献出生命的黄热病病因实验;2003年,在抗击传染性非典型性肺炎时,中国人民解放军302医院的姜树椿医生不幸染病后,以自己的身体做康复病人的血清注射实验;2005年诺贝尔医学奖得主巴里·马歇尔的幽门螺杆菌实验。他们献身医学研究的利他行为成了医学史上流芳百世的佳话。

人体实验是取得可靠的医学知识,是发现战胜人类疾病途径的必要方法,其中包含巨大的科学利益和经济利益。但同时实验本身也隐藏着许多不可知的,对受

① 这是交通大学江晓原教授提出的一个概念,以区别当资本和经济利益侵蚀科学后的状况。

试者可能致病、致残、致死的风险和巨大的伦理冲突,因此要求对实验的掌握慎之又慎。例如:研究者必须有丰富的经验并取得相应的资质;研究必须在做完动物实验,有可靠的安全保证;实验设计必须符合科学和伦理,受试者的权利得到充分的保障,在知晓实验的目的、意义、可能的受益和风险,可随时提出要求而不受歧视;在研究中发生不良事件可获得赔偿等等。实验必须在签署书面的知情同意书后方可进行。人类社会越发展进步,对受试者的权利保护越是重视。

二、二战中人体实验的反思

二战是一个转折。德国纳粹和日本军国主义为了得到世界霸权发动了世界大战,侵略了大片别国的领土,奴役和屠杀了无数和平的人民,并建立了大量的集中营关押数百万战俘和平民。为侵略战争服务的德国和日本医生和研究人员抛弃人类的道德底线,随意用集中营中的犯人做各种实验,伤害了他们的权利,甚至剥夺了他们的生命,其罪行罄竹难书,每件都令人发指。

德日法西斯做了许多惨无人道的人体实验,他们分别将犯人当豚鼠、"马路大"(圆木)进行试验。他们用鼠疫、伤寒、霍乱、炭疽等细菌和毒气进行健康活人实验和活体解剖,将囚犯们置于压力试验室,受"高压"试验,直至停止呼吸。受试者被注射致命的斑疹伤寒和黄疸病毒、被浸在冰水中作"冷冻"试验、被用来进行毒药弹和糜烂性毒气的试验。最新公布的证据表明,1945 年日本教授对被俘的 8 名美国飞行员进行活体解剖。①

1946 年 12 月至 1947 年 8 月,纽伦堡国际法庭对 23 名纳粹医生与医疗行政人员进行审判,指控的罪名是"以医学的名义施行谋杀、折磨和其他暴行"。这就是著名的"医生审判"。[2]40被起诉并最终分别处以绞刑或长期监禁的医生,多为技艺高超的医生,被控对集中营囚犯策划了浸入冷水、灌入海水、关进毒气室、真空箱甚至注射瘟疫、接受植骨手术等一系列可怕的实验。纳粹分子开展这些实验,是以犹太人等人种属于所谓的劣等人种为名,使之成为实验品,探索生存极限、药物或疫苗功效。

纽伦堡法庭在完成"医生审判"后,颁布了《纽伦堡法典》,要求在医学研究中对人类实验体遵循严格保护。《纽伦堡法典》禁止医学实验和在治疗中使用"武力、欺诈、欺骗、胁迫或任何不可告人的约束或强制",规定必须在实验前征得受试者的同意,在实验中也要避免不必要的伤害。

---

① 日本博物馆揭新罪证 活体解剖 8 名美国飞行员[EB/OL].(2015-04-05). http://www.chinanews.com/gj/2015/04-05/7185500.shtml.

三、从《纽伦堡法典》到《赫尔辛基》宣言是进步还是退步?

但是这些条文的法律效力没被确定下来,它们也没有被直接加进到美国或德国的法律中。事实上,在20世纪五六十年代期间,医生在接受医学教育时,《纽伦堡法典》几乎从未被提起过[2]41。《纽伦堡法典》对美国生物医学研究者们来说几乎是微不足道的。尽管他们对纳粹医生的暴行和纽伦堡审判都耳熟能详,但几乎没有几个人曾在当时对该法典的发布进行过任何探讨。

另一事实,二战后美国为获取日本细菌战资料,庇护日本细菌战犯,隐匿日本在中国的细菌战罪行。美国在获取大批有价值的情报后,为了把这批资料据为己有,美国政府、占领军总司令部及东京国际军事法庭携手掩盖日本细菌战的罪行,拒绝和排斥将日本细菌战罪行提交国际法庭审判,致使骇人听闻的日本细菌战罪行及其战犯逃脱了正义的审判,美国也从中渔利,把日军利用中国人生命换取的细菌战资料攫为已有。[3]2013年,中国"731"问题专家首次向外界公布当年美军远东司令部和美国国防部以豁免731部队成员战争责任为主要内容的往来电文①,也充分证明了美国在这一问题上的双重标准。

《纽伦堡法典》很快就被"医生审判"的主导国美国所放弃。在哥伦比亚大学医学历史学家大卫·J. 罗斯曼看来,当时以及后来的"普遍观点"都认为,纽伦堡所审判的那些人"无论如何都是纳粹,显而易见,他们所做的任何行为,以及由此起草的任何守则,跟美国都没有半点关系"[4]。

1964年,作为替代版本出现的《赫尔辛基宣言》,是由医生起草、服务于医生,并充分考虑了医生利益的文件,并被世界卫生组织所采用。这些原则中,"医学进步"被放在了"实验主体的利益"之上,删除了《纽伦堡宣言》中严禁使用"武力、欺诈、欺骗、胁迫或任何不可告人的约束或强制"等具有约束性的条款。"不得将战争罪犯、军人和普通市民作为实验对象。"凡是会对医学研究者们梦寐以求的百无禁忌的实验场造成阻碍的条文都被从该文件中删去了。[2]41

《赫尔辛基宣言》自从1964年颁布以来,世界医学大会分别于1975年第29届、1983年第35届、1989年第41届、1996年第48届、2000年第52届和2008年第59届对该宣言进行了修改,最近一次是在2013年,共进行了七次修订。

1964年的《赫尔辛基宣言》仅仅定义了伦理准则,却对其管理、执行及伦理委员会(Ethics Committee, EC)的职责说明甚少。与《纽伦堡法典》一样,此宣言在

---

① 我公布美军豁免"731"罪犯责任电文(王建:《新华每日电讯》2013-08-13第七版),内容如下:1948年3月13日,美国参谋长联席会议给麦克阿瑟下达了指示,回复了1947年5月6日52423号电文的请求,回复内容如下:"从你管辖战区归来的技术专家提供的报告显示,到目前为止你所要求的必要信息和科学数据都已悉数获得。建议重新提交3-B和第5部分内容以便在你需要的时候进行深入斟酌。"

国际法上是不具有法律约束力的文件。宣言可以被视为关于人类研究的重要指南,但是它无法逾越地方法规和法律。1975年的《赫尔辛基宣言》提到"涉及人体的研究,其设计和流程应明晰地在方案中表述并提交给一个特殊任命的委员会,供其考虑、评论和指导",但是直到2000年,伦理委员会才正式诞生,形成一种制度。而2000年版的宣言因为涉及由于不提倡在临床试验中使用安慰剂并要求研究者在试验结束后向受试者提供"证实最佳"的治疗而面临各种异议。而美国负责医学研究病人保护的机构——食品与药物管理局(FDA)和健康与人类服务部(DHHS),对于是否签署此次修订的态度曾一度不明确,使宣言无法实施。[5]

而到了2008年,美国政府宣布支持美国临床新药申请或上市申请的国外临床研究必须符合美国FDA的新规定。而新规定将按照《赫尔辛基宣言》进行研究的条款替换为依照GCP进行研究。美国政府不能全盘接受2000年版宣言,因本版存在与美国政策不相一致的内容。新规定还明确不需要知情同意书的有限情况[6]。至此,美国已完全抛弃了《赫尔辛基宣言》。

当商业资本为获取利润而绑架了医学的时候,医学逐渐失去了其应有的为维护公众的健康为己任的独立性和纯真性,而日益成为资本的"仆人",并导致了许多违反伦理的实验。

二战后,随着"优生运动"的风潮席卷美国,大批被草率定性为"白痴、低能儿"的孩子(很多孩子的智力水平与正常人无异),被关进政府资助的医院、学校、孤儿院等"集中营"。据美联社报道,弗纳德公立学校曾经秘密圈禁上千名被认为具有生理、智力障碍的美国儿童,高峰时期多达2500多人,所有孩子无一例外,都被称为"白痴"。他们与世隔绝,备受虐待,许多人甚至在毫不知情的情况下,成为医学研究的"小白鼠"。

据不完全统计,在第二次世界大战结束后的10 000天里,在弗纳德学校和全美更多同类机构,不幸沦为"小白鼠"的孩子,可能超过四位数。1945年,在费城,麻疹患儿血液中的提取物被注入健康儿童体内,其中几十名"次品"遭到阉割。20世纪50年代到70年代早期,史丹顿岛柳溪州立学校的几百名智障儿童在耶鲁大学的实验中,被迫摄入含病毒性肝炎患者粪便提取物的巧克力饮料,试验周期长达15年。20世纪60年代,在纽约市皇后区的州立医院,90多名患有精神分裂症和自闭症的孩子每天被迫服用大剂量的LSD(精神致幻剂),持续了至少一年时间。在马萨诸塞州综合医院和波士顿大学医学院,来自哈佛医学院的研究人员将放射性碘注入儿童体内,这一项目由美国公共卫生服务部门提供支持。全美各地的几十所孤儿院和疗养院中,严重缺乏维生素和矿物质的饮食被用在孩子们身上,用以观察其健康状况的变化;研究人员让儿童接触肝炎、脑膜炎、流感、麻疹、腮腺炎、小儿麻痹等病毒,试图找到治疗方法;用淋病病毒感染智力发育迟缓的4岁男孩;让他们接受脊椎穿刺、额叶切除和电击,进而暴露于辐射或危险化学品中,这种情况更是屡见不鲜。

在冷战的阴影下,对世界大战的恐惧、来自苏联的核能和生物威胁,以及制药行业的蓬勃发展,令类似弗纳德学校的情形普遍存在。许多历史学家以及无数医生都指出,是冷战的氛围造成了战后数不尽的违规、医疗过剩以及潜在甚至事实存在的诸多犯罪行为。伊诺克·卡拉威医生记得战后那些年的“研究气氛非常松懈”,“那时候没有任何来自规则方面的压力,也从来没有提到过《纽伦堡法典》”[2]76。

直到 20 世纪 70 年代末,联邦政府发布报告,要求严格限制利用儿童进行医学研究,类似的举动才逐渐绝迹。

然而,1994 年,美国食品药品管理局(Food and Drug Administration, FDA)对新药试验数据必须在美国国内取得的规定进行了修改,即在美国上市的新药的试验数据可以在其他国家取得。同时,为了降低成本和规避所在国的法律管制,越来越多发达国家的研究机构和医药企业将发展中国家作为首选的人体试验场所[7]。这种美国国内政策的修改,导致了国际资本控制下医药企业,将人体试验的基地搬出美国,进行大量的跨国人体实验。1988—2008 年,美国在海外进行人体医药试验的项目数量猛增了 20 倍。根据美国国立卫生研究所(National Institutes of Health, NIH)公布的资料,2000 年以来,美国医药公司在 173 个国家进行了将近 6 万项的医药试验[8]。中国作为目前世界上最大的外资接受国和跨国公司角逐的市场,许多西方医药公司已陆续在我国设立研究基地。

充当“试验品”的人大多数都是穷人。试药人群体,主要有三种,第一是因为患了旧有医疗手段难以医治的病症,不得不尝试新药;第二是甘愿为医疗事业献身的志愿者;第三是纯粹为了钱的人。其中,比重最大的是第三种。

不管是在印度、中国这些发展中国家,或英国这样的发达国家,主要的试药群体大多或是无力维持生计的贫民,或是“勤工俭学”的学生。如印度,90%的试药人都是穷人,他们难以理解到其中的风险;而在中国,贫困大学生经常参与到试药中去,甚至在一些大学的论坛上,出现公开招募试药者的公告。[9]

随着制药产业的转移,人体试药的群体越来越集中到贫困的发展中国家或地区,造成更大的不公与罪恶。制药企业以泯灭人性的方式进行人体试药,本来是为救人的药,却以牺牲部分人的健康和生命的手段研制出来,这不仅仅是制药企业的不道德,也是人类本身的极大讽刺。

四、保护人的生命是不可动摇的原则

人体实验是一把双刃剑,它既有发现生命的奥秘,探索人类在对疾病认识上的盲点,获得可靠的医学知识,促进医学发展进步的作用,同时也有科学和技术的局限、人类认识的限制等原因,有可能在实验中或实验后对受试者造成伤害、致病、致残、致死的严重后果,这在医学发展历史上是屡见不鲜的事实。但无论如何,保护人的生命和健康既是医学的目的,也是医学科研必须遵守、不可动摇的原则。当医学发展的需要和受试者的利益发生矛盾和冲突的时候,前者必须无条件地服从后者,决不允许伤害受试者。人类正是在对法西斯的审判中知道了保护生命原则的重要性,得出了没有伦理学指导的医学是不能被接受的结论,并制定了《纽伦堡法典》和《赫尔辛基宣言》等指导人体实验的国际共同原则,并开始建立医学伦理审查制度。

《纽伦堡法典》第7条规定:"必须作好充分准备和有足够能力保护受试者排除哪怕是微之又微的创伤、残废和死亡的可能性。"第10条规定:"在实验过程中,主持实验的科学工作者,如果他有充分理由相信即使操作是诚心诚意的,技术也是高超的,判断是审慎的,但是实验继续进行,受试者照样还要出现创伤、残废和死亡的时候,必须随时中断实验。"

虽然《赫尔辛基宣言》修改了《纽伦堡法典》的诸多原则,但是其中关于试药人健康权益保护方面还是有以下规定:

"以人体为受试者的各项生物医学研究,应认真对受试者或对他人的风险和受益进行预测比较后再进行。必须首先关心受试者的利益,其次才是科学和社会利益。"(第2条第5项)"必须始终尊重受试者,保护其完好性的权利。应采取各种措施尊重受试者的隐私,使研究对受试者的生理和精神的完好性以及对其人格的影响降至最低限度。"(第2条第6项)"医生在没有充分预测其危害之前,绝不可以开展包括人体受试者在内的研究项目。如发现危害大于利益,医生应停止任何研究。"(第2条第7项)

《纽伦堡法典》和《赫尔辛基宣言》没有法律效力,没有实际的约束力,临床试验过程中,各医药机构对它们的内容几乎是视而不见,但是,它们还是对试药产业做了道德上的约束,成为伦理审查的指导原则。伦理审查旨在规范涉及人的生物医学研究和相关技术的应用,保护人的生命和健康,维护人的尊严,尊重和保护人类受试者的合法权益,成为保护人体试验受试者权益的关键防线。医学伦理审查的历史,其实就是《纽伦堡法典》和《赫尔辛基宣言》的发展史,从《赫尔辛基宣言》的不断修订可以看出,伦理审查的道路还很艰难。

医学的进步需要人体实验的推动,但是绝不是牺牲部分人的健康和生命,生命权是人的基本权利,医学进步永远不能凌驾于人权之上。伦理不是阻碍医学进步的绊脚石,相反,伦理不仅保护了受试者的利益和尊严,更阻止了人类社会走向自我毁灭。纯粹科学的步伐或许慢了一些,但我们还有别的方法绕开禁区达到目的。就算科学的目的不是为了人类的福祉,但科学发展建立在高度有序的社会的基础上,如果没有伦理的限制,我们的社会早已崩坏,科学的发展根本不会有土壤[10]。

参考文献

[1] 杜治政,许志伟.医学伦理学辞典[M].郑州:郑州大学出版社,2004:428.

[2] 艾伦·M霍恩布鲁姆,朱迪斯·L纽曼,格雷戈里·J多贝尔.违童之愿:冷战时期美国儿童医学实验秘史[M].北京:生活·读书·新知三联书店,2015.

[3] 周丽艳.二战后美日掩盖和庇护日本细菌战罪行之剖析[J].日本侵华史研究,2012,1(1):54-62.

[4] David J Rothman. Strangers at the Bedside: A History of How Law and Bioethics Transformed Medical Decision Making[M]. New York: Basic Books, 1991:36.

[5] Brian Vastag,赵博.赫尔辛基的不谐音?一项有争议的宣言[J].美国医学会杂志:中文版,2001, 20(5):259-261.

[6] 郑晓琼.美国用GCP代替赫尔辛基宣言[J].国外药讯,2008(9):1-2.

[7] Macklin R. Double standards in medical research in developing countries [M]. Cambridge: Cambridge University Press, 2004: 7.

[8] 青帝.美国本土严格监管人体试验[N].国际先驱导报,2012-09-11(9).

[9] 人体试药:活人沦为小白鼠[EB/OL].非常识,2011-11-16. http://news.cntv.cn/special/uncommon/11/1116/.

[10] "伦理"是否严重阻碍了科学发展的步伐?为什么?[EB/OL]. http://www.zhihu.com/question/20013968/answer/13667073.

“技术正本”对“技术物体”的概念超越

——解释学视域中技术使用对技术存在方式的影响

张廷干

盐城师范学院马克思主义学院

摘　要　技术人造物及其存在方式和使用消费中蕴涵着大量关于技术知识的哲学问题。随着技术哲学研究的经验转向,“技术物体”是西蒙栋用以揭示技术本质的重要概念。其内涵为:技术样品进化的谱系存在样式和自身具有内在的自主性进化逻辑,其进化动力在于自身的内在缺陷;而其“纯粹客观性的隐喻内涵”在于构成技术物体的元素是纯客观的。这些都没有看到使用性消费对于技术物体进化乃至技术存在方式的影响作用,而且把技术从与人的主体意向性、社会文化环境等因素的关系中剥离出来,不仅遮蔽了技术物体的伦理价值,也忽视了意会知识对于技术的根本作用。解释学视域中“技术正本”概念超越了“技术物体”并修正了用技术物体概念研究技术知识及其进化路径的缺陷与不足:把技术的使用、使用主体的“前理解”、社会文化等因素置入对技术的理解之中并凸显技术的进化生成、共享消费和伦理价值等技术本体论承诺的三种基本存在方式。

关键词　技术物体;技术正本;解释学;技术使用;技术存在方式

在对技术知识的反思中,可以发现,随着技术哲学研究的认识论、经验转向,一些研究者更为重视“关于事物的知识”。而技术物质方面的知识长期以来一直为人们所忽略,这一倾向甚至可以追溯到古希腊。如果说,“传统的技术本体论基本上局限于探讨技术的本质,而对于更富哲学意义的技术存在论则很少论及”[1],那么,经典技术哲学只注重对技术进行形而上的分析,却忽视了对技术人造物或技术物品这一基本的物质存在的研究。与之相适应,技术的使用性消费对技术存在方式的影响也处于某种遮蔽状态。本文试图通过“技术物体”用于技术知识研究中的缺陷以及“技术正本”概念对于技术物体的超越修正,在本体解释学视域中说明技术使用对技术存在方式的可能影响。

一、技术样品进化的谱系存在样式:技术物体

关于技术知识的研究,存在着这样的事实:迄今为止,鲜有关于技术物品的技术知识及其本质的系统化探究。当代技术哲学研究的一个重要变化在于把技术知识作为自身的主题,而更前沿的问题是如何通过技术物品的理解来确定知识的特征及其进化谱系以及技术的存在方式。无论是伯格曼的"装置范式"[2]还是伊德的"视觉聚焦"[3]都是通过对技术物品的反思来研究技术知识,这就是当代技术哲学研究中的一种"经验转向"。在这一转向中,法国技术哲学家西蒙栋提出了"技术物体"概念并用以揭示技术的本质。他的"技术物体"概念与一般所说的技术人工物的不同之处在于:技术物体不是某个固定的静态单体物,而是技术物品在时间轴线上序列展开的一种谱系存在样式[4]11-12。在这种序列谱系的展开过程中,作为技术内在结构内容的技术物体在时间中使得自身的技术结构由潜在形态转换为显性形态,从而显现自身先天固有的内在逻辑。由此,西蒙栋对技术物体的解释与赋义有助于打开"科技黑箱",这正是"经验转向"后的技术哲学研究的致力方向,而且把握了嵌入或集成于技术物品中的技术知识的谱系发生及其进化路径。

然而,如果我们在技术客体的"二元本性",即技术客体的"结构"和"功能"的本体论视域中来思考西蒙栋"技术物体"的进化逻辑,则可能出现一种关于技术知识标准的两难:技术物品在进化的时间结构序列中,结构和功能所涉及的进化内涵可能处于"分裂的不断变化状态",而发生这种技术物体谱系断裂的本质原因在于:技术物体的生成及其存在方式离不开人的意向性参与及使用消费,并因而导致该技术物体与其他谱系的技术物体的结构或功能进化谱系之间的相互嵌入或移译。然而,西蒙栋是把技术物体看作为生物有机体并在这种类比中提供一种解决方案,这种类比忽视了技术知识衍化的不同时期中,蕴涵在技术物体中的结构进化谱系与功能进化谱系的非线性对应关系。[5]31-32

此外,西蒙栋对于"技术物体"概念的另一个诠释在于其"纯粹客观性的隐喻内涵":构成技术物体的元素是纯客观的,"并且技术物体的功能也由纯粹的客观物体结构形成,因而技术物体是作为与人的主观性相对立的纯粹客体而存在着的。它与人的主体之间的关系,是相互区别的对立关系,在技术客体中并不包含主体性意向因素,即使在技术客体的功能之中也不包括"。因此,他把技术物体的进化动力归结为"抽象技术物体的内在缺陷"[4]22,这遵循了一种技术进化的"自主性"逻辑思维进路。因此,在西蒙栋的视域中,技术物体的进化以及嵌入在其中的技术知识是根本缺失技术物体元素结构之外包括社会文化环境因素的影响作用的。

因而,在西蒙栋关于"技术物体"的概念解释中,无论是"谱系序列"还是"隐喻

内涵"乃至技术物体的"进化动力",都不仅没有看到使用性消费对于技术物体进化乃至技术存在方式的影响作用,而且把技术从与人的主体意向性、社会文化环境等因素的关系中剥离出来,使得技术设计的实践本性和技术的伦理价值的存在方式也因此被遮蔽了;而且,这种纯粹客观的研究进路阻止了对技术"作面向主体的先天可能条件的反思,从而导致缺乏'前理解'概念",而"只要我们把只是有效性的可能条件设定为方法论的客观逻辑,那么,认知主体的先验地位就必然从反思的视域中消失"[6]。在知识论视域中,这种"前理解"在本体论意义上最接近于波兰尼默会知识论的第一种含义。波兰尼在"强的默会知识论"与"格式塔式的默会知识论"这样两种意义上阐释与使用默会知识,前者指"由动物的非言述的智力发展而来的人的认识能力、认识机能",后者是指"在默会认识的动态结构中人们对辅助项的认识"。[7]西蒙栋通过技术物体诠释而体现的知识论观点,在一定程度上遮蔽了默会知识在知识生成中的作用。

二、解释学视域:"技术正本"对"技术物体"的概念超越

把"技术正本"的概念用于技术哲学对于技术物品的分析与研究,与"技术物体"一样,把对技术知识的追求建立在"实事本身"的本体论基点之上,有助于为真正打开技术黑箱提供较为现实稳固的经验基础。[8]"正本"(script)概念由拉图尔、阿克里希等人提出,用以描述人与"非人行动者"体现在技术客体中的不可分割的关系。阿克里希指出:"设计者因而用特定的旨趣、能力、动机、期望、政治偏见等因素定义行动者;同时设计者还假定:道德、技术、科学及经济将以特定的方式演化。创新者的大部分工作,是将世界的视域(或预言)铭记在新客体的技术内容之中。"因而"正本"可以是技术规则、程序指令乃至价值与意义的一种意向性投射,在"行动者网络"理论中,则可以涉及通过"铭记"或意义投射而实现对各种行动者的授权行动而现实化自身存在的伦理价值之维。

在利科那里,解释学是与文本相关联的一种理解过程,因而,"正本概念的提出,更多地是为了探索技术人造物被'阅读'的多样性"。它将用户构型及其行为融合进机器设计之中,从而表明:技术设计是一个预言未来世界的过程。"在此世界中,工程师、发明者、生产者和设计者以及技术人造物和使用者是相互联系和共存的,技术使用者的行为模式受制于该技术设计。一个强有力的正本预示或规定了该技术的某种使用,而一个弱的正本预设了更大程度的使用灵活性"[9]107。这种强正本由于设计者、生产者"预先投射"(prefigure)了设计者的意图,从而规定了明确的行为模式,因此使用者再语境化的可能和"挪用"的余地不大,从而体现了技术人工物的支配和控制性权力知识论特征。然而,在更多情况下,使用者不会被动地扮演由设计者预设的角色,他们可能会有种种出乎设计者原本意图的意向性使用。

这样,在技术使用中就可能不仅深化已有的原知识谱系,而且更重要的是可能形成新的技术进化谱系。因此,技术设计中,在何种情况下预设"强正本"或"弱正本"本身就蕴涵着丰富的技术知识,而且有着显明的社会文化意义。

这样,技术客体所定义的只是一个与行动者及其预想行动空间有关的某种可能性框架,介于设计者与使用者之间的技术客体,只是某种承载着知识谱系结构的待定时间序列中的流变物,体现出某种存在样式的谱系性图景。在这一点上,技术正本的概念和西蒙栋的"技术物体"的概念存在着某种契合性。所不同的是,把技术正本的概念用于技术哲学和技术知识的探究,不是把技术物品看作是纯粹的自然客体,而是在技术物品的创作设计者和使用者以及非人行动者等"异质性"因素所构成的"行动者网络"中来反思技术人造物及其被嵌入的技术知识,在人的生活世界中理解技术物体,肯定了人的主体价值意向性的内涵或者作为技术客体的功能和结构组成与人的意向性相关联。"功能不能从技术客体的应用的语境中孤立开来,它正是在这个语境中定义的。由于这个语境是人类行动的语境,我们称这种功能为人类(或社会)的建构。所以,技术客体是物理的建构以及人类社会的建构。"[10]因而,人造物的"物的属性"只是人造物的"物相",在这一"物相"背后聚焦的是生活世界的整体性图景,是生活世界的组成要素和它们之间的相互关系并由此把技术存在的伦理意义凸显出来。因此,技术正本对技术物体的概念性超越也在于:作为技术本文的技术物品内在地具有客观性结构元素和技术意向性元素这样两个构成元素,这样,西蒙栋技术物体进化谱系中的两难困境,即结构谱系和功能谱系的非线性对应关系,以及技术物体功能的进化方向与人的需求方向巧合性等问题,由此能够得到合理的说明。[5]34

技术正本的概念运用于技术知识的探究把技术使用者及其对技术存在的作用凸现出来。无论是偶然的还是恰当的结构和功能知识,在其内在的标准中都存在一个独特的属性,即它们是与使用者如何成功地使用技术物品相关联,技术物品的使用性消费把技术知识分为"物质的形态"和"观念的形态",前者是封装于技术物品中的知识,后者则是存在于使用者头脑和意向性中的知识。因而,不仅物质性的装置内涵了大量的各种各样的知识,而且这种内涵的知识只是潜在形态。如果说,如德国技术哲学家德绍尔所理解的那样,在技术"可能性空间"中,技术设计及其成果的人造物是向"物自体"的一种无限趋近,那么,技术物品只有在被使用时或"只有消费才能使之对于消费者来说成为'积极的存在'","只有在消费中,也就是在商品与主体以及与其对象间充分的相互作用过程中展示它的一切,'自在之物'才能成为'内在的''为我之物'"[11]。因此,消费使用成为技术的一种本真存在方式,也成为行动者的本质所在。技术的使用性消费对于技术存在方式有着积极的影响作用。因而,我们可以借助于"技术正本"的概念,把技术的使用、使用主体的"前理解”等因素置入对技术的理解之中,并由此说明技术使用对于技术存在方式的可能影响。

三、本体解释学视域中技术使用对技术存在方式的影响

在上面的“技术物体”和“技术正本”的分析说明中,技术的本质“存在”在于一种时间中的进化生成性。技术知识不能与技术存在方式相分离并在这种分立中理解任何一个方面。在技术物品的使用性消费中审视技术知识的进化生成与存在方式,实际上蕴涵着对“技术知识先在地决定着技术存在”的命题颠覆。被物化在技术人工物身上的不仅有技术发明和创造者所生活的世界,而且还有使用者的生活世界,以往人文主义技术知识论对于技术的“主题化”反思的缺陷在于:从一种非技术的视角洞察技术的本质及其意义而忽视了认识论和本体论问题,并把技术的使用和技术设计、制造和生产对立起来,因而是从人工物系统的外部而非着力于技术黑箱的内部结构、运行过程和价值形成机制的研究。[12]104

如果说,现象学的任务在于“从存在者的身上逼问出它的存在来”,那么现象学并非是对本体论的一种否弃,“经验”也不是对“本体”的弃置,而在于从存在者的“存在”中把握一种方式、价值与意义。“现代技术‘在—技术创新中—存在’,这是清晰的技术意向性或存在论的结构,技术在时间序列上的进化生成应该成为技术的本真存在方式。技术创新是一个生发、展现的过程,通过它我们构建了周围的世界”[12]107-108,展现了主体间、人与“非人行动者”之间的交往方式并由此理解技术知识的意义而凸现技术的伦理存在维度。而罗波尔的“技术系统论”基于对卢曼的“封闭系统论”的批判意在揭示技术行为中“工具”与“目的”区分的相对性并强化了一种目的指向性。因此,对技术物品或技术人造物的反思中,技术的进化生成、共享消费和伦理价值成为技术的本体论承诺的三种基本存在方式。而“技术正本”的概念把技术使用和技术设计的环节同时纳入研究的视野。我们试图在解释学的视阈中结合现象学把“技术正本”运用于对这三种存在方式影响的说明。

1. 技术正本的赋义阅读:技术的进化生成机制

在知识论的视域中,技术人造物在生活世界中的存在及其产生的可能性条件并非具有绝对的自明性。因而,近代以来,培根和笛卡尔等赋予认识论对于本体论的逻辑在先性,实现了人类思想史上的一次重大转折。然而,这只是在改造与征服自然的意义上,使得对人造物如何可能的条件因素的思考渐趋“课题化”,并以“效率工具理性”凸显了科学知识和经济因素在人造物进化生成中的作用,突出科学定量研究的结构层面并因此遮蔽了人造物或技术物品创造中的主体意向性中的人文因素,而且这种方法论只是从技术物品的设计和制造环节予以考察而忽视使用者对技术物品的使用过程中对“意向的意向”的解释与“再赋义”在技术进化生成中的

作用。事实上，技术进化生成的过程，在某种意义上是"将人们的使用需求中所蕴含的隐性知识'翻译'为技术产品中所体现的显性知识过程，使用者由此成了技术创新重要的外部知识资源"[13]。因此，技术知识形成的境域性更新与累积机制不应该只是在技术的生产和设计的维度上加以理解和把握，它涉及对技术产品或技术人造物的消费和使用。其机制在于：使用过程中对技术本文的多重阅读乃至"反赋义"、本体意义上的技术物品"二元本性"中结构和功能的动态平衡以及技术知识衍化方向的转向而出现的新的技术知识谱系的发生。

从技术使用的角度看，尽管"技术本文"中铭记着技术设计者、生产者预先在产品中"置入"的意欲传递给使用者的某种意图和观念，但既然"技术正本"是生活世界中多种因素的聚焦，技术物品一旦进入生活世界的消费领域就可能受到多重因素的影响。因而，使用者在使用技术产品时可能并非被动地复制、接受这些设计者的意图，不同使用者总是结合所处的境域、根据自己的"前理解结构"或旨趣颠覆性地读解技术人造物"本文"乃至"反赋义"。正如拉普所说：承认技术的多重决定因素就无法设想人们会一致同意任何一个定义。在技术使用过程中，对技术正本进行某种创造性阅读，反作用于技术存在本身。这样，"我们可以在设计者和使用者之间不断往返；在设计者预想的使用者和实际使用者之间往返；在铭记于客体之上的世界与以其移动而描述的世界之间往返"[9]107。使用者对设计者预想(形态和功能)的反应，以及使用者如何根据现实环境而进行的"创造性"使用，不断地生成一种技术知识更新与累积的"意义域"与"认知场"。正是在这种"技术正本"的多重敞开中使技术不断地"去蔽"或者说一种"反演发明"意义上的技术更新，从而更好地与人的本真存在方式不断地契合，而这正是海德格尔技术本质论隐秘的旨趣所在。而且，这样通过技术人造物的中介，建立起技术设计、生产和使用性消费等过程中人与人之间的关系交往与互动以及生活世界中各种要素的聚焦，这是一种解释学和现象学双重意义的技术理解，注重对技术本文的不同解读所引发的"反演发明"意义上的技术知识更新。

技术人造物和技术知识的二重性原理可以被结合用来进行技术进化机制的说明。"技术人造物的二重性"是荷兰技术哲学家 P. 克罗斯和其他哲学家一起提出的技术哲学研究的新纲领。正是在使用中，技术物体的结构和功能、事实和价值之间的"承担裂隙"才得以可能消解。在技术物品的进化生成过程中，在技术设计创造者、使用者和技术客体构成的行动者网络所建构的"场域"中，结构和功能元素相互"过滤"并处于动态变化之中。一般的，技术意向性因素占主导时，技术进化谱系表现为"功能性进化谱系"，并可能部分遮蔽其自然性结构进化谱系，这样，技术进化中，在技术物品结构的进化方向上可能附加意向性内涵，而对于技术整体进化的一些结构因素可能被忽视而成为所谓"冗余"元素[5]34-35，这时，技术物品的进化序列呈现出的某种"家族性"谱系样式,技术知识也是在原初系列基础上的衍化。但这些元素对于技术物品的整体性发展是必需的,当技术功能的意向性因素过分地取用技术结构的"有用"元素而忽视"冗余"元素时,将会导致技术的二元结构的失衡,技术进化或技术知识的发展出现瓶颈现象[5]34-35,进而"促逼"技术研究开发的转向,形成新的技术进化谱系,这不仅可能成为技术谱系的家族式拓展,而且可以相应地出现异质性的知识谱系发生,这时的技术物品进化则是一种新谱系发生,相应地生成新的技术知识结构和功能系统。

因而,技术知识不仅不是纯粹工具理性的产物,而且技术知识的生成路径尽管存在着"技术本身和消费主体的消费方式"形成的"被对象化于科技黑箱中的主体再作用于消费者"悖论而导致的"路径依赖"或"路径锁定"[14],但由于使用中的文本阅读和意向性解释的作用,并非是确定地、线性地遵循某种固定的路径和方向。而如何在技术使用中发展新的使用模式,以及如何"再赋义"于已然"存在"着的技术人造物,不仅是对原初技术人造物的一种可能的意向性反动,而且还涉及技术正本或技术场景的文化象征意义。因为,技术正本或场景是如何使用人造物的被一定的文化所定义的物质化视域,正是这种文化与物质的相互关联使得从"使用者到行动者新的文化意义及替代性使用,都是可能的转换",不断构成理解技术正本的新境域并影响着技术的另一存在方式。

2. 技术正本的再境域化:技术的共享消费路径

技术聚焦和反映的是人造物制造者与使用者不同的生活世界,然而,人造物制造和使用的意义则是不同的:人造物的制造是发明、创造出生活世界原先并不存在的技术客体或技术本文,是一种"原制造",是让不存在者存在或显现的过程,反映的是技术发明者对生活世界实然状态的理解和应然状态的期盼,而人造物的使用则是对已经在此的、由别人制造的技术产品的操作或利用[15],反映的是技术知识的共享消费程度。如果说,消费是技术或技术知识的一种存在方式,那么,消费的本质在于共享,知识只有实现共享才具有现实的价值或者说成为现实的存在。但由于技术物品的设计创造者只是提供了一种海德格尔意义上的,由社会的政治、经济、文化和伦理等"质料"置入其中的结构或框架,即"技术本文",而技术物体的完整生命及其形态表达需要进入使用领域,需要使用者个体将各自"异质性"的自然、经济、文化等"质料"意向性地再置入这一框架之中才能完成。因而,技术物品的使用本质上就是在技术物品的设计创造者和使用者以及使用者之间的"主体间性"共享,这构成技术物品的存在方式。在技术物品使用中的这种存在方式的解蔽显然是西蒙栋的"技术物体"概念所难以承当的。

"技术正本"的概念用于对技术物体的理解,在一定程度上提供了一种明言性的技术知识和意会知识的两种知识维度及其转化场域。"技术正本"中所集成的技术知识具有更明显的异质性、意会性和地方性特征，因而如何实现技术知识的共享则成为一个需要解决的问题。技术物品的使用在于把显性知识转化为隐性知识，即把规则或规定内化为使用者自身的操作性技能，把所有可得的明言知识重新整合进他们的"前理解"框架之中并在实际的技能操作中发挥作用。就是说，使这些规则在"辅助意识"的层次上发挥其功能。只有如此，才可能发挥出这些技术规则的适当作用而实现共享，这一过程通常起始于互动建构的"境域"。这个转换过程就是技能习得过程中的"现象学转换"。技术知识的"认知结构"及其"功能结构"更深地嵌入到了社会情境之中从而被赋予了相应的价值关系。因而，对技术物品及集成于其中的技术知识的理解不可能像科学那样完全地去情境化。"技术客体的功能不能脱离开意向性活动(使用)的情境。一个客体的功能，在始终如一的意义上说，其根基是建立在它所处的情境之中的。"[16]因而，试图完全"脱域"化地把握其各种技术正本符号的意义是不可能的。在解释学视域中，在技术物品进入使用领域之前，我们的"前理解结构"逻辑先在于对技术物品的理解，而在使用中，这种前理解结构和技术物品发生对象性关联并形成一种参照整体性和一种解释性境域，包括物理环境、可用的工具以及社会文化框架或参照系，在这样的境域中，形成一种整体性的意会情境知识或意会背景。就技术知识的构成形态来说，在传统知识论那里被视作理所当然的形式化、可编码的明言技术知识，实际上深深根植于存在"在世之在"的意会性中。意会知识不仅是构成技术知识的必要组成部分，而且本身就是技术理解、技术设计赖以进行的"前理解结构"。技术的使用需要技术理解，而技术理解伴随着一个意会知识与明言知识循环转换的过程，并且是一个世界中个人的和社会的"视域共享"过程。

因而，必须把技术还原到一种意会情境或意会背景之中，真正的技术理解及其使用才是可能的。这种意会知识的共享的基础上将明言技术知识转化为技术设计或共同体意会知识，既被个体成员内化和有选择地更新，也成为技术共同体的传统和背景并构成技术知识进一步转化、循环的新的"前见"或背景结构。境域化的文本阅读和使用对于技术知识的作用在于：并非是在于提供可编码化的显性知识形态，而在于提供隐性或暗示的技术"意会场景"。根据技术的解释学、符号学特性，使用者可以变更和倡导某些已然存在并影响着人造物获得意义的观念体系，提出新的"技术场景"。

事实上，在解释学视域中，任何一种知识包括技术知识乃至各种文化传统都是被人们不断重新解释着的符号意义与动态均衡。这样，对"文本"的诠释或建立诠释的"文本"就构成了技术理解的基础。因此，伽达默尔"视域融合"和"时间间隔"的解释学原则对于技术理解具有一定的启示作用。如果说技术知识的共享性消费需要以"理解"为基础，那么，技术知识的理解首先必须注重共享的传统与个人视域的相互关联。情境可以从不同视角被意会地理解，因而，对于技术知识来说，有意义的情境首先必须是一个可以共享的世界，通过我们与他人共享的不同视点转换来理解事物，或者说，理解既是人际间的也是个人的：社会投射共享世界的约定理解，个人对其处境投射自己的视域。技术知识的境域化深深植根于社会生活、文化范式的种种基本的、自明的预设之中。因而，设计者、人造物和使用者都是在更注重象征性符号互动等社会境域中成为异质性的积极行动者。而且，作为技术知识的物象化，技术产品也是在时间性的技术场景中产生出来并不断进化生成着的序列谱系。这意味着技术知识的共享消费需要一种在更为广阔的"视域融合"乃至视域转换以及时间性、"历史性效果"意识中才得以进行。因此，在技术使用过程中，借助于追寻技术人造物"再境域化"的途径不仅对于技术知识的共享而且对于其创新生成都具有重要意义。

3. 技术正本的道德授权：技术的伦理价值编码

技术本文是蕴涵着意义和伦理价值的一种存在。上面提到，在技术正本的多重阅读中技术本质与人的本真存在方式相契合，但我们不能忽视使用中的"恶"的现象存在的可能性。因此，M. Fransson 教授采用一种"行为—理论"的视角论证了关于人工物技术标准化的两个来源，即为达到一个目标而使用一种人造物的实践理性以及在做出一个承诺或给人一个建议时被人信任的道德义务，并部分地涉及"好的设计"的观念[17]。但"技术正本"的这种承诺或体现在其上的"好的设计"观念在与不同的行动者发生关系时可能发生异化。在行动者网络的理论视野中，无论是人还是技术等非人行动者的孤立存在都是没有意义的，其存在的本性只能置入与其他行动者的关系中去说明。"技术正本"一旦进入消费或使用领域，蕴涵在该技术产品中的技术与不同的行动者个体相结合而成为积极的"行动者"，并导致"行动者网络"中的关系和秩序的变化，也最终促使技术本身的发展变化和技术维度的拓展。

拉图尔认为，技术研究中的纯粹客观的视域可能遮蔽一系列蕴涵着复杂关系的动态过程，事实上，根本不存在单一的纯粹的社会关系与科技关系。[18]。如上面所述，技术正本是有政治、经济、文化等因素嵌入其中的。在技术知识与经济、文化的相互影响中，技术知识标准的取向可能是技术的经济效能标准的工具理性思维，也就是如舍勒所说的技术知识比宗教知识和形而上学知识与经济的结合度更大。这样，技术知识的运用中，结构和功能的结合上就可能凸显技术的问题和伦理问题，造成出现海德格尔意义上的技术本质的异化：人的本真存在与技术的去蔽本质的不一致。以显性的方式存在的知识形态如说明书等是否准确全面地反映技术产品的性能与可能的负影响(技术的遮蔽)，这可能就是技术问题的一种表现形式，这时，有必要打开科技黑箱，这不仅仅是科技人员的工作，也成为伦理学者的事情。

在技术与使用行动者的相互作用中，物象化的技术带来的可能是"物的逻辑"。在设计者方面，技术知识的功能性蕴涵着特定的意向性和境域性特征，投射着一定的价值和意义。但使用者对技术物体的意向性使用同样可能出现"技术符号"与"文化意义"的某种背离，这是由于使用消费将技术的本质仅仅看作对人的一种实际效用，认为无需借助解释来赋予其意义，因而在强调技术"功能性"的同时，往往忽略了其社会意义，使技术从广泛、丰富的社会语境中被剥离出来，并因此丧失了在"生活世界"中理解技术、构造技术和赋予技术以"意义"的潜力。这样，技术的本质就被遮蔽乃至异化了，生活世界中原素的多样性和技术产品背后潜蕴着的人与人之间的关系符号化或拟像化使得技术产品和蕴涵在其中的秩序意义断裂了。因为，"技术成为物象化为人造物的技术，生活世界各要素和关系被物化在人造物这一物象上"，从而遮蔽技术的本性与本质。"生活世界诸要素和关系一旦物化为人造物，一旦以物象形态进入人们的生活，它们就逐渐具有一种理所当然的特征，逐渐成为人们生活中不言而喻的东西——只管使用，勿需追问从何而来、为何存在"[19]。如果真的存在德韶尔意义上的作为技术可能性领域的"第四王国"，这一王国也是在人类的需求与自然规律的张力中得以生成，那么，在这个王国里本身就存在着一种技术异化的可能性与潜在的伦理风险，正是在这样的意义上，德韶尔认为技术与经济的结合是技术问题化的主要原因。

根据行动者网络理论，技术人造物或物象化的技术知识，在某种意义上并非是素朴、中性和被动的客体，而是可以在这些物象上体现价值观念和利益协商的一种"铭记"的积极行动者。通过技术的使用与消费，技术使用者通过与这种投射的意向性"铭记"而被纳入到特定的程序或"正本"所要求的境域之中。这些技术人造物在特定语境中成为一种积极的"非人行动者"，通过对非人行动者的授权，人类所具有的伦理规范和道德命令通过这种非人行动者的特定行动机制而得到具体化乃至贯彻。因为，"非人行动者"所获得的具有价值属性和伦理属性的授权或"技术编码"反过来会对消费者的行为进行"规定"而体现技术知识的某种必要的权力运用特征，这就是人造物机制的伦理价值和意义维度。因此，人与技术之间的关系成为一种互动的符号解释学关系，无论是行动者引起的技术装置的改变还是使用者的消费性阅读，都将在一定程度上消解主体或客体的截然二分。

正如上面所说，技术消费过程中，对技术知识"正本"阅读的赋义灵活性以及技术正本的规导性，一方面，设计者置入技术人造物中的意义、观念和规则，都可以取决于使用者的创造性阅读乃至反赋义；但另一方面，这种"文本"解释阅读的创造性、灵活性在技术物体价值的"编码化"的权力机制中并非是完全任意性的。如果我们能够对非人的技术行动者授权并使其对人类行动者有所影响、有所约束的话，那么便意味着，我们可以充分利用设计者对技术人造物的铭记、授权或编码，而在技术正本中实现、补充某些道德和价值。[9]113 拉图尔的"行动者网络"理论和"行动子"概念对于传统技术哲学的颠覆在于:技术物不再被看作是需要人使其运动、设置的消极被动的物质性实体存在,而是可以积极地向其使用者发出何时使用,如何使用的信息。因此,技术物作为"行动者网络"中的非生命行动者,成为一个基于使用者及其所欲达到目的之间具有协调功能的积极行动者以及设计者与使用者之间的一个协调者。[9]113 技术物在设计者与使用者之间进行了某种意义协调,从而也把技术设计过程与使用联系起来。技术物品的设计者的意向性通过编码化引导使用者的行为选择或者说对使用者进行某种意向性制约而使其伦理价值存在现实化。在这个意义上,技术正本显现了特定的行为暗示性和伦理价值编码的权力特性。我们的技术物质结构和功能性结构同时又是一种社会文化和意义的价值存在者,而正是基于技术使用的一种道德化设计使得"技术—伦理"生态成为可能。从知识论的角度看,技术知识、伦理知识及其规则在技术客体本文中获得了现实的存在。

参考文献

[1] 肖峰.论技术实在[J].哲学研究,2004(3):72-79.

[2] 吴国盛.技术哲学经典读本[M].上海:上海交通大学出版社,2008:409-433.

[3] 唐·伊德.让事物"说话":后现象学与技术科学[M].韩连庆,译.北京:北京大学出版社,2008:62-92.

[4] Simondon. On the Mode of Existence of Technical Objects [EM/OL]. http://en. wikipedia. org/wiki/GilbertSimondon.

[5] 郑雨.西蒙栋的技术物体评析[J].自然辩证法研究,2009, 4(25):30-35.

[6] 徐竹.从方法论重构到先验旨趣分析[J].哲学研究,2008(2):98-105.

[7] 郁振华.从表达问题看默会知识[J].哲学研究,2003(5):51-57.

[8] 乔瑞金,张秀武,刘晓东.技术设计:技术哲学研究的新论域[J].哲学动态,2008(8):66-71.

[9] 赵乐静.可选择的技术:关于技术的解释学研究[D].太原:山西大学,2004.

[10] 张华夏,张志林.技术解释研究[M].北京:科学出版社,2005:141-151.

[11] 吕乃基.论消费及其演化对技术发展的影响[J].自然辩证法研究,2003, 4(19):30-34.

[12] 陈凡,傅畅梅.现象学技术哲学:从本体走向经验[J].哲学研究,2008(11):102-108.

[13] 陈凡,陈多闻.论技术使用者的三重角色[J].科学技术哲学研究,2009, 2(26):49-53.

[14] 吕乃基.论科技黑箱[J].自然辩证法研究,2001 (12):23-26.

[15] 舒红跃.人造物、意向性与生活世界[J].科学技术哲学研究,2006, 3(23):83-85.

[16] Robert Olby. The Path to the Double Helix[M]. New York: Dover, 1994:8-9.

[17] 陈凡,朱春艳,邢怀滨,等.技术知识:国外技术认识论研究的新进展——荷兰"技术知识:哲学的反思"国际技术哲学会议述评[J].自然辩证法通讯,2002(5):91-94.

[18] Latour Bruno. Technology Is Society Made Durable [C]//John Law. A Sociology of Monsters: Essays on Power, Technology and Dominaton. London: Routledge, 1991:101-131.

[19] 舒红跃.技术总是物象化为人造物的技术[J].哲学研究,2006(2):99-105.

身体伦理学与达马西奥的"道德神经元"

林　辉

东南大学人文学院

摘　要　身体伦理学是生命伦理学的变体,是当下生命政治学理论与身体人文学科发展的一种概念性突破。其有现实的价值与深远的历史哲学意义。身体伦理学更加强化身体的尊严和价值,并从社会的、人性的、经济的,特别是文化意义上强化道德价值。身体是医学的物质化载体,身体结构决定人的感觉、知觉、意志与精神形态,生理与精神的取向的道德性评价,必须通过身体的指示度量,在某种意义上,身体即人,包括临床的、自然的、社会的以及文化的、哲学的有生命的人和人的生命。安托尼奥·达马西奥(Antonio Damasio)研究小组谨慎地提出它们对"道德中枢"与道德表现的关联度,同样为身体伦理打开了一个全新的视域。

关键词　身体伦理学;生命伦理学;生命政治学;道德神经

一、身体伦理学的现实价值与历史哲学意义

身体伦理学是生命伦理学的变体,是当下生命政治学理论与身体人文学科发展的一种概念性突破。其有现实的价值与深远的历史哲学意义。生命的伦理从总的概念上来理解,是身体存在的伦理,也是事实上的身体保全的伦理;但在更重要的意义上,绝非仅仅作为身体单一的伦理,而更应该是整全的人的伦理(ethics of content-full person)、人的整全性伦理(content-full ethics of person)或整全性"我"的生命伦理。"我"是一个事实上的生物体的存在与人的精神存在的联合,是一个人的意义上的整全,是文化或哲学意义上的存在。"我"是一个作为实存的复合,是肉身的、精神的、灵性的集合。由此,就这个意义上,人的概念和"我"是同一的。

人的身体与人的肉身,在语义上,不尽相同;人的身体包括人的概念,人因此不至于将身体作为工具或物质主义的器物,而是作为人的值得尊重的、有尊严的主体,并不是一般意义上的代理者或替代物。而在医学活动中,同样,我们必须把肉身化的人和精神、社会的人、法权的人,都作为唯一拥有的那个身体、情感、意志、意识、灵智、心术、有效关系的主权的人。这个人,就是"我"作为人的在。

我的存在是我的时间作为普遍时间的一种反映或抽象表现，而人的或者"我的"作为生命的人的身体是客观空间的一种方式。我们的自主性与自主权利是因为在知觉体验和灵性体验中的身份都有空间的合法性，由此延伸为社会的、经济的、文化的多自发活动(polythétique)中的知觉、概念、界域和所有身份的综合，这是一个开放和无定限的多样态的综合概念。如此，身体已经不仅仅是一种体验，也是一种在时间和空间中有效的个别化的普遍确定能力的表现。梅洛-庞蒂认为："我不再关注在前断言的知识中，在我与它们建立的联系中我体验到我的身体、时间、世界。我仅仅谈论观念中我的身体，观念中的宇宙，空间的概念和时间的观念。由此产生了一种'客观'思维(在克尔凯郭尔的意义上)——常识的思维，科学的思维——它最终使我们断开与知觉体验的联系，虽然它本身是知觉体验的结果和自然延伸。"①

这样一来，我们所在医学活动和生命科学活动中的身体，可以作为人的生命的唯一生命体，体验、接受和表述人的道德知觉与反应，形成和聚合我们原本能够评价的行为或活动的道德价值，以及考量善恶的品级或梯度。

身体伦理学更加强化身体的尊严和价值，并从社会的、人性的、经济的，特别是文化意义上强化道德价值。所以，梅洛-庞蒂说，身体"本质上是一个表达空间"，因此，"身体的空间性……是一个有意义的世界形成的条件"。并断言"身体是我们能拥有世界的总的媒介"。② 而美国社会学家约翰·奥尼尔则在《身体形态》一书中更详尽地指出：身体是我们赖以栖居的大社会和小社会所共有的美好工具。身体同样是我们在社交中表达亲昵和热情的工具。

二、身体伦理学的主要议题

第一，身体现象、身体分析与身体的道德哲学问题，以及身体的伦理意义。身体是人的道德目的实现的载体，身体成就和完成了社会责任，并直接与人类社会生活发生连接；人的生命主体的唯一代理人，通过身体的感觉、知觉、意识、语言和行为，践履家庭成员角色义务，负担人的功业和创造性工作，接受外在世界和社会的各种政治、文化、经济信息，参与人类的道德活动，爱人与被人爱，处理善与恶的冲突，选择和听从"心与意志"的号令。身体的主权归于人，从而受到敬畏和保持自己的尊严，享有人的身体的权利与行使自己生命的权力。

第二，身体应该是有限性自由的，人有权正当地处理身体的关系，保持身体的健康与自然化。自主自由的支配其从事良善的日常事务和有益于社会、他人的事

① 莫里斯·梅洛-庞蒂.知觉现象学[M].姜志辉，译.北京：商务印书馆，2005：104.

② 同①第三章部分章节.

务。身体在某种意义上,有权利保持秘密和一定的隐秘性;身体与“我”一旦发生冲突,必须有一定准则去约束主体意志,考量或比较价值数阶,任何自残、鞭挞、随意毁灭身体的行为都是作恶和犯罪。任何身体不管质量如何,不分性别与年龄,都应获得爱护与保护。

第三,有病的身体格外需要尊重,应该在条件许可的前提下,给予最好的治疗和最佳的营养品与获得最好的恢复方式。医务人员应该给予关爱与照护,社会组织应该给予人的病体特别的保障制度。

第四,谨慎与合理使用麻醉剂,制定使用的范围和规范,手术的目的或其他必要的情境下,对于麻醉剂和精神性药物的使用,必须严格控制。

第五,身体增强术不适合所有的人,并且规定身体增强、修补、修复的范围与限度,在给予一定自主权利的同时,必须予以限制。

第六,身体的性身份和角色如何定位,应由个人选择,后天通过变性手术或其他医学方式,或者生活中个人的心理化暗示、强烈取向、社会表述或教育,均应予宽容。不管是何种性别,一旦确立,就应得到尊重。

第七,严禁把身体、器官或身体的生物性资源作为商品出卖,或者从事商业化活动,以及类似的具有商业性质的文化娱乐活动,尽管这种问题已经存在,也应给予必要的管理、疏导和限制。对于死后器官的支配权利应该属于亡故者本人或其委托的代理人,如果遭遇捐赠或利用的争议,由专门的行政机构或组织会同法律、伦理学专家,在其家属成员接受的前提下,合理进行调配,并以救治他人的生命为目的。

身体的伦理是身体存在的自然目标,身体伦理学应该作为生命伦理学的学科变体;从身体伦理的视角研究人的生命道德难题,可以更直接和透彻地把握身体的自然属性,并尊崇自然的造化和服从于它的根本律令或法则。身体是医学的物质化载体,身体结构决定人的感觉、知觉、意志与精神形态,生理与精神的取向的道德性评价,必须通过身体的指示度量,在某种意义上,身体即人,包括临床的、自然的、社会的以及文化的、哲学的有生命的人和人的生命。

三、达马西奥的“道德神经元”及自然与善的关系

如果按安托尼奥·达马西奥(Antonio Damasio)的研究结果,人的大脑确有一个“道德中枢”①。这个道德中枢应该存在于大脑前额叶,如果这个部位受到某种损伤,会出现对他人漠不关心以及丧失责任感。研究小组谨慎地提出它们对这个区域与道德表现的关联度,但不能确认所有这一部位因疾病或意外事故而损害者均缺乏道德认知或触犯法律。但可以找到一种线索,在每一个健康的大脑中,都有

① 可参阅:乔治·弗兰克尔.道德的基础[M].王雪梅,译.北京:国际文化出版公司,2007:98.

一个专门记录和存储父母应答以及那些影响和刺激他们道德神经元的早期环境，不管双亲是爱、呵护还是冷漠排斥。[①] 但是，达马西奥和他的小组，没有做出"反社会或不道德行为的人都遭受过脑损伤"这一结论。尽管如此，我们也不能无视道德观念和对于道德原则的遵守，或者作为一种自觉行为，是在生命早期经过学习训练储存在人的记忆里，而不是通过遗传编码的程序，在道德失准与犯罪时主导人的意志。对于犯罪与神经生理或神经心理的关系，一直是犯罪心理学的难题之一。即使英国法庭于 1724 年首次宣布了判定精神病人刑事责任能力的"野兽测验"规则，人们还是被犯罪与神经病理之关系所困扰，直至 1843 年的麦克纳唐(McNaughten)规则成为经典法律规则为止，学术界依然怀疑，犯罪者是否存在不可抗拒的神经组织解剖学、神经生理学或神经化学介质与生物电流作用基础。人的智力与大脑的结构相关，而其行为，特别是道德失范或犯罪难道就与其自然的组织结构毫无关联？

至于，自私的基因问题，更值得生命伦理学家对生命的自然性关注，以至于延伸到道德遗传基因和道德行为的关系。道德图示或先天遗传的道德倾向性，有时会令我们恐怖，我们忧虑为什么竟然存在这种问题。对于是否存在"自私的基因"解释达尔文理论的方式，一直被人们所诟病。这个命题被斯蒂芬·克拉克视为一种隐喻。[②] 如果出于自然的、生理的或者纯粹是动物性的缘由，社会人人自私自利、无端地无节制地伤害他人，丧失起码的友爱、互助和团结，这个社会和人类将不可能持续生存或发展。生存竞争一定要融合人类的真善美的普世价值观念，这是人类文明社会的自然法则；道德律是最伟大的自然律，与头上的星空一样，道法自然维护着我们进化的天性。动物的自私天性，必须遵循整体与协同的定律，必须服从"唯有统一和克服自私、贪欲和犯罪倾向"，我们作为自然的生命种属才能保留下来，不至于因为内部的纷争而自我毁灭。争论又回到了原点，即善是自然，"善就是在实在中，即在其本源、本质和生命，就是说，在'基督是我的生命'[③]这句话的意义上的生命"。善是生命本身，成为善的，就是生活着。[④]

以上在兹概论，足可见，身体伦理牵涉的理性挂虑与研究的意义。

---

① 可参阅：乔治·弗兰克尔.道德的基础[M].王雪梅，译.北京：国际文化出版公司，2007：98.

② 斯蒂芬·克拉克.生物学与基督教伦理学[M].李曦，译.北京：北京大学出版社，2006：109.

③ 圣经：腓立比书 1：21.

④ 朋霍费尔.伦理学[M].胡其鼎，译.上海：上海世纪出版集团，2007：182.

佩里格里诺:美国当代医学人文学的奠基人

万　旭

东南大学学报(哲学社会科学版)编辑部

摘　要　佩里格里诺的医学人文思想致力于将当代医学与人文相连接,这主要体现在三个方面:首先,通过确证医学哲学作为一门学科的存在,保证对医学进行哲学化反思的合理性;其次,通过对旧有的医学道德观的批判性分析,力求建立一种新的以哲学为基础并辅之以美德传统的医学伦理学;再次,通过对具体临床境遇中作为个体病人的关注,把握生命伦理学的发展方向。佩里格里诺的医学人文事业,祛除了医学中"去人性化"的颓势,为医学的内在道德性树立了根基,重建了医学的人文本质。

关键词　佩里格里诺;医学人文;医学伦理学;医学哲学;生命伦理学

佩里格里诺(Edmund D. Pellegrino)是当代美国医学人文学发展的先驱。他的学术思想富含哲学的睿智与实践的智慧,对医学人文学诸领域中重要的问题均有涉及。同样,作为一名开拓者,他在医学人文学的创立以及对医学人文的学科建制化方面都起到了奠基性的作用。自 20 世纪 60 年代以来,佩里格里诺一直活跃在美国医学人文学的舞台上,在近半个世纪的历史中,他的思想与实践都深深地影响着这一学科群的发展。可以说,佩里格里诺是当代美国医学人文学发展的见证。回顾与研究他的思想与贡献,可以帮助我们更加深入地了解这段历史。

一、从医师到医学人文学者

佩里格里诺于 1920 年 6 月 22 日出生在新泽西州纽瓦克市(Newark, New Jersey)的一个意大利移民家庭。他的祖父母大约在 100 年前移民到美国,父母都是在美国出生。他的父亲是一名普通的工人,工作勤奋努力,人也非常聪明。他还有三个兄弟,都具有专业技能。尽管他的父亲只有六年级的教育水平,但却十分重视对子女的教育。

佩里格里诺幼年时,在公立语法学校接受教育,然后就读于曼哈顿的耶稣会高中(Jesuit high school),这是一所天主教会开办的学校,教学以严格和艰深闻名,他在那里接受了传统文化的教育,修习了拉丁语、希腊语和数学等课程。他以该校最优等生的身份毕业后，考入纽约布鲁克林的圣约翰大学（St. John's University）主修化学专业。在取得了圣约翰大学的化学学士学位后，佩里格里诺进入纽约大学医学院（NYU School of Medicine），并于1944年获得医学博士学位。他的住院医生实习阶段是在纽约的贝勒乌医院（Bellevue Hospital）度过的，并获得了美国内科医师行医执照。1946年至1948年，他担任美国陆军航空队麦克斯威尔空军基地医疗服务处（AAF Regional Hospital，Maxwell Field，Montgomery，Alabama）的主任。结束军队的服役后，佩里格里诺回到纽约大学医学院成为一名研究员，从事肾脏生理学和肾脏病学的研究，同时，从事临床工作。由于工作的缘故，他患上了结核病，在胡莫福克斯结核医院（Homer Folks Tuberculosis Hospital，Oneonta，N.Y.）接受了三年的住院治疗。病愈出院后，开始担任新泽西州弗莱明顿的亨特顿医疗中心（Hunterdon Medical Center in Flemington，N.J.）主任，并被聘为纽约大学临床医学副教授。1958年至1959年，他还是贝勒乌医院的合作访问医师。

1959年，佩里格里诺被聘为肯塔基大学（University of Kentucky in Lexington）教授，并担任该校医学系首任系主任以及医疗服务机构的主管，同时还兼任临床内科主任医师。这期间，佩里格里诺开始撰写并发表各种关于医学伦理学和医学人文相关的文章。1966年，他离开肯塔基大学去纽约着手筹办纽约州立大学斯托尼布鲁克医学部（Department of Medicine at SUNY at Stony Brook）。两年后，出任医学院院长兼医学系主任。在斯托尼布鲁克，他还创建了一个医学人文项目。当他离开时，学院的全体师生员工为了表示对他的尊敬，以他的名字命名了一个医学讲座。

1973年至1975年，佩里格里诺担任田纳西大学孟菲斯医学中心（University of Tennessee Center for the Health Sciences in Memphis）的负责人，同时还担任大学主管医疗卫生事务的副校长，负责全州的附属医院和诊所。后来，佩里格里诺赴耶鲁大学出任耶鲁—纽黑文医疗中心（Yale-New Haven Medical Center）董事会的主席和董事长，同时还兼任医学教授。1978年至1982年，他出任美国天主教大学（Catholic University of America in Washington，D.C.）校长，成为该校历史上唯一一位非专业神职人员的校长。同时他还是该校哲学和生物学的教授，并兼任乔治城大学医学院的临床医学与社区医学教授。1982年，他成为乔治城大学医学中心约翰·卡罗尔荣誉教授，讲授医学和医学伦理学课程。1990年，他又在乔治城大学创建了高等伦理学研究中心。1994年，创建了临床生命伦理学中心，并在其后的两年中担任主任。[1-3]

由于具备出色的领导能力和学术组织能力，佩里格里诺在多个学术团体中任职。1969年至1970年佩里格里诺担任美国健康与人类价值学会（Society for Health and Human Values）主席，并于1971年创办学会的下属机构——医学人类价值研究会(Institute on Human Values in Medicine),并担任会长达十年之久。1983年7月至1989年,他还担任知名的肯尼迪伦理研究中心的主任。在2004年至2007年间,他被推选为联合国教科文组织国际生命伦理学委员会委员。从2005年起,他开始担任生命伦理学总统委员会主席,直至2009年奥巴马解散了该委员会而卸任。

佩里格里诺于1976年创办了《医学与哲学》(Journal of Medicine and Philosophy)杂志,同时,还担任多种期刊的编委和顾问委员。由于对医学以及医学人文学做出了卓越贡献,他获得了许多荣誉称号。

不难看出,佩里格里诺的职业生涯依循着医生、实验室科学家、医学教育工作者、医学人文学者的足迹前行。佩里格里诺早年接受了坚实的古典哲学教育,又通过医务实践中对病人权益的关切,以及大量的阅读医学人文相关的书籍,同时又在医学教育中发现培养医学生人文修养的重要性。这些原因促使他反思医学的人文价值,从而成为当代美国医学人文领域的开拓者和奠基人。

二、医学哲学,存在于否?

对于医学的哲学反思同医学以及哲学的历史一样古老,诸多哲学家和医师都对此有着独到的见解。20世纪中叶,美国的医学人文运动方兴未艾,促发了许多学者对医学的哲学探索。当时,具有代表性的工作有:马赛尔(Marcel)、梅洛-庞蒂(Merleau-Ponty)和斯派克(Spicker)对身体哲学的研究;斯特劳斯(Straus)等对精神病学和心理学的哲学基础的反思;恩格尔哈特(Engelhardt)对健康与疾病观念的关注,以及对医学伦理学的哲学基础进行研究;拜谈迪克(Buytendijck)对生理学和人类学的融汇;莱因恩特格(Lain-Entralgo, 1960, 1964, 1970)对医患关系境遇的分析;瓦托夫斯基(Wartofsky)对人类本体论和医疗实践的质询;甄纳(Zaner)在一系列文章中,深入地研究了人类自身的本质属性、人际间的纽带(尤其是在医学语境中)以及“促因”在医学教育中的含义[4]。到了晚近出现了是否存在这样一个领域即医学哲学的争论。如果存在的话,是由哪些部分组成的?能将其与科学哲学相区分吗?它与刚刚出现的生命伦理学是什么关系?这些区分会引发什么样的实践后果?

佩里格里诺肯定医学哲学的存在,指出医学不是纯技术的科学,他认为置于科学与人文之间的医学,是一种人类增进个人和社会福祉的最有力的潜在工具。为了实现这一目的,医学必须对当下的潮流有所回应,并在其科学的、伦理的和社会的视角下建立起一种新的联合。如果达到这一目的,医学就拥有了世界急需的新人文主义的能力,即,使技术服务于人类的目的[5]。而医学哲学能够成为新的联合的载体。

在《医疗实践的哲学基础》一书中，佩里格里诺和托马斯马提出了一种医学哲学观点，即医学的核心在于医患之间的关系，而这种关系的目的则直指治愈[6]177。当然，这不是否定来源于还原论的科学技术能力的重要性。正如佩里格里诺和托马斯马指出的："如果不能充分的满足技术上胜任的预期，那么，医疗职业行为必将是虚伪和谎言。"技术上的胜任，对于治疗行为而言，只是必要而非充分条件。"胜任本身必须服从于医疗行为的根本目的，即为特定的病人提供正确的和良善的医疗行为。"[6]213佩里格里诺的医学哲学直接而清晰地来源于他对这一学科的本质与目的等基本问题的探讨。临床医学这门学科并不是科学、艺术或者手艺，它是一门完整的、实践的学科，植根于不变的医患之间存在的治疗关系这一事实。换句话说，临床医学是两个个体之间的关系，一方是寻求治疗的个体，另一方是承诺运用知识、技艺、经验以及为了病人的利益而进行治疗的个体。那么，这种关系的目的或目标便是为病人提供正确的、善意的治疗措施。

佩里格里诺认为医学哲学要解决两个问题：除了回答"是否存在，由哪些成分构成"这个基本问题，还要探究其构成的模式。因此，他比较、对比和区分了四种不同的对医学进行哲学探究的模式，即医学和哲学、医学中的哲学、医学的哲学以及医学哲学[7]321-326。

第一种关系形式，医学和哲学（Medicine and Philosophy），医学和哲学仍然是完全独立的学科，每一个学科都从另一个学科的内容或方法中吸取某些东西来阐明自己的事业，例如，精神哲学家利用神经病理学的经验资料提出身—脑—心关系这一概念；或者，医生利用形式逻辑这个工具建立一个诊断或治疗的符号或算法系统。

第二种关系形式，医学中的哲学（Philosophy in Medicine），哲学家们运用哲学探究的形式工具，如逻辑、形而上学、价值论、伦理学和美学，来考察作为研究对象的医学本身的问题。探究的对象是一组认识论的和非认识论的问题。

第三种关系类型，医学的哲学（Medical Philosophy），后者与其说是一种哲学类型还不如说是一种写作风格。充其量它包括对医学的职业状况作了一些富有见识的研究，这些研究纯化了其气质，提高了其志向。但就它最糟的方面而言，医学的哲学就是一些个人的意见、离题的争论或对逝去的荣华和特权的挽歌。即使在它的全盛时期，医学的哲学也没有对医学作集中的形式考察，以使自己有资格作为哲学而存在。这一类型，以当下的术语来定义的话，是最为含混和松散的，包括任何非正式的对医疗实践的反思。主要是由临床中的医生基于自身临床实践而产生的反思。当然，这一类型的医学哲学是善于思考的医生的临床智慧，对那些尽责的医生而言，这些始终是灵感和实践知识的来源。

第四种关系类型，医学哲学（Philosophy of Medicine），集中对作为医学的医学进行哲学探究。它力求界定"作为医学的"医学的性质,建立医学和医学活动的某种一般理论。在这个标题下,经受医学中的哲学考察的一系列问题,要被综合成为某种自洽的医学理论[8]54。

在佩里格里诺看来,一门学科或一种活动不论它是科学、法学、政治学还是医学的哲学,探究这一学科或活动的性质——它的发现事实的程序、它的逻辑和它赖以建立的形而上学预设。把一门学科的逻辑学、美学或伦理学同这门学科分开,可能比把它的本体论的、认识论的或价值论的方面同它分开更为困难。但是,在任何一种情况下,该学科的哲学都是运用一些方法并从超越该学科本身的观点出发,从该学科外部来考察这门作为探究对象的学科。看来佩里格里诺主张的是一种范围更小,更为集中的医学哲学,旨在探求医学本身的哲学化知识。也就是,关于医学是什么和如何将医学同其他专业和学科相区分的知识。在他的视野中,医学哲学就是"对终极性的寻求,通过研究去掌握事物的实在根基,而这种研究本身超越了学科自身的认识范围"[7]326。

综合上述所做的分析,佩里格里诺认为医学哲学应当定义为第四种关系类型。也就是说医学哲学是一门可定义的学科,并拥有其独特的俯瞰医学的视角。医学哲学的主题与目的同以科学为基础的医学迥然相异。对于佩里格里诺而言,医学哲学能够拓展我们对临床医学的认识,以及如何将其与其他学科相区别。医学哲学通过审视病患疾病的本质和影响、治疗的概念、临床决策的复杂性、医患关系中的道德层面、谬论、人类生命的局限以及更多层面来达到上述目的。从而帮助我们认识到临床医学与哲学之间辩证关系的重要性[9]。

在其学术生涯中,佩里格里诺一直以此主题为圭臬,从而展开他的整个哲学计划。他的哲学计划有两个主要目的:其一,发展系统的医学哲学;其二,揭示医学的道德基础,即一些能够限定特定的医疗行为中人际关系道德性的不可消减的理论资源。

三、需要什么样的医学伦理学?

佩里格里诺认为,医学哲学不只是对医学特有的现象进行哲理探究,即不只是医学中的哲学。它力求理解和规定医学现象的概念基础。医学哲学是具有实践后果的不可缺少的事业。我们认为医学是什么促成医学做什么、我们如何塑造医生角色以及或许最重要的如何构造医生伦理学[8]56。尽管在医学领域的哲学家们已经扩展了我们对于当代医学中的伦理学问题的理解,但他们很少有人把他们的伦理学论述建立在医学理论的基础之上。随着伦理学问题变得更加困难,随着对医学应该是什么的理解变得更加歧异,迫切需要形成作为一种活动的医学的某种自洽的理论。一种医学哲学有助于建立解释医学活动的性质的命题库。提出这些命题,对它们进行批判性考察并综合为一种自洽的理论整体,乃是这种医学哲学的任务。

无疑,佩里格里诺是在独特的历史背景中,提出这种主张的。在谈及二战前美国医学伦理学的情况时,佩里格里诺回忆道:“以我为例,我并不记得什么时候医学伦理学被关注过,除了在学生和住院医师之间的一些非正式讨论以外。天主教的学生对涉及产科实习的一些难题有所关注。在极大程度上,我们要发现怎么做是正确的。对于天主教学生以及非天主教学生来说,堕胎和安乐死都是被谴责的。同样,企业化运营的医学,追求利益的医生所开设的医院也是被谴责的。”[10]4 二战后,医学伦理学发生了巨大的改变,主要有两个根源:首先,伴随着科学进步为医学所带来的非凡的能力扩张;其次,我们时代所特有的社会经济力量和政治权力的融合。第一点促进了生物医学伦理学的发展。第二点则为医学伦理的发展,即医师对病人特有的责任,或者说是作为真正的医师(physician as physician)的伦理,提供了契机[11]425。在这样的背景下,他清醒地认识到大多数医学伦理学实际上只是医学道德,表现为一系列的缺乏伦理辩护或论证作为根基的道德规则和断言。没有伦理辩护作为根基,这些道德规则将是无效的,很容易被挑战、否定或者折中。

正是由于充分地认识到了原有的作为医生职业道德规范的医学伦理学的不足。如,希波克拉底誓言中的规范没有以确凿的伦理学或哲学为基础进行证实,佩里格里诺积极撰写医学伦理方面的著作,探索以医学哲学为基础的医学伦理学。医学伦理学建立在对医学哲学的概念进行历史的回顾与梳理基础之上,佩里格里诺指出,医学事业是具有其自身的合理内核的,这种实在的内核是基于医学中的三种现象而建立,即:①生病或疾病作为一种存在的因素;②由为陷入疾病困扰的病人提供帮助的医生所做出的允诺或表白;③治疗的行动,即由医生领会到的并做出的技术上正确、道德上为善而且满足病人需要的决定[10]6。这三种普遍现象的紧密关系——生病、承诺治疗和治疗本身——为现实世界中医生与病人的相互责任提供了基础。从而,他成为最早认识到医学伦理学必要性的主要人物之一,并宣告了一个时代的来临,即严肃、批判的理性思考医学道德的时代——医学伦理的时代。

当对医学伦理学进行深入的、严肃的探究时,历史学的和社会学的批评解构了希波克拉底的道德规范与方式,古代普遍的医生守则也被严重地蚕食了,当下社会需要一种“新的”更加适应时代和道德多元性的伦理规则。于是涌现出大量的将现有的哲学或神学体系运用到医学的情况。这些体系被“应用”,或者说得好听点是被有条理地应用到医学及其实践中。医学的伦理规范没有从医学的本质出发,即将医学视为一种特殊的人类活动,进而审视医学中的实际道德境遇。与这一潮流相左,佩里格里诺不同于其他理论家的是,他主张医学伦理学研究应当采取“自下至上”的方法,而不是自上而下的方法。他认为医学伦理学的研究应当是首先审视医学本身,然后再从头建立起一套医学伦理学理论,而不是把一套现成的但可能存在很多争议的一般理论拿来然后应用到医学实践中。医学伦理学要想摆脱这样一种存在道德纷争的研究进路,只有对医学本身进行阐释,对医学实践有一个更清晰的理解,然后再努力寻找医学的道德义务。换言之,医学伦理学应当是医学哲学的一部分,而不是简单地将伦理学理论应用在医学问题中。

佩里格里诺一直认为,医学伦理学应当建立在医疗关系的本质上,即医学哲学之上。"我的论点是,并且仍然是,医生所特有的义务是从患病的人和他寻求医治的人之间关系的特殊本质而来的。作为结果的这一关系有着一定的特征,并使由此而来的相互之间的道德责任具有了独特的属性。"[10]6

鉴于当今社会的异质性和科学医学的普遍化特征,任何一种坚实的医学道德哲学都必须植根于医学的"内在"之中。不能如既往一般,单单从外在的哲学化体系中抽取而来。这种道德哲学应当建立在以下四个方面的基础之上:人类疾病的现象;医学知识的独特本质;临床决策的道德特性;对于医学作为一门职业的强调[11]433。直到晚近,职业伦理中仍包含了大量的道德断言和阐述,并以此定义医生应当如何行为。这些断言往往是在缺乏清晰的和正式的道德论证的基础上作出的,这些构成了希波克拉底伦理的骨架,并在其后继者中得以延续。大多数情况下,与这些道德论断相符的哲学预设都是来源于外在于医学自身的哲学体系。

20 世纪 60 年代末,几个世纪以来一直被奉行的道德主张出现问题时,作为一门正式学科的医学伦理学才真正出现。这也是首次,这些道德主张受到正式的分析,并作为普遍伦理的特殊情况加以对待。那些长久以来忽略了医学伦理的职业哲学家,开始以初确原则(prima facie principles),即行善、自主和无伤来澄清医学伦理学的内容,并在此基础上阐释了次级原则,包括保密、讲真话和信守承诺。这是英美伦理学的分析路径,其主要哲学基础来自于休谟、康德和密尔[11]434。

佩里格里诺认为这种原则主义的思想进路并不能满足医学伦理学的全部需要,因此美德在他的医学伦理学体系中扮演着重要的角色。他对古典思想中处理美德理论的方式非常认同。美德理论与目的论伦理学系统有着千丝万缕的关系,它所关注的是迈向理想目标的进程。佩里格里诺颇为认同亚里士多德的美德观,尽管大多数情况下,他认为美德是一个具有多个方面的"概念",而并没有给出一个准确的定义。他采用了美德即"具有良好行为的习惯"这一定义,但反对亚里士多德将美德视作极端的平均。他将美德定义为:"美德是一种品格特性,是一种内在倾向,习惯性地追求道德的完美,生活中遵守道德规范,并且在高贵的思想和公正的行为之间追求一种平衡。"事实上,在佩里格里诺看来,医学对于道德行为需要一套更高的标准,而选择这一个行业的人就应当追求美德,并构成一个新的道德共同体。

四、生命伦理学走向何处?

“生命伦理学”(bioethics)是由生物学(biology)和伦理学(ethics)这两个词合成而来的新词。其中的一个术语“伦理学”,传统上被视为哲学的一个分支。然而,今天许多自称为生命伦理学家的人却不认为他们的工作是哲学的一个分支。他们中许多人认为哲学不足以涵盖道德生活的复杂性,更有甚者将哲学视为一种障碍。他们认为哲学的伦理学过于理论化、抽象并且对语境的、实践的和复杂的道德选择行为不够敏感。对生命伦理学,他们持有一种更加扩大化的视角,认为它应该包括更广、更多的学科,并假定这些学科可以弥补哲学伦理学的不足。

今日之生命伦理学,已经介入司法与立法的决策、公众的争论、伦理委员会和临床会诊之中。这些形形色色的大量的“生命伦理学”实践暗示了一种权威性和可信性。新生的“生命伦理学家”这一职业为技术专家提供对“道德困境”的分析与决议,这些“道德困境”包括临床、政策信息以及日常生活等方面。

佩里格里诺认为生命伦理学应该是各学科之间交互的。需要考察的问题是:在不丧失伦理学中心学科位置的情况下,哲学怎样和其他学科(比如,文学、法律、历史、神学、语言和语言学),还有以人文为目的的社会科学(人类学、经济学、社会学和心理学)相互发生联系。我认为生命伦理学意味着广阔范围的质询,但我更意图指出,在这些领域中,哲学有着独特的地位。哲学化的伦理学必须与其他相关学科对话,但它不能也不应该被它们涵盖或取代[12]。

佩里格里诺在其生命伦理学研究中,始终围绕临床境遇展开,他致力于定义临床医学,而非预防医学。他主张临床境遇应当包括:科学知识、医生的推理过程、人际关系,以及针对每一个病人的治疗。这一定义暗含了医生应当做什么,应当知道什么,以及他们如何被教育。他认为临床伦理学中的医疗道德之核心是治疗关系。这是由三种现象所定义的:疾病这一事实、作为职业的行为和作为医疗的行为。第一种现象将病人置于一种脆弱的依赖地位,并导致了一种不平等的关系。第二种现象意味着对帮助所做出的承诺,第三种现象则包含了做出医疗上合理的治疗决策的行为[13]。因此,临床伦理学关注的核心是作为个体医生和病人所做出的决策。而生命医学伦理则是一个更宽泛的学科,涉及伦理学原则的应用到所有生物医学知识,并将伦理学分析从临床境遇拓展到法律和政策层面。临床伦理学关注的焦点比生命伦理学更为集中:旨在通过明确、分析和解决临床实践中的伦理学问题提高卫生保健的水平。临床伦理希望为病人寻找一个更好更合理的治疗决策和行为,并成为医生的工作和医学实践固有的一部分。

临床伦理学总是被用于一种非常迫切和紧迫的情况。通常是在急诊室或者情绪纠结的氛围中使用。它需要我们具有扎实的临床语言和临床知识。需要面对和处理医生、病人、家庭、法律、社会习俗和宗教信仰方面价值观的冲突,从而做出临床决策。

临床伦理学与治疗的标准有关。在过去,在家长制的医学形式下,照顾的标准主要是医生为病人做出的技术层面的决策,如今的照顾标准越来越代表了有能力的成年病人的决策,当然这是在医生根据技术方面的考量向他们提供一些建议后。因此,尽管伦理学的考量一直在发挥着作用,但所强调的重点已经发生了转移。之前,医学的最高伦理学标准是医生的能力和良心,而现在则还要兼顾对患者价值观和自我判断的尊重。

显然,佩里格里诺坚持认为生命伦理学应当回归临床,并且关注病人的尊严与价值。与过去不同的是,当代医学常在科学与人文的对立之间震荡。尽管在医疗过程中,医生应当将人看作科学的客体,但绝不能忘记人还是有思有感的人文主体。因此,医学必须总是权衡事实与价值。如果,医学过于极端,那将变得不可靠,甚至危险[14]Ⅶ。而关注病人的尊严与价值恰恰体现了人文学在医学领域中的作用,这种作用至少包括三方面的内容,即理解当今临床境遇中伦理与价值问题的本质需要,对职业本身考察和批判的需要,以及将这些态度赋予那些有教养的而不仅仅是受过训练的人[14]3。人文学是处理伦理学、哲学、历史学、法学与神学中的关涉人类价值的本源性问题。医学科学和技术作为工具不足以应对人类价值与目的问题。人文学才能够教导医生们敏感且有信心地面对无限的人类存在现象[14]4。

可以看出,佩里格里诺主张在哲学反思的和各医学人文相关学科对话基础上发展生命伦理学,同时,他指出生命伦理学应当回归临床,关注具体临床境遇中具体的那个病人的尊严与价值。对于当今生命伦理学发展而言,这无疑是中肯的建议和明确的方向。

五、结语:德行合一,堪为楷模

简而言之,佩里格里诺的医学哲学体系是建立在对医学实在说理解之基础上的一套基础主义体系。他认为医学的实质存在于临床境遇中,坚信临床境遇的某些要素是永恒的真实。通过对临床境遇的这些重要的要素进行分析,他得以明确了医生和病人的道德责任,这些责任划定了道德的底线。然后,他对医学美德理论进行详细阐述,得出使从业者可以优化行医实践的品格特性。所有医学伦理的具体判断都是由这一结构衍生而来的。

佩里格里诺对医学伦理学的贡献是巨大的。即便是他的批评者也不得不承认他是这个领域的创始人。他研究人文主义与医学,而这个主题在几十年后才受到世人的关注。他建立了健康与人类价值学会,创办了医学与哲学杂志,借此创立了医学伦理学和医学人文学领域。作为一位医学教育家,他还使医学伦理学和医学人文成为医学校和住院医培训中的标准课程。他创立的临床伦理学体系依然在闪烁着睿智的光辉。医学伦理学领域有诸多的原则主义者、实用主义者，功利主义者，却只有一个佩里格里诺。佩里格里诺的医学人文事业，祛除了医学中"去人性化"的颓势，为医学的内在道德性树立了根基，重建了医学的人文本质。迄今他的观点依然吸引着许多医学人文学者，而对医学的人文思考将永远是医学界历久弥新的议题。

参考文献

[1] University of Kentucky, Interview with Edmund D. Pellegrino[EB/OL]. (1985 - 10 - 29). http://kdl. kyvl. org/cgi/b/bib/oh2. php? cachefile = 1985OH235_UKMC10_Pellegrino.xml.

[2] Wildes K W, Edmund D. Pellegrino: a Biographical Note [J]. Journal of Medicine and Philosophy, 1990, 15(3):243.

[3] Thomasma D C, Edmund D. Pellegrino Festschrift [J]. Theoretical Medicine, 1997, 18(1-2): 2-3.

[4] Pellegrino E D. Philosophy of medicine-problematic and potential [J]. Journal of Medicine and Philosophy, 1976, 1(1):12.

[5] Pellegrino E D. The necessity, promise and dangers of human experimentation [Z]// World Council of Churches. Geneva: Friendship Press, 1969: 55.

[6] Pellegrino E D, D C Thomasma. A philosophical basis of medical practice: toward a philosophy and ethic of the healing professions [M]. New York: Oxford University Press, 1981.

[7] Pellegrino E D. What the philosophy of medicine is [J]. Theoretical Medicine and Bioethics, 1998, 19(4).

[8] Pellegrino E D. 医学哲学:关于其定义[J]. 范瑞平，译.世界哲学，1987, 6 (3).

[9] Vanderpool H Y. Physician and Philosopher: The Philosophical Foundation of Medicine: Essays by Dr. Edmund Pellegrino [J]. New England Journal of Medicine, 2002, 347(12): 953.

[10] Pellegrino E D. From Medical Ethics to a Moral Philosophy of the Professions[A]//J K Walter, E P Klein. The story of bioethics: from seminal works to contemporary explorations. Georgetown University

Press, Washington D.C.: 2003.

[11] Pellegrino E D. Medical Ethics: Entering the Post-Hippocratic Era [J]. Journal of the American Board of Family Practice, 1988, 1(4).

[12] Pellegrino E D. Bioethics as an Interdisciplinary Enterprise: Where Does Ethics Fit in the Mosiac of Disciplines? [A]//R A Carson, C R Burns. Philosophy of Medicine and Bioethics: a twenty-year retrospective and critical appraisal. Dordre cht: Kluwer Academic Publishers, 1997: 2.

[13] Pellegrino E D. Toward a Reconstruction of Medical Morality [J]. The Journal of Medical Humanities and Bioethics, 1987, 8(1): 7.

[14] Pellegrino E D. Humanism and the Physician [M]. Knoxville: University of Tennessee Press, 1979.

人体增强技术的伦理前景

江　璇

江苏第二师范学院教育科学学院

摘　要　人体增强技术的问题是20世纪末伴随着现代生命科学技术的发展而凸显的具有较多伦理争议的社会现实问题，因其研究对象的特殊性与复杂性以及涉及人类的切身生存和健康方面以及今后社会的发展方向等一系列重大且现实的问题，因此成为目前各个领域专家和学者关注与热议的跨学科的前沿问题。科学技术的蓬勃发展使得“人化”成为时代发展的主题，不论是“人化”自然环境还是“人化”自然肉身，都需要合情合理的理论支持以及道德辩护。人类对于由科学技术所引起的社会影响以及所造成的社会后果，不仅负有道义上的责任也应该负有实践上的责任。为了能够有道德地生活与行动，因而亟须推进增强技术实践应用的伦理研究与探讨。

关键词　人体增强技术；伦理认同；伦理底线；社会控制

科学是一种对自然奥秘不断进行探索与揭秘的过程，是一种依附于对自然无限地探索而不断发展的学科，因而从实质上来说，科学的发展不应该受到人为的限制与禁止，人为限制与禁止直接妨碍到科学技术的发展与进步。但是现代的科学的研究对象已不再是单纯的自然事物了，而是已经涉及人类自身，并且存在着会对人类身体健康甚至生命造成危害的可能性。因而科学发展无禁区的观念需要发生转变。当生命科学技术发展到能够对人类生命进行具体实践操作的时候，就必须需要慎之又慎地加以对待，不仅需要考虑到科学技术本身的发展前景问题，还需要考虑到对于社会所造成的影响与后果，毕竟技术的发展是为了人类更好地生活服务的。当科学技术研究的对象是纯自然的客体的时候，可以偏向于技术的发展，因为此时科学技术是中立的，是否有益于社会的决定权在人类的手上，主要是由技术的使用者来决定是否要趋利避害。而当科学技术的研究对象直接是人类自身时，此时的技术则不再是“中立”的技术或者是“自由”的技术了，有着更多复杂的影响因素需要进行周全与充分地考虑。

一、技术本身的伦理认同

随着高新技术的蓬勃发展,在当今社会,技术对于人类生活的影响比以往任何时代都要更加深入与广泛,技术已经渗入到人类日常生活的方方面面,因而对于技术的关注就不能仅仅停留于科学领域层面对技术本身价值的形而下的探讨,还需要重视技术对于社会与人类的和谐发展的影响问题,也就是说还需要强调在形而上的理论层面的道德价值与伦理规范的问题。

1. 技术目标与道德价值的统一性

随着现代高新科学技术的高度发展,人类利用技术对于人体的干预无论是从广度还是深度的维度来看都达到了一个前所未有的新阶段。技术的进步给人类社会带来了积极的价值与影响意义之外,其所附带的负面的消极影响也越来越明显。因而在当今社会,科学技术与伦理道德之间已经具有了一种不可避免的联系。技术的发展除了具有自身的科学价值的意义之外,还需要形而上的道德价值来进行辩护与引导,这是因为技术不仅具有一种自然属性,还具有另一种社会属性。技术必须是在属人的意义上进行发展与应用,技术的发展并不是单纯地为了追求科技的进步而发展,而是需要为人类与社会服务的。因而技术的最终目标应该是与人的生存发展的价值取向相一致,与社会的基本道德价值具有统一性。技术作为一种帮助人类实现其目标的手段,其自身的内在价值是体现为利用已有的科学知识对外部世界及其规律进行了解与认知,因而具有一种中立的特征;其外在的价值则体现为帮助人们实现某种目标,具有了价值倾向性与引导性,因而也就具有了善与恶、好与坏的区别。人体增强技术的研发与实践应用就体现着强烈的目的性,如果利用人体增强技术仅是为了帮助人们实现自身的成长与进步,那就有其积极的意义。但要是利用人体增强技术的动机只是为了能够达到某种功利性的目的,那么则就具有了恶。对于人体增强技术的研发与实践应用,如果其目标是对人类社会有益,那么国家应该对其进行保护与鼓励,并且予以一定的支持与帮助。对于技术的调控权利主要交由市场的需求来进行自动调节,政府的主要责任就是保障公众的知情同意权与自由选择权,维护公众的合法权益,做好相应的监督工作,保证市场的正常运行并符合法律规范。如果人体增强技术的应用不仅具有有利于社会的一面,又有不利于社会的一面,那么对于不利于或者威胁到社会的部分技术需要进行充分的伦理考量与评估,从而适度地加以控制与限制。不能因为有其消极的一面就全面否认人体增强技术的研发与应用价值,也不能因其具有积极的一面就完全忽略对消极方面的重视与关注。应该积极谨慎地预测不良后果,事先做好应对准备,从而达到既能促进人体增强技术的积极面的发挥,又能有效预期潜在的风险性,预防或减少消极影响,最终能够扬长避短,实现科技促进人类社会的发展并且满足人们的需求。Michal Czerniawski 认为:“对于增强技术的发展需要有一定程度的限制,从而在某种程度上可以减少可能的消极影响。”①社会的进步需要科学技术的推动,但是科学技术的“可行性”与伦理道德的“应当性”却又不总是一致的,是一种必要不充分的关系,即当技术具有一定的可行性时,只是说明该技术具有可操作性,但这并不表示该技术具有伦理的应当性,能够得到伦理道德层面的辩护与支持。因此,对于人体增强技术的具体实践应用需要从伦理道德层面进行综合考量与评估,不仅需要关注技术自身的发展进程,还要重视它们所产生的结果或者效应是否符合人类的基本价值和标准,以及对于社会将会造成怎样的影响。那么对于不符合伦理规范且对社会发展有威胁性的增强技术的某些技术则就需要进行严格的约束与限制。如果人体增强技术的应用对于人类社会所带来的益处并不能明确,但可以预测会引发较大的灾难,且这种灾难是可以理性预期并且在可控范围内能够主动避免的,那么必须在该技术研发与具体应用之前就应该加以严格禁止,从而避免一场因人为因素而造成的社会灾难。

人类道德行动的目标通常是希望获得善以及避免恶,几乎所有的技术在研发初期都是希望能够满足人们的需求,为社会的发展与国家的建设添砖加瓦,贡献自己的力量。但是很多时候发展到最后会受其他因素的影响而发生质变,进而违背当初的意愿与目标。对于人体增强技术的发展,需要尊崇科学的终极价值目的,需要确保增强技术的研发与应用是为了增进人类的福利和社会的和谐发展,对于一切违背初衷的行为与活动都应该立即禁止。在技术的研发过程中需要不断评估研究成果的利弊,并且根据风险评估结果适时调整研究计划,不能盲目地为了自己的兴趣或者是自身利益而把社会利益与价值抛之于脑后,以牺牲社会和整个人类的利益为代价,从而使整个社会处于不可控的风险之中。

对于人体增强技术而言,不仅需要追求“真”,更要追求“善”。科技时代的道德性取决于对长远的、未来的责任的关注,虽然从表面上来看,技术真理与道德价值分别属于不同的范畴,但是在人类具体的生活实践中,它们却是有着千丝万缕的联系的,它们相互关联、相互渗透、相互作用并且可以达到内在的统一。只有当技术目标与基本的道德价值相统一时,科技的发展才会充分发挥其积极的正面效应,才会真实地促进人类社会的进步与文明,才会真正起到增进人类福祉的终极伦理目标,从而使科学技术之真转向道德之善。

2. 技术应用与伦理规范的相容性

生命技术如此迅猛的发展,使得人类的生活方式发生了重大的改变,当代社会

① Michal Czerniawski. Human enhancement and values[J/OL]. Social Science Research Network. (2010-04-30). http://ssrn.com/abstract=1633938.

是科技的社会,科技是当代社会的重要特征。现代社会比以往任何时代都更加受到技术的左右与操控,也比任何时候都更加依赖技术的应用。虽然技术的目标是良善的,但是也有可能会产生负面的消极影响,预定的目标与实际的结果之间的出入主要是由技术的实际应用情况所造成的。科学技术可以被恰当地加以运用从而创造有利价值,也有可能会被滥用或者是不当利用从而增加不必要的负面影响与负担。不论是由于技术本身的局限性,还是人为动机的不良性,都会在技术的实践应用过程中导致最终灾难性后果的发生。因而对于人体增强技术的实践运用需要在伦理规范指导的前提下,以伦理的“善”与“德性”来规范、约束、导引着实践,需要达到技术手段的应用与伦理规范要求的相容与和谐。生命技术对于人类自身的强力干预在形而下的实践层面体现的是技术手段的先进与高端,而在形而上的理论层面体现的则是对伦理规范的一种挑战。

人作为现实的主体,在技术的实践运用过程中还是处于主导的地位,对于技术的应用,需要在伦理规范的指导下合理操作,进而努力实现技术应用与伦理规范的相容与统一。技术可以被用来造福于人类,也可以因为一己私利而危害到他人的权益。所以对于技术的应用需要在伦理道德的指引下把握其“度”,尽量做到趋利避害,趋善避恶。人体增强技术在具体实践操作中需要加强专业人员的良知与美德,重视所需要肩负的社会责任与伦理责任,从而实现最大的“善”。对于无视责任的道德、罔顾自由的责任都将会给社会带来巨大的灾难,所以技术开发与技术运用的人员在责任意识方面需要格外重视。责任是一种道义,无论是技术开发的人员还是选择该技术的普通民众,都需要对社会秩序的安定负有责任,对于滥用技术而引发的一切社会后果都将负有完全责任。人体增强技术的研发与现实应用是需要有所限制的,不能承担责任的自由则会导致自由的最终丧失。其次还需要严格遵守知情同意的伦理原则,需要通过正常的程序和渠道让当事人明确清晰地了解技术的相关信息以及在运用过程中将可能会出现的一些不可预见的副作用的风险情况,或者是可能会导致长期的不良影响等后果。当事人需要在其全面知情的情况下,从而自主自愿地做出自己的决定与选择。最后需要公平公正地分配社会稀缺资源,不能因为特殊的经济利益或者其他诱惑,而放弃基本的伦理道德准则与做人的基本原则,应该全面综合考虑进而作出周全的评估与考量。人体增强技术的初衷是为了满足人们对于美好生活追求的欲望,是为了进一步完善人类自身以及社会的发展,但是如果对其不加以任何限定任由发展,则会偏离预想的轨道发生质变。爱因斯坦曾经说过:“科学是一种强有力的工具,如何去利用它,究竟是会给人类带来福音还是带来灾难,这些全都取决于人类自己,而不是科学自身所能决定的。刀子对于人类的社会生活是有用的工具,既可以用来做好事也可以用来干坏事。"[①]科学的发展是由人类来驾驭与控制的,人类对于科学技术的控制并不是为了阻止科学的发展与进步,而是希望通过制定相应的规则从而使科学能够在一个基本的道德规范内发展与运动。

科技的创造能力与毁灭潜能是同步增长的,人类如果不对其发展进行理性的控制,不对其实践应用进行合理的操作,那么其结果就是会摧毁人类赖以生存的环境以及全人类的生存根基,这是一种不可逆转的毁灭性的破坏,也是人类道德上最大的恶。因而人类需要克制自己的行为,需要从大局出发来考虑科技的发展与应用问题,努力实现技术目标与道德价值的统一,技术应用与伦理规范的相容,做到既能促进科技的发展,又能维护社会的稳定与和谐,实现科技与社会发展的共同进步。

二、伦理底线的设定

人体增强问题涉及的不仅仅是科学技术层面的发展问题,还涉及今后人类社会的道德与伦理发展以及人类将来的生存方式等一系列问题。因此,如果单一的从科学发展的角度出发去探讨人体增强技术,则难以很好地解决一些关于伦理与价值的相关引申问题。因而对于人体增强技术的问题不仅需要从科学的层面进行开发与拓展,还需要从伦理的层面进行辩护与指导。任何科学技术的发展与应用都存在某个道德底线,人体增强技术当然也不例外。对于人体增强技术的研发与应用也存在一个基本的伦理底线,这个底线既是制定相关伦理规则的前提条件,也为人体增强技术的进一步发展提供了一定的自由与发展空间。当代伦理道德文化建设的主要目标已经不再是一味地追求实践一种最高级别的善,社会更加需要的是能够阻止某种最大的恶的发生,也就是说需要从最初的追求善的理念向现代的阻止恶的发生的观念的根本性转变,需要为高新技术设立伦理禁区与设定自由限度。总而言之,科学技术的未来以及人类的未来,都将取决于人们当前的认知和行动。

底线,是不可逾越的最低的目标和最基本的要求的界限。而伦理底线则是人类必须遵循的一些基本规范、原则的最低界限,这些最基本的规范与原则是不能违反与逾越的,人类只有在满足这一伦理底线的基础之上,才能进一步去解决各种伦理难题与冲突。一般来说,底线道德在伦理学上包括两种含义:"第一种含义是指人人都应当遵守的最起码的社会公德。社会公德相对于社会主流道德和理想道德而言,是属于一种低层次的道德,它基本上不具有阶级性,因而是代表全民的利益,是全民都必须而且应当遵守的道德类型;而第二种含义则是指区分道德与非道德

① 爱因斯坦. 爱因斯坦文集:第 3 卷[M].许良英,等译.北京:商务印书馆,1979:56.

的临界点,是道德之为道德不可逾越的底线,一旦超越这一底线则就属于非道德或者是反道德。"①但是伦理底线的设定需要考虑到多方面的因素的影响与具体的社会情境需求,由于伦理底线的设定是为了使人类能够过上良善的生活,因而需要建立在人们的共识的基础之上,从而成为社会正常运行的一条基准线。底线伦理是道德最后的边界,也是社会和人类发展的最后屏障。伦理底线的设定需要考虑到其绝对性与相对性的区别,也就是说底线除了有其最基本的不予以商量余地的必须遵守的绝对性外,还有可以根据具体境遇以及文化、宗教信仰的不同进行相对变化与调整的相对性。

1. 伦理底线的绝对性

科技的发展是为了更好地服务于人类社会,为了使人类更好地生存与发展,因而一切与之目标相背离的科技活动都应该予以禁止,这是伦理底线的基本要求。技术的发展与应用需要受到价值理性的指导与制约,要始终以造福于人类为其最终目标,并且贯彻始终。对人体增强技术的争论进一步加深了人们对生命价值的认识与重视,生命是人生最高的价值,是一切生命活动的基础。因此,在伦理学领域,首要原则就是要尊重生命,即尊重人类每一个个体的自然生命的存在与保持健康以及获得幸福的权利。尊重生命首先就是不能伤害生命,不能因为其他的目的而利用生命甚至是危害生命健康。不伤害生命在人类社会生活中具有绝对的优先地位,其他一切的权利或伦理原则与之相冲突时,都必须让位于此,任何人,在任何场合,都不能以任何借口来逾越这道伦理屏障。只有在生命得到保证的前提之下,人们才能进一步追求有益于生命的其他价值目标,才能更好地生存与生活。因此,不伤害原则是整个人类伦理道德体系中最为基本的、最低限度的伦理原则,或者可以称之为底线伦理原则。这个原则是绝对的,在任何情况和条件下都不能有所动摇与改变。除了不伤害原则之外,还有尊重原则、有利原则以及公平公正原则,这些都是人类存在的基本价值与尊严的体现,因而是最基本的伦理底线,也是绝对的伦理底线,不能因为任何影响因素而有所动摇。因此在人体增强技术的开发与应用过程中,只有严格恪守人类的伦理底线,对增强技术的具体实践应用进行伦理指导,才能够真正做到有益于人类与社会的发展与进步。

2. 伦理底线的相对性

伦理价值、伦理准则是具有文化特色与时代特征的印迹的,始终是存在于某种特定的情境之中,可以是隶属于某个地域,也可以是隶属于某个时代。因而伦理底线具有了一定的相对性与变化性,可以相对地有所调整,进而更加适合时代的不断发展的需求。伦理道德来源于人类的社会生活实践,并且又要去指导社会实践,即

---

① 朱贻庭.伦理学小辞典[M].上海:上海辞书出版社,2004:72-73.

"从实践中来,到实践中去"。由于人类的社会生活实践是一个发展的动态过程,既有着连续性又有着跳跃性,因而相对应的伦理底线也应该有其灵活性,既能体现其历史性,又能适应当下的社会变化。但是这并不是说伦理底线就毫无标准可言,可以随意变化,其变化还是需要一定的参考依据的。首先是根据主体的主观感受来进行伦理选择,虽然说不伤害原则是最基本的伦理底线,任何人都不能随意逾越,但是在特殊情况下,不得不进行选择时,只能两害取其轻,选择主体所认为的伤害程度比较小的那个;其次是根据道德境遇进行伦理选择,由于社会发展的多元化以及各种技术的先进与高端化,因而人类在道德选择问题上经常会面临两难的困境,此时的伦理选择就需要视具体的境遇进行判断与选择了;最后则是根据生命质量以及生命价值来进行伦理选择,对于那些生命质量已经受到严重威胁的人们来说,对那种所谓的不伤害原则的伦理底线的遵守对于他们来说就是一种残酷的折磨,此时,就需要对其伦理底线进行相对的调整,从而符合人类当下的具体境遇与最基本的需求。

无论是伦理底线的绝对性还是其相对性,其最终目的都是为了使人类能够更好地生存与发展,能够实现最基本的道德生活。不论人们的人生理想以及价值观念有多大的差异与不同,也不论其所追求的生活方式或者价值目标有多么地相去甚远,都面临着一些不可逾越的基本的伦理道德底线的事实,需要在满足基本的伦理道德底线的基础之上寻求共识。由于社会的多元化以及自由民主化,每个人都有追求自己生活方式的自由,但前提则必须是先满足一种道德底线,在此基础之上才能够自主追求自己的生活理想以及具体的生活方式。

三、社会的控制与调整

科学技术的发展是人类社会文明进步不可或缺的动力源泉之一,虽然技术的超速发展有可能会带来一些负面的影响,但是如果社会的发展缺少科学技术的参与,那将会导致更严重问题的产生。因而广泛地禁止增强技术的发展与应用并不具有现实的可行性,我们并不能因噎废食而放弃那些对人类和社会具有潜在利益的科学技术。因此,人类社会的发展需要科学技术的发展与进步,但同时也需要相关的控制和导向机制对其发展与应用进行有效的监督与控制。应该充分发挥政府的管理职能以及社会的舆论功能,通过多种渠道与手段对其进行管理与控制。伦理学本身并不是万能的,需要借助其他的力量(如法律、市场、政府、制度等)才能对社会伦理难题进行有效的规范与治理。一种好的生活不仅需要伦理学与德行进行形而上的理论维护与指导,还需要政治学与法制进行形而下的具体实践操作与执行,只有两者互补,才能达到更好的效果与目标。对于人体增强技术的发展与应用以及所引起的一系列严峻挑战与深刻变革的现实,都需要社会进行综合、全面的控制与调整,以期能够对其进行有效监督与管理,从而有助于和谐社会的建设与发展。

1. 内在道德约束与外在法律制约的互补

任何科学技术在具体实践应用中都具有一定的风险性,并不能百分之百地保证其安全性。更何况是人体增强这种直接应用于人体的新技术,其风险性更是具有高度的不确定性。对于人体增强技术的研发与实践应用需要从多方面、多角度对其进行管理与监督,不仅需要政府在制度上对其进行严格的监督与管理,切实以人民大众的整体利益作为管理的根本出发点,而且对于技术的负面效果或者不利影响也要有超前意识,提前进行预防,守好增强技术安全的防线,需要综合运用多种管理原则以及严格恪守伦理规范,从而确保技术发展方向的正确性、公众生活环境的安全性以及社会发展的有序性。但是根据目前的情况来看,政府对于人体增强技术的监管相对于增强技术本身的发展是滞后的。单一地从国家法律政策方面来对人体增强技术进行管制是不足以消除其负面影响的,政府除了需要制定相应的法律法规对不法行为进行强制管制,对于人体增强技术的社会实践应用进行规约外,还需要更新道德观念,适时调整伦理规范,使得技术的进步和道德的发展紧密结合,达到技术发展与伦理道德规范相容,形成和谐一致的良好社会氛围。也就是说,对于人体增强技术的管理与监督需要硬性控制与软性控制二者合力完成,既需要伦理的约束也需要法律的监管,只有两者达成互补,才能为人体增强技术提供一个良好的发展大环境。

首先是软控方面,也就是伦理约束方面,需要加强对人体增强技术研究与应用的伦理约束,在国际公认的伦理准则的基础之上需要详细规定相关研究中所应该遵循的伦理规范,需要加强研究者和技术应用者自身建设。对于科学技术专家而言,需要增强其责任意识,加强科学家的道德约束,这些专家和科学家相对于普通民众而言具有更加专业的知识背景,在对技术的研发与风险预测方面具有举足轻重的作用,而且他们的意见对于技术的未来发展前景起着决定性的作用。加强他们的责任与道德意识,能够避免很多不必要的风险与威胁。在科学时代,科学家必须为技术所带来的后果与弊端承担相应的责任。科学家对于科技后果的伦理反思过程,实质上也是科学家职业道德以及责任意识的自觉过程。对于技术应用者也就是公众而言,既是潜在风险的承担者,也是规避风险的参与者。公众有权对技术的进展情况有所了解,并且通过适当的方式对其进行舆论制约。除了以上的自我道德约束之外,还需要加强对媒体的舆论宣传管制,媒体对于人体增强技术的发展具有双重效应,一方面能够对增强技术的发展起到积极的推动作用,另一方面也能起到误导与阻碍其迅速发展的作用。因而需要加强媒体的责任意识,能够实事求是准确地传达客观事实,不对其相关信息加以夸大或扭曲从而误导大众,尽可能形成一个良好的舆论环境。

伦理的论证为人体增强技术的发展与应用奠定了合理的理论基础，对人们的价值观进行合理地引导，从而有助于更新价值体系，达到与时俱进的目的。通过舆论、教育或者宣传对社会成员的社会具体行为以及价值观念进行引导与约束，不服从者则会受到舆论的谴责。事实上伦理的约束主要是需要人们自觉地自律，实际上是一种自我控制的表现。

其次是硬控方面，也就是法律监管方面，需要完善人体增强相关方面的立法。伦理约束是一种非强制的约束，仅靠这种伦理规范的约束是不够的，还需要加强法律的强制约束。因而各个国家之间应该加强交流与沟通，尽可能地扩大共识，进而加快立法的进程，建立起完善的、符合公认伦理准则的相关法律制度，能够较好地约束人体增强技术的研发与实践应用，从而为人体增强技术的发展提供一个良好的现实环境。运用强制性的法律手段，不服从者将会受到严重的制裁，这其实是一个他律的过程，社会的进步需要由他律向自律的过程转换，当社会成员的自我控制程度越高，则社会的发展越文明与和谐。虽然人们可能拥有不同的道德价值观念和宗教信仰，但是为了能够较好地和平共处，无论在什么境遇状况之下，都应当遵守合理的行为规范和社会规则。

通过内在的道德约束与外在的法律制约两个方面来对人体增强技术进行监管与规约，实质上是分别从形而上和形而下两个层面对其进行约束与管理。正如"没有监控与制裁，道德也起不了作用"①所言，伦理道德为制度建设提供了其价值的合理性，而明文规定的制度则可以使伦理道德成为具有强烈约束力的普遍意识。对于人体增强技术的伦理审思可以发现其存在的伦理困境，进而引起伦理观念与规范的变革，帮助其走出困境，同时也为相应的制度规范奠定了理论基础。通过内在道德约束与外在法律制约的互补，能够对人体增强技术进行周全的审视，不仅能够认识到增强技术所将要引起的一系列问题，而且还能够落实到行动中去解决问题。通过形而上的伦理观念的"软"约束和形而下的制度层面的"硬"控制的合作，进而促进技术与社会的和谐发展。

2. 市场调节与政府监管的互补

对于新技术的应用总是会涉及责任的问题，人体增强技术在具体的发展与应用过程中，究竟是谁需要对其负有责任，这是一个相当复杂的问题。当今社会所面临的风险性问题已不再是局部的或者是区域性的问题，而是全球性与世界性的，因而对于责任的担当不再是由某一个人或者某一个国家来承受，而是需要全人类作为一个"类"主体来共同应对。正如联合国前秘书长安南所说："在当今世界，我们

① 李建会.与善同行：当代科技前沿的伦理问题与价值抉择[M].北京：中国社会科学出版社，2013：170.

所有人都对其他人的安全负有责任。没有一个国家能够借助相对于其他人的优势地位来保证自己不受核武器扩散、气候变化、全球性流行疾病或恐怖主义的威胁。只有人们同时为其他人带来安全,我们才会为我们自己获得长久的安全。”人类必须作为一个整体来对当代人的安全负责,也要对未来子孙负责,要把维护社会和谐与安全作为己任。因而必须强化主体的责任意识,明确主体的伦理责任,建立风险共担的责任体系。

在社会生活中,每一个健全的理性的成年人都应该对自己的行为负责,对于人体增强技术的应用也一样需要承担相应的责任,必须保证不会侵害或者损害到他人的权利与利益。在这种前提的保证之下,对于那些希望通过人体增强技术的应用从而追求自己所谓的幸福的观念与行为,国家可以保持中立的态度,不对其进行强制干涉,可以任由其市场自身经济的需求来进行自由调节。但是国家对于国民的安全、健康、幸福生活和可持续发展并不是完全采取一种漠不关心的态度,而对具有各种各样不可推卸的责任是需要承担的,因而还是需要注重主权国家的责任,强调国家责任意识并且承担和履行相应的责任。对于人体增强技术的社会实践应用,需要对其商业化进行格外的关注与监管。由于人体增强技术所针对的对象不同于一般的纯粹的商品,而是有着鲜活生命的人,因而不能纯粹的市场化,需要考虑市场机制下的人体增强技术的纯商业化倾向。人体增强技术应用的初衷是希望能够提升人类的能力从而能够更好地适应社会生活,造福于人类。但是如果在市场的纯商业化操作中运行的话,则很有可能会影响其最初的动机与目标,表现出功利性。因而国家在人体增强技术的研发与实践应用过程中,需要承担监管与维护人民利益与安全的责任,需要完善体制建设,加快法制化进程,加强社会制度改革,并且需要加强对人民大众进行人体增强技术的相关普识教育,为大众对人体增强技术的基本了解提供各种信息渠道,使人们能够充分了解人体增强技术的发展动向、应用前景、技术类型以及技术风险等相关的信息。国家还需要设立相关的监管机构,也就是需要设立人体增强技术研究与应用的生命伦理学委员会,伦理规则以及法律制度需要通过执行机构来具体实施监管。由于人体增强技术的问题具有很强的专业性,因而需要成立专门的专业监管机构来对其进行监督,这样才能真正落实相关的法律政策和伦理规范的指导与约束作用。伦理委员会需要严格按照相关的伦理规范准则以及法律制度约束人体增强技术研究的准入、项目的审查、全程的监督以及伦理指导等,在伦理审查之外,还需要进行科学审查,审查技术的可行性、可操作性以及安全性,对其风险性进行综合性评估与考量。

一些评论家认为,任何的监管都将是不完美的和无效的,就像对违禁品的监管一样,尽管有法律限制但依然还会出现违禁品。但是我们仍然相信应该或者至少要努力试着去解决社会问题,即使不能完全彻底地把问题全部解决,但还是需要去进行监管与控制，至少这样可以降低负面事件发生的概率。例如也许法律不能阻止犯罪的再次发生，但是我们仍然需要法律来制止犯罪行为。通过市场的自动调节与政府的监管的互补，从而既能为人体增强技术的发展提供一个良好的自由发展环境，也能实时把握与监控其发展的方向，保障人体增强技术能够充分发挥其积极的正面效果，尽可能地满足人类的需求，真正达到造福于人类的目标。

3. 事先预防与事后控制的互补

人体增强技术的直接对象就是人类本身，因而对于其潜在的风险以及最终会对人类和社会造成怎样的影响都需要引起格外的重视与周全的考量。如果对于增强技术的应用不报以严肃、谨慎的态度来对之的话，那么对于整个人类社会则将会造成不可逆转的灾难性的后果以及沉重的打击。

对于人体增强技术需要从两个方面来对其进行关注：一是需要做好事先的预防工作，尽量避免灾难性后果的发生；另一是需要进行事后控制，当事先的预防工作没能做到万无一失，出现了不可避免的危机情况时，需要对其进行善后工作，及时地进行处理，尽量将危害的程度降低到最小。事前预防，顾名思义就是在事情发生之前，也就是在采取具体的行动之前预先做好预防工作，对其将会引起的结果进行全面的利弊分析，进而考虑是否采取行动。这其中就包括生命伦理委员会的建设，以及加强伦理审查机制的建设。美国在很早以前就设有伦理学监督机制，对于开展任何与人类相关的研究都必须获得学术机构伦理委员会的同意。伦理委员会最初出现在20世纪70年代的美国医院，当时是为了解决是否能够撤销毫无生存希望的患者的生命维持系统之类的诉讼难题而出现的，后来经过一系列的发展与扩充，伦理委员会的功能也越来越强大了。现在，发达国家的许多医院和生命科学研究机构都设立了伦理委员会，其中美国、法国、德国等还建立了国家级的生命伦理委员会。对于人体增强技术的研发与应用，同样也需要设立专门的组织与机构对其进行指导与监督。需要为增强技术的相关伦理争议提供合适的平台进行探讨与分析，进而合理且理性地对待人体增强技术的发展与实践应用。真正做好前期的预防准备工作，将影响人类健康发展以及社会稳定秩序的不良因素扼杀在摇篮之中，起到积极的预防作用，从而避免造成经济以及资源的巨大浪费与损失。事后控制就是对已经发生的不可改变的事实情况进行及时、有效的处理，以便控制和减小其所波及的范围，防止事态的扩大化以及严重化。这其中包括对造成危害事故的当事人主体进行严厉的批评教育与严格的法律制裁，这不仅能够使当事人真正意识到自己所犯的错误以及所造成的严重后果，而且还能起到警示的作用，使其他人能够引以为戒，防止类似的情况的发生。

通过事先的积极预防以及事后的良好控制的互补，能够有效地对人体增强技术的应用进行全方位的控制与监管，从而有助于科技与社会的良好互动，实现科学技术与人类社会的和谐发展与共同进步。真正实现科技的最初目标,造福于人类,并体现其价值与意义,为人类的发展和进步提供服务。

总而言之,要想在人类社会生活中确证增强技术的伦理未来,就需要综合考量人体增强技术自身以及对于人类社会两个方面的影响因素。对于人体增强技术自身方面的考量主要就是对技术自身的完善性与成熟性进行考察,需要确保技术自身的安全性以及稳定性。而对于增强技术对人类社会的影响方面的考量,则需要考察其适用性与长期的影响性。在人体增强技术的运用过程中,需要遵守最基本的伦理底线,只有在此基础之上,人体增强技术才具有一定的适用性。对于人体增强技术的具体实践应用还需要加强社会的控制与调整功能,需要完善内在道德约束与外在法律制约之间的互补作用,调整市场调节与政府监管之间的具体操作比例,做好事先预防与事后控制的互补工作。只有经过全面且周全的评估以及审慎的思考,人体增强技术才能够真正发挥其所在的价值,在人类的社会生活中趋善避恶,从而得到伦理论证与辩护,达到造福于人类的伟大目标。

参考文献

[1] Michal Czerniawski. Human enhancement and values[J/OL]. Social Science Research Network. (2010-04-30). http://ssrn.com/abstract=1633938.

[2] 爱因斯坦.爱因斯坦文集:第3卷[M].许良英,等译.北京:商务印书馆,1979.

[3] 朱贻庭.伦理学小辞典[M].上海:上海辞书出版社,2004.

[4] 李建会.与善同行:当代科技前沿的伦理问题与价值抉择[M].北京:中国社会科学出版社,2013.

身体转向与现代医疗技术的伦理审思

蒋艳艳

东南大学人文学院

摘　要　传统医学伦理建立在身心二元论的基础之上，以延续和规范生命为最终目的。但二元论片面强调“身”的机械修复而忽视“心”的情感体验，导致诸多伦理困境无法得到妥善解决。对现代医疗技术的伦理审思有必要实现“身体转向”。基于身心合一的身体伦理视角，现代医疗技术的发明初衷符合身体伦理的价值诉求，但实践中往往陷入身份认同危机导致的“身”与“心”的伦理困境，以及主体间对话缺失导致的“我”与“世界”的伦理困境。因此，现代医疗技术的伦理向导应当回归身体，在医学实践中关注与体验具体的活着的身体，在医学伦理实践中打破理性的普遍价值规范的痼疾。

关键词　现代医疗技术；身体；身体伦理

1973年美国得克萨斯州的康纳德·“德克思”·考沃特案仍旧时常浮现在公众的视野中。当年7月，这位风华正茂的年轻人与他敬爱的父亲经历了一次噩梦般的命运转折。丙烷气体的意外爆炸无情地夺取了他父亲的生命和自己完整的身躯。在极度痛苦之中，他曾多次请求死亡，但他的医生却无视他拒绝治疗的请求，相反，他们选择尊重其母亲(一位虔诚的宗教徒)的意愿，强制他接受一系列炼狱似的治疗。出院后他成了盲人，严重毁容，手指也只能部分活动。即便最后成了一名律师并与心爱的人结婚，当回忆起这段经历时他仍直言不讳：“如果明天发生了同样的事情，知道自己还会这样，我还不愿意经历为了活着而经历的痛苦和折磨。我愿意完全依靠自己而不是他人来做选择。”在这一案例中，孰是孰非难以确定，每一个当事人都从自己的角色出发作出自认为正确的决断：受伤者不想遭受痛苦；母亲不愿失去孩子；医生不能有违医德。撇去争论不谈，康纳德·“德克思”·考沃特案给我们的重要启示是，个体的外在躯体和内在心灵是无法完全分离的，传统医学中存在的种种伦理困境正是“身”与“心”的二元分立所导致，医生把病人当做劳动对象，把医疗视为对“身”的机械修复，而忽视患者“心”的情感体验。40多年来的技术发展与革新并没有改变医学伦理的症结，反而凭借理性制造的现代医疗技术，例如克隆技术、器官移植、基因改造、医疗美容等，对“身”的改造和完善日益关注，导致医学伦理困境愈发成为待解的难题。因此,对现代医疗技术的伦理审思有必要实现“身体转向”,从对“生命”的治疗转变为对“身体”的关怀。

一、从“生命”至“身体”的视域转向

传统医学伦理学建立在身体和心灵的明确的二元划分的基础之上。关于身体和心灵关系的探讨可以追溯到古希腊时期的苏格拉底之死。公元前 399 年,苏格拉底在被处死之前与学生斐多等人探讨死亡时说:“死亡只不过是灵魂从身体中解脱出来,对吗? 死亡无非就是肉体本身与灵魂脱离之后所处的分离状态和灵魂从身体中解脱出来以后所处的分离状态,对吗? 除此之外,死亡还能是别的什么吗?”①身体死亡与灵魂永生观念被柏拉图发展为身体-灵魂观,他把身体置于与灵魂对立并且受到灵魂的压制与贬低的地位。笛卡尔的身心二元论则更进一步地发挥了这一学说,并对后世产生了深远的影响。笛卡尔在《谈谈方法》一书中写道:“上帝称绝对的实体,它用一个模子,即天意(也可读作自然规律)创造了两个相对的实体:灵魂和形体。灵魂的属性是思想,形体的属性是广延。这两个相对实体彼此独立,互不依赖,各行其是,例如灵魂孜孜不倦研究科学,形体一刻不停作机械运动,但他们并非完全不相干,都是严格秉承统一天意。”②在笛卡尔看来,身体和心灵是相分离的,身体是完全被动机械的躯体,而心灵是不依赖身体而存在的认识活动的本源。于是对于身体和心灵的明确划分诞生了两大截然不同的学科体系,前者成为自然科学的研究对象,后者成为人文科学的研究对象。医学作为典型的自然科学,把身体看做是一台机器,医生的职责是对机器上的各个零部件进行保养或更换,以延续和规范生命。面对形形色色的病人,早期的医者总是以理性的解剖学态度看待,在他们眼中只有健康与疾病之分,而全无此人与彼人之分。

第二次世界大战末期以及以后出现的三大事件迫使人们从天堂的美梦中惊醒。1945 年广岛的原子弹爆炸造成的基因突变、1945 年德国纽伦堡对纳粹战犯审判揭露的惨绝人寰的人体实验、1965 年《寂静的春天》一书披露的由于有机氯农药大量使用导致的环境污染威胁,这些事件让人们意识到对于科学技术成果的应用以及科学研究行动本身需要有所规范。在这种情况下,道德考量和伦理诉求就被纳入了医学研究和临床工作之中,医学伦理学应运而生。但是在笛卡尔式的二元对立规制中,自我和他者、思维和身体、主观和客观、正确和错误、人工和自然等仍然具有明显的界线,一切与主流不一致的观点均被边缘化或被打压,只能在“标准”之下审视自身、改造自身。于是,当传统医学伦理学成为医学界进行道德判断和道

① 柏拉图.柏拉图全集:1[M].王晓朝,译.北京:人民出版社,2002:61.

② 笛卡尔.谈谈方法[M].王太庆,译.北京:商务印书馆,2000: 1.

德评价的知识依据时，人们乐此不疲地寻求一种具有普世价值的道德标准和道德原则。尊重原则（respect）、不伤害原则（non-maleficence）、有利原则（beneficence）、公正原则（justice）四大医学伦理学原则正是在这个意义上诞生。面对任何医疗措施都存在着正副作用的现状，传统医学伦理学把以第一效应为先的双重效应原则（double effect）作为补充来协调四大原则之间的矛盾。虽然人们逐渐开始关注病者“心”的状况，但在这种非此即彼的理性引导下的原则更多沦为对基于理性的技术与工具的辩护。原则仅仅成为冰冷的字句，悄然无息地躺在医院与患者签订的条约之上。

医学伦理学的目的不仅是对医学进行道德和伦理的事后规制，更要将道德和伦理融入医学之中，起到引导和预警作用。传统医学伦理学仅做到了前者，它尝试把为“身”的医学和为“心”的伦理沟通起来，但由于受到二元对立的局限，“身”“心”仍然处于分离状态，只是形式上的连通难以达成良好的效果。因此有必要使“身”“心”合一，用“身”“心”合一的医学伦理学对现代医疗技术进行伦理拷问。

身体与心灵二元对立关系的根本性转变肇始于尼采。在《查拉斯图拉如是说》中，尼采借醒悟者之口说：“我完完全全是身体，此外无有，灵魂不过是身体上某物的称呼。身体是一大理智，是一多者，而只有一义。是一战斗与一和平，是一牧群与一牧者。兄弟啊，你的一点小理智，所谓‘心灵’，也是你身体的一种工具，你的大理智中的一个工具，玩具。”“兄弟啊，在你的思想和感情后面，有个强有力的主人，一个不认识的智者——这名叫自我。他寄寓在你的身体中，他便是你的身体。”①尼采否定笛卡尔的身心二元论，提出“一切从身体出发”的理念，使身体恢复了合法性地位。他把身体置于高于心灵的地位，把它作为人存在的根本规定性。与尼采的身体一元论类似，福柯把人的本质归结为身体，人类的历史即是身体的历史，在历史岁月的流淌之中，身体是知识、权力、话语、真理、理性作用的对象。无论是尼采的“一切从身体出发”，还是福柯的“身体的历史”，仅仅是对身体重要性的觉悟，用身体的一元论代替了身心二元论，仍都有失偏颇。直至梅洛·庞蒂的身体哲学诞生，才达到身心合一论的高度。他立足于知觉现象学发现，一方面身体和心灵本质上是不可分离的，两者合二为一构成一个整体，统一于“身体主体”之中，另一方面自我并不具有自主的主体性，它的完整性需要在身体自身进入世界的经验中不断运动才能满足。

基于身心合一论的伦理学对医学伦理学的意义首先被加拿大学者马格瑞特·许尔德瑞克和罗仙妮·麦基丘克发觉，在《身体伦理：后习俗的挑战》一书中他们将这种身心合一论的伦理学称为身体伦理，并把身体伦理作为“对有关身体的生命伦

① 尼采.苏鲁支语录[M].徐梵澄，译.北京：商务印书馆，1997：27-28.

理的超越”以应对“后习俗时代的挑战”。中国学者周丽昀教授对身体伦理学的研究视域和研究方法进行了较为系统的梳理,她认为:“身体伦理学是用后现代主义方法深化并推进生命伦理学研究,可视为生命伦理学发展的新阶段。在后现代视阈中,身体伦理学是建立在涉身自我的基础上,而不是普遍的理性原则基础上。……身体伦理学基于涉身自我的物质性和含混性,对二元对立的伦理范畴进行反思和批判,通过关注身体体验和文化差异,对生命伦理学的传统范式进行了前提反思与理论重构。”①医学伦理学的研究视域从“生命”走向“身体”的过渡具有理论和实践的必然性,在理论上基于“涉身自我”的身体伦理学把为“身”的医学和为“心”的伦理放在一个系统之中,符合医学伦理统筹医学理性和伦理价值的根本思路,实现身心的良善合一才是医学伦理探究的根本目的;在实践中身体伦理学摆脱了身心二元论,避免了理性规则的盲目运用,能从具体的身体体验中更好地审视医学伦理问题。

二、身体伦理审视下的现代医疗技术

随着现代科学技术的迅猛发展,愈来愈多先进的技术和设备被引入临床医学,我们常以“现代医疗技术”作为统称。“现代医疗技术是指在诊疗、护理、预防、保健和康复等医疗实践活动中,采用现代物理的、化学的、生物的尖端技术成果,直接应用于人体的医学技术。现代医疗技术包括人工生殖、器官移植、克隆、安乐死等技术以及利用电子计算机进行断层扫描(CT)的技术、核磁共振等技术。”②无论现代医疗技术侧重于何种内容,其本质上仍是以“人”为对象的医疗操作,以改善人的生命质量为根本目的,只是较于传统手段更多地注入了技术的因素。正是由于这些技术因素的注入,使医者与患者之间的关系不再那么直接,形成了“医者—技术—患者”的架构。冰冷的技术理性与患者直接对话,医者原本的情感关注则消散在各个环节之中。于是,对“身”的改造和完善日益关注的现代医疗技术遇到了较传统而言更为尖锐、更为复杂的伦理道德问题,因为它无形中将“身”与“心”的距离越拉越远。基于身心二元论的传统医学伦理学非此即彼的道德判断和评价模式难当此任,需要从基于身心合一论的身体伦理视角加以审视。

无可厚非,现代医疗技术从医学角度看旨在促进身体健康,缓解心理压力,具有一种善的指向。现代医疗技术的不断革新是以解决临床医学中医疗难题为根本目的的,应当说技术发明本身是一种目的善。例如,辅助生殖技术是对精子或卵子、受精卵、胚胎进行人工操作以实现受孕,旨在帮助不育夫妇实现拥有孩子的愿

① 周丽昀.身体伦理学:生命伦理学的后现代视域[J].学术月刊,2010(6):45-51.

② 王良铭.医疗高新技术应用的伦理学思考[J].中国医学伦理学,2001(5):52.

望；器官移植是通过手术的方式植入健康的器官代替原有的器官，以延长患者的生命；克隆技术是以人工的方式复制或“制造”生命，目前旨在动物界和自然界采用；医疗美容是运用医学审美与外科技术相结合的手段，实现对人体生理解剖正常范围内的缺陷加以修复和再塑。这些技术都是为了缓解人体疾病，促进身体健康而被创造。与此同时，身心二者合一，互为影响。一个良好的、正常的体魄才能塑造一个健康的心灵。倘若人们的身体长期被病患困扰，他们的精神、情绪、生活就会同样陷入困境，以至于形成精神抑郁症，表现为孤僻、悲观甚至绝望。因此，现代医疗技术的发明初衷其实符合身体伦理的价值诉求，是以身心的良善合一为最终目的的。然而事实上现状总不能达到上述的理想状况，目的善并非等同于现实善，这就是技术理性在实践过程中不得不面对的困境。基于身体伦理学视域的考察，现代医疗技术可能面临着两大困境：一是身份认同危机——“身”与“心”的伦理困境；二是主体间对话缺失——“我”与“世界”的伦理困境。

第一，身份认同危机——“身”与“心”的伦理困境。后现代视域下的身体伦理学建立在涉身自我的基础之上，涉身自我具有物质性，强调自我与躯体的不可分离性。涉身自我的物质性不只是拥有身体的问题，或者说是把身体作为一种工具，而是身体成为自我的条件。[①] 即是说，完整的自我形成是身心交织的过程，一方面身体为心创造条件，另一方面心融入身体之中。就如中国哲学常谈及的“修身养性”，“身”的我和“心”的我达到和解，在“身”的个别性中认识到“心”的普遍性，使两者统一于自我之中，最终达到自由境界。在接受现代医疗技术的过程之中，个别性的“身”的躯体得以修复，许多疑难问题如今在技术的帮助下能得到轻松解决，然而“身”的躯体却在技术化中越来越难与普遍性的“心”靠近。身份认同危机即是“身”与“心”相去甚远的最主要表现。现代医疗技术如辅助生殖技术、整容、器官移植的应用，模糊了人工与自然、人与机械的界限，技术理性的高度介入甚至使“自然人”或“自然生命”成为“技术人”或“人工生命”，彻底改变了人的自然本性及其结构。技术理性的注入稀释了身体中的情感因素，个别性的“身”在受到普遍性的“心”的认同过程中困难重重。一个在巨大灾难中受到重创的人，四肢残缺，苟延残喘，在医生的极力劝导之下接受了嫁接假肢的治疗，但即便能康复多数人仍然会心存芥蒂，人们不禁发问，“我是谁？”“我还是原来的我吗？”“他人如何看待我？”……在这种自我无法认同自我、类无法认同个别的心态之下，现代医疗技术的伦理困境就凸显出来。“身”的康复却伴随着“心”的失衡，在理论上完整自我的形成就成为最为艰巨的任务，在现实中表现为患者完善自身的自然需求与自我迷失的精神心态之间的矛盾。而人的生命意义恰恰是要在“身”的个别性中认识到“心”的普遍性，实

① 周丽昀.身体伦理学：生命伦理学的后现代视域[J].学术月刊，2010(6)：45-51.

现个别性与普遍性辩证地历史地统一,回归精神的“家园”。

第二,主体间对话缺失——“我”与“世界”的伦理困境。涉身自我还具有另外一个特征——含混性,身体的含混性表达了身体存在的方式,这既不是唯心论的或者社会建构论的,也不是实在论的,毋宁说,身体通过“栖居”于世表达了身体在世界之中的概念。① 正如梅洛·庞蒂自己所说:“我把我的身体感知为某些行为和某个世界的能力,我只是作为对世界的某种把握呈现给自己;然而,是我的身体在感知他人的身体,在他人的身体中看到自己的意向的奇妙延伸,看到一种看待世界的熟悉方式;从此以后,由于我的身体的各个部分共同组成了一个系统,所有他人的身体和我的身体是一个单一整体,一个单一现象的反面和正面,我的身体每时每刻是其痕迹的来源不明的生存,从此以后同时寓居于这两个身体中。”②也就是说,完整自我的生成需要在与世界的互动之中形成,而这种互动即是他人与我的主体间交流。梅洛·庞蒂把主体间交流的内在动力称为身体的意向性,凭借身体的意向性加之感官系统的作用,身体与身体之间能够通过直接或间接接触获得交互的感知,个人与他人之间的联系便得以建立。现代医疗技术在“医者—患者”关系中植入了技术因素,形成“医者—技术—患者”的架构,原初医者和患者之间通过直接的身体情感交流形成的世界图景被技术的参与打破。冰冷的技术理性一方面使医疗更为标准化、精确化,但另一方面恰恰这种标准化和精确化的医疗手段稀释了情感,隔绝了主体间的交流,如此一来便会导致患者无法在与世界的互动中形成完整的自我。在现实的医疗过程中,由于主体间言语对话和情感交流缺失造成的现代医疗技术的伦理困境不胜枚举,最为典型的即是医患纠纷及其导致的对整个医疗系统的信任缺失,乃至对整个世界的信任缺失。如果对诸如“如何医治?”“技术可能存在什么风险和伤害?”“是否符合患者的意愿?”等问题没有进行很好的心灵对话,仅仅诉诸理性权威,“我”就无法在与他者的互动过程中呈现于世界,于是陷入个别性的“我”与实体性的“世界”之间的价值断裂和伦理困境。

因此,从身体伦理视角考察,现代医疗技术是凭借高技术的运用以实现身心的良善合一为最初目的,但在具体的实践过程中,涉身自我的“身心合一”的物质性和“与世界互动”的含混性可能会受到一定程度的伦理挑战。技术的高度介入,个体陷入身份认同的危机之中,引发了个别性的“身”与普遍性的“心”的伦理困境,同时,个体和他者与世界的主体性对话缺失,导致了个别性的“我”与普遍性的“世界”的伦理困境。两大伦理困境分别从“我”的自身与“我”的外延两个方面导致自我生成的困境,动摇本应当合乎伦理的良善身体的实现条件,与医学伦理的价值意义背道而驰。

---

① 周丽昀.身体伦理学:生命伦理学的后现代视域[J].学术月刊,2010(6):45-51.

② 梅洛-庞蒂.知觉现象学[M].姜志辉,译.北京:商务印书馆,2001: 445.

三、回归身体的伦理向导

医学的身体伦理真义在于达到身体的良善状态，一方面个别性的“身”与普遍性的“心”辩证统一，另一方面个别性的“我”与普遍性的“世界”辩证统一。但是基于理性的现代医疗技术以对“生命”的医疗为价值目标，容易在上述两个方面陷入伦理困境。身体伦理对于现代医疗技术的意义不仅仅是审视其可能存在的伦理难题，而且要从中寻找可以加以利用的学术资源以更新对现代医疗技术的伦理向导。

首先，身体伦理学要求在医学实践中关注与体验具体的活着的身体。基于笛卡尔身心二元论的传统医学伦理学把活着的身体与机器等同，这种科学范式主要关注疾病的外在维度，倾向于还原论的观点。与此相异，梅洛-庞蒂的知觉现象学反对笛卡尔的二元论和还原论，把自我理解为互相纠缠的身体和心灵。他认为，以身体为视角的医学伦理学应该强调那些进入生命医学实践的身体，为日常生活提供一种哲学承诺；通过肉体生命，尤其是病人变化的关注，对医学还原论进行纠正，从而既能保证体验的形式的有效性，又能处理医学背景下的文化差异。[①] 肉体存在的普遍性造就了对具体的活着的身体关注与体验的可能性。正是基于人与人之间共同的活着的“肉体存在”，这种生存论基础才能建构起医患之间共享的意义世界。身体的文化差异性则使这种关注与体验具有现实必要性。普遍性的肉体本身具有价值同一性，个体与个体之间无需交流即可以直接感知。然而单靠普遍性的肉体，身体仍然是形式化的东西，不具有现实性，只有在构成日常生活的社会和文化实践中身体才具有现实意义。当实践赋予不同身体相异的文化特性，主动交流也具有了现实必要性，个体通过交流与体验才能感受到他人的文化，据此个体与个体之间才能达成现实的和谐的连通。在医学实践中，医生不能仅仅专注于医疗技术的效用，需要超越自己活着的肉体的特殊性，通过自己的身体或感受力去理解病人的疾病体验。这种心灵的对话和对身体的关怀能够有效扬弃技术理性情感缺场的弊病，更符合医学的身体伦理真义。

其次，身体伦理学要求在医学伦理实践中打破理性的普遍价值规范的痼疾。传统医学伦理学严格划分健康与疾病，“疾病是生命的阴面，是一种更麻烦的公民身份。每个降临世间的人都拥有双重公民身份，其一属于健康王国，另一则属于疾病王国”[②]。在这种划分中，病人处在一个生命的“阴面”的位置，它被健康的群体拒斥，被生物医学研究和规训，人本身的自由和尊严被社会历史所建构的法规所限制。对医学治疗的伦理考量也仅仅局限于用标准的理性原则加以评析，它的对象

---

① 周丽昀.身体伦理学：生命伦理学的后现代视域[J].学术月刊，2010(6)：45-51.

② 苏珊·桑塔格.疾病的隐喻[M].程巍，译.上海：上海译文出版社，2003：5.

是对抽象的“人”的尊重,而与个体体验及个体身体无关。在这种思维方式下,传统医学伦理学认为一切都是可以规范的,一切都置于真理的判定之中,然而脱离实际体验的判断必然缺乏现实解释力和引导力。后现代思潮的来临正是批判了这种一刀切的思维方式,解构了理性的普遍必然性。身体伦理学在这个潮流中诞生,在它看来,以身体伦理学为指导的现代医疗要以身心交织的“身体”为中心,在一个实践的场域中,关注身体形成的具体情境、不同体验以及不同文化、种族和地域差异下的人的特殊性,从而真正尊重和保障人的自由和尊严。即是说,理性的伦理原则和善恶与否的判定结果并不重要,关键是要通过对具体身体情境的体验和关怀做出恰当的伦理上的审视。

参考文献

[1] 柏拉图.柏拉图全集:1[M].王晓朝,译.北京:人民出版社,2007.
[2] 笛卡尔.谈谈方法[M].王太庆,译.北京:商务印书馆,2000.
[3] 尼采.苏鲁支语录[M].徐梵澄,译.北京:商务印书馆,1997.
[4] 梅洛-庞蒂.知觉现象学[M].姜志辉,译.北京:商务印书馆,2001.
[5] 苏珊·桑塔格.疾病的隐喻[M].程巍,译.上海:上海译文出版社,2003.
[6] 周丽昀.身体伦理学:生命伦理学的后现代视域[J].学术月刊,2010(6):45-51.
[7] 王良铭.医疗高新技术应用的伦理学思考[J].中国医学伦理学,2001(5):52-53.

自我、身体及其技术异化与认同

刘俊荣

广州医科大学

摘　要　在形而上的"自我"中，自我与身体的实体性关系被纯粹的"我思""回忆"等所取代，源自于身体的欲望、冲动、本能、情感等完全被理性自我所遮蔽，理性判断成为支配自我行为的全部动因，漠视了身体直觉、道德良知在自我行动中的价值。在心理学者的"自我"中，身体似乎只是盛装智力、潜意识等精神的容器。笔者认为，理性、反思、潜意识等活动及自我概念的形成必须有身体的在场，正是身体的在场，我们才能被带入到特定的场景之中，并通过身体展示自我、体验自我、生成自我。处于祛身状态的自我，是抽象的我、观念的我，其价值和尊严完全与身体无关，判断的依据和标准只能是他者的评判，从他者的镜像中体认自我的价值和尊严，而身体的价值和尊严被彻底遗忘。我们应当唤醒身体的尊严和价值，将身体归还自我，在自我的人格、尊严和价值中给身体留下应有的位置。身体是人之自我的表征，自我由身体所体现，自我认同与身体具有内在的关联性，身体在场是维持连贯自我认同感的基本路径。被技术异化了的身体，能否得到自我认同，实现身体与自我的统一，直接关涉着个体的生活信念、尊严与社会融入等问题，异化身体的自我认同是个体与社会互动建构的过程。生命技术对人的干预必须以维护人的身体的存在和人格尊严为前提，一切利益取舍和价值判断必须以身体为准绳。

关键词　自我；身体；技术异化；认同

一、"自我"从形而上到形而下

现代西方哲学对"自我"的研究可追溯到笛卡尔的自我意识哲学。在笛卡尔那里，自我源于对一切知识和真理的彻底怀疑，正是通过这种彻底的怀疑及其对怀疑本身的反思，笛卡尔试图找到某种最终不可怀疑的存在，那就是处于怀疑之中的"我"与"思"，由此，"我思故我在"便成为笛卡尔的第一哲学原理。在笛卡尔看来，作为"思"的主体之"我"，是独立于肉体而存在的思维灵魂之"我"，思维、灵魂与"自我"是完全同一的，自我即灵魂、灵魂即自我。而"我思"只能确证其自身的存在，对他物的明证只能假借被一切怀疑排斥出去的上帝。由此,上帝存在便成为终极真实的原因,万物与自我的存在都依存于上帝。随着笛卡尔对上帝作为终极存在的证明,原初作为本体论上的自我,仅仅具有了暂时的认识逻辑前提的地位,自我成为上帝的附庸和明证上帝存在的手段。

洛克试图通过对人格与自我同一性的解读来消解笛卡尔的困难。对笛卡尔而言,"心灵永远在思想",思维是"我"的本质规定,正是"我思"才印证了"我"的存在。"我"只是一个思维的存在物,"我思维多久,就存在多久。一旦停止了思维,我也就同时停止了存在"①。但在洛克看来,心灵并非总在思想,只有在自我意识到自己在思想时,心灵才思想着,"饥饿除了那种感觉而外便无所有,亦正如思想一样,除了自己意识自己思想而外,别无所有……"②洛克认为,人之所以能够思想,能够成为有别于他人的"自我",源自于人具有自我意识的能力,"只有意识能使人成为他所谓'自我',能使此一个人同别的一切能思想的人有所区别,因此,人格同一性(或有理性的存在物的同一性)就只在于意识。而且这个意识在回忆过去的行动或思想时,它追忆到多远程度,人格同一性亦就达到多远程度。现在的自我就是以前的自我,而且以前反思自我的那个自我,亦就是现在反思自我的这个自我"③。在此,人格与自我取得了意义上的同一,自我通过同一的意识确立人格的自身认同,并通过思维把握人格同一的自己。洛克说:"人格就是有思想、有智慧的一种东西,它有理性、能反省,并且能在异时异地认自己是自己,是同一的能思维的东西。"④洛克近乎通过自我意识的延续性解决了自我的同一性问题,但事实上,当他将自我意识直接置换为自我意识的主要形式即"记忆"时,依赖记忆而存在的自我同一性,因记忆可能的间断或忘却而失去其同一的基础。作为一个经验实体之人,因在不同时间可能拥有不同的记忆,就应表现出不同的人格,甚至一个个碎片化的记忆将产生不同的人格,这其实在一定程度上等于消解了"人格"或"同一性"概念本身之意义。纵然,洛克将人格从整体性的人之实体中抽象出来,试图摆脱经验个体的限制而克服记忆的间断或忘却,但呈现在这个记忆里的所谓同一的人格之我实际上成了独立于身体的抽象物。而这一抽象物只能存在于虚幻之中,记忆不可能与时间剥离,离开了时间的记忆只能是虚无。

因此,与笛卡尔一样,洛克的自我概念的确定性基础也被时间所动摇。所不同的是,在笛卡尔那里,由于"自我意识只能把握我于彼此断裂的瞬间,而每一个瞬间

---

① 笛卡尔.第一哲学沉思集[M].庞景仁,译.北京:商务印书馆,1985:26.

② 洛克.人类理解论(上册)[M].关文运,译.北京:商务印书馆,1991:80.

③ 同②130.

④ 同②309.

存在的我都不能保证另一瞬间的我是同一个我"①。为了维持被时间碎片化的自我的延续，他不得不借用上帝的力量，通过上帝的因果性把不同瞬间的记忆片断连接为同一的我。而洛克只能不停地徘徊于意识的延续性和断裂性、自我的同一性和同一性的幻象之间，在自我意识和自我同一性的问题上犹疑不定。

康德认为，无论求助于经验还是上帝都无法为"自我"提供可靠的存在论基础，能够为"自我"提供可靠基础的只有"先验的自我意识"。所谓先验的自我意识就是先于所有的经验，而且是所有经验的表象和伴随所有经验表象之我思统一性成为可能的前提。仅凭感官刺激所获得的散乱的感性材料尚不足以形成"对象"，它必须被主体所接纳以形成感性表象，而感性表象只有在先验自我意识所生成的先验对象意识中才能产生。他说："对象就是所予的直观之杂多在对象的概念里得到统一的那种东西。"②在这里，"对象"不再是外在于主体并时刻动摇着主体确定性的纯粹客体，而是由主体的先验意识所自我设定、自我建构的东西，是先验自我意识必然的派生物。离开了先验自我意识，对象就成为任意的、散乱的杂多，就不成其为康德意义上统一于"我"的"对象"。由此，康德的"自我"摆脱了纯粹异己的"对象"以及所有经验有限性的困扰，它已被抽干了自己所有的经验内容，是一个纯粹形式的先验之我，它既不能被直观也不能被经验，更不能通过范畴去认识。康德通过笛卡尔"我思"意义上的"自身意识"和"纯粹统觉"，对"自我"进行了规定和说明，并将先验自我作为一切表象、一切知觉的根据，即一切存在的根据，没有先验自我，我们就不可能拥有关于对象的任何知识。

但是，康德对自我的存在论阐释并不成功。尽管他把道德自我规定为以自身为目的而生存的物，但是他并没有对作为"我思"的先验自我的存在方式做出规定，没有从纯粹理性上对自我进行存在论的说明。而且，也没有对道德人格提出基本的追问，更没有解答主体的存在方式是什么。而且，在海德格尔看来，沿着康德的思路也根本不可能对上述问题给予解答。因为康德把事物和人格都看作现成者，这样我们与世界的关系仅仅是主体与客体这两个实体之间的认识关系。他认为，自我不仅仅是"我思"，更是"我思某某"，而康德忽视了"我思"的"某某"对自我的建构作用，这样世界现象被康德所冷落，作为"我思"的"自我"是没有世界的。海德格尔通过对康德存在论的批判，从生存论的视角洞察了"我思"与时间的联系，认为先验自我就在于预先构建了一个视域并且在这个视域之内构造出对象，然后才能够进行表象和联结。由此，海德格尔把康德的"我思"和时间联系起来，"我思"就是原初的时间，两者是同一物。自我在时间中得以显现，是我思某物的活动，并通过所

① 笛卡尔.第一哲学沉思集[M].庞景仁，译.北京：商务印书馆，1985：50.

② 康德.纯粹理性批判[M].韦卓民，译.武汉：华中师范大学出版社，2000：159.

思之物显现自我的存在。这样,海德格尔的自我不再是一个纯粹的主体和没有生机的概念,而是一个拥有了时间性的活生生的生存个体。

以上对“自我”的哲学探究,无疑是属于形而上层面的,自我与身体的实体性关系被纯粹的“我思”、意识、纯粹统觉等所取代,身体对自我来说成为可有可无的存在,即使在海德格尔那里身体也只不过是自我构建的工具。由此,自我仅仅是一个纯粹的理性之我,源自于身体的欲望、冲动、本能、情感等完全被理性自我所遮蔽,理性判断成为支配自我行为的全部动因,漠视了身体直觉、道德良知在自我行动中的价值。

随着心理科学的发展以及哲学主体间性的建构,自我从世界之上返回到世界之中,作为与他者发生关系的自我,不再仅仅是哲学研究的焦点,也成为社会学、心理学的研究对象。心理学家查尔·斯霍顿·库利(Charles Horton Cooley)指出:“自我知觉的内容,主要是通过与他人的相互作用这面镜子而获得的。通过这面镜子,一个人扮演着他人的角色,并回头看自己。”在这里,他主要是从自我和社会之间的关系上解读自我的,强调的是“我对自己的看法反映着他人对我的看法”。乔治·赫伯特·米德(George Herbert Mead)提出了与库利相似的看法,认为“重要他人”对自我概念的形成起着决定性作用,是自我判断的镜像。自我由主我和宾我构成,主我就是具有自发性的我,它具有内省和创造能力,对宾我的形成起着回应和反馈的作用。而宾我则是具有社会性的我,是他人角色的一种内化,是社会在自我中的反映。杰里·M.罗森堡(Jerry M. Rosenberg)在此基础上进一步指出:自我概念是个体关于其自身作为一个生理的、社会的、道德的和存在着的人进行反省的产物,它由各种态度、信念、体验以及各种评价、情感等因素所组成,是个体确认自己的依据。卡尔·罗杰斯(Carl Ransom Rogers)则从知觉和自尊的评价方面阐述了自我概念,认为自我概念是自我知觉与自我评价的统一体,是个体对自己心理现象的全部经验。在弗洛伊德看来,自我是现实化了的本能,它不是盲目地追求满足,而是在现实原则的指导下力争避免痛苦又获得满足,是本我与超我的协调者,对内调节心理平衡,对外适应现实环境。

无论库利、米德还是罗森堡、罗杰斯等人,在对自我的分析中,尽管已将自我从世界之上拉回到了世界之中,由形而上回到了形而下,但都还没有完全摆脱笛卡尔以来主体意识哲学的影响,他们更多地把自我认识看成一个与智力相关的概念,没有更多地关注个体对自我感性的认识,身体似乎只是盛装智力、意识等精神的容器,而忘却了精神、意识、反思等产生的现实基础。事实上,精神、意识、反思等活动及自我概念的形成不仅离不开社会情境、交往体验、社会镜像等,而且必须有身体的在场。因为正是身体的在场我们才被带入到特定的场景之中,并通过身体展示自我、体验自我、生成自我。

戈夫曼(Goffman)认为,身体在人们的交往中发挥自我"代言人"的作用。人们可以通过身体相互审视对方,眼睛是心灵的窗口,身体语言比日常语言具有更广泛的共识性,发挥着日常语言所无法替代的作用。"在交往秩序中,参与者的专注和介入——哪怕仅仅是注意——永远是至为关键的……"①他强调:文化脚本仅仅是人们的表演框架,表演时的姿态、道具等对控制他人对自我的印象有着重要的影响。因此,自我的产生并不取决于自我感觉的概念和结构,文化脚本、舞台、观众以及自我的对现实的感觉和态度等起着决定性的作用。当下的节食、锻炼、服装、化妆、美体、整容等塑身活动就是一个较好的注脚,这些活动不仅成为不少人追求身体之美的价值取向,而且成为自我认同和彰显自我的标杆。

但是,戈夫曼仍然是从二元论出发的,将自我与身体当作了两个不同的存在,而且更多地强调了自我对身体的控制,身体仍处于"被动"的状态,没有成为行动的主体。而且按照吉登斯的观点,随着社会规范、文化制度对自我和身体的入侵,自我与身体的矛盾更为凸显。一方面,身体作为与生俱来的资本,成为部分人进行钱色交易、器官交易,甚至明码标价的工具;另一方面,受社会期待、消费观念、文化追求等因素的影响,为了得到社会的认同,身体变成了被给予的、异己的东西,成为自我征服和改造的对象,不少人按照美容专家、健身专家的建议,进行健身和节食,胖的变瘦,瘦的变胖,矮的变高,黑发变黄。从而,使过去仅在私人空间进行的身体行为转变为当下公共空间中的消费行为,把对身体实施的改造视为生活时尚,并将其视为对身体的投资,以期获得更多回报。身体再次成为盛装精神的容器,并异化为自我和他者的工具。

为此,梅洛·庞蒂指出,身体是人存在的本体,心灵与身体不是主体与客体的关系,并不存在一个外在于身体的自我,自我是具身的,身体本身就是身心的统一,身体是自我建构的始基,而不仅仅是"心"的容器。身体离开了心灵将失去意义,心灵离开了身体将无所寄托,只有在身心的统一体之中,身、心才能成其为身、心。

二、自我与身体自我

自我,首先属于人类的一个个体,是基于个体自身整体的存在,这一整体既包括精神之我,也包括肉体之我,是精神自我与肉体自我的统一。心灵、意识、反思、欲望、情感、冲动等是融合互渗的,纯粹的心灵之我、精神之我或无心的肉身之我、器具之我,只存在于哲学分析的文本之中,在现实中没有其置身之地。个体通过他人或镜像而形成的关于自身的评价,严格地说只能称之为自我意识而不能称之为"自我"。"自我"的一切定义或界定,表征的仅仅是自我概念而不能代替现实的自

① 汪民安,陈永国.后身体:文化、权力和生命政治学[M].长春:吉林人民出版社,2003:411-412.

我,自我就是身心统一的存在。当代生命技术所面临的诸多伦理难题,与对自我的肢解密不可分,如知情同意问题。在生命技术的临床应用中,履行知情同意体现了对患者自主权的尊重,但当我们强调自主时完全排斥了身体直觉、情感感受等所谓非理性因素的作用,一味地要求患者必须基于理性的判断,将哲学之思的纯粹理性之我机械地套用于患者个体。这实际上是忽视了身体的在场,将患者当作了精神自我与身体自我的二元存在,没有给身体自我留下任何余地。事实上,患者作为身心统一的现实社会存在,其理性判断不可能完全与其物质的我、社会的我相分离。躯体的疼痛、心理的绝望、他人的期待等都可能左右患者的自我判断,作为健康的他者无法将自我的体验和判断完全类推到患者身上,用他者的自我代替患者的自我。当然,作为罹患身心痛苦的个体也不可能完全从健康他者的镜像中发现真实自我的影子,库利的镜像自我理论在此将失去其效力。

在现实生活中,受社会文化、他人评价、自我意识、身体状况等因素的影响,自我与身体及其身体自我往往出现心理认同分离之情形。尤其,在现代生命科技背景下,对身体的重塑和改造如变性、变脸、整形、美体、基因修饰等,身体自我的认同问题日益受人们所关注。所谓身体自我,是个体对自己的相貌、体格、体态、体能等方面的看法与评价。技术在改变肉身的同时,也改变着个体的心理。肉身的改变并不总是与心理的调适同步的,按照弗洛伊德的自我理论,如果本我基于快感、欲望、冲动等渴望对肉身进行改变,重塑肉身,而自我不能适度地把握本我并对超我的理想诉求判断有误时,实施的变性、变脸、整形等技术就可能造成自我心理上的落差,对不理想的手术结果产生抱怨,因手术后的不适产生焦虑、失望、恐惧等负性心理。甚至,怀疑手术后的我还是不是原初的自我,手术后的身体还是不是受我支配的身体,原初的自我身体与当下的身体自我能否调适?如:不少变性者在手术变性之后往往不能完全抹掉原来的影子,处于原初本我与真实自我及理想自我的角色矛盾之中;部分整形者按照社会文化期待的标准和评价实施手术之后,因术后的真实自我与理想自我的偏差而不敢面对现实;也有部分器官移植患者在手术后,因体力的衰弱、生存质量的降低、对他人的依赖等失去了原有的自信及对自我的认同。

心理学家 Sonstroem 等对身体自我的研究表明,身体状况与自我价值感呈正相关性,健康的身体及良好的身体活动能力可以提升自我的价值感,精力的维持、力量知觉等对个体心理有较大的影响。他认为:“身体自我是自我结构的重要基础,身体自我以个体的物质性整合进整体的自我观念之中。”①同样,在社会学家布迪厄等人看来,社会现实是既在场域之中也在惯习之中的双重存在,来自于社会制度并融入身体之中的惯习,集结着个体的社会地位、个人品位、性情系统等因素,这

① 闫旭蕾,葛明荣.论身体、自我与身体自我[J].濮阳职业技术学院学报,2007(4):6.

些因素表征着某一个体所隶属的社会阶层，我们可以从一个人的走路、交谈、衣着、活动方式等方面，对其所属的社会阶层加以区别，身体濡染着不同社会阶层的固有特征，这在个人的言谈举止、气质性情、思想品位等方面都会有所体现。如：工人阶层多喜欢从事足球、拳击等力量型的竞技活动，而精英阶层则喜欢从事舞蹈、射击等健康与社交兼顾的活动。就此而言，身体重塑的过程也是建构自我、展示自我的过程，是身体社会化的呈现过程。正是身体与社会、文化、环境的互动与建构，自我在身体的异变中才可能远离原有的判断，造成身体自我在心理认同上的困惑与迷惘。但是，如吉登斯所言："朝向身体的回归，产生了一种对认同的新追求。身体作为一个神秘领域而出现，在这个领域中，只有个体掌管着钥匙，而且在那里他或她能够返回来寻求一种不受社会规则和期望束缚的再界定。"①虽然身体受到了公共性的入侵，并潜藏着被工具化、商品化，被抛弃之忧，但是这并不意味着没有改变的希望，因为个人最终掌管着打开身体的钥匙，个人有责任和权利选择适合自己的生活方式，珍惜自己的身体和生命，捍卫自我的人格、尊严和价值。

事实上，我们强调自我的具身性和身心的统一性，目的也正在于此。处于祛身状态的自我，是抽象的我、观念的我，其价值和尊严完全与身体无关，判断的依据和标准只能是他者的评判，从他者的镜像中体认自我的价值和尊严，而身体的价值和尊严被彻底遗忘。当下，对个体自我的惩戒也往往由身体来承担，体罚、劳役、酷刑等无不针对身体而实施，试图通过对身体的规训达到驯服自我之目地。因此，唤醒身体的尊严和价值，将身体归还自我，在自我的人格、尊严和价值中给身体留下应有的位置，这对于思考和释解当下的生命科技伦理难题具有十分积极的意义。

三、异化身体的自我认同

身体是人之自我的表征，自我由身体所体现，正如吉登斯所说："自我，当然是由其肉体体现的。对身体的轮廓和特性的觉知，是对世界的创造性探索的真正起源。"②身体不仅仅是一种实体，而且如梅洛·庞蒂所主张的，身体是应对外在情境和事件的实践模式。个体的差异首先在于身体的差异，心理、气质等人格因素的不同总是通过身体及身体行为表现出来的。但是，身体仅仅是判断人之为人的基础，而不是区分不同人类个体的标度，人与人的区别更重要的是他的人格，人格是自我判断的根本标志。但是，人格与身体密不可分。就目前普遍接受的观点而言，人格往往意味着一个人所具有的、与他人相区别的独特而稳定的思维方式和行为风格，

---

① 安东尼·吉登斯.现代性与自我认同：现代晚期的自我与社会[M].赵旭东，方文，译.北京：三联书店，1998:257.

② 同①61-62.

它可以脱离人的肉体及人所处的物质生活条件而存在,这实际上是笛卡尔式的二元思维的结果,将人格视作为独立的精神存在。人首先具有人之为人的身体从而与动物相区别,然后才具有个人之为个人的人格而使人与人相区别。因此,自我认同问题与身体具有内在的关联性,自我认同和定位必须有身体的在场,身体在场是维持连贯自我认同感的基本路径。在技术社会中被异化了的身体,能否得到自我认同,实现身体与自我的统一,直接关涉着个体的生活信念、尊严与社会融入等问题。

就器官移植来说,倘使大脑移植成功,一个移植了他人大脑的人是谁?是大脑供体之人还是受体之人?判断的标准是什么?按照斯温伯恩关于人格同一性标准的表述:t2 时间的 P2 与早先 t1 时间的 P1 作为同一个人的逻辑上的充分必要条件是什么?① 如果以身体为标准,人格同一性的表述应为:t2 时间的 P2 与 t1 时间的 P1 是同一个人(person),当且仅当 P2 有着与 P1 同样的身体。就外表而言,大脑移植后的身体与移植前的身体并无显明的差异,不会影响 P 作为人的存在,但从身体的组成来说,P2 已不是 P1。然而,这是否意味着身体的变化直接决定着人的自我认定?(变性人?)例如,一个 80 岁的老年人 P 与其在 10 岁时的身体也有很大的差异,而且就其内部器官而言,无论功能、大小、结构等都发生了不同程度的改变,难道我们能够说 P 不再是 P 吗? 为此,有学者建议身体标准需做以下调整:t2 时间的 P2 与 t1 时间的 P1 是否同一,并不是说 P2 与 P1 在物质上的同一,而仅仅是构成 P2 的物质与构成 P1 的物质有着序列的连续性。② 从这一修正的身体标准来看,P 在年老与年少时尽管在身体的物质形态上有所不同,但变化前后的物质形态具有序列连续性,年老身体是年少身体自然发生的结果,二者并没有本质上的差异。依此,大脑移植之后之人既非供体亦非受体,它与供体与受体都不具有物质形态上的连续性。

按照笛卡尔的观点,自我是一个纯粹的思维实体,是与大脑、身体和经验等相区别的独立存在,其自身是永恒不变的,"故而本质上判定了任何对它同一性的质询和怀疑本身就是非法的"③。吉登斯认为,所谓自我认同"是个体在意识中经过反思性投射形成的对自身较为稳定的认识与感受"④,是个人依据其自身经历所形成的作为反思性理解的自我,它根源于个体"对其自我认同之连续性以及对他们行

① Richard Swinburne. Persons and Personal Identity [M]//H D Lewis. Contemporary British Philosophy.London: Allen & Unwin, 1976: 223.

② Harold W Noonan. Personal Identity[M]. London; New York: Routledge, 1989: 3.

③ 王球.人格同一性问题的还原论进路[J].世界哲学,2007(6):92-100.

④ 安东尼·吉登斯.现代性与自我认同:现代晚期的自我与社会[M].赵旭东,方文,译.北京:三联书店,1998:58.

动的社会与物质环境之恒常性所具有的信心”，也就是吉登斯所强调的“本体安全(Ontological security)”。在他看来，“本体安全”是个体得以存活下去的嵌入个体内心深处的决心和勇气。由于在纷繁复杂的现代技术和社会背景下，本体安全时刻会受到存在性焦虑的侵入，这就需要人们去“涵括”、去“忽视”、去“过滤”现实中的一些可能甚至是必然的风险因素，如核战争、生态失衡、死亡等。只有这样，本体安全才能够成为抵御存在性焦虑的堤坝，我们才不会被存在性焦虑所淹没或窒息。吉登斯的自我认同概念在强调自我的统一性、连续性的同时，也指出了自我认同中的自我调适问题。但是，不难看出，吉登斯的自我认同具有唯心论倾向，因为任何个体的人都是嵌入到具体的社会结构中的，任何历史条件下的个体反思都只能在其所处的社会背景中来理解。“纯粹强调自我认同的主观性，可能导致个体自恋性的同一性暴力。”①事实上，身体的变化从来都不是单纯的生理现象，身体的异化常常伴随着信念的危机，当时当地的社会文化、价值理念、生活态度等都会在一定程度上影响着人们对于身体异化的理解和调适方式。器官移植受者的自我认同，不但受其移植后的生存质量、健康水平、个人体验等自我因素所影响，同时也不可避免地受家人、社会等他人因素的制约。尤其对于那些公众比较敏感的生命技术如变性、变脸等，家人、他人及社会的评价可能直接影响着患者个体的感受与认同。而且，仅就其个人而言，由于手术后患者在性别、面貌等方面与此前存在着较大的反差，这势必造成其原有经验和记忆的断裂，挥之不掉曾有的过去。从而，可能产生焦虑、多疑与不安，无法在当前的状态中找到自身的存在坐标，只能在窘迫中将当前转交给反思的意识。这样，他势必要问“我该怎么做”。为了寻求答案，他不仅需要自我调节，转换社会角色以及修复自我概念，如：将供体器官接纳为自己的一部分，将变性后的性别视为自然，努力去熟悉变脸后的容貌，等等。而且，需要他人的理解、安慰与同情，需要得到他人合理的、能够接纳他的一个解释系统。英国社会学家迈克尔·伯里认为，合理的解释系统有助于个体面对人生进程的破坏时维持个人的自我价值，从这种意义上来说，它是减轻慢性病压力的缓冲器。只有在个体与社会的适应与建构中，异化的身体才可能走出自我认同的樊篱，实现自我与身体的统一。然而，这一历程常常是艰辛曲折的，个体总有不适的可能。因此，异化身体的自我认同并不单纯是个体对自我的反思性理解，而是个体与社会互动建构的过程，社会需要尊重个体，个体也要包容社会。否则，势必产生自我认同的障碍。

① 王亮.反思性、结构性与自我认同[J].理论月刊，2010(2)：54-56.

四、身体异化的道德维度

生命技术与身体是一个相互建构的过程,一方面生命技术通过对身体的改造、修饰或包装,在不断地改变着原初的肉身;另一方面身体的需要又规划了生命技术的发展方向,为生命技术的发展提供了动力。从理论上说,生命技术对身体的建构能力是无限的,研究者不仅可以通过器官移植替换患者病变的心脏、肾脏、肝脏,甚至子宫、大脑等脏器,可以通过手术改变个体的容貌、性别等特征,而且可以通过基因工程、胚胎干细胞技术、克隆技术等合成生命、设计婴儿、克隆后代。"未来的生命科学和基因工程将会利用不断发展的基因重组技术,改变人的体能、智能和行为品质,改变人的自然进化方向,重新设计新人类。"①而且,部分科学家对此抱以乐观或支持的态度,如生物学家沃森说:"没有人有胆说出来……在我看,如果我们知道怎样添加基因,制造出较好的人类,何乐而不为?"遗传学家J.亨贝尔说:"每一代为人父母者,都会想要给儿女最新、最好的改良特质,而不会听天由命,遗传到什么染色体就接受什么染色体。"在1986年和1992年美国民意调查中40%—50%的人赞成用基因工程改良身体与智力。② 但是,理论上能够做的现实中未必应当做或可以做,那种片面地强调科技研究的绝对自由,认为科技研究无禁区,社会不应对科技研究施加任何操纵和控制的思想是行不通的,"各行其是的自由,会给所有的人带来毁灭"③。尤其对于身体的技术干预,较一般的技术应用更为敏感,因为身体是人的实体存在,关涉着人的自我人格和尊严。对此,美国未来学家A.托夫勒在《未来的震荡》一书中写道:"我们是否将触发一场人类毫无准备的灾难?世界上许多第一流的科学家的观点是:时钟滴答作响,我们正在向'生物学的广岛'靠拢。"④

在宗教神学观念中,人是上帝的摹本,所有的生命都来自于上帝,对生命的任何人为干预都是企图扮演上帝,都是对上帝的亵渎,甚至是不道德的。依此,人类辅助生殖技术作为对自然生育方式的干预,突破了自然的界限,使用了不自然,至少不是纯自然的方式,以人为干预的手段来达到生育的目的,这是否违背上帝的意旨或扮演上帝?扮演上帝指称什么?我们如何区分某一行为究竟是在扮演上帝还是在执行上帝意旨?如:中止生命维持、注射抗生素、肾脏移植等,其中哪一个是道德的治疗行为或者哪一个是扮演上帝?因此,英国学者霍普(Tony Hope)指出:"在我们能够决定哪些可能被认定为扮演上帝之前,我们首先必须确定哪些行为是

① 张华夏.现代科学与伦理世界[M].2版.北京:中国人民大学出版社,2010:394.
② 约翰·奈斯比特.高科技·高思维[M].尹萍,译.北京:新华出版社,2000:129.
③ 哈代.科学、技术和环境[M].唐建文,译.北京:科学普及出版社,1984:117.
④ 阿尔温·托夫勒.未来的震荡[M].任小明,译.成都:四川人民出版社,1985:220.

对的，哪些行为是错的。因此扮演上帝的观念对于决定该做哪些事没有帮助。”①也有些学者从自然主义的视角出发，认为技术干预违背了自然的本性和人的本来面目，“这不是自然的，因此这在道德上是错误的”②。然而，“不自然的”意味着什么？是否只要有人类的技术干预就是“不自然的”？在人类身体中包含有多少的“人工”的成分才是“不自然的”？此外，“不自然的”为什么就是不道德的？其伦理证据是什么？等等。这些问题都有待解决，我们不能简单地把“不自然的”与“不道德的”画等号。事实上，并非所有“不自然的”都是不道德的。如：生老病死本来是自然规律，但人类却总是试图通过医疗技术手段人为地与疾病相抗争，这难道是不道德的吗？答案显然是否定的。但是，我们也不能就此而言，技术干预都是道德的，主要的问题是：技术干预到什么程度才能够被接受或干预的道德底线是什么？按照中国传统的道德观念，“身体发肤受之父母，不敢毁伤，孝之始也”。依此，确保身体的完整性是最大的孝和最大的善，任何破坏身体完整性的技术行为都是对传统道德的挑战，而器官移植无论对器官供体还是器官受体来说，都是对身体完全性的破坏，要么造成了原有身体的残缺，要么更换了原有身体的器官或组织，均使原有的身体不再完整。但是，在现代技术条件和社会背景下，心脏、肾脏、肝脏、胰腺等移植已完全被人们所广泛接受。同样，避孕技术、辅助生殖技术、变性手术等，曾几何时也被人们所禁止，现在也被公众所包容。甚至有学者认为，当前被各国所禁止的对人的生殖性克隆，在未来的某个时期也将被人们所接受，如张华夏先生所说：“现在我们不能接受克隆人，但将来总有一天会接受它。”③这是否意味着根本不存在固定的、统一的道德标准或道德维度？

笔者认为，尽管不同区域、不同民族、不同文化、不同信仰、不同生活状态的人们有着不同的价值追求，但我们不能因此而否定普适价值的存在，这是人类本性及协作共存的使然。无论孔子所主张的“己所不欲，勿施于人”，还是基督教所强调的“己所欲，施于人”等都在一定程度上达成了共识。美国心理学家谢洛姆·施瓦茨(Shalom H. Schwartz)等学者通过在 44 个国家对 25 000 名具有不同文化背景者进行的实证性研究表明，人们在自主、尊重、公正、慈善、快乐、自律、安全、权力、成就、刺激等方面，具有普遍的价值追求。而生命伦理学家比彻姆和丘卓斯提出的“尊重自主、有利、不伤害、公正”四原则，尽管在具体理解上受到了恩格尔哈特等学者的质疑，但就原则本身而言，不失其普遍性并得到了广泛的认可。因此，普适性的道德准则不仅是人类和谐共存之所需，而且有其现实基础和可能性。技术对身

① 霍普.医学伦理[M].吴俊华，李方，裘劼人，译.南京：译林出版社，2010：67-68.

② 霍普.医学伦理[M].吴俊华，李方，裘劼人，译.南京：译林出版社，2010：67.

③ 张华夏.现代科学与伦理世界[M].2 版.北京：中国人民大学出版社，2010：396.

体的干预和异化也势必遵循这些共识的道德准则,确保人的个性和自主,尊重人格的完整性和统一性,正如康德所强调的把人当人看,而不是当作可操控的对象或工具。人及其生命是生命技术作用的直接客体和最终目的,生命技术的道德调控也必须以人及其生命为准绳,对身体的技术干预只有控制在基本的道德维度内,才能捍卫身体的尊严,也才能确保生命技术的健康发展。

德国学者罗默尔(H. Rommel)指出:"个体价值应优先于其他价值,也就是说在冲突的情境下,人的个体存在以及保障这种个体存在的东西要作为价值序列的第一级而得到维护。"①这里所强调的个体价值首先是"人的个体存在以及保障这种个体存在的东西",而"人的个体存在"即人的包括生命在内的身体的存在,而"保障这种个体存在的东西"即人的人格和尊严。人的身体的存在以及人格和尊严,高于人的其他任何方面的需要、价值和利益,这体现了对人的身体的和人格尊严的尊重。人的身体和人格尊严在其他价值、利益面前具有优先性、不可交易性和不可妥协性。康德说:"超越于一切价值之上,没有等价物可替代,才是尊严。"②只有在身体和人格尊严得到保障的前提下,才谈得上对自主、隐私、公正等其他价值或利益。因此,罗默尔指出:"在实践的讨论中,只有那些不与个体优先权之规则及其不同表现形态相冲突的价值或规范才是可普遍化的。具体来说,在所有的价值冲突中,人之个体的基本权利要先于任何权衡而得到实现。"③生命技术对人的干预必须以维护人的身体的存在和人格尊严为前提,而不能超越这一道德底线,对生命技术的道德调控也应当以此为轴心,在尊重人的生命和尊严的基础上护卫人的其他方面的利益和需求。就器官移植而言,其目的在于救治患者的生命,但由于生命寓于身体之中,是具身性的存在,这就需要通过对身体器官的更换或组装来实现。在这里,身体与生命是直接同一的,其本身就是目的,技术以及供体器官作为移植的手段已经融入到身体之中,成为人的生命和身体的一部分。也正是在这种意义上,器官移植虽然改变了原有身体的状态,但只要其维持了自我身体和身体自我的内在规定性,没有发生本质性上的改变,能够得到自我认同,就能够得到伦理上的辩护和说明。心脏、肾脏、肝脏、胰腺等器官移植,之所以能够得到专家、学者和公众的广泛支持,其原因就在于它们并没有逾越道德调控的底线。某些器官移植之所以饱受争议,主要是因为它们影响到了个体或社会其他方面的价值和利益,如大脑移植、对男性实施的子宫移植等,它们有可能改变人的自我认同及人格界定,带来诸多的社会伦理问题。事实上,现代国际社会之所以普遍禁止"人兽混合体"的生殖性研究,也是基于对人及其身体的认定和人格尊严的维护。此外,生殖系基因治疗、生

①③ 甘绍平.道德冲突与伦理应用[J].哲学研究,2012(6):93-104.

② 康德.道德形而上学原理[M].苗力田,译.上海:上海人民出版社,2002:63.

殖性克隆等技术，其伦理争议均与后代自我生命及身体的自决权，以及人格尊严等问题密切相关。

人的生命和尊严具有齐同性、不可量化性。只要是人类个体，无论其生命质量如何、身体状况如何，都具有同等生存的权利和尊严，不能以智力、美丑、身份地位、贡献大小等为依据，对人的生命和尊严进行量化和权衡。正如 Zoglauer 等人所强调的："一个人的生命被视为最高的利益，它禁止与其他利益相权衡，即便是其他人的生命。"而"人的尊严是人的一种非定量的'价值'，是其自我目的性，因此它并不是交易的对象。对某些个体尊严的侵害是无法通过其他人的益处、福利、好处或幸福的增长得到补偿的"①。捍卫生命的神圣和尊严，是生命技术伦理中义务论得以确立的基础，也是义务论进行道德判断的原点。临床上在卫生资源有限的情况下，之所以时常将患者病情的危重程度作为优先考虑救治的因素，而不是首先考虑患者社会价值的大小，正是因为每一个人的生命都具有同样的不可逆性和人格尊严的神圣性。"每条人命作为人命都是有同等价值的。人的尊严的不可侵害性的效力独立于其身心状态，也独立于'个体的人的生命的可预见的长短'。"② 因此，只有在个体生存能够得到确保的前提下，其他利益和价值的权衡才得以可能，也只有此时功利主义的利弊计算方式才能派得上用场。正如罗默尔所言："只有在基本价值与基本权利的优先性得到保障的前提下，功利主义的原则才能发挥效力。"③ 这也印证了我国传统的古训："两害相权取其轻，两利相权取其重。"据此，当患者的知情同意权利与生命健康权利发生冲突时，生命健康权利优先于知情同意权利；当个人利益与社群利益发生冲突时，只要个人的生命健康权利和人格尊严不受损害，则应当优先考虑社群利益；当个人的身体安康能够得到确保时，个体有义务支持生命科技的研究和发展；当社群利益与社会利益发生冲突时，整体利益高于局部利益，高位价值优先于低位价值；当紧急需求与非紧急需求、可逆事件与非可逆事件发生冲突时，紧急需求优先于非紧急需求、可逆事件优先于非可逆事件；等等。

总之，个体生命和人格尊严的维护需要身体的在场，身体安康是生命技术调控的道德底线，一切利益取舍和价值判断必须以身体为准绳。

---

①②③ 甘绍平.道德冲突与伦理应用[J].哲学研究，2012(6)：93-104.

生命伦理与老龄文明研究

"依存"的伦理

——推动超高龄社会的关怀

新里孝一

日本大东文化大学

摘　要　依存的伦理与关怀密切相关，是其根本规范之一。如何克服依存引起的自卑感，矛盾是依存伦理的核心。"良性依存"是形成满意关怀的最基本条件，需厘清三点。一、"依存"是关怀的契机，"真正的关怀"受当事者对依存的评价影响。二、依存分"从属性""撒娇式""依赖性"三种。在关怀者视角，其实践意在贯彻"家长主义"。最适合关怀的依存方式为"信赖性依存"，其根本是依存与共存的自律，自律与共存的依存，自律与依存的共存。三、日本人多"抑郁症亲和型"性格特征，易将依存视为负债而逃避。构筑"良性依存"，需要"抑郁症亲和型"性格者个人的清楚认识以及锻炼"精神抵抗力"。必须改变日本式特殊的赠与交换传统，构思新的风土论和新的社会共同体。

关键词　良性依存；伦理；关怀；家长主义；日本；风土论；社会共同体

正如佩皮劳(Hildegard E.Peplau)强调的那样，只有在医院这种承认软弱、不可避免地需要依存的时候，人们才"学习依存于他者(learning to count on others)"[1]175,[2]185，即使深陷苦难，也很难依存于他者的善意①。具体而言，所谓依存指的是承认自己的缺

① 每年增加3万余自杀者成为"自杀对策基本法"(2007年6月)成立的契机。据厚生劳动省的调查显示，自杀者和想自杀者中8成"事前未和家人朋友商量"，9成人员一次性自杀死亡，未遂人员有1成，由此可见其"自杀决心之坚决"[朝日新闻：2007年4月22日]。精神科医生佐佐木的调查中也显示，自杀既遂中大多数人"未和别人商量""未能和别人商量"，没有一例觉得"非常感谢别人感同身受的倾听"。佐佐木认为，此种心理倾向与是否存在支援者无关，而是自杀者都存在的"认知障碍"和特有的"孤独感"[29]。即便如此，也不能将自杀者所共有的对他人能力的过小评价和心理疏远感都认为是突发的外在因素。从关怀的观点来看，探明自杀者特有的认知障碍机制和其文化背景也是至关紧要的课题[30]。

NHK节目"难于求助～现在30多岁的人怎么了～"(现代特写：2009年10月7日播放)也值得关注。节目中追踪调查了生活陷入窘迫，即使危及生命也拒绝说救命，最终孤独死(饿死)的30岁男性。节目播出后，引起30岁女性为中心的群体共鸣，认为"孤独死并非事不关己"。其中呈现了即使直面苦难，也不能和谁倾诉，被自我责任论所束缚，被社会孤立的30岁人的心态。受此影响，NHK继续报道"悄然蔓延的难于求助的30岁人的真实样貌"(2010年1月21日 http://www.nhk.or.jp/gendai/kiroku/detail_2797.html.[31])。

陷并依赖他者。人们多认为这会给他者造成“负担”“麻烦”或觉得有“负债感(人情债)”。脆弱认知所伴随的自卑感、羞耻感(负罪),乃至日本整体存在的“善意—情理—回报的循环”[3]40,以及“有偿的相互扶持的共生情感(令人联想到谚语‘没有免费的午餐’)”[4]47,明显增强了人们对依存的心理抵触,即使在危急时刻仍会对于依存犹豫不决。

依存的伦理(ethics of dependency)与关怀的成立与存续密切相关,并且是其根本性规范。如何克服基于对依存的关注所引起的自卑感、矛盾、对自尊的威胁感,是依存伦理的核心所在。如果“良性依存”是形成满意关怀的最基本条件,那么如何实现“良性依存”? 本文将从被关怀者的角度探讨依存的应然形态(good dependency)。

一、依存的价值观

“依存”是关怀存在不可或缺的契机。“如果当事者本人的意思里,没有主动接受关怀的主观动机,关怀就无法成立”[5]①。可以说当事者对依存(依存、被依存)的评价,极大影响关怀的效果。当“被关怀者”在价值观和心态上认为依存是一种“耻辱”并伴有道德上的罪恶感,关怀能够实现的成就也会显著降低(屈辱、猜忌、麻烦)②。从“关怀者”的角度来看也是如此。原因在于那些视依存为耻辱、负债感的人即使对他者怜悯同情(自以为是的、欺瞒性的),也不会唤起、恢复、维持“依赖他者的愿望”(courage to be),去实现“真正的关怀”(参照图 1)。

当社会中不存在尊重自身努力(self-help)、自律(自己决定),不能积极评价依存、被依存的“相互扶助”③的文化(culture of interdependence),就无法期待关怀上的成熟。护理学者杜拉贝鲁比(Joyce Travelbee)写道:人类不依存于他者的独立(个人主义)只是一个“神话(a myth)”,但是“在我们的文化中,依存会成为别人的负担(burden),因此比死还可怕”[6]78。

桑内特(Richard Sennett)认为,“视依存他者为耻辱的情感是 19 世纪工业社会留下的烙印”[7]。这种情感构造(the internalizing of dependence as shame)压抑

① 罹患肌肉萎缩性侧面病的莫里斯施瓦兹(Morris Schwartz)曾说,从耻辱到快乐的依存价值转换,确切表现出了“主动性的能动意向”。“我是自力更生的人,本想全部自己解决。我不想让人帮我下车,不想让人帮我穿衣服。会觉得不好意思。因为我们的文化教导我们不能自己擦屁股是很丢人的,因此会觉得羞耻。然而,我这么想。我并不知道什么是文化。自己长这么大也基本是忽视文化的。所以不要难为情了。……愉快地依靠他人吧。……实际上,被母亲抱、被安抚时,没有人会觉得这已经足够了吧。不管是谁,都会有想要无微不至被关照-接受无条件的爱、无条件的关怀的时候。人在接受时,永不满足。”

② 关于被关怀者依存的纠葛(犹豫和过度依存等)参考[32,33]。

③ 关于“扶助(interdependence)”的概念和意义参考[34]15-20。森岡将“扶助”定义为“21 世纪高龄福祉社会的关键词”。

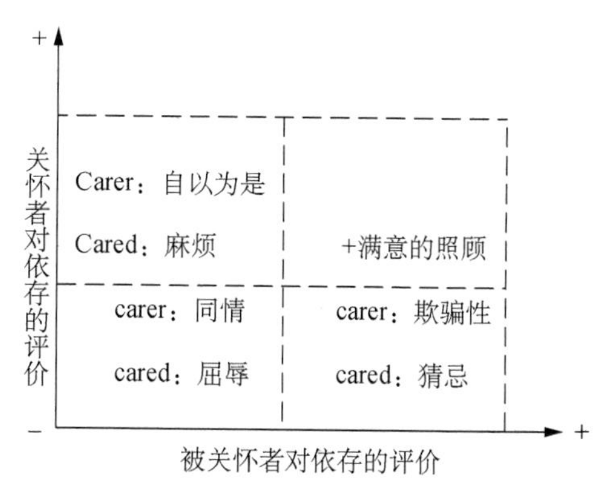

图1　依存的价值评价和关怀

了人性潜在的脆弱感和对依存的需求。最终导致承认自己的软弱，依赖他者是"屈辱的从属"，加重了害怕、忌讳（回避）依存他者的心态[8]。这种事态最终成为管理之网扩大再生产的契机，市村弘正洞察到这一点，提出通过坦率认知弱点，论证了应该恢复到福祉—管理国家之前的"自发式依存"的观点：

> 将依存"他者"视为耻辱的感情……导致被管理。专业制度全面入侵了驱逐"他者"的领域，却反而催生了新的依存心态。在这一悖论性事态中，脆弱感不仅需要个人的控制和处理（自助），还需要组织通过吸收（保险）和制度上的转换（福祉）进行转变加工。
>
> 对弱点的坦率认知应该是"质问"的前提。那是一种功利主义的效率计算既无法准确测量也不能借以填平的弱点。同时，应该恢复到（福祉—管理）国家之前的可谓"自发式依存"……为此，有必要具体地挽回那种耻辱的情感以及驱逐了的"他者"，即相互关照的"他者"[9]136-137。

如何具体地恢复"相互关照的'他者'"？市村提出重新着眼于"家庭"，即将家庭作为人类坦率认识弱点的场域，以"习练那种相互性"。因为只有形成那样一种经过理解和磨炼的认识，即"生活只能是必须是一种包含脆弱和依存的全面性认识"，方才可能有助于走向"承认相互依存不是耻辱而是一种解放的社会"。

鹫田清一也主张，"那些明晰地了解自己能做很多事……（也包括自己的身体）为了生存必须做很多事情"以及"不借助他者之力而自力更生"的自己决定和自我责任的概念，应该转换成与之等价的自立观。

> 所谓"自立"，并不是"独立"，不依存他人（in-dependence），而应该意味着任何时候都做好了准备，可以利用与他者相互依存（inter-dependence）的

人际网。陷入困境时呼喊"救命",就立刻能够获得支援,只有存在于这种相互扶助的关系网中才是真正的"自立"……[10,11]。

二、依存的三种类型

1."依存"的形式①

关怀中的"依存"应当如何?我想首先分三种类型探讨"被关怀者"的"依存"。

第一种是"从属式依存(dependence)"。即缺乏认识自己的需求(需要),缺乏能够将自己的想法有选择地诉诸他者的意识和能力,这种性格(character structure)是人特有的"依存"形式。因此,由于拒绝以及过度干涉的经历等"依存的程序"上的缺陷,酿成了从根源上对他者不信任,于是依存成为一种强迫观念。它会形成对于依存的拒绝,或者一种无差等的对他者单向执拗的依存需求(过度依存)的自我本位的极端行为[1]175-177,[2]185-187。

第二种是"撒娇式依存"。将"撒娇"定义为"希望被爱、被关怀的人类需求,可理所当然地依赖他者善意的特权(the need of an individual to be loved and cherished; the prerogative to presume and depend upon the benevolence of another)"[12,13]②。土居健郎认为依赖并不是信赖(trust),而是"理所当然"(take for granted)。将他者的善意(关怀)当做"理所当然"[14],放弃忖度他者的想法(意向)[15]151-152,单纯地指望别人的善意,其实是自我本位的想法。此处虽然不存在从属式依存中对他人显著的不信任感,但是由于不知为他人着想,缺乏"他者的他者"[16]视角,以自我为中心,导致自以为是的他者意识明显。"撒娇"中虽然也存在所谓战略式依存,即边窥探他人脸色边行事("撒娇高手"和"会撒娇")[15]160-162,但这终究不过是一种笼络他人,相对缺少了对他者的关怀。

此外,据土居健郎所述,"撒娇"分为"正常坦率的撒娇"和"自恋傲娇的撒娇"。"正常的撒娇"是意识到自己的"撒娇"需求是以与他者相互信赖为中心的,而"自恋的撒娇"原则上未意识到自己的撒娇需求,有一种类似于从属式依存的单向的依存态度[17]109-110。

第三种是"信赖式依存(dependency)"。它与从属式依存正相反,是"能够独处(capacity to be alone)"的一种自立性格构造③中的"依存"[1]175-177,[2]185-187。信赖式

① 本论文中参考佩皮劳的分类,将依存分为 dependence 和 dependency 两类,笔者对其进行概念规定。此外,仿造稲田八重子等翻译的『人間関係の看護論』,将其分别对应从属式依存和信赖式依存的日语。

② 归纳"撒娇"理论的问题点的论著可参考[35]。

③ 提出内因性忧郁症的病前性格是"抑郁亲和型"性格,特雷巴赫关于人际关系的特质做了如下描述。"在这种人际关系中,本质上隐含了害怕独处。抑郁亲和型的人不能独处是因为不能处于为了自身(für-sich-sein)的自然状态。独处意味着生活世界的窄化。一个人,生活怎么也上不了正轨…"[19]157。

依存的基础有两种力。一是对他者的信赖感。这是在个人生活经历中培养出来的信念(belief),即相信当自己深陷苦难时,会有他人相救。二是忍耐力(perseverance)。即为了解决苦难而坚持不懈的努力(ability),有勇气长期与苦难抗争的意志力——能力(a quality)[6]80。忍耐力将克制自己肆意轻率地依存于他者(撒娇),最终在自己的努力达到极限时,能够将此转变为依存于他者的契机(参考图2)。

从对于依存的消极情感来看,理论上也可将忌讳、拒绝依存的态度划分为依存的第四种类型。

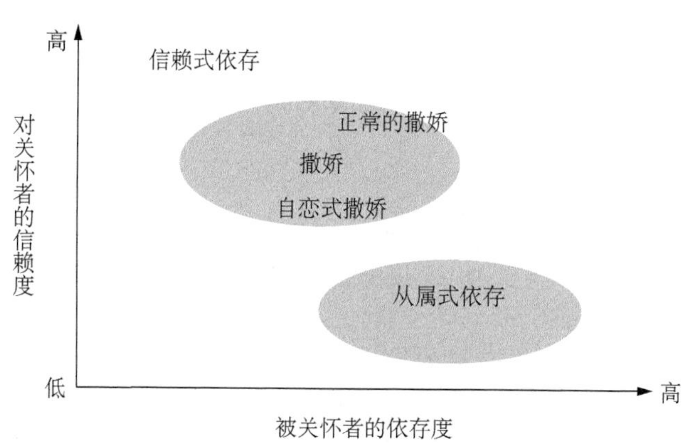

图2　依存的三种类型

2. 关怀的形式

被关怀者的依存类型极大影响关怀者的关怀形式。以下将按照依存的类型分析与之相应的关怀形式。根据关怀者对关怀的态度,三种类型的依存分别对应着两种关怀形式(参照图3)。关怀者的实践态度以是否具有"家长主义(paternalism)"①意向为基准,可分为"自律尊重意向"和"支配、压制意向"两类。

与从属式依存相对应的关怀形式有二。第一,关怀者在具有"自律尊重意向"时,将会导致关怀者因规避过度依存而中断、终结关怀行为,或者,将加深被关怀者对关怀者的"当事人伦理"的不信任感,由于无法满足自己沉湎于依存的需求而绝望,进而退出关怀。所谓"当事人伦理"显然是指"我是我,他者是他者",一种抑制

① 家长主义一般指"以为自己(保护)为依据(理由)",而干涉他人自由(自律)领域(Dworkin)[36]105-106。桑内特认为家长主义是巧妙的"虚伪的爱的权威者(an authority of false love)"[37]。此外,与家长主义相关的"良性家长主义"和"恶性家长主义"等概念也是依据[36]104-110的描述。

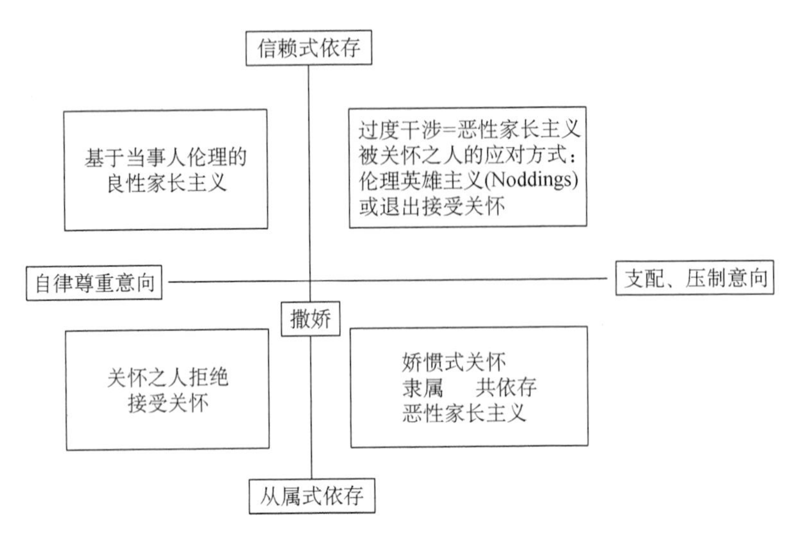

图 3　依存与关怀的关联

干涉他人自律(自由)的自我决定的伦理—原则①。第二,关怀者如具有“支配、压制意向”,他会将自己的价值观和判断强加给被关怀者,使得关怀沦落为一种强制性干涉、隶属关系——“恶性家长主义”。

那么撒娇式依存会带来怎样的关怀?当关怀者是“自律尊重意向”时,就不能充分给予被关怀者单向的“可靠”的善意。被关怀者的不满会表现为“拧巴”“闹别扭”“怄气”之类不配合的情绪②,最终会导致关怀行为的停滞或中断。关怀者如具有“支配、压制意向”,与从属式依存同样,将会倾向于强制性干涉、隶属关系—“恶性家长主义”;抑或是关怀者对他者暂时的、冲动的“撒娇”唯唯诺诺,言听计从,导致形成“娇惯式关怀”[17]100-104 ③。

① 土屋贵志写道“扶助”他人的根本有三个原则性考量。第一是“只有本人才能直面接受事实,别人决不能代替”。第二是“相信对方(当事人)的能力”。第三是“代替对方”。第一个原理相当于“当事人原理”。根据土屋所述,第一原理逻辑上可分为“只有本人才了解本人的事”(认识的侧面)以及“本人的事就是本人的事”(与存在相关的归属问题)[34]50-54。

② 这些态度在深层次都可关联到“不能撒娇的心理”。因为不能坦率地撒娇所以“闹别扭”。“怄气”现象是“闹别扭”所引起的。“扭”是不撒娇,不理睬他人,这是暗中依靠他人的心理逆反。因此,表面看是不撒娇,究其根本心态还是“撒娇”[38]。

③ 关于人际关系的嗜好“共依存”也可放在该范畴考量。“共依存(者)”的定义诸多,此处认为“共依存者是具有胁迫观念的人,被特定的他者的行为所左右,认为自己必须控制对方的行为(对他者极端的帮助)”。其本质特征是,例如“明显出现了意外的结果,但是仍然经常影响自己以及他人的情感和行为,或者为了控制能力而不惜自我评价”“认识不到自身需求,以满足他人的需求为己任”[39]182-184。

此外,从文化人类学的观点比较“撒娇”和“共依存”,提出“撒娇—共依存—escalation(渐增)”的看法。[39]。

而在信赖式依存中,关怀者如果是"支配、压制意向",很可能导致过度干涉。过度干涉将成为践踏他者实现及补充自律的正当化原则的"恶性家长主义"。遭遇过度干涉的被关怀者对"恶性家长主义"有两种应对。第一,根据"伦理英雄主义(an act of ethical heroism)的行为"(Nel. Noddings)①,在期待关怀者的态度转变中继续接受关怀。第二,退出接受着的关怀。另一方面,当关怀者具有"自律尊重意向"时,基于对被关怀者的自律性的慎重考量,将会实践舍己利人的关怀——"良性家长主义"。这应该是关怀者的当事人伦理与被关怀者的信赖自律的依存相得益彰,从而形成的最理想的关怀。

三、信赖式依存的条件

1. 自律与忍耐力(perseverance)的双重含义

不言而喻,从表面看来,最适合关怀的依存方式是"信赖式依存"。信赖式依存的根源中存在着对他者的信赖感和自律的忍耐力(perseverance)。信赖感指的是当自己陷入苦难之际,确信会有他者相助;忍耐力是具有勇于直面苦难,并不断努力找出解决办法的勇气和意志力。因此,这种忍耐力会克制自己随意轻率地依存他者(撒娇)。

但是,对"依存"而言,"忍耐力"具有双重含义。是否由于认识到忍耐力的限度从而唤起"对他者的信赖",形成了"既非从属也非撒娇"的信赖式依存?还是因为当深陷困难,忍耐力会更强烈地要求自己努力奋斗,从而在心理上克制依存?

即使存在对他者的信赖感,"深陷苦难时,只要依存他者就应该会得救"的信念并不能转化为具体的行为。而坚持"困难时可获救"的信念并且更加努力奋进与依存的需求之间也并不矛盾。然而,怀有这种希望而奋斗与苦难时可依存却是两个问题。于是,在危急时刻,要将忍耐力和信赖感转换为依存行动则需要第三方力量。那将是什么?

假设"忍耐力"是将信赖式依存与撒娇、从属式依存加以区分的力量——能力,那么,基于信赖式依存是最适合关怀的依存形态这一认识,如何保持忍耐力就是一个重要课题。然而,"应该会有他人帮助自己"的信念与确保自己努力的忍耐力,二

---

① 在内尔·诺丁斯的 *Caring: a Feminine Approach to Ethics & Moral Education* 一书中作为"被关怀者的伦理"提出了"伦理英雄主义"概念。关怀者"基于伦理的自己"(在自认为的关怀的理想基础上,为了理想的自己,而努力提高现实的自己)的关心和行为,与被关怀者的"伦理的自己"无论如何都不吻合时,关怀者有两种对策。第一是两者理想上的沟壑严重,无法填平时,选择退出关怀。第二是伦理英雄主义。即,被关怀者对于关怀者的行为"抱有持续的怀疑(with persistent doubt)",但是期待关怀者可能会注意到自己的错误以及修正关怀,尽可能善意看待关怀者的行为,来应对关怀者"想象中的善意",一种伴随精神忍耐的行为[40]。伦理英雄主义是关怀中共同责任论所引申出的行为规范,认为关怀不是个人单向的行为,而是关怀者与被关怀者的协作行为(reciprocity),构成了诺丁斯独特的关怀观点。

者在放任之下并不一定产生恰到好处、切合时机的依存行动。换言之,如果缺乏意向于自己解决的忍耐力和希望被救的愿望(对他者的考量)这两种“精神力”,依存的形态就容易倾向于撒娇和从属式依存,尽管如此,“精神力”却并不能形成困难时的具体依存行动。或许,信赖式依存就是一种依据“第三方力量”才能引发实质性“依存”行动的稀有现象。但是何为“第三方力量”?虽然是一种悖论,但可以说,就是指在危急状况中,对自我极限的严格认识以及能够抑制忍耐力的所谓“精神抵抗力”(Trotzmacht des Geistes)[18]。

如果“撒娇”是放弃自我决定和自我责任的意向性依存,那么信赖式依存中的“依存”必然包含对自我决定和自我责任的认知(自律的意志)。同时,自律的意志并非自以为是的排他的自律,必然是与依存共存的自律。与依存共存的自律,与自律共存的依存,自律和依存的共存形态,才是信赖式依存的精神基础。那么如何获得共存?

问题的焦点在于,危难时刻,当认知自我努力的极限时,是否具有将自律转换成依存的精神力。这种力量应该称之为“良性依存力”,通过对忍耐力的慎重考量和抑制而能够获得。“良性依存力”如何培养?

要探讨“良性依存力”的条件,以下将通过几类事例①,分别着眼于无法依存的条件,即难以控制自我“忍耐力”,以及意识到自我极限却难以转化为依存意向,并最终走向自律意向的失败事例,同时,以“抑郁亲和性(Typus Melancholicus)”性格构造为切入点,试图依据阻碍依存的事物去寻找启示良性依存的条件所在。

2. “抑郁亲和型”性格和“依存”

特雷巴赫(Hubertus Tellenbach)指出,“抑郁亲和型”是从内因性单极性抑郁症的“病前性格(此种抑郁症患者共有的同一性人格构造)”中分离的一种性格构造[19]116-236。在日常生活、工作、待人接物上,“抑郁亲和型”性格构造的人有着“一丝不苟、努力工作(勤奋)、强烈的义务和责任感、认真、诚实、干净、尊重权威和秩序、保守、规规矩矩、细心周到”等显著特质②。这些行动上的特质与“普通日本人”的性格(人格构造)不仅是单纯地相似,极端地说甚至“一模一样”[20]19,26。该分析同时也证

① 例如,引起过劳死、过劳自杀的事例。根据大野正和描述,被工作逼到绝境,陷入孤立无援的状况而过劳死、过劳自杀者,基本都存在为了回馈周围的信赖“为他人而献身”“责任感强且认真的性格”“不会拒绝别人的拜托”“容易凡事都归责为自己”等,可以肯定是“忧郁亲和型”的性格特征[41]60-100。

② 中井久夫将抑郁亲和型和适宜的“职业伦理以及生活道德”规定为“执着(性)气质的职业伦理”,并从历史的观点考察了这种伦理——“通俗道德(安丸良夫)”以及以此为模范的执着性格者(抑郁症亲和型)。据研究,执着气质的职业伦理出现于日本社会第一次被货币经济浸润的18世纪后半期,江户中期以后,并且认为只有日本“常见”这种职业伦理[21]43-44,53,[20]75。关于通俗道德对近代社会的持续作用,可见[42]。

明,现代日本是世界唯一的仍会在医学临床经常使用这一阐释的国家[20]24-27①。

何以那些"为了维持社会安定必须有的人"[20]35拥有"计算社会"(Roger Caillois)中不可欠缺的核心性格构造[21]72,却容易罹患忧郁症?有必要去关注行为的外表(表层)与内里(深层)的差异。木村敏指出,具备抑郁亲和型行为特征的"吃苦耐劳、坚守情理的人",实际上极度恐惧、警惕让自己陷入负罪感(有损于自己的体面)的状况,同时他们还有着"冒牌道德家""伪君子"的伪善一面[15]42-43。尊重秩序、履行义务并不是服从普通的道德法律,而是忠实于规定"人与人之间"的"情理观念的考量(用意)—体面、面目、情谊"[22]。这种"诚心诚意"不过是"缺乏人情味的规规矩矩",起源于为了规避有着情理的他者的差评和责难,以及预防性自我保护的考虑(因此,对于无情理的他者的态度就极其冷漠)。

"抑郁亲和型"性格的依存行为具有怎样的特征?特雷巴赫将抑郁亲和型性格归纳为"为他者竭尽全力(Leisten-für-andere)"的"为他者而存在(Sein-für-andere)"。它是海德格尔(Martin Heidegger)的"尽力的顾虑(einspringende Fürsorge)"中的典型,是掠夺他者"担心(Sorge)"的顾虑[19]154。

"为他者而存在(Sein-für-andere)"的特征衍生了以下三种与依存行动相关联的态度:第一是克制撒娇。认为撒娇是不好的,因此拒绝,或者对撒娇抱着禁欲伦理[21]41-42,51,54。第二是极度害怕、警惕给他人添麻烦,并有胁迫感。在任何时候给他人添麻烦都会引起道德上的罪恶感及强烈的自责感[3]131,[20]121。第三是对受他人关照、欠人情有着狭隘的抵触和回避的情感[20]127,[19]156。这种心理特征具体表现为以下病例。依存看似成为一种胁迫观念。

> 不论遇到什么事,都努力尽量不要欠人情。别人好不容易热情邀请,但是自己却无法应约,这也是欠人情。欠人情时,担心地不得了。着急必须尽快还清人情,实际上也为之努力[23]27。
>
> 不习惯受人关照。因为受人关照虽然是值得庆幸的,但是同时又觉得"必须尽快报答"。我当然会以某种方式好好报答。我绝对做不到受人关怀后没有任何表示[23]33。

忧郁症患者(或者是普通日本人),为何易于将人生的所有场面都作为"欠人

① 『日本人という鬱病』的作者认为抑郁亲和型的忧郁症是日本的"水土病",预测随着社会构造的改变,抑郁亲和型性格的人会减少,忧郁症的罹患率也会下降,而抑郁亲和型的忧郁症"将会作为忧郁症的基本形态而保留"。其根据为"抑郁亲和型性格并不是单纯地对日本人的性格的表象描写。不论生活方式如何改变,如同任何时代还是在玄关脱鞋一样,我们日本人的思想和感性中一定存在着某种难以改变的东西。精神病学中将'我们日本人代代传承的生活方式'描述为抑郁亲和型性格"[23]16-20。此外,近来精神科临床上不断出现不符合抑郁亲和型的病例(轻郁症亲和型)[43,44]。

情"来联想?对于忧郁症患者而言,与他者的所有关联,并不是不需要报答的"给予/接受",而是"借/贷"色彩较为浓厚。为什么?忧郁症患者为何要将明明可以安心接受的细微事物当作"借"来的?对于忧郁症患者为何如此难以"接受"?[23]41

3. "信赖式依存"的障碍

"抑郁亲和型"性格者为何视依存为负债、欠人情而回避?对依存犹豫不决、逃避的原因是什么?芝伸太郎曾说过,如果说"抑郁亲和型"的抑郁症是"风土病",那么维持并不断再生产对依存的消极态度的"风土"究竟是什么?

"抑郁亲和型"性格者对依存的犹豫和抵触并非完全源于"对他者信任感的缺失"。"抑郁亲和型"性格者中也不乏有人认为"困难之际,求助他人可获得帮助"。问题在于,即使知道他者(只要求助)会帮助,但是却不去依靠——不去依存。

"抑郁亲和型"如果是"普通日本人"的心态,忧郁症患者所表现的极端"依存—负债"的观点也制约着日本人的日常思维和为人处世,所以这正是阻碍最适合关怀的"信赖式依存"的重要因素。以下考察为何将依存作为"负债",进而回避的逻辑结构。

将依存作为负债而犹豫不决、逃避的思想,其根源隐藏着一种复杂的心理过程,它来自于"情理的互惠性规范"。所谓情理,"严格意义上说,是必须完成的报答规则(strict rules of required repayment)"[24]140,[25]163。"'情理'的报答是正确的等量的报答(repayment of an exact equivalent)"。"如果延迟报答期限,仿佛会加利息一样(负债)会变大"。遵循这种严密的规范——"情理"是因为害怕"在世人面前(before the world)丢脸""害怕世人的议论"。情理并不是单纯的互惠性规范,而是一种具有胁迫威力(强制力)的观念,暗示未完成时的制裁(sanctions)、劝诱报答。

这种"情理"观念极大地影响了日本独特的"赠送、交换"现象。日常赠予交换现象中的第一特质是"交换(借用原理)"相对于"赠与(接受原理)"的优势。不允许"接受后置之不理""多数的赠与都伴有交换,与交换相交织"[26]。第二特质是等质—等量交换的意向性(均衡的原理)[27]和交换的"金钱性"。"完全均衡的互惠行为"是情理的核心伦理。"等质—等量交换的意向性"与对交换事物的严密测定的期待不可分开。不能正确测定他者礼品的质和量,就无法提供等质量的回礼,也就无法维持均衡。于是"金钱(money)"就成为客观且合理测定交换事物的标准。日本人将赠与和交换完全等价(换算)于"金钱"①,芝伸太郎着眼于这一心理,分析

---

① 德日的赠送习惯可做如下比较。①在日本,送礼主要是钱,德国是物品(商品)。②在日本送礼不论是钱还是物品,被赠之人要马上回送与之匹配的。而在德国没这个必要[20]46。

"日本人的待人接物行为(整体社会行为)具有强烈的金钱性"①[20]20、61。第三是对报答的焦躁和报答延迟的极端警惕。对报答有种"必须立即进行"的无意识冲动。"金钱之外的所有事物都……按照金钱标准,在人与人之间流通,将人与人连接起来"[23]193,这种心理现象是日本人特殊的行动原理。

按照情理的观念,对他者的依存是名副其实的负债,要遵循世间法则,必须报答。为何抑郁亲和型性格者(日本人)回避依存?第一是与生而来的自尊带来的对依存的心理抵触。即认识到他者的优越和自己的脆弱会产生自卑感和耻辱感。而当危急状况下,主动放弃依存这种依存—被依存关系的固有不定性(amorphousness)则产生了第二个因素。即很难定量测定依存这种负债,并且由于清偿的判断主要受他者的主观影响,因此无法看清何时报答完毕。未完成的心理负债感可能永久持续。这是用"恩"来衡量负债,意味着依存变质为"永不削减的债务(ever present indebtedness)"[24]114、116,[25]133、136②。不仅如此,由于没有清偿的客观标准,仅由他者认可、承认清偿即可,但是在清偿的判断产生差异——未完成时,这会成为社会"议论"的根源,最终可能严重损害名誉和面子。这种"可能报答不完"的不安,导致对依存犹豫不决③。

由此可见,抑制依存逻辑的社会基础在于"情理"这一特殊的日本式互惠性规范。一些谚语如"困难时大家互帮互助""相互依靠" "彼此彼此",是对他者出于"情理"观念而使用的惯用语,其根源隐藏着"亲切—情理—回礼的循环"[3]40和"有偿的相互扶持共生情感"[4]47,意味着"我会给你,因此你也给我的 du ut des 方程式"[28]—种"无言的报答要求"。"忧郁亲和型"性格者(日本人)本位地考虑到名誉和面子,害怕这种规则却严格遵守,因此成为最忠实的情理捍卫者。在他们身上可以看到一些小心翼翼的行为特征,比如"坚守情理""规规矩矩",但当"本能地"自知

① 芝的主张可归纳为以下三点。①对于忧郁症患者(日本人)而言,与社会所相关的所有事物、行为都是金钱。②金钱在本质上只具有交换形式。③金钱由于其纯粹的金钱性,比商品更具有价值[20]47。此外,"强烈的金钱性"这一说法让人联想到精神分析家所说的"肛交性格者",但是根据芝的研究,抑郁症亲和型性格者并不像肛交性格者中的"吝啬家""守财奴"的印象[23]164。

② 大野正和将过劳死、过劳自杀者的工作观表述为"报恩的工作"[41]107,将"情理"的等量、等质且有限、有期的报答规定为"买卖型负债",将"恩"的无期限、无限定报答等同于"借贷型负债"[41]104-111。但是本文不将"情理"作为"负债"。"情理"指的是与报答负债相关的规则(互惠性规范),因此应该与"情理"等同的不是"恩",而是报答"恩"这一负债相关规范的"报恩"。*The Chrysanthemum and the Sword* 中认为"情理"是"恩"的两种相反义务(义务和情理)之一[24]116,[25]136。此外,"『世間に対する義理』……对同辈有报恩的义务"中也有类似的用法。

③ 布劳(Peter M. Blau)从社会交换论的观点写道"对于接受给予的利益而无法回报的人来说,无法回报会产生恐怖的后果(the dire consequences of lack of reciprocation),最终保护自己的唯一方法就是不接受给予的利益"[45]108,[46]95。此处"恐怖的后果"意味着完全丧失信赖、信用、社会地位,以及丧失对他人的优越性或者对等性(—对他人不得已的从属)。

有负债感时自我耐性很少,为了不陷入负债状况而努力趋于"自律意向"[15]25。所谓"情理是最残酷的规则(Hardest to bear)"[24]133-155,即是基于日本人对于情理的严格要求,"即使想依赖他人也不去依赖"的日本人的真实体会。

然而,无论如何评价依存,日常的关怀都不可避免。如果"被关怀者"总是受限于情理和依存的胁迫感,关怀的成就将会显著降低。怎么办?如此的性格构造和气质是历史形成的宿疾,也只能在历史的长河中消解。具体来说,抑郁亲和型的忧郁症是一种风土病,为了减少罹患率,构筑与"信赖式依存"相符合的"良性依存"形式,其根本就在于"抑郁亲和型"性格者个人必须清楚地认识到情理的束缚和该性格构造的特征,并且磨炼与之抗争的"精神抵抗力"。为此,必须恢复不受情理这种社会规则束缚的"日常领域(vernacular domain)"①,恢复"对于包含着脆弱和依存的生活的一种完整性认识"[9]138。

结语:从"彼此彼此"到"与人方便、与己方便"的转变

"抑郁亲和型"性格者并非通过自己的努力就能成为"极乐之人",通过磨炼"精神抵抗力"以达到改造性格构造的目的也是有限的。因此,要改变复杂的性格构造,需要进行社会改革。不变革"社会规则"②,就不能消除对依存的消极情绪。因此,必须重新看待家庭、以家庭为中心的共同体以及日本"社会"的应有形态。

在心理上阻碍信赖式依存的情理规范、极受情理影响的"交换相对于赠与的优势";那些甚至于在难以量化的"心理财富""行为财富"上也不得不去追求"均衡原则"的"情理"和"报恩",诸如此类,存在着这样种种社会性交换的桎梏。简言之,仍有众多的日本人在人生的所有场域中经历着并非"赠与/接受",而是"借/贷"层次的人生体验③。如何去消解束缚日本人的心理构造?如何将在相互扶助的体制中仍然要求报答的"彼此彼此"的规范(bilateral reciprocity),转换为无偿扶助或者无期待报

---

① 伊里奇关于"日常"这样写道:"日常一词源自'扎根''居住'的印度日耳曼语系的词语。拉丁语中的vernaculum用于在家培育、在家纺织、自产、自家制的所有事物,与通过交换而获得的事物相对立。……我们需要用简单坦率的语言来表示不需要考虑交换动机的人类活动。那是人类为了满足日常需要而进行的独立的非市场的行为。……我也希望通过论述日常词语和其再生的可能性,让人注意到在未来社会的所有场合有可能再度扩大的存在、行为、制作的日常的方式,并引起相关讨论"[47,48]。

② 阿部谨认为"社会"有三种法则。第一是赠送报酬关系;第二是长幼之序;第三是共通的时间意识。"共通的时间意识"是"今后也多多关照""前段时间多谢了",这在欧美社会不存在,在日本的寒暄语中存在[49]。

③ 福田恒存认为,这种心态的基础存在着根源上规定着日本人的道德观"清白"(不丑恶)这种美感。"人际关系中的'清白',指的是相互之间不存在复杂的经历。或者是不留有痕迹。这时常表现为君子之交淡如水,但也不尽如此。从不租借、收支平衡是指不是一方得利。而对于自己,常常借出却无收回。相互之间也常有融入的时候,甚至说是舍己为人。这就是'清白'。如果这样做,任何时候均可收回"。

答的"与人方便、与己方便"的"赠与/接受"的良性循环(circular reciprocity)①? 答案是,必须改变日本特殊的赠与交换传统,构筑新风土论②以及新的社会共同体论②。

参考文献

[1] Peplau, Hildegard E, Interpersonal Relations in Nursing: a Conceptual Frame of Reference for Psychodynamic Nursing[M]. New York: Springer Publishing Company, 1991.

[2] Peplau, Hildegard E.人間関係の看護論[M].稲田八重子他,訳.東京:医学書院,2006.

[3] 佐藤直樹.世間の目—なぜ渡る世間は「鬼ばかり」なのか[M].東京:光文社,2004.

[4] 佐藤直樹.「世間」の現象学[M].東京:青弓社,2001.

[5] 天田城介,栗原彬.人間学[M].東京:NHK 学園,2006:161.

[6] Travelbee, Joice.人間対人間の看護[M].長谷川浩他,訳.東京:医学書院,1991.

[7] Sennett R.権威への反逆[M].今防人,訳.東京:岩波書店,1987:47.

[8] Sennett R.不安な経済 / 漂流する個人—新しい資本主義の労働・消費文化—[M].森田典正,訳.東京:大月書店,2008:50.

① 布劳对某人(B)得到不需要报答(without incurring obligations to reciprocate)的社会报酬时做了如下规定:A 给予 B 报酬的行为,对于 A 不是纯费用(a net cost),而是纯收益(a net gain)的一种经历。即,可认为通过参与给予 B 报酬,A 也获得了充分的报酬[45]102,[46]90-91。

但是这种描述也有些不妥。认为 A 对于 B 的相关行为也获得了"充分的报酬",只不过是因为 A 主观上降低了对 B 的报答期待。确实,A 降低对 B 的报答(互惠性)期待,客观上可能缓解了 B 的报答义务(或者报答的心理负担)。只是假设 B 的义务在客观上缓和了,但是并不代表能消除——清除 B 对报答(互惠性)的主观义务感(未尽情感)或者对因"报答而产生严重后果"的恐惧[45]108,[46]95。布劳的上述描述"B 在获得无需报答的社会报酬时",正确的含义是"A 在给予 B 社会报酬的行为中,A 对于 B 的报答期待(互惠性意识)较小"。换言之,是与提供者(A)的期待意识高低相关的问题,而 B 的报答义务是另外的问题。因此,B 不受义理等的报答义务感所束缚,而获得社会报酬,依然是个未解之谜。

即便如此,不以神的恩宠、邻里之爱、圣人的行为为前提,A 对 B 的报答期待相对较小,同时 B 也可能(感谢与好意之外的)不受对 A 进行严格的报恩义务所束缚。如果可能,带来这种关系的条件是什么? 这是与现代社会中"日常领域"的回归也相关联的课题。

② 龟山纯生将风土定义为"当地的风俗习惯(landschaft),在一定的地理区域内,拥有共同关系的人们与生活自然的一体关系的总体",具体提出将风土理念作为"文明论的转换的'王牌'""对市场原理主义的'最后抵抗'",应该作为"伦理融解""人间崩溃"的"最后的堡垒"进行再构建[50]。

② 作为此方向的试金石,文献[51],[52],[53]特别值得关注。

[9] 市村弘正.小さなものの諸形態—精神史的覚え書—[M].東京:筑摩書房,1994.
[10] 鷲田清一.わかりやすいはわかりにくい?—臨床哲学講座—[M].東京:筑摩書房,2010:140-141.
[11] 鷲田清一.しんがりの思想—反リーダーシップ論—[M].東京:KADOKAWA,2015:127.
[12] Johnson F. Dependency and Japanese Socialization: Psychoanalytic and Anthropological Investigation into AMAE[M]. New York: New York University Press, 1993: XIII.
[13] Johnson F.「甘え」と依存—精神分析学・人類学的研究—[M].江口重幸他,訳.東京:弘文堂,1997:V.
[14] 土居健郎.「甘え」雑考[M].東京:弘文堂,1975:133.
[15] 木村敏.人と人との間—精神病理学的に本論—[M].東京:弘文堂,1972.
[16] 鷲田清一.じぶん—この不思議な存在—[M].東京:講談社,1996:106-126.
[17] 土居健郎.続「甘え」の構造[M].東京:弘文堂,2001.
[18] Frankl V E.宿命を超えて、自己を超えて[M].山田邦男他,訳.東京:春秋社,1997:3-23.
[19] Tellenbach H.メランコリー[M].木村敏,訳.東京:みすず書房,1985.
[20] 芝伸太郎.日本人という鬱病[M].東京:人文書院,1999.
[21] 中井久夫.分裂病と人類[M].東京:東京大学出版会,1982.
[22] 源了圓.義理と人情—日本的心情の一考察—[M].東京:中央公論社,1969:60.
[23] 芝伸太郎.うつを生きる[M].東京:株恩書怿,2002.
[24] Benedict Ruth. The Chrysanthemum and the Sword: Patterns of Japanese Culture[M]. New York: New American Library, 1946.
[25] Benedict Ruth.菊と刀—日本文化の型—[M].長谷川松治,訳.東京:社会思想社,1967.
[26] 伊藤幹治,井上俊他.贈与と市場の社会学[M].東京:岩波書店,1996:20-21.
[27] 伊藤幹治他.日本人の贈答[M].東京:ミネルヴァ書房,1984:6-7.
[28] きだみのる.日本文化の根底に潜むもの[M].東京:講談社,1957:102-103.
[29] 佐々木信行.自殺という病[M].東京:秀和システム,2007:127-133.
[30] 張賢徳.人はなぜ自殺するのか—心理学的剖検調査から見えてくるもの—[M].東京:勉誠出版,2006.

[31] NHKクローズアップ現代取材班.助けてと言えない—孤立する三十代—[M].東京:文藝春秋,2013.
[32] 渡辺俊之.ケアの心理学—癒しとささえの心をさがして—[M].東京:KKベストセラーズ,2001:105-114.
[33] 渡辺俊之.希望のケア学—共に生きる意味—[M].東京:明石書店,2009:85-99.
[34] 森岡正博.「ささえあい」の人間学—私たちすべてが「老人」+「障害者」+「末期患者」となる時代の社会原理の探求—[M].東京:法蔵館,1994.
[35] 長山恵一.依存と自立の精神構造—「清明心」と「型」の深層心理—[M].東京:法政大学出版局,2001:73-107.
[36] 中村直美.ケア論の射程(熊本大学生命倫理研究会論集 2)[M].福岡:九州大学出版会,2001.
[37] Sennett R.権威への反逆[M].今防人,訳.東京:岩波書店,1987:50.
[38] 土居健郎.「甘え」の構造[M].東京:弘文堂,1971:24-25.
[39] 吉岡隆.共依存—自己喪失の病—[M].東京:中央法規出版,2000.
[40] Noddings N. Caring: a Feminine Approach to Ethics & Moral Education [M]. Los Angeles: University of California Press, 1984:77-78.
[41] 大野正和.過労死・過労自殺の心理と職場[M].東京:青弓社,2003.
[42] 安丸良夫.日本の近代化と民衆思想[M].東京:平凡社,1999:12-24.
[43] 樽味伸.現代社会が生む"ディスチミア親和型"[J].臨床精神医学,2005,34(5).
[44] 樽味伸・神庭重信.うつ病の社会文化的試論—特に「ディスチミア親和型うつ病」について—[J].日本社会精神医学会雑誌,2005,13(3).
[45] Blau P M. Exchange and Power in Social Life [M]. Los Angeles: Transaction Publishers, 1964.
[46] Blau P M.交換と権力:社会課程の弁証法社会学[M].間場寿一他,訳.東京:新曜社,1974.
[47] Illich I. Shadow Work[M]. Paris: Marion Boyars, 1981:57-58.
[48] Illich I.シャドウ・ワーク—生活のあり方を問う—[M].玉野井芳郎・栗原彬,訳.東京:岩波書店,1990:127-130.
[49] 阿部謹也.学問と「世間」[M].東京:岩波書店,2001:105.
[50] 亀山純生.地域再生のコンセプトとしての風土の意義[M]//唯物論研究年誌:第 14 号.東京:青木出版,2009:160,165-169.
[51] 金子郁容.ボランティアーもうひとつの情報社会—[M].東京:岩波書

店,1992.

[52] 内山節.共同体の基礎理論—自然と人間の基層から—[M].東京:農文協,2010.

[53] 岩崎正弥・高野孝子.場の教育—「土地に根ざす学び」の水脈—[M].東京:農文協,2010.

(本文由周琛译)

一位科学家的人类长寿研究、愿景与生命政策:延缓衰老或预防慢性疾病的生物过程

（摘要）

安德烈·巴尔特克

School of Medicine Southern Illinois University, USA

Although aging is a biological process that can be distinguished from disease, chronological age is a key risk factor for cancer, cardiovascular disease, Alzheimer's disease, other dementias and diabetes.

The relationship between aging and various chronic diseases suggests an exciting possibility that many, and perhaps all, of these diseases could be prevented or at least postponed by interventions that slow aging.

We are using various types of long-lived mutant mice to identify mechanisms of aging. The remarkable extension of longevity in these animals is associated with longer "health span" including improved maintenance of musculoskeletal and cognitive function, metabolic health (as measured by glucose homeostasis) and reduced and delayed incidence of cancer, the main cause of death in laboratory mice.

Physiological characteristics of these long-lived mutants include enhanced insulin sensitivity, reduced levels of insulin and insulin-like growth factor 1 (IGF-1), increased levels of adiponectin, metabolic shift toward greater utilization of fatty acids as energy substrate, increased resistance to oxidative and other types of stress, improved maintenance of stem cells and reduced cell senescence. Importantly, many of these characteristics in human subjects are associated with familial longevity, reduced old age mortality, resistance to cancer and diabetes and probability of attaining extremes of life expectancy.

Available evidence indicates that modulating insulin, IGF-1 and/or mechanistic target of rapamycin (mTOR) signaling and reducing chronic inflammation by physical activity, diet or pharmacological interventions will slow human aging, thus providing a novel and practical approach to disease prevention.

虽然衰老是一个生物过程,可以区别于疾病,实足年龄是一种针对癌症、心血管疾病、老年痴呆症、其他痴呆和糖尿病的关键风险因素。

老化和各种慢性疾病之间的关系表明一种令人兴奋的可能性,也许,所有这些疾病可以预防或至少通过干预推迟,减缓衰老。

我们正在使用各种类型的长寿基因突变的小鼠来识别衰老机制。这些动物寿命的显著延长与更长的"健康跨度"相关,包括改善维护肌肉骨骼和认知功能,代谢健康(正如葡萄糖体内平衡所测量的)和减少和延缓癌症的发病率,在实验室癌症是小鼠死亡的主要原因。

这些长寿突变体的生理学特征包括胰岛素敏感性增强,胰岛素水平降低和胰岛素样生长因子 1 (IGF-1)增加、脂联素水平的增加,脂肪酸代谢转向更大的利用能源基质,增加抗氧化和其他类型的压力,改善干细胞维护和减少细胞衰老。重要的是,在人体受试者中显示,许多特性与家族遗传寿命、老龄死亡率的减少、癌症和糖尿病的抵抗性和达到极限寿命的概率相关。

现有证据表明,调节胰岛素 IGF-1 和/或机械的雷帕霉素(mTOR)的目标信号和身体活动减少慢性炎症,饮食或药物干预措施将减缓人体老化,从而提供一个新颖的和实用的方法来预防疾病。

(郭玉宇译,此项目由美国国家老龄研究院资助)

西方生命伦理学和家庭:个人主义权利语境的战略性模糊策略

（摘要）

马克·切利

Department of Philosophy, St. Edward's University　美国圣爱德华大学哲学系

Western bioethicists often write from the perspective of a very individualistic, social democratic vision, marked by a deep social anomie.

As a result, they routinely exclude family life as central to human flourishing, choosing to accent individual rights to liberty, equality, and self-determination.

However, such individualistic rights language, which is deployed against the family, is strategically ambiguous.

One should note, for example, important complexities of rights discourse.

As this presentation explores, "rights" can be understood as defining a sphere of moral jurisdiction or as a side constraint on the actions of others; "rights" can be goal directed, announce a welfare entitlement, or indicate an all things considered judgment; "rights" can be appreciated as indicating a good, or as acknowledging a duty.

While the individualistic "rights" common to Western bioethics discourse are claimed to be universally applicable moral judgments, they reflect only one particular, culturally conditioned concept of morality, designed to serve a specific political agenda that seeks to recast traditional understandings of family authority.

The focus of much contemporary Western bioethics has been to sunder the authority of the family over its members.

Yet, as this presentation recognizes, traditional family structures help to protect against poverty and to provide a safety net for children, adults and the elderly, while freeing people to live in ways that many judge to be central to human flourishing.

For example, it is through family economic and social capital that moral claims tend to have effective substance.

Rather than a focus on individual rights, equality, and self-determination, this presentation acknowledges the centrality of the family to human flourishing and the existence of concrete human goods.

西方生命伦理学家们经常从非常个人主义和标志着深刻社会失范的社会民主视角著述。

因此,他们经常排除家庭生活作为人类繁荣的中心,选择强调个人自由、平等和自决的权利。

然而,这样的对抗家庭的个人主义权利语言,在战略性上是模糊不清的。

例如,每个人都应该注意权利话语的重要复杂性。

正如这个描述所探究的,“权利”可以被理解为定义一个道德管辖范围或对别人行为的边际约束;“权利”可以由目标指引,宣布一项福利权利,或表明一种经过深思熟虑的判断;“权利”可以被欣赏为显示善行或者承认一种责任。

而西方生命伦理学话语中常见的个人主义“权利”,自称是普遍适用的道德判断,这反映了只有一个特定文化的道德概念,旨在服务于一个特定的政治目的,即寻求重塑家庭权威的传统理解。

很多当代西方生命伦理学的焦点已经切断了家庭对其成员的权威性。

然而,正如所陈述的表示,传统家庭结构中的人以被认为是人类繁荣中心的生活方式有助于防止贫困和为儿童、成年人和老年人提供一个安全网。

例如,它是通过家庭经济和社会资本,后者的道德要求倾向是拥有有效的资产。

不是关注个人权利、平等和自决,这表示承认家庭对人类繁荣和人类具体商品存在的中心地位。

(郭玉宇译)

伦理实证研究的方法论基础

王　珏　李东阳

东南大学人文学院　苏宁易购集团物流研究院

摘　要　目前国内外伦理实证研究已呈蔓延之势，但学界尚未对伦理实证方法进行系统讨论，对伦理实证方法理论探讨缺场的结果是具体伦理实证研究的混乱。在对具体伦理实证方法探究前，首先有必要对方法的方法也即为具体研究方法奠基的方法论基础进行思考。本文旨在对伦理实证研究的方法论基础进行研究，具体从伦理实证研究的正当性辩护、伦理实证研究的合法性探寻、伦理实证研究的独特性价值、伦理实证研究的合理性讨论四个方面展开。

关键词　伦理；实证研究；实证伦理；方法论基础

无论认同与否，实证主义研究范式已活跃在伦理研究领域且有日益加强之势。国际伦理学界，特别是生命伦理、企业伦理、行政伦理领域，伦理实证研究的起步较早，今天，这种研究已较为普遍且研究方法相对成熟，也获得较为广泛的赞同，国外已有学者提出“实证伦理（Empirical Ethics）”①的概念，以指称整合实证探究与伦理思辨的方法，并对这一方法的总体特征进行了初步总结。国内伦理学界伦理实证研究的起步较晚，相关的理论积累和方法反思尚存不足，热闹研究景象背后呈现出方法的失当，致使伦理实证研究领域出现不少误区。如，“实”而不“证”，只是用实证方法形式化地探讨现实伦理问题；“实”不为“证”，只是用数据、资料点缀、装饰已有研究；假“实”虚“证”，只是主观随意地展开研究，不遵循实证方法本身的科学性。要走出误区，提升实证伦理研究质量，需要对伦理实证研究的方法进行系统研究。

方法论不同于具体方法，是方法的反思和探究，可谓方法的方法。方法论基

［基金项目］国家社科基金重点项目（11AZX007）；教育部人文社科项目（09YJA720005）；江苏省社科基金（10ZXB006）；江苏省决策咨询“道德国情调查研究基地”、2011“公民道德与社会风尚协同创新”阶段性研究成果。

①　注：关于“Empirical Ethics”的中文翻译，国内学界并没有相应的研究，“Empirical”的汉语意思为“经验主义的，实证的”等，而“Ethics”的汉语意思即指“道德规范、伦理学”，因此，“Empirical Ethics”可以翻译为“实证伦理/道德”或者“经验伦理/道德”，或者也可以以学科称谓，笔者将其翻译为“实证伦理”，作为用实证研究方法去探讨伦理问题的一种视角。

础,是方法之根基,是方法的本体问题,包括方法的合法性依据、方法设立的原则、方法之间的关系及方法应用的有效性等问题。伦理实证研究的方法论基础,学理上至少需要探究伦理实证研究的正当性、合法性、独特性及合理性四个方面的问题。

一、伦理实证研究的正当性辩护

伦理实证的正当性依据何在?这是伦理实证方法奠基之初我们必须进行的一项前提性廓清工作。长期以来,特别是18世纪英国哲学家休谟发现"实然"(is)和"应然"(ought)的鸿沟,并提出著名的不能从"实然"命题中推出"应然"的"休谟法则"以来[1],许多学者认为以"应当"为研究核心的伦理学与关涉"是"的实证科学无缘,主张实证研究探讨社会事实,伦理思辨探讨价值问题,实然与应然、事实与价值截然二分,认为它们是两个不同的范畴,不能从事实的描述性说明中推出应当做什么的标准,实证与伦理难以对接。这样,如何看待事实与价值的分离,如何处理事实与价值的关系,就成为时代的尖锐课题,成为横亘于现代伦理方法基础研究前的难题。希拉里·普特南看到这个问题并强调指出:"在我们的时代,'事实'判断与'价值'判断之间的差别是什么的问题并不是象牙之塔里的问题。简直可以说是一个生死攸关的问题。"[2]

若往前追溯,可以发现,事实与价值、实然与应然的关系一直是西方语境中的永恒话题。自古希腊哲学追问"人是什么""自然是什么"并对人与自然、主体与客体采取了二分法开始,主观与客观、实然与应然、事实与价值问题就一直伴随西方哲学界。在对待事实与价值的关系上,人文社会科学形成三大方法论路向:主观主义方法论、客观主义方法论和综合主义方法论。主观主义方法论割裂了事实与价值的联系,认为价值主要依赖于主体,取决于主观,与事实无关;客观主义方法论否认价值主观性的一面,把价值等同于事实的属性,认为它与情感、态度等均无关涉,和客观事物、事实合而为一;综合主义方法论认为,价值既不纯粹产生于主观方面,也不单纯来自于客观属性,价值产生于主观见之于客观的活动。相应的,伦理学领域也存在三大路向:伦理主观主义、伦理客观主义、伦理综合主义。这种划分,只是为叙述清晰和研究方便起见,抽象思辨提炼所得,实际探讨中,人们往往不自觉混用。抽象思辨的优势是能逼视我们直面问题、把握本质的。

事实上,对主观与客观、事实与价值关系进行伦理探讨的本质,是对伦理正当性基础的追问。从哲学伦理学角度而言,伦理正当性聚焦于对"实然—应然"的认同、接受和证成上。伦理正当性基础的追问,历史逻辑地呈现了两个维度:一个是从"发生的进路",对伦理的由来、变迁、规律及其原因进行描述和说明,属"外部证成"的维度;另一个是从"逻辑证成的进路",对伦理理论进行缜密的推理和证成,属

"内部证成"的维度。完备的伦理正当性基础应当同时拥有上述两个方面。由于历史的局限,人类主体意识觉醒的渐进性缘故,伦理学史上这两个方面没有得到自觉的区分和完整的把握,许多阶段人们执其一端,出现被后来学者所诟病的"自然主义谬误"①和"理智主义谬误"②。

哈贝马斯对伦理正当性进行了历史的梳理,揭示正当性发展的三个阶段:神话起源的叙述阶段,宗教、宇宙的终极论证阶段和证成的形成条件阶段。在这基础上,他还进一步分析了正当性的基本走向,即正当性"外在的客观基础"日益萎缩,"主观的内在根据"逐渐强盛。[3]应该说,哈贝马斯的分析有一定的合理性,它也从另一个侧面揭示了"外在证成"的式微和"内在证成"的兴起。问题在于"内在证成"的思辨追问,最终必须会陷入无穷地递归、循环论证、武断地终止论证的"明希豪森困境"[4]。批判理性主义创始人波普尔认为,在这里,不能有什么终极基础理论,而必然是一种"信仰行为",一种"非理性的道德上的决断"。逻辑实证主义对"内在证成"典型代表的形而上学进行了批判,强调一切综合命题都以经验为基础,提出可证实性或可检验性原则。不过,他们提出的证实,主要通过对科学语言分析和对知识进行逻辑实证上。

"外在证成"是伦理实证研究方法得以确立的逻辑前提,是奠定伦理实证研究正当性基础的关键。休谟对事实与价值、实然与应然的区分,更多意义上是一种本体论的区分,揭示了人类存在中的一种状态与要求。事实与价值、实然与应然二分的提出,是伦理发展史上的进步,对唤醒伦理意识、丰富伦理理论具有积极意义。问题是,事实与价值的区分,并不意味着事实与价值的绝然断裂,更不意味着应然对实然的彻底抛弃。因为,价值判断建立在事实判断的基础之上,况且,现实社会生活中并不存在绝对、纯粹的事实。伦理实证研究正视事实与价值的区分,致力于以实证方法调查把握社会道德事实,丰富发展伦理理论、指导伦理实践。

二、伦理实证研究的合法性探寻

合法性是活跃于现代西方学术领域的概念③。自韦伯提出"合法性"概念并对之进行较为系统的阐释以后,许多学者加入了这一研究队伍。尽管对合法性界定

---

① "自然主义谬误"最先由乔治·爱德华·摩尔提出,他认为"善"是单纯的、不能下定义的且是不可分析的思想对象。自然主义谬误是指用自然属性定义"好",从实然推论应然。参见:摩尔.伦理学原理[M].长河,译.上海:上海世纪出版集团,2005, 39-58.

② "理智主义谬误"意指这样一种立场,"从我们运用理性的条件获得约束性规范,或者在这些条件中提示它们的约束性特性的正当性基础"。参见 Benhabib Seyla, Dallmayr Fred. The Communicative Ethics Controversy[M]. Cambridge, MA: MIT Press, 1990: 15-16.

③ 正当性、合法性(Legitimacy)源于同一英文单词,国内译法不一。许多学者视为同一,笔者认为它们各自侧重不同。合法性有广义和狭义之分,广义层面的合法性包含正当性。

的内涵不一,但总体而言,合法性是对现实社会作为普遍物定在(如政府、权力等)的认同和服从。这里主要从学术发展史角度探寻实证方法对伦理研究的支持。本文的实证,非逻辑实证主义哲学意指的逻辑分析,而是孔德实证主义意义上的科学实证。孔德在《论实证精神》中把实证上升为实证哲学原理,并对其作了六点规定:一是“真实”,与虚幻相反;二是“有用”,与无用对立;三是“肯定”,与犹豫对立;四是“精确”,与模糊对立;五是“组织”或建设的,与破坏对立;六是“相对”,与绝对对立。[5]33-35这里的实证,既有真实、精确的科学要求,也有建设、有用的价值指向。所谓实证精神,就是对自然界和人类社会作审慎缜密的考察,以实证获得的真实事实为依据,探寻其发展规则。与主要侧重于概念、命题的逻辑分析和证明的逻辑实证主义证实不同,伦理实证,主要指用社会学、社会心理学、实验哲学等实证方法进行伦理研究,它不仅要用科学实证的方法捕获道德事实、探究道德规律,而且要用缜密辩证的伦理思辨价值引领、积极驱动。

孔德认为,各门科学是否成为一门独立的科学,以是否达到实证状态为标志,如果没有实证精神的运用,就没有健全的道德。他宣称:“我们的所有思辨,无论是个人的或是群体的,都不可避免地先后经历三个不同的理论阶段,通常称之为神学阶段、形而上学阶段和实证阶段。”[5]3相应的,各门科学都必然经历神学的阶段、形而上学阶段,最后进入实证阶段。孔德之后,伦理实证研究的集大成者迪尔凯姆对伦理实证进行了较为系统的探讨:第一,明确了研究对象。强调指出伦理实证的研究对象是一种道德事实,这是一种兼具义务与可求性特征的善,是一种客观存在的道德实在。作为一种客观的道德事实,对道德现象的研究不能只运用观念的分析或采用纯粹逻辑推理的方法,而应该像研究社会事实一样,始终贯彻孔德所倡扬的实证精神,坚持社会学方法的基本准则。第二,梳理了实证方法。承继孔多塞开创,后经古雷利(Guerry A.M.)和凯特尔(Quételet L.A.)等发展的实证主义的、道德统计的方法论传统,运用社会学方法的准则,运用道德统计的方法研究道德事实。第三,理论建设的意向。他试图用社会学的方法去考察社会中的道德现象,并且指导人们的道德生活。迪尔凯姆虽然承认以形而上学为基础伦理学的部分合理性,但他也毫不避讳自己力图建构实证的道德科学,在《社会分工论》中明确指出:“我们不想从科学中推导出道德来,而是想建立一种道德科学,这两者有着天壤之别。同其他事物一样,道德事实也是一种现象,这些现象构成了各种行动规则,并可以通过某些明显的特征而得到认识。”[6]应该说,迪尔凯姆形成了以实证方法研究道德的“迪尔凯姆范式”。

同时代及其后的社会学家承继这种研究思路,以各自不同的视角来对道德问题进行研究,如斯宾塞用社会进化论的观点研究道德,认为有关道德本质的科学就是道德科学;法国社会学家 L. 列维·布留尔强调确实存在着有关道德事实的实证科学，道德家的实际思考必须以这种科学为基础；A. 巴耶特在《道德科学：论社会学学科在道德上的应用》中认为，在道德领域，科学的作用就是研究道德的本质，也就是说，研究道德事实和属于道德事实的规律。情感、观念、习俗和道德必须被当作事物，并得到相应的研究。芬兰社会学家、人类学家威斯特·马克则是以历史学和比较民族志的观点追溯道德事实的起源[7]。20 世纪上半叶，欧洲道德研究传统传入美国，与美国本土实用主义相结合，引发美国本土对道德问题的实证研究，如芝加哥学派对经济萧条时期美国道德问题引发的社会危机的关注，对移民群体道德状况和价值观的研究，结构功能主义者对道德功能与道德失范的探讨等。

倘若同意人文社会科学实证研究的对象是一种社会事实，那么，伦理实证研究方法合法性的逻辑探讨，应关注到道德作为社会事实的证成。在探讨道德是否是一种社会事实之前，我们需要先了解什么是社会事实。社会事实的概念由迪尔凯姆提出并进行了系统的阐述。在《社会学方法的准则》中他对“社会事实”做了如下的界定：“一切行为方式，不管它是固定的还是不固定的，凡是能从外部给人以约束，或者换一句话说，普遍存在于该社会各处并具有其固有存在的，不管其在个人身上表现如何，都叫做社会事实。”[8]33 在迪尔凯姆看来，社会事实具有以下三个方面的特征：客观性、外在性与强制性。

对照社会事实的三个特征，我们发现道德作为社会事实，不难论证。在《道德事实的确定》一文中，迪尔凯姆详尽探讨与论证了“道德事实”的特征。第一，强调道德事实的客观性，并对其进行明确界定，指出“客观的道德实在，即我们借此对行动进行评价的、共同的和非个人的标准”[9]44。第二，揭示道德事实的外在性，并对其进行阐述。“当我尽兄弟、丈夫或公民的义务时，当我履行自己所订立的契约时，我就尽到了法律和道德在我自身和我行为之外所规定的义务，……这些义务不是我自己创造的，而是教育让我接受的……这如同宗教信仰和宗教仪式，信徒一生下来就为他们准备好了一样，既然信徒出生之前，宗教信仰和宗教仪式已经存在，这就说明他们是存在于信徒之外的”[8]23-24。第三，刻画道德事实的强制性。迪尔凯姆的“强制性”是一种社会的、集体的强制，而不是个体的习惯对个体的强制。迪尔凯姆认为“行为或思想这些类型不仅存在于个人意识之外，而且具有一种必须服从的，带有强制性的力量，他们凭借这种力量强加于个人，而不管个人是否愿意接受”[8]24，当人们服从这种力量时，感受不到其存在，一旦反对便受其强制。

通过学术史的回溯与考察可以发现，伦理实证研究是一项有着学术积淀，方法积累，且有远大抱负的事业，将在社会与道德的张力中蓬勃发展。因为“社会是一切道德活动的目的。因此，社会既内在于个人，也超越于个人，社会具有道德权威的全部特征，强制人们去遵守。而且社会绝不只是一种物质力，它也是一种道德力”[9]58。

三、伦理实证研究的独特性价值

与描述伦理学、道德社会学、应用伦理学等实践伦理相比,伦理实证研究的独特性价值何在?通过与其他相关实践伦理比较分析,我们发现,描述伦理学、道德社会学、应用伦理学虽然均有其特殊价值,但从事实与价值的结合角度而言,它们往往隅于一端,或强调对道德事实的描述和把握,或奉守伦理原则的演绎和应用,伦理实证研究独特的价值在于努力消解事实与价值断裂的倾向,将事实的确证与伦理的思辨相结合,推进伦理理论的发展和道德实践的完善。

描述伦理学是伦理学与社会科学、人文科学的交叉性学科,因其对道德现象进行经验性的描述和客观再现而得名。与规范伦理学评判与规范人们行为,元伦理学钻研伦理概念和命题不同,描述伦理学研究现实社会的伦理状况和道德行为,包括伦常习俗、伦理氛围、社会风尚、善恶观念、道德行为等。与传统规范伦理学、元伦理学不同,描述伦理学既不研究行为的善恶标准,也不制定行为的准则和规范,而是依据其特有的学科研究方法对道德现象进行纯客观的经验描述。换言之,描述伦理学研究的对象不是社会的道德价值和行为规范,而是社会的道德事实,其任务不在于提供社会道德标准与价值目标,而在于展现社会实际道德状况。因此,描述伦理学是以经验、实证的方式进行的道德叙事,采用的方法可能来自社会学或人类学等学科方法。总之,描述伦理学对道德现象是一种客观描述,但是,不可回避的问题是,这种研究方式所获取的结果,是一种对现实的直白反映,它重经验轻论证,重描述轻分析,重事实轻价值,弱化了伦理学本身的价值引领和理论指导,更多地为伦理的“外在证成”提供材料,缺乏哲学高度的分析与概括。作为伦理实证研究理想类型方法的实证伦理与描述伦理学的不同,主要呈现在采用社会科学方法得出研究结果之后该怎样的问题上,描述伦理学展现的仅仅是一种客观事实,不存在事实之后的讨论,而实证伦理则会进一步进行伦理思辨,其目的是解释现状、解决问题、引导实践。

道德社会学作为研究道德与社会的关系和道德的社会性质及社会功能的一门社会学分支学科,由法国社会学家迪尔凯姆于20世纪初提出。在迪尔凯姆看来,道德社会学是以社会学方法论的准则研究道德事实,以解决社会失范问题。正是迪尔凯姆对道德事实的分析,以及其所倡导和使用的道德研究原则和方法的确立,使得道德社会学真正成为一门相对独立的分支学科,“他所奠定的这份‘实质性传统’(substantive tradition),成为道德社会学理论和方法的原点”[7]。其后,道德社会学历经帕森斯、鲍曼等人的发展日渐成熟与完善。虽然与伦理学同为研究道德的学科,但是与伦理学探讨道德应然状态不同的是,道德社会学关注的是道德的实然状态。道德社会学,以研究道德事实、道德主体与社会之间的互动关系为主线,从不同层面探讨社会与道德的关系。宏观层面，从社会结构、社会变迁与道德变化的关系入手，探究社会系统中的道德，阐明道德与社会的复杂关系；中观层面，从组织结构、组织文化与组织成员特别是领导者道德、组织伦理氛围的关系，探究组织伦理与组织结构、组织发展的关系；微观层面，从个体道德社会化的角度分析道德事实的发生机制，考察社会分层、社会地位、社会文化等因素对个体道德的影响。道德社会学对社会道德事实及影响道德背后的原因进行社会学研究，与描述伦理学仅限于为伦理的“外在证成”提供材料相比，更侧重于从社会学视角进行伦理证成。实证伦理与道德社会学的不同不是表现在前期研究阶段，而是表现在对研究结果的分析上，对于道德社会学而言，无论采用定量还是定性研究，其研究结果的分析必然采用的是社会学的理论视角，而对于实证伦理而言，社会科学的方法所展现的结果只是其伦理思辨的基础，实证伦理会在实证研究的基础上进行伦理学的分析，需要“内在的证成”。

应用伦理学于 20 世纪 70 年代由实践催生，其产生有着深刻的社会背景与学科背景。现代社会经济、政治、科技的高速发展，使得许多社会新道德问题不断涌现，而“元伦理学坚持不提出任何关于实践的指导与建议，把伦理学的任务限制于对伦理学的概念与判断做性质与用法上的分析工作”[10]的研究方式和研究途径，无法满足社会的道德实践需求，伦理学重回实质性研究并催生应用伦理学的出现。应用伦理学更多地是把业已确立的伦理学原则当作“成文法”，分析指导需要解决道德问题的重大事件、需要道德指导的行为决策以及需要道德批评和完善的社会制度。也就是说，与理论伦理学致力于发现社会道德生活的原理或者规律不同，应用伦理学的研究是将伦理学的基本原则应用于社会生活，对社会生活各领域进行道德审视和伦理指导。实证伦理与应用伦理学至少有两方面的不同：一是就关注的对象而言，应用伦理学关注与道德密切相关的行为实践或道德事件，实证伦理则关注一种更为广泛的道德事实；二是就所用的研究方法而言，应用伦理学脱胎于规范伦理学，使用的是逻辑分析和推演的哲学方法，实证伦理，除哲学思辨外，尤为强调实证研究方法。在事实与价值关系的处理上，应用伦理学更强调用价值原则指导现实实践，实证伦理则强调建立在证实精神基础上的伦理思辨，也就是说，既强调伦理“外部的证成”，也强调伦理“内部的证成”。

基于上述比较分析，我们发现，在事实与价值、实然与应然关系处理上，上述几种关涉实践伦理的研究，它们之间相互嵌套，既相互联系又相互区别。伦理实证研究是最近才发展起来的一种道德研究的方法论视角，尽管这种研究视角并没有达到自身完善的程度，实证伦理尚不能称之为成熟的道德科学，但与描述伦理学、道德社会学以及应用伦理学相比较，在实证方法的全面性、实证研究的建设性、伦理思辨的融贯性上富有价值。

四、伦理实证研究的合理性讨论

合理性,就字面而言,指"合乎理性"。问题是:此处合理性关涉的理性是何种理性,价值理性还是工具理性,理论理性还是实践理性,抑或二者兼有?如果将伦理划分为理论伦理和实践伦理两大类型,聚焦于现实关怀的实证伦理隶属于实践伦理。与描述伦理学、道德社会学、道德心理学、实验伦理学和应用伦理学等实践伦理相比,作为伦理实证研究理想方法类型的实证伦理其独特优势在于实证方法与伦理思辨兼备。

"实证伦理"是近二十年来,在英国、荷兰、美国等欧美国家,一部分兼具哲学学科与社会科学背景的学者,尝试融合实证探索与伦理思辨,开拓出的一个哲学与社会科学交叉的新领域。尽管实证伦理的理论研究尚不成熟,但是以伦理学理论为主体,引入实证主义研究方法的相关研究却增长迅速,以 Web of science 数据库为例,我们搜索伦理实证研究的相关文献就达数千篇之多,尽管这些文献分布于各个学科领域,但共性就在于无论研究者关注什么样伦理问题,研究的途径都是通过社会科学实证研究的方法来进行研究,可以看出,伦理学实证研究正蓬勃发展。

其实,早在 1890 年,Ernest Belfort Bax 就在 *The Ethics of Socialism* 中,将孔德和斯宾塞研究立场定义为是"Empirical Ethics",1906 年威廉·冯特在其著作《道德体系》(*Ethical Systems*)中也使用过这一概念,并论述了"Empirical Ethics"的发展问题,这一概念的频繁使用出现于 2000 年以后,至今为止,这一概念尚无明确内涵。20 世纪 70 年代,心理医生 Blomquist 认为实证伦理应立足于非规范视角,专注于道德实践与道德态度的实证研究,探讨如何推理与行动。其后的实证伦理研究者延续这种思路,越来越多的学者结合社会科学的实证研究方法与伦理思辨分析的方法进行道德研究。在前人开展的实证研究与伦理对话的基础上,Rob de Vries 和 Bert Gordijn 总结了实证伦理研究视角中存在一些基本的共性假设:①实证伦理认为人们的实际道德信念、直觉、行为和推理得到的信息对伦理是有价值的,而且应该作为伦理的出发点;②实证伦理承认社会科学的方法(定量和定性的方法,如案例研究、调查、实验、访谈和参与观察)是一种也可能是最好的把握道德现实的方法;③实证伦理从根本上否认实证方法和规范方法的结构不兼容,并相信二者之间具有互补关系;④实证伦理不是伦理研究的方法论,而是一种方法论视角,可以利用实证研究的结果进行伦理思考与决策[11]。

可以说,实证伦理是致力于融"经验实证"与"伦理思辨"于一体的理想类型方法,我们前面已对这种理论类型的方法论基础进行讨论,不过,理论的论证不能替代现实的效用,现实中,实证伦理如何才能发挥其理想的效用,实证伦理介入道德研究的入口何在?

针对上述疑问，McMillan 和 Hope 在 *Empirical ethics in psychiatry* 中，给出了六种适合实证伦理的道德研究：第一，存在“抑制”规范前提的实证研究；第二，伦理信念调查；第三，当伦理分析证明关键性经验问题时；第四，评价道德介入；第五，伦理理论直接导致经验研究；第六，实证研究直接应用于伦理概念分析。[12] 虽然 McMillan 和 Hope 列出了实证伦理研究的一些领域，但事实上，实证伦理研究并不成熟，上述讨论的六点也不过是作者对医学伦理学中实证伦理所作的总结提炼，是否能推延至整个道德研究领域尚需考证，但他们所提及的这些研究节点至少给人启发。

为使实证伦理发挥其理想效用，McMillan 和 Hope 根据实证研究的经验，结合伦理理论，建构了一个事实与价值、实证与思辨互动的实证伦理研究模型。他们指出，对于一个实证研究而言，其研究过程包括四个方面：伦理分析（ethical analysis）、经验事实（empirical issues）、实证研究（empirical studies）和新数据（new data），并给出了它们之间的关系模型，整个研究中，实证研究为伦理分析提供研究资源，伦理分析为实证调查提供研究主题。这种研究思路是在前人研究基础上更进一步的探讨，通过这种研究模式，借助“生活的常青之树”必将推动理论更好地发展。

总之，实证伦理是正蓬勃发展的一项实践伦理学科，其理论和方法尚不成熟，为更好地开展研究，需要相关领域的学者整合创造、共同推进。

参考文献

[1] 休谟.人性论[M].关文运，郑之骧，译.北京：商务印书馆，2005：509-510.

[2] 希拉里·普特南.事实与价值二分法的崩溃[M].应奇，译.北京：东方出版社，2006：2.

[3] 周濂.现代政治的正当性基础[M].北京：三联书店，2008：34-35.

[4] 舒国滢.走出“明希豪森困境”（代译序）[M]//罗伯特·阿列克西.法律论证理论：作为法律证立理论的理性论辩理论.舒国滢，译.北京：中国法制出版社：2002：1-2.

[5] 孔德.论实证精神[M].黄建华，译.北京：商务印书馆，2011.

[6] 迪尔凯姆.社会分工论[M].渠东，译.北京：三联书店，2000：6.

[7] 龚长宇.国外道德社会学研究述要[J].世界哲学，2011(3).

[8] 迪尔凯姆.社会学方法的准则[M].狄玉明，译.北京：商务印书馆，2009.

[9] 涂尔干.社会学与哲学[M].梁栋，译，上海：上海人民出版社，2002.

[10] 廖申白.什么是应用伦理学？[J].道德与文明，2000(4)：4-7.

[11] Rob de Vries, Bert Gordijn. Empirical ethics and its alleged meta-ethical fallacies[J]. Bioethics, 2009, 23(4):193-201.

[12] Guy Widdershoven, Tony Hope, John McMillan, et al. Empirical ethics in psychiatry [M]. New York, NY: Oxford University Press, 2008: 16-18.

老龄化社会生命伦理的德性本质

陈爱华

东南大学人文学院

摘　要　老龄化社会凸现了一系列的生命伦理问题，其中不仅有直接的养老方面的生命伦理问题，还有与养老相关的一系列生命伦理问题。主要表现为两大方面：一是在老龄化社会如何敬老爱老的生命伦理问题；二是协调老龄化带来的一系列家庭—社会的生命伦理问题。构建老龄化社会生命伦理须倡导与弘扬老龄化社会生命伦理德性精神。其中包括倡导与弘扬敬畏生命的德性精神，进一步弘扬中华民族敬老养老的传统美德，建立健全相关的法规，与此同时，使倡导与弘扬老龄化社会生命伦理德性精神成为一种身体力行的行动。

关键词　老龄化社会；生命伦理；德性精神

当代，老龄化社会生命伦理问题从未像现在这样凸显，也从未像现在这样成为时代和学界研究的理论热点。老龄化即人口老龄化是指总人口中因年轻人口数量减少、年长人口数量增加而导致的老年人口比例相应增长的态势。其中包括双重内涵：其一，指老年人口相对增多，且在总人口中所占比例呈不断上升态势；其二，指社会人口结构呈现老年状态，进入老龄化社会。国际上通常看法是，当一个国家或地区60岁以上老年人口占人口总数的10%，或65岁以上老年人口占人口总数的7%，即意味着这个国家或地区的人口处于老龄化社会。根据世界银行统计数据显示，1980年，我国65岁及以上人口总量为4980.6万人，占全部人口比重为5.1%，低于世界0.9个百分点，老年人口总量相当于美国、日本和俄罗斯三个国家之和；2012年，我国老年人口总量为1.17亿人，占全部人口的比重为8.7%，高于世界0.9个百分点，老年人口总量超过美国、日本和俄罗斯三个国家之和的近30%。我国老年人口规模不断扩大的同时，老龄化速度有所加

注：本文系江苏省高校哲学社会科学创新基地“道德哲学与中国道德发展研究所”承担的2012年全国哲学社会科学基金项目“现代科技伦理的应然逻辑研究”[12BZX078]、2010全国哲学社会科学重点课题“现代伦理学诸理论形态研究”[10 & ZD072]、江苏省道德哲学与中国道德发展研究基地项目“高技术道德哲学研究”[2014-01]、2011计划“公民道德与社会风尚协同创新中心”项目阶段性研究成果。

快。1982—2002 年,我国 65 岁及以上人口年均增长 219.3 万人,而 2002—2012 年年均增长 333.7 万人,近十年年均增量较之前二十年多增 114.4 万人;从占比来看,1982—2002 年,我国 65 岁及以上人口占总人口比重年均增加 0.12 个百分点,而 2002—2012 年占比年均增长 0.21 个百分点,近十年年均增量较之前二十年多增 0.09 个百分点。①

由此可见,我国已经处于老龄化社会。本文仅就老龄化社会生命伦理的德性本质作一探索。

一、老龄化社会生命伦理问题何以凸现?

老龄化社会为什么会凸显生命伦理问题?根据美国普查的研究,世界性的人口老龄化是"历史上未曾出现的社会现象"。从根本上讲,这种人口现象的凸现是社会生产力的发展,促进了科技迅猛发展,进而推进了医疗水平与医疗技术进步的生命伦理成就,同时也是公共卫生事业发展呈现的生命伦理正效应,例如饮用水卫生、克服营养不良、克服传染病和寄生虫疾病,以及降低母婴死亡率的结果。与此同时,我们应该看到,老龄化社会出现了一系列的生命伦理问题,比如对老年人养老问题成为社会难题,其中包括对高龄老人和失能老人的生活照料、康复护理、医疗保健等;对老年人日益增长的精神文化等需求的满足,让老年人老有所养、老有所为、老有所乐、老有所依等老龄化社会的生命伦理问题凸显。

目前,全世界 60 岁以上老年人口总数已达 6 亿,有 60 多个国家的老年人口达到或超过人口总数的 10%,进入了人口老龄化社会行列。人口老龄化的迅速发展,引起了联合国及世界各国政府的重视和关注。20 世纪 80 年代以来,联合国曾两次召开老龄化问题世界大会,并将老龄化问题列入历届联大的重要议题,先后通过了《老龄问题国际行动计划》《十一国际老年人节》《联合国老年人原则》《1992 至 2001 年解决人口老龄化问题全球目标》《世界老龄问题宣言》《1999 国际老年人年》等一系列重要决议和文件;提醒各会员国"铭记着 21 世纪的社会老龄化是人类历史上前所未有的,对任何社会都是一项重大的挑战",吁请各会员国"加强或设立老龄化问题国家级协调机构","在国家、区域和地方各级制定综合战略,把老龄问题纳入国家的发展计划中","为老龄化社会的来临做好各项准备工作",提出了"建立不分年龄人人共享的社会"的口号,以期增强人们对人口老龄化问题和老年人问题的重视。

我国是人口第一的大国,而且人口仍在持续增长,目前增速为每年 570 万。一方面是人口总数持续增长,一方面是人口平均寿命不断延长,人口老龄化不可避

① 参见:徐光瑞,韩力. 我国人口老龄化现状及成因分析[N]. 中国经济时报,2014-04-09.

免，且愈来愈成为社会难题和生命伦理问题。安联集团上一期《人口结构变化报告》的中国专题显示，中国的退休人口(60岁及以上人口)与劳动年龄人口(15岁至59岁之间人口)的比例约为19∶100，到2050年则会高达64∶100。这意味着届时100个劳动力将必须供养64个退休人口。

中国社会科学院财政与贸易经济研究所报告指出，2011年以后的30年里，中国人口老龄化将呈现加速发展态势。到2030年，中国65岁以上人口占比将超过日本，成为全球人口老龄化程度最高的国家。到2050年，社会进入深度老龄化阶段。① 由此可见，我国人口老龄化发展十分迅速，态势十分严峻。“老吾老，以及人之老”。谁家无老人，谁又能不老。由于现在家庭规模小型化、子女外出工作求学增多等原因，身边无子女的纯老年人家庭户日益增加，高龄老人、独居老人增加已经成为我国许多城市人口老龄化过程中的重要特征。比如，北京市从1990年已经进入老龄化社会。据预测，到2020年，全市老年人口将达到350万人，到2050年，这一数字更将上升到650万。② 武汉城市圈内现在老年人口约355万人，占全部人口的11%以上。人口老龄化速度超前于经济发展水平。上海作为全国最早进入老龄化的城市，未来数十年的老年人照料需求问题不容忽视。调查发现，在家务帮助方面，分别有58.6%的老人希望有人帮助做饭，52.3%的老人希望有人帮助打扫居室卫生，51.6%的老人希望有人帮助洗衣。③ 由此可见，我国老龄人口对老年人的生活照料、康复护理、医疗保健、精神文化等需求日益凸显，养老问题日趋严峻。此外，不同背景中，高龄、生活自理能力差的老年人去医院看病的频率均明显高于其他群体。在“您最希望得到哪些医疗服务”这一问题上，有72.6%的老人希望就近得到医疗服务，还有25.7%的老人希望得到入户护理服务。④

从养老发展趋势看，目前我国养老将从“补贴型”向“普惠型”转变，中低收入老人、失能老人、空巢老人将逐步纳入社会养老服务。这意味着养老服务需求量愈来愈大。就养老模式而言，大多数老年人不愿意去养老机构养老，而是选择了居家养老。因为家庭是老年人感情和精神的重要支柱和生活的主要场所，它给予老年人的照顾，是其他任何机构所无法代替的。无论是现在还是未来，仅靠机构养老很难满足老年人对养老服务的需求，尤其是对于我们这样一个受家庭养老传统影响较深的发展中国家，老年人现实和理想的养老方式的首选就是依托社区养老服务，在家中安享晚年。而老年人生活的经济来源也成为其生活质量好坏的前提。据有关

---

① 参见：2010—2050年中国人口老龄化趋势分析[EB/OL]. http://www. Askci. com.

② 参见：李松，黄洁. 北京老年人口百分比已达15% 老龄化趋势越来越明显[N]. 法制日报，2009-07-25.

③ 参见：陈野，袁松禄. 20年后上海将达老龄化高峰 老年人口预计超过500万[EB/OL]. (2009-04-14). http://www. xinmin. cn.

④ 同③.

部门对老年人的经济状况调查显示,在许多城市中,养老主要依靠双方或一方退休金的占多数,依靠子女赡养的比例较小,说明大部分老人都是依靠自己的退休金生活。然而值得注意的是在老人行列中,"空巢老人"的逐年增加成为养老的又一个社会性问题,由于他们与子女不在一个城市或一个地区,常年一个人生活,孤独寂寞,安全难有保障,病重无人知晓。因而关怀这些空巢老人的养老问题已成为老龄工作面临的新问题并且也是生命伦理问题。

不过,现在也有不少老人愿意经常到离家不远的养老院去住。因为那里有很多同龄人可以随时交流,而且这些养老院有一定的硬件设施,还提供相关的服务。但是就目前现有社会福利机构所拥有床位而言,已远远不能满足养老服务需求。与此同时,由于养老服务队伍整体素质不高,从业人员的职业化建设滞后,中国现有养老服务队伍远远不能适应养老事业发展的客观需求。2009 年我国城市老年人失能和半失能的达到 14.6%,农村已经超过 20%,这部分老人需要专业的护理和照顾,按照老年人与护理员比例 3 ∶ 1 推算,全国最少需要 1000 万名养老护理员。而全国老年福利机构的职工只有 22 万人,取得养老护理职业资格的也不过 2 万多人,不仅与中国几千万失能老人的潜在需求相差甚远,而且由于服务队伍的整体素质偏低,其专业水平、业务能力、服务质量,在一定程度上无法满足老年人的护理需求。①

二、老龄化社会生命伦理有何德性特征?

从上述凸显的老龄化社会生命伦理问题可见,这是一个生命伦理问题的关系体系。其中不仅有直接的养老方面的生命伦理问题,还有与养老相关的一系列生命伦理问题。主要表现为以下两大方面:一是在老龄化社会如何敬老爱老的生命伦理问题;二是协调老龄化带来的一系列家庭—社会的生命伦理问题。

首先,关于在老龄化社会如何敬老爱老的生命伦理其德性特征主要表现为:一是体现生命伦理的尊重原则,这里所说的尊重不仅包括尊重老年人的自主权、知情同意权、保密权和隐私权(即使是失能老人,也不能无视其本人的意愿),而且还包括对老年人人格的尊重和对其曾经所作贡献的尊重。因为许多老年人曾经在不同的岗位上为我国科技的发展、中华民族的振兴几十年如一日地辛勤工作,奉献了他们的青春、智慧和黄金年华的经历;还有不少老年人还在"老骥伏枥,志在千里",继续为祖国的经济社会发展辛勤工作;有些老年人"退而不休"继续为学校教育、小区建设或者为家庭和睦发展默默奉献——"有一分热,发一分光"。二是体现生命伦理的有利原则。应该维护和促进老年人的健康、利益和福利。有利原则包括"不伤

① 参见:刘畅.我国人口老龄化引发的社会问题及其对策[J].长白学刊,2012 (5).

害”的反面义务(不应该做的事),和“确有助益”的正面义务(应该做的事)。“不伤害”是指不给老年人带来本来完全可以避免的肉体和精神上的痛苦、损害、疾病甚至死亡。但仅仅做到“不伤害”是不够的。必须有“老吾老,以及人之老”的德性精神,关爱老年人,善待高龄老人和失能老人。因为老年人特别是高龄老人和失能老人相对于非老年人的中青年群体而言,他们处于较为脆弱和依赖的地位,尤其是对于其子女或者医护人员,这些老年人有很强的依赖感。子女对于老年人无论从血缘的亲情,还是从传统美德中的对父母和长辈应履行的孝敬义务和法律上负有的赡养老人的义务,都担负着关爱老年的父母,善待作为高龄老人或者失能老人的父母的责任。而医护人员由于掌握医学/护理知识因而对其所护理的老年人具有许多医护方面的正面义务,即应该帮助这些老年人治疗或治愈疾病,恢复健康,避免过早的死亡,解除或缓解症状,解除或减轻疼痛。因为治病救人、救死扶伤,是有利于被护理老年人的正面义务。除了保障老年人的基本生活之外,还需要关怀老年人心理健康。三是体现生命伦理的公正原则。公平对待老年人,不分性别、年龄、肤色、种族、身体状况、经济状况或地位高低,决不能歧视老年人。和年轻人相比,老年人行动不那么敏捷,反应也不那么快捷,记忆力也日渐衰退,身体各方面的机能也在退化,但是不能因此而受到歧视和不公正的对待。四是体现了生命伦理的互助原则。因为我们每个人都生活在与其他人的关系之中。人们必须与其他人团结互助,他自己才能够生存发展,社会各成员才能和睦共处,社会才能稳定发展。其一,小区里老年人与老年人之间需要互助,因为同龄人的一般需求有许多的共性,相互交流、相互帮助不仅有助于身体健康,也有利于心理愉悦;其二,家庭中老年人与下一代之间的互助,这不仅有助于家庭事务的分工协作,也有助于和睦家庭文化的建设和家庭美德的传承;其三老年人与志愿者、护理人员之间的互助合作,这不仅有利于志愿者、护理人员工作的开展和工作效率的提高,而且有利于老年人的身心健康。

其次,就协调老龄化社会带来的一系列家庭—社会的生命伦理而言,其德性特征主要表现为:一是坚持节约资源、物尽其用的生态伦理的生命原则,整合资源、统筹兼顾。由于医疗卫生资源有限、老年福利机构发展及其人力配备有限、自然与环境资源有限等等,因此需要进行相关整合资源,不仅要关注老年人的福利与健康,也要兼顾当代人的利益与下一代或未来世代的人的利益需要,以推进我国养老事业的可持续发展。二是坚持关爱生命、汇聚发展的博爱生命伦理原则。如前所述,随着社会生产力的发展、科技的迅猛发展和医疗水平与医疗技术的不断进步,人的寿命不断延长,社会进入老龄化。因而无论对于家庭还是社会,养老问题不是权宜之计,而是一项任重而道远的系统工程。虽然人们常说“家中有老,如有一宝”,但是人们也常常面临“一老病倒，全家拖倒”的境况。① 尤其对于那些失能老人，由于不能随时有人照顾，身心倍感痛苦；而这些家庭的子女因为父母需要长年照顾，而工作的压力、考评的压力、竞争的压力却不会因此而减少，在这样双重压力下，也会身心疲惫，严重地会英年早逝，出现白发人送黑发人的惨景。② 为了养老与中青年人事业发展并重，需坚持关爱生命、汇聚发展的博爱生命伦理原则，将养老、护理和育婴发展为社会的新兴产业。这样，不仅有利于达到“老吾老以及人之老，幼吾幼以及人之幼”③，而且能实现老有所养，幼有所托，青有所学，中有所业。正如《礼记·礼运》所憧憬的那样，“故，人不独亲其亲、不独子其子，使老有所终、壮有所用、幼有所长、矜寡孤独废疾者皆有所养”④，即人们不单是亲爱自己的父母，也不单是亲爱自己的子女，使社会上的老人得以安享晚年，壮年人得以贡献才力，小孩得以顺利成长，使死了妻子的丈夫，死了丈夫的寡妇，失去父母的孤儿，失去儿子的独老，有残疾的人都能有所供养。为此，未来养老的发展应该是老年人的生活保障逐渐走向社会化，变家庭养老为社会养老，以形成家庭—社区—社会共建共赢的多元一体化的养老体系。既避免了家庭养老不堪重负，也避免了丧偶以后独居的老人的孤立无助，不仅满足老年人的物质生活需要，也能丰富其精神生活需要；不仅能老有所养、老有所依，也能老有所为，老有所乐。

三、如何倡导与弘扬老龄化社会生命伦理德性精神？

构建老龄化社会生命伦理须倡导与弘扬老龄化社会生命伦理德性精神。

首先，要倡导与弘扬敬畏生命的德性精神。马克思在《1844 年经济学—哲学手稿》中指出：“动物和它的生命活动是直接同一的。动物不把自己同自己的生命活动区别开来。它就是这种生命活动。人则使自己的生命活动本身变成自己的意志和意识的对象。他的生命活动是有意识的。”⑤这种生命活动的意识只有升华为敬畏生命的德性精神，才能成为构建老龄化社会生命伦理的“正能量”。因为敬畏生命的德性精神，正如史怀泽所说，它促使任何人“关怀他周围的所有人和生物的命运，给予需要他的人真正人道的帮助”⑥。因为在史怀泽看来，“善是保存生命、

---

① 有关资料显示，我国老年人医疗费用负担随年龄增加而迅速加重。据 1993 年和 1998 年国家卫生服务调查，城市居民每年住院费用 0—4 岁为 817 元，10—19 岁增加到 2244 元，40—49 岁为 4577 元，65 岁以上则增加到 5096 元。可见，随着年龄的增长，老年人疾病增多，病情也会有所加重，需要更多的医疗与护理。

② 参见：陈爱华. 关于当前我国道德建设与发展的调查报告[J]. 东南大学学报(哲学社会科学版)，2008 (3).

③ 《孟子·梁惠王上》

④ 《礼记·礼运》

⑤ 马克思，恩格斯. 马克思恩格斯全集：第 42 卷[M]. 北京：人民出版社，1979：96.

⑥ 史怀泽. 敬畏生命[M]. 陈泽环，译. 上海：上海社会科学院出版社，2003：26-27.

促进生命，使可发展的生命实现其最高的价值。恶则是毁灭生命、伤害生命，压制生命的发展”①。敬畏生命的德性精神蕴涵博爱的伟大情怀，它不仅要求上述的“人不独亲其亲、不独子其子，使老有所终、壮有所用、幼有所长、矜寡孤独废疾者皆有所养”②，而且要求“唯天下至诚为能尽其性。能尽其性，则能尽人之性。能尽人之性，则能尽物之性。能尽物之性，则可以赞天地之化育。可以赞天地之化育，则可以与天地参矣”③。只有在这种人—社会—自然的和谐中，才能构建老龄化社会生命伦理。

其次，将倡导与弘扬敬畏生命的德性精神与进一步弘扬中华民族敬老养老的传统美德相结合。表彰敬老养老先进典型，依法惩处残害和虐待老人行为，营造出健康老龄化社会良好的伦理环境。与此同时，要将倡导与弘扬敬畏生命的德性精神与法制建设相结合，在弘扬中华民族敬老养老的传统美德的基础上，加大力度宣传普及老年法，将老年人法规列入国家普法教育计划，加强老年法执法检查监督，积极开展老年人的守法教育和政治思想教育工作。

再者，倡导与弘扬敬畏生命的德性精神不仅仅是一种德性精神的陶冶，建立健全法规，而且也是一种身体力行的行动。如同史怀泽所说：“没有一种伦理的自我完善只追求内心修养，而不需要外部行动。只有外部行动和内心修养的结合，行动的伦理才能有所作为。”④倡导与弘扬敬畏生命的德性精神须从老龄化社会的衣食住行做起。一是为了使老年人起居方便，住宅设计要充分考虑方便老年人和满足老少户可分可合的需求，公共设施要安排有利于老年人活动的场所。这样，既有利于继续发挥家庭养老功能，也有利于发挥社区和社会养老体系及其相关设施的进一步完备化。二是在城镇建设规划中，要充分考虑人口老龄化趋势，合理规划社区蓝图，使老年人能就近得到医疗、陪伴、护理、紧急救护、购物、清扫等各种服务，并为老年人学习、交往、文体等社会活动的需求提供条件，逐步建成适合城乡不同特点的多层次、多功能、多项目的社区老年人服务体系。三是制定相关的优惠政策积极发展福利性公共养老设施，努力改善设施条件，逐步提高养老水平⑤。与此同时，要采取各种措施，完善城镇离退休人员基本养老金的正常增长机制，逐步建立起城乡老年人的社会保障体系。

还有，倡导与弘扬敬畏生命的德性精神的行动不仅仅与老龄化社会衣食住行及其相关的保障机制相关，而且须充分利用现有社会资源，对现有的一些产业进行

① 史怀泽.敬畏生命[M]. 陈泽环，译. 上海：上海社会科学院出版社，2003：9.

② 《礼记·礼运》

③ 《礼记·中庸》

④ 史怀泽.敬畏生命 [M]. 陈泽环，译.上海：上海社会科学院出版社，2003：25.

⑤ 参见：张本波. 我国人口老龄化的经济社会后果分析及政策选择[J]. 宏观经济研究，2002 (3).

结构性调整,要以生命伦理的德性精神关注老年人物质需求和精神需求,多层次、多渠道筹集资金,大力开发适合老龄化社会的老龄产业。在老龄发展产业中,既包括生产性产业,也包括服务性产业,还应包括发展性产业。如开发生产适用对路的各种老年用品,开发适合不同年龄段老年人旅游,发展适合不同年龄段老年人学习的教育体系,以满足不同年龄段老年人的物质和精神生活需求。与此同时,以老龄产业推进和发展社会福利事业,推动城乡养老社会化服务产业化。

此外,倡导与弘扬敬畏生命的德性精神的行动还须建构人力资源的保障体系①。因为养老服务是一种特殊的老年公共服务产品,直接关系到老年人的身心健康、生命财产安全。尤其是高龄和失能老人受身心状况的制约,需要实行机构养老,因而十分需要具有某些专业学科的专业护理人员。如上所述,目前我国养老的专业护理人员十分短缺,为此亟须扩大老龄工作社会化服务队伍。其一,安排部分下岗职工和社会各方面的志愿力量,承担起社区为老年人服务的有关工作;其二,组织低龄老年人开展自助服务。为了提高养老服务科学水平,一方面需汇聚各方面专家学者,深入开展老龄问题的科学研究;另一方面,在相关高校设立养老服务专业,着手培养对老龄管理-服务专业的中高级人才。通过制定岗位专业标准和操作规范,强化职业道德教育、相关的专业知识和岗位技能培训,逐步提高养老服务队伍的专业化水平;积极推行养老护理员国家职业资格制度,不断优化养老服务人员队伍结构,保证从业人员持证上岗。与此同时,需健全立法监督管理机构,加强老龄事务的立法工作和法律监督,推动老龄事业步入法制化管理的轨道。

---

① 参见:张本波.我国人口老龄化的经济社会后果分析及政策选择[J].宏观经济研究,2002(3).

孝道的变迁

——以农村"留守老人"为对象

赵庆杰

中国政法大学马克思主义学院

摘　要　孝道一般包含子女对父母的物质供养和精神慰藉两个方面。中国传统的孝道观念强调,子女孝敬父母,在满足父母物质生活需要的同时,更应注重对父母的尊敬。这一观念在农村"留守老人"身上却面临着困境:物质生活贫困,日常生活缺乏照料,精神难以得到慰藉。鉴于当今中国社会的特点,未来孝道的重塑不应奢望回到传统社会由家庭承担所有养老任务的状态。明智的、符合社会发展方向的做法是,发挥家庭养老在精神慰藉方面的优势,外化家庭养老在物质供养方面的功能。简言之,孝道的变迁路径是:古代是物质供养和精神慰藉二者的合一,现在对农村"留守老人"而言是二者皆不足,未来应该是物质供养与精神慰藉分别由不同的主体承担。

关键词　孝道;农村"留守老人";物质供养;精神慰藉

孝敬老人是中华民族的传统美德,自古以来被人们所宣扬。孔子当年就对"孝"有多次专门论述。

孟懿子问孝。子曰:"无违。"樊迟御,子告之曰:"孟孙问孝于我,我对曰:'无违'。"樊迟曰:"何谓也?"子曰:"生,事之以礼;死,葬之以礼,祭之以礼。"(论语·为政)为何要以礼"事生"? 这是因为,"事生"不只是要保证父母的吃穿等物质需要,更为重要的是要尊敬父母。子游问孝。子曰:"今之孝者,是谓能养。至于犬马,皆能有养;不敬,何以别乎?"(论语·为政)子夏问孝。子曰:"色难。有事,弟子服其劳;有酒食,先生馔,曾是以为孝乎?"(论语·为政)

如果只是养活父母,内心对父母不尊敬,即使每一顿都给他们酒肉吃,也不能算做到了"孝"。孝就是发出自内心的对父母真正的爱,语言要和气,面色要和悦,行为要恭敬,"孝"和"敬"是分不开的。"敬"从肯定的意义上说,突出表现为尊重父母的权威。正如孔子所强调的,继承父志是"孝"的一个重要内容。孔子说:"父在观其志,父没观其行,三年无改于父之道,可谓孝矣。"(《论语·学而》)父亲在世的时候,要观察他的志向;父亲逝世之后,要观察他的行为,如果他对父亲志向和优点长期坚持下去,就可以说是做到"孝"了。"三年无改于父之道,可谓孝矣",这句话在《论语·里仁》篇中又重复了一遍,足见对此观念的重视。"敬"从否定的意义上说,为人子者不要给父母增加精神负担。孔子说:"父母在,不远游,游必有方。"(《论语·里仁》)常言说:"儿行千里母担忧";特别是当父母年老的时候,要常在父母身边尽孝道。

简言之,传统孝道强调,孝是物质供养,但孝不能仅限于物质供养,更重要的是精神慰藉。这些千百年来被人们所尊奉的孝道,在今天却遇到了困境,这些困境在农村"留守老人"身上表现得尤为突出。

一、农村"留守老人"面临的孝道困境

随着经济的快速发展和社会的急速转型,农村大量的青壮年和中年劳动力携妻带子前往大中城市务工,造成许多农村老年人留守家中无人照顾,形成了一个新型的群体——"留守老人"。

所谓"留守老人",是指那些因子女(全部子女)长期(通常半年以上)离开户籍地进入城镇务工或经商或从事其他生产经营活动而在家留守的年迈父母。按老人选择独自生活的意愿可将农村"留守老人"分为无奈型和自愿型。无奈型"留守老人"是指子女迫于生计进城打工,由于经济条件、户籍制度等的差异,收入少,生活成本高,无法将父母从农村接往城市同住,被迫把老人留在家里的情况。在经济欠发达地区,更多的"留守老人"属于无奈型,因为当前他们面临的最大问题来自于经济上的拮据。自愿型"留守老人"是指一些老人长期居住农村,即便子女收入较高,愿意把父母接到身边,但城乡生活方式的差异使很多农村老人难以适应城市生活,而农村有他们熟悉的环境和人脉资源,老人们更习惯于农村的生活,自愿选择留在农村。

《中国家庭发展报告·2014》指出:"目前,全国共有7000万户留守家庭,涉及2.4亿人口,占全国总人口的近20%。其中,农村留守家庭占全部留守家庭的77%,老人、妇女和儿童构成了留守家庭的主要成员。"《中国老龄事业发展报告(2013)》指出:"2012年农村'留守老人'约5 000万人,约占农村老年人总数的50%。""留守老人"越来越多,已经成为一个不容忽视的社会问题,他们面临诸多孝道困境。

1. 物质生活贫困

农村老人与城市老人相比既无退休工资,又无养老保险金,年老后无生活来源,大多数农村"留守老人"的经济来源主要靠子女供给和少量的农业收入。子女外出务工的确带来了家庭经济条件的改善,在外地打工的子女往往通过对父母的经济补偿来弥补对老年人在生活照料方面的缺位,而且他们的经济收入一般来讲要多于在家务农的子女,所以,他们也有能力给老人提供相对较多的经济上的支

持。但我们也应看到，单靠外出打工还不能给予父母充足的经济支撑，往往这种经济来源是不稳定的，会随着子女孝道观念的强弱、家庭成员关系的亲疏以及家庭成员矛盾的多少而变化，有的子女认为老人在家种点粮食和蔬菜就能够满足生活需要，无需另外给钱。这导致大部分的农村“留守老人”舍不得放弃责任田。再加之由于“土地能够在经济萧条时成为农民生存保障的最后一道防线”，所以外出的农民工，几乎都有土地留给他们的父母，只要身体允许，农村“留守老人”总是直接下田地劳作。然而，一年到头的忙碌只能勉强维持自己的生活需要。一旦进入高龄阶段无法劳作且无法维持生计之时，其晚景十分凄惨。可见，目前农村“留守老人”劳动负担过重、经济压力过大的问题不容忽视，传统孝道中提到的最基本的物质需要都无法给予充分满足。

2. 日常生活缺乏照料

对老人的生活照料是孝道的一个重要方面，而在老年人的生活照料方面，家庭发挥着不可替代的作用。但是由于子女外出打工，子女对父母提供的各种具体的照料都大为减少。有子女外出打工的“留守老人”绝大部分依靠配偶照料，最可怜的是没有配偶的老人只能自己照顾自己，急需时虽然也不得不求助于邻居和亲戚，但毕竟不能常态化。对于这些“留守老人”来说，平时的生活照料都不是很困难，最怕的就是生病。虽然国家推行新型农村合作医疗保障制度以来，农村老人受惠良多，子女外出务工也在一定程度上增强了老人医药支付的能力，负担起了老人大部分的医药费，但一旦生了大病，昂贵的医药费依然让子女、整个家庭难以支付。对农村“留守老人”来说，如果只是头疼脑热小病小灾还将就，就是怕卧床不起的慢性病，他们没有钱请保姆照料，如果又没有亲人的照料就只能听天由命了。

3. 精神难以得到慰藉

与经济的拮据和肉体的病痛相比，缺乏精神慰藉对“留守老人”来说则是面临的最大困境。对于家庭生活而言，最重要的是满足人的精神需要。在农村，老人的精神生活本来就很贫乏，他们不像城市老人那样有丰富的娱乐活动，他们大部分的精神生活就是和家人一起聊聊天，含饴弄孙享受天伦之乐。在中国“养儿防老”的传统思想对人们影响至深，因此子女在老年人的精神安慰方面发挥着非常重要的作用。但外出务工的子女，要么简单地认为只要多给父母些钱就是孝敬了，大多没有考虑父母的精神需求；要么即便子女有精神慰藉父母这方面的考虑，往往也就是通过打电话来问候，依然难以完全满足老人的精神需要。“留守老人”精神难以得到慰藉主要体现在以下两个方面。

其一，孤寂感。

孤寂感是一种孤立无所依附、空虚寂寞的感觉。黑格尔认为：“作为精神的直接实体性的家庭，以爱为其规定，而爱是精神对自身统一的感觉。因此，在家庭中，人们的情绪就是意识到自己是在这种统一中,即在自在自为地存在的实质中的个体性,从而使自己在其中不是一个独立的人,而成为一个成员。”黑格尔进一步说:“在实体上婚姻的统一只是属于真挚和情绪方面的,但在实存上它分为两个主体。在子女身上这种统一本身才成为自为地存在的实存和对象;父母把这种对象即子女作为他们的爱、他们的实体性的定在而加以爱护。……在夫妻之间爱的关系还不是客观的,因为他们的感觉虽然是他们的实体性的统一,但是这种统一还没有客观性。这种客观性父母只有在他们的子女身上才能获得,他们在子女身上才见到他们结合的整体。在子女身上,母亲爱她的丈夫,而父亲爱他的妻子,双方都在子女身上见到了他们的爱客观化了。”

所以说,当子女长期离家外出务工时,家庭的“统一性”被打破,父母的“爱”都没有了“客观性”,必然使父母感到非常孤寂。再加之农村娱乐生活贫乏,“独守空房”的父母难以转移注意力,更加剧了这种孤寂感。

其二,失落感。

失落感指的是原来属于自己的某种重要的东西,被一种有形的或无形的力量强行剥夺后的一种情感体验或某件事情失败或无法办成的感觉。在传统社会,父亲是权威。费孝通先生认为,在传统社会中农村普遍存在“长老统治”。由于几千年来的农业劳动中积累了大量的经验,在农业生产力水平不高的情况下,老人在生产活动中享有极高的话语权,这决定了他们在家族和家庭中处于备受尊重的地位。生产的需求和文化的约束都奠定了老年人在农村传统社会的崇高地位。正是在这个意义上孔子才强调“孝”是“三年无改于父之道”。但现在的情况是:一方面,工业化、城市化的迅速推进,原本对农业生产、农村生活非常熟悉的老人突然变得一无所知,在对工业生产、科学技术、城市生活的了解方面远远落在了子女的后面。另一方面,子女因受现代文明的和价值观念的熏陶以及现实的城乡差距的影响,不再坚持“父母在,不远游”的传统孝道,而是遵循能进城绝不窝在农村、一旦进城就再也不愿回农村的做法。父母在农村积累下的土地、房屋等对子女已无太大吸引力,原本想借此换取子女履行孝道的资本突然变得一文不值。

这正应了费孝通先生的判断:“在社会变迁的过程中,人并不能靠经验作指导。能依赖的是超出于个别情景的原则,而能形成原则、应用原则的却不一定是长者。这种能力和年龄的关系不大,重要的是智力和专业,还可加一点机会。”于是,尽管在很多农村老人骨子里仍有根深蒂固的“长老”意识,他们在精神上依赖晚辈对自己的尊重和景仰,但现实的状况却让他们有强烈的失落感。

二、重塑孝道

联合国大会于1991年12月16日通过《联合国老年人原则》(第46/91号决

议）。其中一条原则就是强调“老年人应能尽可能长期在家居住”，在照顾方面的原则是：“老年人应按照每个社会的文化价值体系，享有家庭和社区的照顾和保护。”所以，家庭作为具有“爱”的“伦理实体”（黑格尔语），必然是父母养老的主场，子女行孝的主场。但是，恢复到传统社会那种完全由家庭承担所有养老任务的状态是不现实的。所以，明智的、符合社会发展方向的做法应该是，发挥家庭养老在精神慰藉方面的优势，外化家庭养老在物质供养方面的功能。

1. 家庭精神慰藉老人功能的强化

家庭是老人爱的港湾，老人的精神世界离不开家庭。既然把家庭只是作为精神养老的地方，那么就无需为了经济的拮据而发愁了。那些“被迫”留守农村的老人也就不必再留守农村，直接跟着子女进城团聚，享受天伦之乐即可。为此，我们需要解决好进城务工人员与市民的同等待遇问题，提高农民工的地位，让他们能跟市民一样体面地在城市生活。“农民工变市民关键不在于户口，而是同等待遇”。农民工是当代中国社会的一个特殊群体，他们为城市建设、经济发展做出了巨大贡献。但是他们中的大多数人，仍然工作繁重、居无定所、缺少保障、生活艰辛。他们在打工的城市里，往往只是“二等公民”。如今，越来越多的农民工，尤其是新生代农民工希望能留在城市，也逐渐具备了留在城市的条件。农民工“市民化”是现阶段我国推进城市化的重要任务。农民工变市民，绝不仅仅是转了户口就行，更重要的是消除附着在户籍上的城乡差异。要让他们在就业、社保、住房、教育、医疗等方面与城镇居民享有同等待遇。

对于那些自愿留守农村的老人，为了让老人充分地“享受”农村的生活，我们要做的是丰富农村的娱乐生活，建设老年活动中心，调动老人自身的积极性。积极帮助老年人转变观念，养成自我关照的习惯。帮助老人培养兴趣，广交朋友，建立有规律的生活，冲淡空寂心理。正如《联合国老年人原则》中所强调的那样，老年人应该自我充实：老年人应能追寻充分发挥自己潜力的机会；老年人应能享用社会的教育、文化、精神和文娱资源。

当前农村“留守老人”的休闲方式主要是打扑克、打麻将等，由于打扑克、打麻将常有赌博元素混入其中，致使社会风气日渐消沉，偶尔还会引发人际矛盾。为发掘“留守老人”自身的潜力，建立健康向上的娱乐方式，根据他们的需求，同时考虑到国家对文化大繁荣大发展的决策安排，建议由财政拨款建设适合农村“留守老人”活动需要的文化中心，积极组织开展健康向上的文化活动，特别是鼓励“留守老人”恢复发展乡村原有的特色文化活动。

对于子女而言，对之加强孝道的宣传，教育引导青年农民弘扬中华民族敬老、尊老、爱老、养老的传统美德，广泛开展丰富多彩的道德建设活动，如评选“好儿媳”“文明家庭”等活动，树立先进典型，从而创造一个孝敬老人的和谐舆论氛围，让子女认识到精神孝养父母的重要性。同时完善法规,鼓励甚至强制子女“常回家看看”。尽管新修订的《中华人民共和国老年人权益保障法》第十八条增加了对老年人精神赡养相关的条款内容,规定了“家庭成员应当关心老年人的精神需求,不得忽视、冷落老年人。与老年人分开居住的家庭成员,应当经常看望或者问候老年人”的内容。但是,用词过于模糊,只作了原则性的规定,缺乏相关的配套制度,可操作性不强。因此,今后还应继续完善有关法规,切实保证子女履行对父母的精神孝养义务。

2. 家庭物质供养老人功能的外化

在农村,农民长期依赖的是土地保障和家庭保障,政府提供的制度化保障和其他社会化保障寥寥无几,而这种现状至今没有得到根本改变。当代中国正经历人口与家庭的双重变迁,稳定的低生育水平、快速的人口老龄化、剧烈的人口迁移、不断提升的城市化水平,全方位冲击着中国的家庭保障能力。要改变这些现状,政府必须主动承担起农民的保障责任,建立覆盖城乡的保障体系。

目前,我国的家庭福利政策仍主要表现为补缺模式,即将重点放在了问题家庭与那些失去家庭依托的边缘弱势群体上,如城市的“三无对象”和农村的“五保户”等,而那些拥有老人、儿童及其他不能自立成员的家庭,则必须首先依靠家庭来保障其生存与发展需求,政府和社会只有在家庭出现大范围的危机或困难时才会以应急的方式进行干预。从某种意义上讲,这种政策取向其实是对家庭承担社会责任的惩罚,即拥有家庭的人反而得不到政策的直接支持。

因此,今后应将原本以聚焦特殊家庭为主的补救型家庭政策逐步发展为普惠式的发展型政策。“发展型”家庭政策的一个共识是所有家庭都需要支持,因此它关注的对象是所有家庭而不是只针对问题家庭,它扮演的是“防火器”而“非灭火器”的角色,提前对所有家庭进行干预,预防问题出现。“普惠式”强调政策要面向全体社会成员,为了避免因实施普惠式家庭政策造成的过重财政负担,避免西方福利国家“入不敷出”的窘境,我们主张在家庭功能外化方式上采取多样化、在功能承担主体上采取多样化的做法。

家庭功能外化的方式主要有三种:第一种是社会替代机制,即由社会专门机构和市场替代家庭成为功能执行主体,来满足家庭整体及家庭成员个体的需求,这个机制主要解决家庭功能之不能的问题。第二种社会续接机制,有些家庭需求是在家庭内部和家庭外部分步实现的,第一步在家庭内部通过家庭自身的功能实现;第二步的执行主体转由社会专业机构或市场承担,在家庭外部实现。这个机制主要解决家庭功能之不及的问题。第三种是社会补充机制,即家庭需求主要在家庭内部凭借自身的功能实现,但由社会或市场服务补充家庭功能的不足。

功能承担的主体应该包括政府、市场组织、社会组织、社区等。在家庭政策体系中，应该制定专门政策，积极鼓励各种社会资源进入家庭福利与服务领域，增进家庭功能的社会替代品和补充品的有效供给。但作为基础性的家庭政策，应该首以政府为主导，并链接政府、市场和社会组织等不同的利益主体。在这一框架中，政府的作用是最重要的，因为对家庭的支持是从社会的长远发展目标和整体利益为出发点的投资，所以，只有政府才有能力促成这一框架的建立，并在这一框架中发挥主导作用。家庭发展的利益相关主体除了政府和家庭之外，还包括市场、社会组织和其他非正式网络。这些不同的主体互相关联，从而建立起以公共服务为基础，以社会服务和市场服务为补充的"三位一体"的家庭服务体系，为农村"留守老人"提供一系列福利服务，包括送餐服务、老人照顾护理之家、老人文化活动中心、法律援助和健康促进等项目。这可有效减轻家庭的福利供给负担，亦可赋予家庭中的照料者更多元的选择权。家庭物质供养老人功能外化程度越高，家庭所承担的福利责任就越低，对家庭中照料者的减负效果也越明显。

参考文献

[1] 张秀兰，徐月宾.建构中国的发展型家庭政策[J]. 中国社会科学，2003 (6)：84-96.

[2] 孟祥宇. 农村空巢老人家庭养老问题探析[J]. 周口师范学院学报，2013(6)：34-36.

[3] 国家卫生和计划生育委员会. 中国家庭发展报告 · 2014[M]. 北京：中国人口出版社，2014.

[4] 何欢. 美国家庭政策的经验和启示[J].清华大学学报(哲学社会科学版)，2013 (1)：147-156.

生命政治的"生命"省察

刘　刚

南京师范大学哲学系

摘　要　当代生命政治研究范式的转向,促进了"生命"语义的悄然演变。"生命"逐步从"身心撕裂"走向"身心合一",它是有身体的灵魂和有灵魂的身体的相互交融;"生命"开始从"奴役束缚"走向"自由解放",它是"再主体化"过程中对各种束缚的脱离;"生命"从"生死相斥"走向"超越生死",它重视"生",而不回避"死",谈论"死",而不忽视"生"。"生命"只有"身心合一"才算真正完整,唯有"自由解放"才能健康发展,仅有"超越生死"才切实富有意义。

关键词　生命政治;"生命";"身心合一";自由

生命是哲学叙述的永恒话题,伴随生命诠释进路的不断衍变,"生命"语义的边界也在不断地向外扩展。肇始于20世纪初的生命政治,历经鲁道夫·科耶伦、迪特利希·冈斯特(Dietrich Gunst)、福柯、阿甘本、埃斯波西托、齐泽克等思想者的助推,逐步上升为当代显学。随着生命政治研究范式的转向,"生命"语义也悄然发生着演变。"生命"早已超越传统话语叙述的"生物本性",而变得异常复杂,即便对"生命"原初能指的讨论,思想者们也存在着视差。在彼得·梅德沃和让·梅德沃看来,若将生命与死亡等词意的讨论囿于生物学之中,那将是低层次对话的象征[1],但阿甘本执意要从生命的生物学概念出发,因为它是"在当代关于生物伦理学和生命政治学的辩论中未被触及的,正是理应在一切讨论之前被询问的"[2]48。当下,从生命政治的观照出发,对"生命"给予省察,不仅有助于对生命存在和生命形态的深刻理解,更有助于对生命自身及其内涵的较好把握,从而为生命的安全、福利、发展及意义,乃至整个生命政治学,提供逻辑起点。当然,需要特别指出的是,本文有关生命的指涉,全部囿于身为高级动物——"人"的范畴之内,至于低等动物、植物、微生物、无机物等则不在该指涉话语之中。

一、"身心合一"的生命

西方传统哲学对生命的指涉,往往存在一定的偏见,它们要么高扬"灵魂"的旗帜,要么吹响"身体"的号角,大多在撕裂身心的过程中,摧残着"生命"的完整。这在柏拉图、奥古斯丁、笛卡尔、康德等哲学家对肉体(生命的物质性载体,即身体)的忽视中得以佐证。

苏格拉底及柏拉图对"肉体"格外排斥,而对"灵魂"充满赞美。这在"苏格拉底之死"的记载中给以确证,柏拉图曾言"灵魂和肉体的分离;处于死的状态就是肉体离开了灵魂而独自存在,灵魂离开了肉体而独自存在"[3]13。他断定:"我们要接近知识只有一个办法,我们除非万不得已.得尽量不和肉体交往,不沾染肉体的情欲,保持自身的纯洁。"[3]17 显然,在柏拉图看来,肉体与灵魂是相互对立、相互分离的,肉体之死,即是灵魂所生。在神学横行的中世纪,肉体备受压制,在奥古斯丁看来,身体充满欲望,而欲望的身体只能停留在"世俗之城",绝不会抵达"上帝之城"。为此,身体和灵魂再次遭受割裂。启蒙时期,哲学的使命,更多的是发力于摧毁神学,而对"肉体"并未给予过多关注。在笛卡尔那里,身心二分更为凸显,他主张心灵至上,认为心灵与身体是两个不同的区域,"在身体和心灵之间没有互动,至少没有重要的互动"[4]。康德的一生都在致力于"理性"的探寻、运用及批判,而较少涉及对"身体"的探讨。可见,在康德及之前的哲学理路中,诸如心灵、意识、精神等"抽象"的生命得以高扬,而作为"身体"的"具象"的生命备受压抑,因此,"生命"由于不能"身心合一",而始终处于残缺的状态。诞生于 19 世纪晚期的生命哲学,无论叔本华、尼采,还是狄尔泰、柏格森,他们都跳进"生命"的涌流,跟随"身体"的奔腾,试图从生命出发,用生命的发生和演变来解释宇宙、知识及文化。生命哲学将身体视为"生命"内核的同时,赋予生命本质以本体论的意义,认为生命是存在的第一要义,生命是唯一的实在。生命哲学,不仅为"生命"找回了"身体",更实现了对生命的高度审视和重新评估。[5]

20 世纪初,"生命政治"一经出现,即沿着生命哲学对"身体"格外重视的理路,将"生命"纳入生物学视阈,无论是较早使用"生命政治"一词的哈里斯(G. W. Harris),还是瑞典地缘政治学家鲁道夫·科耶伦(Rudolf Kjeléln),无不将"生命"视为一个完整的有机体,作为政治的"基石"。科耶伦关于国家有机体理论是对生命政治的第一次"自然主义"的阐释,从此将"生命政治"带入"自然主义"之境,促成了"自然主义生命政治"的出场。"自然主义生命政治"从生命的物质性载体即"身体"中,得到了方法论上的启发,且将这种"系统性"应用于对政治结构及过程的分析。德国纳粹时期,生命政治出现在对生命和种族监控占据突出位置的纳粹文件之中,它被广泛地应用于优生学及"排犹运动"。纳粹对"生命"进行了分类,在对"身体"作用的无限放大中,德意志人被挑选出来,其"身体"遭受到各类生物学与医疗的实验,而犹太人被打上"弃儿"的烙印,不仅"身体"遭受消解,乃至毁灭,其"灵魂"也备受摧残。实际上,早期"生命政治"对"身体"的强调,掩盖了对"灵魂"的指涉。沿着重视"身体"的进路,"技术主义生命政治"以当代医学技术的发展为支撑,试图重构生命的未来。[6]由于它对生命医学技术的倚重,逐步跨入到"分子生命政治"时代,"生命"被分解成"分子",而走向了对"生物性"强调的另一极端。

梅洛·庞蒂"身体现象学"的诞生,促进了"生命"身心裂隙的逐步愈合。福柯的生命政治由于受到海德格尔、梅洛·庞蒂、冈纪兰姆(Canguilhem)等人的影响,将"生命"视为"身体"与"灵魂"的结合,尽管在他看来,身体是"规训的",灵魂是"疯癫的",可以"通过控制思想来征服肉体"[7],但生命却是"身心合一",始终处于完整的状态。从此,"生命"告别"身心二分",开始走向"身心合一"。阿甘本、埃斯波西托、哈特、奈格里、齐泽克等承袭福柯的"治理主义"理路,他们的生命政治将"生命"视为"身心合一"的整体,在他们看来,"生命"是有身体的灵魂和有灵魂的身体的相互交融。治理主义框架下的生命政治,重视"身体",而不轻视"灵魂",不仅建构了"生命治理"的逻辑起点,更促进了"生命"完整性的出场。生命政治只有从"身心合一"的生命出发,才能切实走向对"生命"探讨的坦途,才能够准确地指涉"生命"的本质、意义及价值,才能够为生命的安全、发展等找到正确的方向。相反,如果强调"灵魂",而避谈"身体",抑或重视"身体",而忽视"灵魂",显然缺乏对"生命"的整体观感,势必导致"生命"的畸形发展。

二、"自由解放"的生命

在对"生命如何存在"的回应中,生命政治经历了从"生命治理"走向"生命目的"的范式转变,从而促使"生命",实现了由"对象化"向"主体化"的嬗变。当然,置身于后现代语境下的"生命",是一种"再主体化"的过程。生命"主体"的重塑,最终将"生命"从各种束缚的枷锁中解救出来,从此"生命"不在为奴,开始走向自由解放。

在纳粹主义生命政治横行之时,"生命"的"枷锁"和"自由"从来都被统治者所操纵。纳粹以"种族"和"优生"为借口,对犹太人施以枷锁,并最终给予生命的消灭。德意志人表面上是"自由解放"的,但事实上其"生命"依然被控制在纳粹的手中,而不能自由地"生",抑或自由地"死"。20 世纪 60 年代,"生命"开始作为政治的"对象"而存在,从此沦为"政治"的奴仆,而遭受束缚。"罗马俱乐部"将人们引入到对生命所处环境的关注之中,在此背景下,"生态主义生命政治"得以诞生。它将"生命过程"作为政治反映和政治行动的新对象,旨在寻求解决全球环境危机的方法,以实现对人类自然环境的保护。20 世纪 70 年代,随着 DNA 技术、人类生殖科学、产前诊断等的突破性发展,"生命政治"发生了一场向由"生态主义"向"技术中心主义"的嬗变。"技术中心主义生命政治"强调"技术干预"对"生命"的控制和影响,它试图在"技术"路径上,寻求对"生命"的呵护。然而当"生命"本身成为政治的对象,"生命"的自由解放则毫无意义。20 世纪 70 年代,米歇尔·福柯(Michel

Foucault)建构了"治理主义"语境的生命政治。在福柯看来,生命政治是用来指那种始于18世纪的行为,它力图将健康、卫生、出生率、人寿、种族等问题合理化。作为一种治理技艺,生命政治不仅涉及健康、医疗卫生,还涉及寿命、出生率、死亡率等诸多人口要素,还指涉到复杂的物质领域。可见,无论是政治主义生命政治,还是治理主义生命政治,无不从对生命的控制和奴役出发,他们视生命为治理的对象,在不断强化国家机器的同时,追求数字科技对生命的监控和治理,其最终目的无不是将生命置于捆绑的枷锁之中。

阿甘本在指认生命政治主体的过程中,做出了生命是"再主体化"的判断。置身于后现代语境下的生命政治,何为主体,如同谁是客体一样,似乎变得模糊。

如阿甘本所言,"现代国家像某种去主体化的机器运行着"[2]34,作为生命政治的主体也早已遭受消解。但在阿甘本看来,"这些被破坏的主体,在它们丧失各种认同的同时,也存在一个再主体化,再取得认同的过程"[2]34。此外,他认为,主体的消解和再创造是一个同时进行的过程。福柯将这种"再主体化"比喻为新主体的再生产,并深感"这种新的主体却又受制于国家"[2]34。对此,阿甘本略显悲观,他不相信存在可以逃脱"界定生命权利的主体化和奴属化的无限过程"之任何可能性。阿甘本思考的核心不是"生命"的规范,而是死亡的威胁被确立起来,并实物化。为此,在阿甘本看来,"生命"即是赤裸的生命,而生命政治首先是"死亡政治"[8]。尽管福柯和阿甘本意识到生命的"再主体化",也感受到"生命"遭受的束缚和压制,但由于认为生命无法逃脱"赤裸"的命运,因此,他们坚信"生命"绝不会走向自由解放之城。

埃斯波西托跳出福柯的历史谱系学,超越阿甘本的"去历史化",他则从免疫学的范式出发,将生物学的"免疫"概念应用到生命政治之中,从此对"生命"赋予新的内涵。在埃斯波西托看来,免疫一旦超越临界值,就是对生命的虢夺,自由必然完全丧失。人们为了保护"生命",不得不建立一套免疫系统,不幸的是,他认为双子塔的摧毁彻底击垮了保护这个世界的免疫系统,从此人们陷入到免疫的魔咒,为了保护生命,而不断地加大"免疫"的剂量。为此,"生命"不但没有得到解放,而是陷入到越来越多的束缚之中。尽管埃斯波西托努力赋予"生命"以积极意义,但由于"免疫"过量的毒杀,最终还是未能从枷锁中解救出"生命"。齐泽克一改以往"生命政治"的研究范式,从"事件"出发,在对"9·11事件""伊拉克战争"等重大历史事实的批判分析中,促进了生命政治范式的转向,在他看来,"生命的终极目标即是生命自身"[9]42,而生命政治,即是指对人类生命安全及福利的管理并以此管理为第一目标。[9]40 从此,齐泽克将生命视为主体,主张人类的一切活动最终皆为了生命。齐泽克在确立生命主体地位的同时,将生命从各种"对象性"的枷锁中解放出来,从此,"生命"开始迈向自由和解放。

三、"超越生死"的生命

生命安身于永恒的时空之下,不可回避地面临着对"生"与"死"的关怀,在"有限"与"无限"相互交织的激辩中,"生命"一次次被推到时代追问的前沿。在生、死面前,苏格拉底和奥古斯丁宁死弃生,而生命哲学家们则主张要积极地"生"。只不过,苏格拉底和奥古斯丁的"死",是世俗的躯体之死,他们最终旨在彼岸更好的"生"。生命哲学家们视"生"为万物的动力源泉,也正是有了"生",万物才会涌现,世界才能充满生机和活力,故然他们崇尚"生"。在"生"与"死"的两难话题面前,生命政治依旧从"生命"出发,在探寻生、死的跌宕征程中,逐步形构出"超越生死"的"生命"形态。

哈里斯(G. W. Harris)将"生命政治"视为应当考虑的国家两层面之政策,即人口的增长及竞争和男性承担国家责任的本性。"有机论"生命政治的典型代表科耶伦指出,"人们非常清楚地意识到争取生存和成长的生命斗争的残酷性。与此同时,人们也可以从这些集团内部探测到为了生存的目的而展开的威力强大的合作"[10]。哈里斯和科耶伦的生命政治,尽管出发点有所不同,但重点皆关注着如何去"生"? 德国纳粹时期的生命政治,将"生命"带入种族论,从此生、死有别,纳粹为了德意志人民更好的"生",故然让犹太等其他民族必然的去"死",生、死遭遇到从未有过的巨大冲突和碰撞。Kenneth Cauthen 提出的"基督教生命政治"是生态生命政治的另类表现,他站在宗教伦理的立场,将视角聚焦于"生",以探寻科技时代"生命"的快乐。"技术中心生命政治"倡导者 Volker Gerhardt 提出,生物学增加了生命的受益,生命发展借助于医学技术的干预成为突出的问题,人类沦为生命科学的对象,医生、护士、专家等最终成为"生命"的决定者。原本作为主体的"生命",无法左右着"生",也无法决定着"死"。

在福柯看来,生命政治是一种生命权利,而这种权利对"生命"施加影响,生命政治则形成于从"规训社会"向"控制社会"的过渡之中。在对"身体规训"和"人口的监管"中,福柯看到,"生命"经过自由主义治理下的规训与惩罚,其"生"早已变得扭曲和畸形。阿甘本的生命政治,与其说关注的是生命,不如说是生命的"赤裸性",他从古希腊的"牲人"中,寻找到纳粹时期,犹太人一步步走向死亡的成因,最终阿甘本完成了对如何"死"的回答。埃斯波西托的"免疫范式生命政治",由于对免疫的格外强调,因此,"为了保存某人的性命,就必须让他或她以某种方式尝试死亡——注射到体内的,恰恰是患者需要规避的疾病"[2]237。而一旦免疫遭受破坏,"生命不管是单一还是群体,都将因失去免疫系统而死亡"[2]239。可见,从福柯、阿甘本到埃斯波西托,他们的生命政治,都从"生"的路口,滑向"死"的陷阱,正如海德格尔所指认的"向死而生"。可见,20 世纪的生命政治,无论是从生命技术出发,坚信现代医学技术可以筑牢生命之"生",还是从生命治理出发,坚信生命最终将沦为"牲人"之"死",它们皆未跳出"生、死"的范畴去安置"生命",因此他们的"生命"充满着消极。

齐泽克试图跳出"生死相斥"的逻辑,在赋予生命政治以积极意义的同时,着力探寻一个"超越生死"的"生命"。所谓"超越生死"是指,站在"生、死"视阈之外,积极地对待"生"与"死",主张生死相依,"生"中有"死","死"中有"生"。它重视"生",而不回避"死";谈论"死",而不忽视"生"。齐泽克的生命政治强调"生"的重要性,因为生命存在是一切活动的基础,而一切治理无不为了生命安全及生命福利,其最终皆是为了更好的"生"。为此,他驳斥恐怖分子,"要在暴力性死亡中寻求到最大的生命满足"[11]141,可谓是一种病态的死亡文化。齐泽克的生命政治并未回避对"死"的探讨,只是在"死"的追求上,他有着刻意选择,正如他所言,"世界上存在某种东西,我们准备冒着生命之险来获取它。我们可以称这种过度为'自由''荣誉''尊严''自主'等等"[11]89。同时,他还强调,"唯有当我们准备冒此危险时,我们才真的活着"[11]89。可见,齐泽克巧妙地将生与死辩证地联系在一起,赋予"生命"以超然的形态,而"超越生死"。实际上,齐泽克开启的生命政治,有着积极的"生命"意义,它将"生命"置放于"超然"之中,为人类面对生、死提供了有益的借鉴。当然,"生命"只有"超越生死",才能真正理解"生"的快乐与"死"的意义,才能更好地"生",超然地"死"。

综上所述,20世纪以来生命政治有着巨大的发展,从对纳粹的反思到对"9·11"恐怖主义的批判、全球SARS的恐惧,生命政治的出场越发频繁,话语叙述也越发强烈,"生命"语义也越发广泛。迈入新世纪以来,尽管科学技术突飞猛进,思想资源日趋丰富,人类的生命体验也越发深刻,但人民对生命的关切却越发凸显,我们始终坚信,只有"身心合一",生命才算真正完整;唯有"自由解放",生命才能健康发展;只有"超越生死",生命才切实富有意义。生命是人类至上而永恒的话题,过去是,现在是,将来也是,因此生命政治的"生命"衍绎永不止步,而我们对"生命"的省察也将永不停息。

参考文献

[1] P B Medawar, J S Medawar. Aristotle to Zoos: A Philosophical Dictionary of Biology[M]. Oxford: Oxford University Press, 1983: 66-67.

[2] 汪民安,郭晓彦.生产·第7辑[M].南京:江苏人民出版社,2011.

[3] 柏拉图.斐多[M].杨绛,译.沈阳:辽宁人民出版社,2000.

[4] 汪民安,陈永国.后身体:文化、权力和生命政治学[M].长春:吉林人民出版

社,2003:4.

[5] Thomas Lemke. Biopolitics: An Advanced Introduction[M]. New York: New York University Press, 2011: 1.

[6] Nikolas Rose. The Politics of Life Itself: Biomedicine, Power, and Subjectivity in the Twenty-First Century [M]. London: Princeton University Press, 2007: 18.

[7] 米歇尔·福柯.规训与惩罚[M].刘北成,杨远婴,译.北京:三联书店,2012: 113.

[8] Agamben. Homo Sacer: Sovereign Power and Bare Life[M]. Stanford: Stanford University Press, 1998: 122.

[9] Slavoj Žižek. Violence: Six Sideways Reflections[M]. New York: Picador USA, 2008.

[10] Roberto Esposito. Bios: Biopolitics and Philosophy[M]. Minneapolis and St. Paul: University of Minnesota Press, 2008: 16-24.

[11] Slavoj Žižek. Welcome to the Desert of the Real! [M]. London: Verso, 2002.

心灵的新大陆:拉康主体"我"的生命哲学观

姜　余

东南大学人文学院

摘　要　相对于传统哲学而言,通过梦、症状、语误的经验,弗洛伊德发现了无意识的主体"我"的概念。无意识的"我"已经逐渐被大众所接受。20 世纪 50 年代以来,拉康利用结构主义、语言学的理论,对弗洛伊德经典临床重新解读而发现其局限性,通过对主体"我"的重新阐释,把这个弗洛伊德时期对"我"作为真相的追溯发展为更为复杂的精神结构。

关键词　主体我;无意识;拉康;主体的分裂;L 图示;大彼者

一、《释梦》与无意识主体的发现

弗洛伊德在 1900 年发表了《释梦》,通过对自己的梦一部分一部分地自由联想,弗洛伊德抵达了内心深处的真实。

在该书的第一个梦例"伊玛打针的梦"①中,弗洛伊德记录了梦的叙述,包括做梦的背景、梦的地点、梦的契机、梦的内容、梦的情感。然后分别对这些碎片加以分析。他发现,每个梦的碎片都联系着他的若干记忆。他遵从梦的指引,忠实地记录了这些记忆。

梦的导火索来自于他的医生朋友奥托看望了他的病人伊玛。弗洛伊德对此个案一直不太满意,他觉得自己已经对伊玛做了力所能及的工作,但是伊玛却不接受自己的建议。奥托对伊玛的糟糕的健康状况含糊其辞,让弗洛伊德疑心奥托有心指责。于是当晚弗洛伊德记录了伊玛的案例并寄给权威 M 医生,以求支持。

梦的第一层次乃是场景的实现。

第二层次属于梦者相对于人物群的关系的实现。

第三层次乃是内心深层的秘密以及情感的触及。

我们可以看到在弗洛伊德那里他称之为的"无意识欲望"是一些过去的记忆、

① 弗洛伊德.释梦[M].孙名之,译.北京:商务印书馆,2002.

观念。它们因为曾经未被适当的表达而被人们忽略和遗忘。可是这些被投注了大量能量的记忆和观念并未因此而消失,只是“在另一个地方”,伺机而动。意识只要有任何松动,它们就会溜出禁闭的大门,试图表现出来。

二、笛卡尔的主体“我”与精神分析的主体“我”

弗洛伊德无意识理论的提出,事实上瓦解了经典思辨哲学中的“我”的意义。

笛卡尔提出的“我思,故我在”(ego cogito, ergo sum)确定了一种“同一性”或者确定性,即只要我能够在思:“在怀疑、在领会、在肯定、在否定、在愿意、在不愿意、在感觉等”①,那么我就是存在的。

弗洛伊德通过他在话语中的实践发现,有一种“思”,一些观念,是驻扎在我们意识之外的。我们以为通过思考认识世界、改造世界,但实际上我们连自己都认识不了。因为“我们根本不是自己房子的主人”。通过元心理学的制作,弗洛伊德为我们呈现了地形学的无意识、前意识和意识的精神结构;1920年后又将这个结构进一步发展为“伊底”(它)②、“自我”和“超我”。弗洛伊德不仅使用描述性的语言来阐述“无意识”,将它想象为一个形容词或者副词性质的:一个无法对其进行觉察的“我”,它对我们的行为和语言进行指点安排;更将它作为一个动力的和经济学的范围或者地点:其本质就是冲突、精神能量的上升、对冲和消解。

三、弗洛伊德的“无意识我”和拉康的“无意识我”

作为精神分析家,拉康一开始从对笛卡尔的“我思”之处提出弗洛伊德的进步。

“我相信我成功地让你们感到所有这些发生在同一位置上,在主体的位置——笛卡尔的经验将其减缩为一个开创性的确定的基础点——这个位置获得了一个阿基米德式的价值,如此,这正是科学的尤其是牛顿开始的所有其他方向的支撑点。”③

拉康肯定了弗洛伊德的发现:“当弗洛伊德理解到,是在梦的领域,他确认找到了在癔症经验中教会他的东西,他就带着前所未有的果敢前进了,那么他关于无意识告诉我们什么?他确定了,不是被意识可以提及、触及、标注,从阈下呈现出来,而是被根本上被拒绝的东西进行了本质上的建构。弗洛伊德叫它什么呢?是和笛卡尔同样的术语,笛卡尔的支撑点——Gedanken,思想。”④

---

① 笛卡尔.第一哲学沉思集[M].北京:商务印书馆,1986:27.

② 有的翻译建议为“它我”或者“本我”,按照弗洛伊德本意,此处真正的主体尚在形成中,“我”并不存在,因此法语中称为“ça”(它),高觉敷先生将其音译为“伊底”。

③ Jaques Lacan. Les quatre concepts fondamentaux de la psychanalyse(1964)[M]. Seuil, 1973:52.

④ 同②53.

这种思想不同于笛卡尔的科学思想，也不是理智的思想。"弗洛伊德把他的确定 Gewissheit 带到能指的星座当中，它来自于叙述、评论、联想，也来自于删除。所有这些充盈了能指，围绕这个弗洛伊德建构起他自己的确定。""我不认为弗洛伊德把主体引入世界——具有独立心理功能的主体，是一个神话、一种迷惑——因为那是笛卡尔。我认为，弗洛伊德朝着主体说(这是新鲜事物)，——这里，在梦的领域中，你才在你自己家，Wo es war, soll Ich werden。(彼之所在，吾亦往焉)。"①

他指出这里的 Ich 并非自我，而是主体。"它"曾经在那里的地方，就是主体要去的地方。主体要去，是为了重新找到——实在(réel)。

20 世纪 50 年代拉康发明了自己关于精神结构的理论，并大量使用了 L 图示。

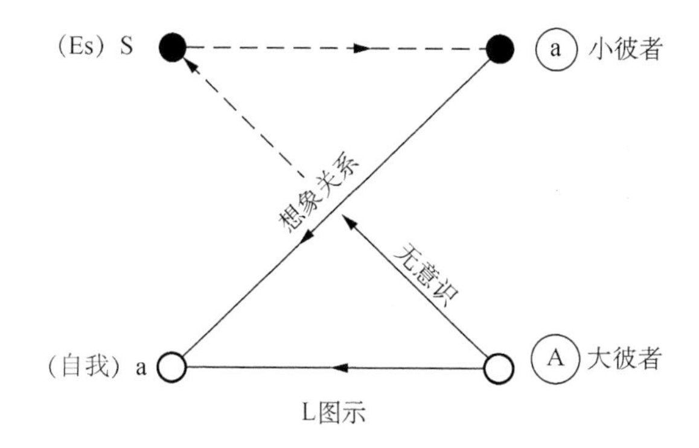

L图示

其中的 S 代表着主体，a 是自我，是笛卡尔意义上的"我"，它们之间存在着一定距离。简化地说，小彼者 a 指的是照顾者、同类、妈妈、镜子；大彼者 A 则指示着大写的"母亲"、语言、文化、无意识的宝库。无意识位于大彼者 Autre 之处，此时拉康认为通过言说，或者符号关系无意识可以抵达主体，而自我和小彼者之间的想象关系总是在阻挠真实的关系。所以，在符号关系的后半部用虚线表示。

在该图中，我们看到了自我和主体的距离，这个距离是无法调和的。其原因在于主体的本质，也是主体的起源源于 A 大彼者。这是一个语言的关系。婴儿一出生就掉入语言的网中。"那里，是无意识的主体起作用的地方。大彼者的地点，是建构起主体的地点。"②

异化③：该图示为我们解释了主体异化的过程：主体被存在所遮盖，来到了无意义当中。但是浮现于将其建构的大彼者之中。

① Jaques Lacan. Les quatre concepts fondamentaux de la psychanalyse(1964)[M]. Seuil, 1973:53.

② 同①55.

③ 同①236, 237.

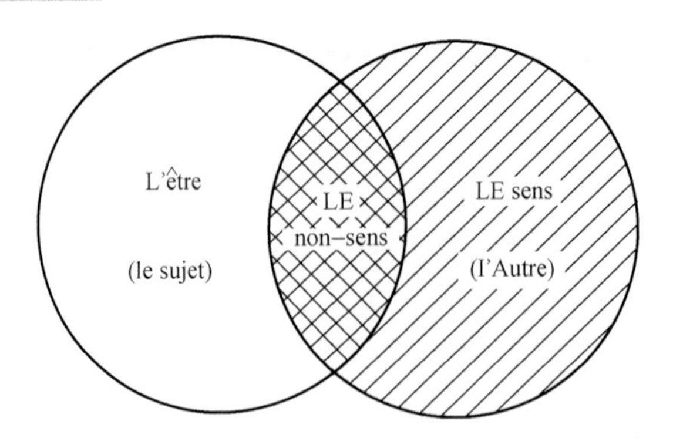

为了让人们理解这种异化的必须性,拉康举例下面这个例子。

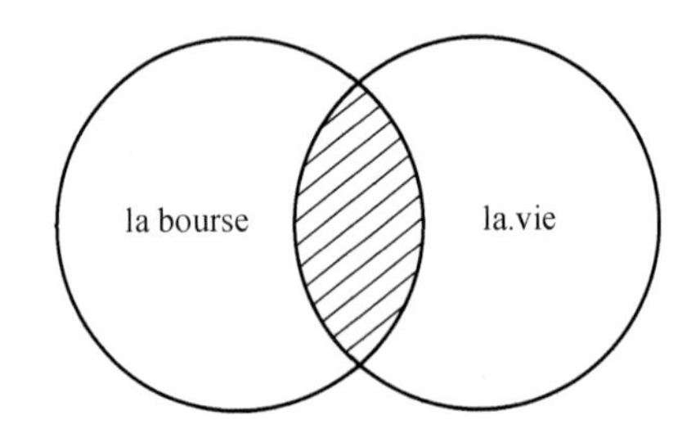

“钱”或是“命”?

打劫的强盗通常会问来往人:要钱还是要命?如果人们选择了钱,则钱和命都不保。“主体”和“大彼者”的关系亦是如此,若有不选择大彼者的可能,即不进入语言,对于这个婴儿而言,他的自由是死亡的自由,或者成为自闭症的自由。所以此时,“大彼者”的选择,是主体的妥协,但也是生的选择。

"人""仁"考辨与"医乃仁术"*

王明强

南京中医药大学基础医学院，中医国学研究所

摘　要　"医乃仁术"是中医生命伦理学的最高指导思想，这种医学伦理观念的产生源自于中国古代"天—地—人"思维架构中的三种理念：人为贵，仁乃天道自然，"仁者，人也"。"人为贵"的思想是以"活人"为要义的医学发生发展的根基，也是中医生命伦理学得以生发的根基。而"仁"的天道自然和人之本性论又使得"医者仁心"具有存在的本然性，这就意味着"医乃仁术"不是外在的道德约束，而是焕发出天道人性的自然光辉。

关键词　医；仁术；人；仁

中医生命伦理学的最高指导思想可以概括为四个字：医乃仁术。我国自古以来，就将医术定位于"仁术"，孙思邈在《大医精诚》中即认为"仁"为"医之本意"。明代医学家戴原礼在《推求师意·序》中明确提出"医乃仁术"。明朝王绍隆《医灯续焰》卷二十《医范》引陆宣公之言云："医以活人为心。故曰：医乃仁术。"[1]而我国医学之所以能孕诞出"医乃仁术"的生命伦理学思想，究其根源，乃是基于中国传统文化"天地人"合一思维架构中对"人"的极其推崇，从而使"人"的地位得以彰显。这种"人为贵"的思想是我国生命伦理学得以生发的根基。而古代学人又将"人"定位于"仁"，认为"仁"为"人"之天理自性。由此出发，"医者仁心"并非外在的规定性，而是具有存在的本然性，从而使医术焕发出天道人性的"仁"之光辉。

一、中国古代"人""仁"考辨

中国古代生命伦理学的构建关键在于"人""仁"二字。只有确立人的崇高地位，才能关注人的生命价值，从而促进医学的快速发展。而医者只有具备"仁爱"之心，才能使医学焕发出灿烂的人性光辉。

* 基金项目：国家社科基金重大项目"基于中医核心思想方法的价值体系研究及转型动因研究"(12 & ZD114-1)

1. “天—地—人”思维架构中“人”的主导地位

中国文化的精神特质，在于深体天地人合一之道。就现存的文献资料来看，早在春秋时期，“天、地、人”作为宇宙三才的地位即已确立。公元前517年郑子大叔引证“先大夫子产”论礼的话云：“‘夫礼，天之经也，地之义也，民之行也。’天地之经，而民实则之。”(《左传》昭公二十五年)[2]明显反映出当时“天—地—人”三位一体的思维架构。这种“天—地—人”三位一体的思维架构可以说是中国传统文化最为基本的思维模式，体现在哲学、政治、经济、文学、天文、地理、农事、医学等各个方面，对此前人多有论述，这里就不再赘述。综观古代“天—地—人”的思维模式，虽然天地居于人之上，但其焦点却是在“人”自身，是希望“人”认识自然大道，效法天地，顺应大道，修性养命，以达到个体和整个社会的和谐，强调的是人的中心位置和积极作用。孔颖达疏解《易·乾卦》之卦象云：

> 圣人作“易”，本以教人，欲使人法天之用，不法天之体，故名“乾”，不名天也。天以健为用者，运行不息，应化无穷，此天之自然之理，故圣人当法此自然之象而施人事，亦当应物成务。[3]11

《周易·象传》中曰：“天行健，君子以自强不息。”“地势坤，君子以厚德载物。”《老子》第二十五章则明确指出：“人法地，地法天，天法道，道法自然。”都以人为核心，直指人发挥主观能动性效法于天地。因此，在中国古代“天—地—人”的思维架构中，人是居于主导地位的，人才是整个宇宙的中心，许慎《说文解字》释“人”曰：“人，天地之性最贵者也。”段玉裁注云：“《礼运》曰：‘人者，其天地之德，阴阳之交，鬼神之会，五行之秀气也。’又曰：‘人者，天地之心也，五行之端也，食味别声被色而生者也。’按禽兽草木皆天地所生，而不得为天地之心，唯人为天地之心，故天地之生此为极贵。天地之心谓之人，能与天地合德。”[4]

2. 基于“天—地—人”思维架构的“人为贵”思想

早在先秦时期，我国就产生了人贵论思想。《尚书·泰誓》中即云：“惟天地，万物父母；惟人，万物之灵。”[5]将人看作万物之灵长。《荀子·王制》将万物分为由低到高的四个等级：“水火有气而无生，草本有生而无知，禽兽有知而无义，人有气、有生、有知，亦且有义，故最为天下贵也。”[6]

古人基于“天—地—人”合一的思维架构，认为人无论从生理结构还是人道法则皆与“天地”相合，人禀天地之精气而生，所以最为贵。偏于象数者，如董仲舒《春秋繁露·人副天数》中云：

> 人有三百六十节，偶天之数也；形体骨肉，偶地之厚也；上有耳目聪明，日月之象也；体有空窍理脉，川谷之象也；心有哀乐喜怒，神气之类也；观人之体，一何高物之甚，而类于天也。……故人之身首□员，象天容也；

发象星辰也;耳目戾戾,象日月也;鼻口呼吸,象风气也;胸中达知,象神明也;腹胞实虚,象百物也;百物者最近地,故要以下地也,天地之象,以要为带,颈以上者,精神尊严,明天类之状也;颈而下者,丰厚卑辱,土壤之比也;足布而方,地形之象也。……天地之符,阴阳之副,常设于身,身犹天也。数与之相参,故命与之相连也。天以终岁之数,成人之身,故小节三百六十六,副日数也;大节十二分,副月数也;内有五脏,副五行数也;外有四肢,副四时数也;乍视乍瞑,副昼夜也;乍刚乍柔,副冬夏也;乍哀乍乐,副阴阳也;心有计虑,副度数也;行有伦理,副天地也;此皆暗肤着身,与人俱生,比而偶之弇合。[7]

偏于义理者如程颢说:"天人本无二,不必言合。"程颐也说:"道未始有天人之别,但在天则为天道,在地则为地道,在人则为人道。"[8]

3."仁"乃"人"之天道自性

基于"天-地-人"的思维模式,在古人看来,人道乃与天道相合。《易·象传·贲》云:"刚柔交错,天文也;文明以止,人文也。观乎天文,以察时变;观乎人文,以化成天下。"[3]64 人文乃效法天文而来,天文可以内化为真实的人性与人格。孟子说:"尽其心者,知其性也;知其性,则知天矣。"[9]229《礼记·中庸》亦云:"天命之谓性,率性之谓道,修道之谓教。"[10]877 都明确指出人性乃秉承天道而成。北宋哲学家张载在《正蒙·乾称篇》中则明言:"乾称父,坤称母,予兹藐焉,乃混然中处。故天地之塞,吾其体;天地之帅,吾其性。"[11] 而人之"仁"道亦不例外,亦是禀自天道自然。

原始儒家论人性皆是从天性出发,追寻自然状态下的道德伦理的当然性和必然性。梁漱溟先生认为"生"字是儒家最重要的观念。"这一个'生'字是最重要的观念,知道这个就可以知道所有孔家的话。孔家没有别的,就是要顺着自然道理,顶活泼顶流畅地去生发,他以为宇宙总是向前生发的,万物欲生,即任其生,不加造作必能与宇宙契合,使全宇宙充满了生意春气。"[12]"仁"是儒家核心教义之一,《论语·述而》云:"志于道,据于德,依于仁,游于艺。"[13]65 而这个"仁"并非外加的,而是出自人之"本心"。孔子论"仁"云:"克己复礼为仁。一日克己复礼,天下归仁焉。为仁由己,而由人乎哉?"[13]87(《论语·颜渊》)指出成"仁"在于自身,不在于外界的压制和强迫。孔子强调仁是安于"本心"仁的自然状态,而不是外在压力下的"强仁":"子曰:仁有三……仁者安仁,知者利仁,畏罪者强仁。"[10]907(《礼记·表记》)孔子曰:"知之者不如好之者,好之者不如乐之者。"[13]62(《论语·雍也》)"强仁"不是出自内心,而是由于外在知性的束缚,是不自然的。孔子是希望用"出于自然"的仁学,通过自然和谐的人际关系,重建社会道德秩序和政治秩序。秉承孔子学说的是思孟学派。孟子力举"性善",将"仁义礼智"内化为人性的必有之义:"恻隐之心,人皆有之;羞恶之心,人皆有之;恭敬之心,人皆有之;是非之心,人皆有之。恻隐之心,仁也;羞恶之心,义也;恭敬之心,礼也;是非之心,智也。仁义礼智,非由外铄我也。我固有之也,弗思耳矣。"[9]196。《孟子·尽心下》云:"仁也者,人也。合而言之,道也。"[9]253《中庸》中言:"仁者,人也。"朱熹注云:"人,指人身而言。具此生理,自然便有恻怛慈爱之意。"[14]宋明理学建立了典型的自然主义基础上的人文思想系统,自周敦颐始,理学家无不言天道而及人道,天道自然观是他们探讨人性论的根本基础。在道德本体论上,他们吸取道家本体论的精神模式,提出"天理"的概念,把"人理"与宇宙本体融为一体,把天道与人道合一,将人道上升为天道,人理上升为天理,既使天道、天理具有人道、人理的内涵,又使人道、人理具有绝对的天经地义的神圣性质,为人伦之理找到本然的根据与最终的根源。上接韩愈、李翱,下启宋明理学的周敦颐所著《太极图说》与《通书》,旁求之道家而又深得于《易》,故而有深刻的天道自然观思想,认为"仁"是天地万物之心,是孕育万物的本体,"天以阳生万物,以阴成万物。生,仁也;成,义也。故圣人在上,以仁育万物,以义正万民"[15]。融宇宙生成论和道德伦理为一体,训仁为生,将儒家道德伦理范畴的"仁"升华为宇宙自然的本原,成为能化生万物的精神实体。明清之际的王夫之提出"仁义之本"的思想:"然仁义自是性,天事也;思则是心官,人事也。天与人以仁义之心,只在心里面。唯其有仁义之心,是以心有其思之能,不然,则但解知知觉运动而已。此仁义为本而生乎思也。"[16]

二、基于"人""仁"基础上的"医乃仁术"思想

我国古代医学之所以能够很早即获得萌发并得以成熟,人贵论思想是其最基本的社会心理动机之一。《素问·宝命全形论篇》中即表达了为天地之间最为尊贵的"人"解除病痛的思想,"黄帝问曰:天覆地载,万物悉备,莫贵于人。人以天地之气生,四时之法成,君王众庶,尽欲全形,形之疾病,莫知其情,留淫日深着于骨髓,心私虑之,余欲针除其疾病,为之奈何?"[17]这种尊生贵命的思想历代医家多有论述。萧纲《劝医论》中云:"天地之中,唯人最灵。人之所重,莫过于命。"[18]孙思邈在《备急千金要方·序》中解释自己将医著以"千金"为名云:"人命至重,有贵千金,一方济之,德逾于此。"[9]16其在《备急千金要方·治病略例》中云:"二仪之内,阴阳之中,唯人最贵。"[19]24

而正是出于这种尊生贵人的思想,才有了将医术定位于"仁术"的理念。何谓"仁"?《论语·颜渊》中载:"樊迟问仁。子曰:'爱人。'"[13]91而在儒家看来,这种"仁"乃人性之生发,而医之所以能够被称之为"仁术",乃是医者仁心的自然生发,元代著名儿科医家曾世荣把自己的书命名为《活幼心书》,罗宗之在序文中赞云"是心也,恒心也,恻隐之心也,诚求之心也"[20]。明代裴一中《言医》中谓:"医何以仁

术称？仁，即天之理、生之原，通物我于无间也。医以活人为心，视人之病，犹己之病。"[21]清代医家吴达在《医学求是》中云："夫医为仁术，君子寄之以行其不忍之心。"[22]清代喻昌《医门法律·问病论》云："医，仁术也。仁人君子必笃于情，笃于情，则视人犹己，问其所苦，自无不到之处。"[23]上述都明确指出医之所以能成为仁术，其源自医者之仁心，仁心则是医事活动的最根本依据。

另外，在古代医家看来，行医和行仁是合二为一的过程。晋代葛洪在《肘后备急方·序》中言："岂止一方书而已乎？方之出，乃吾仁心之发见者也。"[24]夏良心在《重刻本草纲目·序》中说："夫医之为道，君子用之以卫生，而推之以济世，故称仁术。"[25]在古代儒士看来，学而优则仕兼济天下能够造福百姓，除此之外最好的济世之途就是行医，宋代范仲淹提出"不为良相，当为良医"的人生理想。据北宋吴曾《能改斋漫录》卷一三《文正公愿为良医》载："……他日，有人谓公曰：'大丈夫之志于相，理则当然。良医之技，君何愿焉？无乃失于卑耶？'公曰：'嗟乎！岂为是哉！古人有云：常善救人，故无弃人；常善救物，故无弃物。……能及大小生民者，固唯相为然。既不可得矣，夫能行救人利物之心者，莫如良医，果能为良医也，上以疗君亲之疾，下以救贫民之厄，中以保身长年。在下而能及小大生民者，舍夫良医，则未之有也。"[26]而医术则是践行仁心的极好方式。正是这种"仁"的思想使古代医学焕发出无穷的魅力和勃勃生机，引领众多聪慧仁爱之士投身其中，使医学在"仁爱"的光辉下延绵不绝。许多读书人转而习医的心理动机和人生追求正是"医乃仁术"。朱丹溪早年"从乡先生治经，为举子业"，后来之所以"悉焚弃向所习举子业，一于医致力焉"，正是认识到"士苟精一艺，以推及物之仁，虽不仕于时，犹仕也"[27]432。其云："吾既穷而在下，泽不能致远，其可远者，非医将安务乎？"[27]428可以说是与范仲淹同声相应，同气相求。

参考文献

［1］ 潘楫.医灯续焰[M].北京：人民卫生出版社，1988：497.

［2］ 杨伯峻.春秋左传注[M].北京：中华书局，1990：1457.

［3］ 孔颖达，等.周易正义[M].上海：上海古籍出版社，1990.

［4］ 许慎，撰，说文解字[M].段玉裁，注.上海：上海古籍出版社，1981：365.

［5］ 孔颖达.尚书正义[M].聚真仿宋版.北京：中华书局，1957：364.

［6］ 荀况.荀子[M].杨倞，注.上海：上海古籍出版社，1989：48.

［7］ 董仲舒.春秋繁露[M].上海：上海古籍出版社，1989：75.

［8］ 朱熹.二程遗书：第二卷上·元丰己未吕与叔东见二先生语[M].文渊阁四库全书本.

[9] 孟子注疏[M].赵岐,注.孙奭,疏.上海:上海古籍出版社,1990.
[10] 郑玄,注.孔颖达,等正义.礼记正义[M].上海:上海古籍出版社,1990.
[11] 张载集[M].章锡琛点校.北京:中华书局,1978:62.
[12] 梁漱溟.东西文化及其哲学[M].北京:商务印书馆,1999:121.
[13] 朱熹.论语章句集注[M].北京:北京古籍出版社,1996.
[14] 朱熹.中庸章句集注[M].北京:北京古籍出版社,1996:24.
[15] 周敦颐.周子通书[M].上海:上海古籍出版社,2000:36.
[16] 王夫之.船山全书:第6册[M].长沙:岳麓书社,1996:1091.
[17] 黄帝内经[M].姚春鹏,译注.北京:中华书局,2010:230.
[18] 陈梦雷,等.古今图书集成医部全录[M].北京:人民卫生出版社,1991:459.
[19] 孙思邈,撰.备急千金要方[M].高文柱,沈澍农,校注.北京:华夏出版社,2008.
[20] 曾世荣.活幼心书:中国医学大成本[M].上海:上海科学技术出版社,1990:1.
[21] 王士雄.言医选评(潜斋医学丛书十四种)[M].集古阁石印本,1918:2.
[22] 吴达.医学求是[M].南京:江苏科学技术出版社,1984:61.
[23] 喻嘉言.医门法律[M].上海:上海卫生出版社,1957:8.
[24] 葛洪.肘后备急方[M].北京:人民卫生出版社,1963:1.
[25] 李时珍.本草纲目[M].北京:人民卫生出版社,1982:3.
[26] 吴曾.能改斋漫录[M].上海:上海古籍出版社,1960:381.
[27] 朱震亨.丹溪心法[M].北京:中国书店,1986.

医学研究伦理审查的哲学反思

张洪江

锦州医科大学马克思主义学院

摘　要　伦理审查对于规范医学科学的研究与发展过程,从而更好地保障受试者的权利与利益,具有十分重大的理论意义与现实价值。医学研究伦理在西方审查起源于对医学研究史上所发生的反人道主义的大规模人体实验反思的结果,而我国的伦理审查是应国家政策及现实需要而设立的,这必然带来伦理审查在顶层设计上不够完善、官僚化形式化倾向严重、审查不到位、成员专业知识不足等问题,应从制度、运行机制和人才等层面加以完善。

关键词　机构审查委员会;医学伦理审查;规范化建设

一、医学研究伦理审查的由来

医学研究,一般来说是指以人体作为试验及研究对象以获取疾病的预防、诊断和治疗为目的的生物医学科学研究活动。医学研究是人类获取疾病的产生原因和治疗手段的重要路径,更是推动医学科学的进步与发展不可缺少的重要环节。美国生命伦理学家恩格尔哈特针对医学研究的重要作用曾经明确指出,"实验研究乃是作为一种医学的内在部分","人们不仅害怕在医学研究中轻率地使用人,人们害怕轻率的治疗的代价——即不是基于充分的研究基础上的治疗"。虽然医学研究意义重大,但其研究过程和研究结果存在着不可预测性和不确定性,必然会给受试者带来伤害的风险。最明显的例子就是二战期间所发生的最令人触目惊心的反人道主义的大规模人体实验。战后国际社会通过对二战期间法西斯医生罪行的反思普遍认识到,医学的发展不能没有道德底线,由此形成了对医学研究进行伦理审查的共识。

1. 医学研究伦理审查的诞生

医学研究的伦理审查是指由伦理审查机构依据一定的伦理规范和伦理原则对以人为对象的生物医学研究活动所进行的有关伦理方面的审查与监督。可见,医学研究伦理审查的形成必须具备两方面条件:一是原则层面,即伦理审查原则的形成;二是制度层面,伦理审查机构的构建。

(1) 医学研究伦理审查原则的形成

人们对医学研究过程中所发生的丑闻特别是二战期间的惨无人道的人体试验引发了对人体试验伦理规范的思考,推动了伦理审查原则的形成。

二战期间,法西斯医生打着"国家和科学的利益"的旗号,在纳粹集中营以数十万计的战俘和犹太平民为受试对象,在未征得这些人同意的情况下,开展了一系列丧失人性的"疟疾实验""高空实验""毒气实验""骨、肌肉和神经再生实验""绝育实验"等伤害性甚至致死性的活体实验。日本侵略者在中国东北建立的细菌战试验基地,以中国反抗日本侵略者的爱国者、游击队员,无家可归者,包括中国人、俄罗斯人、朝鲜人、蒙古人等为试验对象,进行了更加惨无人道的细菌战人体试验。根据保守估计,二战期间至少有 6000 人死于长春、牡丹江、南京等地的细菌战死亡工厂。

战后的 1945 年 8 月,美英法三国在德国的纽伦堡市成立了国际法庭,审判战争罪犯。其中,包括以反人类罪对从事"人体试验"的 23 名医生和科研人员的审判。审判中法庭认识到医学研究应有道德底线,"没有伦理学指导的生物医学是不能被接受的",由此制定了第一部涉及人类受试者研究的国际伦理准则《纽伦堡法典》。《纽伦堡法典》制定的保护人类受试者的十点声明中最本质的要求体现在四个方面:第一,知情同意,人体试验得到受试者的自愿同意是绝对必需的;第二,行善,人体试验要产生对社会有益的结果;第三,不伤害,人体试验应避免所有不必要的肉体和精神上的痛苦、伤害;第四,公平,应该给予受试者比普通人群更多的保护。

《纽伦堡法典》虽然制定了保护人类受试者研究的伦理准则,但它对研究人员的行为没有制定伦理审查机制,同时对治疗性临床医学研究与在健康人身上做的临床医学研究也没有进行区分。为弥补这些缺陷,1964 年第十三届世界卫生大会通过的《赫尔辛基宣言》,提出了医学研究应坚持的基本原则:知情同意(Informed Consent);利益冲突(Conflict of Interests);伦理审查(Ethical Review)。1979 年美国发表的《贝尔蒙报告》,列出了三项所有人体研究都必须遵守的基本伦理原则:尊重原则(Respect)、有利原则(Beneficence)、公正原则(Justice)。

(2) 伦理审查组织的构建

在医学科学研究中,独立的伦理审查组织是医学研究伦理审查的重要基石。1975 年修订的《赫尔辛基宣言》明确提出:"每个涉及人类受试者的实验程序的设计和执行均应在实验方案中清楚地说明,并提交给特别任命的独立的委员会进行考虑、评议及指导。"这是首次在正式文件中提出伦理审查要由专门的独立的机构——审查委员会来执行。20 世纪的中后期,欧洲等一些国家的医疗机构相继出现一种介于医者与患者之间,专门从事医学伦理咨询论证和审查监督的组织——

伦理委员会(Ethics Committee,简称EC)。而美国则将涉及人的生物医学研究项目的审查组织称为机构审查委员会(Institutional Review Board, IRB)。

机构审查委员会(IRB)是指:"建立在医学院校、学术期刊和医学科研机构中,由多学科人员组成,对医学科研选题、开展、结题、成果的发表等是否符合人类伦理和法律规定进行审查的组织。"[1]该委员会遵循伦理审查原则独立的、公正的开展对科研立项、科研过程和研究结果的审查工作。而要使机构审查委员会的功能能够得到有效发挥,就必须对其人员构成情况做出明确规定。对此,我国著名生命伦理学家邱仁宗教授和陈元方教授在《生物医学研究伦理学》一书中结合国际规范从委员资格、委员的任命和伦理审查工作程序作了详细的论述,在此不再赘述。

2. 医学研究伦理审查的目的

对于医学研究进行伦理审查的目的,在世界卫生组织于2000年制定的《评审生物医学研究的伦理委员会工作指南》中做出了明确规定,即"维护实际的或可能的研究参与者的尊严、权利、安全与福利……绝不允许超越研究参与者的健康、福利与对他们的医疗关护"。由此可见,医学研究伦理审查的核心目的在于约束研究者,保护受试者。约束研究者就是使研究者的医学研究活动要遵守伦理规范和法律规定,不能危害受试者的健康、生命及尊严。也就是说,研究者所具有的医学技术只解决能干什么的问题,而伦理学才解决该干什么的问题。保护受试者就是一方面使受试者在医学研究过程中因承受一定的风险而应获得一定物质利益的保障;另一方面要使受试者在医学研究过程中应享有的知情同意权、保密权、不伤害权及获得救助与补偿等权利得到应有的保障。正如复旦大学徐宗良教授所言:"约束研究者、保护受试者就是要达到维护受试者的生命健康权益以及人的尊严之目的。"[2]

医学研究伦理审查的约束研究者、保护受试者的核心目的表明伦理审查对于规范医学人体研究及保护受试者权益方面具有十分重要的意义[3]:一方面,伦理审查对于提高医学科研人员伦理的关心度、培养其重视和遵循伦理审查规范方面具有十分重要的价值;另一方面,伦理审查对于保护受试者的权利和尊严,使其避免遭受不必要的危害方面也同样具有十分重要的价值。

二、我国医学研究伦理审查的现状与问题

1. 我国伦理审查制度的发展历程

西方的伦理审查制度是在对医学研究中出现的人体试验丑闻反思的过程中于20世纪70年代而建立的,至今已运行了近四十年的时间。我国的伦理审查制度起步于20世纪90年代,是与建立医学伦理委员会的重要性的认识相伴随的。

20世纪90年代以前,我国医学发展的主要指导思想是科学主义占主导地位,

缺乏人文精神的理念,对医学科学研究中蕴含的伦理问题尚无概念,可以说基本上处于无知的状态。直到1989年,我国医学伦理学者李本富才第一次向国人介绍了美国的医院伦理委员会。(杜治政语)1994年在广州召开的医学伦理学会上专家们提出在全国二级以上医院应当建立医院伦理委员会。随后北京、上海和天津等地的一些医院开始建立医院伦理委员会。1996年,国家抗肿瘤药临床研究中心成立了医学伦理委员会,而此时我国的《药物临床试验质量管理规范》(GCP)尚未出台。

从1997年以后,我国的医学研究伦理审查工作才真正开始。[4]

1997年3月,当时的卫生部长陈敏章提出在一些较大的医学及医疗单位应当建立伦理委员会。2000年3月,原卫生部成立了"卫生部医学伦理专家委员会",该委员会的主要职能就是对医学研究中涉及的重大的伦理问题进行审查和咨询。2003年国家食品药品监督管理局制定的《药物临床试验质量管理规范》(GCP)明确规定为保护受试者的权益要设立独立的伦理委员会。2007年,原卫生部制定的《涉及人的生物医学研究伦理审查办法(试行)》明确提出:"开展涉及人的生物医学研究和相关技术应用活动的机构……设立机构伦理委员会。"这是我国卫生主管部门第一次以政府规章形式明确提出建立机构伦理委员会,开展伦理审查工作。这标志着我国的医学伦理委员会的功能由过去的伦理教育为主转向现在的伦理审查为主。

伦理审查制度在我国近三十年的发展历程表明,我国医学研究伦理审查制度的建立具有两个特点:一是我国伦理审查制度是应国家政策的要求而设立的;二是我国伦理审查制度是应研究者申请课题、发表论文的需求而设立的。可见我国伦理审查制度的最初构建并不是像西方伦理审查制度那样为了保护受试者的权益设立的,相反却具有较大的功利性。这必然导致我国医学研究伦理审查存在着较多的问题。

2. 我国医学研究伦理审查存在的问题

(1) 我国医学研究伦理审查在顶层设计上尚不够完善,缺乏具体操作规范。

目前,我国医学研究伦理审查主要是依据《涉及人的生物医学研究伦理审查办法(试行)》(简称《办法》)。《办法》可以说是属于相对较低层面的部门规章,相对于法律来讲,缺少强制性和权威性。可见,我国医学研究伦理审查在顶层设计上尚不够完善,缺少法律层面或者行政法规层面的伦理审查的规范。另外,《办法》也仅是一些原则性的规定,致使我国医学研究伦理审查缺少像英国的《伦理委员会标准操作规程》和美国的《持续性审查指南》那样在实践中具有可操作性的标准规程,这势必造成伦理委员会在实际工作中执行的随意性比较大。

(2) 我国医学伦理委员会机构构成官僚化倾向较为严重,缺少独立性。

作为伦理审查的国际伦理规范《赫尔辛基宣言》明确规定，伦理委员会“必须独立于研究者、资助者，也不应受到其他不当的影响”。这即是说，伦理委员会的组成、运作和做决定不受政治、制度、专业和市场的影响，不受利益关系所左右。我国的伦理委员会却因其构成的官僚化倾向而逐渐丧失了独立性。主要表现就是伦理委员会的主任多由所属单位的领导担任。

2007 年中华医学会科技评审部的张利平、王莹莹和刘俊立等人对全国 199 个医院的医学伦理委员会的组织与管理情况进行调查，结果显示，在 199 个医学伦理委员会中，由院长或书记担任伦理委员会主任委员的占到 59%，其他院级或科室领导的占到 29%。[5] 2007 年广东医科大学人文学院的田冬霞老师对天津市的 14 家三级甲等医院的伦理委员会运作情况进行调查，调查的结果表明，90%的伦理委员会主任委员是由医院的院长兼任或由医院的党委书记兼任，还有一些伦理委员会的主任委员由是医院政委或护理部主任兼任。[6] 2009 年首都医科大学吴晓瑞老师对北京地区的 69 个三级甲等医院的伦理审查委员会运行现状进行调查，结果同样表明，由院级领导担任伦理审查委员会主任委员的比例达到 76.9%。[7]

伦理委员会的主任委员由所属单位的领导担任，他们在进行医学研究项目的伦理审查时就会有所顾忌，过多地考虑研究项目会给本单位带来的利益与声誉，势必给伦理审查的独立性带来一定的危害。

另外，伦理委员会人员结构也存在不合理之处，多由本院的医学专家组成，既当裁判员又当运动员，缺少能真正代表患者和受试者利益的伦理学、法学等非医学人员及外单位人员，同样影响伦理委员会的独立性。

(3) 伦理审查过程形式化倾向严重，伦理审查沦为“橡皮图章”。

伦理审查是对医学研究的合科学性与合道德性的审查，是确保受试者权益的重要举措。由于我国一些科研工作者至今没有科研伦理的概念和意识，认为伦理审查是政府为科研设置的障碍，是没有意义之举。而伦理委员会的一些成员也对伦理审查的重要性认识不到位，认为伦理审查就是走形式，是应景之作。这就造成伦理审查的过程形式化倾向严重，伦理委员实质就是在签字、盖章、走过场，伦理审查沦为“橡皮图章”。这主要表现在三个方面：

其一，目前在相当大的程度上，我国伦理委员会对涉及人的医学研究项目的伦理审查工作存在着毕其功于一次会议审查的现象。这就导致一次会议审查的项目过多，致使平均每个项目的审查时间仅为 10 分钟，大多数情况是委员们在听主审委员的介绍，这必然导致伦理审查客观上变成了少数委员定乾坤。[8] 伦理审查过程必然走向形式化。

其二，从伦理审查的结果来看，伦理审查的结论很少有否定性的。吴晓瑞的调查显示，审查结果为同意的占 74.6%，修改后同意的占 20.0%[7]；张利平调查的

135 家单位中审查通过率为 100%的有 49 个,比例达到 32%。[5]这样的伦理审查过程很难逃脱走过场的嫌疑。

其三,从伦理委员会的管理来看,张利平等人对全国 199 个伦理委员会的调查显示,没有固定办公地点的伦理委员会占到 63%,没有活动经费来源的占到 46%,没有工作制度的占 13%,没有活动记录的占 3%,没有记录保管制度的占 11%,没有保密措施的占 9%。[5]这样的伦理委员会形同虚设,工作松散、难以发挥其应有的作用。

(4) 伦理审查专业知识不足,对伦理委员会成员的科研伦理培训普遍不够,专业人才缺乏。

目前,我国伦理委员会大多数成员没有接受过系统的伦理学教育,伦理学知识基础相对薄弱,缺乏必要的科研伦理知识,医学研究审查能力相对较弱。而中华医学会每年开展的继续医学教育项目中,针对伦理委员会成员的医学伦理学继续教育项目微乎其微,系统规范化的医学研究伦理审查的培训项目更是少之又少,更别说是开展国际最新的伦理学法规的培训了。同时由于我国从事医学科研伦理专业研究的专门人才更是十分的匮乏,这必然造成从事伦理审查培训的师资数量相对不足、限制对伦理委员会成员的培训,也必然导致伦理委员会自身审查能力的低下。

(5) 伦理审查前瞻性不足,跟踪审查不到位。

目前我国医学科学研究项目的伦理审查大多数是在项目获准立项之后、项目启动之前,严格说是在人体试验开展之前的。[9]这就是说,在医学研究项目申报之前的项目设计、论证的过程很少进行伦理审查,基本上属于审查空白。伦理审查的这种前瞻性不足,致使研究项目一旦在伦理审查过程中出现了问题,为使获批项目不被取消,就只好修改伦理审查的结论。伦理审查就失去了应有之义,流于形式。

通过初始审查的项目的跟踪审查同样不尽如人意。张利平等人对伦理委员会开展的审查项目调查显示,135 家单位中 34 个(17%)在项目审查通过后的项目执行过程中没有追踪审查。[5]吴晓瑞等人的调查显示,北京地区 48 家医院中约有 1/4 的伦理审查委员会因种种原因尚未开展持续审查。[7]跟踪审查的缺如,使以约束研究者、保护受试者权益为宗旨的医学研究伦理审查失去了存在价值。

三、医学研究伦理审查完善的展望

1. 制度层面

从制度层面完善医学研究伦理审查建设,应从以下两个方面着手:

(1) 制度的完善

制度的完善主要是要加强顶层设计,制定涉及人的生物医学研究伦理审查的相关法律规范，使伦理审查有法可依，实现科学审查、伦理审查与法制审查的相互配合。为此，一方面，要制定医学研究伦理审查的法律规范，将伦理审查的制度建设上升到法律层面，提升伦理审查的权威性和强制性，使各地区各专业的医学研究伦理审查工作有法可依。另一方面，国家卫生主管部门要根据伦理审查的法律规范制定相应的伦理审查操作规范，这类规范应具有具体性、科学性、标准性和操作性等特点，这样各类伦理委员会的伦理审查工作就能够在实际操作层面上实现统一。

(2) 制度的落实

目前国内伦理审查实践中出现的伦理审查流于形式等问题均与伦理审查制度未能较好地落实密切相关。为此，一方面，要提高医学科研人员和伦理委员会成员对医学研究伦理审查重要性的认识。使其清楚地认识到，伦理审查并非是政府为科研设置的障碍，并非是走过场，而是规范科学研究、保护受试者权益的重要举措。应将医学科研的伦理审查看做是推动我国医学研究的基础性工作。另一方面，完善各级伦理委员会并对伦理委员会的工作进行监管。为保证伦理委员会工作的独立性，应建立独立于任何科研医疗机构的仅对政府和受试者负责的国家或省级伦理委员会，就我国重大医学研究、新技术研究提供伦理审查，并对下一级伦理委员会的伦理审查工作进行指导、监督、考察和评估。此外，为避免我国目前伦理委员会设置较为随意、不能较好地履行职责的现象，要建立伦理委员会的认证制度以及注册备案、全面审查、定向检查、随机抽查等监管制度。这可以说是提升伦理委员会伦理审查能力、审查质量和审查水平的重要途径。

2. 机制层面

从伦理审查运行机制层面完善医学研究伦理审查建设，应着重加强以下两个环节建设。

(1) 伦理审查的初始审查环节应前移，加强伦理审查的前瞻性。

伦理审查的初始审查不应从项目获准立项之后的人体试验开始前进行，而应前移到科研项目的选题、设计和论证阶段，使科研项目的科学审查与伦理审查同步进行。这一阶段的审查主要是审查科研项目的选题是否具有科学价值与社会价值，科研项目的设计和论证是否具有科学性和安全性。

(2) 提高对伦理审查的跟踪审查环节的重要性的认识，加强跟踪审查。

涉及人的生物医学研究项目尽管通过了初始审查，但这并不意味着该项目的伦理审查的结束，恰恰相反，这仅仅是伦理审查的开始，随后的跟踪审查才是伦理审查的重要环节。一项科研项目的伦理审查要伴随项目的始终，直至科研项目的结题。伦理审查的跟踪审查重点是审查受试者因承受一定的风险是否得到了相应的补偿；受试者的知情同意权、隐私权及不伤害权等相应权利是否得到保障；研究中是否出现了不良事件，发生的不良事件是否得到及时、有效地处置等。

3. 人才层面

从人才层面完善医学研究伦理审查建设,应加大伦理委员会成员伦理审查的理论知识和伦理审查实际操作能力的教育与培训,这可以说是提高伦理委员会成员的理论素养和审查能力、保证伦理审查质量的重要路径。为此,第一,中华医学会每年开展的医学继续教育项目中要增设针对医疗机构领导、医学科研人员及伦理委员会成员的国家级培训,主要是开展伦理学知识及伦理审查操作规范的培训。第二,国家和省级医学伦理学会也要发挥学会的优势,组织相关医学院校、研究机构中的医学伦理学人才资源,定期开展对伦理委员会成员的专项培训和学术交流。第三,应建立伦理委员会委员的准入制度,持证上岗。经过教育和培训的人员要通过国家或省组织的伦理委员会委员任职资格考试,考试应包括理论知识和实际操作能力两部分。通过考试、获得任职资质证书,具备伦理审查的资质和能力,才能够成为各级伦理委员会委员,才能够较好地胜任医学研究伦理审查工作的要求。

参考文献

[1] 曹永福,王云岭,杨同卫,等.我国“医学伦理委员会”的成立背景、功能和建设建议[J].中国医学伦理学,2004(5):31-32, 46.

[2] 徐宗良.我国人体临床试验和研究中有关伦理审查的若干问题[J].医学与哲学(人文社会医学版),2005(5):29-30.

[3] 吴素香.善待生命:生命伦理学概论[M].广州:中山大学出版社,2011: 115.

[4] 邓蕊.科研伦理审查在中国:历史、现状与反思[J].自然辩证法研究,2011(8):116-121.

[5] 张利平,王莹莹,刘俊立.我国医学伦理委员会组织与管理情况调查报告[J].中国医学伦理学,2008(6):128-130.

[6] 田冬霞,张金钟,侯军儒.中国伦理委员会运作现状的一个缩影——天津市三级医院伦理委员会的调查与分析[J].中国医学伦理学,2008(1):44-47.

[7] 吴晓瑞,李义庭,赵学志,等.北京地区机构伦理审查委员会现状的调查分析[J].医学与哲学(人文社会医学版),2010(3):11-13.

[8] 姚国庆,王琳,吴笑春,等.医学伦理审查实践中存在的主要问题与对策[J].医学与哲学,2013(2A):26-27.

[9] 张金钟.生物医药研究伦理审查的体制机制建设[J].医学与哲学,2013(5A):17-21.

未来医学图景中的空间、身体和伦理行动

程国斌

东南大学人文学院

摘　要　现代医学通过对身体的空间区划而实现了自己的专业权力，将病人变成了一个在专业规范体系中被陈设和被阅读的躯体。作为一种自我批判和自我修正，“生物—心理—社会医学模式”和“以患者为中心的临床模式”突破了以“生物—躯体”为对象的狭隘认知，但最终也未能突破医学空间与专业权力的宰治。以医疗大数据和移动互联网为基础的未来智能医学模式，将会极大地拓展病人的自主权，改造和摧毁现代医疗的空间和权力结构，真正实现以病人为中心和被病人主导的医疗生活组织方式。但由于技术基础内在的数据不完备性、技术依赖性和数字化人体的非真实性，它有可能会造就一个“个体化技术帝国主义”的“丛林”，而非病人和医生民主共享的伦理共同体。借助现代医学自我修正的历史经验和对身体“病显”的伦理分析，本文认为人类的身体和病痛的言说，以及我们对来自于另一个身体的触碰与回应的渴望，将会逼迫未来医学认识到自己的局限性。并进一步提出，在数字技术主导的未来医学世界中，医生为了自己的生存和尊严，更应该重拾古老的临床技艺，在对病痛的关怀、照料和抚慰中，在以自己的身体与病人的身体的回应与互动中，为真正意义上的临床伦理行动做出保证。

关键词　未来医学模式；医疗空间；身体；伦理行动

在对未来智能医学模式的考察中，医疗空间的权力结构及其对身体的安置方式，是对其进行趋势预测和伦理评价的重要指标。但为了能够做出准确判断，我们有必要从它的革命对象——现代医疗空间的考查开始。

一、现代医疗空间对身体的区划与规训

现代医疗空间的建筑学，是经济、政治、建筑工程学与医学技术规范的相互呼应的产物，由此构成了对身体强有力的区划和规训。病人的身体在医院流水线上移动，随着疾病分类学和技术管理学的规则不断分流、定位、解析和重构，最后成为一个被摆设在病床上的苍白、脆弱、无言，按照规范显现并等待着被阅读的“躯体”。

作为对现代医学空间权力的自我修正,以 1977 年美国罗彻斯特大学恩格尔教授发表的《需要新的医学模式:对生物医学的挑战》和 1986 年加拿大西安大略大学家庭医学团队发表的《家庭医学中的医患互动模式》这两篇文章为标志,20 世纪中后期开始了建构"生物-心理-社会医学模式"和"以患者为中心的临床模式"的运动[1],这些概念逐渐被接受并成为现代医学的核心典范。虽然它们突破了以"生物-躯体"为对象的狭隘认知,将"疾病的决定因素"定义为包括了生理病理、行为模式、生活环境以及医疗卫生体系的综合系统。但病人的生活经验仍然需要经由专业空间的规划之后,才会在临床活动中显现出意义:病痛必须经由各种专业计量程序,按照专业要求书写,并被专业人员阅读。

二、未来医学抑或临床技艺的消亡

"临床"一词最原初的意义是"进入病人的家庭",但随着医学现代化进程变成了"走到医院的病床边"。随着移动医疗物联网和医疗大数据集成的逐渐实现,病人有可能全面舒适地躺在家中,移动手指,点击屏幕,进行自我诊断,发起和组织服务于自己需要的医疗活动,成为自身医疗事务的"首席运营官"[2]。实现这种革命性的转变,需要以下几个方面的突破:

第一,能够全面、准确掌握自身的医疗大数据[3](目前所说的大数据主要包括十大数据组:暴露组、表观基因组、微生物组、代谢组、蛋白质组、转录组、基因组、解剖组、生理组和表型组)。如果能够实现对一个人生理、病理和社会生活相关信息全面、准确的掌握,就有可能重建一个具体而又完整的"数字化人体",打破"平均病人"的模型,真正实现精准化的个体医疗。

第二,能够实现对医疗大数据的安全和自主使用。这意味着病人能够通过移动互联网络安全、便捷地登入自己的数据库,并且可以利用在线咨询专家、智能 App 或云计算终端准确地分析和使用这些数据,并且安全地发送给正确的对象。

第三,能够通过医疗物联网有效主导和组织医疗活动。如果智能诊断的准确性、线上线下的沟通效率和医疗物联网的资源配给效率都足够高,病人将可以自主选择专业支持团队,购买和获取必需的资源,在自己的生活空间中按照自己的需要重新组织和安排整个医疗过程。

由此,现代医学体制中的"临床医学"将逐渐走向消亡,从以医学专业规划为中心真正转向以病人为中心,真正实现医疗的"民主化"。

三、未来医学模式的三重隐忧

即使不考虑隐私和数据安全、数据诚信、数字资源鸿沟和价值冲突等伦理问题[4],这一未来医学模式在其底层逻辑上还存在着三重隐忧:

第一,数据生产的“不可完备性”。能够被直接计量和计算的只能是生物学信息,行为、环境和社会行动网络及其相互作用所产生的信息几乎是无穷尽的,而且必须经过观察者的转化才能够汇入数据流,这就使我们无法实现对数据的客观而又充分的掌握。

第二,数字化人体对真实身体的遮蔽。人体数字化带来的最大好处是便捷性而非准确真实性,虽然病人坐在家中就可以把自己的所有数据发送给合适的处理者,但一个人的疾病经验及其与医生的互动中所产生的无法数据化的信息是无法通过电子介质传输的。

第三,对技术体系的依赖。病人虽然看似掌握了充分的自主权,逃离医学专业共同体的权力空间,但还是会受制于人类知识体系、互联网络规则和资源配给的政治经济学法则,以及每一次具体连线过程中的技术规律。更糟糕的是,当权力结构被隐藏在后台运行,我们现在连那个可以谴责和反抗的对象也找不到了。

所以,未来的智能医学系统的确使病人的自主权获得了极大的扩张,但它无法真正促成一种双方具身在场的对话与合作。未来的医学世界究竟是一个“个体化技术帝国主义”的“丛林”,还是民主与共享的伦理共同体,技术本身没有也不可能做出任何承诺。

四、身体的病显与医生的专业伦理行动

在面对未来时,我们需要从历史中攫取经验。

在现代医疗空间的重压之下,痛苦成为身体唯一言说的方式。虽然现代医学处理疼痛的方法是观察、计量和控制,疼痛分级量表是行动指南,但医生还必须去关注和分析大声的呼喊、焦躁的情绪、扭曲的躯体、清醒或者模糊的意识、大汗淋漓和苍白面孔之后隐含的东西。痛苦凌驾于所有的技术和语言之上,不仅使病人脱离他习以为常的日常生活语境,在与自我的不适感和交流障碍中,使身体重新成为注意和感觉的焦点,并且渴望来自另一个身体触碰与回应,这就是身体的“病显”(Dys-appearance)[5]所具有的伦理意义。

这种具身的人际互动,是一个隔着屏幕的医生,或者更糟糕的,一个智能计算系统无法给予的。这是未来智能医学系统必须面临的窘境,但也构成了一个促使其反省的契机,使其意识到总有些什么会超出技术的权能。所以医生不会消亡,但有必要再一次唤醒古老的临床技艺——关怀、照料与抚慰。医生必须使自己的身体和心灵都同时从专业空间、技术规范和数据流中解放出来,用生命去呼应生命,言说、触碰、行动乃至展示自身的痛苦,作为一个活生生的人与另一个活生生的人,与病人进行最真实的相遇,并由此发展出一种真实的临床伦理境域。

这或许,就是在医疗大数据、移动物联网和智能机器人织就的未来医学世界中,这个专业得以生存和保持尊严的唯一方式。

参考文献

[1] Brody Howard. The Future of Bioethics[M]. New York: Oxford University Press, 2009: 51-53.

[2] 埃里克·托普.未来医疗[M].郑杰,译. 杭州:浙江人民出版社,2016:13.

[3] E J Topol. Individual Medicine from Prewomb to Tomb[J]. Cell, 2014 , 157(1):241-253.

[4] 田海平.大数据时代生命医学伦理学的发展方向[N].光明日报,2017-09-25(5).

[5] 克里斯·希林.身体与社会理论[M].李康,译.北京:北京大学出版社,2010:200.

多元文化护理的伦理审视*

——基于关怀的伦理视角

周煜　张志斌

南通大学护理学院，常州卫生高等职业技术学校

摘　要　多元文化护理作为当代护理发展的方向，其伦理内涵植根于后现代主义思潮和对话伦理的理论背景，并以关怀伦理为基础。护理学强调关怀，多元文化护理更是对"关怀"全面而深入的实践。关怀伦理给了多元文化护理很多启发，实践多元文化护理应当进一步学会关怀，实施尊重原则、同情原则、责任原则、宽容原则、情境原则和沟通原则。

关键词　关怀；伦理；多元文化护理；护理

"多元文化护理"是由美国护理学家马德琳·M.莱宁格(Madelein M. Leininger)于20世纪60年代提出。作为当代护理的发展方向，该理论认为不同文化模式中的人对健康、疾病、治疗、护理、保健的认识和需求有所不同，并影响照护的形态、意义和表达方式。护理人应按照人们的文化价值取向和对健康、疾病等的认识，为病人提供有效的护理保健服务，这样才有利于疾病的康复。审视多元文化护理的伦理内涵，对于深刻理解多元文化护理理论，加强护理伦理的理论与实践研究，推动护理伦理学科体系及社会发展具有重要意义。

一、呼唤关怀：多元文化护理的伦理背景

多元文化护理的伦理背景首先来源于后现代主义。后现代主义作为一种新的哲学文化思潮，是以否定、超越西方近现代主流文化的理论基础、思维方式和价值取向为基本特征的。相对于重视中心、追求理性、维系结构、注重权威、尊重历史、强调普遍性等为特征的西方传统思想，后现代主义则推崇边缘、解构、非理性、不确定性、凌乱性以及反对权威、怀疑历史等。20世纪60年代以来，后现代主义思潮逐渐渗透入人类社会的各个领域。

*　本文为南通大学人文社科研究项目"多元文化时代下护理关怀伦理研究"(11W53)阶段成果。

后现代主义认为,这个世界是多元的。“一个健全的社会和非祛魅的世界应该是多元的、有机的、整体的、过程的、有灵性的、非决定论的和绝对自由的;不应是一元的、纯理性的、独断的和原子分立式的。”[1]世界的本原是由多个不可还原的实体构成的,人类的文化也是多种多样的。全球范围内,自古以来就存在着各种不同的文化,甚至在同一个国家或城市地区也可能会存在不同的文化。随着人类社会的不断发展进步,文化的转型更新也不断加快,不同文化的发展面临着不同的机遇和挑战,经历传播、冲突与融合。文化是多样的,多元文化时代已经来临,不同的文化模式决定了人们不同的生活方式和价值信仰,这已经是确认无疑的事实。

然而,后现代主义在推崇差异性和多样性的同时,也解构了一切,逐步走向了相对主义和虚无主义。于是,一切善恶、是非、对错,都没有了确定的判断标准,各种价值观念都可以作为人们行为的依据。就这一点来看,后现代主义对社会的消极影响是不言而喻的。因为当什么都是对的时候,反而不知道该如何去做,随之带来相互分立的个人主义。为此,哈贝马斯提出,人除了生产维持自己生存的物质资料外,还要进行人际交往,参与社会活动,即还需有交往行为,它的任务是在生活行为中确保和扩大人们相互理解和自我理解的可能性。理性不应该只被认为是工具理性或目的理性,而还应该有支配交往行为的交往理性。因此,有关价值等问题是可以通过对话和讨论而取得理性的一致,只要是符合参与者自身“真实的利益”、当时当地社会的条件和历史的环境。而语言,是交往的核心因素,这为人类通过对话达成共识提供了可能。[2]哈贝马斯构建的对话伦理在一定程度上缓解了后现代主义的缺陷,不仅为缓解全球多元文化的冲击提供了可能,同时也为护理人员更好地开展多元文化护理提供了借鉴。

因此,人们必须正视文化的多元性,对于不同文化模式下的价值观给予充分的尊重,同时还要善于通过对话交往,而在行为准则上获得一定的普遍性。对于“多元文化护理”来说,护理人员不仅要认识多元文化的存在,还要积极利用语言交往等途径尊重护理对象的利益需求,调整护理行为,以最大限度地促使患者康复。这在根本上体现的是对每一位患者的关怀,是对不同文化不同患者的针对性照顾。而随着人类日益丰富的需求与生存发展,关怀也将显现出其特有的价值,发挥越来越重要的作用。

二、探究关怀:多元文化护理的伦理基础

关怀是人类生活的基本要素,是道德生活的一种取向。关怀即关心、照护,是对他人的一种投入状态。现代护理学科的始创者南丁格尔认为,护理学的概念是“担负保护人们健康的职责并且护理患者使其处于最佳的状态”[3]。“关心、安慰、协助和帮助患者及家属共同进行治疗”是护士具有的独特技巧和专业知识。[4]相

对于临床医学等其他卫生保健学科，护理学是强调“关怀”的学科。护理就是对患者的关怀与照顾，以及对这种关怀与照顾的研究。多元文化护理更是对“关怀”全面而深入的实践，以“关怀”为核心的关怀伦理应成为多元文化护理的伦理基础。

从广义上说，无论在中国还是在西方，有关“关怀”的伦理思想都有着悠久的历史。中国古代的关怀伦理思想，主要表现为儒家的“仁爱”、墨家的“兼爱”、道家的“泛爱”、佛家的“慈悲”等思想。在西方，亚里士多德的“友爱论”，休谟、卢梭等人的“同情论”，萨特等人的“注视”“存在”等，都是“关怀”的伦理思想体现。基督教也提倡关怀，它提出“圣爱”，并以之为三主德之首，要求人们爱上帝，爱自己的邻人，甚至爱自己的仇敌，应爱人如己，即使牺牲自我也在所不辞。

在基督教看来，爱是体现为“己所欲者，便施于人”。然而，对他人的关怀决不能是一厢情愿的关怀，不应该是粗暴地强加于人，还自认为行使了上帝的旨意；关怀应满足对方需要，并能被对方接受。对此，当代著名生命伦理学者恩格尔哈特教授提出“道德异乡人”(stranger)概念，“道德异乡人”即“那些持有跟我们不同的道德前提的人”。在他看来，在道德异乡人之间的行善行为必须在允许原则的控制之下发挥作用。对于文化及信仰不同的道德体系的人来说，一方看来是好或善的东西，在另一方看来却可能不是。要对别人做任何事情，哪怕是自己认为的好事，都要首先得到别人的允许。对于道德异乡人而言，人所不欲，勿施于人。[5]

迄今为止，将“关怀”的伦理思想进行系统建构的当推西方女性主义学者。作为后现代主义伦理的思想成果之一，女性主义关怀伦理伴随着女性主义运动而产生，是建构自女性独特的道德体验基础上，强调人与人之间的情感、关系以及相互关怀的一种伦理理论。然而女性主义关怀伦理虽然起源于吉利根对女性的道德发展研究，却已超越了女性的研究视角，进入了社会政治生活的诸多领域。诺丁斯系统建构了关怀伦理学，并将关怀伦理推广至整个教育领域，特朗托将关怀伦理推入社会政治生活，并将关怀的对象扩展到对事物、对环境的关怀。特朗托提出，关怀不仅是一种道德概念，还应理解为一种政治概念。关怀描述了多元的、民主的、社会的公民共同生活所必须具有的特性，而且只有在一个公正、多元和民主的社会中，关怀才能得到充分的发展。根据女性主义学者的观点，关怀伦理具有以下特征：

一是强调人的情感因素。道德的最终审判是情感，情感等非理性因素在道德推论的结构中发挥着重要的作用。女性主义关怀伦理的理论来源于人们对爱、友谊、血缘关系等生活世界的行为考察，人的行为原则是以“对他人的关切与反应”为标准。

二是重视人与人之间的关系性。女性主义关怀伦理把人们看成是相互联系的,重视人与人之间的关系。关怀的本质在于关怀方与被关怀方的关系,出发点在于表现为相遇的关系。在关怀关系中,每一个人都要依赖于对方,双方都要有付出,双方也都有收获。

三是强调道德问题的情境性。作为关怀方,由于多元文化的差异,在关怀的过程中必然会遇到各种冲突。这些冲突是不可避免的。在冲突的情况下,原则并不能提供准确无误的指导,只有根据情境作出抉择。道德本身必须体现为具体的东西,即特定社会中的特定的行为,体现于特定社会的规范之中,而非抽象的原则。关怀的行为是根据文化来定义的,关怀也将随着文化的差异而变化。

四是强调道德的实践性。关怀本质上是一种关系行为,它是否能够保持,是否可以持续到表达至被关怀方,是否能够在这个世界中被看到,都取决于关怀方对这种关系的维系,同时也有赖于被关怀方的态度和感受能力。两个人相遇,一方是关怀者 W,另一方是被关怀者 X,关怀关系只有构成如下的逻辑才能得以成立:①W 关怀 X;②W 做出与①相符的行为;③X 承认 W 关怀 X。[6]就是说,关怀方必须付诸实际行动,才可能得到被关怀方的承认,其关系才能得到维持。

三、学会关怀:多元文化护理的实践原则

护理一词意为哺育、养育、照顾,本身即有关怀之意。在人类社会早期时候,护理就存在了。早期护士们被视为“母亲”的化身,从事照顾患者的简单工作。南丁格尔以后,护理工作渐成为一个职业,且随着社会需求及环境的变化,成为当前一个为人类健康服务的独立的学科。在受后现代主义影响的个人主义和利己主义盛行的今天,关怀伦理给了护理诸多启发,实践多元文化护理应当进一步学会关怀,在实践过程中应掌握下面的原则。

1. 尊重原则

尊重是人之为人的基本需要,是关怀的首要。所谓尊重,就是关怀方的护理工作者对于关怀对象的患者给予平等的姿态,而非居高临下妄自施舍。其内容包括尊重患者的人格尊严、尊重患者的生命和生命价值、尊重患者的权利等。根据社会需求与环境的变化,护理的概念在过去的一百多年发生了显著的变化,随着护理专业的不断发展与完善而不断进步,先后经历了以疾病为中心、以病人为中心和以人的健康为中心的三个阶段。当前的护理是一门为人类健康服务的独立学科,护理的服务对象是所有年龄段的健康人和患者,服务场所涵盖医院、社区、家庭及各种机构。护理工作的服务对象主体就是人。人与人之间有民族、性别、年龄、职业、才智、德性等区别,但是人格尊严是平等的,必须给予足够的重视。当然,尊重患者的前提是患者具有一定的自主能力,即患者能正确理解医护信息,患者情绪稳定,患者的决定经深思熟虑且不与他人和社会发生冲突。

2. 同情原则

情感是关怀的核心。从心理学上说，关怀源于人的“同情”。同情即“共同感受”，乐他人之所乐，哀他人之所哀。同情使人们站在别人的角度设身处地地感受他人的情感并产生情感共鸣，控制自私情感，使人们跳出“自我”的小圈子，去关心社会和他人，做出有益于他人或社会的行为。同情就是基于人的共同性的一种对他人的困难和痛苦感同身受的情感体验。从内容上说，关怀作为情感，就是要对关怀对象心怀仁慈之情。“仁”即“仁者爱人”，“慈”即“慈悲为怀”。“仁慈”就是对关怀对象的怜悯、牵挂、惦记、喜欢、惜护。护理人员的关怀就是面对患者的身心受到病魔与精神的折磨时所表现出的焦虑、关切、帮助，急患者之所急，痛患者之所痛，甚至不惜献出自己一切的博大情怀。如果离开了关怀的情感形式，护理工作就失去了依存，变成了冷冰冰的义务了。

3. 责任原则

责任感是促使关怀情感转化为关怀行为，并使之坚持下去的意志力量。作为关怀方，护理人员必须负责任地实践关怀的行为。这是人“主体性”的体现，是人对自我的超越，体现了护理人员对自身言行的内在规约。具体来说，包含两个方面：一是要把关怀作为自己的道德责任，二是在工作实践中做到对病患负责。从动机上说，护理人员应该自觉履行关怀的道德责任，以促进患者的康复为职业信念，这是身为护理人神圣的、义不容辞的义务；从效果上说，护理人员应积极实施关怀行为，并为之负责，使患者切实从中获益。不能为了关怀而关怀，为了单纯履行职责而关怀，也不能为彰显自己的关怀而关怀，重要的是要树立关怀患者的责任，重视与患者相互依赖的关系，并通过关怀性质的行为能为患者带来益处。具体说来，护理人员在行使工作职责时应坚持以患者利益为第一，最大限度地促进患者的生命健康；兼顾社会利益，维护全社会的生命健康利益，促进社会公正。

4. 宽容原则

宽容来源于尊重，即不但以人类本性的共同性体会他人的苦乐，还要以个体的差异性来尊重患者的价值行为选择。不同国家、民族或地域的人们都有特有的生活模式和行为习惯，以及对健康疾病的态度和应对方式，当他们出现生理、心理等方面问题需要寻求帮助时，护理人员应当理解不同患者的健康观、疾病观以及文化信仰和价值观，坚持向患者传递关怀。即使对于有缺陷的患者，也不能放弃关怀。莱宁格也提出，文化对人生观和生活行为有塑型作用，并影响人的认知和行为；护理人员需要熟练运用所掌握的护理专业知识，对患者实施与文化相匹配的专业文化护理，针对患者文化背景制定护理决策，提供个性化的、躯体的、心理的和文化的护理服务。[7]只有这样才能对患者实施科学而全面的护理措施，最大限度地利于患者走向康复。

5. 情境原则

关怀行为的实施需要考虑患者的实际需求。不同文化背景的人有不同的关怀体验,并会形成这种文化所特有的关怀模式。南丁格尔指出,每个人都是千差万别的,护理学之所以是一门艺术就在于要能根据千差万别的人的实际情况,使其达到治疗和康复所需要的最佳身心状态。这就要求护理人员要充分考虑到患者的具体问题和具体情境,为患者提供合乎其文化环境的关怀,要使患者能真正感受到并给予积极回应,从而促成良性互动的护患关系。在实际工作中,护理人员在坚持正义、坚守责任的同时,还必须能在思维与感受之间转换,正确把握情感与理性的辩证关系,根据不同的关系,在具体情境下审慎权衡,灵活变通,使各方利益冲突达到最小,让患者更多地感受到爱与关怀。

6. 沟通原则

关怀行为的实现必须依赖护理人员和患者的有效沟通。不同文化模式下,人们的价值观念不同,在遇到健康的具体问题时也会出现不同的观点,在处理问题时必须要靠沟通来进行协调。沟通有语言性沟通和非语言性沟通两种方式。语言是人类交往的核心。护理人员在收集病人的信息、介绍住院规则和住院环境、实施护理措施、健康宣教等工作中,必须使用语言和患者进行沟通。语言的内容、语速语调、时机选择等直接影响语言沟通的效果。非语言沟通作为语言沟通的重要补充,包含了面部表情、声音的暗示、目光接触、手势、身体姿势、气味、身体外观、着装等。在医疗环境日渐紧张的今天,护理人员应重视沟通,充分了解沟通的原则与技巧,保证与患者之间建立畅通的沟通渠道。有效的人际沟通不仅可以收集到患者准确的信息,还可以与患者分享思想与情感,是建立良好护患关系的前提,也是使多元文化护理工作得以顺利进行的保证。

以上的尊重原则、同情原则、责任原则、宽容原则、情境原则、沟通原则是在实践多元文化护理过程中应该落实的关怀原则,同时可以体现关怀作为一种德性在知、情、意、信、行方面的具体要求。关怀,是多元文化护理伦理的本质核心,也必将是多元文化护理不懈追求的终极目标。

注释:

[1] 张之沧.后现代理念和社会[M].南京:南京师范大学出版社,2005:7.
[2] 张汝伦.现代西方哲学十五讲[M].北京:北京大学出版社,2005:342-348.
[3] 希伯克拉底.希伯克拉底誓言:警戒人类的古希腊职业道德圣典[M].綦彦臣,译.北京:世界图书出版公司,2004:128.
[4] 沃林斯基.健康社会学[M].2 版.孙牧虹,译.北京:社会科学文献出版社,

1998:426.

[5] 恩格尔哈特.生命伦理基础[M].2 版.范瑞平,译.北京:北京大学出版社,2006:XIII.

[6] 肖巍.女性主义关怀伦理学[M].2 版. 北京:北京出版社,1999:135.

[7] 史宝欣.多元文化与护理[M].北京:高等教育出版社,2010:17.

论冷冻胚胎继承权的法律、伦理思考

包玉颖

南京中医药大学马克思主义学院

摘　要　冷冻胚胎能否被继承引起社会极大的关注和争议。本案例涉及冷冻胚胎有没有权利,胚胎是人还是物,能否被继承以及是否会涉及代孕等问题。笔者认为冷冻胚胎属于物的范畴,可以被继承,但继承之后又面临冷冻胚胎的处置问题,基于代孕在中国是非法的,从子女最佳利益原则出发,建议双方父母委托医院销毁或者捐献冷冻胚胎。

关键词　冷冻胚胎;继承;法律;伦理

一、问题的提出

两对失独老人想要继承、争夺他们子女留下的冷冻胚胎,被保存冷冻胚胎的医院拒绝,引发中国第一宗争夺冷冻胚胎处置权的继承纠纷案件,在社会上引起很大的反响。[1]这一问题的出现和当代高新生命科学技术在生殖领域的广泛应用有着密切的联系。从1978年7月26日世界上第一例"试管婴儿"路易斯·布朗(Louis Brown)在英国诞生到2010年"创造"她的"试管婴儿之父"英国生理学家罗伯特·爱德华兹获得诺贝尔生理学或医学奖共有超过400万个试管婴儿出生。1984年第一例冷冻胚胎婴儿莱兰(Zoe Leyland)在澳大利亚出生是人工辅助生殖技术获得的又一重大突破。冷冻胚胎技术是将通过试管培育技术得到的胚胎,存置于零下196℃的液氮环境中,得到长时间保存。如果这个周期治疗失败,可以在以后的自然周期中解冻这些胚胎并进行移植。人工辅助生殖技术的问世和广泛应用,打破了自然的生育繁衍规律,使性和生育的紧密联系被人为地割裂开来。这一方面给不育夫妇带来了福音,也使患有遗传性疾病的夫妇可以生育个健康的后代,另一方面,也带来了一系列的法律和伦理问题,如冷冻胚胎是人还是物,能否被继承,是否会涉及代孕等问题。

二、冷冻胚胎能否被继承

1. 关于冷冻胚胎身份认证的三种观点

在法律方面,首先要明确冷冻胚胎是人还是物,可不可以继承。冷冻胚胎在法律上地位尴尬，根源在于它本身的特殊性，冷冻胚胎虽然具有物的属性，但它不是一般的物，其本身是蕴含着未来生命特征的特殊物质，有未来生物的基因和遗传代码，有发展为生命体的可能性，这也是引起公众广泛关注和讨论的原因。关于冷冻胚胎的身份认证问题，理论上一直有三种说法：有学者认为，胚胎与其亲代有密切的连续关系，与死去的双亲一样，应该得到社会和法律的承认[2]，持有把胚胎看作法律上的人的主体说。把胚胎作为生命体的观点有着深厚的文化渊源，如鸡蛋在佛教“不杀生”的戒律下，是禁止食用的，孙思邈在《大医精诚》中对此有专门的阐述：只如鸡卵一物，以其混沌未分，必有大段要急之处，不得已隐忍而用之。能不用者，斯为大哲，亦所不及也。也有学者持把胚胎看作不同权利的客体的客观说。民法专家王利明教授主持的《中国民法典草案建议稿及说明》第一百二十八条第二款指出：自然人的器官、血液、骨髓、组织、精子、卵子等，以不违背公共秩序与善良风俗为限，可以作为物。[3]有学者依据《人类辅助生殖技术规范》和《人类辅助生殖技术管理办法》得出中介说的选择，即冷冻胚胎是介于人与物之间的过渡存在，处于既不属于人也不属于物的地位。《人类辅助生殖技术规范》指出，“禁止实施胚胎赠送”，而《人类辅助生殖技术管理办法》第三条第二款明确规定“禁止以任何形式买卖配子、合子、胚胎”，这也就意味着冷冻胚胎不允许转让、流转，即否定了冷冻胚胎的财产属性。

2. 冷冻胚胎属于物，可以继承

民法认为，市民社会的基本物质构成从来就是两分法，即人和物的两种基本类型，据此构成市民社会的主体和客体，非此即彼，不存在第三种类型。[4]从法理学的角度来看，对冷冻胚胎法律属性的界定需要考虑两个方面的问题：一方面是生命科学意义或者医学上的认知；另一方面是社会文化心理因素。从生命科学意义来界定胚胎的道德地位认为，胚胎发育到14天开始发育神经系统：一方面，冷冻胚胎有发育为人的可能性，应当拥有一定的人的尊严和价值，人们不能随意地处置冷冻胚胎；另一方面，冷冻胚胎虽然具有发展为人的可能性，但毕竟还不是人。而且未植入体内的胚胎和胎儿是不同的，一般情况下，绝大多数妊娠胎儿能成功分娩，而冷冻胚胎植入率相对较低，植入体内的时间也是不确定的，甚至完全可以不植入。因此，仅从生命科学意义来界定胚胎的道德地位，认为冷冻胚胎应该享有人的道德地位，这种认知是不正确的。从社会文化心理因素来界定胚胎的道德地位，一些学者反对胚胎一开始就具有人的道德地位。辛格是其代表，他以“意识的发展水平”为依据，将生命分为三类：①无意识的生命，没有感觉与体验能力的生命。这种生命是没有价值，也不配享受有关生命的保护权利。②有意识的生命，是能够感知到快乐和痛苦，但还没有自我意识，故还不是位格人。尚未拥有个体地位，同样也不应享有生命的权利。③有自我意识的生命，其生命载体就是位格人，位格人是“表示理性和自我意识的存在者”。[5]

学者提出的折中说确实可以解决一些具体的伦理难题和争议,但这种说法在民法上是不成立的。不管是《人类辅助生殖技术规范》还是《人类辅助生育管理办法》都属于行政条例,而民法是上位法,下位法要服从上位法,不仅如此,《人类辅助生殖技术管理办法》第三条第二款规定“禁止以任何形式买卖配子、合子、胚胎”,谈到的也是不许买卖,而没有提到继承问题。既然冷冻胚胎属于物,就应该由去世夫妇的父母继承,至于医院和公众关心的他们如何处置冷冻胚胎,那是当事人自己的事情,在不违背国家法律、法规的情况下,他们拥有处分的自主权,不受他人的干涉,这是我们首先要确定的。

三、冷冻胚胎的处置面临两大伦理困惑

1. 冷冻胚胎出生必须实施代孕,代孕面临严重的社会伦理问题和争议

胚胎的意义在于孕育生命,冷冻胚胎保存在老人们手中既没有技术上的可行性也没有实际的价值和意义,老人执意拿回胚胎,绝对不是仅仅想拿回去作为纪念,唯有通过代孕生出婴儿才有意义。代孕技术的实施虽然确实存在实际的社会需求,但涉及社会、道德、法律等一系列问题,与中国现行的法律、法规、伦理和社会道德相违背,违背了社会的公平和正义。代孕是否将生育作为一种劳动,将生命看成一件商品,是其最大的争议。由于代孕的费用昂贵,即便合法,受惠的也只是少数经济上有支付能力的家庭。贫穷的妇女可能会被迫从事这种交易,如果只是为了少数人的利益而让大多数人受害,这是有违公平的伦理原则的。代孕还会造成一系列严重的社会问题及伦理问题,如代孕婴儿的个人权益如何保障,代孕婴儿的母亲如何认定,代孕妇女出现伤残或者死亡如何处理等。因此,中国大陆明令禁止任何形式的代孕技术,卫生部关于《人类辅助生殖技术管理办法》规定禁止实施代孕技术。香港 2000 年通过的《人类生殖科技条例》(Human Reproductive Technology Ordinance)禁止任何商业性质的代孕。

世界各国对待代孕行为的态度是不一致的。在法国、德国、日本、澳大利亚、荷兰等国家,代孕是非法的。法国始终坚持禁止代孕行为的态度,认为“人之身体不得处分”,所以一切形式的代孕合同都是无效的非法合同。德国法律明确禁止局部代孕和完全代孕在内的一切形式的代孕合同,并禁止介绍代孕的行为。日本由于深受中国传统儒家思想的影响,所以对代孕等人类辅助生殖技术也采取极为谨慎的态度。加拿大参议院 2004 年 3 月批准的《辅助性人类生殖法》明确了加拿大允许无偿的代孕合同,确立了私人之间订立的无偿代孕合同的合法性。2009 年,英国完成了《人类受精与胚胎学法》,该法案延续了 1990 法案的基本原则,依法保护代孕等人类辅助生殖技术的实际应用,该法案在人类辅助生殖技术下关于亲子关

系的认定标准有了重大突破，使得英国的亲子法摆脱了单纯的基因关系的规定。美国从20世纪70年代开始，许多州成立了代孕技术中心，商业性代孕在一些州被允许，一些妇女通过代孕获得了高额报酬。1973年，美国政府修订《统一亲子法》，增加了代孕合同和代孕子女相关内容的规定。2002年美国修订该法案，进一步确立了自然生殖和人类辅助生殖子女的亲权关系。美国承认代孕合同合法性并进行相关立法的州主要有：佛罗里达州、内华达州、新罕布什尔州、弗吉尼亚州，但是这四个州将代孕合同的合法性限定为无偿代孕合同。[6]

2. 代孕子女的个人权益无法保障

此案中还有个潜在的第三方的权益保护问题，即如果冷冻胚胎通过代孕，出生的婴儿的个人权益问题。即使代孕合法化，从子女最佳利益原则的角度来看，冷冻胚胎出生并不是最佳的选择。此案为何在网络调查中，大量网民支持双方失独父母继承冷冻胚胎，主要在于中国人根深蒂固的传宗接代意识和对失去子女老人的同情，但是却鲜有人考虑到如果冷冻胚胎通过代孕的方式出生的婴儿的个人权益问题。他（她）一出生就是孤儿，虽然有很多没有父母由祖父母抚养长大的孩子，他们跟其他人没什么分别，甚至更加出色，但是实际上，他们的成长的确比其他同龄人缺少了父母的陪伴，这点是再多的物质和关爱都代替不了的。同样，祖父母年龄比较大，很难给予孩子充分的关爱，出生对本案例中的婴儿个人权益来讲，是极其不公正的。也正是基于这一原因，1984年底，澳大利亚当局在经过几个月的争执后，同意破坏两个“已成遗孤”的胚胎。这两个胚胎是美国一对拥有百万家财的里澳斯（Rios）夫妇冷贮在墨尔本医疗诊所的。他们因不育症而无子女，后来在一次飞机失事中不幸丧生。

四、国外对冷冻胚胎的看法

各国对冷冻胚胎的看法不一。法国允许相关机构开展对胚胎和干细胞的科学研究，但为了科学研究而合成胚胎的行为是被明令禁止的。科学研究所用的胚胎都来源于冷冻胚胎，它们原本在医学辅助生育领域内被使用，由夫妻双方同意将冷冻胚胎捐献于科学研究。每年法国生物医学机构中心的工作人员都会调查进行冷冻胚胎储存的夫妻，询问他们处理冷冻胚胎的意向，是希望自己的胚胎被保存、销毁还是捐献，包括捐献给研究人员或其他不孕妇女。对于同意将自己的冷冻胚胎捐献给科研机构进行科学研究的夫妻来说，他们还需要在三个月内再次确认自己的这一想法，可以咨询法国生物医学机构的相关负责人员，获得更加详细的信息。在最终确认捐献冷冻胚胎的时候，需要夫妻双方的书面申请和双方的知情同意签字。尽管英国早就具有长时间保存“冷冻胚胎”的技术，但英国法律却不允许用超过10年的“冷冻胚胎”怀孕分娩。英国夫妇们有权将自己拥有的“冷冻胚胎”储存5

年,储存5年之后,如果希望继续保存,必须向英国政府机构提出申请。保存10年的"冷冻胚胎"必须销毁或捐献出来用于研究或提供给其他夫妇使用。挪威、德国、奥地利、以色列等国家禁止把胚胎用于科学研究,但他们认为接受胚胎捐赠是某些不孕不育夫妇可供选择的适宜的治疗方法。

夫妻双方留下冷冻胚胎,现在夫妇都因意外而死亡,他们的父母想拿回留下的冷冻的受精胚胎来延续"香火",由于夫妇双方都不幸去世,生育权主体已然不存在,如果由其他人孕育这个胚胎,明显会造成严重的社会问题及伦理问题,同时对冷冻胚胎生育的婴儿也是极不公正的。基于以上的原因,笔者认为,死者的父母在取得冷冻胚胎继承权之后,应该委托医院销毁胚胎或者签署协议捐献胚胎,这应该是于情于理于法最佳的选择。

参考文献

[1] 邵世伟.失独老人的"血脉"争夺战[N].新京报,2014-05-19.
[2] Hook C C. In vitro fertilization and stem cell harvesting from human embryos: the law and practice in the United States [J]. Pol Arch Med Wewn, 2010, 120(7/8):282-289.
[3] 王利明.中国民法典草案建议稿及说明[M].北京:中国法制出版社,2004: 21.
[4] 杨立新.冷冻胚胎是具有人格属性的伦理物[N].检察日报,2014-07-19.
[5] 张春美.人类胚胎的道德地位[J].伦理学研究,2007 (5): 64-67.
[6] 郑雪.论代孕的合法化与制度构建[D].长春:吉林大学,2012: 21.

对农村留守老人的伦理反思

江　刚

合肥工业大学马克思主义学院

摘　要　留守老人问题日益成为一个严重的社会问题，学者们也纷纷从经济、政治、社会等方面进行分析，但很少从伦理的层面来揭示。因此本文试图从作为家庭伦理三个环节“父母”“子女”以及“家庭财富”来分析留守老人问题，发现在留守老人的家庭中，留守被认为是作为家庭的个体成员对于家庭这一共同体的绝对服从，是个体对于普遍整体的义务和“爱”。在家庭伦理中，个别性与作为普遍性的公共本质之间的对立，由于权利意识和基础的缺乏，难以调和。因此对于这一问题的解决，本文建议树立一个以爱和权利为基础的新的家庭伦理观。

关键词　留守老人；伦理；权利

一、问题的提出和研究的方法

改革开放以来，随着经济的快速发展，地区与地区之间、行业与行业之间的流动壁垒渐渐破除，农村大量的劳动力，特别是中青年劳动力，转向城市，并且规模日益扩大。由于经济负担和传统观念的差异，老年人只能留在农村，成为当前农村常住居民的主体。这就形成了中国农村这样一个特殊的群体：留守老人。留守老人，是指“部分或全部子女长期（通常半年以上）离开农村居住地外出务工或从事其他职业而留守在农村家里的60岁以上（或65岁以上）的具有农村户籍的老年人”①。这个概念排除了无子女家庭。据统计，我国目前农村留守老人达4 000万，占农村老年人口的37%，其中65岁以上农村留守老人达2 000万（宁泽逵等，2012）。②

与此同时，随着中国老龄化社会的到来，特别是农村老年人群体不断增加，留守老人的群体不断增大。而老年人由于生理、心理等方面的日渐衰老，在生活和劳动中会遇到很多困难。这样就形成了关于留守老人的诸多问题，例如养老问题、医

① 田喜芹.农村留守老人研究的文献综述[J].企业导报，2013(17).

② 转引自：卢海阳，钱文荣.子女外出务工对农村留守老人生活的影响研究[J].农村经济问题，2014(6).

保问题、农业生产问题、隔代抚养问题等。对于这些留守老人的诸多问题，各个领域的专家学者从经济学、政治学、社会学等不同视域进行了深入的探讨，并提出了一系列的解决措施和建议。

但农村留守老人的问题不仅仅是一个社会问题、经济问题、政治问题，它首先是一个家庭问题。而家庭是“一个天然的伦理的共体或社会”①，因而家庭问题，是一个伦理问题。因此农村留守老人从这个方面来说，它是一个伦理问题。因此对于留守老人的伦理反思，也是揭示和解决这一问题的一种途径和方式。

对农村留守老人问题的伦理反思首先一个前提即是，存在留守老人这一现象。关于这一点，从社会学的乡村调查数据、经济学和政治学的各种讨论那里已经获得证明。其次对留守老人问题的伦理反思，不是描述留守老人这一现象导致的种种道德问题，然后对于这些问题进行分析和解决，而是基于上述对农村留守老人的界定，对为什么会产生这一现象，从伦理的视角进行分析，核心是对家庭这种伦理实体的内在结构及其外延进行分析。通过这种分析，解释和揭示留守老人这一现象，并透过这一现象，反思中国农村伦理结构和走向问题。

二、农村留守老人家庭的伦理分析

伦理，从语言哲学的角度来看，“包括‘伦’‘理’‘伦—理’三个结构。‘伦’是存在，即人的公共本质，是‘伦理’的自在形态，呈现为各种伦理性实体；‘理’是‘伦’之‘理’，即‘伦’的真理，是‘伦理’的自为形态或主观形态，呈现为各种伦理意识与伦理理论；‘伦—理’即由‘伦’而‘理’的同一体，是‘伦理’自在自为形态或现实形态，表现各民族的伦理精神和伦理生活”②。其核心问题是“个别性的‘人’与实体性的‘伦’的同一性关系及其表达方式”②。也即是人的个别性与其公共本质之间如何实现同一性的问题。

而在这个“同一”体中，公共本质强调的是伦理的本性，即“伦理是一种本性上普遍的东西”①；而个别性强调的是这种普遍的现实性，即这个普遍物以具体的形态成为一种现实。这样一种“同一”体，即是伦理实体。“伦理性的实体包含着同自己概念合一的自为地存在的自我意识，它是家庭和民族的现实精神。”③也即是说，伦理实体是家庭和民族的现实精神，反过来说，家庭和民族也就是伦理实体的两种形态。

在这里由于留守老人涉及的核心是家庭，因此主要谈家庭这个伦理实体。家庭是“以爱为其规定”，并让个体意识到自己在这个统一体中“不是一个独立的人，

---

① 黑格尔. 精神现象学[M].贺麟，王玖兴，译.北京：商务印书馆，1982.

② 樊浩. 伦理，如何“与‘我们’同在”？[J]. 天津社会科学，2013 (5).

③ 黑格尔. 法哲学原理[M].范扬，张企泰，译.北京：商务印书馆，1961.

而成为一个成员”。但家庭又不仅仅是这样一种以爱为基础的存在，因为家庭作为伦理实体的现实样态，是一个现实化的存在，而爱只是“精神对自身统一的感觉”。而感觉是一种主观的东西，具有不确定性和偶然性，而家庭不是一个偶然性的东西，而是普遍的定在。因此家庭是具有“普遍的和持续的人格”。这种“人格”具有它的内在和外在两个方面的实在性。作为内在的实在性，即是子女。在家庭成员中，首先是夫妻通过爱建立关系，但是这种关系还不是客观的。“因为他们的感觉虽然是他们实体性的统一，但是这种统一还没有客观性。”①夫妻双方只有在其子女身上才能获得这种客观性，也就是说子女是他们之间爱的关系得以现实化的客观证明。因此在家庭成员中，前提是夫妻关系，但是核心是父母与子女之间的关系。作为外在的实在性，就是家庭财富。家庭财富一方面是家庭外在实在性的表现形式，另一方面以“设置持久的和稳定的产业”的方式保障整个家庭的运行，如家庭日常生活的基本支出以及子女的教育等费用。因此在家庭中，最重要的是三个方面：一是夫妻关系，二是父母与子女之间的关系，三是家庭财富。

由于在农村关于留守老人这一现象，主要表现为子女常年外出，老人只能留守农村。而子女的常年外出是为了维持家庭的生存，即家庭财富。因此对于这一问题的伦理分析，主要是从老年人与其子女的关系以及家庭财富这两个方面来分析的。而老年人与其子女的关系可分为两个方面，一是父母对子女的关系，二是子女对父母的关系。因此对于这一现象的分析可以从这三个层面来分析。之所以会出现农村留守老人这一现象，当然有很多原因，如经济、政治、社会等等。但从伦理的层面，特别是家庭伦理这个层面来看，出现这一现象主要有四个方面的原因：①从留守老人自身来看，留守老人在整个伦理结构中处于一种弱势地位，并且带有一种强烈的自我牺牲的伦理观念。②从外出务工的子女方面来看，他们处于新旧家庭伦理的中间环节，存在着伦理上的纠结。③从家庭财富方面来看，家庭财富来源和方式选择的单一性和贫富差距的扩大化。④家庭伦理正义的失效。

1. 留守老人：弱势的伦理地位与自我牺牲的伦理观念

留守老人之所以留守农村，从伦理上来看主要是因为留守老人在整个农村的家庭伦理结构中处于十分弱势的地位。与此同时，他们又保持着一种自我牺牲的伦理观念，这就使得他们的处境更加艰难。

首先是留守老人处于弱势地位。留守老人之所以成为弱势群体，是因为曾经的权威已经不再，并且处于一种被动的境遇。而导致这样一种境遇，主要包括两个方面：一是传统的乡土伦理结构的逐渐解体，二是新旧家庭交替的必然。

家庭在西方一般来说，是一种暂时性的社群。因为“这社群的结合是为了子女

① 黑格尔. 法哲学原理[M]. 范扬，张企泰，译. 北京：商务印书馆，1961.

的生和育”①。“但就每个个别的家庭说,是短期的,孩子们长成了也就脱离他们的父母的抚育,去经营他们自己的生儿育女的事务,一代又一代。”①但是在中国的乡土社会中,由于“差序格局”的模式而形成家族,所以新旧家庭之间没有从权利上分开,只是像“大树分支”一样,仍然是“一棵树”。因此在中国,特别是在仍保有传统社会结构气息的农村地区,当前的家庭结构主要是祖孙三代甚至是四代的未分离状态。

在传统的这种社会结构中,家族采取的是长老统治,即家族的族长凭借年龄和其他各方面的能力而树立其在家族中的权威。也就是说,在家族中,一般来说是年长者或者老年人是权威,这与农业社会依靠经验的传承有关。但是随着中国社会的发展,特别是经济的转型,老年人的权威在下降。同时社会现代化过程中,这种传统的家长制度也逐渐分崩离析,年轻人逐渐被“启蒙”,纷纷从这种习俗中“解脱”出来,成了农村家庭中的“权威”。老年人的地位可谓是一落千丈,对老年人的尊重不再是因为习俗的力量,而成了一种道德觉悟。老人逐渐远离这个家庭的权力中心,由于自身生理上的衰老,因而逐渐沦为弱势群体。

同时,由于家庭伦理发展的规律,即当子女成为家长,开始了新的家庭,“仅仅构成始基和出发点的第一个家庭就退居次要地位”②。但在中国的农村,由于这种新旧家庭在形式上仍然是紧密地联系在一起的,即以祖孙几代的代际方式生活在一个大家庭里,就掩盖了这种新旧家庭重心转移的事实。新旧小家庭的重心转移,意味着父母对于子女的权力地位,从老的父母关系,转移到新的父母关系之中。作为老的父母已经把“权力”交到了新的父母,这样老年人就从旧的小家庭的核心退居到大家庭的幕后和边缘,也就从曾经的权威变成了现在的弱者。

其次是这种新旧合一的大家庭对于每个家庭成员来说,仍是一个家庭共同体。每个家庭成员作为其中的一分子,对这个以爱为基础的公共本质,必须要服从和关怀,因为这是每一个家庭成员的义务。正是出于这样的服从,老年人一直都怀着这样一种伦理观念,即“只要子女有出息,父母吃再多的苦也值得”。这种伦理观念具有巨大的自我牺牲性,这是父母对于子女的无私奉献。这种奉献不仅仅是一种对于伦理义务的服从,更重要的是心甘情愿的,因而是无私的。因为子女在父母看来就是他们自身的延续,是他们普遍本质和永恒存在的现实存在和象征。子女的前途即是他们自己的希望,所谓“光宗耀祖”。所以,当子女外出务工之时,他们纵然有诸多不舍和子女走后生活上的诸多不便,为了这个家庭的福祉,也必须忍受。因此留守老人会主动承担子女外出务工后,家里的所有事务:一方面进行农业生产,

---

① 费孝通.乡土中国[M].北京:人民出版社,2008.

② 黑格尔.法哲学原理[M].范扬,张企泰,译.北京:商务印书馆,1961.

另一方面照看孙子、孙女。

因此，虽然留守老人处于家庭伦理结构中的边缘地带和弱势地位，甚至遭受到不公的待遇，但他们依然选择忍受这种境遇。也就是说，当留守老人作为这个家庭公共本质中的一员，仍是一个个别性，而当个别性的要求或者权利与这个公共本质的福祉之间发生冲突时，个别性必须无条件地服从。因为在他们心目中，作为公共本质的家庭整体是至高无上的，而且他们将子女就看做是这一公共本质的现实存在。因此这样一来，就混淆了家庭整体与作为家庭成员的子女的区别。因此当子女对自己不孝顺时，也予以忍受。这样也就混淆了自己对于这个家庭共同体的责任和自己对于子女所拥有的权利，忽略了二者之间的区别。这个就是我们传统家庭以公共本质的普遍性对家庭成员个别性权利的压迫的一个重要原因。

2. 务工子女:伦理上的“纠结”

留守老人这种现象和问题的出现，不是简单的因为农村老年人在伦理结构中处于弱势地位，并且甘愿为子女作出各种“牺牲”。产生这种留守老人的现象和问题，直接原因是子女外出务工这种行为。

外出务工对于子女来说，不仅是一种经济上的选择，更是一次伦理纠结。务工子女作为中国当前农村家庭中的中间和中坚力量，一方面是旧家庭中的子女，对于旧家庭富有一定的责任；另一方面对于自己的子女这个新家庭来说也负有义务。即如果新旧家庭是分开的小家庭状态，那么务工子女应该是对“两头负责”。但由于新旧家庭仍然以大家庭的形式存在于一个公共本质之中，而这时随着作为出发点的旧家庭“退居二线”，新家庭成为了这个大家庭的核心，因此这个大家庭的核心和公共本质不是新旧小家庭的“兼顾体”，而就是新的小家庭。因此务工子女把自己对于这个新的小家庭义务，作为第一位的因素来考虑，从而忽略了对于作为出发点的旧家庭的义务。

又因为在一个家庭伦理实体中，子女对于父母的孝敬与父母对于子女的慈爱是不同的。父母对子女的慈爱是从这样一种情感中产生出来的:作为父母，“他们意识到他们是以他物(子女)为其现实，眼见着他物成长为自为存在而不返回他们(父母)这里来；他物反而永远成为了异己的现实，一种独自的现实”①。也就是说，父母将子女看作是以他物为存在形式的自身，并极力与其一致。但子女对于父母的孝敬，是出于相反的感情:“他们看到他们自己是在一个他物(父母)的消逝中成长起来，并且他们之所以能达到自为存在和他们自己的自我意识，完全由于他们与根源(分离)，而根源经此分离就趋于枯萎。”② 即子女对父母的孝敬是出于其自身的感悟和对父母的同情，因为“根源经此分离就趋于枯萎”。

①② 黑格尔. 精神现象学[M]. 贺麟，王玖兴，译. 北京:商务印书馆，1982.

所以务工子女对于旧的家庭,它是一种分离因素,而对于新的小家庭,它扮演的是一种守护神的角色。由于重心从旧家庭向新家庭的转移,所以实际上务工子女守护的是这个小的新家庭。因此他在做出外出务工的决定时,是对其自己的子女的无私奉献。因而对于他的父母,则忽略了,有时甚至认为父母留守是应该的。对于父母的考虑,即孝敬,也只是出于自己的人生感悟和同情。

而当务工子女觉悟到对其父母的孝敬时,他就开始了伦理上的纠结:选择什么样的一种方式,才能使这个大家庭获得最满意的幸福,获得最大的福祉。但由于务工子女出于自身的局限性而错误地把他对新的小家庭的责任当成了对整个大家庭的责任,而作为父母的留守老人又没有争取在这个大家庭中的个体性的权利,因此务工子女就忽略了其父母的权利,也就没有周全地考虑到其对父母的责任,因而选择了外出务工。而对作为留守老人的父母,他们只能是以一种愧疚的心态而盘桓在内心的道德世界,并通过各种与父母远距离沟通的渠道来弥补对父母的这份愧疚。

3. 家庭财富:财富来源的单一性和贫富差距的扩大化

农村留守老人的子女虽然做了外出务工的决定,但这一决定并非是为了个人私利,而是为了维持和关怀这个家庭,是对家庭共同体的关怀和增益,也即是通过外出务工的方式来获取更多的家庭财富。因为家庭“只有在采取财富形式的所有物中才具有它的实体性人格的定在”①。

他们之所以采取外出务工的方式,是因为在农村地区,一方面,随着农业的生产力的不断提高,农村剩余劳动力不断增加,农业收入不足以维持家庭的生计;另一方面,城市的发展对农村青壮年劳动力的需求比较大,同时又能够提供相对较好的劳动报酬,因此作为年轻的子女只有选择远离农村,上城市务工。同时由于城市中所需的劳动力主要是青壮年,因此老年人只有留在农村。因此作为家庭财富的来源和途径比较单一,主要依赖于务工子女,通过外出务工而获得。

财富不仅是一个家庭得以承认和保证的客观依据,更是一个家庭在社会中地位的保障。随着市场经济的发展,贫富差距越来越大,不仅是城乡之间,乡村与乡村之间、家庭与家庭之间的差距也越来越大。在农村地区,家庭与家庭之间的攀比日益增加,矛盾也愈演愈烈。因此为了确保整个家庭在群体中的地位,不得不外出务工,获取更多的财富。

4. 家庭伦理正义的失效

留守老人现象的出现并形成诸多问题,除了留守老人自身、外出务工子女和家庭财富的获取问题之外,还有一个就是家庭伦理正义的失效。所谓伦理的正义是

---

① 黑格尔. 法哲学原理[M].范扬,张企泰,译. 北京:商务印书馆,1961.

指这样一种“保障人的法权的正义”：一方面“迫使破坏(整体)平衡的自为存在亦即独立的阶层和个体重新返回于普遍”；另一方面也“抑制那对个体日益取得优势的普遍，使之复归于平衡”。①

首先，在留守老人的家庭伦理中，由于老人为了这个大家庭整体的福祉，使自身的个别性绝对地服从于这个大家庭的普遍性，虽然履行了家庭成员对于这个作为公共本质的家庭的义务，但是却放弃了个体在这个普遍本质中的权利，从而导致了家庭伦理正义这根“杠杆”无法起作用。

其次，在留守老人这样的新旧家庭复合体中，作为伦理基础和原点的“爱”，不是以一种杠杆的方式存在，而是从旧的家庭向新的小家庭的倾斜。留守老人对务工子女的爱，务工子女将这种爱又完全倾注于他的子女身上，因此整个家庭的爱都落脚到孙子辈。因此家庭伦理的正义这样一种基础就荡然无存了。

再次，作为中国乡土社会中的大家族、长老统治制度也逐渐瓦解，因此作为家族和家庭伦理正义的外在执行机制也就逐渐消失，失去效力。因此即使当留守老人在家庭中得到不公正待遇的时候，也难以得到纠正。

三、农村留守老人家庭伦理新构想

1. 建立以爱和权利为基础的新的家庭伦理观

在留守老人的家庭中，留守老人由于保持一种为了家庭的普遍性而牺牲自己的个别性，个体绝对服从普遍整体的伦理观，心甘情愿放弃自己作为个体，在家庭共同体中的权利。他们以对家庭整体的爱，消融了个体的权利，并混淆了自己对于这个家庭共同体的责任和自己对于子女所拥有的权利，因而缺乏理性和权利意识。而子女由于没有分清新旧家庭的区别，从而忽视了其对于家庭成员的个别性所应负的责任。因此需要加强作为家庭的每一个个体自身的权利以及相互的权利意识，而不是单纯的以爱为基础。所以要把权利和爱有机地融合在一起，从而树立一种新的家庭伦理观。

2. 警惕“伦常走向俗常”

市场经济的发展，一方面不断满足人们的物质生活，但另一方面也极大地冲击了人们的伦常和习俗。20世纪中国社会传统的伦常和习俗经历了几次“洗礼”：一是抗日战争中坚持以民族主义为导向的精神；二是中华人民共和国成立以后至“文革”结束，一切以政治为最高普遍性，瓦解着传统伦常；三是改革开放以来，市场经济和文化多元化的冲击，经济成为新的普遍本质统治着人们。这三次对传统伦常习俗的冲击，深刻改变着中国农村。因此要警惕从传统的伦常世界中“启蒙”出来，

---

① 黑格尔. 精神现象学[M]. 贺麟，王玖兴，译. 北京：商务印书馆，1982.

又掉入了经济主导的“俗常世界”。按照黑格尔的设想,我们可以由“伦常的世界”经过“教化世界”达到“道德世界”。

参考文献

[1] 黑格尔. 精神现象学[M].贺麟,王玖兴,译,北京:商务印书馆,1982.

[2] 黑格尔. 法哲学原理[M].范扬,张企泰,译. 北京:商务印书馆,1961.

[3] 费孝通.乡土中国[M]. 北京:人民出版社,2008.

[4] 樊浩.伦理,如何“与‘我们’同在”? [J].天津社会科学,2013(5):4-20.

[5] 田喜芹. 农村留守老人研究的文献综述[J]. 企业导报,2013(17):11-13.

[6] 卢海阳,钱文荣. 子女外出务工对农村留守老人生活的影响研究[J].农村经济问题,2014(6):24-32.

编后记:爱和繁荣究竟从何而来

"爱和繁荣从何而来?"(The Source of Love and Prosperity)这是美国克莱蒙特大学保罗·扎克(Paul J.Zak)为他的作品《道德博弈》(The Moral Molecule)题写的副标题;这个标题给了我强烈的心理冲击,联想到我案头的这本历经三个春秋才编辑完成的《伦理研究》(生命伦理学 2015—2018 年卷)文集,百感交集。

此前,我与几位同道正在激烈地讨论生命伦理学的学科品质和建构,而如此映射和透出的由人工智能和编辑婴儿等叙事的一场关于人性善恶的科学革命,尤其发人深省。这使我想到马丁·布伯的对"两幅世界图景"的比喻。即:或是用至大无它的永恒宇宙来吞没个人,让个体的有限投入到宇宙的无限获得超越,或是用至大无他的"我"来吞没宇宙与其余在者,由此造就我之永恒;按《我与你》译者陈维纲先生的文字,是把这两种超越观命名为"自失"和"自圣"(可参阅马丁·布伯:《我与你》,陈维纲译,商务印书馆),如是两种观念其目的无外乎对于人的解放或自由的一种向往。这其中,含有一个对现代或后现代社会人的遭遇的一种强烈的反思,尽管两者都堪为偏执或痴狂,但却都道出了人类对抗物性生存,"超脱身内卑下的欲求,透破功名利禄的束缚,进抵不为形躯之我所囿的境界"的理想。伦理学对人的根源性教诲就是为使自我伫立于真理的庄严中聆听正义的昭示,而在与"恶"之争斗中,"不断地向着更善精进"。生命伦理学由是必应保存柏拉图式的"纯理实有",不飘然独存于物外或心外,依照纯理而"学以成人"。恰如圣托马斯·阿奎纳所言:"纯由一理,遍知万物。"

我以为,任何文化语言的道德理论或由之认为制造的原则或规范,都具有鲜明的文化特性,但又都含有"共同"的"善与正当"的内核,这取决于各文化框架内的认识论的"共通感",按康德的意见就是心的统一。共通感由于种种原因,比如文化差异(异乡人情感)的内涵始终存在一种分离的倾向,即某一具体道德个我性。共通感也可以作为普遍主义的基础来理解(不是传统中所指称的基础主义),它区别于特殊主义的缘由是我们必须寻找隐藏(或蕴涵)在判断或标准中的"共认意识","共通感"和"部分共认意识"是恩格尔哈特"允许原则"的必要前提。人的判断能力的强弱是赖于看是否具有深笃的厚实的哲学功力;而作为标准的实践验证和行为的取舍,就比较容易把握。融贯论或连贯论,就是互通-共通-融通,是认肯普世价值的前提,也是自由世界主义观念的基础,或作为商谈伦理的条件。

时下流行的生命伦理学,主要还是接受了实用主义的影响,但其大多又有别于实用主义伦理学家威廉·詹姆斯(William James)的“改善主义”(meliorism),改善主义介于悲观主义和乐观主义之间,既体现了这类学者对于未来世界通向光明的信心,又表达了对于人类的命运的关注,以及对现实生活问题的正视。这个概念反映了人类对于人体获救和精神救赎双重的祈盼和渴望,表达了詹姆斯心性的最后皈依和对柔性宗教的美好理想。这和我们国人理解的“有用就是真理”、只谈问题不讲“主义”的“单车风筝”论是有差异的,即对现实价值的依赖的同时,不要失去对于身体获救与灵魂救赎的真纯意识和主观生活意义之流的寄托。这里有一个深隐的信仰“动元”和形而上的玄学的思考。

罗尔斯的公平正义观和彼彻姆等人(贝尔蒙)的这几个原则,概源自于古训或圣训;它们都是对“共同道德”的善与“金规则”(爱你的邻人-己所不欲勿施于人等)爱的具体行为标准的实践表达,是“思”之必“执”,是对“率性而动”的限制,“散朴则为器”,自在(不证自明)自为的戒律和法条,同时还要避免行动生态主义(事与愿违)的后果,因此在应用这些原则时,我们有必要学会控制与调节平衡原则应用中的冲突,学会纠错。医生干涉权(父权论)、取舍原则、反省原则、允许原则、宽容原则、拉弗曲线原则等等,其功能都是对这些不完善原则的补充与控制。我们至今沿用的、移植过来的这些原则自身存在很大的逻辑破绽,也不尽合理与整全,需要重新审视、清整与梳理。

在此,我要说的是,长时间来,在我们生命伦理学的研究和学术活动中,有一个致命的缺陷,就是回避高蹈理论的探求。因此,我同意有些学者提出的“需要学理建构、逻辑体系和理论系统研究”的建议。我们可以把德国浪漫主义哲学家弗里德里奇·施莱格尔(Fridrich Schlegel, 1772—1828)的“生命哲学”的首创作为生命伦理学的开端,是他指出:1772年有位匿名作者提出了道德上的美和生命哲学命题,这显然应该是生命伦理学的最早开端,即使当初包括生命哲学在内还只是德国古典哲学理性主义天幕上的一丝萤光。叔本华以后,对理性主义进行了根基性颠覆,又经过威廉·狄尔泰(Welhelm Dithey, 1833—1911)到达鲁道夫·奥伊肯(Rudolf Eucken, 1846—1926)、让-马利·居友(Jean-Marie Guyan, 1854—1888)和亨利·柏格森(Henri Bergson, 1859—1941),最后构成了19世纪末到20世纪初的经典生命伦理学的思潮。生命哲学反对传统的形而上学,特别针对德国理性主义哲学方法论,冲破主客体二元关系的羁绊和栅栏,不再以认识论作为哲学思维主体,而以人的生命存在为核心的哲学本体论,并以个人真实的生命现象和运动情势作为道德哲学的对象,从而追问生命存在的本质和动态变化。这样:

“个体的生命现象既是哲学的唯一对象,也成为了伦理学的最高本体。狄尔泰把‘生命本身’和‘生命的充实’作为人类思维、道德和一切历史文化的解释本体;居友以‘生命的生殖力’作为人类的道德本原;柏格森同样是以‘生命的冲动’和‘生命之流的绵延'揭示人类的各种道德现象。这一切都与生命哲学原理直接关联,也是现代生命伦理学的突出特征。"[万俊人:《现代西方伦理学史(上卷)》,北京大学出版社,1990 年版,第 153 页]

如此观之,寓居于德国与法国的生命哲学中的生命道德哲学理论应该称为经典生命伦理学,应该作为后现代复兴的"后现代生命伦理学"的前体,而从叔本华开启的现代西方非理性主义思潮和英国的进化论伦理学是其重要的理论渊源之一。而由安德鲁·赫里格尔斯(Andre Hellegers)赋予当代意义、凡·瑞思勒·波特(Van Rensselaer Potter)再次命名的"生命伦理学"学科,由于缺乏坚实的理论根基的预设,所以学科地位窘迫;诚然,一切现实在某种方式上都是某种精神构筑,医学世界不会存在于人对于它自身的观察和表达之外。被 R. J. 约翰斯顿强化的理念论是一种具有悠久历史和深厚传统的哲学,它反对实证主义的认识论及其对客观证据的强调;又如尤因(Ewing, 1934)指出:理念论包含一种信仰,即人对宇宙的认识是由各种精神价值决定的,理念论包含更为广阔的哲学范围。为了发展学科,"为救火而挖井取水",为了评价和解释证据,为了不得不使用一些标准,建立原则,就要回归于理念论的核心的研究,就必须确立一致性理论,包括真理的定义、对现实性质的说明和确立医学真理的标准;让我们的说教,真的不是为了只知"按原则"办事,而是"一切为了人"去办事!没有思想,我们几乎不能领悟现实。真理是"使真实成为真实的东西",海德格尔说,真金的真实并不能由它的现实性来保证。事情真理离不开命题真理,我们必须搞清"物与知的符合"(物如)才可回答医学生活中的什么才算"正确性的真理"。

中国生命伦理学的研究,需要超越最初阶段的那种移植、迂回和循环;形式上亦应尽量减少"问题式争论";为适应于具体医药卫生从业人员的需要,可以作为卫生伦理、药事伦理、医务伦理、卫生经济伦理和医学社会伦理等分野,专事各自组织学术活动,临床学家的"人文"兴致,对形而上的规范研究有现实主义启发功效,但很难助益于高蹈研究的深度和厚度。面对异常复杂的身体与疾病现象,我们承担的应该更艰巨。

在兹,我依然要说,不要畏惧"相对主义观念",这是麦金太尔的主张。"这个世界不是由美德、正义和人类繁荣的共同认识统一而构成的"(恩格尔哈特),因此,有了这样的前提,就不要回避谈论"全球伦理"和人类的共同道德。在一个多元的"后"技术时代,任何可能性似乎都存在;但如果没有一个良善的伦理环境,就不可能建立一个良善的全球秩序。任何人与事的正确处置,都要在遵循爱和善的前提下,我们还必须充分认识与恪守:爱是为了人,不是为了原则。普遍主义意味着对于人类智慧成果的包容和融贯,也就是这样的缘由,长时间来,我深切感受到生命伦理学学者必须格外、认真关注以下这四大法则(定理):哥德尔不完备定理、图灵不确定理论、西梅尔个体法则以及弗莱彻境遇论,它们将会帮助我们走出理论困境,不会由于意志迷失而被人左右或跑偏,使我们在困惑中复现清醒与冷静,始终能够保持我们的学术热情、学术个性与学术尊严。

本文集共收入文章58篇。主要是在两个国际生命伦理学会议主旨发言和大会交流的论文基础之上编辑整理而荟成。这两个会议分别是:“南京2015年国际生命伦理学论坛暨中国第二届老年生命伦理与科学会议”(由东南大学“道德发展智库”“公民道德与社会风尚2011”协同创新中心、江苏省社会科学院、江苏省卫生法学会、东南大学人文学院医学人文学系主办,于2015年6月26日至28日在南京东南大学召开)与“中美医学人文高峰论坛及科研伦理素质、医学伦理教学能力培训班”(由东南大学人文学院生命伦理学研究中心与美国匹兹堡大学Beth Fischer和Michael Zigmond教授主持的NIH的科研伦理项目组共同主办,于2018年10月26日至28日在南京东南大学召开)。由于有些学者的演讲或报告是提纲式或演讲稿式,会后没有进一步迻录整理成文,特别是第二个中美论坛中的研修班的教学文稿,不失精彩并有一定学术高度,也反映了生命伦理学的前沿与学科进展,但因体例统一之故,而没能收入,实属遗憾;另有6篇文章为第24届世界哲学大会“生物伦理”专场的交流文章,我们同时选萃于此,迭入《补遗》一节。我们必须提及的是,作为2007年会议和2015年会议的美方主席、当代著名的生命伦理学家、东南大学生命伦理学研究中心的客座教授、美国莱斯大学祁斯特拉姆·恩格尔哈特先生于2018年6月21日不幸逝世;神州腹地,印满了他的足迹,他是中国生命伦理学界最好的国际友人之一,而且对当代中国生命伦理学事业发展,曾经给予了很大的助力;为纪念恩格尔哈特教授和回顾他的学术贡献,在2018年10月会议期间,我们特别举办了一场隆重的祁斯特拉姆·恩格尔哈特学术思想追思大会,与会交流的6篇精彩作品均为作者亦情亦心、至理智明之文,一并收录于内,可为珠玑明丽,熠熠生辉。

需要说明的是,原有会议文集集结的文字较为散乱,有几篇中外学者演讲的摘要稿,也予以保留;日本学者新里孝一的文章由周琛教授迻译了一个长篇摘要,我们有意附加了日文原文。文集中的中英文对照的中译英部分,由王永忠博士完成。期间,樊和平教授十分关心和支持这部文集的编辑出版,一再催促我们的工作,最后由我本人批阅全文做了校对以及体例上的修订;程国斌、万旭两位博士参与了部分文稿的校正。在此,还要感谢出版社刘庆楚编审,他为了文集的早日面世,付出了辛勤的劳作。

文末,我将犹太智慧书中的一句话,献给本书的读者:我们——

“……一直在为一个目标而努力奋斗,那个目标就是能够惠及众生。”(《塔木德》)

孙慕义

2019年3月20日识于南京贰浸斋

附录:部分文章英文摘要及关键词

健康医学:深层人文关怀时代的到来

赵美娟

Abstract In order to meet the strategic transformation of China's medical and health system, fully understand the meaning of health medicine and malad just ment between the medical and health system and health needs from the height of organic system, we should change the idea, increase the consensus and remodel people-oriented idea of health and medical service concept and the view of knowledge, to meet the needs of national health, and effectively play a good roleon the research-oriented hospital.

Key Words Health Medicine; concept of life; concept of health; concept of service

女性主义神经伦理学的兴起
——从大脑性别差异研究谈起

肖 巍

Abstract In the field of contemporary neuroscience, a key subject of concern is about the study of sex differences of brain. Since the 21st century, the study has been quietly to shape a new trend of feminist bioethics feminist neuroethics, as a new bioethical theory, which aims at researching and explaining a series of social, ethical and legal issues with the development of neuroscientific work. Currently, feminist neuroethics pays more attention to the topic about sex differences of brain. Some scholars attempt to analyze and interpret a variety of new discoveries about sex differences of brain based on the work of contemporary neuroscience.

Keywords feminism; neuroethics; sex difference of brain

生命伦理学中的“反理论”方法论形态

——兼论“殊案决疑”之对与错

尹 洁

Abstract Bioethicists nowadays tend to view bioethics as a branch of practical ethics rather than one of applied ethics, which in some sense poses a threat to the methodology that is embodied in the form of deductively applying abstract moral theories or principles to particular bioethical problems. As an alternative for principlism and high theories, casuistry shows its strength in solving problems in real cases due to its characteristics of focusing on individual features and specific situations. However, this does not mean that it denies the significance of principlism or high theories once and for all. I argue that casuistry stimulates the self-reflection, modification and development of principlism as both theory and method, and this is due to the fact that moral intuition and moral reflection are always mutually adjusting in a dialectical movement, which exactly shows the merit of theoretical thinking.

Keywords bioethics; methodology; anti-theory; casuistry; principlism

自然、生命与“伦理境域”的创生和异化

程国斌

Abstract Human could have the opportunities to Define, understand and occupy the nature of their moral life, only if they totally devote to the “Human's world”, which is the “έθos” (Ethical Condition) of the human's activation of self-creating, as well as realize their own potential to live in a condition and self-creating. The traditional “έθos” has been deserted along with the alienation of the practices of modern production. The modern moral philosophy has become some arrogation of reason and wants to regulate and design human's life by “philosophical ideal”. This condition require human to reconstruct a “έθos” which allows us to understand our moral condition and live a moral life by virtue of their nature of free creation.

Keywords Life; Self-creation; έθos; Alienation

关于恩格尔哈特俗世生命伦理学思想的几个重要问题研究

郭玉宇

Abstract This article mainly comment on the secular bioethics ideas of the American scholar, professor Engelhardt on the whole. Engelhardt puts forward preprogrammed bioethics innovatively, and his thought dues to multiterminal source. He is a libertarian cosmopolitanism, communitarian, and absolutist but he provides the minimum ethics to the world. He is contrary to many contemporary scholars in academic, but in some places there are similarities. His ideas have important Instructive significance to China in the construction of localization bioethics system.

Keywords the secular bioethics; libertarian cosmopolitanism, communitarian absolutist the minimum ethics

基于信息哲学的死亡标准探究

刘战雄　宋广文

Abstract The debate on the standard of death was caused by the new technology, and it has a close relationship to the essence of human. The former is decided by the latter. As to the nature of human, they are information person. It is the information of culture that tells human from other animals. Brain is the core organ to process information of human, so to make the brain death as the standard of human death is reasonable. In addition, as the evolution of technology and the development of knowledge, the standard of human death would change again.

Keywords Brain Death; Standard of Human Death; Information Person; Philosophy of Information; Bioethics

论高校生命伦理教育何以可能

胡　芮

Abstract The topic why moral education for life in colleges is possible contains three aspects: why the existence of moral education for life in colleges is possible, why the cognition of moral education for life in colleges is possible and why the moral education for life in colleges is possible, which involves philosophy issues of three fields in terms of ontology, epistemology and axiology. The ontological premise is the legitimacy of philosophy of moral education for life, the answer to the question why the cognition of moral education for life in colleges is possible is based on dialectical relationship between moral education and life, the contents and methods of moral education for life in colleges reveals the purpose of the axiology.

Keywords college; moral education for life; why; what; how

西方生命伦理学研究的知识图谱分析

刘鸿宇

Abstract This paper maps knowledge domain of bioethics research based on Citespace Ⅲ. Through the nodes, centrality and cluster analysis of visualization, 7 clusters of co-cited references are identified and summarized, including political policy, autonomy principles, moral philosophy, empirical analysis, bio-technology, public health, vulnerability. This paper aims at understanding knowledge structure of bioethics, analysis direction and the process of evolution of bioethics discipline, as well as further integration of knowledge and information clustering, and promoting the development of bioethics.

Keywords bioethics; scientific knowledge map; Citespace Ⅲ; visualization

生命伦理学后现代终结辩辞及其整全性道德哲学基础

孙慕义

Abstract Moral philosophy existing between in Germany and France school of Life Philosophy should be called classic Bioethics. It is the precursor of Postmodern bioethics original from the Schopenhauer's Modern Western non-rationalism and British's Evolution Ethics.

Moral Relativism of bioethics or bioethics relativism should offer a type of reference and hint: the confusion of universal values and modes of action can be adjusted by the order of value. It is a form of convergence and conceal of theory such as permission, tolerance and particularism in bioethics.

Individual law (Individualism theory) is the recognition of diversification and free will in post-modern society. It shows the respect to moral life and the spirit of freedom as to the practical, specific, situation theory. Rights are not the labels of abstract. It should transform from the universal moral law from rational self-rule to make sure the validation of Individual patient rights. Individual has his own self-determination only in certain circumstances. Only based on this, principle of autonomy is powerful, objective and realistic. And then Informed consent can only be truly appreciated by the doctors. Individual will be one form of representation or appearance in the should-be logic and break the tradition of restricting the Patient Selection. It should apply to the fact of the reason to be being.

Bioethics is a very important component of life political and political culture. And it is this the pursuit of perfection as a culture purpose to be the dream of human being which is to go to the thought square via body Philosophy, ethics and physical Culture: the content-full morality and entire lives or pure-full lives. Ultimately to the God. That is the universal ethical ideals and refer to unity of the truth, goodness and beauty and the unity of faith, hope and love.

精神疾病的概念：托马斯·萨斯的观点及其争论

肖　巍

Abstract　According to the data released by the World Health Organization in 2017, mental illness has become the number one culprit in human disability. In academia, however, mental illness has long been a vague and controversial concept in the disciplines such as psychiatry, medicine, philosophy, and philosophy of psychiatry. This ambiguity not only affects peoplers cognition to mental illness, the formulation of relevant laws and the introduction of policies, but also directly relates to the clinical diagnosis and treatment in the practice of psychiatry. In the 1960s, Thomas Szasz, American Hungarian psychiatrist put forward the idea that mental illness was a myth, which as a fuse, had triggered the debate for decades. Szasz also stressed that psychiatry was an ethical and political enterprise. Of course, there was no consensus on this view either. Nonetheless, in the post-Szasz era, when mental health became a serious problem in public health worldwide, which was also necessary to relate to Szasz's theories to conduct an in-depth discussion and reflection to the concept of mental illness.

Keywords　Thomas Szasz; Philosophy of Psychiatry; Philosophy; Mental Illness; Mental health

生命的自在意蕴及伦理本位
——生命伦理学研究的三维向度

唐代兴

Abstract Life is both ontological and becoming. In the ontological world, life is the origin being, so its life-in-itself and otherness are unity internally, and characterized as ethical implication sensibly; in the becoming world, life is secondary being, so its potential ethical implication must emerge as real ethical requirements, and open up three possible orientations because of the interests encountered. However, these ethical requirements reflecting different possibilities can only develop on the level that life creates "life's product", and they cannot resolve the contradiction between freedom of life and equality of life, and conflict between life's product controlling life and life's rebellion against the control. Bioethics was born in the double seesaw battle, and it is certain to bear tasks as follows: ①how to realize life-in-itself and freedom of life; ②how to realize life-in-itself and freedom of life. Thus, bioethics must open up ethics with life as the noumenon, ethics on the becoming of life, and the methodology of bioethics on the basis of them.

Keywords Ethical Implication; Ethical Requirement; Limit of Quality Underlying Freedom; Ethics with Life as the Noumenon; Ethics on the Becoming of Life; Methodology of Bioethics

对利用脱离于病人的人类组织开展研究的生命伦理学思考

曹永福

Abstract There are conflicts of interest in biomedical research involving the human tissues separated from patient-body. On one hand, the physician/medical researcher may reverse the main benefit "health benefits of patients" and the secondary benefit "scientific research interests", on the other hand, the physician/researcher may reverse the main benefit "scientific research interests" and the second interest "the interests of the researcher". The reasons is that the purpose of the physician/researcher's occupation behavior will affect their diagnosis or treatment judgment and the using human tissue separated from human-body. Therefore, four strategies of prevention these conflicts of interest are proposed.

Keywords Human tissues separated from patient-body; medical research; conflicts of interest; the purpose of occupation behavior, prevention strategy

宽容与生命伦理学

刘曙辉

Abstract There are cases of intolerance in the practice of bioethics, which necessitate the study of toleration. Toleration is a way of coexisting in difference. Negative response is the elementary condition of the concept of toleration. Whether the agent has negative response or not separates toleration from indifference. Power is the assistant condition of the concept of toleration. In the circumstance of difference, if agent has negative response but has no power to interfere with the act, belief or lifestyle of others, he commits an act of submission, not toleration. Restraint is the crucial condition of the concept of toleration. Whether the agent restrains himself from interfering or not is the division of toleration and intolerance, while whether the restraint is limited or not is the division of toleration and forgiveness. In short, toleration is the agent's principled restraint from interfering with the act, belief or lifestyle of others who he dislikes or disapproves despite he has power to interfere if he chooses. In the practice of bioethics, we should respect the differences, deal with negative responses appropriately, behave with restraint and cope with disagreement and conflict with the spirit of tolerance.

Keywords bioethics; toleration; indifference; coexistence

全球生命伦理学：是否存在道德陌生人的解决之道？

王永忠

Abstract The paper surveys the collapse of consensus as the consequence of Engelhardt's moral strangers, in order to solve this Engelhardtian problem, many scholars propose the concept of global bioethics and discuss the possibility of regaining the consensus in diverse cultural-religious context. On the basis of reviewing existent theoretical system of global bioethics, the paper proposes possible four models of dialogue in the construction of global bioethics, i. e. friend-stranger model, moral acquaintances model, student-teacher model and global convention model.

Keywords Global Bioethics; moral strangers; consensus

生命伦理中的道德运气

——以有危重病患者的家庭为例

罗 波

Abstract Families with patients suffered by severe illness can be stuck in an inevitable dilemma while facing bioethical issues: On the one hand, the patients can neither live or die decently; on the other hand, though being tormented by the patients' suffering, the families can do nothing to help out the patients because of the lack of legal supports. Why should such dilemma occur? Theoretically speaking, the fundamental ethical principle lies in the "living" moral principle, which the society endows life ethics with. This basic specification is maintained conventionally, morally and even legally. Families with patients who are critically ill are due to meet moral luck when touching the bottom line of morality. In this paper, the realistic reasons why families with such patients are in trouble are explained from the perspective of moral luck as objective factors beyond the control of people by analyzing the important effects of moral behavior evaluation on the behavior subject of moral luck. We can not only learn the helplessness of human beings in modern civilized environment, but also see the never-yielding spirit for pursuing their own rights based on the analysis of the theoretical and practical reasons for the dilemmas that families of critically ill patients encounter when facing the bioethical issues.

Keywords life ethics; moral luck; moral evaluation

论社会性生命伦理范型

——对主体性生命伦理范型的一种反思

马俊领

Abstract Subjectival bioethics paradigm is a knowledge pattern, taking individual life's using intellectuality, satisfying emotional needs, doing his will,

reaching his goal and maximizing his happiness as its main contents and analysis parameters. Its subjectivity and the nature of bondage are both opposite and complementary to each other and its reason which naturally turns to be calculative and instrumental can not be turned back, which manifests the superiority of social bioethics paradigm over the former on the ethical guidance. Social bioethics paradigm reveals individual life's limitation and dependence, placing his social value at a higher sequence than his utility value. The cultivation process of social bioethics is an idealistic discourse negotiation process and identity process between life subjects, as well as a cultivation process for social public reason and commensurable aesthetic judgement.
Keywords Social Bioethics Paradigm; Intersubjective Social Identity; Public Reason; Aesthetic Judgement

彼彻姆和查瑞斯的共同道德观及争论

马 晶

Abstract Tom Beauchamp and James Childress argue that the common morality constructs a normative framework for bioethics. First, this paper analyzes the sources and meaning of common morality. Then, it discusses the debate which someone argues against the existence of common morality. Third, Beauchamp and Childress response to these arguments. Finally, Beauchamp and Childress propose the method of reflective equilibrium to apply common morality, and their common morality is neither foundationalism nor coherentism.
Keywords Common morality; Universality; Foundationalism; Coherentism; Reflective equilibrium

人类基因权利的法哲学基础与价值

杜珍媛

Abstract Through the historical materialist view of the development of science and technology and the evolution of the basic rights, the authors analyze the development of science and technology cause the change of the basic rights. With dynamic methodology of materialism dialectics arguments right to the source of human genes and Drawing a conclusion that right to the human genes occurred in the innovation of science and technology, resulted from the impact of science and technology to the reality, rooted in the interests of the gene, rooted in rigid the ethics of genetic technology demands. Our traditional equal rights, property rights, privacy and right of human dignity rights haven't been involved in gene, at the same time it is not enough to complete the cover of genes. Gene rights should independent basic rights of human.

Keywords the human genome; rights; legal value

解析生命伦理学的存在及“骨血”构造

黄亚萍

Abstract The bioethics which emerged in the sixty or seventy's of the twentieth Century, become a trend in the multicultural background, it know as cross discipline and global business. From the Four Principles that proposed by America Beauchamp and Chudros, to people gradually understand the hot issues such as genetic engineering, assisted reproductive technology, cloning, organ transplantation and so on. In the stream of time, life ethics is increasing rich and development, with its own existence and subject characteristics inspire people to ponder and choice.

Keywords bioethics; existence; basic principles; hot issues

素食主义的道德哲学沉思

任春强

Abstract The spiritual cores of vegetarianism are understanding Life, reverence for Life and how human beings live harmony with other species. Based on logical, historical and realistic study, vegetarianism includes three hierarchical reasons. Health and sympathy are its empirical reasons; because these reasons can't demonstrate the equality which is between animal and human beings, and rights of animal are not sufficient defended, man should exceed the argument of experience and seek reasons which are more universal and necessary. Because myriad things have souls (animism) and God creates everything, the lives of animals become sacred, and "no killing" becomes one of the most basic commandments of religions; transcendent reasons are based on "absolute belief in

God", but finite human beings understand God is an arrogation, so man meditates on vegetarianism only from himself. On transcendental level, vegetarianism breaks through anthropocentrism (human centralism) based on human's limitations and reasonable and rational efforts. The most complete defense is that the three reasons criticize and admit each other, and then they are combined into a reasonable and rational system of vegetarianism.

Keywords vegetarianism; empirical reasons; transcendent reasons; transcendental reasons; anthropocentrism; reasonability and rationality

医疗恶性事件背后的伦理困境

——医改的境遇伦理分析

邵永生

Abstract Ethical dilemmas behind medical malignant events is that the doctor-patient relationship has appeared tensions, conflicts, lack of coordination, and even to some extent the emergence of opposites. From the state or government level, therefore, Health Care Reform (HCR) must be actively carries on. But what kind of the HCR direction should be chose? Through the analysis of situation ethics, the "giving priority to fairness with due consideration to efficiency" should be considered as the value choice orientation of HCR so as to lay a good concept's and system's foundations for the development of our country's medical health career and the harmony of doctor-patient relationship.

Keywords health care reform(HCR); situation ethics; giving priority to fairness with due consideration to efficiency

生生之义

——易传天义论生命道德形而上学

范志均

Abstract *Zhouyi* contains a moral metaphysics, which is based on the principle of life. Platonism is a moral metaphysics of Good based on natural ontology, the moral metaphysics in Yizhuan is moral metaphysics as theory of natural justice or deontology based on the life generation. Yizhuan moral philosophy is justified for all lives conformed with the moral Dao and virtues, and all lives accord with Dao of Heaven and Earth are justice. Justice of Heaven and Earth is to creat all things which are suitable to their appropriate, and all things eventually become what they are.

Keywords life; life moral; justice of life

儒家的生命伦理关怀与生态人格构建

张 震

Abstract The original ecological ethical concern of Confucian was metaphysical constructed by ages Confucians, becoming united ecological ethics and noble personality for "eco-Personality". Therefore, as a religious teaching, faithfulness and sincerity contains profound eco-personality constructive implications. This various constructive form is the non-object education, is to make the life of self-Awareness education, and is to allow people to get immediate realization of life's gestalt. It can provide important lessons for our modernity personality training and life-educational thought.

Keywords Confucian; Life Ethic; Eco-personality; Construction

生命伦理精神:中国生命伦理学的道德语言与可能范式

许启彬

Abstract The bioethics during the social transformation period of China is also confronted with the moral condition of post-modern: collapse of traditional moral foundation, dissolution of the moral authority and theoretical deficiency of this branch of study make it necessary to reconstruct the Chinese Bioethics. This paper attempts to take the spirit of bioethics as the dimension of value and moral language to construct contemporary Chinese Bioethics, and propose the paradigm of responsibility ethics based on the love of life through studying the ethical spiritual crisis which highlights in medicine community and life technologies, so as to provide a kind of moral language that can be generalized for construction of bioethics in Chinese context, and as an innovative path which is different from other ways. Therefore, we can go beyond the ethical and moral dilemma in bioethics.

Keywords bioethics; bioethical spirit; life technologies; paradigm

有利与不伤害原则的中国传统道德哲学辨析

闫茂伟

Abstract While "Principle of beneficence" and "Principle of non-maleficence" of the Four principles in western bioethics are introduced into China, each of them the "principle of no harm"is called "principle of benefit-no harm"too.Such reform and integration caused not only by Chinese scholars' translation and interpretation, much more behind it, there is some certain profound factor of Chinese culture, national psychology, Chinese philosophy and moral philosophy. This article is about to have one dialectical analysis of ideas traits and dialectical thinking in the "principle of benefit and no harm" and "principle of benefit-no harm"under the background of Chinese ancient philosophy and traditional moral philosophy. Thought of "benefit while no harm" of Lao-zi, "loss while harm" of Mohist and "all things nurturing, no harm among of them originally" of Li-zhi in Chinese traditional moral philosophy, not only illustrate the law of nature "benefiting while not harming things", and also reveal the rule of morality "benefiting while not harming human", and more, the implicated moral philosophy wisdom and moral realm in them is more convincing. Besides,"debate between benefit and harm" with moral philosophy dialectical analysis presents dialectical relationship among benefit, harm and no-harm etc. on naturalistic methodology, psychology, empiricism.At the same time,"debate between benefit and harm"in the moral philosophy presented in the theory of human nature or human theory and theory of mind. On the other hand, "view of righteousness-benefit and benefit-harm" constructed under the relationship between benefit-harm and righteousness-benefit, Ren-Dao, good and evil, morality-law.

Keywords "principle of benefit"; "principle of no harm"; principle of benefit and no harm; debate between benefit and harm; view of righteousness-benefit and benefit-harm; view of benefit-harm; Chinese moral traditional philosophy

老龄人道德关怀的缺失、原因及其对策分析

黄成华

Abstract The elderly people need the moral concern because of the change of the social status. The moral concern to the elderly people becomes the important standard to measure the degree of social civilization. The elderly people require the corresponding social security, namely the positive study of the teaching of the elderly people, the attempting construction of the new generational ethics, the reasonable position of the government function and the effective develop of the philanthropy of the elderly people.

Keywords the elderly people; moral concern; the generational ethics

基因技术的"自然"伦理意义

樊　浩

Abstract This paper "nature" concept in the moral philosophy meaning and interpretation that "natural home" and the natural family of the birth of "natural man" is the starting point of ethical, moral, and moral philosophy, "nature" is people and the existence of the original state, or a Rawls style "veil of ignorance". The essence of philosophy significance is not selective. The gene technology not only greatly expanded the choice of human behavior, but also pushed the selectivity to the bottom line of civilization. This is the most severe and profound ethical challenge for gene technology. The dialectical and interactive relationship between the necessity and the ethical rationality of the technology. To this end, the research perspective and research methods must be transformed twice, by the ethics of genetic technology concerns the construction of genetic ethics. By insight and grasp of genetic ethics research to moral philosophy.

Keywords gene technology; nature; ethics; moral; moral philosophy

人体实验与伦理审查——医学伦理审查历史的启示

樊民胜　潘姗姗

Abstract Human experiment drives the development of medicine. However, the leading purposes of scientific interest and national interest on medicine ignore the protection of human being life and the medical ultimate purpose. German Nazi and Unit 731 of Japanese severely violated the medical ethics principles by having been done large amounts of inhuman experiments on war prisoners and civilian. Nuremberg Code and The Declaration of Helsinki issued as the international common rules on the basis of war criminals trial and reflection. However, the effect of those common rules was not so obvious in the American Children Experiment and International Human Experiments. With the environment of the cold war and international competitions, human experiments challenged with moral bottom line had been done constantly driven by economic interest and national interest. We must reaffirm that medical development can't overweight human rights. The medical ethics review should protect basic human rights in any time.

Keywords Human experiment; Nuremberg Code; The Declaration of Helsinki; Human rights

佩里格里诺:美国当代医学人文学的奠基人

万 旭

Abstract Edmund D. Pellegrino's medical humanities thoughts toward conjunction of medicine and humanities, which mainly contains three facets as follow: ①by confirming philosophy of medicine as a discipline so as to ensure the rationality of philosophical reflect on medicine; ② by critical analysis old medical ethics, strive to establish a new philosophical basis medical ethics that supported by traditional virtues; and ③ by concern the special individual patient in clinical context, to grasp the direction of bioethics development. Pellegrino's medical humanities enterprise eliminates the "dehumanization" tendency of medicine, establish the internal morality foundation of the medicine, rebuild the nature of medical humanities.

Keywords Edmund D. Pellegrino; medical humanities; medical ethics; philosophy of medicine; bioethics

人体增强技术的伦理前景

江 璇

Abstract With the development of modern life science and technology at the end of the 20th century, the problem of human body enhancement technology has more ethical issues, just because of the particularity and the complexity of a series of important and realistic problems, therefore they become the experts and scholars concerned about the frontier and hot problems. The rapid development of science and technology makes the "humanization" as the theme of the times development, both natural environment "humanization" and "humanization" natural flesh, need reasonable theoretical support and moral defence. Human is not only to be responsible for the moral responsibility, should also be responsible for the responsibility of the practice for the social impact and consequences caused by science and technology. In order to be able to have a moral life and action, human need to push forward the ethical research and exploration of enhancement technique practice.

Keywords the human body enhancement technique; ethical identification; bottom line of ethics; social control

身体转向与现代医疗技术的伦理审思

蒋艳艳

Abstract The traditional medical ethics is based on mind-body dualism, in order to extend and regulate life as final purpose. However, the dualism, which one-sidedly emphasizes on the mechanical repairment of "body" but ignores the emotional experience of "heart", leads to many ethical problems without proper solutions. It is necessary for the ethical reflection on modern medical technology to turn to the perspective of "body". Based on the body ethical view of mind body alignment, the original purpose of modern medical technology fits the valuable appeal of body ethics, but the practice of such technology is often involved in the ethical dilemma of "body" and "heart" caused by identity crises and the ethical dilemma of "I" and "the world" caused by the absence of inter-subjective dialogues. Therefore, the ethical guide of modern medical technology should return to the "body"; that is to say, it should pay attention to and experience the specific living body in medical practice and break the ills of rational universal value in medical ethical practice.

Keywords modern medical technology; body; body ethics

自我、身体及其技术异化与认同

刘俊荣

Abstract In the concept of Ego in Metaphysics, the substantial relationship between Ego and body have be replace by pure Cogito and Memory, the desire, impulse, instinct, emotion have completely controlled by rational ego, reasoned judgments become the motivation of oneself behavior and ignore the value of instinct in oneself behavior. In the concept of Ego in Physics, body is just a container to hold the intelligence and subconscious mental. The author thinks that, a physical presence is necessary when rational, reflection, subconscious activities and the formation of the Ego concept, that is why we can be taken to a specific scene to show oneself, experience oneself and create oneself through the body. An ego without body is abstract, the value and dignity completely has nothing to do with the body, the value and dignity of the body is completely forgotten. Body is the characterization of ego and ego reflected by the body, self-identification and the body have inherent relevance, physical presence is the elementary path to maintain self-identification, body should be returned to ego, let the body get the reasonable value in self-personality, dignity and value. Whether the dissimilatory body can get the self-identification and become unity of body and ego, relate to the belief of life, dignity and the social integration of individual directly, the self-identification of dissimilatory body is a process of individual and social construction. Lives technologies must base on maintain the human body and personal dignity, all interest trade-off and value judgment have to consider the body as the criterion.

Keywords Ego; Body; Technology alienation; Self-identity

伦理实证研究的方法论基础

王 珏 李东阳

Abstract Currently, the stream of ethical empirical research is growing larger both domestically and overseas. However, the method of ethical empirical research has not been discussed systematically. The absence of ethical empirical research method leads to chaotic results in practical ethical empirical studies. Therefore, it is necessary to rethink the methodological basis and set up the foundation for practical research. This paper aims to further explore the methodological basis of ethical empirical research through four aspects: the justification of ethical empirical research, the legitimate exploration of ethical empirical research, the unique value of ethical empirical research, and the rational debate of ethical empirical research.

Keywords Ethics; Empirical Research; The Empirical Ethics; Methodological Basis

老龄化社会生命伦理的德性本质

陈爱华

Abstract There are lots of bioethical problems in an aging society. Some have direct relations with providing for the aged, others have relevance with it. Mainly marked by two aspects: one is the bioethical problem that how to respect and take care of the elderly in an ageing society; the other is the "family and society" related bioethical problem which brought by coordinating the aging society. To form the bioethics in an aging society, we should to advocate and promote the virtue spirit of bioethics. Including to propose and carry forward the virtue spirit of respecting life, to promote the traditional virtue of respecting and caring for the elderly, to establish relevant laws and regulations. At the same time, to encourage people to take action to realize the virtue spirit.

Keywords An ageing society; Bioethics; Virtue spirit

孝道的变迁

——以农村"留守老人"为对象

赵庆杰

Abstract Filial piety contains two aspects: material support and spiritual comfort for parents. The traditional Chinese view of filial piety emphasize that respect is more important than satisfaction of the material needs for parents. This view is facing a difficult situation in the rural "left-behind elderly": materially impoverished life, lack of care in daily life and difficulty in getting spiritual comfort. In view of the characteristics of today's Chinese society, in order to reshape the filial piety in the future, we shouldn't expect to return to the situation in the traditional society that families undertook all the tasks of providing for the aged. It is wise and in line with the direction of social development to exploit the advantages of family supporting in spiritual comfort and externalize its function of material support. In short, the path of change is as follows: in the past filial piety is combination of material support and spiritual comfort, now both are insufficient for the rural "left behind elderly", and in the future they should be undertaken by different agents.

Keywords Filial piety; rural "left-behind elderly"; material support; spiritual comfort

生命政治的"生命"省察

刘 刚

Abstract The turning of the research paradigm that contemporary biopolitics, promote the "life" semantic evolution quietly. The "Life" is gradually from "tear of body and mind" to "the unification of body and mind", it is the soul of the body and have the soul body blend. The "Life" start from "enslaves" to "liberation", it is in the process of "subjectivation" out of various bondage. The "Life" from "alive and death repulsion" to "beyond live and die", It attaches great importance to the "life", rather than to avoid "dead", talking about "death", without neglecting "life." "Life" only "body and mind" truly complete, it only has the "liberation" to healthy development, it is just "beyond life and death" is meaningful.

Keywords biopolitics; "life"; "the unification of body and mind"; freedom

"人""仁"考辨与"医乃仁术"

王明强

Abstract "Medicine is a kindly technology" is the highest guiding ideology of Chinese bioethics. The Chinese medical ethics formed in three kinds of Chinese ancient philosophy: people are the most precious, kindheartedness is natural, kindheartedness is the nature of man. The idea of "people are the most precious" is the foundation of Chinese medical and ethics. The doctor's kindheartedness is the natural existence, not be imposed.

Keywords medicine; kindly technology; human being; kindheartedness

医学研究伦理审查的哲学反思

张洪江

Abstract It is of great theoretical and practical value for medical ethics review to standardize medical research and medical practice, and to protect the rights and interests of the subjects or patients. Ethical review originated from western medical research for medical research on what happens to the humanitarian large-scale human trials of the result of reflection, and ethical review in our country is set at the requirement of the national policy and reality, it will certainly bring the imperfection of the ethical review on the top-level design, bureaucratic formal members tend to be serious, review does not reach the designated position, lack of professional knowledge is put forward from the aspects of system, running mechanism and talent to improve them.

Keywords institutional review board; medical ethics review; standardized construction

多元文化护理的伦理审视
——基于关怀的伦理视角

周煜 张志斌

Abstract Multicultural nursing is the developing direction of modern nursing. The ethical implication of multicultural nursing is rooted in the ethical grounds of post-modernism and discourse ethics, and is based on the ethics of care. The remarkable particularity of nursing is care, which is especially true for multicultural nursing. Multicultural nursing is deeply effected by the ethics of care, which guide us to implement the principles of respect, empathy, responsibility, tolerance, circumstance and communication.

Keywords care; ethics; multicultural nursing; nursing

论冷冻胚胎继承权的法律、伦理思考

包玉颖

Abstract The feasibility of inheriting frozen embryos is stirring public discussion. This paper deals with frozen-embryos-related issues, such as if they are entitled to relevant rights, if they are living beings, if they can be inherited and if surrogacy is needed in case of inheritance. The author argues that frozen embryos can be inherited both legally and reasonably since they can be taken as objects. Once inherited, however, frozen embryos are not to be disposed of. Given that surrogacy is illegal in China, and on the principle of best interests for the child, parents of both sides are advised to commission the hospital to destroy or donate their frozen embryos.

Keywords frozen embryos; inheritance; law; ethics

对农村留守老人的伦理反思

江 刚

Abstract The left-behind elderly is becoming a serious social problem. Scholars reflect this phenomenon from the economic, political, social and other different perspectives. But little reveal it from the ethical dimension. Therefore, this article attempts from the three aspects of family ethics as "parents"、"children" and "family wealth" to analyze the problems of the elderly left behind. We find that leaving behind is considered to be the individual's absolute obedience to the community, the obligation and love of every family members in the left-behind family. In the ethics of family, the confrontation between individual and its public essence is difficult to reconcile due to the lack of awareness and basis of rights. Hence, to solve this problem, we should establish a new concept of family ethics which is based on the rights and love.

Keywords left-behind elderly; ethic; right